数学分析教程

(下册)

崔尚斌　编著

科学出版社

北　京

内 容 简 介

本书是供综合性大学和师范院校数学类各专业本科一、二年级学生学习数学分析课程的一部教材，分上、中、下三册. 本册为下册，讲授多元函数的数学分析理论，内容包括多元函数的极限和连续性、多元函数微分学及其应用、含参变量的积分、多元函数积分学及其应用、场论初步、微分形式和斯托克斯公式等.

本书对传统数学分析教材的编排做了一些与时俱进的改革，内容做了适当缩减和增补，除了如传统教材一样重视对基础知识和基本技巧的传授外,也增加了一些分析学的新内容. 本书讲解十分清晰、浅显易懂，配有充足的例题和习题，并对数学分析各个组成部分的来龙去脉和历史发展有清楚并且引人入胜的介绍，不仅适合教师课堂讲授，也很适合学生自学使用.

图书在版编目（CIP）数据

数学分析教程. 下册/崔尚斌编著. —北京：科学出版社，2013

ISBN 978-7-03-036807-2

Ⅰ. ①数… Ⅱ. ①崔… Ⅲ. ①数学分析-高等学校-教材 Ⅳ. ①O17

中国版本图书馆 CIP 数据核字(2013) 第 037799 号

责任编辑：张中兴／责任校对：张凤琴
责任印制：吴兆东／封面设计：迷底书装

科学出版社出版
北京东黄城根北街 16 号
邮政编码：100717
http://www.sciencep.com
北京中石油彩色印刷有限责任公司印刷
科学出版社发行 各地新华书店经销
*
2013 年 3 月第 一 版 开本：720 × 1000 1/16
2024 年11月第十二次印刷 印张：26
字数：515 000

定价：57.00 元

(如有印装质量问题，我社负责调换)

目　　录

第 14 章

多元函数的极限和连续性

在上册和中册我们学习了一元函数的微积分, 从现在开始要学习多元函数的微积分. 所谓多元函数, 就是有多个自变量的函数. 这种函数在研究自然现象的过程中随处都可遇到. 因为研究自然现象总离不开空间和时间, 单看空间, 在取定一个直角坐标系之后, 空间中全体点的集合便和由全体三元有序数组 (x,y,z) 组成的集合 $\mathbf{R}^3$ 建立了一一对应关系, 这样空间中的每个点就对应着三个实数 x,y,z, 所以当点在空间中变化时我们就有了三个自变量 x,y,z. 如果再把时间 t 作为一个自变量, 则有四个自变量 x,y,z,t. 因此一般的物理量通常都有四个自变量因而是四元函数. 如果再需要把其他某些参量作为自变量来考虑, 就得到了具有更多个自变量的多元函数. 因此, 把一元函数的微积分理论加以发展, 建立多元函数的微积分理论, 是科学研究的必然需要.

本章讨论多元函数的极限和连续性. 在一元函数的微积分理论中已经看到, 为了研究一元函数, 必须首先了解实数域 $\mathbf{R}$ 的性质. 与此类似, 为了研究多元函数, 必须首先了解欧几里得空间, 简称欧氏空间 $\mathbf{R}^m$ 的性质. $\mathbf{R}^m$ 是由全体 m 元有序实数组 $(x_1,x_2,\cdots,x_m)$ 组成的一个数学体系, 有 m 个自变量的多元函数都可看成是从 $\mathbf{R}^m$ 的某个子集到 $\mathbf{R}$ 的一个映射, 所以它在多元函数的微积分理论中起着与实数域 $\mathbf{R}$ 在一元函数的微积分理论中类似的作用. 14.1 节讨论 $\mathbf{R}^m$ 的一些最基本的代数与分析性质. 14.2 节从一些具体的例子出发, 引出多元函数的概念. 14.3 节和 14.4 节分别讨论多元函数的极限和连续性.

14.1 $\mathbf{R}^m$ 中的点列和点集

14.1.1 $\mathbf{R}^m$ 中的运算和距离

由全体 m 元有序实数组 $(x_1,x_2,\cdots,x_m)$ 组成的集合 $\mathbf{R}^m$ 称为 m 维**欧氏空间**, 即

$$\mathbf{R}^m=\{(x_1,x_2,\cdots,x_m):\ x_1,x_2,\cdots,x_m\in\mathbf{R}\}.$$

从解析几何我们已经知道, 三维欧氏空间 $\mathbf{R}^3$ 中的元素既可以叫点也可以叫三维向量, 因为在空间中建立直角坐标系后, $\mathbf{R}^3$ 中的元素既与空间中的点存在一一对应关系, 也与空间中的向量存在一一对应关系. 把这些术语推广, $\mathbf{R}^m$ 中的元素即 m 元有序数组 $(x_1, x_2, \cdots, x_m)$ 既可以叫 $\mathbf{R}^m$ 中的**点**, 也可以叫m **维向量**.

从线性代数课程我们知道, 在 $\mathbf{R}^m$ 上有下列三种运算.

(1) 加法和减法运算: 对任意 $x, y \in \mathbf{R}^m$, 设 $x = (x_1, x_2, \cdots, x_m)$, $y = (y_1, y_2, \cdots, y_m)$, 则它们的和 $x + y$ 与差 $x - y$ 定义为

$$x \pm y = (x_1 \pm y_1, x_2 \pm y_2, \cdots, x_m \pm y_m).$$

(2) 数乘运算: 对任意 $x = (x_1, x_2, \cdots, x_m) \in \mathbf{R}^m$ 和任意实数 λ, λ 对 x 的数乘 λx 定义为

$$\lambda x = (\lambda x_1, \lambda x_2, \cdots, \lambda x_m).$$

(3) 内积运算: 对任意 $x, y \in \mathbf{R}^m$, 设 $x = (x_1, x_2, \cdots, x_m)$, $y = (y_1, y_2, \cdots, y_m)$, 则它们的内积 (x, y) 或点积 $x \cdot y$ 定义为

$$(x, y) = x \cdot y = x_1 y_1 + x_2 y_2 + \cdots + x_m y_m.$$

内积 (x, y) 或点积 $x \cdot y$ 经常简写为 xy, 即

$$xy = (x, y) = x \cdot y = x_1 y_1 + x_2 y_2 + \cdots + x_m y_m.$$

这些运算已经在线性代数课程中有过详细的研究, 这里不再重复了. 由内积运算可以定义 x 的**长度** (也称**范数**或**模**) $|x|$, 即

$$|x| = \sqrt{(x, x)} = \sqrt{x_1^2 + x_2^2 + \cdots + x_m^2}.$$

显然, 长度具有以下性质:

(1) $|x| \geqslant 0, |x| = 0$当且仅当 $x = 0$ (非负性和非退化性);

(2) $|\lambda x| = |\lambda||x|, \forall \lambda \in \mathbf{R}, \quad \forall x \in \mathbf{R}^n$ (正齐次性);

(3) $|x + y| \leqslant |x| + |y|$ (三角不等式).

如果 x 的长度为 1, 则称 x 为**单位向量**.

定义 14.1.1 对 $\mathbf{R}^m$ 中任意两点 $x = (x_1, x_2, \cdots, x_m)$ 和 $y = (y_1, y_2, \cdots, y_m)$, 称它们的差 $x - y$ 的长度为这两个点之间的**距离**, 记作 $d(x, y)$, 即

$$d(x, y) = |x - y| = \sqrt{(x_1 - y_1)^2 + (x_2 - y_2)^2 + \cdots + (x_m - y_m)^2}.$$

容易看出, 点的距离具有以下三个性质:

(1) $d(x, y) = d(y, x)$ (对称性);

(2) $d(x, y) \geqslant 0, d(x, y) = 0$ 当且仅当$x = y$ (非负性和非退化性);

(3) $d(x, y) \leqslant d(x, z) + d(z, y)$ (三角不等式).

以后, 表示距离的两个记号 $d(x, y)$ 和 $|x - y|$ 我们将混合使用.

14.1.2　$\mathbf{R}^m$ 中点列的极限

由 $\mathbf{R}^m$ 中的点构成的序列叫做 $\mathbf{R}^m$ 中的**点列**.

如果用

$$x_1, x_2, \cdots, x_n, \cdots,$$

表示 $\mathbf{R}^m$ 中的点列, 就会和 $\mathbf{R}^m$ 中点 $x=(x_1,x_2,\cdots,x_m)$ 的坐标 $x_1,x_2,\cdots,x_m$ 产生混淆. 为此下面改用 P,Q 等大写符号表示 $\mathbf{R}^m$ 中的点, 从而 $\mathbf{R}^m$ 中的点列就相应地用 $\{P_n\}$, $\{Q_n\}$ 等符号表示.

定义 14.1.2　设 $\{P_n\}$ 是 $\mathbf{R}^m$ 中的一个点列, P_0 是 $\mathbf{R}^m$ 中的一个点. 如果

$$\lim_{n\to\infty} d(P_n,P_0)=\lim_{n\to\infty}|P_n-P_0|=0,$$

则称当 $n\to\infty$ 时, P_n 以 P_0 为**极限**, 或称当 $n\to\infty$ 时, P_n**收敛于**P_0, 记作

$$\lim_{n\to\infty} P_n=P_0 \quad \text{或} \quad P_n\to P_0 \quad (\text{当 } n\to\infty).$$

从定义 14.1.2 可知, P_n 收敛于 P_0 的意思是当 $n\to\infty$ 时, P_n 与 P_0 之间的距离越来越小以至于无限地趋近于零. 采用 ε–N 的语言, 则 $\lim\limits_{n\to\infty} P_n=P_0$ 是指对任意给定的 $\varepsilon>0$, 存在相应的 $N\in\mathbf{N}$, 使得对任意的 $n>N$ 都有

$$d(P_n,P_0)=|P_n-P_0|<\varepsilon.$$

由于点之间的距离是通过它们的坐标之差的平方和再开方来计算的, 所以点列的极限与由它们的坐标形成的数列的极限可以相互表示.

定理 14.1.1　设 $P_n=(x_{1n},x_{2n},\cdots,x_{mn})$, $n=1,2,\cdots$, $P_0=(x_{10},x_{20},\cdots,x_{m0})$, 则 $\lim\limits_{n\to\infty} P_n=P_0$ 的充要条件是

$$\lim_{n\to\infty} x_{jn}=x_{j0}, \qquad j=1,2,\cdots,m, \tag{14.1.1}$$

即 $\lim\limits_{n\to\infty} P_n=P_0$ 的充要条件是对每个 $1\leqslant j\leqslant m$, P_n 的第 j 个坐标形成的数列 x_{jn} $(n=1,2,\cdots)$ 以 P_0 点的相应坐标 x_{j0} 为极限.

证明　由于

$$\begin{aligned} d(P_n,P_0)&=\sqrt{(x_{1n}-x_{10})^2+(x_{2n}-x_{20})^2+\cdots+(x_{mn}-x_{m0})^2}\\ &\leqslant|x_{1n}-x_{10}|+|x_{2n}-x_{20}|+\cdots+|x_{mn}-x_{m0}|, \qquad n=1,2,\cdots, \end{aligned}$$

所以当式 (14.1.1) 成立时, 必然也有 $\lim\limits_{n\to\infty} d(P_n,P_0)=0$, 即 $\lim\limits_{n\to\infty} P_n=P_0$ 成立. 反之由于

$$|x_{jn}-x_{j0}|\leqslant d(P_n,P_0), \qquad j=1,2,\cdots,m,$$

所以当 $\lim\limits_{n\to\infty} P_n = P_0$, 即 $\lim\limits_{n\to\infty} d(P_n,P_0) = 0$ 时, 显然也有式 (14.1.1) 成立. 因此, $\lim\limits_{n\to\infty} P_n = P_0$ 与式 (14.1.1) 等价. 证毕.

应用定理 14.1.1, 可以把数列极限的除涉及大小比较关系之外的所有命题, 都类推到 $\mathbf{R}^m$ 中点列的极限. 当然也可类似于数列的极限直接从 $\mathbf{R}^m$ 中点列极限的定义推出这些命题.

定理 14.1.2 一个点列如果收敛, 那么它的极限是唯一的.

定理 14.1.3 如果点列 $\{P_n\}$ 收敛, 那么它必是有界的, 即存在常数 $C>0$ 使成立

$$d(P_n,O)\leqslant C,\quad n=1,2,\cdots.$$

其中 O 表示 $\mathbf{R}^m$ 中的原点.

定理 14.1.2 和定理 14.1.3 的简单证明我们留给读者.

定理 14.1.4(柯西收敛准则) 点列 $\{P_n\}$ 有极限的充要条件是对任意给定的 $\varepsilon>0$, 存在相应的 $N\in\mathbf{N}$, 使得对任意的 $l,n>N$ 都有

$$d(P_l,P_n)<\varepsilon.$$

证明 必要性. 设 $\lim\limits_{n\to\infty} P_n = P_0$，则对任意给定的 $\varepsilon>0$, 存在相应的 $N\in\mathbf{N}$, 使得对任意 $n>N$ 都有 $d(P_n,P_0)<\dfrac{\varepsilon}{2}$. 由此可知对任意的 $l,n>N$ 都有

$$d(P_l,P_n)\leqslant d(P_l,P_0)+d(P_n,P_0)<\frac{\varepsilon}{2}+\frac{\varepsilon}{2}=\varepsilon.$$

充分性. 设对任意给定的 $\varepsilon>0$, 存在相应的 $N\in\mathbf{N}$, 使得对任意的 $l,n>N$ 都有 $d(P_l,P_n)<\varepsilon$. 对每个正整数 $1\leqslant j\leqslant m$, 考虑由 P_n 的第 j 个坐标构成的数列 $\{x_{jn}\}$. 对任意给定的 $\varepsilon>0$, 由于当 $l,n>N$ 时有

$$|x_{jl}-x_{jn}|\leqslant d(P_l,P_n)<\varepsilon,$$

所以 $\{x_{jn}\}$ 满足柯西准则的条件, 于是 $\{x_{jn}\}$ 收敛. 记 $x_{j0}=\lim\limits_{n\to\infty} x_{jn}$, $j=1,2,\cdots,m$, 并令 $P_0=(x_{10},x_{20},\cdots,x_{m0})$, 则根据定理 14.2.1 可知 $\lim\limits_{n\to\infty} P_n = P_0$, 因此 P_n 收敛于 P_0. 证毕.

定理 14.1.5(列紧性原理) $\mathbf{R}^m$ 中的任意有界点列都有收敛的子列.

证明 我们只以 $m=2$ 的情况为例来证明, 因为对 $m\geqslant 3$ 的一般情况证明是类似的, 只是记号更加复杂. 设 $\{P_n\}$ 是 $\mathbf{R}^2$ 中的有界点列, 并设 $P_n=(x_n,y_n)$, $n=1,2,\cdots$, 则 $\{x_n\}$ 和 $\{y_n\}$ 都是有界数列. 由 $\{x_n\}$ 是有界数列, 根据数列的列紧性原理 (定理 2.4.3) 知, $\{x_n\}$ 有收敛的子列, 设为 $\{x_{n_k}\}$. 再考虑数列 $\{y_{n_k}\}$, 因为 $\{y_n\}$ 是有界数列, 所以 $\{y_{n_k}\}$ 作为 $\{y_n\}$ 的子列也是有界数列, 从而它也有子列收敛, 设为 $\{y_{n_{k_l}}\}$. 令 $P_{n_{k_l}}=(x_{n_{k_l}},y_{n_{k_l}})$, $l=1,2,\cdots$, 则因为 $\{x_{n_{k_l}}\}$ 和 $\{y_{n_{k_l}}\}$ 都是收敛数列, 所

以根据定理 14.2.1 知, 点列 $\{P_{n_{k_l}}\}$ 收敛. 这就证明了 $\{P_n\}$ 有收敛的子列 $\{P_{n_{k_l}}\}$. 证毕.

和数列的情况类似, 定理 14.1.5 也叫做**波尔查诺–魏尔斯特拉斯列紧性原理**.

14.1.3　$\mathbf{R}^m$ 中的点集

在讨论一元函数的极限、连续性以及可微性等性质时, 经常需要考虑邻域、开区间、闭区间等概念. 为了研究多元函数的同类性质, 我们也需要使用一些类似的概念. 下面给出这些概念的定义.

定义 14.1.3　对任意 $x_0 \in \mathbf{R}^m$ 和 $r>0$, 我们记

$$B(x_0,r)=\{x\in\mathbf{R}^m:\ d(x,x_0)<r\},\quad \overline{B}(x_0,r)=\{x\in\mathbf{R}^m:\ d(x,x_0)\leqslant r\}.$$

$B(x_0,r)$ 称为以点 x_0 为心、以 r 为半径的**开球**; $\overline{B}(x_0,r)$ 称为以点 x_0 为心、以 r 为半径的**闭球**. $B(x_0,r)$ 也称为点 x_0 的r **邻域**; $\overline{B}(x_0,r)$ 也称为点 x_0 的r **闭邻域**.

$B(x_0,r)$ 和 $\overline{B}(x_0,r)$ 也分别记作 $B_r(x_0)$ 和 $\overline{B}_r(x_0)$.

需要注意的是 "球" 是针对 $m\geqslant 3$ 的情况使用的术语. 在 $m=2$ 的情况则改称为 "圆盘", 即 $\mathbf{R}^2$ 中的 $B(x_0,r)$ 称为以 x_0 为心、以 r 为半径的**开圆盘**; $\overline{B}(x_0,r)$ 叫做以 x_0 为心、以 r 为半径的**闭圆盘**. 不过, 在没有特别指明 $m=2$ 时, 无论是否包含这种情况, 我们都笼统地把 $B(x_0,r)$ 叫做开球, 把 $\bar{B}(x_0,r)$ 称为闭球.

定义 14.1.4　设 S 是 $\mathbf{R}^m$ 中的一个非空点集, x_0 是 $\mathbf{R}^m$ 中的一个点.

(1) 如果 $x_0\in S$, 且存在 $\delta>0$, 使得点 x_0 的 δ 邻域 $B(x_0,\delta)$ 完全包含于 S, 即 $B(x_0,\delta)\subseteq S$, 则称 x_0 为 S 的**内点** (图 14-1-1). S 的全部内点组成的集合叫做 S 的**内域**, 记作 S°.

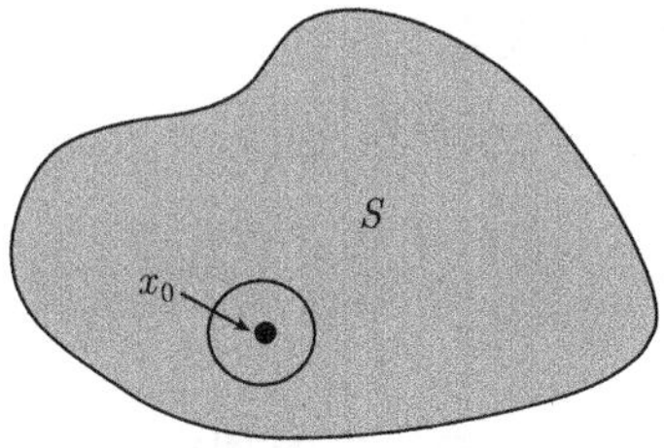

图 14-1-1　内点

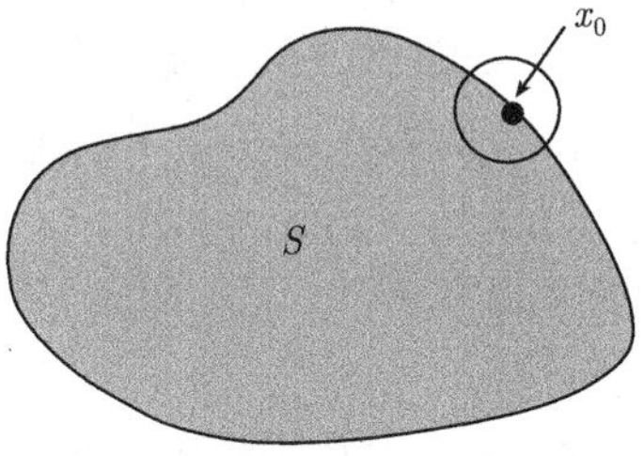

图 14-1-2　边界点

(2) 如果对任意 $\delta>0$, 点 x_0 的 δ 邻域 $B(x_0,\delta)$ 中都既含有 S 中的点又含有 S 以外的点, 即 $B(x_0,\delta)\bigcap S\neq\varnothing$ 且 $B(x_0,\delta)\bigcap S^c\neq\varnothing$, 这里 S^c 表示 S 的余集: $S^c=\mathbf{R}^m\backslash S$, 则称 x_0 为 S 的**边界点** (图 14-1-2). S 的全部边界点组成的集合称为 S 的**边界**, 记作 ∂S.

(3) 如果对任意 $\delta>0$, x_0 的 δ 邻域 $B(x_0,\delta)$ 中都含有 S 中异于 x_0 的点, 即 $B(x_0,\delta)\bigcap(S\backslash\{x_0\})\neq\varnothing$, 则称 x_0 为 S 的**聚点**或**极限点**(图 14-1-3). S 的全部聚点组

成的集合称为 S 的**导集**, 记作 S'.

(4) S 与其导集 S' 的并集称为 S 的**闭包**, 记作 $\overline{S}$, 即 $\overline{S}=S\bigcup S'$.

(5) 如果 $x_0\in S$, 且存在 $\delta>0$, 使得点 x_0 的 δ 邻域 $B(x_0,\delta)$ 中除 x_0 之外没有其他 S 中的点, 即 $B(x_0,\delta)\bigcap S=\{x_0\}$, 则称 x_0 为 S 的**孤立点** (图 14-1-4).

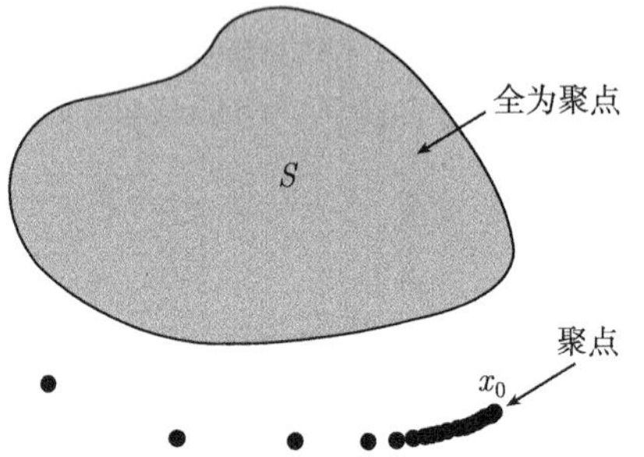

图 14-1-3　聚点

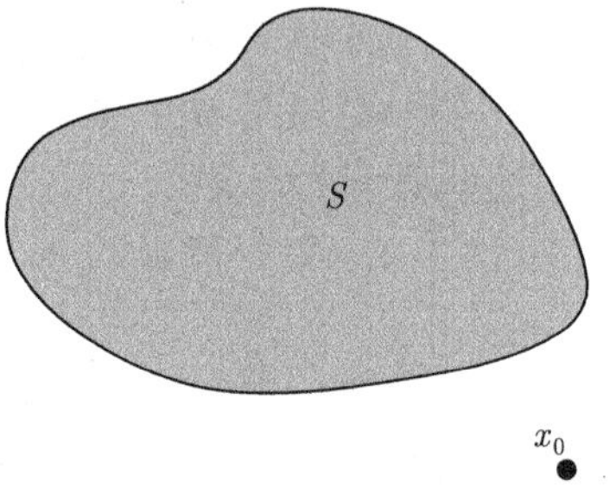

图 14-1-4　孤立点

显然, 内点都是聚点, 即 $S^\circ\subseteq S'$. 又显然, 孤立点都必然是边界点, 即如果 x_0 是 S 的孤立点, 则 $x_0\in\partial S$. 不是孤立点的边界点都显然是聚点. 需要注意的是集合 S 的内点和孤立点都在 S 中, 但 S 的边界点和聚点可能在 S 中, 也可能不在 S 中. 另外, 不难证明 $\overline{S}=S\bigcup\partial S$(见本节习题 10).

对于集合 S 以外的、不是 S 的边界点的点 x_0, 显然一定存在 $\delta>0$, 使得 x_0 的 δ 邻域 $B(x_0,\delta)$ 与 S 不相交即 $B(x_0,\delta)\bigcap S=\varnothing$, 因而 $B(x_0,\delta)\subseteq S^c$. 我们称这样的点 x_0 与集合 S**有正的距离**.

定义 14.1.5　设 S 是 $\mathbf{R}^m$ 中的一个非空点集.

(1) 如果 S 中的每个点都是它的内点, 即对任意 $x_0\in S$, 都存在相应的 $\delta>0$, 使得 $B(x_0,\delta)\subseteq S$, 则称 S 为**开集**. 因此 S 是开集当且仅当 $S=S^\circ$.

(2) 如果 S 的聚点全在 S 中, 即 $S'\subseteq S$, 则称 S 为**闭集**. 由于 $\overline{S}=S\bigcup S'$, 所以 S 是闭集当且仅当 $S=\overline{S}$.

规定空集既是开集, 又是闭集. 不过, 以后说开集、闭集时, 往往都是指非空的开集和非空的闭集.

定理 14.1.6　(1) E 是开集当且仅当其余集 $E^c=\mathbf{R}^m\backslash E$ 是闭集.

(2) 任意多个开集的并是开集, 任意多个闭集的交是闭集.

(3) 有限多个开集的交是开集, 有限多个闭集的并是闭集.

证明　(1) 设 E 是开集, 要证明它的余集 E^c 是闭集. (反证法) 设 E^c 不是闭集, 则存在 E^c 的聚点 x_0 不在 E^c 中. 于是 $x_0\in E$. 因为 E 是开集, 所以存在 $\delta>0$ 使得 $B(x_0,\delta)\subseteq E$. 这意味着 $B(x_0,\delta)\bigcap E^c=\varnothing$, 而这与 x_0 是 E^c 的聚点相矛盾. 因此 E^c 是闭集.

再设 E^c 是闭集. 对任意 $x_0\in E$, 因为 $x_0\notin E^c$ 而 E^c 是闭集, 所以存在 $\delta>0$ 使

得 $B(x_0,\delta)\bigcap E^c=\varnothing$. 这意味着 $B(x_0,\delta)\subseteq E$, 所以 E 是开集.

(2) 设 $\{E_\lambda\}_{\lambda\in\Lambda}$ 是一族开集. 对任意 $x_0\in\bigcup\limits_{\lambda\in\Lambda}E_\lambda$, 必存在 $\lambda_0\in\Lambda$ 使得 $x_0\in E_{\lambda_0}$. 由于 E_{λ_0} 是开集, 所以存在 $\delta>0$ 使得 $B(x_0,\delta)\subseteq E_{\lambda_0}$. 而这蕴涵着 $B(x_0,\delta)\subseteq\bigcup\limits_{\lambda\in\Lambda}E_\lambda$, 所以 $\bigcup\limits_{\lambda\in\Lambda}E_\lambda$ 也是开集.

又设 $\{F_\lambda\}_{\lambda\in\Lambda}$ 是一族闭集, 则 $\{F_\lambda^c\}_{\lambda\in\Lambda}$ 是一族开集, 从而 $\bigcup\limits_{\lambda\in\Lambda}F_\lambda^c$ 是开集. 因为 $\bigcup\limits_{\lambda\in\Lambda}F_\lambda^c=\Big(\bigcap\limits_{\lambda\in\Lambda}F_\lambda\Big)^c$, 所以 $\bigcap\limits_{\lambda\in\Lambda}F_\lambda$ 是闭集.

(3) 设 $E_1, E_2, \cdots, E_N$ 是有限个开集. 对任意 $x_0\in\bigcap\limits_{j=1}^{N}E_j$, 有 $x_0\in E_j$, $j=1,2,\cdots,N$. 因为每个 E_j 都是开集, 所以存在 $\delta_j>0$ 使得 $B(x_0,\delta_j)\subseteq E_j$, $j=1,2,\cdots,N$. 令 $\delta=\min\limits_{1\leqslant j\leqslant N}\delta_j$, 则 $\delta>0$, 且 $B(x_0,\delta)\subseteq\bigcap\limits_{j=1}^{N}B(x_0,\delta_j)\subseteq\bigcap\limits_{j=1}^{N}E_j$, 所以 $\bigcap\limits_{j=1}^{N}E_j$ 是开集. 这就证明了有限多个开集的交是开集. 应用取余运算, 由此又可推知有限多个闭集的并是闭集. 证毕.

14.1.4 几个重要定理

在一元函数的情形我们已经看到, 刻画实数域完备性的几个与戴德金完备性原理相等价的定理, 即单调有界原理、致密性原理、柯西收敛准则、区间套定理、有限覆盖定理等, 在建立一元函数的微积分理论时起到了重要的作用. 这些定理都可推广到一般的欧氏空间 $\mathbf{R}^m$. 前面已经把致密性原理和柯西收敛准则进行了这样的推广. 下面我们再推广区间套定理和有限覆盖定理. 先给出致密性原理用点集表述的一个等价形式.

定理 14.1.7(聚点原理) 设 E 是 $\mathbf{R}^m$ 中一个含有无穷多个点的有界集合, 则 E 必有聚点, 即其导集 E' 非空.

证明 因为 E 含有无限多个点, 所以必存在一个各项互异的点列 $P_n\in E$, $n=1,2,\cdots$. 由于 E 是有界集合, 所以 $\{P_n\}$ 是有界点列. 因此根据致密性原理, $\{P_n\}$ 有收敛的子列, 设为 $\{P_{n_k}\}$. 令 $P_0=\lim\limits_{k\to\infty}P_{n_k}$, 我们来证明 $\boldsymbol{P}_0\in E'$. 事实上, 对任意给定的 $\delta>0$, 由 $P_0=\lim\limits_{k\to\infty}P_{n_k}$ 知存在相应的 $N\in\mathbf{N}$, 使当 $k>N$ 时, $P_{n_k}\in B(P_0,\delta)$. 因为 $\{P_{n_k}\}$ 中的点互不相同, 所以在所有满足条件 $k>N$ 的点 P_{n_k} 中, 至少有一个异于 P_0. 因而 $B(P_0,\delta)\bigcap(E\backslash\{P_0\})\neq\varnothing$. 这就证明了 $P_0\in E'$. 证毕.

定理 14.1.8 也叫**波尔查诺聚点原理**.

对于 $\mathbf{R}^m$ 中的一个非空点集 S, 如果存在正数 M 使得 $S\subseteq\bar{B}(O,M)$, 即 S 包含

在一个以原点为心的闭球中, 则称 S 为**有界集**. 这时称 $\sup\{d(x,y):x,y\in S\}$ 为 S 的**直径**, 记作 $\mathrm{diam}(S)$, 即

$$\mathrm{diam}(S)=\sup_{x,y\in S}d(x,y)=\sup\{d(x,y):x,y\in S\}.$$

当 S 是无界集时, 也记 $\mathrm{diam}(S)=\infty$.

定理 14.1.8(闭集套定理) 设 $\{E_n\}$ 是 $\mathbf{R}^m$ 中的一列非空点集. 假设

(1) 每个 E_n 都是闭集;

(2) $E_1\supseteq E_2\supseteq\cdots\supseteq E_n\supseteq E_{n+1}\supseteq\cdots$;

(3) $\lim\limits_{n\to\infty}\mathrm{diam}(E_n)=0$,

则存在 $\mathbf{R}^m$ 中唯一的点 P_0, 使得该点包含于所有这些闭集 E_n: $P_0\in E_n$, $n=1,2,\cdots$.

证明 对每个正整数 n, 任取 E_n 中一点记作 P_n. 这样就得到了 $\mathbf{R}^m$ 中的一个点列 $\{P_n\}$. 易见这个点列满足柯西准则的条件. 事实上, 由于 $\lim\limits_{n\to\infty}\mathrm{diam}(E_n)=0$, 所以对任意给定的 $\varepsilon>0$, 存在相应的正整数 N, 使当 $n>N$ 时就有

$$d(P,Q)<\varepsilon,\qquad \forall P,Q\in E_n.$$

据此和条件 (2) 知当 $l,n>N$ 时有

$$d(P,Q)<\varepsilon,\quad \forall P\in E_n,\quad \forall Q\in E_l.$$

特别地, 有

$$d(P_n,P_l)<\varepsilon,\qquad \forall n,l>N.$$

说明 $\{P_n\}$ 满足柯西准则的条件, 因此 $\{P_n\}$ 有极限. 记 $P_0=\lim\limits_{n\to\infty}P_n$. 我们来证明

$$P_0\in E_n,\qquad n=1,2,\cdots.$$

(反证法) 假设这个结论不成立, 即存在某个正整数 n_0 使得 $P_0\notin E_{n_0}$. 因为 E_{n_0} 是闭集, 条件 $P_0\notin E_{n_0}$ 意味着 P_0 既不在 E_{n_0} 中, 也不是 E_{n_0} 的聚点. 因此必存在 $\delta>0$, 使得 $B(P_0,\delta)\bigcap E_{n_0}=\varnothing$. 再应用条件 (2), 即知对所有 $n\geqslant n_0$ 都有 $B(P_0,\delta)\bigcap E_n=\varnothing$. 另外, 由 $P_0=\lim\limits_{n\to\infty}P_n$ 可知必存在正整数 N, 使当 $n>N$ 时就有 $P_n\in B(P_0,\delta)$. 而 $P_n\in E_n$, $n=1,2,\cdots$, 这就得到了矛盾, 从而证明了上述断言.

最后再来证明 $\bigcap\limits_{n=1}^{\infty}E_n$ 中只有一个点. (反证法) 假设这个集合含有两个不同的点 P 和 Q. 由于 $P\neq Q$, 所以 $d(P,Q)>0$. 由 $P,Q\in E_n$ $(n=1,2,\cdots)$ 和条件 (3) 可知

$$d(P,Q)\leqslant\mathrm{diam}(E_n)\to 0\quad (当\ n\to\infty).$$

这就得到了矛盾. 因此, $\bigcap\limits_{n=1}^{\infty}E_n$ 中只能有一个点. 证毕.

定理 14.1.8 也叫**康托尔闭集套定理**.

定理 14.1.9(有限覆盖定理)　设 E 是 $\mathbf{R}^m$ 中的一个有界闭集, $\{O_\lambda\}_{\lambda\in\Lambda}$ 是 E 的一族开覆盖, 即每个 O_λ $(\lambda\in\Lambda)$ 都是开集, 且

$$E\subseteq\bigcup_{\lambda\in\Lambda}O_\lambda.$$

则存在这族开集中的有限个集合 $O_{\lambda_1}, O_{\lambda_2}, \cdots, O_{\lambda_N}$, 它们完全覆盖了 E, 即

$$E\subseteq\bigcup_{k=1}^{N}O_{\lambda_k}.$$

证明　由于对不同的维数 m, 证明的思想都是相同的, 为记号简单我们只对 $m=2$ 的情况给出证明. 由于 E 是有界集, 所以存在闭矩形 $D=[a,b]\times[c,d]$ 使 $E\subseteq D$. (反证法)假设 E 不能被 $\{O_\lambda\}_{\lambda\in\Lambda}$ 中的任何有限个开集覆盖. 用 D 的两邻边的中线 $x=\dfrac{1}{2}(a+b)$ 和 $y=\dfrac{1}{2}(c+d)$ 把 D 分为四个全等的小闭矩形, 则这四个小闭矩形中, 至少有一个与 E 的交集不能被 $\{O_\lambda\}_{\lambda\in\Lambda}$中的有限个开集覆盖. 记这个小闭矩形为 $D_1=[a_1,b_1]\times[c_1,d_1]$. 再用 D_1 的两邻边的中线$x=\dfrac{1}{2}(a_1+b_1)$ 和 $y=\dfrac{1}{2}(c_1+d_1)$ 把 D 分为四个全等的小闭矩形. 则这四个小闭矩形中, 至少有一个与 E 的交集不能被 $\{O_\lambda\}_{\lambda\in\Lambda}$ 中的有限个开集覆盖. 记这个小闭矩形为 $D_2=[a_2,b_2]\times[c_2,d_2]$. 按此方法一直进行下去, 应用数学归纳法, 就得到一列闭矩形 $D_n=[a_n,b_n]\times[c_n,d_n]$, $n=1,2,\cdots$, 它们满足以下三个条件:

(1) $D_1\supseteq D_2\supseteq\cdots\supseteq D_n\supseteq D_{n+1}\supseteq\cdots$;

(2) 每个 D_n 与 E 的交集 $D_n\bigcap E$ 都不能被 $\{O_\lambda\}_{\lambda\in\Lambda}$ 中的有限个开集覆盖;

(3) $\lim\limits_{n\to\infty}\operatorname{diam}(D_n)=0$.

条件 (3) 是因为对每个自然数 n, D_n 的两条边长分别为 $b_n-a_n=\dfrac{1}{2^n}(b-a)$, $d_n-c_n=\dfrac{1}{2^n}(d-c)$, 所以 $\lim\limits_{n\to\infty}\operatorname{diam}(D_n)=\lim\limits_{n\to\infty}\dfrac{1}{2^n}\sqrt{(b-a)^2+(d-c)^2}=0$. 显然 $\{D_n\bigcap E\}_{n=1}^{\infty}$ 是一个满足定理 14.1.9 各项条件的闭集套, 所以根据定理 14.1.9 知存在唯一的点 P_0 使得 $P_0\in D_n\bigcap E$, $n=1,2,\cdots$. 由于 $P_0\in E$, 所以存在 $\lambda_0\in\Lambda$ 使 $P_0\in O_{\lambda_0}$. 而 O_{λ_0} 是开集, 故存在 $\delta>0$ 使 $B(P_0,\delta)\subseteq O_{\lambda_0}$. 现在取 n 充分大使

$$\frac{1}{2^n}\sqrt{(b-a)^2+(d-c)^2}<\delta,$$

则由 $P_0\in D_n$, 即可推知 $D_n\subseteq B(P_0,\delta)$, 进而

$$D_n\bigcap E\subseteq D_n\subseteq B(\boldsymbol{P}_0,\delta)\subseteq O_{\lambda_0}.$$

而这却与条件 (2) 矛盾. 证毕.

定理 14.1.9 也叫做**博雷尔有限覆盖定理**.

定理 14.1.10(开覆盖定理) 设 E 是 $\mathbf{R}^m$ 中的一个有界闭集, $\{O_\lambda\}_{\lambda\in\Lambda}$ 是 E 的一族开覆盖. 则存在常数 $\delta>0$, 使对任意一点 $x\in E$, 都存在相应的开集 O_{λ_x} (其中 $\lambda_x\in\Lambda$), 使得

$$B(x,\delta)\subseteq O_{\lambda_x}.$$

证明 (反证法) 假设这样的正数 δ 不存在, 则对每个正整数 n, 存在相应的 $x_n\in E$, 使得 x_n 的 $\dfrac{1}{n}$ 邻域 $B\left(x_n,\dfrac{1}{n}\right)$不包含在任何一个 O_λ 中. 因为 E 是有界集, 所以 $\{x_n\}$ 是有界点列. 于是根据列紧性原理知, 存在 $\{x_n\}$ 的子列收敛. 为使记号简单, 不妨设 $\{x_n\}$ 收敛. 记 $x_0=\lim\limits_{n\to\infty}x_n$. 因为 E 是闭集, 所以 $x_0\in E$. 于是由 $\{O_\lambda\}_{\lambda\in\Lambda}$ 是 E 的开覆盖知存在开集 O_{λ_0} (其中 $\lambda_0\in\Lambda$), 使得 $x_0\in O_{\lambda_0}$. 再由 O_{λ_0} 是开集推知存在正数 δ 使得 $B(x_0,\delta)\subseteq O_{\lambda_0}$. 对此 $\delta>0$, 由 $x_0=\lim\limits_{n\to\infty}x_n$ 知存在正整数 N, 使对每个 $n>N$ 都有 $x_n\in B\left(x_0,\dfrac{\delta}{2}\right)$. 从而当 $n>\max\left\{N,\dfrac{2}{\delta}\right\}$ 时就有 $B\left(x_n,\dfrac{1}{n}\right)\subseteq B(x_0,\delta)\subseteq O_{\lambda_0}$, 这就得到了矛盾. 因此, 必存在常数 $\delta>0$, 使对任意一点 $x\in E$, 都存在相应的开集 O_{λ_x} (其中 $\lambda_x\in\Lambda$), 使得 $B(x,\delta)\subseteq O_{\lambda_x}$. 证毕.

定理 14.1.10 也叫做**勒贝格开覆盖定理**. 正数 δ 叫做 E 的开覆盖 $\{O_\lambda\}_{\lambda\in\Lambda}$ 的**勒贝格数**.

习 题 14.1

1. 设 $x,y,x_n,y_n\in\mathbf{R}^m$, $n=1,2,\cdots$, 且 $\lim\limits_{n\to\infty}x_n=x$, $\lim\limits_{n\to\infty}y_n=y$. 证明:

   (1) $\lim\limits_{n\to\infty}(x_n\pm y_n)=x\pm y$; (2) $\lim\limits_{n\to\infty}x_n\cdot y_n=x\cdot y$; (3) $\lim\limits_{n\to\infty}|x_n|=|x|$.

2. 设点列 $x_n\in\mathbf{R}^m$ $(n=1,2,\cdots)$ 满足条件 $\sum\limits_{n=1}^{\infty}|x_{n+1}-x_n|<+\infty$. 证明: $\lim\limits_{n\to\infty}x_n$ 存在.

3. 证明距离函数 $d(x,y)=|x-y|$ 的下列性质:

   (1) $|d(x,y)-d(x,z)|\leqslant d(y,z)$, $\forall x,y,z\in\mathbf{R}^m$;

   (2) $d(x,y)$ 是 x,y 的连续函数, 即若 $\lim\limits_{n\to\infty}x_n=x$, $\lim\limits_{n'\to\infty}y_{n'}=y$, 则 $\lim\limits_{\substack{n\to\infty\\n'\to\infty}}d(x_n,y_{n'})=d(x,y)$, 即 $\forall\varepsilon>0$, $\exists N\in\mathbf{N}$, 使当 $n,n'>N$ 时, 有 $|d(x_n,y_{n'})-d(x,y)|<\varepsilon$.

4. 设 $\boldsymbol{a}\in\mathbf{R}^m$, 而 c 是实数. 证明:

   (1) 点集 $\{x\in\mathbf{R}^m:\boldsymbol{a}\cdot x<c\}$ 和 $\{x\in\mathbf{R}^m:\boldsymbol{a}\cdot x>c\}$ 都是开集;

   (2) 点集 $\{x\in\mathbf{R}^m:\boldsymbol{a}\cdot x=c\}$, $\{x\in\mathbf{R}^m:\boldsymbol{a}\cdot x\leqslant c\}$ 和 $\{x\in\mathbf{R}^m:\boldsymbol{a}\cdot x\geqslant c\}$ 都是闭集.

5. 设 f 是 $(-\infty,+\infty)$ 上的连续函数. 证明:

(1) 点集 $\{(x,y)\in\mathbf{R}^2: -\infty<x<+\infty, y<f(x)\}$ 和 $\{(x,y)\in\mathbf{R}^2: -\infty<x<+\infty, y>f(x)\}$ 都是开集;

(2) 点集 $\{(x,y)\in\mathbf{R}^2: -\infty<x<+\infty, y=f(x)\}$, $\{(x,y)\in\mathbf{R}^2: -\infty<x<+\infty, y\leqslant f(x)\}$ 和 $\{(x,y)\in\mathbf{R}^2: -\infty<x<+\infty, y\geqslant f(x)\}$ 都是闭集.

6. 设 $x_0\in\mathbf{R}^m$, 而 r 是正实数. 证明: (1) 开球 $B(x_0,r)$ 是开集; (2) 闭球 $\overline{B}(x_0,r)$ 是闭集.

7. 设 S, S_1, S_2 是 $\mathbf{R}^m$ 中的任意非空点集. 证明:

(1) 如果 $S_1\subseteq S_2$, 则 $S_1^\circ\subseteq S_2^\circ$, $S_1'\subseteq S_2'$, $\overline{S}_1\subseteq\overline{S}_2$;

(2) $(S^\circ)^\circ=S^\circ$, $(S')'\subseteq S'$, $\overline{(\overline{S})}=\overline{S}$, 因此任意点集 S 的内域 S° 总是开集, 而 S 的导集 S' 和闭包 $\overline{S}$ 都是闭集;

(3) $(S_1\bigcap S_2)^\circ=S_1^\circ\bigcap S_2^\circ$, $(S_1\bigcup S_2)^\circ\supseteq S_1^\circ\bigcup S_2^\circ$;

(4) $(S_1\bigcup S_2)'=S_1'\bigcup S_2'$, $(S_1\bigcap S_2)'\subseteq S_1'\bigcap S_2'$;

(5) $\overline{S_1\bigcup S_2}=\overline{S}_1\bigcup\overline{S}_2$, $\overline{S_1\bigcap S_2}\subseteq\overline{S}_1\bigcap\overline{S}_2$.

8. 证明: 如果 U 是开集而 V 是闭集, 则 $U\backslash V$ 是开集, $V\backslash U$ 是闭集.

9. 设 S 是 $\mathbf{R}^m$ 中的任意非空点集. 证明:

(1) 如果 $T\subseteq\mathbf{R}^m$ 是闭集且 $S\subseteq T$, 则 $\overline{S}\subseteq T$, 因此

$$\overline{S}=\bigcap\{T\subseteq\mathbf{R}^m:\ T\text{ 是闭集且 }T\supseteq S\};$$

(2) 如果 $U\subseteq\mathbf{R}^m$ 是开集且 $S\supseteq U$, 则 $S^\circ\supseteq U$, 因此

$$S^\circ=\bigcup\{U\subseteq\mathbf{R}^m:\ U\text{ 是开集且 }U\subseteq S\}.$$

10. 设 S, S_1, S_2 是 $\mathbf{R}^m$ 中的任意非空点集. 证明:

(1) $\partial S=\overline{S}\bigcap\overline{S^c}$, 因此任意点集 S 的边界 ∂S 总是闭集, 且 $\partial S=\partial S^c$;

(2) $\overline{S}=S\bigcup\partial S$, 因此 S 是闭集当且仅当 $\partial S\subseteq S$;

(3) $\partial(\partial S)\subseteq\partial S$;

(4) $\partial\overline{S}\subseteq\partial S$. 问关系式 $\partial\overline{S}=\partial S$ 是否恒成立? 又问能否从 $S_1\subseteq S_2$ 推出 $\partial S_1\subseteq\partial S_2$?

(5) $\partial(S_1\bigcup S_2)\subseteq\partial S_1\bigcup\partial S_2$, $\partial(S_1\bigcap S_2)\subseteq\partial S_1\bigcup\partial S_2$;

(6) 如果 S_1 和 S_2 都是开集, 且 $S_1\bigcap S_2=\varnothing$, 则 $\partial(S_1\bigcup S_2)=\partial S_1\bigcup\partial S_2$.

11. 对 $S\subseteq\mathbf{R}^m$ 和 $T\subseteq\mathbf{R}^n$, 定义

$$S\times T=\{(x,y)\in\mathbf{R}^{m+n}:\ x\in\mathbf{R}^m,\ y\in\mathbf{R}^n\}.$$

证明:

(1) 如果 S 和 T 都是开集, 则 $S\times T$ 也是开集;

(2) 如果 S 和 T 都是闭集, 则 $S\times T$ 也是闭集.

12. 对 $S\subseteq\mathbf{R}^m$ 和 $x\in\mathbf{R}^m$, 定义 x 到 S 的距离为 $d(x,S)=\inf\limits_{y\in S}d(x,y)$. 证明:

(1) $\overline{S}=\{x\in\mathbf{R}^m:\ d(x,S)=0\}$;

(2) 如果 S 是闭集, 则对任意 $x\in S^c$, 有 $d(x,S)>0$;

(3) 对任意 $r>0$, 点集 $\{x\in\mathbf{R}^m:\ d(x,S)<r\}$ 和 $\{x\in\mathbf{R}^m:\ d(x,S)>r\}$ 都是开集;

(4) 对任意 $r>0$, 点集 $\{x\in\mathbf{R}^m:\ d(x,S)\leqslant r\}$ 和 $\{x\in\mathbf{R}^m:\ d(x,S)\geqslant r\}$ 都是闭集.

13. 证明下列命题:

(1) 如果 S 是闭集, 则对 $\forall x\in S^c$, $\exists y\in S$, 使 $d(x,S)=d(x,y)$;

(2) 有界点集 $S\subseteq\mathbf{R}^m$ 的直径定义为 $\operatorname{diam}(S)=\sup\limits_{x,y\in S}d(x,y)$, 如果 S 是有界闭集, 则 $\exists x,y\in S$, 使 $\operatorname{diam}(S)=d(x,y)$;

(3) 两个点集 $S_1,S_2\subseteq\mathbf{R}^m$ 的距离定义为$d(S_1,S_2)=\inf\limits_{\substack{x\in S_1\\ y\in S_2}}d(x,y)$, 如果 S_1 和 S_2 都是闭集, 且至少有一个是有界集, 则 $\exists x\in S_1$, $\exists y\in S_2$, 使 $d(S_1,S_2)=d(x,y)$.

14. (1) 设 U 是 $\mathbf{R}^m$ 中的开集, V 是 $\mathbf{R}^m$ 中的有界闭集, 且 $V\subseteq U$, 证明: 存在 $\varepsilon>0$ 使 $\mathbf{R}^m$ 中所有满足条件 $d(x,V)<\varepsilon$ 的点 x 都在 U 中;

(2) 设 U 是 $\mathbf{R}^m$ 中的开集, V 是 $\mathbf{R}^m$ 中的有界闭集, 且 $V\subseteq U$, 证明: 存在开集 U_1, 使 $V\subseteq U_1$, $\overline{U}_1\subseteq U$, 且 $d(V,\partial U_1)>0$, $d(\overline{U}_1,\partial U)>0$;

(3) 设 V_1, V_2 是 $\mathbf{R}^m$ 中两个不相交的闭集, 则存在两个不相交的开集 U_1, U_2, 使 $V_1\subseteq U_1$, $V_2\subseteq U_2$.

15. (1) 用有限覆盖定理证明致密性原理;

(2) 用致密性原理证明柯西收敛准则.

16. 设 E 是 $\mathbf{R}^m$ 中的有界闭集, $\{S_\lambda:\lambda\in\varLambda\}$ 是 $\mathbf{R}^m$ 中的一族闭集, 它们中任意有限个与 E 的交都非空. 证明: $\bigcap\limits_{\lambda\in\varLambda}S_\lambda$ 与 E 的交也非空.

14.2 多元函数的概念

本节我们从一些实际的应用问题出发, 引出多元函数的概念.

实际上, 在中册我们已经接触到了两个多元函数, 一个是线段上各点的温度随时间变化的函数, 另一个是弦振动时其上各点的位移函数, 它们都是二元函数. 二元函数是只有两个自变量的多元函数, 一般的多元函数则可能含有更多个自变量. 含有多个自变量的多元函数在应用领域随处可见. 我们来看一些具体的例子.

例 1(弹性力学) 弹性力学研究的是在外力作用下会改变形状, 而撤除外力之后便恢复原状的固体, 即所谓弹性体在外力作用下的运动问题. 所以, 弹性力学研究的一个最基本物理量是位移向量 $\boldsymbol{u}=\boldsymbol{u}(x,y,z,t)$, 这是一个向量函数, 它表示弹性体中原

来坐标为 (x,y,z) 的点在时刻 t 的位移向量, 即 t 时刻的位置与原来的位置所形成的向量. 除此之外, 还必须考虑弹性体中各点与其周围的点因位置发生改变而产生的相互作用力即应力, 以及各点与其周围的点相对位置关系的改变即应变 (它与位移向量可以相互表示), 它们都是点的坐标 (x,y,z) 和时间 t 的函数, 因此都是四元函数. 如果考虑在时刻 t 作用于坐标为 (x,y,z) 的点的外力密度 $\boldsymbol{f}$, 就得到另外一个四元函数, 即外力密度函数 $\boldsymbol{f}=\boldsymbol{f}(x,y,z,t)$.

在热弹性力学中, 除了以上几个物理量外, 还需要考虑弹性体中各点的温度变化情况, 因为除了受可能的外界热源的作用外, 还有因为点之间相对位置的改变而产生的内摩擦导致的温度变化, 所以需要考虑温度函数 $T=T(x,y,z,t)$ 以及与之相关的内能函数 $e=e(x,y,z,t)$.

例 2(流体力学)　流体力学研究的是流体运动的规律, 它所研究的基本物理量与弹性力学相同, 包括位移向量 $\boldsymbol{u}=\boldsymbol{u}(x,y,z,t)$ 和应力、应变等, 只是数学表现形式有所不同. 不过, 流体力学往往还需要考虑流体的密度函数 $\rho=\rho(x,y,z,t)$, 因为许多流体 (如空气) 在受到外力作用时其密度会发生变化. 密度均匀且不会因外力作用而使密度改变的流体叫做不可压缩流体, 否则叫做可压缩流体. 不可压缩流体只是通常的可压缩流体的一种理想化的近似, 所以密度函数 $\rho=\rho(x,y,z,t)$ 在大部分流体力学问题的研究中都会出现.

在海洋流体动力学中, 因为温度是显著地随深度、纬度而变化的, 所以温度函数 $T=T(x,y,z,t)$ 是这门学科必须考虑的一个物理量. 在大气动力学和天气预报学科, 除了流体力学考虑的一般物理量以及温度函数外, 还需要考虑空气的湿度, 即空气中所含水分子的密度. 所以它必须考虑两个密度函数, 一个是空气的密度 $\rho_a=\rho_a(x,y,z,t)$, 另外一个是水分子的密度 $\rho_w=\rho_w(x,y,z,t)$.

例 3(电动力学)　电动力学是研究电磁场的运动规律以及它和带电物质相互作用的一门物理学科. 电动力学所研究的最基本物理量有电场强度 $\boldsymbol{E}=\boldsymbol{E}(x,y,z,t)$, 用以描述电场在空间中坐标为 (x,y,z) 的点在时刻 t 的强度, 它是一个向量函数; 磁感应强度 $\boldsymbol{B}=\boldsymbol{B}(x,y,z,t)$, 用以描述磁场在空间中坐标为 (x,y,z) 的点在时刻 t 的强度, 也是一个向量函数. 由于电场是由电荷激发的, 磁场是由电流激发的, 所以为了研究这两个物理量, 就必须考虑空间中电荷的分布情况即电荷密度 $Q=Q(x,y,z,t)$, 和电流元在空间中的分布情况即电流密度 $I=I(x,y,z,t)$ 等, 这是两个数量函数. 而在这些研究过程中, 又往往需要考虑电磁场的能量函数 $e=e(x,y,z,t)$.

物理学的一些其他分支学科, 如量子力学、广义相对论等, 研究的物理量也多是以 x,y,z,t 为自变量的函数. 气体分子运动论是分子物理学的主要研究课题之一, 它所研究的主要物理量是分子的分布函数 $f=f(P,\boldsymbol{v},t)$, 其中 P 是分子所处的位置, $\boldsymbol{v}$ 是分子运动的速度, t 是时间. 由于 $P=(x,y,z)$ 和 $\boldsymbol{v}=v_1\boldsymbol{i}+v_2\boldsymbol{j}+v_3\boldsymbol{k}$ 都含有三个分量, 所以 f 是有七个自变元 x,y,z,v_1,v_2,v_3 和 t 的多元函数.

总之, 力学、物理学各分支学科研究的物理量基本都是多元函数. 这里不再一一列举了.

例 4(经济学) 现代经济学的研究都是通过对一些经济学模型作数学分析来进行的. 许多的经济学模型都含有多元函数. 例如, 描述商品生产规律的生产函数 $Q = f(L, K)$ 就是以劳动投入量 L 和资本投入量 K 为自变量、以商品的产量 Q 为因变量的二元函数. 最常使用的是下述柯布–道格拉斯生产函数

$$Q = CL^{\alpha}K^{\beta},$$

其中, C, α 和 β 都是正常数, α 为劳动在商品生产中所占比例, β 为资本在商品生产中所占比例. 要计算利润, 则还需要考虑商品价格、劳动力价格以及资本价格 (银行贷款利息) 等因素. 例如, 采用柯布–道格拉斯生产函数来计算利润, 就有

$$Y = (p - s)CL^{\alpha}K^{\beta} - qL - (1 + r)K - M_0,$$

其中, Y 为生产商品所得利润, p, q, r 和 s 分别为商品价格 (指商品的出厂价)、劳动力价格、资本价格以及生产单位量的商品所花费在购置原材料和支出水电费等项目上的费用, M_0 为生产该商品的固定成本, 即租赁或建设厂房、购置机器设备以及机器设备维护等费用的总和. 如果把 p, q, r 和 s 这些量看成常数, 那么利润函数也是以 L 和 K 为自变元的二元函数.

在化学、生物学等学科领域也可找到许多应用多元函数的例子. 总之, 多元函数在实际应用中是相当普遍的. 由于这个原因, 我们在上册学习的一元函数的微积分理论是远远不够用的. 必须进一步发展, 建立多元函数的相应理论.

已经看到, 多元函数就是有多个自变量的函数, 这多个自变量都是互相独立的. 但是, 它们每一个的变化范围既可能是独立的也可能受其他变量的制约. 例如, 长方体的体积 V 是它的三条边的边长 a, b, c 的函数

$$V = abc,$$

a, b, c 的变化范围都是 $(0, +\infty)$, 即 $0 < a < +\infty$, $0 < b < +\infty$, $0 < c < +\infty$, 互相没有关系. 但是球冠的体积 V 是球半径 r 和球冠的高 h 的函数

$$V = \frac{1}{3}\pi h^2(3r - 2h),$$

r 和 h 的变化范围是 $0 < r < +\infty$, $0 < h \leqslant 2r$, 这里 h 的变化范围受到了 r 的制约.

一个有 m 个自变元 $x_1, x_2, \cdots, x_m$ 和一个因变元 u 的多元函数 $u = f(x_1, x_2, \cdots, x_m)$, 无论每个自变元的变化范围是否受其他自变元的制约, 这 m 个自变元 $x_1, x_2, \cdots, x_m$ 联合起来的变化范围, 显然总是欧氏空间 $\mathbf{R}^m$ 的一个非空子集. 所以我们把多元函数定义如下.

定义 14.2.1 设 D 是 $\mathbf{R}^m$ 的一个非空子集, f 是从 D 到 $\mathbf{R}$ 的一个映射, 则称 f 是定义在集合 D 上的m **元函数**, 集合 D 叫做 f 的**定义域**, $\mathbf{R}$ 的子集

$$f(D)=\{f(x_1,x_2,\cdots,x_m):\ (x_1,x_2,\cdots,x_m)\in D\}$$

叫做 f 的**值域**.

对于一般的 m 元函数, 如上述定义用 $x_1,x_2,\cdots,x_m$ 或 $y_1,y_2,\cdots,y_m$ 等符号表示它的 m 个自变元. 但是对二元函数, 一般用 x,y 或 s,t 等符号表示它的两个自变量. 因此, 一般地, 把二元函数表示成

$$u=f(x,y),\qquad v=g(x,y),\qquad w=h(s,t)$$

等. 对于三元函数, 一般用 x,y,z 或 r,s,t 等符号表示它的三个自变量. 因此, 一般地, 把三元函数表示成

$$u=f(x,y,z),\qquad v=g(r,s,t)$$

等.

在一元微积分部分已经看到, 建立一元函数与平面曲线之间的联系, 既可帮助我们借助于几何直观分析和解决微积分理论的问题 (如微分中值定理、积分中值定理等), 也使我们能够应用微积分的方法和成果研究几何问题 (如求曲线的切线、计算平面图形的面积等). 对于多元函数, 自然也希望能够建立它们与几何图形之间的联系. 在 $m=2$, 即二元函数的情形, 这确实是可以办到的.

给定了一个二元函数 f, 设其定义域为 $\mathbf{R}^2$ 的子集 D. 在空间中建立右手直角坐标系 $Oxyz$. 然后对 D 中的每个点 (x,y), 在该坐标系中画出坐标为 $(x,y,f(x,y))$ 的点 P. 当 (x,y) 取遍定义域 D 中的所有点时, 所有对应的点 P 就构成一张曲面. 这个曲面就是二元函数 $z=f(x,y)$ 的几何表示, 称为函数 $z=f(x,y)$ 的**几何图形**或**图像**. 显然, f 的定义域 D 正是曲面 $z=f(x,y)$ 在 Oxy 坐标面上的投影 (图 14-2-1).

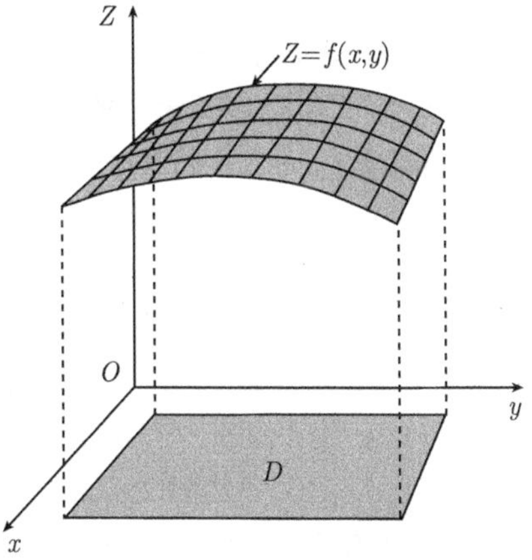

图 14-2-1　二元函数的图像

对于 $m>2$ 的 m 元函数, 受空间维数的限制, 是无法给出其几何表示的. 这时我们只能凭想象来分析一些在 $m=1,2$ 时能够借助于几何直观考虑的问题.

从例 1 ~ 例 3 我们看到, 三维向量函数在物理学中十分常见. 在数学上, 引进更加广泛的向量函数的概念.

定义 14.2.2　设 m,k 是两个正整数, D 是 $\mathbf{R}^m$ 的一个非空子集, $\boldsymbol{F}$ 是从 D 到 $\mathbf{R}^k$ 的一个映射, 则称 $\boldsymbol{F}$ 是定义在集合 D 上的 m 元 k 维**向量函数**. 与此对应地, 定义 14.2.1 中的函数 f 叫**数量函数**. 集合 D 叫 $\boldsymbol{F}$ 的**定义域**, $\mathbf{R}^k$ 的子集

$$\boldsymbol{F}(D)=\{\boldsymbol{F}(x_1,x_2,\cdots,x_m):\ (x_1,x_2,\cdots,x_m)\in D\}$$

叫 $\boldsymbol{F}$ 的**值域**. 对每个 $(x_1,x_2,\cdots,x_m)\in D$ 和 $1\leqslant i\leqslant k$, 用 $F_i(x_1,x_2,\cdots,x_m)$ 表示 $\boldsymbol{F}(x_1,x_2,\cdots,x_m)$ 的第 i 个分量, 则对每个 $1\leqslant i\leqslant k$, 映射

$$(x_1,x_2,\cdots,x_m)\mapsto F_i(x_1,x_2,\cdots,x_m),\qquad \forall(x_1,x_2,\cdots,x_m)\in D$$

是集合 D 上的一个数量函数, 称为向量函数 $\boldsymbol{F}$ 的第 i 个**分量函数**.

数量函数显然是一维向量函数, 所以数量函数是向量函数的特例.

对每个 $1\leqslant i\leqslant k$, 用 $\boldsymbol{e}_i$ 表示 $\mathbf{R}^k$ 中第 i 个分量为 1、其余分量都等于零的向量, 即

$$\boldsymbol{e}_i=(0,\cdots,0,1,0,\cdots,0)\quad(\text{其中 1 位于第 } i \text{ 位}),$$

则 k 维向量函数 $\boldsymbol{F}$ 与它的 k 个分量函数 F_1, F_2, $\cdots$, F_k 的关系为

$$\begin{aligned}\boldsymbol{F}(x_1,x_2,\cdots,x_m)=&(F_1(x_1,x_2,\cdots,x_m),F_2(x_1,x_2,\cdots,x_m),\cdots,F_k(x_1,x_2,\cdots,x_m))\\=&F_1(x_1,x_2,\cdots,x_m)\boldsymbol{e}_1+F_2(x_1,x_2,\cdots,x_m)\boldsymbol{e}_2+\cdots\\&+F_k(x_1,x_2,\cdots,x_m)\boldsymbol{e}_k.\end{aligned}$$

14.3 多元函数的极限

在上册已经看到, 一元函数的连续性、导数、积分等概念都是以极限理论为基础的. 因此, 为了建立多元函数的类似理论, 就必须首先研究多元函数的极限.

多元函数因为自变量多于一个, 所以自变量趋于一个点的过程比一元函数的情形要复杂. 例如, 对于定义在点 (x_0,y_0) 附近的二元函数 $f(x,y)$, (x,y) 趋于 (x_0,y_0) 的方式至少有以下 4 种:

(1) 两个变量 x 和 y 同时分别趋于 x_0 和 y_0;

(2) y 保持等于 y_0 不变, 而只是 x 趋于 x_0 或 x 保持等于 x_0 不变, 而只是 y 趋于 y_0;

(3) (x,y) 沿从 (x_0,y_0) 发出的一条射线趋于 (x_0,y_0);

(4) (x,y) 沿一条经过 (x_0,y_0) 的曲线趋于 (x_0,y_0).

注意方式 (2) 可以看成方式 (4) 的特例. 当然 (x,y) 趋于 (x_0,y_0) 的方式远不止以上这 4 种. 例如, 把 (x,y) 局限在一个以 (x_0,y_0) 为顶点的扇形中, 再让 (x,y) 在此扇形中趋于 (x_0,y_0), 等等. 自变量 (x,y) 以各种不同的变化方式趋于 (x_0,y_0), 就引出了 $f(x,y)$ 在点 (x_0,y_0) 各种不同的极限定义. 下面我们先以一个统一的方式给出多元函数的几种主要的极限定义, 然后再分别具体地讨论这几种极限的性质及其相互之间的关系.

14.3.1 沿集合 S 的极限和全极限

定义 14.3.1 设 D 是 $\mathbf{R}^m$ 中的一个非空点集, f 是定义在 D 上的一个函数. 又设 S 是 D 的一个非空子集, x_0 是 S 的一个聚点, 它既可以在 S 中, 也可以不在 S

中, 甚至可以不在 D 中. 再设 a 是一个实数. 如果对任意给定的 $\varepsilon>0$, 存在相应的 $\delta>0$, 使对任意 $x\in S$, $x\neq x_0$, 只要 $d(x,x_0)<\delta$, 就有

$$|f(x)-a|<\varepsilon,$$

(图 14-3-1) 则称**当 x 沿集合 S 趋于 x_0 时, $f(x)$ 以 a 为极限**, 记作

$$\lim_{\substack{x\to x_0\\ x\in S}} f(x)=a \quad 或 \quad f(x)\to a\ (当 x\to x_0, x\in S).$$

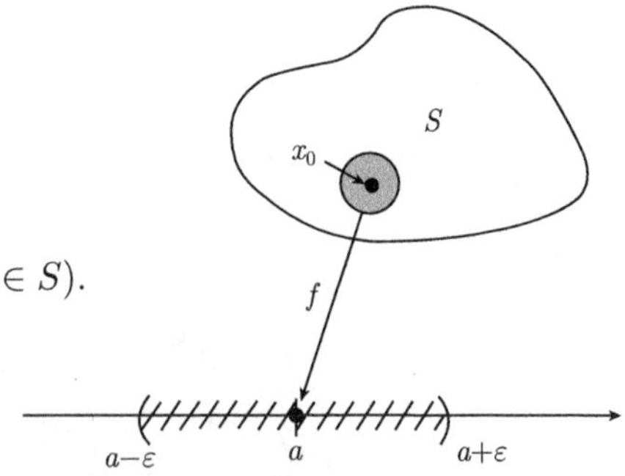

图 14-3-1　函数极限的定义

定义 14.3.1 的一个最重要特殊情形是 S 包含 x_0 的一个空心邻域, 即存在正数 δ_0, 使 $B(x_0,\delta_0)\backslash\{x_0\}\subseteq S$. 我们特别地写出这时的极限定义.

定义 14.3.2　设 x_0 是 $\mathbf{R}^m$ 中的一个点, f 是在 x_0 点附近可能除点 x_0 之外处处有定义的函数. 又设 a 是一个实数, 如果对任意给定的 $\varepsilon>0$, 存在相应的 $\delta>0$, 使得只要 $0<d(x,x_0)<\delta$, 就有

$$|f(x)-a|<\varepsilon,$$

则称**当 x 趋于 x_0 时, $f(x)$ 以 a 为极限**, 记作

$$\lim_{x\to x_0} f(x)=a \quad 或 \quad f(x)\to a\ (当 x\to x_0).$$

习惯上把这种极限叫做 $f(x)$ 在 x_0 点的**全极限**.

和一元函数类似, 人们经常把 $x-x_0$ 记为 Δx, 即 $\Delta x=x-x_0$, 并用 Δx_1, $\Delta x_2,\cdots,\Delta x_m$ 表示 Δx 的 m 个分量, 即

$$\Delta x_1=x_1-x_{01},\quad \Delta x_2=x_2-x_{02},\quad \cdots,\quad \Delta x_m=x_m-x_{0m},$$

其中 $x_{01},x_{02},\cdots,x_{0m}$ 为 x_0 的 m 个分量, 即 $x_0=(x_{01},x_{02},\cdots,x_{0m})$, 因而

$$\Delta x=(\Delta x_1,\Delta x_2,\cdots,\Delta x_m).$$

这时, 极限过程 $x\to x_0$ 也可用符号 $|\Delta x|\to 0$ 表示. 因此, $\lim\limits_{x\to x_0} f(x)=a$ 也可写成

$$\lim_{|\Delta x|\to 0} f(x_0+\Delta x)=a.$$

例 1　设 $\alpha,\beta\geqslant 0$, 且 $\alpha+\beta>2$. 证明: $\lim\limits_{(x,y)\to(0,0)}\dfrac{|x|^\alpha|y|^\beta}{x^2+y^2}=0.$

证明　因为 $|x|\leqslant\sqrt{x^2+y^2}$, $|y|\leqslant\sqrt{x^2+y^2}$, 所以

$$\left|\frac{|x|^\alpha|y|^\beta}{x^2+y^2}\right|\leqslant\frac{(x^2+y^2)^{\frac{\alpha}{2}}(x^2+y^2)^{\frac{\beta}{2}}}{x^2+y^2}=(x^2+y^2)^{\frac{(\alpha+\beta)-2}{2}},\quad (x,y)\neq(0,0).$$

当 $\alpha+\beta>2$ 时, 对任意给定的 $\varepsilon>0$, 取 $\delta=\varepsilon^{\frac{2}{(\alpha+\beta)-2}}$, 则当 $0<\sqrt{x^2+y^2}<\delta$ 时就有

$$\left|\frac{|x|^\alpha|y|^\beta}{x^2+y^2}-0\right|\leqslant(x^2+y^2)^{\frac{(\alpha+\beta)-2}{2}}<\delta^{\frac{(\alpha+\beta)-2}{2}}=\varepsilon,$$

所以 $\lim\limits_{(x,y)\to(0,0)}\dfrac{|x|^\alpha|y|^\beta}{x^2+y^2}=0$.

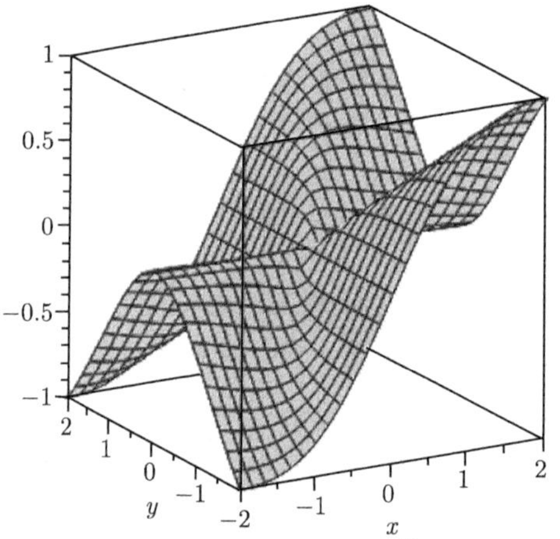

图 14-3-2 函数 $z=\dfrac{xy^2}{x^2+y^2}$ 的图像

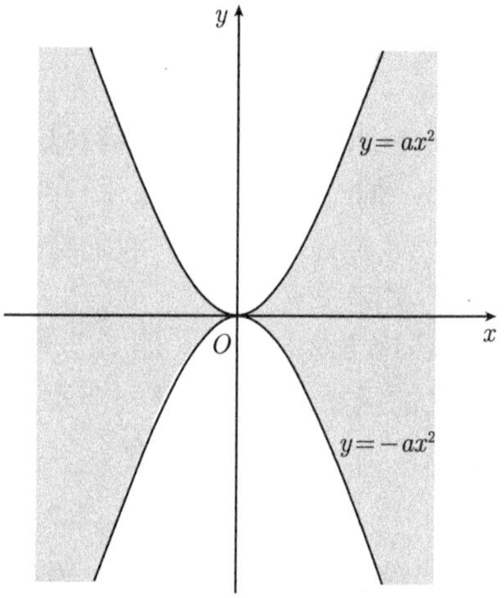

图 14-3-3 例 2 中的集合 S

例 2 设 $a>0$, S 是平面上所有满足 $|y|\leqslant ax^2$ 的点 (x,y) 组成的集合 (图 14-3-3). 证明:

$$\lim_{\substack{(x,y)\to(0,0)\\(x,y)\in S}}\frac{y^2}{x^2+y^2}=0 \quad 或 \quad \lim_{\substack{(x,y)\to(0,0)\\|y|\leqslant ax^2}}\frac{y^2}{x^2+y^2}=0.$$

证明 当 $(x,y)\in S$ 且 $(x,y)\neq(0,0)$ 时, 有

$$0\leqslant\frac{y^2}{x^2+y^2}\leqslant\frac{a^2x^4}{x^2+y^2}\leqslant a^2x^2\leqslant a^2(x^2+y^2).$$

对任意给定的 $\varepsilon>0$, 取 $\delta=\dfrac{\sqrt{\varepsilon}}{a}$, 则当 $0<\sqrt{x^2+y^2}<\delta$ 且 $(x,y)\in S$ 时就有

$$\left|\frac{y^2}{x^2+y^2}-0\right|\leqslant a^2(x^2+y^2)<a^2\delta^2=\varepsilon.$$

所以 $\lim\limits_{\substack{(x,y)\to(0,0)\\(x,y)\in S}}\dfrac{y^2}{x^2+y^2}=0$.

下面我们将会看到, 当 $(x,y)\to(0,0)$ 时, 函数 $f(x,y)=\dfrac{y^2}{x^2+y^2}$ 的全极限不存在. 因此, 例 2 表明, 即使全极限不存在, 函数仍然可能沿某些集合有极限存在.

应用下述定理 14.3.1, 便可证明极限 $\lim\limits_{(x,y)\to(0,0)}\dfrac{y^2}{x^2+y^2}=0$ 不存在.

定理 14.3.1　设 S 是以 x_0 为聚点的点集, 使得 $\lim\limits_{\substack{x\to x_0\\x\in S}}f(x)=a$. 则对 S 的任意一个以 x_0 为聚点的子集 $S_1\subseteq S$ 都有 $\lim\limits_{\substack{x\to x_0\\x\in S_1}}f(x)=a$. 特别地, 如果 $\lim\limits_{x\to x_0}f(x)=a$, 则对 f 的定义域中任意一个以 x_0 为聚点的子集 S 都有 $\lim\limits_{\substack{x\to x_0\\x\in S}}f(x)=a$.

证明　事实上, 由 $\lim\limits_{\substack{x\to x_0\\x\in S}}f(x)=a$ 知对任意给定的 $\varepsilon>0$, 存在相应的 $\delta>0$, 使得只要 $0<d(x,x_0)<\delta$ 且 $x\in S$ 时, 便有

$$|f(x)-a|<\varepsilon.$$

因为 $S_1\subseteq S$, 所以据此可知当 $0<d(x,x_0)<\delta$ 且 $x\in S_1$ 时, 就有

$$|f(x)-a|<\varepsilon.$$

因此 $\lim\limits_{\substack{x\to x_0\\x\in S_1}}f(x)=a$. 证毕.

推论 14.3.1　设函数 f 在点 x_0 附近可能除点 x_0 之外处处有定义. 又设存在两个以 x_0 为聚点的点集 S_1 和 S_2 使得 $\lim\limits_{\substack{x\to x_0\\x\in S_1}}f(x)\neq\lim\limits_{\substack{x\to x_0\\x\in S_2}}f(x)$, 则极限 $\lim\limits_{x\to x_0}f(x)=a$ 不存在.

例 3　证明: 极限 $\lim\limits_{(x,y)\to(0,0)}\dfrac{y^2}{x^2+y^2}=0$ 不存在 (函数 $z=\dfrac{y^2}{x^2+y^2}$ 的图像如图 14-3-4).

证明　令 $S_1=\{(0,y):y\in\mathbf{R}\}$, 则因为当 $(x,y)\in S_1$ 且 $y\neq0$ 时 $\dfrac{y^2}{x^2+y^2}=\dfrac{y^2}{y^2}=1$, 所以

$$\lim_{\substack{(x,y)\to(0,0)\\(x,y)\in S_1}}\frac{y^2}{x^2+y^2}=1.$$

但由例 2 我们知道, 对于集合 $S=\{(x,y)\in\mathbf{R}^2:\ |y|\leqslant ax^2\}$ (a 为任意正数), 有

$$\lim_{\substack{(x,y)\to(0,0)\\(x,y)\in S}}\frac{y^2}{x^2+y^2}=0.$$

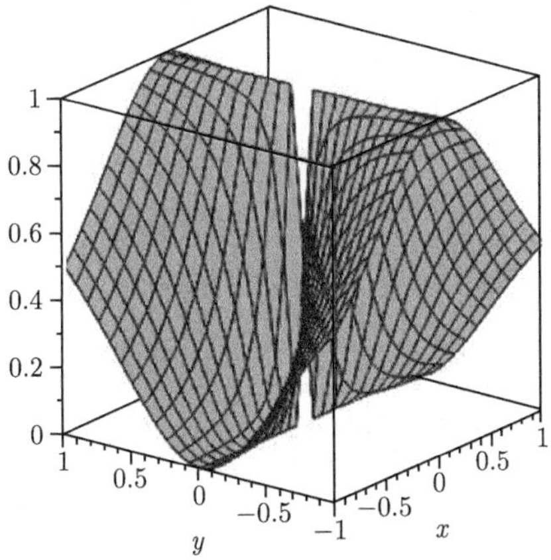

图 14-3-4　例 3 中函数的图像

所以根据推论 14.3.1 知 $\lim\limits_{(x,y)\to(0,0)}\dfrac{y^2}{x^2+y^2}$ 不存在.

不难知道, 多元函数极限的性质和运算法则与一元函数相同, 即成立下列各定理.

定理 14.3.2(极限唯一性) 设 $\lim\limits_{\substack{x\to x_0\\ x\in S}} f(x)=a$ 且 $\lim\limits_{\substack{x\to x_0\\ x\in S}} f(x)=b$, 则 $a=b$.

定理 14.3.3(局部有界性) 设极限 $\lim\limits_{\substack{x\to x_0\\ x\in S}} f(x)$ 存在, 则存在 $\delta>0$ 和 $C>0$ 使成立

$$|f(x)|\leqslant C,\qquad \forall x\in S,\ 0<d(x,x_0)<\delta.$$

定理 14.3.4(保序性) 设 $\lim\limits_{\substack{x\to x_0\\ x\in S}} f(x)=a$, $\lim\limits_{\substack{x\to x_0\\ x\in S}} g(x)=b$, 且存在 $\delta>0$ 使对 $\forall x\in S\backslash\{x_0\}$, 当 $d(x,x_0)<\delta$ 时成立 $f(x)\leqslant g(x)$, 则 $a\leqslant b$.

定理 14.3.5(局部保号性) 设 $\lim\limits_{\substack{x\to x_0\\ x\in S}} f(x)=a$ 且 $a\neq 0$, 则当 $a>0$ 时存在 $\delta>0$ 使对 $\forall x\in S\backslash\{x_0\}$, 当 $d(x,x_0)<\delta$ 时有 $f(x)>0$; 当 $a<0$ 时存在 $\delta>0$ 使对 $\forall x\in S\backslash\{x_0\}$; 当 $d(x,x_0)<\delta$ 时有 $f(x)<0$.

定理 14.3.6(四则运算) 设 $\lim\limits_{\substack{x\to x_0\\ x\in S}} f(x)=a$, $\lim\limits_{\substack{x\to x_0\\ x\in S}} g(x)=b$, 则有

$$\lim_{\substack{x\to x_0\\ x\in S}}[f(x)\pm g(x)]=a\pm b,\qquad \lim_{\substack{x\to x_0\\ x\in S}} f(x)g(x)=ab,\qquad \lim_{\substack{x\to x_0\\ x\in S}}\frac{f(x)}{g(x)}=\frac{a}{b}.$$

最后这个等式要求 $b\neq 0$.

定理 14.3.7(柯西准则) 极限 $\lim\limits_{\substack{x\to x_0\\ x\in S}} f(x)$存在的充要条件是对任意给定的 $\varepsilon>0$, 存在相应的 $\delta>0$, 使对任意 $x,y\in S$, 只要 $0<d(x,x_0)<\delta$ 且 $0<d(y,x_0)<\delta$, 就有

$$|f(x)-f(y)|<\varepsilon.$$

定理 14.3.8(海涅定理) $\lim\limits_{\substack{x\to x_0\\ x\in S}} f(x)=a$ 的充要条件是对 S 中任意收敛于 x_0 但各项都异于 x_0 的点列 $\{x_n\}$ 都有 $\lim\limits_{n\to\infty} f(x_n)=a$.

定理 14.3.2~ 定理 14.3.8 的证明与一元函数极限的相应定理证明类似, 我们只证明定理 14.3.8, 其余的留给读者.

证明 先设 $\lim\limits_{\substack{x\to x_0\\ x\in S}} f(x)=a$, 并设 $\{x_n\}\subseteq S$, $x_n\neq x_0$, $n=1,2,\cdots$, 且 $\lim\limits_{n\to\infty} x_n=x_0$, 要证明 $\lim\limits_{n\to\infty} f(x_n)=a$. 事实上, 对任意给定的 $\varepsilon>0$, 由 $\lim\limits_{\substack{x\to x_0\\ x\in S}} f(x)=a$ 知存在相应的 $\delta>0$, 使对任意 $x\in S$, 只要 $0<d(x,x_0)<\delta$, 便有

$$|f(x)-a|<\varepsilon.$$

而由 $\lim\limits_{n\to\infty} x_n=x_0$ 知对此 $\delta>0$, 存在相应的正整数 N, 使当 $n>N$ 时就有

$$d(x_n,x_0)<\delta.$$

由于对每个 n 都有 $x_n\in S$ 且 $x_n\neq x_0$, 所以上式蕴涵着当 $n>N$ 时就有

$$|f(x_n)-a|<\varepsilon,$$

因此 $\lim\limits_{n\to\infty} f(x_n)=a$.

反过来设对 S 中任意满足条件 $x_n\neq x_0$ $(n=1,2,\cdots)$ 且 $\lim\limits_{n\to\infty} x_n=x_0$ 的点列 $\{x_n\}$ 都有 $\lim\limits_{n\to\infty} f(x_n)=a$. 我们要证明 $\lim\limits_{\substack{x\to x_0\\ x\in S}} f(x)=a$. (反证法) 假设这个关系式不成立, 则存在 $\varepsilon_0>0$, 使对任意给定的 $\delta>0$, 都存在相应的 $x_\delta\in S$ 满足 $0<d(x_\delta,x_0)<\delta$, 但 $|f(x_\delta)-a|\geqslant\varepsilon_0$. 对每个正整数 n, 对 $\delta=\dfrac{1}{n}$ 应用这个结论, 即知存在 $x_n\in S$, 使 $0<d(x_n,x_0)<\dfrac{1}{n}$, 而 $|f(x_n)-a|\geqslant\varepsilon_0$. 于是点列 $\{x_n\}$ 满足 $\{x_n\}\subseteq S$, $x_n\neq x_0$, $n=1,2,\cdots$, 且 $\lim\limits_{n\to\infty} x_n=x_0$. 但是由 $|f(x_n)-a|\geqslant\varepsilon_0$ $(n=1,2,\cdots)$知数列 $\{f(x_n)\}$ 不收敛于 a. 这与假设矛盾. 证毕.

14.3.2　方向极限和沿曲线的极限

除了全极限, 多元函数另外两个重要的极限概念是方向极限和沿曲线的极限, 它们分别是在定义 14.3.1 中取 S 为以 x_0 为顶点的射线和通过点 x_0 的曲线得到的. 确切地说, 对于 $\mathbf{R}^m$ 中给定的非零向量 $\boldsymbol{l}$, 令 L 是以 x_0 为顶点、以 $\boldsymbol{l}$ 为方向向量的射线, 则称极限 $\lim\limits_{\substack{x\to x_0\\ x\in L}} f(x)$ 为 $f(x)$ 在点 x_0 沿 $\boldsymbol{l}$ 方向的**方向极限**(图 14-3-5). 而若 C 是 $\mathbf{R}^m$中通过点 x_0 的一条曲线, 则极限 $\lim\limits_{\substack{x\to x_0\\ x\in C}} f(x)$ 就是 $f(x)$ 在点 x_0**沿曲线 C 的极限**.

按照以上定义, $f(x)$ 沿 $\boldsymbol{l}$ 方向趋于 x_0 时的方向极限就是一元函数 $t\mapsto f(x_0+t\boldsymbol{l})$ 当 $t\to 0^+$ 时的单侧极限

$$\lim_{\substack{x\to x_0\\ x\in L}} f(x)=\lim_{t\to 0^+} f(x_0+t\boldsymbol{l}).$$

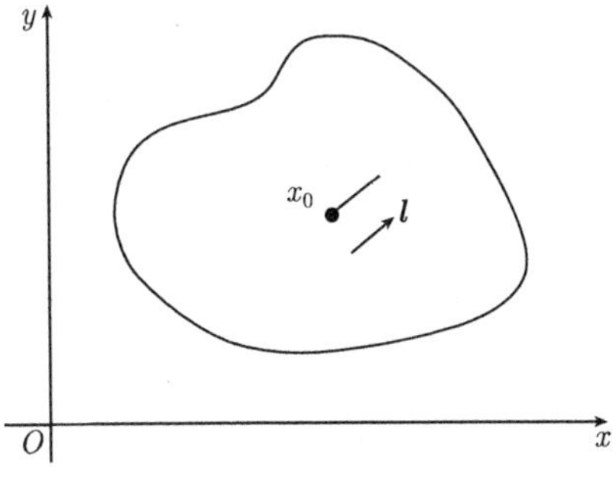

图 14-3-5　方向极限

又设曲线 C 的参数方程为 $x=\varphi(t)$, 即 φ 是从某个开区间 (a,b) 到 $\mathbf{R}^m$ 的一个映射, 使得其像集为曲线 C, 且设 $\varphi(t_0)=x_0$, 其中 $t_0\in(a,b)$, 则 $f(x)$ 沿曲线 C 趋于 x_0 时

的极限就是一元函数 $t \mapsto f(\varphi(t))$ 当 $t \to t_0$ 时的极限

$$\lim_{\substack{x \to x_0 \\ x \in C}} f(x) = \lim_{t \to t_0} f(\varphi(t)).$$

应用定理 14.3.1 我们立刻得到下述定理

定理 14.3.9 设 x_0 是 $\mathbf{R}^m$ 中的一个点, f 是在点 x_0 附近可能除点 x_0 之外处处有定义的函数. 又设 $\lim\limits_{x \to x_0} f(x) = a$. 则对 $\mathbf{R}^m$ 中任意以 x_0 为顶点的射线 L 和任意通过点 x_0 的曲线 C 都有

$$\lim_{\substack{x \to x_0 \\ x \in L}} f(x) = \lim_{\substack{x \to x_0 \\ x \in C}} f(x) = \lim_{x \to x_0} f(x) = a.$$

例 4 考虑二元函数 $f(x,y) = \dfrac{x^2 - y^2}{x^2 + y^2}$ (图 14-3-6).

(1) 求 $f(x,y)$ 在点 $(0,0)$ 沿各方向的方向极限;

(2) 证明全极限 $\lim\limits_{(x,y) \to (0,0)} f(x,y)$ 不存在.

解 (1) 对任意单位向量 $\boldsymbol{l} = (\cos\theta, \sin\theta)$, 有

$$f(t\cos\theta, t\sin\theta) = \frac{t^2\cos^2\theta - t^2\sin^2\theta}{t^2\cos^2\theta + t^2\sin^2\theta} = \cos^2\theta - \sin^2\theta.$$

从而

$$\lim_{t \to 0^+} f(t\cos\theta, t\sin\theta) = \cos^2\theta - \sin^2\theta = \cos 2\theta.$$

所以 $f(x,y)$ 沿 $\boldsymbol{l} = (\cos\theta, \sin\theta)$ 方向趋于点 $(0,0)$ 时的方向极限为 $\cos 2\theta$.

(2) 由于 $f(x,y)$ 沿不同的方向趋于点 $(0,0)$ 时的方向极限不相等, 所以根据定理 14.3.9 知全极限 $\lim\limits_{(x,y) \to (0,0)} f(x,y)$ 不存在.

例 4 中的函数 $f(x,y)$, 虽然在点 $(0,0)$ 沿各方向的方向极限都存在, 但沿不同方向的方向极限不相等, 导致全极限 $\lim\limits_{(x,y) \to (0,0)} f(x,y)$不存在. 有些读者有可能认为如果沿各方向的方向极限不仅存在, 而且沿不同方向的方向极限都相等, 则全极限便存在而且等于这些互相相等的方向极限. 这种看法是不正确的. 下面给出一个反例.

例 5 考虑二元函数

$$f(x,y) = \begin{cases} \dfrac{x^2}{y}, & \text{当} y \neq 0, \\ 0, & \text{当} y = 0. \end{cases} \quad (\text{图 } 14\text{-}3\text{-}7)$$

对平面上的任意单位向量 $\boldsymbol{l} = (\cos\theta, \sin\theta)$, 当 $\theta \neq 0, \pi$ 时有

$$f(t\cos\theta, t\sin\theta) = \frac{t^2\cos^2\theta}{t\sin\theta} = \frac{t\cos^2\theta}{\sin\theta},$$

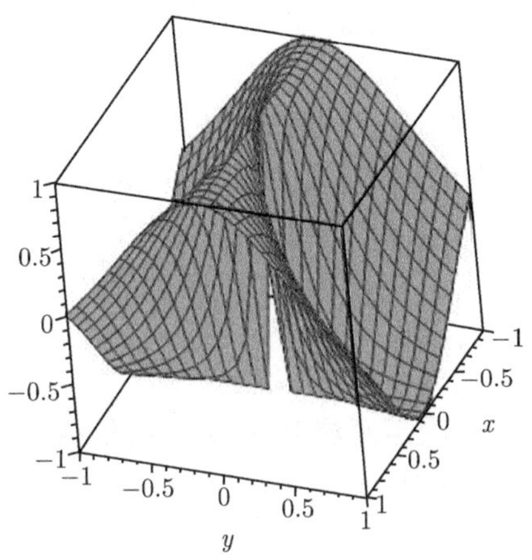

图 14-3-6　例 4 中函数的图像

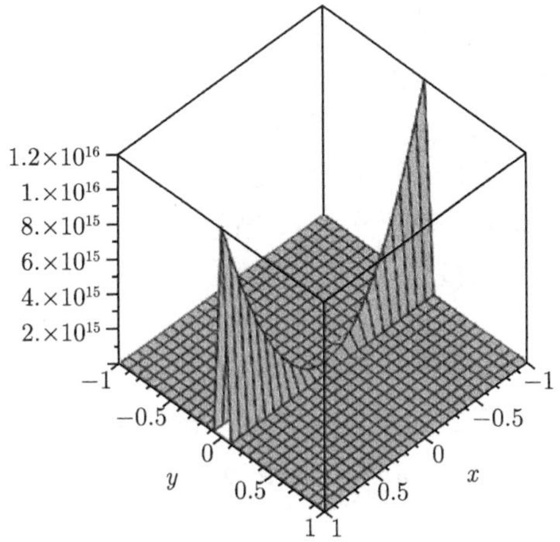

图 14-3-7　例 5 中函数的图像

所以

$$\lim_{t\to 0^+} f(t\cos\theta, t\sin\theta) = 0.$$

当 $\theta = 0, \pi$ 时,

$$f(t\cos\theta, t\sin\theta) = f(\pm t, 0) = 0,$$

所以有

$$\lim_{t\to 0^+} f(t\cos\theta, t\sin\theta) = 0.$$

这说明 $f(x,y)$ 在点 $(0,0)$ 沿任何方向 $\boldsymbol{l} = (\cos\theta, \sin\theta)$ 的方向极限都等于零.

但是 $f(x,y)$ 在点 $(0,0)$ 的全极限 $\lim\limits_{(x,y)\to(0,0)} f(x,y)$不存在. 原因在于如果这个极限存在, 则由定理 14.3.9 和上面的结论, 知必有 $\lim\limits_{(x,y)\to(0,0)} f(x,y) = 0$, 进而再根据定理 14.3.9 知当 (x,y) 沿任意一条通过 $(0,0)$ 的曲线趋于该点时, $f(x,y)$ 的极限都存在并且都等于零. 但是沿着曲线 $y = x^2$ 有

$$\lim_{\substack{(x,y)\to(0,0)\\ y=x^2}} f(x,y) = \lim_{x\to 0} \frac{x^2}{x^2} = 1,$$

而沿着曲线 $y = x^3$ 更有

$$\lim_{\substack{(x,y)\to(0,0)\\ y=x^3}} f(x,y) = \lim_{x\to 0} \frac{x^2}{x^3} = \infty.$$

这就得到了矛盾, 所以全极限 $\lim\limits_{(x,y)\to(0,0)} f(x,y)$ 不可能存在.

仔细分析例 5 便不难发现, 全极限 $\lim\limits_{(x,y)\to(0,0)} f(x,y)$ 不存在的原因在于尽管 $f(x,y)$ 在点 $(0,0)$ 沿任何方向 $\boldsymbol{l} = (\cos\theta, \sin\theta)$ 的方向极限都等于零, 但它沿不同方向 $\boldsymbol{l} =$

$(\cos\theta, \sin\theta)$ 趋于零的快慢程度是不一样的. 沿靠近 Oy 轴的方向趋于零的速度快, 而沿靠近 Ox 轴的方向趋于零的速度慢, 并且沿越靠近 Ox 轴的方向趋于零的速度越慢, 以至于当 $\theta \to 0, \pi$ 时, $f(x, y)$ 沿 $\boldsymbol{l} = (\cos\theta, \sin\theta)$ 方向趋于零的速度无限地变慢. 不难证明, 假如一个多元函数 $f(x)$ 在点 x_0 沿任何方向的方向极限都存在并且相等, 而且沿不同方向趋于极限的快慢是一致的, 则 $f(x)$ 在点 x_0 的全极限存在并且等于这些相等的方向极限.

14.3.3 累次极限

对于二元函数 $f(x, y)$, 先把其中一个变元如 x 固定而求当 $y \to y_0$ 时的极限, 然后再求 $x \to x_0$ 时的极限, 这种极限叫做**累次极限**, 记作 $\lim\limits_{x\to x_0}\lim\limits_{y\to y_0} f(x, y)$, 即

$$\lim_{x\to x_0}\lim_{y\to y_0} f(x, y) = \lim_{x\to x_0}\Big(\lim_{y\to y_0} f(x, y)\Big).$$

类似地可以定义先关于 x 再关于 y 的累次极限为

$$\lim_{y\to y_0}\lim_{x\to x_0} f(x, y) = \lim_{y\to y_0}\Big(\lim_{x\to x_0} f(x, y)\Big).$$

关于累次极限, 最重要的问题是两个累次极限 $\lim\limits_{x\to x_0}\lim\limits_{y\to y_0} f(x, y)$ 和 $\lim\limits_{y\to y_0}\lim\limits_{x\to x_0} f(x, y)$ 是否相等, 或在什么条件下它们相等, 即两个极限运算 $\lim\limits_{x\to x_0}$ 和 $\lim\limits_{y\to y_0}$ 能否交换次序或在什么条件下能够交换次序. 一般地, 这两个累次极限是不一定相等的.

例 6 对于二元函数 $f(x, y) = \dfrac{x^2 - y^2}{x^2 + y^2}$, 有

$$\lim_{x\to 0}\lim_{y\to 0}\frac{x^2 - y^2}{x^2 + y^2} = \lim_{x\to 0}\left(\lim_{y\to 0}\frac{x^2 - y^2}{x^2 + y^2}\right) = \lim_{x\to 0}\frac{x^2}{x^2} = 1,$$
$$\lim_{y\to 0}\lim_{x\to 0}\frac{x^2 - y^2}{x^2 + y^2} = \lim_{y\to 0}\left(\lim_{x\to 0}\frac{x^2 - y^2}{x^2 + y^2}\right) = \lim_{y\to 0}\frac{-y^2}{y^2} = -1.$$

可见

$$\lim_{x\to 0}\lim_{y\to 0}\frac{x^2 - y^2}{x^2 + y^2} \neq \lim_{y\to 0}\lim_{x\to 0}\frac{x^2 - y^2}{x^2 + y^2}.$$

下一个定理给出了两个累次极限 $\lim\limits_{x\to x_0}\lim\limits_{y\to y_0} f(x, y)$ 和 $\lim\limits_{y\to y_0}\lim\limits_{x\to x_0} f(x, y)$ 相等的一个充分条件:

定理 14.3.10 设存在 $\delta_0 > 0$ 使函数 $f(x, y)$ 在矩形 $(x_0 - \delta_0, x_0 + \delta_0) \times (y_0 - \delta_0, y_0 + \delta_0)$ 上可能除点 (x_0, y_0) 之外处处有定义, 且全极限 $\lim\limits_{(x,y)\to(x_0,y_0)} f(x, y)$ 存在. 又设对每个 $x \in (x_0 - \delta_0, x_0 + \delta_0)\backslash\{x_0\}$, 极限 $\lim\limits_{y\to y_0} f(x, y)$ 存在, 并对每个 $y \in (y_0 - \delta_0,$

$y_0+\delta_0)\backslash\{y_0\}$, 极限 $\lim\limits_{x\to x_0} f(x,y)$ 也存在, 则两个累次极限 $\lim\limits_{x\to x_0}\lim\limits_{y\to y_0} f(x,y)$ 和 $\lim\limits_{y\to y_0}\lim\limits_{x\to x_0} f(x,y)$ 都存在, 且

$$\lim_{x\to x_0}\lim_{y\to y_0} f(x,y)=\lim_{y\to y_0}\lim_{x\to x_0} f(x,y)=\lim_{(x,y)\to(x_0,y_0)} f(x,y). \tag{14.3.1}$$

证明　记 $\varphi(x)=\lim\limits_{y\to y_0} f(x,y), \forall x\in(x_0-\delta_0,x_0+\delta_0)\backslash\{x_0\}$ 以及 $\psi(y)=\lim\limits_{x\to x_0} f(x,y)$, $\forall y\in(y_0-\delta_0,y_0+\delta_0)\backslash\{y_0\}$, 并设 $\lim\limits_{(x,y)\to(x_0,y_0)} f(x,y)=a$, 则对任意给定的 $\varepsilon>0$, 存在相应的 $0<\delta<\delta_0$, 使当 $|x-x_0|<\delta, |y-y_0|<\delta$ 且 $(x,y)\neq(x_0,y_0)$ 时, 有

$$|f(x,y)-a|<\varepsilon.$$

对任意 $0<|x-x_0|<\delta$, 在上式中令 $y\to y_0$, 得

$$|\varphi(x)-a|\leqslant\varepsilon,$$

这表明 $\lim\limits_{x\to x_0}\varphi(x)=a$. 同理可证 $\lim\limits_{y\to y_0}\psi(y)=a$. 因此, 两个累次极限 $\lim\limits_{x\to x_0}\lim\limits_{y\to y_0} f(x,y)$ 和 $\lim\limits_{y\to y_0}\lim\limits_{x\to x_0} f(x,y)$ 都存在, 且式 (14.3.1) 成立. 证毕.

需要注意的是, 仅由全极限 $\lim\limits_{(x,y)\to(x_0,y_0)} f(x,y)$存在不能推出累次极限一定存在, 即上述定理中的条件 "极限 $\lim\limits_{x\to x_0} f(x,y)$ 和 $\lim\limits_{y\to y_0} f(x,y)$都存在" 是不可去掉的. 另外, 上述定理的逆命题不成立, 即由两个累次极限都存在且相等不能推出全极限 $\lim\limits_{(x,y)\to(x_0,y_0)} f(x,y)$ 存在.

例 7　对于二元函数 (图 14-3-8)

$$f(x,y)=\begin{cases}(x+y)\sin\dfrac{1}{x}\sin\dfrac{1}{y}, & \text{当} x\neq 0, y\neq 0,\\ 0, & \text{当 } x \text{ 和 } y \text{ 至少有一个为零}.\end{cases}$$

易见

$$\lim_{(x,y)\to(0,0)} f(x,y)=0.$$

但是因为当 $y\neq 0$ 且 $y\neq\dfrac{1}{k\pi}$ (k 为非零整数) 时,

$$\lim_{x\to 0} x\sin\frac{1}{x}\sin\frac{1}{y}=0 \quad \text{而} \quad \lim_{x\to 0} y\sin\frac{1}{x}\sin\frac{1}{y} \quad \text{不存在},$$

所以累次极限 $\lim\limits_{y\to 0}\lim\limits_{x\to 0} f(x,y)$ 不存在. 同理累次极限 $\lim\limits_{x\to 0}\lim\limits_{y\to 0} f(x,y)$ 也不存在.

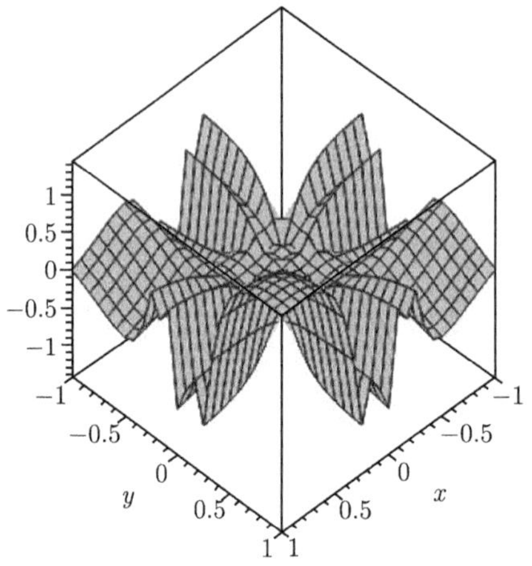

图 14-3-8 例 7 中函数的图像

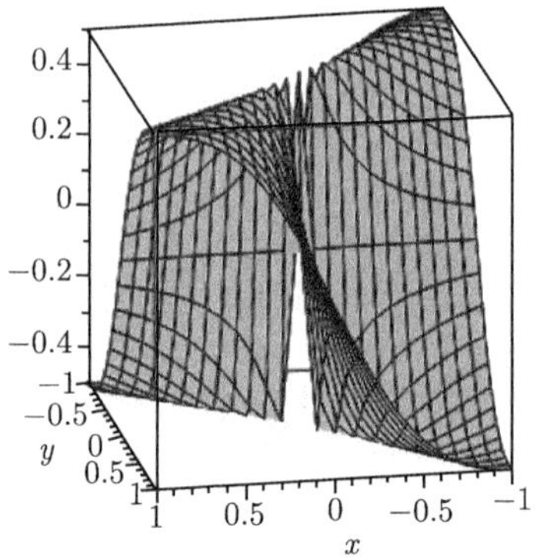

图 14-3-9 例 8 中函数的图像

例 8 对于二元函数 $f(x,y)=\dfrac{xy}{x^2+y^2}$(图 14-3-9), 易知在点 $(0,0)$ 该函数沿不同的方向有不同的方向极限, 所以全极限 $\lim\limits_{(x,y)\to(x_0,y_0)}\dfrac{xy}{x^2+y^2}$ 不存在. 但是易见

$$\lim_{x\to 0}\lim_{y\to 0}\frac{xy}{x^2+y^2}=\lim_{y\to 0}\lim_{x\to 0}\frac{xy}{x^2+y^2}=0.$$

因此, 由两个累次极限存在并且相等不能推出有关全极限的相关结论.

定理 14.3.10 中的 x 和 y 都是一维变量. 不难发现, 当 x 和 y 为高维变量时, 这个定理仍然成立, 即有

定理 14.3.11 设函数 $f(x,y)$, 其中 $x=(x_1,x_2,\cdots,x_{m_1})$, $y=(y_1,y_2,\cdots,y_{m_2})$, 是在 $\mathbf{R}^{m_1+m_2}$ 中的点 (x_0,y_0) (其中, $x_0=(x_{01},x_{02},\cdots,x_{0m_1})$, $y_0=(y_{01},y_{02},\cdots,y_{0m_2})$) 的某个空心邻域 $B(x_0,\delta_1)\times B(y_0,\delta_2)\backslash\{(x_0,y_0)\}$ (其中, $B(x_0,\delta_1)$ 为 $\mathbf{R}^{m_1}$ 中的开球, $B(y_0,\delta_2)$ 为 $\mathbf{R}^{m_2}$ 中的开球) 上有定义的函数, 且全极限 $\lim\limits_{(x,y)\to(x_0,y_0)}f(x,y)$ 存在. 又设对每个 $x\in B(x_0,\delta_1)\backslash\{x_0\}$, 极限 $\lim\limits_{y\to y_0}f(x,y)$ 存在, 并对每个 $y\in B(y_0,\delta_2)\backslash\{y_0\}$, 极限 $\lim\limits_{x\to x_0}f(x,y)$ 也存在, 则两个累次极限 $\lim\limits_{x\to x_0}\lim\limits_{y\to y_0}f(x,y)=\lim\limits_{x\to x_0}\left(\lim\limits_{y\to y_0}f(x,y)\right)$ 和 $\lim\limits_{y\to y_0}\lim\limits_{x\to x_0}f(x,y)=\lim\limits_{y\to y_0}\left(\lim\limits_{x\to x_0}f(x,y)\right)$ 都存在, 且

$$\lim_{x\to x_0}\lim_{y\to y_0}f(x,y)=\lim_{y\to y_0}\lim_{x\to x_0}f(x,y)=\lim_{(x,y)\to(x_0,y_0)}f(x,y).$$

定理 14.3.10 也可从另外一个角度推广.

定理 14.3.12 设函数 $f(x)$, 其中 $x=(x_1,x_2,\cdots,x_m)$, 是在 $\mathbf{R}^m$ 中的点 $x_0=(x_{01},x_{02},\cdots,x_{0m})$ 的某个空心邻域 $B(x_0,\delta)\backslash\{x_0\}$ 上有定义的函数, 且全极限 $\lim\limits_{x\to x_0}f(x)$

存在, 则对 $1,2,\cdots,m$ 的任意一个排列 $i_1,i_2,\cdots,i_m$, 当累次极限

$$\begin{aligned}&\lim_{x_{i_1}\to x_{0i_1}}\lim_{x_{i_2}\to x_{0i_2}}\cdots\lim_{x_{i_m}\to x_{0i_m}}f(x_1,x_2,\cdots,x_m)\\=&\lim_{x_{i_1}\to x_{0i_1}}\left(\lim_{x_{i_2}\to x_{0i_2}}\left(\cdots\left(\lim_{x_{i_m}\to x_{0i_m}}f(x_1,x_2,\cdots,x_m)\right)\cdots\right)\right)\end{aligned}$$

有意义时, 必有

$$\lim_{x_{i_1}\to x_{0i_1}}\lim_{x_{i_2}\to x_{0i_2}}\cdots\lim_{x_{i_m}\to x_{0i_m}}f(x_1,x_2,\cdots,x_m)=\lim_{x\to x_0}f(x).$$

从定理 14.3.12 可知, 当全极限 $\lim\limits_{x\to x_0}f(x)$ 存在时, 对于任意两个累次极限

$$\lim_{x_{i_1}\to x_{0i_1}}\lim_{x_{i_2}\to x_{0i_2}}\cdots\lim_{x_{i_m}\to x_{0i_m}}f(x_1,x_2,\cdots,x_m)$$

和

$$\lim_{x_{j_1}\to x_{0j_1}}\lim_{x_{j_2}\to x_{0j_2}}\cdots\lim_{x_{j_m}\to x_{0j_m}}f(x_1,x_2,\cdots,x_m),$$

其中 $i_1,i_2,\cdots,i_m$ 和 $j_1,j_2,\cdots,j_m$ 是 $1,2,\cdots,m$ 的任意两个排列, 只要它们存在, 则它们便相等且都等于 $\lim\limits_{x\to x_0}f(x)$.

$$\begin{aligned}&\lim_{x_{i_1}\to x_{0i_1}}\lim_{x_{i_2}\to x_{0i_2}}\cdots\lim_{x_{i_m}\to x_{0i_m}}f(x_1,x_2,\cdots,x_m)\\=&\lim_{x_{j_1}\to x_{0j_1}}\lim_{x_{j_2}\to x_{0j_2}}\cdots\lim_{x_{j_m}\to x_{0j_m}}f(x_1,x_2,\cdots,x_m)\\=&\lim_{x\to x_0}f(x).\end{aligned}$$

但是从例 6 知, 由全极限 $\lim\limits_{x\to x_0}f(\boldsymbol{x})$ 存在并不能保证累次极限一定存在.

14.3.4　向量函数的极限

上面讨论的是多元数量函数的极限. 这些内容可以毫无困难地推广到多元向量函数的情形. 我们先写出多元向量函数极限的定义.

定义 14.3.3　设 D 是 $\mathbf{R}^m$ 中的一个非空点集, $\boldsymbol{F}$ 是定义在 D 上的一个 k 维向量函数. 又设 S 是 D 的一个非空子集, x_0 是 S 的一个聚点. 再设 $\boldsymbol{a}$ 是一个 k 维向量. 如果对任意给定的 $\varepsilon>0$, 存在相应的 $\delta>0$, 使对任意 $x\in S$, $x\neq x_0$, 只要 $d(x,x_0)<\delta$, 就有

$$|\boldsymbol{F}(x)-\boldsymbol{a}|<\varepsilon,$$

则称**当** x **沿集合** S **趋于** x_0 **时**, $\boldsymbol{F}(x)$ **以** $\boldsymbol{a}$ **为极限**, 记作

$$\lim_{\substack{x\to x_0\\x\in S}}\boldsymbol{F}(x)=\boldsymbol{a}\quad 或\quad \boldsymbol{F}(x)\to\boldsymbol{a}(当x\to x_0,x\in S).$$

特别地, 如果存在 $\delta_0>0$ 使 $S\supseteq B(x_0,\delta_0)\backslash\{x_0\}$, 则 $\lim\limits_{\substack{x\to x_0\\x\in S}}\boldsymbol{F}(x)$ 简单地记作 $\lim\limits_{x\to x_0}\boldsymbol{F}(x)$, 并称为**当 x 趋于 x_0 时, $\boldsymbol{F}(x)$ 以 $\boldsymbol{a}$ 为极限**.

定理 14.3.13 设 k 维向量函数 $\boldsymbol{F}(x)$ 的分量表示为 $\boldsymbol{F}(x)=(F_1(x),F_2(x),\cdots,F_k(x))$, 而 $\boldsymbol{a}=(a_1,a_2,\cdots,a_k)$, 则 $\lim\limits_{\substack{x\to x_0\\x\in S}}\boldsymbol{F}(x)=\boldsymbol{a}$ 的充要条件是

$$\lim_{\substack{x\to x_0\\x\in S}}F_i(x)=a_i,\quad i=1,2,\cdots,k.$$

特别地, $\lim\limits_{x\to x_0}\boldsymbol{F}(x)=\boldsymbol{a}$ 的充要条件是

$$\lim_{x\to x_0}F_i(x)=a_i,\quad i=1,2,\cdots,k.$$

证明 事实上, 如果 $\lim\limits_{\substack{x\to x_0\\x\in S}}\boldsymbol{F}(x)=\boldsymbol{a}$, 则由

$$|F_i(x)-a_i|\leqslant|\boldsymbol{F}(x)-\boldsymbol{a}|,\qquad i=1,2,\cdots,k,$$

即知对每个 $1\leqslant i\leqslant k$ 都有 $\lim\limits_{\substack{x\to x_0\\x\in S}}F_i(x)=a_i$. 反之, 如果对每个 $1\leqslant i\leqslant k$ 都有 $\lim\limits_{\substack{x\to x_0\\x\in S}}F_i(x)=a_i$, 则由

$$\begin{aligned}|\boldsymbol{F}(x)-\boldsymbol{a}|&=\sqrt{[F_1(x)-a_1]^2+[F_2(x)-a_2]^2+\cdots+[F_k(x)-a_k]^2}\\&\leqslant|F_1(x)-a_1|+|F_2(x)-a_2|+\cdots+|F_k(x)-a_k|,\end{aligned}$$

即知 $\lim\limits_{\substack{x\to x_0\\x\in S}}\boldsymbol{F}(x)=\boldsymbol{a}$. 证毕.

应用定理 14.3.13 或者直接应用向量函数极限的定义, 便可把数量函数极限的除涉及大小比较的性质以外的其他性质都推广到向量函数的情形. 这些工作留给读者, 我们不在这里赘述. 下面只简单地讨论一下向量函数极限的运算规律.

定理 14.3.14 设 $\boldsymbol{F}(x)$ 和 $\boldsymbol{G}(x)$ 都是 k 维向量函数, 且 $\lim\limits_{\substack{x\to x_0\\x\in S}}\boldsymbol{F}(x)=\boldsymbol{a}$, $\lim\limits_{\substack{x\to x_0\\x\in S}}\boldsymbol{G}(x)=\boldsymbol{b}$. 又设 $f(x)$ 是数量函数, 且 $\lim\limits_{\substack{x\to x_0\\x\in S}}f(x)=c$, 则有以下结论:

(1) $\lim\limits_{\substack{x\to x_0\\x\in S}}[\boldsymbol{F}(x)\pm\boldsymbol{G}(x)]=\boldsymbol{a}\pm\boldsymbol{b}$;

(2) $\lim\limits_{\substack{x\to x_0\\x\in S}}[f(x)\boldsymbol{F}(x)]=c\boldsymbol{a}$. 特别地, $\lim\limits_{\substack{x\to x_0\\x\in S}}c\boldsymbol{F}(x)=c\boldsymbol{a}$;

(3) $\lim\limits_{\substack{x\to x_0\\x\in S}}[\boldsymbol{F}(x)\boldsymbol{G}(x)]=\boldsymbol{ab}$, 其中, $\boldsymbol{F}(x)\boldsymbol{G}(x)$ 表示 $\boldsymbol{F}(x)$ 与 $\boldsymbol{G}(x)$的内积, $\boldsymbol{ab}$ 表示 $\boldsymbol{a}$ 与 $\boldsymbol{b}$的内积, 即当 $\boldsymbol{a}=(a_1,a_2,\cdots,a_k)$, $\boldsymbol{b}=(b_1,b_2,\cdots,b_k)$ 时,

$$\boldsymbol{ab}=a_1b_1+a_2b_2+\cdots+a_kb_k;$$

(4) 在 $k=3$ 的情形还成立 $\lim\limits_{\substack{x\to x_0\\ x\in S}}[\boldsymbol{F}(x)\times\boldsymbol{G}(x)]=\boldsymbol{a}\times\boldsymbol{b}$, 其中 $\times$ 表示三维向量的叉积.

这个定理的简单证明留给读者.

习　题　14.3

1. 证明以下极限:

(1) $\lim\limits_{(x,y)\to(0,0)}\dfrac{(x^2+y^2)^{\frac{\alpha}{2}}}{|x|+|y|}=0\ (\alpha>1)$;　(2) $\lim\limits_{(x,y)\to(0,0)}\dfrac{\arctan(xy)}{\sqrt{x^2+y^2}}=0$;

(3) $\lim\limits_{(x,y)\to(0,0)}(x+y)\sin\dfrac{1}{|x|+|y|}=0$;　(4) $\lim\limits_{\substack{(x,y)\to(0,0)\\ x\neq0,y\neq0}}\dfrac{x^2y^2}{\sqrt{1+x^2y^2}-1}=2$;

(5) $\lim\limits_{(x,y)\to(0,0)}x\ln(x^2+y^2)=0$;　(6) $\lim\limits_{(x,y)\to(0,0)}\dfrac{\ln\cos x}{\sqrt{x^2+y^2}}=0$;

(7) $\lim\limits_{(x,y)\to(0,0)}\dfrac{\sin(xy)}{y\tan x}=1$;　(8) $\lim\limits_{\substack{x\to1\\ y\to0}}\dfrac{\ln(x+\mathrm{e}^y)}{\sqrt{x^2+y^2}}=\ln 2$.

2. 对函数 $f(x,y)=\dfrac{x^2y}{x^4+y^2}$ 和下面给定的集合 S, 求极限 $\lim\limits_{\substack{(x,y)\to(0,0)\\ (x,y)\in S}}f(x,y)$:

(1) S 为直线 $y=ax$;　(2) S 为抛物线 $y=ax^2$;

(3) S 为三次曲线 $y=ax^3$;　(4) S 为锥域 $|x|\leqslant a|y|$.

其中 a 为常数, 在 (4) 中 $a>0$.

3. 求以下函数 $f(x,y)$ 在 $(x,y)\to(0,0)$ 时沿各方向的方向极限:

(1) $f(x,y)=\dfrac{ax+by}{\sqrt{x^2+y^2}}$;　(2) $f(x,y)=\dfrac{\sin(xy)}{x^2+y^2}$;

(3) $f(x,y)=\dfrac{x^2y^2}{x^2y^2+(x-y)^2}$;　(4) $f(x,y)=\dfrac{|x|^\alpha|y|^\beta}{x^2+y^4}\ (\alpha>0,\beta>0)$.

4. 设 α,β 是正常数. 证明: 当 $\alpha+2\beta>2$ 时,

$$\lim_{(x,y)\to(0,0)}\frac{|x|^\alpha|y|^\beta}{\sqrt{x^4+y^2}}=0;$$

而当 $\alpha+2\beta\leqslant2$ 时, 上述极限不存在.

5. 对函数 $f(x,y)=\dfrac{x^2y^2}{(x^2+|y|)^3}$, 证明:

(1) 当 $(x,y)\to(0,0)$ 时, $f(x,y)$ 沿各方向的方向极限都等于零;

(2) $\lim\limits_{(x,y)\to(0,0)}f(x,y)$ 不存在.

6. 对函数 $f(x,y)=\dfrac{x^2y^2}{x^4+y^4-x^2y^2}$, 证明:

(1) $\lim\limits_{y\to 0}\lim\limits_{x\to 0} f(x,y)=\lim\limits_{x\to 0}\lim\limits_{y\to 0} f(x,y)$; (2) $\lim\limits_{(x,y)\to(0,0)} f(x,y)$ 不存在.

7. 讨论下列函数 $f(x,y)$ 在点 $(0,0)$ 的全极限和两个累次极限:

(1) $f(x,y)=\dfrac{|x-y|}{|x|+|y|}$;　　(2) $f(x,y)=\dfrac{\sin(xy)}{x^2+y^2}$;

(3) $f(x,y)=\sin\dfrac{x^4}{x^4+y^4}$;　　(4) $f(x,y)=\dfrac{x^3+y^2}{x^2+|y|}$;

(5) $f(x,y)=\dfrac{|x+y|}{\sin|x+y|+\sin|x-y|}$;　　(6) $f(x,y)=\dfrac{x^4y^4}{(x^2+y^4)^3}$.

8. 给出以下各类型极限的定义:

(1) $\lim\limits_{(x,y)\to(x_0,y_0)} f(x,y)=+\infty$;　　(2) $\lim\limits_{\substack{x\to+\infty\\ y\to+\infty}} f(x,y)=A$;

(3) $\lim\limits_{\substack{x\to x_0\\ y\to+\infty}} f(x,y)=A$;　　(4) $\lim\limits_{\substack{x\to x_0\\ y\to+\infty}} f(x,y)=+\infty$.

9. 求以下极限:

(1) $\lim\limits_{(x,y)\to(0,0)} \dfrac{ax+by}{x^2+y^2}$;　　(2) $\lim\limits_{\substack{x\to+\infty\\ y\to+\infty}} \dfrac{\cos(x^3y^4)}{x^2+y^2}$;

(3) $\lim\limits_{\substack{x\to+\infty\\ y\to+\infty}} (x^2+y^2)\mathrm{e}^{-(x+y)}$;　　(4) $\lim\limits_{\substack{x\to+\infty\\ y\to 0}} \left(1+\dfrac{1}{x}\right)^{\frac{x^3}{x^2+y^2}}$;

(5) $\lim\limits_{\substack{x\to+\infty\\ y\to+\infty}} \left(\dfrac{xy}{x^2+y^2}\right)^{x^2+y^2}$;　　(6) $\lim\limits_{(x,y)\to(0,0)} (x^2+y^2)^{x^2y^2}$.

10. 设 $f(x)$ 是定义在 $(-\infty,+\infty)$ 上的函数, 它在每个有限区间上都黎曼可积.

(1) 证明广义积分 $\displaystyle\int_{-\infty}^{+\infty} f(x)\mathrm{d}x$ 收敛的充要条件是极限 $\lim\limits_{\substack{a\to-\infty\\ b\to+\infty}} \displaystyle\int_a^b f(x)\mathrm{d}x$ 存在, 而且这时成立

$$\int_{-\infty}^{+\infty} f(x)\mathrm{d}x=\lim_{\substack{a\to-\infty\\ b\to+\infty}}\int_a^b f(x)\mathrm{d}x;$$

(2) 是否成立 $\displaystyle\int_{-\infty}^{+\infty} f(x)\mathrm{d}x=\lim_{a\to+\infty}\int_{-a}^{a} f(x)\mathrm{d}x$, 在什么条件下此式成立?

11. 设 $a<0<b$, 函数 $f(x)$ 的定义域为 $[a,0)\bigcup(0,b]$, 它在每个形如 $[a,-\varepsilon]$ 和 $[\varepsilon,b]$ 的区间上都黎曼可积 (ε 为任意充分小的正数), 且 $\lim\limits_{x\to 0} f(x)=\infty$.

(1) 证明广义积分 $\displaystyle\int_a^b f(x)\mathrm{d}x$ 收敛的充要条件是极限 $\lim\limits_{\substack{\varepsilon\to 0^+\\ \varepsilon'\to 0^+}}\left[\displaystyle\int_a^{-\varepsilon} f(x)\mathrm{d}x+\int_{\varepsilon'}^b f(x)\mathrm{d}x\right]$ 存在, 而且这时成立

$$\int_a^b f(x)\mathrm{d}x=\lim_{\substack{\varepsilon\to 0^+\\ \varepsilon'\to 0^+}}\left[\int_a^{-\varepsilon} f(x)\mathrm{d}x+\int_{\varepsilon'}^b f(x)\mathrm{d}x\right];$$

(2) 是否成立 $\int_a^b f(x)\mathrm{d}x = \lim_{\varepsilon\to0^+}\left[\int_a^{-\varepsilon} f(x)\mathrm{d}x + \int_\varepsilon^b f(x)\mathrm{d}x\right]$, 在什么条件下此式成立?

12. 证明定理 14.3.14 的结论 (3) 和结论 (4).

14.4　多元连续函数

14.4.1　多元函数连续性的定义与运算

建立了多元函数极限的概念, 多元函数连续性的概念就很容易给出了.

定义 14.4.1　设 D 是 $\mathbf{R}^m$ 中的一个非空点集, f 是定义在 D 上的函数, $x_0 \in D$ 且 x_0 是 D 的聚点. 如果成立

$$\lim_{\substack{x\to x_0\\ x\in D}} f(x) = f(x_0),$$

即对任意给定的 $\varepsilon > 0$, 存在相应的 $\delta > 0$, 使对任意 $x \in D$, 只要 $d(x, x_0) < \delta$, 就有

$$|f(x) - f(x_0)| < \varepsilon,$$

则称 f**在点** x_0 **沿** D **连续**. 特别地, 如果 x_0 是 D 的内点, 即存在正数 δ_0 使 $B(x_0, \delta_0) \subseteq D$, 则简单地说$f$ **在点** x_0 **连续**.

以后, 当函数 f 在点 x_0 沿 D 连续时, 我们将简单地说 f 在点 x_0 连续, 省去 "沿 D" 的说法. 规定 D 上的任何函数都在 D 的每个孤立点处连续.

定理 14.4.1　设 f 和 g 是定义在 $D \subseteq \mathbf{R}^m$ 上的两个函数, $x_0 \in D$ 且 x_0 是 D 的聚点. 如果 f 和 g 都在点 x_0 连续, 则 $f \pm g$ 和 fg 也都在点 x_0 连续, 并且当 $g(x_0) \neq 0$ 时, f/g 也在点 x_0 连续.

证明　由 f 和 g 都在点 x_0 连续可知

$$\lim_{\substack{x\to x_0\\ x\in D}} f(x) = f(x_0), \qquad \lim_{\substack{x\to x_0\\ x\in D}} g(x) = g(x_0).$$

根据极限的四则运算法则有

$$\lim_{\substack{x\to x_0\\ x\in D}} [f(x) \pm g(x)] = f(x_0) \pm g(x_0), \qquad \lim_{\substack{x\to x_0\\ x\in D}} [f(x)g(x)] = f(x_0)g(x_0),$$

并且当 $g(x_0) \neq 0$ 时,

$$\lim_{\substack{x\to x_0\\ x\in D}} \frac{f(x)}{g(x)} = \frac{f(x_0)}{g(x_0)}.$$

因此, $f \pm g$ 和 fg 都在点 x_0 连续, 并且当 $g(x_0) \neq 0$ 时, f/g 也在点 x_0 连续. 证毕.

对于多元向量函数, 也可类似地定义它的连续性.

定义 14.4.2 设 D 是 $\mathbf{R}^m$ 中的一个非空点集, $\boldsymbol{F}$ 是定义在 D 上的一个 k 维向量函数, 即 $\boldsymbol{F}: D \to \mathbf{R}^k$. 又设 $x_0 \in D$ 且 x_0 是 D 的聚点. 如果成立

$$\lim_{\substack{x \to x_0 \\ x \in D}} \boldsymbol{F}(x) = \boldsymbol{F}(x_0),$$

即对任意给定的 $\varepsilon > 0$, 存在相应的 $\delta > 0$, 使对任意 $x \in D$, 只要 $d(x, x_0) < \delta$, 就有

$$|\boldsymbol{F}(x) - \boldsymbol{F}(x_0)| < \varepsilon,$$

则称向量函数 **$\boldsymbol{F}$在点 x_0 沿 D 连续**. 特别地, 如果 x_0 是 D 的内点, 即存在正数 δ_0 使 $B(x_0, \delta_0) \subseteq D$, 则简单地说**$\boldsymbol{F}$ 在点 x_0 连续**.

根据向量函数极限的运算规则可得下列定理.

定理 14.4.2 向量函数 $\boldsymbol{F}$ 在点 x_0 连续的充要条件是它的每个分量函数都在点 x_0 连续.

应用定理 14.4.2 和定理 14.4.1, 可得下列定理 14.4.3 和定理 14.4.4.

定理 14.4.3 设 $\boldsymbol{F}$ 和 $\boldsymbol{G}$ 是定义在 $D \subseteq \mathbf{R}^m$ 上的两个 k 维向量函数, 即 $\boldsymbol{F}, \boldsymbol{G}: D \to \mathbf{R}^k$, 而 f 是定义在 D 上的数量函数. 又设 $x_0 \in D$ 且 x_0 是 D 的聚点. 如果 $\boldsymbol{F}$, $\boldsymbol{G}$ 和 f 都在点 x_0 连续, 则 $\boldsymbol{F} \pm \boldsymbol{G}$, $f\boldsymbol{F}$ 和 $\boldsymbol{F}\boldsymbol{G}$ 也都在点 x_0 连续, 并且当 $k = 3$ 时, $\boldsymbol{F} \times \boldsymbol{G}$ 也在点 x_0 连续.

定理 14.4.4(复合函数的连续性) 设 $\boldsymbol{F}$ 是定义在 $\mathbf{R}^m$ 的子集 D 上的 k 维向量函数, $\boldsymbol{G}$ 是定义在 $\mathbf{R}^k$ 的子集 E 上的数量或向量函数, 且 $\boldsymbol{F}$ 的值域包含在 E 中, 即 $\boldsymbol{F}(D) \subseteq E$, 从而复合函数 $(\boldsymbol{G} \circ \boldsymbol{F})(x) = \boldsymbol{G}(\boldsymbol{F}(x))$ $(\forall x \in D)$ 有意义. 假设 $\boldsymbol{F}$ 在点 $x_0 \in D$ 连续, 且 $\boldsymbol{G}$ 在点 $y_0 = \boldsymbol{F}(x_0)$ 连续, 则复合函数 $\boldsymbol{G} \circ \boldsymbol{F}$ 也在点 x_0 连续. 如果 $\boldsymbol{F}$ 在集合 D 上连续, $\boldsymbol{G}$ 在集合 E 上连续, 则复合函数 $\boldsymbol{G} \circ \boldsymbol{F}$ 也在集合 D 上连续.

证明 由 $\boldsymbol{G}$ 在点 $y_0 = \boldsymbol{F}(x_0)$ 连续知, 对任意给定的 $\varepsilon > 0$, 存在相应的 $\delta > 0$, 使对任意 $y \in E$, 只要 $d(y, y_0) < \delta$, 就有

$$|\boldsymbol{G}(y) - \boldsymbol{G}(y_0)| < \varepsilon.$$

又由 $\boldsymbol{F}$ 在 $x_0 \in D$ 点连续知, 对此 $\delta > 0$, 存在相应的 $\sigma > 0$, 使对任意 $x \in D$, 只要 $d(x, x_0) < \sigma$, 就有

$$|\boldsymbol{F}(x) - y_0| = |\boldsymbol{F}(x) - \boldsymbol{F}(x_0)| < \delta.$$

于是, 对任意 $x \in D$, 只要 $d(x, x_0) < \sigma$, 就有

$$|\boldsymbol{G}(F(x)) - \boldsymbol{G}(\boldsymbol{F}(x_0))| = |\boldsymbol{G}(\boldsymbol{F}(x)) - \boldsymbol{G}(y_0)| < \varepsilon.$$

因此 $\boldsymbol{G} \circ \boldsymbol{F}$ 在点 x_0 连续. 如果 $\boldsymbol{F}$ 在集合 D 上连续, $\boldsymbol{G}$ 在集合 E 上连续, 则对 D 中的每个点都应用上述结论, 即知 $\boldsymbol{G} \circ \boldsymbol{F}$ 在集合 D 上连续. 证毕.

14.4.2　多元连续函数的性质

关于有界闭区间上的一元连续函数, 有四个重要定理: 有界性定理, 最大最小值定理, 介值定理, 和一致连续性定理. 这些定理是一元函数微积分理论的基础, 它们都可推广到多元函数的情形. 这四个定理中, 除了介值定理用到了区间的连通性之外, 其他三个定理都只用到了有界闭区间的紧性, 即有界闭区间中的任意一个点列都有收敛的子列, 它的任意一个开覆盖都有有限的子覆盖等性质. 因此, 在把这些定理推广到高维情形时, 除了介值定理需要函数是定义在一个有界闭区域上之外, 其他三个定理都只需要函数定义在有界闭集上.

定理 14.4.5(有界性定理)　设 E 是 $\mathbf{R}^m$ 中的有界闭集, f 是 E 上的连续函数, 则 f 在 E 上有界, 即存在常数 $M>0$ 使得

$$|f(x)| \leqslant M, \qquad \forall x \in E.$$

证明　(反证法) 假设结论不成立, 则对每个正整数 n, 都存在相应的点 $x_n \in E$, 使得

$$|f(x_n)| > n. \tag{14.4.1}$$

因为 $x_n \in E$, $n=1,2,\cdots$, 而 E 是有界集, 所以 $\{x_n\}$ 是有界点列. 因此根据致密性原理知, $\{x_n\}$ 有子列收敛. 设 $\{x_{n_k}\}$ 是这样一个子列, 并记 $x_0 = \lim\limits_{k\to\infty} x_{n_k}$. 因为 E 是闭集, 所以 $x_0 \in E$. 这样由函数 f 在 E 上的连续性, 可知

$$\lim_{k\to\infty} f(x_{n_k}) = f(x_0). \tag{14.4.2}$$

另一方面, 由式 (14.4.1) 知

$$|f(x_{n_k})| > n_k, \quad k=1,2,\cdots,$$

这意味着 $\lim\limits_{k\to\infty} f(x_{n_k}) = \infty$, 而和式 (14.4.2) 矛盾. 因此假设错误, 说明 f 在 E 上有界. 证毕.

定理 14.4.6(最大最小值定理)　设 E 是 $\mathbf{R}^m$ 中的有界闭集, f 是 E 上的连续函数. 则 f 在 E 上达到最大值和最小值, 即存在点 $\bar{x} \in E$ 和 $\tilde{x} \in E$ 使得

$$f(\bar{x}) \leqslant f(x) \leqslant f(\tilde{x}), \quad \forall x \in E.$$

证明一　(直接证明法) 因为 E 是有界闭集且 f 在 E 上连续, 所以根据定理 14.4.5 知, f 在 E 上有界, 即其值域是 $\mathbf{R}$ 中的有界集, 从而有上、下确界. 记

$$a = \inf_{x\in E} f(x), \quad b = \sup_{x\in E} f(x).$$

由 a 的定义可知, 对每个正整数 n 都存在相应的点 $x_n \in E$, 使得

$$a \leqslant f(x_n) < a + \frac{1}{n}, \qquad n = 1, 2, \cdots. \tag{14.4.3}$$

与定理 14.4.5 的证明类似地可知, $\{x_n\}$ 有子列 $\{x_{n_k}\}$ 收敛于某个点 $\bar{x} \in E$. 根据函数 f 在 E 上的连续性和式 (14.4.3), 我们有

$$f(\bar{x}) = \lim_{k\to\infty} f(x_{n_k}) = a,$$

说明 $\bar{x}$ 是 f 在 E 上的最小值点. 同理可证存在 $\tilde{x} \in E$ 使得 $f(\tilde{x}) = b$, 即 $\tilde{x}$ 是 f 在 E 上的最大值点. 证毕.

证明二 (反证法) 假设 f 在 E上达不到下确界 a. 考虑函数 $g(x) = \dfrac{1}{f(x) - a}$, $\forall x \in E$. 因为 $f(x) > a, \forall x \in E$, 所以函数 g 在 E 上处处有定义且根据连续函数的运算知 g 在 E 上连续, 因而在 E 上有界. 特别地, 存在常数 $A > 0$ 使得

$$g(x) \leqslant A, \qquad \forall x \in E.$$

从这个不等式有

$$f(x) \geqslant a + \frac{1}{A}, \qquad \forall x \in E,$$

而这与 a 是 f 在 E 上的下确界的定义相矛盾. 因此 f 必在 E 上达到下确界. 同理可证 f 也必在 E 上达到上确界. 证毕.

定理 14.4.7(一致连续性定理) 设 E 是 $\mathbf{R}^m$ 中的有界闭集, f 是 E 上的连续函数, 则 f 在 E 上一致连续, 即对任意给定的 $\varepsilon > 0$, 存在相应的 $\delta > 0$, 使对任意 $x, y \in E$, 只要 $d(x, y) = |x - y| < \delta$, 就有

$$|f(x) - f(y)| < \varepsilon.$$

证明一 (反证法) 假设 f 在 E 上不一致连续, 则存在 $\varepsilon_0 > 0$, 使对任意 $\delta > 0$, 都存在相应的 $x_\delta, y_\delta \in E$, 它们满足 $d(x_\delta, y_\delta) < \delta$, 但有

$$|f(x_\delta) - f(y_\delta)| \geqslant \varepsilon_0.$$

特别地, 对每个正整数 n 取 $\delta = \dfrac{1}{n}$, 则就得到相应的两个点 $x_n, y_n \in E$, 它们满足 $d(x_n, y_n) < \dfrac{1}{n}$, 但有

$$|f(x_n) - f(y_n)| \geqslant \varepsilon_0. \tag{14.4.4}$$

点列 $\{x_n\}$ 中的点都在 E 中, 因此由 E是有界闭集, 与前面类似地可知它有子列 $\{x_{n_k}\}$ 收敛于 E 中的某个点 x_0. 由于 $d(x_n, y_n) < \dfrac{1}{n}$, $n = 1, 2, \cdots$, 所以 $\{y_n\}$的对应子列

$\{y_{n_k}\}$ 也收敛于 x_0. 由 $x_0 \in E$ 知 f 在点 x_0 连续, 所以

$$\lim_{k\to\infty} |f(x_{n_k}) - f(y_{n_k})| = |f(x_0) - f(x_0)| = 0.$$

另一方面, 由式 (14.4.4) 知

$$|f(x_{n_k}) - f(y_{n_k})| \geqslant \varepsilon_0, \qquad k = 1, 2, \cdots.$$

这就得到了矛盾. 因此 f 必在 E 上一致连续. 证毕.

证明二　(直接证明法) 由于 f 是 E 上的连续函数, 所以对任意给定的 $\varepsilon > 0$ 和任意一点 $x_0 \in E$, 都存在相应的 $\delta_{x_0} > 0$, 使对任意 $x \in E$, 只要 $d(x, x_0) < \delta_{x_0}$, 就有

$$|f(x) - f(x_0)| < \frac{\varepsilon}{2}.$$

开球族 $\{B(x_0, \frac{1}{2}\delta_{x_0}) : x_0 \in E\}$ 显然是集合 E 的一个开覆盖, 所以由 E 是有界闭集, 应用有限覆盖定理知, 存在这个开球族中的有限个开球 $B(x_1, \frac{1}{2}\delta_{x_1})$, $B(x_2, \frac{1}{2}\delta_{x_2})$, $\cdots$, $B(x_N, \frac{1}{2}\delta_{x_N})$ (其中 $x_1, x_2, \cdots, x_N \in E$), 它们已经完全覆盖了 E

$$E \subseteq \bigcup_{j=1}^{N} B(x_j, \frac{1}{2}\delta_{x_j}).$$

令 $\delta = \frac{1}{2}\min\{\delta_{x_1}, \delta_{x_2}, \cdots, \delta_{x_N}\}$, 则可证对任意 $x, y \in E$, 只要 $d(x, y) < \delta$, 就有

$$|f(x) - f(y)| < \varepsilon.$$

事实上, 对任意满足 $d(x, y) < \delta$ 的 $x, y \in E$, 由于 $B(x_1, \frac{1}{2}\delta_{x_1})$, $B(x_2, \frac{1}{2}\delta_{x_2})$, $\cdots$, $B(x_N, \frac{1}{2}\delta_{x_N})$ 覆盖了 E, 所以存在 $1 \leqslant j \leqslant N$ 使得 $x \in B(x_j, \frac{1}{2}\delta_{x_j})$. 因为 $d(x, y) < \delta \leqslant \frac{1}{2}\delta_{x_j}$, 所以由此推知 $x, y \in B(x_j, \delta_{x_j})$, 进而

$$|f(x) - f(y)| \leqslant |f(x) - f(x_j)| + |f(y) - f(x_j)| < \frac{\varepsilon}{2} + \frac{\varepsilon}{2} = \varepsilon.$$

这就证明了前述断言. 证毕.

证明三　(第二种直接证明法) 与证明二类似, 但不是用有限覆盖定理, 而是用勒贝格开覆盖定理, 因而稍微简单一些. 我们留给读者完成.

为了把一元函数的介值定理推广到多元函数, 先介绍以下概念.

定义 14.4.3　设 S 是 $\mathbf{R}^m$ 中的一个非空点集.

(1) 如果对任意两点 $P, Q \in S$, 都存在 $\mathbf{R}^m$ 中以这两点为端点的连续曲线 C(图 14-4-1) 完全含于 S, 即存在连续映射 $\varphi : [0, 1] \to \mathbf{R}^m$ (φ 是区间 $[0, 1]$ 上连续的一元

m 维向量函数), 使得 $\varphi(0)=P$, $\varphi(1)=Q$, 且 $\varphi(t)\in S$, $\forall t\in[0,1]$, 则称 S 为**道路连通集**.

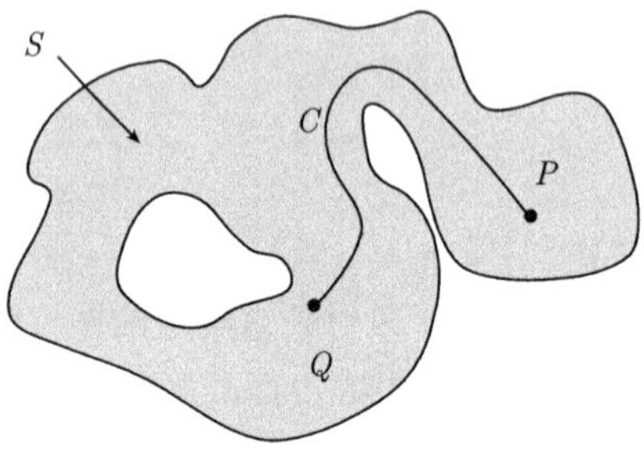

图 14-4-1 道路连通集

(2) 如果 S 既是开集又是道路连通集, 则称 S 为**开区域**.

(3) 如果 S 既是闭集又是道路连通集, 则称 S 为**闭区域**.

(4) 如果 S 的内域 S° 是开区域, 闭包 $\overline{S}$ 是闭区域, 则称 S 为**区域**.

在有些书上, 区域仅指开区域. 这一点请读者在阅读参考书时务必注意.

定理 14.4.8(介值定理) 设 E 是 $\mathbf{R}^m$ 中的有界闭区域, f 是 E 上的连续函数. 令

$$a=\inf_{x\in E}f(x),\quad b=\sup_{x\in E}f(x),$$

则对任意实数 $a\leqslant\eta\leqslant b$, 存在 $\xi\in E$ 使得 $f(\xi)=\eta$.

证明 根据最大最小值定理知, 存在点 $\bar{x}\in E$ 和 $\tilde{x}\in E$ 使得

$$f(\bar{x})=a,\quad f(\tilde{x})=b.$$

因为 E 是闭区域, 因而是道路连通集, 所以存在连续曲线 $\varphi:[0,1]\to\mathbf{R}^m$, 使得 $\varphi(0)=\bar{x}$, $\varphi(1)=\tilde{x}$, 且 $\varphi(t)\in E$, $\forall t\in[0,1]$. 考虑复合函数 $g(t)=f(\varphi(t))$, $\forall t\in[0,1]$. 根据定理 14.4.2 知这个函数是区间 $[0,1]$ 上的连续函数, 且

$$g(0)=f(\varphi(0))=f(\bar{x})=a,\quad g(1)=f(\varphi(1))=f(\tilde{x})=b.$$

因此, 对任意实数 $a\leqslant\eta\leqslant b$, 应用一元连续函数的介值定理, 即知存在 $\tau\in[0,1]$ 使 $g(\tau)=\eta$. 令 $\xi=\varphi(\tau)$, 则 $\xi\in E$, 且 $f(\xi)=f(\varphi(\tau))=\eta$. 证毕.

定理 14.4.5~定理 14.4.8 讨论的函数都是数量函数. 关于向量函数, 我们有下述定理 14.4.9 和定理 14.4.10.

定理 14.4.9 设 $E\subseteq\mathbf{R}^m$, $\boldsymbol{F}$ 是 E 上的连续的 k 维向量函数, 则有以下结论:

(1) 如果 E 是 $\mathbf{R}^m$ 中的有界闭集, 则 E 的象集 $\boldsymbol{F}(E)$ 是 $\mathbf{R}^k$ 中的有界闭集;

(2) 如果 E 是道路连通集, 则 $\boldsymbol{F}(E)$ 是道路连通集;

(3) 如果 E 是有界闭区域, 则 $\boldsymbol{F}(E)$ 是有界闭区域.

证明 (1) 设 E 是 $\mathbf{R}^m$ 中的有界闭集. 先证明 $\boldsymbol{F}(E)$ 是 $\mathbf{R}^k$ 中的有界集. 令 $f(x)=|\boldsymbol{F}(x)|$, $\forall x\in E$, 则由 $\boldsymbol{F}$ 在 E 上连续知 f 是 E 上的连续函数, 而 E 是有界闭集, 所以 f 在 E 上有界, 即存在常数 $M>0$ 使成立

$$|\boldsymbol{F}(x)|\leqslant M,\quad \forall x\in E.$$

这说明 $\boldsymbol{F}(E) \subseteq B(O,M)$, 所以 $\boldsymbol{F}(E)$ 是有界集.

再证明 $\boldsymbol{F}(E)$ 是闭集. 设 $\{y_n\}$ 是 $\boldsymbol{F}(E)$ 中的一列点, 它们收敛于 y_0, 我们要证明 $y_0 \in \boldsymbol{F}(E)$. 事实上, 由 $y_n \in \boldsymbol{F}(E)$ 知存在 $x_n \in E$ 使 $y_n = F(x_n)$, $n=1,2,\cdots$. 因为 E 是有界闭集, 所以由致密性原理知 $\{x_n\}$ 有子列收敛. 设 $\{x_{n_j}\}$ 是收敛的子列, 且 $\lim\limits_{j\to\infty} x_{n_j} = x_0$, 则由 E 是闭集知 $x_0 \in E$. 而 $\boldsymbol{F}$ 在 E 上连续, 所以 $\lim\limits_{j\to\infty} \boldsymbol{F}(x_{n_j}) = \boldsymbol{F}(x_0)$. 由于 $\boldsymbol{F}(x_{n_j}) = y_{n_j}$, $j=1,2,\cdots$, 且 $\lim\limits_{n\to\infty} y_n = y_0$, 所以 $\boldsymbol{F}(x_0) = y_0$. 这就证明了 $y_0 \in \boldsymbol{F}(E)$. 因此 $\boldsymbol{F}(E)$ 是闭集. 这就得到结论 (1).

(2) 设 E 是 $\mathbf{R}^m$ 中的道路连通集, 我们来证明 $\boldsymbol{F}(E)$ 是 $\mathbf{R}^k$ 中的道路连通集. 设 y_0 和 y_1 是 $\boldsymbol{F}(E)$ 中的任意两点. 令 x_0 和 x_1 分别为 y_0 和 y_1 的原象, 即 $x_0 \in E$, $x_1 \in E$, 且 $F(x_0) = y_0$, $F(x_1) = y_1$. 由于 E 是道路连通集, 所以存在连续曲线 $\varphi: [0,1] \to \mathbf{R}^m$, 使得 $\varphi(0) = x_0$, $\varphi(1) = x_1$, 且 $\varphi(t) \in E$, $\forall t \in [0,1]$. 考虑复合函数 $\psi(t) = F(\varphi(t))$, $\forall t \in [0,1]$. 根据定理 14.4.4 知 ψ 是 $[0,1]$ 到 $\mathbf{R}^k$ 的连续映射. 我们有

$$\psi(0) = F(\varphi(0)) = F(x_0) = y_0, \qquad \psi(1) = F(\varphi(1)) = F(x_1) = y_1,$$

且 $\psi(t) = F(\varphi(t)) \in F(E)$, $\forall t \in [0,1]$, 所以 $F(E)$ 是 $\mathbf{R}^k$ 中的道路连通集. 结论 (2) 得证.

把结论 (1) 和结论 (2) 结合起来, 就得到了结论 (3). 证毕.

注意上述定理的结论 (1) 中, 无论是为了得到象集 $\boldsymbol{F}(E)$ 的有界性还是它的闭性, E 的有界性和闭性两个条件都是缺一不可的, 即仅由 E 的有界性不能推出 $\boldsymbol{F}(E)$ 的有界性, 同样仅由 E 的闭性也不能推出 $\boldsymbol{F}(E)$ 的闭性. 前者的反例是区间 $(0,\pi)$ 和该区间上的函数 $f(x) = \cot x$. 虽然 f 在区间 $(0,\pi)$ 上连续, 但该区间在 f 下的象集 $f(0,\pi) = (-\infty,+\infty)$ 是无界集. 后者的反例是区间 $(-\infty,+\infty)$ 和该区间上的连续函数 $f(x) = \arctan x$. 我们知道区间 $(-\infty,+\infty)$ 是闭集, 但它在连续映射 f下的象集 $f(-\infty,+\infty) = \left(-\dfrac{\pi}{2},\dfrac{\pi}{2}\right)$却是开集.

定理 14.4.10　设 E 是 $\mathbf{R}^m$ 中的有界闭集, $\boldsymbol{F}$ 是在 E 上连续的 k 维向量函数, 则 $\boldsymbol{F}$ 在 E 上一致连续, 即对任意给定的 $\varepsilon > 0$, 存在相应的 $\delta > 0$, 使对任意 $x,y \in E$, 只要 $d(x,y) = |x-y| < \delta$, 就有

$$|\boldsymbol{F}(x) - \boldsymbol{F}(y)| < \varepsilon.$$

证明　由 $\boldsymbol{F}$ 在 E 上连续知它的每个分量函数 F_i $(i=1,2,\cdots,k)$ 都在 E 上连续. 因此, 对任意给定的 $\varepsilon > 0$, 存在相应的 $\delta > 0$, 使对任意 $x,y \in E$, 只要 $d(x,y) = |x-y| < \delta$, 就有

$$|F_i(x) - F_i(y)| < \frac{\varepsilon}{\sqrt{k}}, \qquad i=1,2,\cdots,k.$$

由此推知对任意 $x,y\in E$, 只要 $d(x,y)=|x-y|<\delta$, 就有

$$|\boldsymbol{F}(x)-\boldsymbol{F}(y)|=\Big(\sum_{i=1}^{k}|F_i(x)-F_i(y)|^2\Big)^{\frac{1}{2}}<\varepsilon.$$

因此 $\boldsymbol{F}$ 在 E 上一致连续. 证毕.

习　题　14.4

1. 证明下列函数在全平面上连续:

(1) $f(x,y)=\begin{cases}\dfrac{\sin(x^2y)}{x^2+y^2}, & (x,y)\neq(0,0),\\ 0, & (x,y)=(0,0);\end{cases}$

(2) $f(x,y)=\begin{cases}xy\arctan\dfrac{1}{x}\arctan\dfrac{1}{y}, & x\neq 0,y\neq 0,\\ 0, & xy=0.\end{cases}$

2. 证明: 函数

$$f(x,y)=\begin{cases}\dfrac{\sin(xy)}{x^2+y^2}, & (x,y)\neq(0,0),\\ 0, & (x,y)=(0,0)\end{cases}$$

对固定的 y 关于 x 连续, 且对固定的 x 关于 y 连续, 但它不是连续函数.

3. 证明: 函数

$$f(x,y)=\begin{cases}\dfrac{x^2y}{x^4+y^2}, & (x,y)\neq(0,0),\\ 0, & (x,y)=(0,0)\end{cases}$$

在点 $O(0,0)$ 沿过该点的每条直线都连续, 即对任意 $0\leqslant\theta<2\pi$ 成立

$$\lim_{t\to 0}f(t\cos\theta,t\sin\theta)=f(0,0),$$

但它在点 $O(0,0)$ 不连续.

4. 确定下列函数连续的范围:

(1) $f(x,y)=[xy]$;

(2) $f(x,y)=\begin{cases}\mathrm{e}^{-\frac{|y|}{x^2+y^2}}, & (x,y)\neq(0,0),\\ 0, & (x,y)=(0,0);\end{cases}$

(3) $f(x,y)=\begin{cases}\dfrac{\sin(xy)}{y}, & y\neq 0,\\ x, & y=0;\end{cases}$

(4) $f(x,y)=\begin{cases}y, & \text{当 } x \text{ 是有理数},\\ 0, & \text{当 } x \text{ 是无理数}.\end{cases}$

5. 设函数 $f(x)$ 在 $\mathbf{R}^m$ 上连续且 $\lim\limits_{|x|\to+\infty} f(x)=a$. 证明:

(1) $f(x)$ 在 $\mathbf{R}^m$ 上有界;

(2) $f(x)$ 在 $\mathbf{R}^m$ 上一致连续.

6. 设二元函数 $f(x,y)$ 分别关于每个变元 x 和 y 都连续, 并且关于其中一个变元是单调的. 证明: $f(x,y)$ 是二元连续函数.

7. 设二元函数 $f(x,y)$ 关于变元 x 连续, 并且关于变元 y 对 x 一致连续, 即对任意给定的 $\varepsilon>0$, 存在与 x 无关的 $\delta>0$, 使得只要 $|y-y_0|<\delta$, 就有 $|f(x,y)-f(x,y_0)|<\varepsilon$. 证明: $f(x,y)$ 是二元连续函数.

8. 定义在 $\mathbf{R}^m\backslash\{0\}$ 上的函数 $f(x)$ 叫做是 μ **次齐次的**, 如果成立

$$f(\lambda x)=\lambda^\mu f(x), \quad \forall x\in\mathbf{R}^m\backslash\{0\}, \quad \forall\lambda>0.$$

设 $f(x)$ 是 μ 次齐次函数, 且在 $\mathbf{R}^m\backslash\{0\}$ 上连续. 证明:

(1) 存在常数 $C>0$ 使成立

$$|f(x)|\leqslant C|x|^\mu, \quad \forall x\in\mathbf{R}^m\backslash\{0\};$$

(2) 如果 $f(x)>0, \forall x\in\mathbf{R}^m\backslash\{0\}$, 则还存在常数 $c>0$ 使成立

$$f(x)\geqslant c|x|^\mu, \quad \forall x\in\mathbf{R}^m\backslash\{0\}.$$

9. 设二元函数 $f(x,y)$ 在圆周 $S^1=\{x^2+y^2=R^2\}$ 上连续. 证明:

(1) $f(x,y)$ 在圆周 S^1 上有最大值和最小值;

(2) 令 $a=\min\limits_{x^2+y^2=R^2} f(x,y)$, $b=\max\limits_{x^2+y^2=R^2} f(x,y)$, 则对任意 $a<c<b$, 至少存在 S^1 上的两个不同的点 (x_1,y_1) 和 (x_2,y_2), 使得 $f(x_1,y_1)=f(x_2,y_2)=c$.

10. 定义在区域 $D\subseteq\mathbf{R}^m$ 上的函数 f 叫做在 D 上**一致 μ 阶赫尔德连续** (其中 $0<\mu\leqslant1$), 如果存在常数 $C>0$ 使成立

$$|f(x)-f(y)|\leqslant C|x-y|^\mu, \qquad \forall x,y\in D.$$

当 $\mu=1$ 时称 f 在 D 上**一致利普希茨连续**. 如果不考虑 μ 的具体数值, 则称 f 在 D 上**一致赫尔德连续**. 称 f 在 D 上**局部 μ 阶赫尔德连续** (其中 $0<\mu\leqslant1$), 如果对任意 $x_0\in D$, 存在相应的 $\delta_{x_0}>0$ 和 $C=C_{x_0}>0$, 使上式对任意 $x,y\in D\bigcap B(x_0,\delta_{x_0})$ 成立. 当 $\mu=1$ 时称 f 在 D 上**局部利普希茨连续**. 如果不考虑 μ 的具体数值, 且对不同的 $x_0\in D$ 容许有不同的 $0<\mu\leqslant1$, 则称 f 在 D 上**局部赫尔德连续**. 证明: 如果 D 是有界闭区域, 则在 D 上局部赫尔德连续的函数必在 D 上一致赫尔德连续.

11. 证明: 距离函数 $d(x,y)$ 在 $\mathbf{R}^m\times\mathbf{R}^m$ 上一致利普希茨连续, 因而在 $\mathbf{R}^m\times\mathbf{R}^m$ 上一致连续.

12. 设 D 是 $\mathbf{R}^m$ 中的开集, Ω 是 $\mathbf{R}^n$ 中的有界闭区域, $f(x,y)$ 是定义在 $D\times\Omega$ 上的 $m+n$ 元连续函数. 令

$$g(x)=\max_{y\in\Omega}f(x,y),\qquad \forall x\in D.$$

证明: $g(x)$ 在 D 上连续.

第 15 章

多元数量函数的微分学

本章建立多元函数的微分学. 多元函数的微分学是一元函数微分学的自然推广. 推广的方式有两种, 一种是从导数的概念出发来推广, 具体地说就是对给定的多元函数, 只让一个自变元变化而让其余的自变元固定不变, 这样就得到了一个一元函数, 求这个一元函数的导数. 对于有 m 个自变元的多元函数, 这样就得到了 m 个导数, 它们都叫做这个 m 元函数的偏导数. 另一种是从微分的概念出发来推广. 一元函数的微分是当自变量作微小变化时函数变化量的线性主要部分. 与此类似, 考虑多元函数在自变量作微小变化时函数变化量的线性主要部分, 就得到了多元函数的微分. 在一元函数的情形, 有导数和可微是互相等价的. 但对于多元函数, 有偏导数和可微不等价. 有偏导数弱于可微, 这是多元函数与一元函数的一个很大的区别.

多元函数的偏导数和微分两个概念各有优缺点. 前者易于计算, 但是却不能很好地刻画函数的性质. 原因在于它只反映了函数在自变量沿与坐标轴平行的方向变化时的变化性态, 而不能完全反映函数在一点附近的全面变化情况. 例如, 由函数在某个点有关于所有各个自变元的偏导数不能推出它在该点连续. 后者较好地反映了函数在一点附近的全面变化情况, 但是微分的计算却必须通过求偏导数来实现. 因此, 偏导数和微分这两个概念对于多元函数同等重要.

15.1 偏导数和全微分

15.1.1 偏导数

对于 m 元函数 $y = f(x_1, x_2, \cdots, x_m)$, 把其中 $m-1$ 个自变元固定而只让一个自变元变化, 如把 $x_2, \cdots, x_m$ 都固定, 而只让 x_1 变化, 就得到了一个一元函数 $x_1 \mapsto f(x_1, x_2, \cdots, x_m)$. 我们把这个一元函数的导数叫做多元函数$y = f(x_1, x_2, \cdots, x_m)$ 关于自变元 x_1 的偏导数，记作 $\dfrac{\partial f}{\partial x_1}$. 关于其他几个自变元 $x_2, \cdots, x_m$ 的偏导数

$\dfrac{\partial f}{\partial x_2}, \cdots, \dfrac{\partial f}{\partial x_m}$ 类似地定义.

定义 15.1.1 设 $y=f(x_1,x_2,\cdots,x_m)$ 是在 $\mathbf{R}^m$ 中的某个点 $x_0=(x_1^0,x_2^0,\cdots,x_m^0)$ 的一个邻域上有定义的 m 元函数. 如果函数 $x_1\mapsto f(x_1,x_2^0,\cdots,x_m^0)$ 在点 x_1^0 可导, 即极限

$$
\begin{aligned}
&\lim_{\Delta x_1\to 0}\frac{f(x_1^0+\Delta x_1,x_2^0,\cdots,x_m^0)-f(x_1^0,x_2^0,\cdots,x_m^0)}{\Delta x_1}\\
=&\lim_{x_1\to x_1^0}\frac{f(x_1,x_2^0,\cdots,x_m^0)-f(x_1^0,x_2^0,\cdots,x_m^0)}{x_1-x_1^0}
\end{aligned}
$$

存在, 则称这个极限为函数在点 x_0 关于自变元 x_1 的**偏导数**, 记作 $\dfrac{\partial f}{\partial x_1}(x_0)$. 类似地可给出偏导数 $\dfrac{\partial f}{\partial x_2}(x_0)$, $\dfrac{\partial f}{\partial x_3}(x_0)$, $\cdots$, $\dfrac{\partial f}{\partial x_m}(x_0)$ 的定义.

偏导数 $\dfrac{\partial f}{\partial x_1}(x_0)$, $\dfrac{\partial f}{\partial x_2}(x_0)$, $\cdots$, $\dfrac{\partial f}{\partial x_m}(x_0)$也经常分别用记号 $f_{x_1}(x_0)$, $f_{x_2}(x_0)$, $\cdots$, $f_{x_m}(x_0)$ 表示.

正如一元函数 $y=f(x)$ 的导数 $f'(x)$ 或 $\dfrac{\mathrm{d}f(x)}{\mathrm{d}x}$ 也经常用记号 $\dfrac{\mathrm{d}y}{\mathrm{d}x}$来表示一样, m 元函数 $y=f(x_1,x_2,\cdots,x_m)$ 的 m 个偏导数 $\dfrac{\partial f(x)}{\partial x_1}$, $\dfrac{\partial f(x)}{\partial x_2}$, $\cdots$, $\dfrac{\partial f(x)}{\partial x_m}$ 也经常分别表示成 $\dfrac{\partial y}{\partial x_1}$, $\dfrac{\partial y}{\partial x_2}$, $\cdots$, $\dfrac{\partial y}{\partial x_m}$. 当需要特别标明是在点 x_0 求偏导数时, 则分别表示成 $\left.\dfrac{\partial y}{\partial x_1}\right|_{x_0}$, $\left.\dfrac{\partial y}{\partial x_2}\right|_{x_0}$, $\cdots$, $\left.\dfrac{\partial y}{\partial x_m}\right|_{x_0}$, 或 $\dfrac{\partial y}{\partial x_1}(x_0)$, $\dfrac{\partial y}{\partial x_2}(x_0)$, $\cdots$, $\dfrac{\partial y}{\partial x_m}(x_0)$.

由偏导数的定义可知, 求偏导数其实就是求一元函数的导数, 只要把其他变元作为常量看待即可. 因此, 一元函数的求导法则都可应用于求多元函数的偏导数.

例 1 求函数 $u=\arctan\dfrac{x+y}{1-xy}$ 的偏导数 $\dfrac{\partial u}{\partial x}$ 和 $\dfrac{\partial u}{\partial y}$.

解 为求 $\dfrac{\partial u}{\partial x}$, 我们把 y 看成常量, 只关于 x 求导数, 得

$$
\frac{\partial u}{\partial x}=\frac{\dfrac{(1-xy)-(x+y)(-y)}{(1-xy)^2}}{1+\left(\dfrac{x+y}{1-xy}\right)^2}=\frac{1+y^2}{1+x^2y^2+x^2+y^2}=\frac{1}{1+x^2}.
$$

同理得

$$
\frac{\partial u}{\partial y}=\frac{\dfrac{(1-xy)-(x+y)(-x)}{(1-xy)^2}}{1+\left(\dfrac{x+y}{1-xy}\right)^2}=\frac{1+x^2}{1+x^2y^2+x^2+y^2}=\frac{1}{1+y^2}.
$$

例 2　用 r 表示 $\mathbf{R}^m$ $(m>1)$ 中的任意点 $(x_1,x_2,\cdots,x_m)$ 到原点 O 的距离, 即

$$r=\sqrt{x_1^2+x_2^2+\cdots+x_m^2}.$$

对任意非零实数 μ, 求函数 r^μ 关于各个自变元的偏导数.

解　由于 $r^\mu=(x_1^2+x_2^2+\cdots+x_m^2)^{\frac{\mu}{2}}$, 所以当 $\mu\geqslant 2$ 时, 对每个 $1\leqslant i\leqslant m$, 在 $\mathbf{R}^m$ 中的任意点都有

$$\frac{\partial r^\mu}{\partial x_i}=\frac{\mu}{2}(x_1^2+x_2^2+\cdots+x_m^2)^{\frac{\mu}{2}-1}\cdot 2x_i=\mu r^{\mu-2}x_i,\qquad i=1,2,\cdots,m$$

(其中约定 $0^0=1$ 以便把 $\mu=2$ 的情况包括进去). 当 $\mu<2$ 时, 以上计算只在 $(x_1,x_2,\cdots,x_m)\neq(0,0,\cdots,0)$ 的点适用, 在 $(x_1,x_2,\cdots,x_m)=(0,0,\cdots,0)$, 即原点处不能这样计算. 在原点处, 当 $0<\mu<2$ 时我们根据偏导数的定义计算如下:

$$\left.\frac{\partial r^\mu}{\partial x_i}\right|_{(0,0,\cdots,0)}=\lim_{\Delta x_i\to 0}\frac{((\Delta x_i)^2)^{\frac{\mu}{2}}-0}{\Delta x_i}=\lim_{\Delta x_i\to 0}\frac{|\Delta x_i|^\mu}{\Delta x_i}$$
$$=\begin{cases}0, & \text{当}1<\mu<2,\\ \text{不存在}, & \text{当}0<\mu\leqslant 1,\end{cases}\qquad i=1,2,\cdots,m.$$

当 $\mu<0$ 时 r^μ 在原点没有定义, 所以不存在求偏导数的问题. 因此, 当 $\mu>1$ 时, r^μ 在 $\mathbf{R}^m$ 中的每个点都有关于各个变元的偏导数, 但当 $\mu\leqslant 1$ 且 $\mu\neq 0$ 时, r^μ 只在 $\mathbf{R}^m$ 中原点以外的地方有关于各个变元的偏导数, 在原点不可导.

特别地, 当 $\mu=1$ 时, 有

$$\frac{\partial r}{\partial x_i}=r^{-1}x_i=\frac{x_i}{r},\quad r\neq 0,\quad i=1,2,\cdots,m.$$

例 3　求函数 $f(x,y)=|xy|$ 的偏导数.

解　因为 $f(x,y)=|x||y|$, 所以当 $x\neq 0$ 时,

$$f_x(x,y)=(\operatorname{sgn}x)|y|.$$

同理当 $y\neq 0$ 时,

$$f_y(x,y)=|x|(\operatorname{sgn}y).$$

当 $x=0$ 时, 如果 $y\neq 0$, 则

$$f_x(0,y)=\lim_{\Delta x\to 0}\frac{f(\Delta x,y)-f(0,y)}{\Delta x}=\lim_{\Delta x\to 0}\frac{|\Delta x||y|-0}{\Delta x}\ \text{不存在}.$$

同理当 $y=0$ 时, 如果 $x\neq 0$, 则

$$f_y(x,0)=\lim_{\Delta x\to 0}\frac{f(x,\Delta y)-f(x,0)}{\Delta y}=\lim_{\Delta y\to 0}\frac{|x||\Delta y|-0}{\Delta y}\text{不存在}.$$

当 $x=y=0$ 时, 有

$$f_x(0,0)=\lim_{\Delta x\to 0}\frac{f(\Delta x,0)-f(0,0)}{\Delta x}=\lim_{\Delta x\to 0}\frac{0-0}{\Delta x}=0,$$
$$f_y(0,0)=\lim_{\Delta x\to 0}\frac{f(0,\Delta y)-f(0,0)}{\Delta y}=\lim_{\Delta y\to 0}\frac{0-0}{\Delta y}=0.$$

因此,

$$f_x(x,y)=\begin{cases}(\operatorname{sgn} x)|y|, & 当x\neq 0,\\ 不存在, & 当x=0,\ y\neq 0,\\ 0, & 当x=y=0,\end{cases}$$

$$f_y(x,y)=\begin{cases}|x|(\mathrm{sgn} y), & 当y\neq 0,\\ 不存在, & 当y=0,\ x\neq 0,\\ 0, & 当x=y=0.\end{cases}$$

在一元函数的微分学部分我们已经知道, 如果一元函数 $f(x)$ 在 x_0 点有导数, 则 $f(x)$ 在 x_0 点连续. 与此不同的是多元函数在某个点处有关于每个自变元的偏导数并不能保证它在该点连续. 下面是一个反例.

例 4 考虑二元函数

$$f(x,y)=\begin{cases}0, & 当x=0或y=0,\\ 1, & 其他情况.\end{cases}$$

显然这个函数在坐标原点 $(0,0)$ 处不连续 (图 15-1-1). 但易见

$$f_x(0,0)=\lim_{\Delta x\to 0}\frac{f(\Delta x,0)-f(0,0)}{\Delta x}=\lim_{\Delta x\to 0}\frac{0-0}{\Delta x}=0,$$
$$f_y(0,0)=\lim_{\Delta x\to 0}\frac{f(0,\Delta y)-f(0,0)}{\Delta y}=\lim_{\Delta y\to 0}\frac{0-0}{\Delta y}=0,$$

即函数 $f(x,y)$ 在原点的两个偏导数都存在, 但它在原点不连续. 因此, 一般地,

$$存在偏导数 \not\Rightarrow 连续.$$

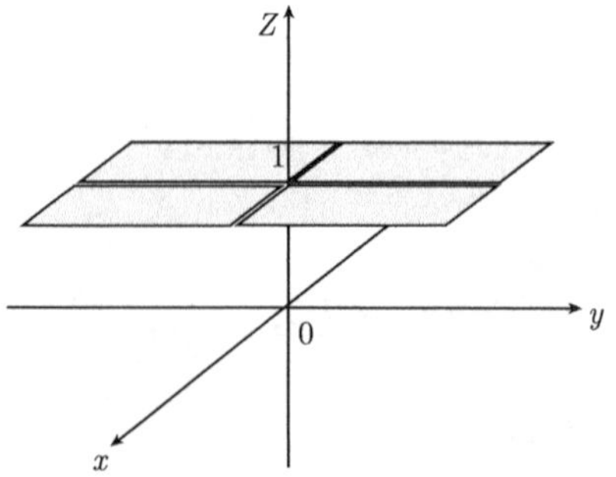

图 15-1-1 例 4 中函数的图像

15.1.2　全微分

从偏导数的定义可知，偏导数刻画了当自变元沿平行于坐标轴的方向变化时函数的变化性态. 正如为了刻画多元函数在一个点处的连续性，不能只考虑这个函数在该点处的方向极限，而必须考虑它在这个点处的全极限一样，为了刻画多元函数在一个点处的光滑性，不能只考虑这个函数在该点的偏导数，而必须考虑它在该点附近的全面变化情况. 全微分的概念考虑的正是多元函数在一个点附近的全面变化情况.

定义 15.1.2　设 $f(x)=f(x_1,x_2,\cdots,x_m)$ 是在 $\mathbf{R}^m$ 中的点 $x_0=(x_{01},x_{02},\cdots,x_{0m})$ 的某个邻域上有定义的 m 元函数. 如果存在向量 $\boldsymbol{a}=(a_1,a_2,\cdots,a_m)\in\mathbf{R}^m$ 使成立

$$f(x_0+\Delta x)=f(x_0)+\boldsymbol{a}\Delta x+o(|\Delta x|),\quad \text{当}\ |\Delta x|\to 0,$$

其中，$\Delta x=(\Delta x_1,\Delta x_2,\cdots,\Delta x_m)$，$\boldsymbol{a}\Delta x=a_1\Delta x_1+a_2\Delta x_2+\cdots+a_m\Delta x_m$，即

$$\lim_{|\Delta x|\to 0}\frac{f(x_0+\Delta x)-f(x_0)-\boldsymbol{a}\Delta x}{|\Delta x|}=0,$$

则称函数 f 在 x_0 点**可微**，并称线性函数

$$\xi\mapsto\boldsymbol{a}\xi=a_1\xi_1+a_2\xi_2+\cdots+a_m\xi_m,\quad \forall\xi=(\xi_1,\xi_2,\cdots,\xi_m)\in\mathbf{R}^m$$

为函数 f 在 x_0 点的**全微分**或简单地叫做**微分**，记作 $\mathrm{d}f(x_0)$，即

$$\mathrm{d}f(x_0)(\xi)=\boldsymbol{a}\xi=a_1\xi_1+a_2\xi_2+\cdots+a_m\xi_m,\quad \forall\xi=(\xi_1,\xi_2,\cdots,\xi_m)\in\mathbf{R}^m.\tag{15.1.1}$$

习惯上，人们对全微分 $\mathrm{d}f(x_0)$ 的自变元采用与函数 f 的自变元符号 $x_1,x_2,\cdots,x_m$ 相关的符号 $\mathrm{d}x_1,\mathrm{d}x_2,\cdots,\mathrm{d}x_m$ 来表示，并把 $\mathrm{d}f(x_0)$ 的表达式写成

$$\mathrm{d}f(x_0)=a_1\mathrm{d}x_1+a_2\mathrm{d}x_2+\cdots+a_m\mathrm{d}x_m.\tag{15.1.2}$$

式 (15.1.2) 中，我们略去了对自变元 $(\mathrm{d}x_1,\mathrm{d}x_2,\cdots,\mathrm{d}x_m)$ 的变化范围的说明，原因在于一旦采用式 (15.1.2) 的表达方式，其自变元 $(\mathrm{d}x_1,\mathrm{d}x_2,\cdots,\mathrm{d}x_m)$ 的变化范围便自然地认为是整个欧氏空间 $\mathbf{R}^m$，而无须再说明. 必须注意的是和一元函数的情形类似，$\mathrm{d}x_1$，$\mathrm{d}x_2$，$\cdots$，$\mathrm{d}x_m$ 都是整体符号，它们是与 x_1，x_2，$\cdots$，x_m 互相独立的变元，不能把 d 和 x_1，x_2，$\cdots$，x_m 分开来理解. 另外，如果对函数 f 的自变元使用了其他符号如 $u=(u_1,u_2,\cdots,u_m)$ 等，则全微分 $\mathrm{d}f(x_0)$ 的自变元符号应相应地改变为 $\mathrm{d}u_1$，$\mathrm{d}u_2$，$\cdots$，$\mathrm{d}u_m$，即这时式 (15.1.2) 应当改写为

$$\mathrm{d}f(x_0)=a_1\mathrm{d}u_1+a_2\mathrm{d}u_2+\cdots+a_m\mathrm{d}u_m.$$

我们在一元函数时已经看到，这种记法有许多优点.

例 5 求函数 $f(x,y)=x^3+y^2+2xy$ 在任意点 $(x,y)\in\mathbf{R}^2$ 的全微分.

解 我们有

$$\begin{aligned}f(x+\Delta x,y+\Delta y)=&(x+\Delta x)^3+(y+\Delta y)^2+2(x+\Delta x)(y+\Delta y)\\=&x^3+3x^2\Delta x+3x\Delta x^2+\Delta x^3+y^2+2y\Delta y+\Delta y^2\\&+2xy+2y\Delta x+2x\Delta y+2\Delta x\Delta y\\=&f(x,y)+(3x^2+2y)\Delta x+2(x+y)\Delta y+o(\sqrt{|\Delta x|^2+|\Delta y|^2}),\\&\text{当}(\Delta x,\Delta y)\to(0,0),\end{aligned}$$

所以 $f(x,y)=x^3+y^2+2xy$ 在任意点 $(x,y)\in\mathbf{R}^2$ 都可微, 且

$$\mathrm{d}f(x,y)=(3x^2+2y)\mathrm{d}x+2(x+y)\mathrm{d}y$$

前面已经提到, 函数在一点有关于各个自变元的偏导数并不能保证它在这个点是连续的. 但是如果函数在一点可微, 那么它在这点必是连续的.

定理 15.1.1(可微必连续) 设 $f(x_1,x_2,\cdots,x_m)$ 是在 $\mathbf{R}^m$ 中的某个点 $x_0=(x_{01},x_{02},\cdots,x_{0m})$ 的一个邻域上有定义的 m 元函数. 如果 f 在 x_0 点可微, 则 f 在 x_0 点连续.

证明 由 f 在 x_0 点可微可知, 存在向量 $\boldsymbol{a}\in\mathbf{R}^m$ 使成立

$$f(x)=f(x_0)+\boldsymbol{a}(x-x_0)+o(|x-x_0|),\quad \text{当}\ x\to x_0.$$

由于当 $x\to x_0$ 时, 这个等式右端的后两项都趋于零, 所以得到

$$\lim_{x\to x_0}f(x)=f(x_0).$$

因此 f 在 x_0 点连续. 证毕.

15.1.3 全微分与偏导数的关系

前面定义了函数的偏导数, 又定义了函数的全微分. 从定理 15.1.1 可知全微分比偏导数能更好地反映函数的性质. 但是, 很明显全微分的计算不如偏导数那么容易. 自然要问这两个概念是否有一定的关系? 能否通过计算偏导数来计算全微分? 这些问题的答案由以下两个定理给出.

定理 15.1.2(可微 ⇒ 有偏导数) 设 f 是在 $\mathbf{R}^m$ 中的某个点 $x_0=(x_{01},x_{02},\cdots,x_{0m})$ 的一个邻域上有定义的 m 元函数. 如果 f 在 x_0 点可微, 并设 $\mathrm{d}f(x_0)$ 的表达式为

$$\mathrm{d}f(x_0)=a_1\mathrm{d}x_1+a_2\mathrm{d}x_2+\cdots+a_m\mathrm{d}x_m,$$

则 f 在 x_0 点关于各个自变元的偏导数都存在, 而且

$$\frac{\partial f}{\partial x_1}(x_0)=a_1,\quad \frac{\partial f}{\partial x_2}(x_0)=a_2,\quad \cdots,\frac{\partial f}{\partial x_m}(x_0)=a_m.$$

证明　由假设可知

$$f(x_1,x_2,\cdots,x_m)=f(x_{01},x_{02},\cdots,x_{0m})+a_1(x_1-x_{01})+a_2(x_2-x_{02})+\cdots+a_m(x_m-x_{0m})$$
$$+o(\sqrt{(x_1-x_{01})^2+(x_2-x_{02})^2+\cdots+(x_m-x_{0m})^2}),\quad 当x\to x_0.$$

令 $x_2=x_{02},\cdots,x_m=x_{0m}$, 就得到

$$f(x_1,x_{02},\cdots,x_{0m})=f(x_{01},x_{02},\cdots,x_{0m})+a_1(x_1-x_{01})+o(|x_1-x_{01}|),\quad 当x_1\to x_{01}.$$

因此,

$$\frac{\partial f}{\partial x_1}(x_0)=\lim_{x_1\to x_{01}}\frac{f(x_1,x_{02},\cdots,x_{0m})-f(x_{01},x_{02},\cdots,x_{0m})}{x_1-x_{01}}=a_1.$$

同理可证其他几个等式. 证毕.

定理 15.1.3(偏导数连续 $\Rightarrow$ 可微)　设 f 是在 $\mathbf{R}^m$ 中的点 $x_0=(x_{01},x_{02},\cdots,x_{0m})$ 的某个邻域上有定义的 m 元函数. 如果 f 在 x_0 点的一个邻域上关于各个自变元的偏导数都存在, 并且所有这些偏导数都在 x_0 点连续, 则 f 在 x_0 点可微, 而且

$$\begin{aligned}\mathrm{d}f(x_0)&=\frac{\partial f}{\partial x_1}(x_0)\mathrm{d}x_1+\frac{\partial f}{\partial x_2}(x_0)\mathrm{d}x_2+\cdots+\frac{\partial f}{\partial x_m}(x_0)\mathrm{d}x_m\\&=f_{x_1}(x_0)\mathrm{d}x_1+f_{x_1}(x_0)\mathrm{d}x_2+\cdots+f_{x_1}(x_0)\mathrm{d}x_m.\end{aligned}$$

证明　为记号简单起见, 我们仅以 $m=2$ 的情况为例来证明, $m>2$ 的情况证明类似. 这时, 我们用 x 和 y 表示两个自变元, 并假设函数 $f(x,y)$ 在点 $(x_0,y_0)\in\mathbf{R}^2$ 的一个邻域中处处有偏导数 $\dfrac{\partial f}{\partial x}(x,y)$ 和 $\dfrac{\partial f}{\partial y}(x,y)$, 而且这两个偏导数都在点 (x_0,y_0) 连续. 对 (x_0,y_0) 的小邻域中的任意 (x,y), 应用一元函数的微分中值定理有

$$\begin{aligned}f(x,y)-f(x_0,y_0)&=[f(x,y)-f(x_0,y)]+[f(x_0,y)-f(x_0,y_0)]\\&=\frac{\partial f}{\partial x}(\xi,y)(x-x_0)+\frac{\partial f}{\partial y}(x_0,\eta)(y-y_0),\end{aligned}$$

其中, $\xi=\xi(x,y)$ 位于 x_0 与 x 之间, $\eta=\eta(y)$ 位于 y_0 与 y 之间. 由于 ξ 位于 x_0 与 x 之间, 且 η 位于 y_0 与 y 之间, 所以

$$\lim_{(x,y)\to(x_0,y_0)}\xi=x_0,\qquad\lim_{(x,y)\to(x_0,y_0)}\eta=y_0.$$

因此, 根据 $\dfrac{\partial f}{\partial x}(x,y)$ 和 $\dfrac{\partial f}{\partial y}(x,y)$ 在点 (x_0,y_0) 的连续性, 我们有

$$\lim_{(x,y)\to(x_0,y_0)}\frac{\partial f}{\partial x}(\xi,y)=\frac{\partial f}{\partial x}(x_0,y_0),\qquad\lim_{(x,y)\to(x_0,y_0)}\frac{\partial f}{\partial y}(x_0,\eta)=\frac{\partial f}{\partial y}(x_0,y_0).$$

这样就有

$$\frac{\partial f}{\partial x}(\xi,y)=\frac{\partial f}{\partial x}(x_0,y_0)+\alpha(x,y),\qquad\frac{\partial f}{\partial y}(x_0,\eta)=\frac{\partial f}{\partial y}(x_0,y_0)+\beta(x,y),$$

其中, $\lim\limits_{(x,y)\to(x_0,y_0)}\alpha(x,y)=0$, $\lim\limits_{(x,y)\to(x_0,y_0)}\beta(x,y)=0$. 把以上两个表达式代入 $f(x,y)-f(x_0,y_0)$ 的表达式, 就得到

$$f(x,y)-f(x_0,y_0)=\frac{\partial f}{\partial x}(x_0,y_0)(x-x_0)+\frac{\partial f}{\partial y}(x_0,y_0)(y-y_0)+\gamma(x,y), \qquad (15.1.3)$$

其中 $\gamma(x,y)=\alpha(x,y)(x-x_0)+\beta(x,y)(y-y_0)$. 由于

$$\frac{|\gamma(x,y)|}{\sqrt{|x-x_0|^2+|y-y_0|^2}}\leqslant|\alpha(x,y)|+|\beta(x,y)|,$$

而 $\lim\limits_{(x,y)\to(x_0,y_0)}[|\alpha(x,y)|+|\beta(x,y)|]=0$, 所以

$$\lim_{(x,y)\to(x_0,y_0)}\frac{\gamma(x,y)}{\sqrt{|x-x_0|^2+|y-y_0|^2}}=0. \qquad (15.1.4)$$

由式 (15.1.3) 和式 (15.1.4) 即知 $f(x,y)$ 在点 (x_0,y_0) 可微, 且

$$\mathrm{d}f(x_0,y_0)=\frac{\partial f}{\partial x}(x_0,y_0)\mathrm{d}x+\frac{\partial f}{\partial y}(x_0,y_0)\mathrm{d}y.$$

证毕.

由定理 15.1.1、定理 15.1.2 和定理 15.1.3 三个定理可知

$$\text{有连续的偏导数}\ \Rightarrow\ \text{可微}\ \Rightarrow\ \text{有偏导数}+\text{连续}.$$

但是反过来的结论都是不成立的.

例 6 考虑函数 $f(x,y)=\sqrt{|xy|}$. 由

$$f(x,0)=0,\ \ \forall x\in\mathbf{R},\quad f(0,y)=0,\quad \forall y\in\mathbf{R}.$$

可知 $f_x(0,0)=f_y(0,0)=0$, 即 $f(x,y)$ 在坐标原点 $(0,0)$ 有关于两个自变元的偏导数. 但是 $f(x,y)$ 在点 $(0,0)$ 不可微. 因为若否, 则有

$$f(\xi,\eta)=f(0,0)+f_x(0,0)\xi+f_y(0,0)\eta+o\left(\sqrt{\xi^2+\eta^2}\right),\quad \text{当}(\xi,\eta)\to(0,0).$$

从而

$$\sqrt{|\xi\eta|}=o\left(\sqrt{\xi^2+\eta^2}\right),\qquad \text{当}\ (\xi,\eta)\to(0,0),$$

即

$$\lim_{(\xi,\eta)\to(0,0)}\frac{\sqrt{|\xi\eta|}}{\sqrt{\xi^2+\eta^2}}=0.$$

而这个关系式显然是不成立的, 因此 $f(x,y)=\sqrt{|xy|}$ 在点 $(0,0)$ 不可微.

以上反例说明有偏导数 $\nRightarrow$ 可微.

例 7　考虑函数

$$f(x,y)=\begin{cases}(x^2+y^2)\sin\dfrac{1}{x^2+y^2}, & 当\ (x,y)\neq(0,0),\\ 0, & 当(x,y)=(0,0).\end{cases}$$

这个函数在点 $(0,0)$ 可微, 但偏导数在点 $(0,0)$ 不连续.

证明　我们有

$$\begin{aligned}f(\Delta x,\Delta y)-f(0,0)&=(\Delta x^2+\Delta y^2)\sin\frac{1}{\Delta x^2+\Delta y^2}-0\\&=o(\sqrt{|\Delta x|^2+|\Delta y|^2}),\quad 当(\Delta x,\Delta y)\to(0,0),\end{aligned}$$

即

$$f(\Delta x,\Delta y)=f(0,0)+0\cdot\Delta x+0\cdot\Delta y+o(\sqrt{|\Delta x|^2+|\Delta y|^2}),\quad 当\ (\Delta x,\Delta y)\to(0,0).$$

所以 $f(x,y)$ 在点 $(0,0)$ 可微, 且 $\mathrm{d}f(0,0)=0$.

再来计算偏导数. 当 $(x,y)\neq(0,0)$ 时, 易知

$$\begin{aligned}f_x(x,y)&=2x\sin\frac{1}{x^2+y^2}-\frac{2x}{x^2+y^2}\cos\frac{1}{x^2+y^2},\\f_y(x,y)&=2y\sin\frac{1}{x^2+y^2}-\frac{2y}{x^2+y^2}\cos\frac{1}{x^2+y^2}.\end{aligned}$$

当 $(x,y)=(0,0)$ 时, 根据定义有

$$f_x(0,0)=\lim_{\Delta x\to0}\frac{f(\Delta x,0)-f(0,0)}{\Delta x}=\lim_{\Delta x\to0}\frac{\Delta x^2\sin\dfrac{1}{\Delta x^2+\Delta y^2}}{\Delta x}=0,$$

$$f_y(0,0)=\lim_{\Delta y\to0}\frac{f(0,\Delta y)-f(0,0)}{\Delta y}=\lim_{\Delta y\to0}\frac{\Delta y^2\sin\dfrac{1}{\Delta x^2+\Delta y^2}}{\Delta y}=0.$$

因此,

$$f_x(x,y)=\begin{cases}2x\sin\dfrac{1}{x^2+y^2}-\dfrac{2x}{x^2+y^2}\cos\dfrac{1}{x^2+y^2}, & 当(x,y)\neq(0,0),\\ 0, & 当(x,y)=(0,0),\end{cases}$$

$$f_y(x,y)=\begin{cases}2y\sin\dfrac{1}{x^2+y^2}-\dfrac{2y}{x^2+y^2}\cos\dfrac{1}{x^2+y^2}, & 当(x,y)\neq(0,0),\\ 0, & 当(x,y)=(0,0).\end{cases}$$

因为

$$\lim_{(x,y)\to(0,0)}2x\sin\frac{1}{x^2+y^2}=0\quad 而\quad \lim_{(x,y)\to(0,0)}\frac{2x}{x^2+y^2}\cos\frac{1}{x^2+y^2}不存在,$$

所以 $\lim\limits_{(x,y)\to(0,0)} f_x(x,y)$不存在, 进而 $f_x(x,y)$ 在点 $(0,0)$ 不连续. 同理可证 $f_y(x,y)$ 也在点 $(0,0)$ 不连续.

以上反例说明可微 $\not\Rightarrow$ 有连续的偏导数.

习 题 15.1

1. 求下列函数的偏导数:

(1) $f(x,y)=(x+y)\sin(x+y)$;

(2) $f(x,y)=\dfrac{\ln(1+xy)}{\ln x+\ln y}$;

(3) $f(x,y)=\arctan\dfrac{y}{x}$;

(4) $f(x,y)=y^x+x^y$;

(5) $f(x,y)=\arctan\dfrac{x+y}{1-xy}$;

(6) $f(x,y)=\arcsin\dfrac{x}{\sqrt{x^2+y^2}}$;

(7) $f(x,y,z)=\left(\dfrac{x}{y}\right)^z$;

(8) $f(x,y,z)=x^{y^z}$.

2. 求下列函数的偏导数:

(1) $f(x,y)=\begin{cases}\dfrac{\sin(x^2y^2)}{x^2+y^2}, & (x,y)\neq(0,0),\\ 0, & (x,y)=(0,0);\end{cases}$

(2) $f(x,y)=\begin{cases}x^2y^2\arctan\dfrac{1}{x}\arctan\dfrac{1}{y}, & x\neq 0, y\neq 0,\\ 0, & xy=0;\end{cases}$

(3) $f(x,y)=\begin{cases}\dfrac{x^2y}{x^2+y^2}, & (x,y)\neq(0,0),\\ 0, & (x,y)=(0,0).\end{cases}$

3. 证明函数

$$f(x,y)=\begin{cases}\dfrac{xy}{(x^2+y^2)^2}, & (x,y)\neq(0,0),\\ 0, & (x,y)=(0,0).\end{cases}$$

在点 $(0,0)$ 两个偏导数都存在, 但它在该点不连续, 且在该点的任何邻域中都无界.

4. 证明函数

$$f(x,y)=\begin{cases}\dfrac{x^2y}{x^2+y^2}, & (x,y)\neq(0,0),\\ 0, & (x,y)=(0,0).\end{cases}$$

在点 $(0,0)$ 连续且两个偏导数都存在, 但它在该点不可微.

5. 证明函数

$$f(x,y)=\begin{cases} xy\sin\dfrac{1}{x^2+y^2}, & (x,y)\neq(0,0),\\ 0, & (x,y)=(0,0).\end{cases}$$

在 $\mathbf{R}^2$ 上有偏导数, 且在点 $(0,0)$ 可微, 但它的两个偏导数都在点 $(0,0)$ 不连续.

6. 对于函数

$$f(x,y)=\begin{cases} \dfrac{x^3}{x^2+y^2}, & (x,y)\neq(0,0),\\ 0, & (x,y)=(0,0),\end{cases}$$

证明:

(1) $f(x,y)$ 沿任意通过点 $(0,0)$ 的光滑曲线都可微, 即若 $t\mapsto(x(t),y(t))$, $\forall t\in(-\varepsilon,\varepsilon)$ 满足条件 $(x(0),y(0))=(0,0)$, 当 $t\neq 0$ 时 $(x(t),y(t))\neq(0,0)$, $x(t)$ 和 $y(t)$ 都在 $(-\varepsilon,\varepsilon)$ 上可微, 且 $(x'(t),y'(t))\neq(0,0)$, $\forall t\in(-\varepsilon,\varepsilon)$, 则 $f(x(t),y(t))$ 是 $(-\varepsilon,\varepsilon)$ 上的可微函数 (注意条件 $(x'(t),y'(t))\neq(0,0)$ 是光滑曲线的一个必要条件, 但在这里其实并不需要这个条件);

(2) $f(x,y)$ 在点 $(0,0)$ 不可微.

7. 设定义在区域 $D\subseteq\mathbf{R}^2$ 上的函数 $f(x,y)$ 满足以下条件: ① $f(x,y)$ 关于变元 y 连续; ② $f(x,y)$ 关于变元 x 有偏导数, 且 $f_x(x,y)$ 在 D 上连续. 证明: $f(x,y)$ 在 D 上连续.

8. 设 $f(x,y)=\varphi(xy)$, 而函数 φ 满足: 存在常数 $\delta>0$, $\mu>\dfrac{1}{2}$ 和 $C>0$ 使得 $|\varphi(t)|\leqslant C|t|^{\mu}$, $\forall t\in(-\delta,\delta)$. 证明: $f(x,y)$ 在点 $(0,0)$ 可微.

9. 设二元函数 $f(x,y)$ 满足以下条件: ① $f_x(x_0,y_0)$ 存在; ② $f_y(x,y)$ 在点 (x_0,y_0) 连续. 证明: $f(x,y)$ 在点 (x_0,y_0) 可微.

10. 设 f 是在 $x_0\in\mathbf{R}^m$ 点的某个邻域上有定义的 m 元函数, $t_0=f(x_0)$, φ 是在点 t_0 的某个邻域上有定义的一元函数. 令 $g=\varphi\circ f$, 即 $g(x)=\varphi(f(x))$, 其中 x 在点 x_0 的某个邻域上变化. 假设 φ 在点 t_0 可导. 证明:

(1) 如果 f 在点 x_0 有偏导数, 则 g 也在点 x_0 有偏导数, 且

$$\frac{\partial g}{\partial x_i}(x_0)=\varphi'(t_0)\frac{\partial f}{\partial x_i}(x_0),\qquad i=1,2,\cdots,m;$$

(2) 如果 f 在点 x_0 可微, 则 g 也在点 x_0 可微, 且

$$\mathrm{d}g(x_0)=\mathrm{d}\varphi(t_0)[\mathrm{d}f(x_0)]=\varphi'(t_0)\mathrm{d}f(x_0).$$

11. 考虑定义在 $\mathbf{R}^m$ 上的函数

$$f(x)=\begin{cases} |x|^{\mu}\sin\dfrac{1}{|x|}, & x\neq 0,\\ 0, & x=0,\end{cases}$$

其中 μ 为常数. 确定 μ 的范围以使

(1) $f(x)$ 在点 $x=0$ 连续;

(2) $f(x)$ 在点 $x=0$ 可微;

(3) $f(x)$ 的偏导数在点 $x=0$ 连续.

12. 设 f 和 g 都是在 $x_0\in\mathbf{R}^m$ 点的某个邻域上有定义的 m 元函数, 其中 f 在点 x_0 可微且 $f(x_0)=0$, 又 g 在点 x_0 连续. 令 $h(x)=f(x)g(x)$. 证明: h 在点 x_0 可微, 且

$$h_{x_i}(x_0)=f_{x_i}(x_0)g(x_0),\quad i=1,2,\cdots,m.$$

15.2 方向导数和梯度

15.2.1 方向导数

类似于方向极限, 对多元函数也可引进方向导数的概念. 设 $\boldsymbol{l}=(\alpha_1,\alpha_2,\cdots,\alpha_m)$ 是 $\mathbf{R}^m$ 中的一个单位向量 $(\alpha_1^2+\alpha_2^2+\cdots+\alpha_m^2=1)$. 函数 $f(x_1,x_2,\cdots,x_m)$ 在点 $x_0=(x_{01},x_{02},\cdots,x_{0m})$ 沿这个方向的方向导数是指把 f 限制在通过点 x_0 且以 $\boldsymbol{l}$ 为方向向量的直线上所得一元函数

$$g(t)=f(x_{01}+t\alpha_1,x_{02}+t\alpha_2,\cdots,x_{0m}+t\alpha_m)$$

在 $t=0$ 的导数.

定义 15.2.1 设 $f(x_1,x_2,\cdots,x_m)$ 是在 $\mathbf{R}^m$ 中的某个点 $x_0=(x_{01},x_{02},\cdots,x_{0m})$ 的一个邻域上有定义的 m 元函数. 又设 $\boldsymbol{l}=(\alpha_1,\alpha_2,\cdots,\alpha_m)$ 是 $\mathbf{R}^m$ 中的一个单位向量, 则称函数

$$t\mapsto f(x_{01}+t\alpha_1,x_{02}+t\alpha_2,\cdots,x_{0m}+t\alpha_m)$$

在 $t=0$ 的导数为 f 在 x_0 点沿方向 $\boldsymbol{l}$ 的**方向导数** (图 15-2-1), 记作 $\dfrac{\partial f}{\partial \boldsymbol{l}}(x_0)$, 即

$$\frac{\partial f}{\partial \boldsymbol{l}}(x_0)=\lim_{t\to0}\frac{1}{t}\big[f(x_{01}+t\alpha_1,x_{02}+t\alpha_2,\cdots,x_{0m}+t\alpha_m)-f(x_{01},x_{02},\cdots,x_{0m})\big].$$

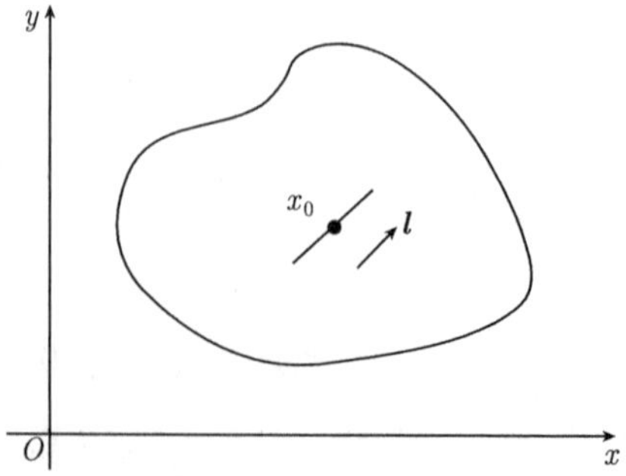

图 15-2-1 方向导数

正如函数在某一点的极限存在蕴涵着它在该点沿任何一个方向也有方向极限一样, 如果函数在一点可微, 那么它在该点沿任何一个方向都有方向导数, 并且可通过全微分来计算方向导数.

定理 15.2.1　设 $f(x_1,x_2,\cdots,x_m)$ 是在 $\mathbf{R}^m$ 中的点 $x_0=(x_{01},x_{02},\cdots,x_{0m})$ 的某个邻域上有定义的 m 元函数. 如果 f 在 x_0 点可微, 则 f 在 x_0 点沿任何一个方向 $\boldsymbol{l}=(\alpha_1,\alpha_2,\cdots,\alpha_m)$ (其中 $\alpha_1^2+\alpha_2^2+\cdots+\alpha_m^2=1$) 的方向导数都存在, 且

$$\frac{\partial f}{\partial \boldsymbol{l}}(x_0)=\frac{\partial f}{\partial x_1}(x_0)\alpha_1+\frac{\partial f}{\partial x_2}(x_0)\alpha_2+\cdots+\frac{\partial f}{\partial x_m}(x_0)\alpha_m. \tag{15.2.1}$$

证明　因为 f 在 x_0 点可微, 所以根据定义 15.1.2 和定理 15.1.2, 我们有

$$\begin{aligned}&f(x_1,x_2,\cdots,x_m)-f(x_{01},x_{02},\cdots,x_{0m})\\=&f_{x_1}(x_0)(x_1-x_{01})+f_{x_2}(x_0)(x_2-x_{02})+\cdots+f_{x_m}(x_0)(x_m-x_{0m})\\&+o(\sqrt{|x_1-x_{01}|^2+|x_2-x_{02}|^2+\cdots+|x_m-x_{0m}|^2}),\quad \text{当}\ x\to x_0.\end{aligned}$$

于是,

$$\begin{aligned}&\frac{1}{t}\left[f(x_{01}+t\alpha_1,x_{02}+t\alpha_2,\cdots,x_{0m}+t\alpha_m)-f(x_{01},x_{02},\cdots,x_{0m})\right]\\=&f_{x_1}(x_0)\alpha_1+f_{x_2}(x_0)\alpha_2+\cdots+f_{x_m}(x_0)\alpha_m+\frac{o(t)}{t},\quad \text{当}\quad t\to 0.\end{aligned}$$

令 $t\to 0$ 取极限, 就得到了式 (15.2.1). 证毕.

15.2.2　梯度

应用方向导数的计算公式 (15.2.1) 我们可得到下述定理.

定理 15.2.2　设 f 在 x_0 点可微且在该点的偏导数不全为零, 从而 $(f_{x_1}(x_0), f_{x_2}(x_0),\cdots,f_{x_m}(x_0))$ 是非零向量. 令 $\boldsymbol{n}$ 为该向量的单位化向量. 则对任意方向 $\boldsymbol{l}=(\alpha_1,\alpha_2,\cdots,\alpha_m)(\alpha_1^2+\alpha_2^2+\cdots+\alpha_m^2=1)$ 都有

$$-\frac{\partial f}{\partial \boldsymbol{n}}(x_0)\leqslant\frac{\partial f}{\partial \boldsymbol{l}}(x_0)\leqslant\frac{\partial f}{\partial \boldsymbol{n}}(x_0),$$

而且前一个等号成立当且仅当 $\boldsymbol{l}=-\boldsymbol{n}$, 后一个等号成立当且仅当 $\boldsymbol{l}=\boldsymbol{n}$.

证明　根据向量 $\boldsymbol{n}$ 的定义我们有

$$\boldsymbol{n}=\frac{(f_{x_1}(x_0),f_{x_2}(x_0),\cdots,f_{x_m}(x_0))}{\sqrt{|f_{x_1}(x_0)|^2+|f_{x_2}(x_0)|^2+\cdots+|f_{x_m}(x_0)|^2}}.$$

因此, 在式 (15.2.1) 中取 $\boldsymbol{l}=\boldsymbol{n}$ 就得到

$$\frac{\partial f}{\partial \boldsymbol{n}}(x_0)=\sqrt{|f_{x_1}(x_0)|^2+|f_{x_2}(x_0)|^2+\cdots+|f_{x_m}(x_0)|^2}. \tag{15.2.2}$$

对任意单位向量 $\boldsymbol{l}=(\alpha_1,\alpha_2,\cdots,\alpha_m)$ $(\alpha_1^2+\alpha_2^2+\cdots+\alpha_m^2=1)$, 应用式 (15.2.1)、柯西不等式和上面计算的结果我们有

$$\begin{aligned}\left|\frac{\partial f}{\partial \boldsymbol{l}}(x_0)\right| &=|f_{x_1}(x_0)\alpha_1+f_{x_1}(x_0)\alpha_2+\cdots+f_{x_1}(x_0)\alpha_m|\\ &\leqslant\sqrt{|f_{x_1}(x_0)|^2+|f_{x_2}(x_0)|^2+\cdots+|f_{x_m}(x_0)|^2}\cdot\sqrt{\alpha_1^2+\alpha_2^2+\cdots+\alpha_m^2}\\ &=\sqrt{|f_{x_1}(x_0)|^2+|f_{x_2}(x_0)|^2+\cdots+|f_{x_m}(x_0)|^2}=\frac{\partial f}{\partial \boldsymbol{n}}(x_0),\end{aligned}$$

而且上面不等式中的等号成立当且仅当 $(\alpha_1,\alpha_2,\cdots,\alpha_m)$ 与 $(f_{x_1}(x_0),f_{x_2}(x_0),\cdots,f_{x_m}(x_0))$ 平行, 即 $\boldsymbol{l}=\pm\boldsymbol{n}$. 因此定理的结论成立. 证毕.

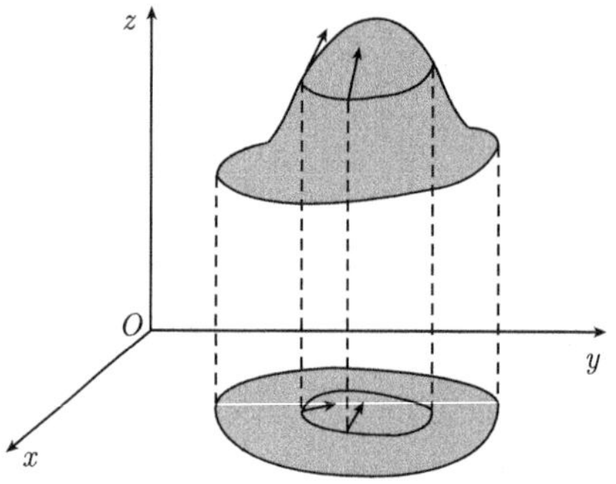

图 15-2-2　二元函数的梯度

以上定理表明函数 f 在点 x_0 的方向导数沿方向 $(f_{x_1}(x_0),f_{x_2}(x_0),\cdots,f_{x_m}(x_0))$ 达到最大, 沿这个方向的反向达到最小. 这表明方向 $(f_{x_1}(x_0),f_{x_2}(x_0),\cdots,f_{x_m}(x_0))$ 是函数 f 在点 x_0 函数值增加最快的方向. 如图 15-2-2 所示, 说明曲面 $y=f(x)$ 在点 x_0 沿方向 $(f_{x_1}(x_0),f_{x_2}(x_0),\cdots,f_{x_m}(x_0))$ 最陡峭. 因此, 向量 $(f_{x_1}(x_0),f_{x_2}(x_0),\cdots,f_{x_m}(x_0))$ 有两个方面的意义: 它的长度等于函数 f 在点 x_0 的方向导数的最大值; 它的方向是函数 f 在点 x_0 函数值增加最快的方向. 所以引进以下概念.

定义 15.2.2　设函数 f 在 x_0 点可微, 则称向量 $(f_{x_1}(x_0),f_{x_2}(x_0),\cdots,f_{x_m}(x_0))$ 为 f 在 x_0 点的**梯度**, 记作 $\mathrm{grad}f(x_0)$ 或 $\nabla f(x_0)$, 即

$$\mathrm{grad}f(x_0)=\nabla f(x_0)=\left(\frac{\partial f}{\partial x_1}(x_0),\frac{\partial f}{\partial x_2}(x_0),\cdots,\frac{\partial f}{\partial x_m}(x_0)\right).$$

从定义 15.2.2 可知, 函数在一点沿梯度方向的导数等于梯度向量的长度.

应用梯度的概念, 可以把方向导数的计算公式 (15.2.1) 改为

定理 15.2.3　设 f 在 x_0 点可微, 则对任意方向 $\boldsymbol{l}=(\alpha_1,\alpha_2,\cdots,\alpha_m)(\alpha_1^2+\alpha_2^2+\cdots+\alpha_m^2=1)$, f 在 x_0 点沿 $\boldsymbol{l}$ 方向的方向导数等于它在该点的梯度在 $\boldsymbol{l}$ 方向的投影

$$\frac{\partial f}{\partial \boldsymbol{l}}(x_0)=\boldsymbol{l}\cdot\nabla f(x_0).$$

推论 15.2.1　设 f 在 x_0 点可微, 且在该点的梯度 $\nabla f(x_0)$是非零向量, 则对任意方向 $\boldsymbol{l}=(\alpha_1,\alpha_2,\cdots,\alpha_m)$ $(\alpha_1^2+\alpha_2^2+\cdots+\alpha_m^2=1)$, $\dfrac{\partial f}{\partial \boldsymbol{l}}(x_0)=0$ 的充要条件是 $\boldsymbol{l}\perp\nabla f(x_0)$.

15.2.3　微分中值定理

一元函数有微分中值定理, 多元函数也有类似的定理. 为陈述并证明这个定理, 先介绍 $\mathbf{R}^m$ 中凸集的概念. $\mathbf{R}^m$ 中的点集 S 如果具有这样的性质: 对 S 中任意两点 P 和 Q, 以 P 和 Q 为端点的线段 $\overline{PQ}$ 上的所有点也都在 S 中, 则称 S 为**凸集**.

定理 15.2.4　设 D 是 $\mathbf{R}^m$ 中的凸的开区域, f 是 D 上的可微函数. 则对 D 中任意两点 x 和 y, 存在位于 x 和 y 连线上的点 ξ 使成立

$$f(y)-f(x)=\nabla f(\xi)\cdot(y-x)=\sum_{i=1}^{m}f_{x_i}(\xi)(y_i-x_i). \tag{15.2.3}$$

证明　考虑一元函数

$$\varphi(t)=f\big(x+t(y-x)\big),\qquad \forall t\in[0,1].$$

因为 D 是凸区域, 由 x 和 y 都属于 D 可知对任意 $t\in[0,1]$, $x+t(y-x)=(1-t)x+ty$ 也属于 D, 所以函数 φ 的定义是合理的. 又由 f 在 D 上可微易知 φ 在 $[0,1]$ 上可微, 且

$$\varphi'(t)=\sum_{i=1}^{m}f_{x_i}\big(x+t(y-x)\big)(y_i-x_i),\quad \forall t\in[0,1]. \tag{15.2.4}$$

事实上, 由 f 在 D 上可微知对任意 $x_0\in D$ 和模充分小的向量 $\Delta x=(\Delta x_1,\Delta x_2,\cdots,\Delta x_m)$ 成立

$$f(x_0+\Delta x)=f(x_0)+\nabla f(x_0)\cdot\Delta x+o(|\Delta x|).$$

对任意 $t\in[0,1]$ 和充分小的 Δt, 取 $x_0=x+t(y-x)$, $\Delta x=(y-x)\Delta t$, 应用上式得

$$f\big(x+(t+\Delta t)(y-x)\big)=f\big(x+t(y-x)\big)+\nabla f\big(x+t(y-x)\big)\cdot(y-x)\Delta t+o(\Delta t),$$

即

$$\varphi(t+\Delta t)=\varphi(t)+\nabla f\big(x+t(y-x)\big)\cdot(y-x)\Delta t+o(\Delta t).$$

从这个等式我们可得到

$$\lim_{\Delta t\to 0}\frac{\varphi(t+\Delta t)-\varphi(t)}{\Delta t}=\nabla f\big(x+t(y-x)\big)\cdot(y-x).$$

这就证明了式 (15.2.4). 这样, 应用一元函数的微分中值定理, 可知存在 $\tau\in(0,1)$ 使得

$$\varphi(1)-\varphi(0)=\varphi'(\tau).$$

由于 $\varphi(0)=f(x)$, $\varphi(1)=f(y)$, 所以只要令 $\xi=x+\tau(y-x)$, 那么上式便是式 (15.2.3). 证毕.

习 题 15.2

1. 证明函数

$$f(x,y)=\begin{cases}\dfrac{x^2}{x^2+y^4}, & x\neq 0,\\ 1, & x=0\end{cases}$$

在点 $(0,0)$ 沿任意方向的方向导数都存在, 但它在该点不连续因而也不可微.

2. 求下列函数 f 在指定点 P_0 沿指定方向 $\boldsymbol{l}$ 的方向导数 $\dfrac{\partial f}{\partial \boldsymbol{l}}(P_0)$:

(1) $f(x,y)=\sin\dfrac{x^2}{x^2+y^2}$, $P_0=(1,0)$, $\boldsymbol{l}$ 与 Ox 轴正向的夹角为 $30°$;

(2) $f(x,y)=\arctan\dfrac{x}{y}$, $P_0=(x_0,y_0)$ $(y_0\neq 0)$, $\boldsymbol{l}$ 与 Ox 轴正向的夹角为 $45°$;

(3) $f(x,y,z)=x^2+2y^2+3z^2$, $P_0=(2,2,1)$, $\boldsymbol{l}$ 为与 $(1,-1,1)$ 同向的单位向量;

(4) $f(x,y,z)=x^{y^z}+y^{z^x}+z^{x^y}$, $P_0=(1,1,1)$, $\boldsymbol{l}=(\cos\alpha,\cos\beta,\cos\gamma)$.

3. 设 $f(x,y)$ 在点 $P_0(x_0,y_0)$ 可微, 且已知 $\dfrac{\partial f}{\partial \boldsymbol{l}_1}(P_0)=1$, $\dfrac{\partial f}{\partial \boldsymbol{l}_2}(P_0)=-1$, 其中, $\boldsymbol{l}_1$ 和 $\boldsymbol{l}_2$ 分别是 $(1,1)$ 和 $(1,-1)$ 方向上的单位向量. 求 $\nabla f(P_0)$.

4. 设 $f(x,y)$ 在点 $P_0(x_0,y_0)$ 可微, $\boldsymbol{l}_1,\boldsymbol{l}_2,\cdots,\boldsymbol{l}_n$ 是平面上的 n 个单位向量, 它们相邻向量之间的夹角为 $\dfrac{2\pi}{n}$. 证明:

$$\sum_{i=1}^{n}\frac{\partial f}{\partial \boldsymbol{l}_i}(P_0)=0.$$

5. 设 $f(x,y)$ 在点 $P_0(x_0,y_0)$ 可微, $\boldsymbol{l}_1$ 和 $\boldsymbol{l}_2$ 是平面上的两个单位向量, 它们的夹角为 $0<\theta<\pi$. 证明:

$$|\nabla f(P_0)|=\frac{1}{\sin\theta}\sqrt{\left|\frac{\partial f}{\partial \boldsymbol{l}_1}(P_0)\right|^2+\left|\frac{\partial f}{\partial \boldsymbol{l}_2}(P_0)\right|^2-2\frac{\partial f}{\partial \boldsymbol{l}_1}(P_0)\frac{\partial f}{\partial \boldsymbol{l}_2}(P_0)\cos\theta}.$$

6. 设 m 元函数 $f(x)$ 在点 $x_0\in\mathbf{R}^m$ 可微, 且在该点沿 m 个线性无关的方向 $\boldsymbol{l}_1$, $\boldsymbol{l}_2,\cdots,\boldsymbol{l}_m$ 的方向导数都等于零. 证明: $\nabla f(x_0)=0$.

7. 设 m 元函数 $f(x)$ 在点 $x_0\in\mathbf{R}^m$ 可微, $\boldsymbol{e}_1,\boldsymbol{e}_2,\cdots,\boldsymbol{e}_m$ 是 $\mathbf{R}^m$ 中 m 个两两互相正交的单位向量. 证明:

(1) 对 $\mathbf{R}^m$ 中的任意单位向量 $\boldsymbol{l}$ 都有 $\dfrac{\partial f}{\partial \boldsymbol{l}}(x_0)=\displaystyle\sum_{i=1}^{m}\frac{\partial f}{\partial \boldsymbol{e}_i}(x_0)\cos\langle \boldsymbol{l},\boldsymbol{e}_i\rangle$;

(2) $|\nabla f(x_0)|=\sqrt{\displaystyle\sum_{i=1}^{m}\left|\frac{\partial f}{\partial \boldsymbol{e}_i}(x_0)\right|^2}$.

8. 设 $f(x)$ (其中 $x\in\mathbf{R}^m$) 在点 x_0 的某个邻域中定义并且在点 x_0 可微, $x_0\neq 0$. 记 $r_0=|x_0|$, $\omega_0=\dfrac{x_0}{r_0}$, 称函数 $r\mapsto f(r\omega_0)$ 在点 r_0 的导数为 $f(x)$ 在点 x_0 的**径向导数**, 记作 $\dfrac{\partial f}{\partial r}(x_0)$ 或 $f_r(x_0)$. 证明:

$$\frac{\partial f}{\partial r}(x_0)=\omega_0\cdot\nabla f(x_0)=\frac{1}{r_0}\sum_{i=1}^{m}\frac{\partial f}{\partial x_i}(x_0)x_{0i}.$$

因此 $f_r(x)=\dfrac{x}{r}\cdot\nabla f(x)$, 其中 $r=|x|$.

9. 证明: (1) $\nabla[f(x)g(x)]=f(x)\nabla g(x)+g(x)\nabla f(x)$;

   (2) $\nabla[\varphi(f(x))]=\varphi'(f(x))\nabla f(x)$.

10. 设 $f(x)$ 是定义在凸区域 $D\subseteq\mathbf{R}^m$ 上的可微函数, 且其偏导数都在 D 上有界. 证明: $f(x)$ 在 D 上一致利普希茨连续.

11. 设 $f(x)$ 是定义在区域 $D\subseteq\mathbf{R}^m$ 上的可微函数, 且 $\nabla f(x)=0, \forall x\in D$. 证明: $f(x)$ 在 D 上恒取常值.

15.3　复合函数的偏导数和隐函数定理

15.3.1　复合函数的偏导数

类似于一元复合函数的导数, 对多元复合函数的偏导数也有链锁法则. 但是正如仅有偏导数不能保证多元函数连续一样, 后面将举例说明, 仅有偏导数的多元函数复合之后不一定有偏导数. 为了使多元复合函数 $g\circ\boldsymbol{F}$ 有偏导数, 被复合的函数 g 应当满足比有偏导数更强的条件: g 是可微函数. 这就是以下定理.

定理 15.3.1　设 $x_0=(x_{01},x_{02},\cdots,x_{0m})$ 是 $\mathbf{R}^m$ 中的一个点, $\boldsymbol{F}$ 是在点 x_0 的某个邻域上有定义的 n 维向量函数, 它的每个分量函数 $F_j(x)=F_j(x_1,x_2,\cdots,x_m)$ $(j=1,2,\cdots,n)$ 都在点 x_0 有关于各个变元 $x_1,x_2,\cdots,x_m$ 的偏导数. 又设 g 是在 $\boldsymbol{F}$ 的值域上有定义的 n 元函数, 且在点 $y_0=\boldsymbol{F}(x_0)$ 可微, 则复合函数 $g\circ\boldsymbol{F}$ 在点 x_0 有关于各个变元 $x_1,x_2,\cdots,x_m$ 的偏导数, 并且成立下列链锁法则

$$\frac{\partial g(\boldsymbol{F}(x))}{\partial x_i}\bigg|_{x=x_0}=\sum_{j=1}^{n}\frac{\partial g(y)}{\partial y_j}\bigg|_{y=y_0}\frac{\partial F_j(x)}{\partial x_i}\bigg|_{x=x_0},\qquad i=1,2,\cdots,m.\tag{15.3.1}$$

证明　因为 g 在点 y_0 可微, 所以

$$g(y)=g(y_0)+\sum_{j=1}^{n}\frac{\partial g}{\partial y_j}(y_0)(y_j-y_{0j})+o(|y-y_0|),\quad 当\ y\to y_0.\tag{15.3.2}$$

又由每个 $F_j(x)$ $(j=1,2,\cdots,n)$ 都在点 x_0 有关于各个变元 $x_1,x_2,\cdots,x_m$ 的偏导数, 特别地, 在点 x_0 有关于变元 x_1 的偏导数. 这意味着每个一元函数 $x_1\mapsto F_j(x_1, x_{02},\cdots,x_{0m})$ $(j=1,2,\cdots,n)$ 都在点 x_{01} 可导, 进而在该点可微. 因此

$$\begin{aligned}F_j(x_1,x_{02},\cdots,x_{0m}) &= F_j(x_{01},x_{02},\cdots,x_{0m})+\frac{\partial F_j}{\partial x_1}(x_{01},x_{02},\cdots,x_{0m})(x_1-x_{01})\\&\quad+o(|x_1-x_{01}|)\\&= y_{0j}+\frac{\partial F_j}{\partial x_1}(x_0)(x_1-x_{01})+o(|x_1-x_{01}|), \text{当} x_1\to x_{01}\end{aligned}$$

$(j=1,2,\cdots,n)$. 据此推知

$$\boldsymbol{F}(x_1,x_{02},\cdots,x_{0m})-y_0=O(|x_1-x_{01}|),\quad \text{当} x_1\to x_{01}.$$

因此, 在式 (15.3.2) 中令 $y=\boldsymbol{F}(x_1,x_{02},\cdots,x_{0m})$ 就得到

$$\begin{aligned}g(\boldsymbol{F}(x_1,x_{02},\cdots,x_{0m})) &= g(y_0)+\sum_{j=1}^n\frac{\partial g}{\partial y_j}(y_0)\frac{\partial F_j}{\partial x_1}(x_0)(x_1-x_{01})+o(|x_1-x_{01}|)\\&= g(\boldsymbol{F}(x_{01},x_{02},\cdots,x_{0m}))+\sum_{j=1}^n\frac{\partial g}{\partial y_j}(y_0)\frac{\partial F_j}{\partial x_1}(x_0)(x_1-x_{01})\\&\quad+o(|x_1-x_{01}|),\quad \text{当 } x_1\to x_{01}.\end{aligned}$$

从而,

$$\begin{aligned}\left.\frac{\partial g(\boldsymbol{F}(x))}{\partial x_1}\right|_{x=x_0} &= \lim_{x_1\to x_{01}}\frac{g(\boldsymbol{F}(x_1,x_{02},\cdots,x_{0m}))-g(\boldsymbol{F}(x_{01},x_{02},\cdots,x_{0m}))}{x_1-x_{01}}\\&= \sum_{j=1}^n\frac{\partial g}{\partial y_j}(y_0)\frac{\partial F_j}{\partial x_1}(x_0).\end{aligned}$$

这就证明了函数 $g(\boldsymbol{F}(x))$ 在点 x_0 有关于变元 x_1 的偏导数, 且式 (15.3.1) 在 $i=1$ 时成立. 类似地可证明函数 $g(\boldsymbol{F}(x))$ 在点 x_0 也有关于其他变元 $x_2,\cdots,x_m$ 的偏导数, 且式 (15.3.1) 对每个 $1\leqslant i\leqslant m$ 都成立. 证毕.

推论 15.3.1 设 $\boldsymbol{F}$ 是定义在 $\mathbf{R}^m$ 中的开集 D 上的 n 维向量函数, 它的每个分量函数 $F_j(x)$ $(j=1,2,\cdots,n)$ 都在 D 上每点有关于各个变元 $x_1,x_2,\cdots,x_m$ 的偏导数, 且 $\boldsymbol{F}$ 的值域含于 $\mathbf{R}^n$ 中的开集 E. 又设 g 是在 E 上每点都可微的 n 元函数. 则复合函数 $g\circ\boldsymbol{F}$ 在 D 上每点都有关于各个变元 $x_1,x_2,\cdots,x_m$ 的偏导数, 并且成立下列链锁法则

$$\frac{\partial g(\boldsymbol{F}(x))}{\partial x_i}=\sum_{j=1}^n\left.\frac{\partial g(y)}{\partial y_j}\right|_{y=\boldsymbol{F}(x)}\frac{\partial F_j(x)}{\partial x_i},\quad \forall x\in D,\quad i=1,2,\cdots,m. \tag{15.3.3}$$

式 (15.3.3) 可以写成下列矩阵形式

$$\left(\frac{\partial g(\boldsymbol{F}(x))}{\partial x_1}\,\frac{\partial g(\boldsymbol{F}(x))}{\partial x_2}\cdots\frac{\partial g(\boldsymbol{F}(x))}{\partial x_m}\right)$$

$$=\left(\frac{\partial g(y)}{\partial y_1}\frac{\partial g(y)}{\partial y_2}\cdots\frac{\partial g(y)}{\partial y_n}\right)\Big|_{y=\boldsymbol{F}(x)}\begin{pmatrix}\dfrac{\partial F_1(x)}{\partial x_1} & \dfrac{\partial F_1(x)}{\partial x_2} & \cdots & \dfrac{\partial F_1(x)}{\partial x_m}\\ \dfrac{\partial F_2(x)}{\partial x_1} & \dfrac{\partial F_2(x)}{\partial x_2} & \cdots & \dfrac{\partial F_2(x)}{\partial x_m}\\ \vdots & \vdots & & \vdots\\ \dfrac{\partial F_n(x)}{\partial x_1} & \dfrac{\partial F_n(x)}{\partial x_2} & \cdots & \dfrac{\partial F_n(x)}{\partial x_m}\end{pmatrix}.$$

上式右端的 $n\times m$ 阶矩阵记作 $\dfrac{\mathrm{D}\boldsymbol{F}(x)}{\mathrm{D}x}$, 并称为向量函数 $\boldsymbol{F}(x)$ 的**雅可比矩阵** (详细的讨论见第 16 章). 注意到上式左端的 $1\times m$ 阶矩阵和右端的 $1\times n$ 阶矩阵分别为函数 $g(\boldsymbol{F}(x))$ 和 $g(y)$ 的梯度, 所以如果把 m 维向量和 n 维向量分别等同于 $1\times m$ 阶矩阵和 $1\times n$ 阶矩阵, 则上式可简写成

$$\nabla(g(\boldsymbol{F}(x)))=\nabla g(y)|_{y=\boldsymbol{F}(x)}\frac{\mathrm{D}\boldsymbol{F}(x)}{\mathrm{D}x}. \tag{15.3.4}$$

例 1　定理 15.3.1 中的条件 "g 在 y_0 点可微" 不能减弱为 "g 在 y_0 点有关于各个变元的偏导数". 反例如下：考虑二元函数

$$g(x,y)=\begin{cases}\dfrac{xy}{\sqrt[3]{x^4+y^4}}, & 当\ (x,y)\neq(0,0),\\ 0, & 当(x,y)=(0,0).\end{cases}$$

因为 $g(x,0)=0,\ \forall x\in\mathbf{R}$, 所以 $g_x(0,0)=0$. 同理有 $g_y(0,0)=0$, 说明这个函数在点 $(0,0)$ 关于两个自变元都有偏导数. 事实上, 不难知道这个函数在整个平面 $\mathbf{R}^2$ 上处处都有关于两个自变元的偏导数. 又由于当 $(x,y)\neq(0,0)$ 时,

$$|g(x,y)|=\frac{|xy|}{\sqrt[3]{x^4+y^4}}\leqslant\frac{\dfrac{1}{2}(x^2+y^2)}{\sqrt[3]{\dfrac{1}{2}(x^2+y^2)^2}}=\left(\frac{x^2+y^2}{4}\right)^{\frac{1}{3}},$$

可知 $\lim\limits_{(x,y)\to(0,0)}g(x,y)=0=g(0,0)$, 即 $g(x,y)$ 在点 $(0,0)$ 连续, 从而在整个平面 $\mathbf{R}^2$ 上连续 (因为 $g(x,y)$ 显然在其他点都连续). 但是 $g(x,y)$与一元二维向量函数 $\boldsymbol{F}(t)=(t,t)$ 的复合函数 $\varphi(t)=g(\boldsymbol{F}(t))=g(t,t)=\dfrac{t^{\frac{2}{3}}}{\sqrt[3]{2}}$却在点 $t=0$ 不可导, 虽然 $\boldsymbol{F}(t)=(t,t)$ 的两个分量函数都在整个数轴上无穷可微.

以上反例说明, 如果把 $g(y)$ 应满足的条件 "在 y_0 点可微" 稍微减弱, 哪怕是减弱成 "$g(y)$ 在 y_0 点的一个邻域上连续并且处处有关于各个变元的偏导数", 那么即使把 $\boldsymbol{F}(x)$ 的条件加强为各个分量函数都可微, 定理 15.3.1 的结论都是无法保证的.

15.3.2 复合函数的全微分

定理 15.3.2 设 x_0 是 $\mathbf{R}^m$ 中的一个点, $\boldsymbol{F}$ 是在点 x_0 的某个邻域上有定义的 n 维向量函数, 它的每个分量函数 $F_j(x)$ $(j=1,2,\cdots,n)$ 都在点 x_0 可微. 又设 g 是在 $\boldsymbol{F}$ 的值域上有定义的函数, 且在点 $y_0=\boldsymbol{F}(x_0)$ 可微. 则复合函数 $g\circ\boldsymbol{F}$ 在点 x_0 可微, 且

$$\mathrm{d}(g\circ\boldsymbol{F})(x_0)=\sum_{i=1}^{m}\sum_{j=1}^{n}\frac{\partial g}{\partial y_j}(y_0)\frac{\partial F_j}{\partial x_i}(x_0)\mathrm{d}x_i. \tag{15.3.5}$$

证明 因为 g 在点 y_0 可微, 所以

$$g(y)=g(y_0)+\sum_{j=1}^{n}\frac{\partial g}{\partial y_j}(y_0)(y_j-y_{0j})+o(|y-y_0|),\quad 当\ y\to y_0. \tag{15.3.6}$$

又由于每个 $F_j(x)$ $(j=1,2,\cdots,n)$ 都在点 x_0 可微, 所以

$$\begin{aligned}F_j(x)=&\ F_j(x_0)+\sum_{i=1}^{m}\frac{\partial F_j}{\partial x_i}(x_0)(x_i-x_{0i})+o(|x-x_0|)\\=&\ y_{0j}+\sum_{i=1}^{m}\frac{\partial F_j}{\partial x_i}(x_0)(x_i-x_{0i})+o(|x-x_0|),\quad 当\ x\to x_0,\quad j=1,2,\cdots,n.\end{aligned}$$

由此可知

$$\boldsymbol{F}(x)-y_0=O(|x-x_0|),\quad 当 x\to x_0.$$

因此, 在式 (15.3.6) 中令 $y=F(x)$ 就得到

$$\begin{aligned}g(\boldsymbol{F}(x))=&\ g(y_0)+\sum_{i=1}^{m}\sum_{j=1}^{n}\frac{\partial g}{\partial y_j}(y_0)\frac{\partial F_j}{\partial x_i}(x_0)(x_i-x_{0i})+o(|x-x_0|)\\=&\ g(\boldsymbol{F}(x_0))+\sum_{i=1}^{m}\sum_{j=1}^{n}\frac{\partial g}{\partial y_j}(y_0)\frac{\partial F_j}{\partial x_i}(x_0)(x_i-x_{0i})+o(|x-x_0|),\quad 当\ x\to x_0.\end{aligned}$$

这就证明了函数 $g(F(x))$ 在点 x_0 可微, 且式 (15.3.5) 成立. 证毕.

推论 15.3.2 设 $\boldsymbol{F}$ 是定义在 $\mathbf{R}^m$ 中的开集 D 上的 n 维向量函数, 它的每个分量函数 $F_j(x)$ $(j=1,2,\cdots,n)$ 都在 D 上可微, 且 $\boldsymbol{F}$ 的值域含于 $\mathbf{R}^n$ 中的开集 E. 又设 g 是在 E 上可微的 n 元函数. 则复合函数 $g\circ\boldsymbol{F}$ 在 D 上可微, 并且

$$\mathrm{d}[g(\boldsymbol{F}(x))]=\sum_{i=1}^{m}\sum_{j=1}^{n}\frac{\partial g}{\partial y_j}(\boldsymbol{F}(x))\frac{\partial F_j}{\partial x_i}(x)\mathrm{d}x_i. \tag{15.3.7}$$

由于

$$\mathrm{d}F_j(x)=\sum_{i=1}^{m}\frac{\partial F_j}{\partial x_i}(x)\mathrm{d}x_i,\quad j=1,2,\cdots,n,$$

所以式 (15.3.7) 也可改写成

$$\mathrm{d}[g(\boldsymbol{F}(x))] = \sum_{j=1}^{n} \frac{\partial g}{\partial y_j}(\boldsymbol{F}(x))\mathrm{d}F_j(x).$$

这就是说和一元函数的情况类似, 一阶全微分的表达式

$$\mathrm{d}g(y) = \sum_{j=1}^{n} \frac{\partial g}{\partial y_j}(y)\mathrm{d}y_j$$

中的变量 y, 无论是自变量还是中间变量, 微分式的表达式都是一样的. 这叫做**一阶全微分的形式不变性**.

例 2 求函数 $f(x) = r^\mu$ 的全微分和偏导数, 其中 $r = |x|$, 而 μ 是非零常数.

解 首先, 易见 $\dfrac{\partial r}{\partial x_i} = \dfrac{x_i}{r}$, $i = 1, 2, \cdots, m$. 因此

$$\mathrm{d}r = \sum_{i=1}^{m} \frac{\partial r}{\partial x_i}\mathrm{d}x_i = \frac{1}{r}\sum_{i=1}^{m} x_i \mathrm{d}x_i,$$

进而,

$$\mathrm{d}r^\mu = \mu r^{\mu-1}\mathrm{d}r = \mu r^{\mu-2}\sum_{i=1}^{m} x_i \mathrm{d}x_i.$$

根据这个表达式可得

$$\frac{\partial r^\mu}{\partial x_i} = \mu r^{\mu-2}x_i, \quad i = 1, 2, \cdots, m.$$

15.3.3 隐函数的偏导数和隐函数定理

在上册的 4.2 节我们介绍了如何求由形如 $F(x, y) = 0$ 的方程确定的隐函数 $y = f(x)$ 的导数. 由于当时还没有学习偏导数的概念, 所以我们只是介绍了求隐函数导数的方法, 而没有给出具体的求导公式. 现在便可以明确地写出隐函数的求导公式. 事实上, 设隐函数 $y = f(x)$ 在区间 I 上存在, 则等式

$$F(x, f(x)) = 0$$

在区间 I 上恒成立, 所以在此区间上可对上式两端求导数. 视导数为偏导数的特例, 应用多元复合函数求偏导数的链锁法则, 得到

$$F_x(x, f(x)) + F_y(x, f(x))f'(x) = 0, \qquad \forall x \in I.$$

因此,

$$f'(x) = -\frac{F_x(x, f(x))}{F_y(x, f(x))}, \qquad \forall x \in I.$$

把以上方法推广, 设 $F(x, y)$ 是有 $m+1$ 个自变元的多元函数, 其中 $x = (x_1, x_2, \cdots, x_m)$ 是 m 维变元, y 是一维变元. 假设由方程 $F(x, y) = 0$ 确定了定义在区域 $D \subseteq \mathbf{R}^m$ 上的一个隐函数 $y = f(x)$, 我们来求函数 $y = f(x)$ 的偏导数. 与前类似, 对等式

$$F(x, f(x)) = 0, \quad \forall x \in D$$

两端关于各个变元 x_i $(i=1,2,\cdots,m)$ 求偏导数, 得

$$F_{x_i}(x,f(x))+F_y(x,f(x))f_{x_i}(x)=0,\quad \forall x\in D, i=1,2,\cdots,m.$$

所以

$$f_{x_i}(x)=-\frac{F_{x_i}(x,f(x))}{F_y(x,f(x))},\quad \forall x\in D,\ \ i=1,2,\cdots,m. \tag{15.3.8}$$

在具体计算的过程中, 没有必要套用这个公式, 而可像前面所做的那样, 通过对方程 $F(x,f(x))=0$ 两端求偏导数来求 $f(x)$ 的偏导数. 这样既不需要记忆公式, 也可灵活处理计算过程中遇到的一些复杂表达式.

例 3 设 $F(x,y)$ 是二元可微函数, 满足条件 $xF_x(x,y)+yF_y(x,y)\neq 0$. 证明: 由方程

$$F(x+uy^{-1},y+ux^{-1})=0 \tag{15.3.9}$$

确定的隐函数 $u=u(x,y)$ 满足以下偏微分方程

$$x\frac{\partial u}{\partial x}+y\frac{\partial u}{\partial y}=u-xy. \tag{15.3.10}$$

证明 记 $v=x+uy^{-1}$, $w=y+ux^{-1}$. 首先证明

$$y^{-1}F_x(v,w)+x^{-1}F_y(v,w)\neq 0. \tag{15.3.11}$$

事实上, 如果 $y^{-1}F_x(v,w)+x^{-1}F_y(v,w)=0$, 则乘以 u 和 xy 便分别得到

$$uy^{-1}F_x(v,w)+ux^{-1}F_y(v,w)=0,\quad xF_x(v,w)+yF_y(v,w)=0.$$

两式相加得到

$$vF_x(v,w)+wF_y(v,w)=0.$$

这与条件 $xF_x(x,y)+yF_y(x,y)\neq 0$ 矛盾. 所以式 (15.3.11) 成立.

对方程 (15.3.9) 两端求偏导数, 得

$$F_x(v,w)\Big(1+y^{-1}\frac{\partial u}{\partial x}\Big)+F_y(v,w)\Big(x^{-1}\frac{\partial u}{\partial x}-ux^{-2}\Big)=0,$$
$$F_x(v,w)\Big(y^{-1}\frac{\partial u}{\partial y}-uy^{-2}\Big)+F_y(v,w)\Big(1+x^{-1}\frac{\partial u}{\partial y}\Big)=0.$$

从这些等式分别得到

$$\frac{\partial u}{\partial x}=\frac{ux^{-2}F_y(v,w)-F_x(v,w)}{y^{-1}F_x(v,w)+x^{-1}F_y(v,w)},$$
$$\frac{\partial u}{\partial y}=\frac{uy^{-2}F_x(v,w)-F_y(v,w)}{y^{-1}F_x(v,w)+x^{-1}F_y(v,w)}.$$

因此

$$x\frac{\partial u}{\partial x}+y\frac{\partial u}{\partial y}=\frac{u[x^{-1}F_y(v,w)+y^{-1}F_x(v,w)]-[xF_x(v,w)+yF_y(v,w)]}{y^{-1}F_x(v,w)+x^{-1}F_y(v,w)}=u-xy.$$

这就证明了式 (15.3.10).

以上是在假定了由方程 $F(x,y)=0$ 在区域 D 上确定了一个隐函数 $y=f(x)$, 并且这个函数有偏导数的前提下进行的推导. 自然要问: (1) 这个方程是否肯定确定了一个隐函数 $y=f(x)$? 或在什么条件下能够确定一个这样的函数? (2) 隐函数 $y=f(x)$ 是否肯定有偏导数? 或在什么条件下有偏导数? 下面的定理给出了对这些问题的回答. 以下, 我们用 x 表示 $\mathbf{R}^m$ 中的变元, 即 $x=(x_1,x_2,\cdots,x_m)$, 并用 x_0 表示 $\mathbf{R}^m$ 中的点, 即 $x_0=(x_{01},x_{02},\cdots,x_{0m})$, 又用 y 表示 $\mathbf{R}$ 中的变元, 用 y_0 表示 $\mathbf{R}$ 中的点.

定理 15.3.3(隐函数定理)　设 Ω 是 $\mathbf{R}^{m+1}$ 中的一个开集, $F(x,y)$ 是 Ω 上的连续函数, 它在 Ω 中的每个点都关于变元 y 可导, 并且偏导数 $F_y(x,y)$ 在 Ω 上连续. 又设 $(x_0,y_0)\in\Omega$, 且

$$F(x_0,y_0)=0,\quad F_y(x_0,y_0)\neq 0.$$

则存在 $a>0$ 和 $r>0$, 这里 a 和 r 比较小使得 $B(x_0,r)\times(y_0-a,y_0+a)\subseteq\Omega$, 和定义在 $B(x_0,r)\subseteq\mathbf{R}^m$ 上而取值于 (y_0-a,y_0+a) 的函数 $y=f(x)$, 使以下结论成立:

(1) $y=f(x)$ 通过点 (x_0,y_0) 并满足方程 $F(x,y)=0$, 即

$$f(x_0)=y_0,\quad F(x,f(x))=0,\quad \forall x\in B(x_0,r),$$

而且对每个 $x\in B(x_0,r)$, $y=f(x)$ 都是该方程在区间 (y_0-a,y_0+a) 上的唯一解;

(2) $f(x)$ 在 $B(x_0,r)$ 上连续.

进一步, 如果 $F(x,y)$ 在 Ω 中的每个点还关于每个变元 x_i $(i=1,2,\cdots,m)$ 有偏导数, 则相应地隐函数 $f(x)$ 也在 $B(x_0,r)$ 上关于每个变元 x_i $(i=1,2,\cdots,m)$ 有偏导数, 这些偏导数可按公式 (15.3.8) 计算. 而且如果每个偏导数 $F_{x_i}(x,y)(i=1,2,\cdots,m)$ 都在 Ω 上连续, 则相应地偏导数 $f_{x_i}(x)$ $(i=1,2,\cdots,m)$ 也都在 $B(x_0,r)$ 上连续.

证明　不妨设 $F_y(x_0,y_0)>0$. 则由 $F_y(x,y)$ 在 Ω 上的连续性可知, 存在 $a>0$ 和 $r_1>0$, 使得 $B(x_0,r_1)\times[y_0-a,y_0+a]\subseteq\Omega$, 且在 $B(x_0,r_1)\times[y_0-a,y_0+a]$ 上 $F_y(x,y)>0$. 这意味着对每个固定的 $x\in B(x_0,r_1)$, $F(x,y)$ 作为变元 y 的函数在区间 $[y_0-a,y_0+a]$ 上严格单增. 因此, 由 $F(x_0,y_0)=0$ 知 $F(x_0,y_0+a)>0$ 而 $F(x_0,y_0-a)<0$. 由于 $F(x,y)$ 是 Ω 上的连续函数, 所以由 $F(x_0,y_0+a)>0$ 知存在 $0<r_2\leqslant r_1$, 使对任意 $x\in B(x_0,r_2)$ 都有

$$F(x,y_0+a)>0. \tag{15.3.12}$$

同理由 $F(x_0,y_0-a)<0$ 推知存在 $0<r_3\leqslant r_1$, 使对任意 $x\in B(x_0,r_3)$ 都有

$$F(x,y_0-a)<0. \tag{15.3.13}$$

令 $r=\min\{r_2,r_3\}$. 则当 $x\in B(x_0,r)$ 时, 式 (15.3.12) 和式 (15.3.13) 同时成立. 于是, 对每个给定的 $x\in B(x_0,r)$, 对一元连续函数 $y\mapsto F(x,y)$ 在区间 $[y_0-a,y_0+a]$ 上应用介值定理, 即知存在 $y_x\in(y_0-a,y_0+a)$ 使得 $F(x,y_x)=0$, 而且由 $F(x,y)$ 关于变元 y 的严格单增性质可知这样的 y_x 是唯一的 (图 15-3-1). 这样就得到了定义在 $B(x_0,r)$ 上的一个函数 $x\mapsto y_x$, $\forall x\in B(x_0,r)$. 记此函数为 f, 即

$$f(x)=y_x,\quad \forall x\in B(x_0,r),$$

则就得到了结论 (1).

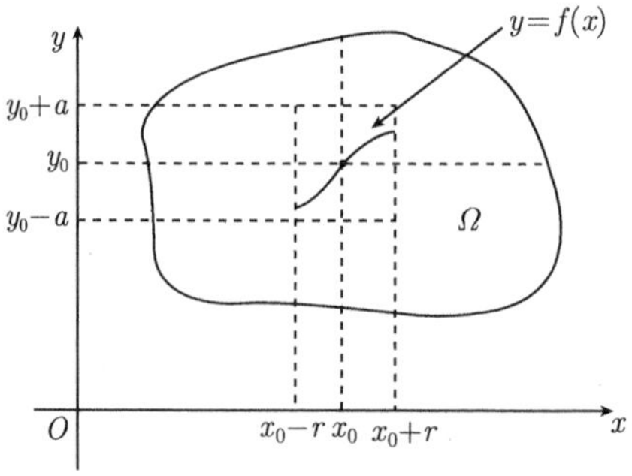

图 15-3-1　隐函数定理的证明

下面证明 f 在 $B(x_0,r)$ 上连续. 设 $\bar{x}$ 是 $B(x_0,r)$ 中的任意一点. 记 $\bar{y}=f(\bar{x})$. 我们只需要证明对任意给定的 $\varepsilon>0$, 存在相应的 $0<\delta\leqslant r-|\bar{x}-x_0|$, 使当 $x\in B(\bar{x},\delta)$ 时, 有

$$|f(x)-\bar{y}|<\varepsilon. \tag{15.3.14}$$

不妨设 ε 充分小, 使 $[\bar{y}-\varepsilon,\bar{y}+\varepsilon]\subseteq[y_0-a,y_0+a]$. 由于函数 $y\mapsto F(\bar{x},y)$ 在 $[\bar{y}-\varepsilon,\bar{y}+\varepsilon]$ 上连续、严格单增且 $F(\bar{x},\bar{y})=0$, 所以 $F(\bar{x},\bar{y}+\varepsilon)>0$ 而 $F(\bar{x},\bar{y}-\varepsilon)<0$. 由 $F(\bar{x},\bar{y}+\varepsilon)>0$ 和函数 $x\mapsto F(x,\bar{y}+\varepsilon)$ 在 $B(x_0,r)$ 上连续可知, 存在 $0<\delta_1\leqslant r-|\bar{x}-x_0|$, 使当 $x\in B(\bar{x},\delta_1)$ 时, 有

$$F(x,\bar{y}+\varepsilon)>0.$$

同理由 $F(\bar{x},\bar{y}-\varepsilon)<0$ 和函数 $x\mapsto F(x,\bar{y}-\varepsilon)$ 在 $B(x_0,r)$ 上连续可知, 存在 $0<\delta_2\leqslant r-|\bar{x}-x_0|$, 使当 $x\in B(\bar{x},\delta_2)$ 时, 有

$$F(x,\bar{y}-\varepsilon)<0.$$

令 $\delta=\min\{\delta_1,\delta_2\}$. 则当 $x\in B(\bar{x},\delta)$ 时, 以上二式同时成立. 于是, 与前面类似的推导可知对每个 $x\in B(\bar{x},\delta)$, 关于 y 的方程 $F(x,y)=0$ 在区间 $(\bar{y}-\varepsilon,\bar{y}+\varepsilon)$ 上有唯一的解. 因为 $(\bar{y}-\varepsilon,\bar{y}+\varepsilon)\subseteq(y_0-a,y_0+a)$, 所以这个解当然也是该方程在区间

(y_0-a,y_0+a) 上的解. 但已知这个方程在区间 (y_0-a,y_0+a) 上的唯一解是 $f(x)$, 说明 $f(x)\in(\bar{y}-\varepsilon,\bar{y}+\varepsilon)$, 即式 (15.3.14) 成立. 这就证明了结论 (2).

现在进一步设 $F(x,y)$ 在 Ω 中的每个点也有关于每个变元 x_i $(i=1,2,\cdots,m)$ 的偏导数. 我们来证明函数 $f(x)$ 也在 $B(x_0,r)$ 上有关于每个变元 x_i $(i=1,2,\cdots,m)$ 的偏导数, 且偏导数可按式 (15.3.8) 计算. 为记号简单起见, 我们只以变元 x_1 为例证明, 因为对其他变元的证明类似. 如前设 $\bar{x}$ 是 $B(x_0,r)$ 中的任意一点, 而 $\bar{y}=f(\bar{x})$. 设 $\bar{x}=(\bar{x}_1,\bar{x}_2,\cdots,\bar{x}_m)$. 记 $\bar{x}'=(\bar{x}_2,\cdots,\bar{x}_m)$, 以便把 $\bar{x}=(\bar{x}_1,\bar{x}_2,\cdots,\bar{x}_m)$ 简写为 $\bar{x}=(\bar{x}_1,\bar{x}')$, 则

$$F(\bar{x}_1,\bar{x}',\bar{y})=F(\bar{x},\bar{y})=0.$$

对绝对值充分小的 Δx_1, 令 $\Delta y=f(\bar{x}_1+\Delta x_1,\bar{x}')-f(\bar{x}_1,\bar{x}')$, 则

$$F(\bar{x}_1+\Delta x_1,\bar{x}',\bar{y}+\Delta y)=F(\bar{x}_1+\Delta x_1,\bar{x}',f(\bar{x}_1+\Delta x_1,\bar{x}'))=0.$$

因此,

$$\begin{aligned}0&=F(\bar{x}_1+\Delta x_1,\bar{x}',\bar{y}+\Delta y)-F(\bar{x}_1,\bar{x}',\bar{y})\\&=[F(\bar{x}_1+\Delta x_1,\bar{x}',\bar{y}+\Delta y)-F(\bar{x}_1+\Delta x_1,\bar{x}',\bar{y})]+[F(\bar{x}_1+\Delta x_1,\bar{x}',\bar{y})-F(\bar{x}_1,\bar{x}',\bar{y})]\\&=F_y(\bar{x}_1+\Delta x_1,\bar{x}',\bar{y}+\theta\Delta y)\Delta y+[F(\bar{x}_1+\Delta x_1,\bar{x}',\bar{y})-F(\bar{x}_1,\bar{x}',\bar{y})],\end{aligned}$$

其中 $0<\theta<1$. 这个等式是通过对函数 $y\mapsto F(\bar{x}_1+\Delta x_1,\bar{x}',y)$ 应用一元函数的微分中值定理得到的. 由于在 $B(x_0,r_1)\times[y_0-a,y_0+a]$ 上 $F_y(x,y)>0$, 所以从以上等式得到

$$\frac{\Delta y}{\Delta x_1}=-\frac{F(\bar{x}_1+\Delta x_1,\bar{x}',\bar{y})-F(\bar{x}_1,\bar{x}',\bar{y})}{\Delta x_1}\cdot\frac{1}{F_y(\bar{x}_1+\Delta x_1,\bar{x}',\bar{y}+\theta\Delta y)}.$$

据此应用函数 $F_y(x,y)$ 在 $B(x_0,r_1)\times[y_0-a,y_0+a]$ 上的连续性和函数 $F(x,y)$ 关于变元 x_1 有偏导数的假设条件, 即得

$$f_{x_1}(\bar{x})=\lim_{\Delta x_1\to 0}\frac{\Delta y}{\Delta x_1}=-\frac{F_x(\bar{x}_1,\bar{x}',\bar{y})}{F_y(\bar{x}_1,\bar{x}',\bar{y})}=-\frac{F_x(\bar{x},\bar{y})}{F_y(\bar{x},\bar{y})}.$$

这就证明了所期望的结论.

由式 (15.3.8) 易见如果每个偏导数 $F_{x_i}(x,y)$ $(i=1,2,\cdots,m)$ 都和 $F_y(x,y)$ 一样在 Ω 上连续, 则相应的隐函数的偏导数 $f_{x_i}(x)$ $(i=1,2,\cdots,m)$ 也都在 $B(x_0,r)$ 上连续. 证毕.

必须说明的是上述定理中所说的隐函数的唯一性, 是指隐函数 $y=f(x)$ 在点 y_0 的一个小邻域 (y_0-a,y_0+a) 上是唯一的. 这意味着不能排除以下情况的发生: 对给定的 $x\in B(x_0,r)$, 关于 y 的方程 $F(x,y)=0$ 可能不至有一个解, 即有可能存在其他的隐函数, 但这些隐函数都在点 y_0 的邻域 (y_0-a,y_0+a) 之外. 例如, 对函数 $F(x,y)=x^2+y^2-1$, 由于

$$F(0,1)=0, \quad F_y(0,1)=2\neq 0,$$

所以可对此函数在点 $(0,1)$ 应用隐函数定理, 得知存在 $r>0$ 和 $a>0$ 使方程 $x^2+y^2=1$ 对每个 $x\in(-r,r)$ 在区间 $(1-a,1+a)$ 上有唯一的解 $y=f(x)$. 显然这个解就是 $y=\sqrt{1-x^2}$. 这个方程还有另外一个解 $y=-\sqrt{1-x^2}$. 只不过后一个解不在区间 $(1-a,1+a)$ 中 (图 15-3-2).

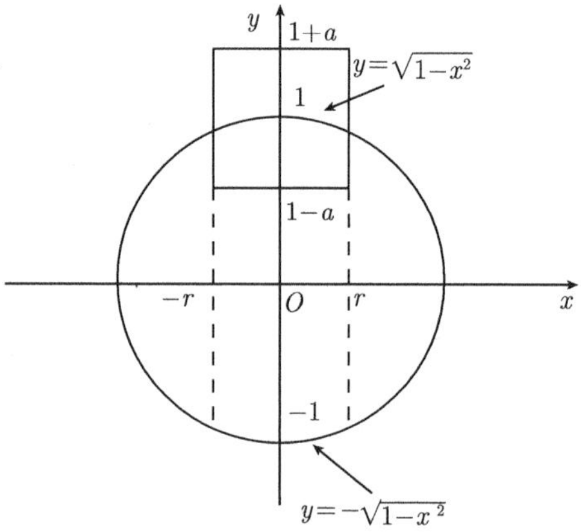

图 15-3-2　方程 $x^2+y^2=1$ 确定的隐函数

另外, 上述定理只是保证了隐函数 $y=f(x)$ 在点 x_0 的一个小邻域 $B(x_0,r)$ 上的存在性, 因此是一个*局部存在性*定理. 隐函数在大范围的存在性, 是一个非常复杂因而比较困难的研究课题, 很值得深入研究. 在这方面已有一些结果, 但远没有达到把这个问题彻底弄清楚的程度. 由于这个课题超出了本课程的范围, 不在这里做更多的讨论.

下面举例说明隐函数定理的应用.

例 4　设 $F(x,y)$ 是定义在第一象限并有连续偏导数的二元函数. 又设 (x_0,y_0) 是第一象限中的一点, $F(x,y)$ 在该点满足条件

$$F(x_0,y_0)=0, \quad x_0F_x(x_0,y_0)+y_0F_y(x_0,y_0)\neq 0.$$

证明: 由方程

$$F(x+uy^{-1},y+ux^{-1})=0$$

在点 (x_0,y_0) 的一个邻域上唯一地确定了一个满足条件 $u(x_0,y_0)=0$ 的隐函数 $u=u(x,y)$, 而且这个函数有连续的偏导数.

证明　令

$$G(x,y,u)=F(x+uy^{-1},y+ux^{-1}), \qquad \forall x>0,\ \forall y>0, \forall u\in\mathbf{R}.$$

显然函数 $G(x,y,u)$ 在 $\mathbf{R}^3$ 中的开集 $\Omega=\{(x,y,u): x>0, y>0, u\in\mathbf{R}\}$ 上处处有关

于各个变元的偏导数, 而且这些偏导数都在 Ω 上连续. 易见

$$G(x_0,y_0,0)=F(x_0,y_0)=0$$

以及

$$G_u(x_0,y_0,0)=y_0^{-1}F_x(x_0,y_0)+x_0^{-1}F_y(x_0,y_0)=(x_0y_0)^{-1}[x_0F_x(x_0,y_0)+y_0F_y(x_0,y_0)]\neq 0.$$

所以根据隐函数定理知, 存在 $r>0$, 使在点 (x_0,y_0) 的 r 邻域上, 方程 $G(x,y,u)=0$ 有唯一满足条件 $u(x_0,y_0)=0$ 的解 $u=u(x,y)$, 而且函数 $u=u(x,y)$ 在此邻域上有连续的偏导数. 证毕.

习　题　15.3

1. 设 $w=f(x,y,z)$ 是三元可微函数, $x=x(u,v)$, $y=y(u,v)$, $x=y(u,v)$都是二元可微函数. 写出求复合函数 $w=f(x(u,v),y(u,v),z(u,v))$ 偏导数 $\dfrac{\partial w}{\partial u}$ 和 $\dfrac{\partial w}{\partial v}$ 的链锁法则.

2. 设 f 是一元可微函数. 求下列复合函数的偏导数:

(1) $u=f(ax+by)$;　(2) $u=f(\sqrt{x^2+y^2})$;

(3) $u=f(y-a\sin x)\sin y$;　(4) $u=yf\left(y+\dfrac{y^3}{x^2}\right)$;

(5) $u=x^3y^3f\left(\dfrac{x^3+y^3}{x^2y^2}\right)$;　(6) $u=\sqrt{x^2+y^2}f\left(\ln\sqrt{x^2+y^2}+\arctan\dfrac{y}{x}\right)$;

(7) $u=xf\left(\dfrac{z}{x}\right)+yf\left(\dfrac{z}{y}\right)$;　(8) $u=f\left(\dfrac{z}{\sqrt{x^2+y^2+z^2}}\right)$.

3. 设所有给定的函数都是可微函数. 求下列复合函数的偏导数:

(1) $u=f(ax+by,bx-ay)$;　(2) $u=f\left(x^2+y^2,\dfrac{y}{x}\right)$;

(3) $u=f\left(x^2+y^2,\dfrac{y-xz}{x+yz}\right)$;　(4) $u=f\left((x+y)\mathrm{e}^{-2z},(3x+2y)\mathrm{e}^{-z}\right)$;

(5) $u=f(xy^2,yz^2,zx^2)$;　(6) $u=f(x^2+y^2,x^2-y^2,2xy)$;

(7) $u=f(x_1^2-x_2^2,x_2^2-x_3^2,x_3^2-x_4^2,x_4^2-x_1^2)$;　(8) $u=f\left(\dfrac{x_1}{x_m},\dfrac{x_2}{x_m},\cdots,\dfrac{x_{m-1}}{x_m}\right)$.

4. 设 f 是一元可微函数. 验证以下等式:

(1) $a\dfrac{\partial u}{\partial x}+b\dfrac{\partial u}{\partial y}=0$, 其中 $u=f(bx-ay)$;

(2) $y\dfrac{\partial u}{\partial x}-x\dfrac{\partial u}{\partial y}=0$, 其中 $u=f(x^2+y^2)$;

(3) $(1+x^2)\dfrac{\partial u}{\partial x}+xy\dfrac{\partial u}{\partial y}=0$, 其中 $u=f\left(\dfrac{y^2}{1+x^2}\right)$;

(4) $(x^2-y^2)\dfrac{\partial u}{\partial x}+xy\dfrac{\partial u}{\partial y}=xyu$, 其中 $u=\mathrm{e}^y f\Big(y\mathrm{e}^{\frac{x^2}{2y^2}}\Big)$;

(5) $x\dfrac{\partial u}{\partial x}+y\dfrac{\partial u}{\partial y}=u+x^2+y^2$, 其中 $u=xf\Big(\dfrac{y}{x}\Big)+x^2+y^2$;

(6) $\cos y\dfrac{\partial u}{\partial x}+\cos x\dfrac{\partial u}{\partial y}=\cos x\cos y$, 其中 $u=\sin x+f(\sin x-\sin y)$.

5. 设 F 是二元可微函数. 验证以下等式:

(1) $a\dfrac{\partial u}{\partial x}+b\dfrac{\partial u}{\partial y}+c\dfrac{\partial u}{\partial z}=0$, 其中 $u=F(\alpha_1x+\beta_1y+\gamma_1z,\alpha_2x+\beta_2y+\gamma_2z)$, 常数 $\alpha_j,\beta_j,\gamma_j$ 满足

$$a\alpha_j+b\beta_j+c\gamma_j=0,\qquad j=1,2;$$

(2) $yz\dfrac{\partial u}{\partial x}+zx\dfrac{\partial u}{\partial y}+xy\dfrac{\partial u}{\partial z}=0$, 其中 $u=F(x^2-y^2,y^2-z^2)$;

(3) $\sqrt{x}\dfrac{\partial u}{\partial x}+\sqrt{y}\dfrac{\partial u}{\partial y}+\sqrt{z}\dfrac{\partial u}{\partial z}=0$, 其中 $u=F(\sqrt{x}-\sqrt{y},\sqrt{z}-\sqrt{x})$;

(4) $x\dfrac{\partial u}{\partial x}+y\dfrac{\partial u}{\partial y}+z\dfrac{\partial u}{\partial z}=0$, 其中 $u=F\Big(\dfrac{x}{y},\dfrac{y}{z}\Big)$;

(5) $x\dfrac{\partial u}{\partial x}+my\dfrac{\partial u}{\partial y}+nz\dfrac{\partial u}{\partial z}=au$, 其中 $u=x^aF\Big(\dfrac{y}{x^m},\dfrac{z}{x^n}\Big)$;

(6) $(bz-cy)\dfrac{\partial u}{\partial x}+(cx-az)\dfrac{\partial u}{\partial y}+(ay-bx)\dfrac{\partial u}{\partial z}=0$, 其中 $u=F(ax+by+cz,x^2+y^2+z^2)$.

6. 定义在 $\mathbf{R}^m\backslash\{0\}$ 上的函数 $f(x)$ 称为**μ 次齐次函数**(μ 为给定的实数), 如果成立 $f(\lambda x)=\lambda^\mu f(x),\forall x\in\mathbf{R}^m\backslash\{0\},\forall\lambda>0$. 设 $f(x)$ 是 $\mathbf{R}^m\backslash\{0\}$ 上的可微函数. 证明欧拉定理: $f(x)$ 是 μ 次齐次函数的充要条件是它在 $\mathbf{R}^m\backslash\{0\}$ 上满足以下偏微分方程

$$\sum_{i=1}^m x_i\frac{\partial f}{\partial x_i}(x)=\mu f(x).$$

7. 对二元函数 $u=f(x,y)$, 令 $x=r\cos\theta$, $y=r\sin\theta$.

(1) 求 $\dfrac{\partial u}{\partial r}$ 和 $\dfrac{\partial u}{\partial \theta}$;

(2) 证明 $\nabla u=\dfrac{\partial u}{\partial r}\boldsymbol{e}_r+\dfrac{1}{r}\dfrac{\partial u}{\partial\theta}\boldsymbol{e}_\theta$, 其中, $\boldsymbol{e}_r$ 表示极径 r 方向的单位向量, $\boldsymbol{e}_\theta$ 表示极角 θ 方向的单位向量, 即 $\boldsymbol{e}_r=\dfrac{(x,y)}{r}$, $\boldsymbol{e}_\theta=\dfrac{(-y,x)}{r}$;

(3) 证明 $|\nabla u|^2=\Big(\dfrac{\partial u}{\partial r}\Big)^2+\dfrac{1}{r^2}\Big(\dfrac{\partial u}{\partial\theta}\Big)^2$.

8. 对三元函数 $u=f(x,y,z)$, 令 $x=r\cos\theta\cos\varphi$, $y=r\sin\theta\cos\varphi$, $z=r\sin\varphi$.

(1) 求 $\dfrac{\partial u}{\partial r}$, $\dfrac{\partial u}{\partial\theta}$ 和 $\dfrac{\partial u}{\partial\varphi}$;

(2) 证明 $\nabla u=\frac{\partial u}{\partial r}\boldsymbol{e}_r+\frac{1}{r\cos\varphi}\frac{\partial u}{\partial\theta}\boldsymbol{e}_\theta+\frac{1}{r}\frac{\partial u}{\partial\varphi}\boldsymbol{e}_\varphi$, 其中, $\boldsymbol{e}_r$ 表示 r 方向的单位向量, $\boldsymbol{e}_\theta$ 表示 θ 方向的单位向量, $\boldsymbol{e}_\varphi$ 表示 φ 方向的单位向量, 即

$$\boldsymbol{e}_r=\frac{(x_r,y_r,z_r)}{|(x_r,y_r,z_r)|}=(\cos\theta\cos\varphi,\sin\theta\cos\varphi,\sin\varphi)=\frac{(x,y,z)}{r},$$
$$\boldsymbol{e}_\theta=\frac{(x_\theta,y_\theta,z_\theta)}{|(x_\theta,y_\theta,z_\theta)|}=(-\sin\theta,\cos\theta,0)=\frac{(-y,x,0)}{\sqrt{x^2+y^2}},$$
$$\boldsymbol{e}_\varphi=\frac{(x_\varphi,y_\varphi,z_\varphi)}{|(x_\varphi,y_\varphi,z_\varphi)|}=(-\cos\theta\sin\varphi,-\sin\theta\sin\varphi,\cos\varphi)=\frac{(-xz,-yz,x^2+y^2)}{r\sqrt{x^2+y^2}};$$

(3) 证明 $|\nabla u|^2=\left(\frac{\partial u}{\partial r}\right)^2+\frac{1}{r^2\cos^2\varphi}\left(\frac{\partial u}{\partial\theta}\right)^2+\frac{1}{r^2}\left(\frac{\partial u}{\partial\varphi}\right)^2$.

9. 定义在环形区域 $a<|x|<b$(其中 $x\in\mathbf{R}^m$) 上的函数 $f(x)$ 称为**球对称函数**或**径向函数**, 如果存在定义于区间 (a,b) 上的函数 φ 使成立 $f(x)=\varphi(r)$, 其中 $r=|x|\in(a,b)$. 假设 φ 是 (a,b) 上的可微函数, 对径向函数 $f(x)=\varphi(r)$ 证明以下结论:

(1) $f(x)$ 是环形区域 $a<|x|<b$ 上的可微函数, 且

$$\nabla f(x)=\varphi'(r)\frac{x}{r},\quad \forall r=|x|\in(a,b);$$

(2) $\frac{\partial f}{\partial r}(x)=\varphi'(r)$, 这是 $\frac{\partial f}{\partial r}(x)$ 表示 $f(x)$ 关于径向 $\boldsymbol{e}_r=\frac{x}{r}$ 的方向导数;

(3) 对任意 $a<|x_0|<b$ 和任意垂直于点 x_0 的向径的单位向量 $\boldsymbol{l}$ ($\boldsymbol{l}\cdot x_0=0$), 有

$$\frac{\partial f}{\partial\boldsymbol{l}}(x_0)=0.$$

10. 证明: 如果把隐函数定理中最后的条件“每个偏导数 $F_{x_i}(x,y)$ $(i=1,2,\cdots,m)$ 都在 Ω 上连续”减弱为 $F(x,y)$ 对每个固定的 y 都关于 x 可微, 则相应的隐函数 $f(x)$ 在 $B(x_0,r)$ 上可微.

11. 设 f 是一元可微函数, F 是二元可微函数. 验证由所给定的隐函数方程确定的隐函数满足相应的等式:

(1) $a\frac{\partial u}{\partial x}+b\frac{\partial u}{\partial y}=1$, 其中 u 为由方程 $F(x-au,y-bu)=0$ 确定的隐函数;

(2) $x\frac{\partial u}{\partial x}+y\frac{\partial u}{\partial y}=u-xy$, 其中 u 为由方程 $F\left(x+\frac{u}{y},y+\frac{u}{x}\right)=0$ 确定的隐函数;

(3) $(u-x+y)\frac{\partial u}{\partial x}+(u+x-y)\frac{\partial u}{\partial y}=x+y-u$, 其中 u 为由以下方程确定的隐函数$F\left(\frac{u-y}{x-y},(x-y)(x+y+u)\right)=0$;

(4) $(x^2-y^2-u^2)\dfrac{\partial u}{\partial x}+2xy\dfrac{\partial u}{\partial y}=2xu$, 其中 u 为由方程 $x^2+y^2+u^2=yf\Big(\dfrac{u}{y}\Big)$ 确定的隐函数;

(5) $x(x+u)\dfrac{\partial u}{\partial x}+y(y+u)\dfrac{\partial u}{\partial y}=u^2-xy$, 其中 u 为由方程 $\ln y+\dfrac{u}{x}=f\Big(\ln x+\dfrac{u}{y}\Big)$ 确定的隐函数;

(6) $(y-bu)\dfrac{\partial u}{\partial x}-(x-au)\dfrac{\partial u}{\partial y}=bx-ay$, 其中 u 为由方程 $x^2+y^2+u^2=f(ax+by+u)$ 确定的隐函数.

12. 设 $F(x,y,z)$ 是开集 $\Omega\subseteq\mathbf{R}^3$ 中的可微函数, 且对任意 $(x,y,z)\in\Omega$ 都有 $F_x(x,y,z)\neq 0$, $F_y(x,y,z)\neq 0$ 和 $F_z(x,y,z)\neq 0$. 令 $x=x(y,z)$, $y=y(x,z)$ 和 $z=z(x,y)$ 为由方程 $F(x,y,z)=0$ 确定的隐函数. 证明:

$$\frac{\partial x}{\partial y}\cdot\frac{\partial y}{\partial z}\cdot\frac{\partial z}{\partial x}=-1,\quad \frac{\partial x}{\partial z}\cdot\frac{\partial z}{\partial y}\cdot\frac{\partial y}{\partial x}=-1.$$

15.4 高阶偏导数和泰勒公式

15.4.1 高阶偏导数和高阶全微分

与一元函数高阶导数的概念类似, 关于多元函数也有高阶偏导数的概念. 前面考虑的偏导数都叫**一阶偏导数**. 对一阶偏导数再求偏导数, 得到的叫做**二阶偏导数**. 二阶偏导数的偏导数叫做**三阶偏导数**. 一般地, n **阶偏导数**归纳地定义为 $n-1$ 阶偏导数的偏导数. 所有 $n\geqslant 2$ 的 n 阶偏导数都叫做**高阶偏导数**.

m 元函数 $f(x)$ (其中 $x=(x_1,x_2,\cdots,x_m)$) 关于变元 x_i 的偏导数记作 $\dfrac{\partial f(x)}{\partial x_i}$ 或 $f_{x_i}(x)$, $f_{x_i}(x)$ 关于变元 x_j 的偏导数记作 $\dfrac{\partial^2 f(x)}{\partial x_j\partial x_i}$ 或 $f_{x_jx_i}(x)$. 一般地, $f(x)$ 先关于变元 x_{i_1} 求偏导数、再关于变元 x_{i_2} 求偏导数、再关于变元 x_{i_3} 求偏导数、……、最后关于变元 x_{i_n} 求偏导数, 得到的 n 阶偏导数记作

$$\frac{\partial^n f(x)}{\partial x_{i_n}\cdots\partial x_{i_2}\partial x_{i_1}}\quad 或\quad f_{x_{i_n}\cdots x_{i_2}x_{i_1}}(x).$$

由于对多元函数每次求偏导数都是只关于一个变元求导数而把其余变元看成常量来处理的, 所以多元函数高阶偏导数的具体计算与一元函数的高阶导数没有本质的区别. 这里需要讨论的是混合偏导数. 如果 n 阶偏导数 $\dfrac{\partial^n f(x)}{\partial x_{i_n}\cdots\partial x_{i_2}\partial x_{i_1}}$ 中的 x_{i_1}, $x_{i_2},\cdots,x_{i_n}$ 不全相等, 则称这个高阶偏导数为 $f(x)$ 关于这些变元的**混合偏导数**. 对于通常碰到的函数, 混合偏导数一般不依赖于求偏导数的次序, 即

$$\frac{\partial^2 f(x,y)}{\partial x\partial y}=\frac{\partial^2 f(x,y)}{\partial y\partial x},\ \frac{\partial^3 f(x,y)}{\partial x\partial y^2}=\frac{\partial^2 f(x,y)}{\partial y\partial x\partial y}=\frac{\partial^3 f(x,y)}{\partial y^2\partial x},$$

等等. 例如, 对于函数 $f(x,y)=\mathrm{e}^{x\sin y}$, 有

$$\frac{\partial^2 f(x,y)}{\partial x\partial y}=\frac{\partial^2 f(x,y)}{\partial y\partial x}=\mathrm{e}^{x\sin y}\cos y(x\sin y+1),$$

$$\begin{aligned}\frac{\partial^3 f(x,y)}{\partial x\partial y^2}&=\frac{\partial^2 f(x,y)}{\partial y\partial x\partial y}=\frac{\partial^3 f(x,y)}{\partial y^2\partial x}\\&=\mathrm{e}^{x\sin y}[x^2\cos^2 y\sin y+x(2\cos^2 y-\sin^2 y)-\sin y],\end{aligned}$$

等等. 但另一方面, 对于某些函数而言, 混合偏导数却依赖于求偏导数的次序. 下面是这种函数的一个例子.

例 1　对于函数

$$f(x,y)=\begin{cases}\dfrac{xy(x^2-y^2)}{x^2+y^2}, & 当(x,y)\neq(0,0),\\ 0, & 当(x,y)=(0,0),\end{cases}$$

有

$$f_x(x,y)=\begin{cases}\dfrac{x^4y+4x^2y^3-y^5}{(x^2+y^2)^2}, & 当(x,y)\neq(0,0),\\ 0, & 当(x,y)=(0,0),\end{cases}$$

$$f_y(x,y)=\begin{cases}\dfrac{x^5-4x^3y^2-xy^4}{(x^2+y^2)^2}, & 当(x,y)\neq(0,0),\\ 0, & 当(x,y)=(0,0),\end{cases}$$

所以

$$f_{xy}(0,0)=\lim_{x\to 0}\frac{f_y(x,0)-f_y(0,0)}{x}=\lim_{x\to 0}\frac{x^5}{x^5}=1,$$

$$f_{yx}(0,0)=\lim_{y\to 0}\frac{f_x(0,y)-f_x(0,0)}{y}=\lim_{y\to 0}\frac{-y^5}{y^5}=-1,$$

可见 $f_{xy}(0,0)\neq f_{yx}(0,0)$.

下面讨论在什么条件下, 混合偏导数不依赖于求偏导数的次序.

定理 15.4.1(施瓦茨定理)　设函数 $f(x,y)$ 在点 (x_0,y_0) 的某个邻域上有定义, 且在此邻域上两个混合偏导数 $\dfrac{\partial^2 f(x,y)}{\partial x\partial y}$ 和 $\dfrac{\partial^2 f(x,y)}{\partial y\partial x}$ 都存在. 又设这两个混合偏导数都在点 (x_0,y_0) 连续. 则它们在该点具有相同的值

$$\frac{\partial^2 f}{\partial x\partial y}(x_0,y_0)=\frac{\partial^2 f}{\partial y\partial x}(x_0,y_0).\tag{15.4.1}$$

(施瓦茨, Hermann Amandus Schwartz, 1843~1921, 德国人)

证明 因为

$$f_y(x,y_0)=\lim_{\Delta y\to 0}\frac{f(x,y_0+\Delta y)-f(x,y_0)}{\Delta y},$$

所以

$$\begin{aligned}f_{xy}(x_0,y_0)&=\lim_{\Delta x\to 0}\frac{f_y(x_0+\Delta x,y_0)-f_y(x_0,y_0)}{\Delta x}\\&=\lim_{\Delta x\to 0}\lim_{\Delta y\to 0}\frac{f(x_0+\Delta x,y_0+\Delta y)-f(x_0+\Delta x,y_0)-f(x_0,y_0+\Delta y)+f(x,y_0)}{\Delta x\Delta y}.\end{aligned}$$

同理

$$f_{yx}(x_0,y_0)=\lim_{\Delta y\to 0}\lim_{\Delta x\to 0}\frac{f(x_0+\Delta x,y_0+\Delta y)-f(x_0,y_0+\Delta y)-f(x_0+\Delta x,y_0)+f(x,y_0)}{\Delta x\Delta y}.$$

如果记

$$g(\Delta x,\Delta y)=f(x_0+\Delta x,y_0+\Delta y)-f(x_0+\Delta x,y_0)-f(x_0,y_0+\Delta y)+f(x,y_0),$$

则

$$f_{xy}(x_0,y_0)=\lim_{\Delta x\to 0}\lim_{\Delta y\to 0}\frac{g(\Delta x,\Delta y)}{\Delta x\Delta y},$$
$$f_{yx}(x_0,y_0)=\lim_{\Delta y\to 0}\lim_{\Delta x\to 0}\frac{g(\Delta x,\Delta y)}{\Delta x\Delta y}.$$

所以, 式 (15.4.1) 是否成立本质上是累次极限能否换序的问题.

对每个固定的充分小的 Δy, 令

$$\varphi(x)=f(x,y_0+\Delta y)-f(x,y_0),$$

则

$$g(\Delta x,\Delta y)=\varphi(x_0+\Delta x)-\varphi(x_0).$$

对函数 $\varphi(x)$ 应用一元函数的微分中值定理, 得

$$\begin{aligned}g(\Delta x,\Delta y)&=\varphi'(x_0+\theta_1\Delta x)\Delta x\\&=[f_x(x_0+\theta_1\Delta x,y_0+\Delta y)-f_x(x_0+\theta_1\Delta x,y_0)]\Delta x,\end{aligned}$$

其中 θ_1 是 Δx 和 Δy 的函数, 且 $0<\theta_1<1$. 再对每个固定的 Δx 和 Δy, 对 y 的函数 $f_x(x_0+\theta_1\Delta x,y)$ 应用一元函数的微分中值定理, 即得

$$g(\Delta x,\Delta y)=f_{yx}(x_0+\theta_1\Delta x,y_0+\theta_2\Delta y)\Delta x\Delta y,$$

其中 θ_2 也是 Δx 和 Δy 的函数, 且 $0<\theta_2<1$. 因此

$$\frac{g(\Delta x,\Delta y)}{\Delta x\Delta y}=f_{yx}(x_0+\theta_1\Delta x,y_0+\theta_2\Delta y). \tag{15.4.2}$$

类似地, 对每个固定的充分小的 Δx, 令

$$\psi(y)=f(x_0+\Delta x,y)-f(x_0,y),$$

则又有

$$g(\Delta x,\Delta y)=\psi(y_0+\Delta y)-\psi(y_0).$$

运用与上面类似的分析得到

$$\frac{g(\Delta x,\Delta y)}{\Delta x\Delta y}=f_{xy}(x_0+\theta_4\Delta x,y_0+\theta_3\Delta y),\tag{15.4.3}$$

其中 θ_3 和 θ_4 都是 Δx 和 Δy 的函数, 且 $0<\theta_3<1,\ 0<\theta_4<1$.

由式 (15.4.2) 和式 (15.4.3) 可知

$$f_{yx}(x_0+\theta_1\Delta x,y_0+\theta_2\Delta y)=f_{xy}(x_0+\theta_4\Delta x,y_0+\theta_3\Delta y).\tag{15.4.4}$$

由于函数 $f_{yx}(x,y)$ 在点 (x_0,y_0) 连续, 所以

$$\lim_{(\Delta x,\Delta y)\to(0,0)}f_{yx}(x_0+\theta_1\Delta x,y_0+\theta_2\Delta y)=f_{yx}(x_0,y_0).$$

同理, 由于函数 $f_{xy}(x,y)$ 在点 (x_0,y_0) 连续, 所以

$$\lim_{(\Delta x,\Delta y)\to(0,0)}f_{xy}(x_0+\theta_1\Delta x,y_0+\theta_2\Delta y)=f_{xy}(x_0,y_0).$$

因此, 根据极限的唯一性, 从式 (15.4.4) 知必有 $f_{yx}(x_0,y_0)=f_{xy}(x_0,y_0)$. 证毕.

定理 15.4.2(杨定理) 设函数 $f(x,y)$ 在点 (x_0,y_0) 的某个邻域上有定义, 且在此邻域上存在偏导数. 假设两个偏导数 f_x 和 f_y 都在点 (x_0,y_0) 可微, 则

$$\frac{\partial^2 f}{\partial x\partial y}(x_0,y_0)=\frac{\partial^2 f}{\partial y\partial x}(x_0,y_0).$$

证明 考虑一元函数

$$g(h)=f(x_0+h,y_0+h)-f(x_0+h,y_0)-f(x_0,y_0+h)+f(x_0,y_0).$$

我们来证明

$$g(h)=f_{yx}(x,y_0)h^2+o(h^2),\qquad 当\quad h\to 0,\tag{15.4.5}$$

$$g(h)=f_{xy}(x,y_0)h^2+o(h^2),\qquad 当\quad h\to 0.\tag{15.4.6}$$

显然, 所要证明的结论是式 (15.4.5) 和式 (15.4.6) 的直接推论.

对每个固定的充分小的 $h\neq 0$, 考虑一元函数

$$\varphi(x)=f(x,y_0+h)-f(x,y_0).$$

显然有

$$g(h)=\varphi(x_0+h)-\varphi(x_0).$$

对这个表达式应用拉格朗日中值定理可知存在 $0<\theta_1<1$ 使

$$g(h)=\varphi'(x_0+\theta_1 h)h=[f_x(x_0+\theta_1 h,y_0+h)-f_x(x_0+\theta_1 h,y_0)]h. \tag{15.4.7}$$

由于 f_x 在点 (x_0,y_0) 可微, 所以

$$\begin{aligned}f_x(x_0+\theta_1 h,y_0+h)&=f_x(x_0,y_0)+f_{xx}(x_0,y_0)\theta_1 h+f_{yx}(x_0,y_0)h+o(h),\quad \text{当} h\to 0,\\ f_x(x_0+\theta_1 h,y_0)&=f_x(x_0,y_0)+f_{xx}(x_0,y_0)\theta_1 h+o(h),\quad \text{当}\ h\to 0.\end{aligned}$$

把这两个等式代入式 (15.4.7), 就得到了式 (15.4.5). 同理, 通过考虑一元函数

$$\psi(y)=f(x_0+h,y)-f(x_0,y),$$

便可证明式 (15.4.6). 证毕.

如果函数 $f(x,y)$ 满足定理 15.4.2 的条件, 则称 $f(x,y)$ 在点 (x_0,y_0)**二阶可微**. 因此, 定理 15.4.2 可以改述为: 如果 $f(x,y)$ 在点 (x_0,y_0) 二阶可微, 则它在该点的二阶混合偏导数不依赖于求导的次序, 一般地, 我们有以下概念.

定义 15.4.1 称多元函数 $f(x)$ 在 x_0 点n **阶可微** (其中 $n\geqslant 2$), 如果 $f(x)$ 在 x_0 点的某个邻域上有 $n-1$ 阶偏导数且所有 $n-1$ 阶偏导数都在 x_0 点可微.

由于函数在一点可微蕴涵着它在该点连续, 所以当 $f(x)$ 在 x_0 点二阶可微时, 它的所有一阶偏导数都在 x_0 点连续, 从而可知 $f(x)$ 本身也在 x_0 点可微, 即二阶可微蕴涵着一阶可微. 应用数学归纳法可以证明, 当 $f(x)$ 在 x_0 点 n 阶可微时, 它的所有阶数小于等于 $n-1$ 的偏导数都在 x_0 点连续, 进而对每个 $1\leqslant k\leqslant n-1$, $f(x)$ 在 x_0 点 k 阶可微. 因此, 应用定理 15.4.2 便可得到

推论 15.4.1 如果 $f(x)$ 在 x_0 点 n 阶可微, 则 $f(x)$ 在 x_0 点的所有直到 n 阶的偏导数都与求导次序无关.

那么, 如何判定一个函数在某点 n 阶可微呢? 从定理 15.1.3 易得

定理 15.4.3(n 阶可微的充分条件) 如果 $f(x)$ 在 x_0 点的某个邻域上有 n 阶偏导数, 且所有 n 阶偏导数都在 x_0 点连续, 则 $f(x)$ 在 x_0 点 n 阶可微.

设 D 是 $\mathbf{R}^m$ 中的开集, $f(x)$ 是定义在 D 上的函数. 如果对某个正整数 n, $f(x)$ 在 D 中的每点都有 n 阶偏导数, 并且所有的 n 阶偏导数都在 D 上连续, 则称 $f(x)$ 在 D 上**有** n **阶连续偏导数**. 由全体在 D 上有 n 阶连续偏导数的函数组成的集合记作 $C^n(D)$. 定理 15.4.3 说明, $C^n(D)$ 中的函数在 D 中的每个点都 n 阶可微. 因此, 当 $f\in C^n(D)$ 时, 也称 f 在 D 上n **阶连续可微**. 从推论 15.4.1 可知, 如果 f 在 D 上 n 阶连续可微, 则它在 D 上每点的所有阶数不大于 n 的偏导数都与求导的次序无关.

前面引进了高阶可微的概念，再来考虑高阶全微分. 设函数 $f(x)$ (其中 $x = (x_1, x_2, \cdots, x_m)$) 在开集 $D \subseteq \mathbf{R}^m$ 上每点都可微. 于是对每点 $x \in D$, $f(x)$ 在点 x 有全微分

$$\mathrm{d}f(x) = \sum_{i=1}^{m} f_{x_i}(x)\mathrm{d}x_i,$$

它是新的自变量 $\mathrm{d}x = (\mathrm{d}x_1, \mathrm{d}x_2, \cdots, \mathrm{d}x_m)$ 的线性函数. 让 x 在 D 中变化, 则 $\mathrm{d}f$ 是 x 和 $\mathrm{d}x$ 两个 m 维变元的函数. 如果把 $\mathrm{d}x$ 固定, 而只让 x 在 D 中变化, 则就得到了 D 上的函数 $x \mapsto \mathrm{d}f(x)$. 如果 f 在 D 中的某 x_0 点二阶可微, 则这个函数便在 x_0 点可微, 它在 x_0 点的微分称为 $f(x)$ 在 x_0 点的**二阶全微分**, 记作 $\mathrm{d}^2f(x_0)$, 即

$$\mathrm{d}^2f(x_0) = \mathrm{d}_x(\mathrm{d}f)(x_0) = \sum_{i=1}^{m} \mathrm{d}f_{x_i}(x_0)\mathrm{d}x_i = \sum_{i,j=1}^{m} f_{x_j x_i}(x_0)\mathrm{d}x_j\mathrm{d}x_i,$$

这里第一个等号后面的符号 d_x 表示关于 $\mathrm{d}f$ 中的变元 x 求微分. 由于 f 在 x_0 点二阶可微蕴涵着

$$f_{x_j x_i}(x_0) = f_{x_i x_j}(x_0), \qquad i, j = 1, 2, \cdots, m,$$

所以 f 在 x_0 点的二阶全微分 $\mathrm{d}^2f(x_0)$ 是一个以对称矩阵 $\left(f_{x_i x_j}(x_0)\right)_{m\times m}$ 为系数矩阵的二次型. 对称矩阵 $\left(f_{x_i x_j}(x_0)\right)_{m\times m}$ 叫做 f 在 x_0 点的**黑塞矩阵** (黑塞, Ludwig Otto Hesse, 1811~1874, 德国人), 记作 $\boldsymbol{H}f(x_0)$, 即

$$\boldsymbol{H}f(x_0) = \left(f_{x_i x_j}(x_0)\right)_{m\times m} = \begin{pmatrix} \dfrac{\partial^2 f}{\partial x_1^2}(x_0) & \dfrac{\partial^2 f}{\partial x_1 \partial x_2}(x_0) & \cdots & \dfrac{\partial^2 f}{\partial x_1 \partial x_m}(x_0) \\ \dfrac{\partial^2 f}{\partial x_2 \partial x_1}(x_0) & \dfrac{\partial^2 f}{\partial x_2^2}(x_0) & \cdots & \dfrac{\partial^2 f}{\partial x_2 \partial x_m}(x_0) \\ \vdots & \vdots & & \vdots \\ \dfrac{\partial^2 f}{\partial x_m \partial x_1}(x_0) & \dfrac{\partial^2 f}{\partial x_m \partial x_2}(x_0) & \cdots & \dfrac{\partial^2 f}{\partial x_m^2}(x_0) \end{pmatrix}.$$

如果 f 在 D 上三阶可微, 则 f 的二阶微分 $\mathrm{d}^2f(x)$ 作为 x 的函数仍然可微, 其微分叫做 f 的**三阶全微分**, 记作 $\mathrm{d}^3f(x)$. 三阶全微分 $\mathrm{d}^3f(x)$ 关于 x 的微分叫做 f 的**四阶全微分**, 记作 $\mathrm{d}^4f(x)$ 等. 一般地, $n-1$ 阶全微分 $\mathrm{d}^{n-1}f(x)$ 关于 x 的微分叫做 f 的n **阶全微分**, 记作 $\mathrm{d}^nf(x)$.

15.4.2　m 重指标和高阶偏导数的简写记号

由于 n 阶可微函数的 n 阶偏导数与关于各变元的求导次序无关, 所以函数 $f(x)$ (其中 $x = (x_1, x_2, \cdots, x_m)$) 的某个 n 阶偏导数, 如果其中关于变元 x_i 的偏导数出现了 α_i 次, $i = 1, 2, \cdots, m$, 这里 $\alpha_1 + \alpha_2 + \cdots + \alpha_m = n$, 则这个 n 阶偏导数便简单地记作

$$\frac{\partial^n f(x)}{\partial x_1^{\alpha_1}\partial x_2^{\alpha_2}\cdots\partial x_m^{\alpha_m}}.$$

即使这样简化了的记号, 书写起来仍然是很复杂的. 下面介绍一种借助于多重指标的简写记号, 这种记号目前已经成为一种普遍使用的标准记号.

我们用符号 $\mathbf{Z}_+^m$ 表示由 $\mathbf{R}^m$ 中所有那些全部坐标都是非负整数的点组成的集合, 即

$$\mathbf{Z}_+^m = \{(\alpha_1, \alpha_2, \cdots, \alpha_m) : \ \alpha_i \in \mathbf{Z}_+, \ i = 1, 2, \cdots, m\}.$$

$\mathbf{Z}_+^m$ 中的元素叫做m **重指标**. 对每个 $\alpha = (\alpha_1, \alpha_2, \cdots, \alpha_m) \in \mathbf{Z}_+^m$, 记

$$|\alpha| = \alpha_1 + \alpha_2 + \cdots + \alpha_m,$$
$$\alpha! = \alpha_1!\alpha_2!\cdots\alpha_m!,$$

它们分别叫做 α 的**长度**和**阶乘**. 对任意两个 m 重指标 $\alpha = (\alpha_1, \alpha_2, \cdots, \alpha_m) \in \mathbf{Z}_+^m$ 和 $\beta = (\beta_1, \beta_2, \cdots, \beta_m) \in \mathbf{Z}_+^m$, 记

$$\alpha \pm \beta = (\alpha_1 \pm \beta_1, \alpha_2 \pm \beta_2, \cdots, \alpha_m \pm \beta_m),$$

$$\binom{\alpha}{\beta} = \binom{\alpha_1}{\beta_1}\binom{\alpha_2}{\beta_2}\cdots\binom{\alpha_m}{\beta_m},$$

并规定

$$\alpha \leqslant \beta \text{ 当且仅当 } \alpha_i \leqslant \beta_i, i = 1, 2, \cdots, m.$$

最后, 对任意 $\alpha = (\alpha_1, \alpha_2, \cdots, \alpha_m) \in \mathbf{Z}_+^m$ 和 $x = (x_1, x_2, \cdots, x_m) \in \mathbf{R}^m$, 记

$$x^\alpha = x_1^{\alpha_1} x_2^{\alpha_2} \cdots x_m^{\alpha_m}.$$

其中规定 $0^0 = 1$.

应用以上这些简写记号, 在书写一些涉及多元变量的公式时, 可以把一个复杂的公式写成比较简单的形式. 例如, **多元二项展开公式**可以简写成以下形式

$$(x+y)^\alpha = \sum_{\beta+\gamma=\alpha} \binom{\alpha}{\beta} x^\beta y^\gamma, \quad \forall x, y \in \mathbf{R}^m, \quad \forall \alpha \in \mathbf{Z}_+^m.$$

其中和号 $\sum\limits_{\beta+\gamma=\alpha}$ 表示对给定的 m 重指标 $\alpha \in \mathbf{Z}_+^m$, 关于所有满足条件 $\beta + \gamma = \alpha$ 的 m 重指标 $\beta, \gamma \in \mathbf{Z}_+^m$ 求和. 这个公式也可简写成以下形式

$$(x+y)^\alpha = \sum_{\beta\leqslant\alpha} \binom{\alpha}{\beta} x^{\alpha-\beta} y^\beta, \qquad \forall x, y \in \mathbf{R}^m, \quad \forall \alpha \in \mathbf{Z}_+^m.$$

其中和号 $\sum\limits_{\beta\leqslant\alpha}$ 表示对给定的 m 重指标 $\alpha \in \mathbf{Z}_+^m$, 关于所有满足条件 $\beta \leqslant \alpha$ 的 m 重指标 $\beta \in \mathbf{Z}_+^m$ 求和.

借助于 m 重指标, 我们可把 n 阶偏导数 $\dfrac{\partial^n f(x)}{\partial x_1^{\alpha_1}\partial x_2^{\alpha_2}\cdots\partial x_m^{\alpha_m}}$ (其中 $n=\alpha_1+\alpha_2+\cdots+\alpha_m$) 简记为 $\partial^\alpha f(x)$, 即

$$\partial^\alpha f(x)=\frac{\partial^{|\alpha|} f(x)}{\partial x_1^{\alpha_1}\partial x_2^{\alpha_2}\cdots\partial x_m^{\alpha_m}},\quad \alpha=(\alpha_1,\alpha_2,\cdots,\alpha_m)\in\mathbf{Z}_+^m.$$

应用上述简写记号, 一元函数的莱布尼茨公式推广到多元函数便可写成以下形式.

定理 15.4.4(莱布尼茨公式)　设 D 是 $\mathbf{R}^m$ 中的开集, f 和 g 都是 D 上的 n 阶可微函数, 则对任意长度不超过 n 的 m 重指标 $\alpha=(\alpha_1,\alpha_2,\cdots,\alpha_m)\in\mathbf{Z}_+^m$ 都成立

$$\partial^\alpha[f(x)g(x)]=\sum_{\beta\leqslant\alpha}\binom{\alpha}{\beta}\partial^{\alpha-\beta}f(x)\partial^\beta g(x),\quad \forall x\in D.$$

这个公式可通过对 m 做归纳来证明. 因为证明很简单, 所以这里从略.

15.4.3　泰勒公式

多元函数的微分中值定理可通过应用一元函数的微分中值定理来得到, 同样应用一元函数的泰勒公式, 我们也可以很容易地导出多元函数的泰勒公式.

定理 15.4.5(泰勒公式 1)　设 D 是 $\mathbf{R}^m$ 中的凸区域, x_0 是 D 中一点. 又设 f 是在 D 上 $n+1$ 阶可微的函数. 则对任意 $x\in D$, 存在位于 x_0 和 x 的连线上的点 ξ 使

$$f(x)=\sum_{|\alpha|\leqslant n}\frac{1}{\alpha!}\partial^\alpha f(x_0)(x-x_0)^\alpha+\sum_{|\alpha|=n+1}\frac{1}{\alpha!}\partial^\alpha f(\xi)(x-x_0)^\alpha.\tag{15.4.8}$$

等式右端的第一个和号 $\sum\limits_{|\alpha|\leqslant n}$ 表示关于所有满足条件 $|\alpha|\leqslant n$ 的 m 重指标 $\alpha\in\mathbf{Z}_+^m$ 求和, 第二个和号 $\sum\limits_{|\alpha|=n+1}$ 则表示关于所有满足条件 $|\alpha|=n+1$ 的 m 重指标 $\alpha\in\mathbf{Z}_+^m$ 求和.

证明　对给定的 $x_0,x\in D$, 考虑一元函数

$$\varphi(t)=f\big(x_0+t(x-x_0)\big),\qquad \forall t\in[0,1].$$

由于 D 是凸区域, 所以 φ 的定义是合理的. 我们来证明 φ 在 $[0,1]$ 上 $n+1$ 阶可微, 且对每个正整数 $1\leqslant k\leqslant n+1$ 都有

$$\varphi^{(k)}(t)=\sum_{|\alpha|=k}\frac{k!}{\alpha!}\partial^\alpha f\big(x_0+t(x-x_0)\big)(x-x_0)^\alpha,\qquad \forall t\in[0,1].\tag{15.4.9}$$

为此对 k 做归纳. 当 $k=1$ 时, 有

$$\varphi'(t)=\sum_{i=1}^m\partial_i f\big(x_0+t(x-x_0)\big)(x_i-x_{0i}),\qquad \forall t\in[0,1],$$

其中 $\partial_i f=\dfrac{\partial f}{\partial x_i}$, $i=1,2,\cdots,m$. 可见式 (15.4.9) 在 $k=1$ 时是成立的. 假设已知这个表达式对 k 成立, 我们来证明只要 $k+1\leqslant n+1$, 那么它也对 $k+1$ 成立. 事实上, 由对 k 成立的式 (15.4.9) 再求导 (因为 $k+1\leqslant n+1$, 所以这是可行的), 得

$$\begin{aligned}\varphi^{(k+1)}(t)&=\sum_{|\alpha|=k}\sum_{i=1}^{m}\frac{k!}{\alpha!}\partial_i\partial^{\alpha}f\big(x_0+t(x-x_0)\big)(x_i-x_{0i})(x-x_0)^{\alpha}\\&=\sum_{|\beta|=k+1}\Big(\sum_{\alpha+e_i=\beta}\frac{k!}{\alpha!}\Big)\partial^{\beta}f\big(x_0+t(x-x_0)\big)(x-x_0)^{\beta},\end{aligned}\tag{15.4.10}$$

其中 e_i 表示第 i 个分量为 1、其余分量为0 的 m 重指标, $i=1,2,\cdots,m$, 和号 $\sum\limits_{\alpha+e_i=\beta}$ 表示对给定的长度为 $k+1$ 的 m 重指标 $\beta\in\mathbf{Z}_+^m$, 关于所有满足条件 $\alpha+e_i=\beta$ 的 m 重指标 $\alpha\in\mathbf{Z}_+^m$ 和 e_i 求和. 我们来证明

$$\sum_{\alpha+e_i=\beta}\frac{k!}{\alpha!}=\frac{(k+1)!}{\beta!}.\tag{15.4.11}$$

如果 β 的所有分量都大于等于 1, 则

$$\sum_{\alpha+e_i=\beta}\frac{k!}{\alpha!}=\sum_{i=1}^{m}\frac{k!}{(\beta-e_i)!}=\sum_{i=1}^{m}\frac{k!\beta_i}{\beta!}=\frac{k!|\beta|}{\beta!}=\frac{(k+1)!}{\beta!}.$$

如果 β 有某些分量为 0, 例如, 设 $\beta_1=0$ 而其余分量都大于等于 1, 则

$$\sum_{\alpha+e_i=\beta}\frac{k!}{\alpha!}=\sum_{i=2}^{m}\frac{k!}{(\beta-e_i)!}=\sum_{i=2}^{m}\frac{k!\beta_i}{\beta!}=\frac{k!|\beta|}{\beta!}=\frac{(k+1)!}{\beta!}.$$

对于其他情况可类似地证明式 (15.4.11) 也成立. 现在把式 (15.4.11) 代入式 (15.4.10), 就得到

$$\varphi^{(k+1)}(t)=\sum_{|\beta|=k+1}\frac{(k+1)!}{\beta!}\partial^{\beta}f\big(x_0+t(x-x_0)\big)(x-x_0)^{\beta},$$

表明式 (15.4.9) 在 $k+1$ 时也成立. 这就证明了式 (15.4.9).

证明了式 (15.4.9), 式 (15.4.8) 便可很容易地从一元函数的泰勒公式推出. 事实上, 对函数 φ 应用一元函数的泰勒公式, 可知存在 $\tau\in(0,1)$ 使得

$$\varphi(1)=\sum_{k=0}^{n}\frac{1}{k!}\varphi^{(k)}(0)+\frac{1}{(k+1)!}\varphi^{(k+1)}(\tau).\tag{15.4.12}$$

显然 $\varphi(1)=f(x)$, 且由式 (15.4.9) 知

$$\varphi^{(k)}(0)=\sum_{|\alpha|=k}\frac{k!}{\alpha!}\partial^{\alpha}f(x_0)(x-x_0)^{\alpha},\quad k=0,1,2,\cdots,n,$$

$$\varphi^{(k+1)}(\tau)=\sum_{|\alpha|=k+1}\frac{(k+1)!}{\alpha!}\partial^{\alpha}f\big(x_0+\tau(x-x_0)\big)(x-x_0)^{\alpha}.$$

把这些表达式代入式 (15.4.12), 并令 $\xi=x_0+\tau(x-x_0)$, 就得到了式 (15.4.8), 证毕.

式 (15.4.8) 叫做带有**拉格朗日型余项**的泰勒公式. 类似于一元函数, 对多元函数也有带有**佩亚诺型余项**的泰勒公式, 它由以下定理给出.

定理 15.4.6(泰勒公式 2)　设 D 是 $\mathbf{R}^m$ 中的凸区域, x_0 是 D 中一点. 又设 f 是在 D 上 n 阶可微的函数. 则对 $x\in D$ 有

$$f(x)=\sum_{|\alpha|\leqslant n}\frac{1}{\alpha!}\partial^{\alpha}f(x_0)(x-x_0)^{\alpha}+o(|x-x_0|^n),\quad \text{当 } x\to x_0.$$

我们把这个定理的证明留给读者.

习　题　15.4

1. 求下列函数的二阶偏导数:

(1) $f(x,y)=\sqrt{x^2+y^2}$;　　(2) $f(x,y)=\arctan\dfrac{y}{x}$;

(3) $f(x,y)=\ln(x^2+y^2)$;　　(4) $f(x,y)=\mathrm{e}^{\arctan\frac{y}{x}}$;

(5) $f(x,y)=\arctan\dfrac{x+y}{1-xy}$;　　(6) $f(x,y)=\arcsin\dfrac{x}{\sqrt{x^2+y^2}}$;

(7) $f(x,y,z)=(xy)^z$;　　(8) $f(x,y,z)=x^{y^z}$.

2. 求下列函数指定的混合偏导数:

(1) $f(x,y)=(x+y)\ln(x^2+y^2)$, 求 $\dfrac{\partial^3 f}{\partial x^2\partial y},\dfrac{\partial^3 f}{\partial x\partial y\partial x},\dfrac{\partial^3 f}{\partial y\partial x^2}$;

(2) $f(x,y)=x^3\sin^2 y$, 求 $\dfrac{\partial^4 f}{\partial x^2\partial y^2},\dfrac{\partial^4 f}{\partial x\partial y^2\partial x},\dfrac{\partial^4 f}{\partial y^2\partial x^2}$;

(3) $f(x,y,z)=\mathrm{e}^{xyz}$, 求 $\dfrac{\partial^3 f}{\partial x\partial y\partial z},\dfrac{\partial^3 f}{\partial z\partial x\partial y},\dfrac{\partial^3 f}{\partial y\partial z\partial x}$;

(4) $f(x,y,z)=\left(\dfrac{x}{y}\right)^z$, 求 $\dfrac{\partial^3 f}{\partial x\partial y\partial z},\dfrac{\partial^3 f}{\partial z\partial x\partial y},\dfrac{\partial^3 f}{\partial y\partial z\partial x}$.

3. 假设 f 是有三阶连续导数的一元函数. 求径向函数 $u=f(r)$ 的二阶和三阶偏导数, 其中 $r=|x|$, $x\in\mathbf{R}^m$.

4. 证明: (1) 函数

$$f(x,y)=\begin{cases}\dfrac{xy}{x^2+y^2}, & (x,y)\neq(0,0),\\ 0, & (x,y)=(0,0)\end{cases}$$

在点 $(0,0)$ 不连续, 但在该点却存在任意阶的偏导数 $\dfrac{\partial^n f}{\partial x^n}(0,0)$ 和 $\dfrac{\partial^n f}{\partial y^n}(0,0)$;

(2) 函数

$$f(x,y)=\begin{cases}\dfrac{xy^2}{x^2+y^2}, & (x,y)\neq(0,0),\\ 0, & (x,y)=(0,0)\end{cases}$$

在点 $(0,0)$ 存在偏导数 $\dfrac{\partial^2 f}{\partial x\partial y}(0,0)$, 但却不存在偏导数 $\dfrac{\partial^2 f}{\partial y\partial x}(0,0)$;

(3) 函数

$$f(x,y)=\begin{cases}y^3\ln(x^2+y^2), & (x,y)\neq(0,0),\\ 0, & (x,y)=(0,0)\end{cases}$$

在点 $(0,0)$ 的两个偏导数 $\dfrac{\partial^3 f}{\partial x^2\partial y}(0,0)$ 和 $\dfrac{\partial^3 f}{\partial y\partial x^2}(0,0)$ 都存在但不相等.

5. 求高阶偏导数:

(1) $f(x,y)=(x-a)^m(y-b)^n$, 求 $\dfrac{\partial^{m+n}f(x,y)}{\partial x^m\partial y^n}$;

(2) $f(x,y)=\dfrac{x+y}{x-y}$, 求 $\dfrac{\partial^{m+n}f(x,y)}{\partial x^m\partial y^n}$;

(3) $f(x,y)=\mathrm{e}^{x+y}\sin x\cos y$, 求 $\dfrac{\partial^{m+n}f(x,y)}{\partial x^m\partial y^n}$;

(4) $f(x,y,z)=xyz\mathrm{e}^{x+y+z}$, 求 $\dfrac{\partial^{m+n+k}f(x,y,z)}{\partial x^m\partial y^n\partial z^k}$.

6. 求下列复合函数的二阶和三阶偏导数:

(1) $u=f\left(\dfrac{y}{x}\right)$;　　(2) $u=f(\sqrt{x^2+y^2+z^2})$;

(3) $u=f(x^2-y^2,2xy)$;　　(4) $u=f(x+y+z,x^2+y^2+z^2)$;

(5) $u=f\left(\dfrac{x}{y},\dfrac{y}{z},\dfrac{z}{x}\right)$;　　(6) $u=f(\sin(x+y-z),\cos(x-y+z),\mathrm{e}^{x+y+z})$.

7. $\mathbf{R}^m$ 上的**拉普拉斯算子** $\boldsymbol{\Delta}$ 定义为把 m 元函数 $f(x)$ 映射成 m 元函数 $\displaystyle\sum_{i=1}^{m}\frac{\partial^2 f(x)}{\partial x_i^2}$ 的函数之间的映射, 即

$$\boldsymbol{\Delta} f(x)=\frac{\partial^2 f(x)}{\partial x_1^2}+\frac{\partial^2 f(x)}{\partial x_2^2}+\cdots+\frac{\partial^2 f(x)}{\partial x_m^2},$$

假定上述等式右端的偏导数都存在. 如果定义在区域 $D\subseteq\mathbf{R}^m$ 上且在此区域上有二阶连续偏导数的函数 f 满足 $\boldsymbol{\Delta} f(x)=0$, $\forall x\in D$, 则称 f 为区域 D 上的**调和函数**. 验证以下二元函数都是 $\mathbf{R}^m$ 上的调和函数:

(1) $ax+by$;　(2) x^2-y^2;　(3) xy;　(4) x^3-3xy^2;　(5) $3x^2y-y^3$;

(6) $\mathrm{e}^x\cos y$;　(7) $\mathrm{e}^x\sin y$;　(8) $\mathrm{e}^x(x\cos y-y\sin y)$;　(9) $\mathrm{e}^x(x\sin y+y\cos y)$.

8. 证明关于拉普拉斯算子 $\boldsymbol{\Delta}$ 的以下结论:

(1) $\boldsymbol{\Delta}(uv) = u\boldsymbol{\Delta}v + v\boldsymbol{\Delta}u + 2\boldsymbol{\nabla}u \cdot \boldsymbol{\nabla}v$. 假定 u 和 v 都有连续的二阶偏导数;

(2) $\boldsymbol{\Delta}$ 把径向函数映射成径向函数, 即若 $f(x) = \varphi(r)$, $r = |x|$, 则 $\boldsymbol{\Delta}f(x) = \psi(r)$. 写出 ψ 的具体表达式, 假定 φ 二阶连续可微;

(3) 当 $m = 2$ 时, 在 $\mathbf{R}^2\backslash\{0\}$ 上成立 $\boldsymbol{\Delta}(\ln r) = 0$;

(4) 当 $m \geqslant 3$ 时, 在 $\mathbf{R}^m\backslash\{0\}$ 上成立 $\boldsymbol{\Delta}(r^{-(m-2)}) = 0$.

9. 二维区域 $D \subseteq \mathbf{R}^2$ 上的两个调和函数 u 和 v 如果在 D 上满足

$$\frac{\partial u}{\partial x} = \frac{\partial v}{\partial y}, \qquad \frac{\partial u}{\partial y} = -\frac{\partial v}{\partial x}$$

(这个偏微分方程组叫做**柯西 - 黎曼方程组**), 则称 v 为 u 的**共轭调和函数**, 而称 u 为 v 的**反共轭调和函数**. 以下简称 u 和 v 是共轭调和函数 (注意这个概念中的"和" 没有对称性). 证明以下结论:

(1) 下列函数对 u 和 v 是共轭调和函数

① $u = x^2 - y^2$, $v = 2xy$;　　② $u = x^3 - 3xy^2$, $v = 3x^2y - y^3$;

③ $u = \mathrm{e}^x \cos y$, $v = \mathrm{e}^x \sin y$;

④ $u = \mathrm{e}^x(x\cos y - y\sin y)$, $v = \mathrm{e}^x(x\sin y + y\cos y)$;

(2) 如果 u 和 v 是 D 上的共轭调和函数, 则它们的乘积 uv 是 D 上的调和函数;

(3) 如果 u 和 v 是 D 上的共轭调和函数, 且映射 $(x, y) \mapsto (u(x, y), v(x, y))$ 的值域含于区域 $E \subseteq \mathbf{R}^2$, 而 f 是 E 上的调和函数, 则复合函数 $f(u(x, y), v(x, y))$ 和 $f(v(x, y), u(x, y))$ 都是 D 上的调和函数;

(4) 如果 f 是单位圆盘 $x^2 + y^2 < 1$ 上的调和函数, 则 $f\left(\dfrac{x}{x^2 + y^2}, \dfrac{y}{x^2 + y^2}\right)$ 是圆盘外区域 $x^2 + y^2 > 1$ 上的调和函数.

10. 对任意正整数 n, 定义算子 $(x \cdot \boldsymbol{\nabla})^n$ 如下:

$$(x \cdot \boldsymbol{\nabla})f(x) = x \cdot \boldsymbol{\nabla}f(x) = \sum_{i=1}^{m} x_i \frac{\partial f(x)}{\partial x_i},$$

$$(x \cdot \boldsymbol{\nabla})^n f(x) = x \cdot \boldsymbol{\nabla}[(x \cdot \boldsymbol{\nabla})^{n-1} f(x)] = \sum_{i=1}^{m} x_i \frac{\partial}{\partial x_i}[(x \cdot \boldsymbol{\nabla})^{n-1} f(x)], \text{当} n \geqslant 2.$$

证明: 如果 $f(x)$ 是 μ 次齐次函数, 且在 $\mathbf{R}^m\backslash\{0\}$ 上有连续的 n 阶偏导数, 则它在 $\mathbf{R}^m\backslash\{0\}$ 上满足以下方程

$$(x \cdot \boldsymbol{\nabla})^n f(x) = \mu(\mu - 1) \cdots (\mu - n + 1) f(x).$$

11. 下列以时间 t 和一维空间变元 x 为自变元的偏微分方程叫做**弦振动方程**

$$\frac{\partial^2 u}{\partial t^2} = a^2 \frac{\partial^2 u}{\partial x^2} \quad (a \text{ 为正常数}).$$

(1) 证明: 在自变元的变换 $t=\dfrac{s-y}{a}$, $x=s+y$ 之下, 弦振动方程变换为

$$\frac{\partial^2 u}{\partial s\partial y}=0;$$

(2) 求弦振动方程的通解.

12. 设 φ 和 ψ 都是二阶可微函数. 验证以下等式:

(1) $\dfrac{\partial^2 u}{\partial x^2}-2\dfrac{\partial^2 u}{\partial x\partial y}+\dfrac{\partial^2 u}{\partial y^2}=0$, 其中 $u=x\varphi(x+y)+y\psi(x+y)$;

(2) $x^2\dfrac{\partial^2 u}{\partial x^2}+2xy\dfrac{\partial^2 u}{\partial x\partial y}+y^2\dfrac{\partial^2 u}{\partial y^2}=0$, 其中 $u=x\varphi\Big(\dfrac{y}{x}\Big)+\psi\Big(\dfrac{y}{x}\Big)$;

(3) $x^2\dfrac{\partial^2 u}{\partial x^2}+2xy\dfrac{\partial^2 u}{\partial x\partial y}+y^2\dfrac{\partial^2 u}{\partial y^2}=\mu(\mu-1)u$, 其中 $u=x^\mu\varphi\Big(\dfrac{y}{x}\Big)+x^{1-\mu}\psi\Big(\dfrac{y}{x}\Big)$;

(4) $x^2\dfrac{\partial^2 u}{\partial x^2}-y^2\dfrac{\partial^2 u}{\partial y^2}+x\dfrac{\partial u}{\partial x}-y\dfrac{\partial u}{\partial y}=0$, 其中 $u=\varphi(xy)+\psi\Big(\dfrac{x}{y}\Big)$;

(5) $\dfrac{\partial u}{\partial x}\dfrac{\partial^2 u}{\partial x\partial y}=\dfrac{\partial u}{\partial y}\dfrac{\partial^2 u}{\partial x^2}$, 其中 $u=\varphi\big(x+\psi(y)\big)$.

13. 设 φ 和 ψ 都是二阶可微函数. 证明: 由方程

$$y=x\varphi(z)+\psi(z).$$

确定的隐函数 $z=z(x,y)$ 满足以下偏微分方程

$$\left(\frac{\partial z}{\partial y}\right)^2\frac{\partial^2 z}{\partial x^2}-2\frac{\partial z}{\partial x}\frac{\partial z}{\partial y}\frac{\partial^2 z}{\partial x\partial y}+\left(\frac{\partial z}{\partial x}\right)^2\frac{\partial^2 z}{\partial y^2}=0.$$

14. 对于给定的 m 元多项式

$$P(\xi)=\sum_{|\alpha|\leqslant n}a_\alpha\xi^\alpha,\quad \xi=(\xi_1,\xi_2,\cdots,\xi_m)\in\mathbf{R}^m$$

(其中 a_α 为任意常数, 和号 $\sum\limits_{|\alpha|\leqslant n}$ 表示关于所有长度不超过 n 的 m 重指标 $\alpha\in\mathbf{Z}_+^m$ 求和), 定义**偏微分算子**$P(\partial)$ 如下:

$$P(\partial)f(x)=\sum_{|\alpha|\leqslant n}a_\alpha\partial^\alpha f(x),$$

这里假定 f 是在某个区域 $D\subseteq\mathbf{R}^m$ 上有 n 阶连续偏导数的函数. 多项式 $P(\xi)$ 叫做偏微分算子 $P(\partial)$ 的**符征**, 其阶数 n 叫做偏微分算子 $P(\partial)$ 的**阶**. 证明莱布尼茨公式的下述推广: 对任意 n 阶偏微分算子 $P(\partial)$ 和任意有 n 阶连续偏导数的函数 f 和 g 有

$$P(\partial)[f(x)g(x)]=\sum_{|\beta|\leqslant n}\frac{1}{\beta!}\partial^\beta f(x)P^{(\beta)}(\partial)g(x),$$

其中 $P^{(\beta)}(\partial)$ 表示以 $P(\xi)$ 的 β 阶偏导数 $P^{(\beta)}(\xi)=\partial^{\beta}P(\xi)$ 为符征的偏微分算子.

15. 证明定理 15.4.6.

15.5 微分学的几何应用

本节介绍多元函数微分学在几何学中的一些应用. 这些应用给出了偏导数与全微分的几何意义.

设二元函数 $f(x,y)$ 在区域 $D\subseteq\mathbf{R}^2$ 上有定义并在此区域上可微, (x_0,y_0) 是 D 中一点. 根据一元函数导数的几何意义知, $f_x(x_0,y_0)$ 是曲面 $z=f(x,y)$(如图 15-5-1) 与平面 $y=y_0$ 的交线

$$\begin{cases} z=f(x,y), \\ y=y_0, \end{cases}$$

在点 (x_0,y_0,z_0)(其中 $z_0=f(x_0,y_0)$) 的切线 T_x 关于 Ox 轴的斜率. 因此切线 T_x 的方程为

$$\begin{cases} z=z_0+f_x(x_0,y_0)(x-x_0), \\ y=y_0. \end{cases}$$

同理, $f_y(x_0,y_0)$ 是曲面 $z=f(x,y)$ 与平面 $x=x_0$ 的交线

$$\begin{cases} z=f(x,y), \\ x=x_0, \end{cases}$$

在点 (x_0,y_0,z_0) 的切线 T_y 关于 Oy 轴的斜率. 因此, 切线 T_y 的方程为

$$\begin{cases} z=z_0+f_y(x_0,y_0)(y-y_0), \\ x=x_0. \end{cases}$$

切线 T_x 和 T_y 都通过点 (x_0,y_0,z_0) 且互不重合, 因而确定了一张通过点 (x_0,y_0,z_0) 的平面 π, 其方程为

$$z=z_0+f_x(x_0,y_0)(x-x_0)+f_y(x_0,y_0)(y-y_0). \tag{15.5.1}$$

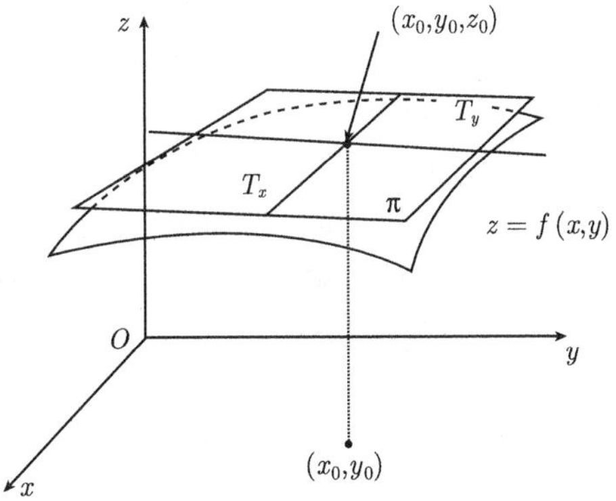

图 15-5-1　曲面的切平面

我们来证明: 曲面 $z=f(x,y)$ 上任意通过点 (x_0,y_0,z_0) 的光滑曲线 C 都和这个平面 π 在点 (x_0,y_0,z_0) 相切, 即 C 在点 (x_0,y_0,z_0) 的切线位于平面 π 上. 为此设 C 的参数方程为

$$x=x(t),\quad y=y(t),\quad z=z(t),\quad a<t<b,$$

且 $(x(t_0), y(t_0), z(t_0)) = (x_0, y_0, z_0)$, 其中 $a < t_0 < b$. 由于 C 在曲面 $z = f(x, y)$ 上, 所以其参数方程满足方程 $z = f(x, y)$, 即有

$$z(t) = f\big(x(t), y(t)\big), \quad a < t < b.$$

对此式两端求导, 得

$$z'(t) = f_x\big(x(t), y(t)\big)x'(t) + f_y\big(x(t), y(t)\big)y'(t), \quad a < t < b.$$

令 $t = t_0$, 得

$$z'(t_0) = f_x(x_0, y_0)x'(t_0) + f_y(x_0, y_0)y'(t_0). \tag{15.5.2}$$

而我们从一元函数的微积分理论已经知道, 曲线 C 在点 (x_0, y_0, z_0) 的切线参数方程为

$$x = x_0 + x'(t_0)s, \quad y = y_0 + y'(t_0)s, \quad z = z_0 + z'(t_0)s, \quad -\infty < s < +\infty.$$

应用等式 (15.5.2) 容易验证, 把这个参数方程代入式 (15.5.1) 两端后得到的是一个恒等式, 说明曲线 C 在点 (x_0, y_0, z_0) 的切线的确在平面 π 上.

由于以上原因, 我们把由式 (15.5.1) 给出的平面 π 叫做曲面 $z = f(x, y)$ 在点 (x_0, y_0, z_0) 的**切平面**. 换句话说, 曲面 $z = f(x, y)$ 在点 (x_0, y_0, z_0) 的切平面 π 的方程由式 (15.5.1) 给出.

曲面在其上一点的切平面的法线方向叫做曲面在该点的**法向量**. 既然曲面 $z = f(x, y)$ 在点 (x_0, y_0, z_0) 的切平面的方程为式 (15.5.1), 所以它在该点的单位法向量便是

$$\boldsymbol{n} = \pm\frac{(f_x(x_0, y_0), f_y(x_0, y_0), -1)}{\sqrt{f_x^2(x_0, y_0) + f_y^2(x_0, y_0) + 1}}. \tag{15.5.3}$$

显然, 取正号则 $\boldsymbol{n}$ 指向下方, 即与 Oz 轴负向夹角成锐角的方向; 取负号则 $\boldsymbol{n}$ 指向上方, 即与 Oz 轴正向夹角成锐角的方向.

切平面的一个重要性质是在通过点 $P_0(x_0, y_0, z_0)$ 的所有平面中, 切平面 π 与曲面 $z = f(x, y)$ 的接触最密切. 这里 "接触最密切" 的意思是令 P 是曲面 $z = f(x, y)$ 上点 P_0 附近的任意一点, 令 π' 是通过点 P_0 的任意一张平面, 并令 $d(P, \pi')$ 为 P 到 π' 的距离, 则当 $P \to P_0$ 时, 对于不是切平面的平面 π' 而言, $d(P, \pi')$ 是和 $d(P, P_0)$ 同阶的无穷小量; 而对于切平面 π, $d(P, \pi)$ 则是比 $d(P, P_0)$ 高阶的无穷小量. 证明如下:

设平面 π' 的方程为

$$z = z_0 + A(x - x_0) + B(y - y_0).$$

其中 A, B 是两个完全由 π' 确定的常数, 当且仅当 $\pi' = \pi$ 时有 $A = f_x(x_0, y_0)$, $B = f_y(x_0, y_0)$. 由 π' 的这个方程可知它的单位法向量为

$$\boldsymbol{n}' = \pm\frac{(A, B, -1)}{\sqrt{A^2 + B^2 + 1}}.$$

因此, 对曲面 $z=f(x,y)$ 上点 P_0 附近的任意一点 $P(x,y,f(x,y))$, 它到 π' 的距离为

$$d(P,\pi')=|\overrightarrow{P_0P}\cdot\boldsymbol{n}'|=\frac{|A(x-x_0)+B(y-y_0)-(f(x,y)-z_0)|}{\sqrt{A^2+B^2+1}}.$$

由于 $f(x,y)$ 是可微函数, 所以当 $(x,y)\to(x_0,y_0)$ 时,

$$f(x,y)=z_0+f_x(x_0,y_0)(x-x_0)+f_y(x_0,y_0)(y-y_0)+o(\sqrt{(x-x_0)^2+(y-y_0)^2}).$$

因此当 $(x,y)\to(x_0,y_0)$ 时,

$$d(P,\pi')=\frac{|[A-f_x(x_0,y_0)](x-x_0)+[B-f_y(x_0,y_0)](y-y_0)|}{\sqrt{A^2+B^2+1}}+o(\sqrt{(x-x_0)^2+(y-y_0)^2}).$$

此外, 易知 $d(P,P_0)$ 与 $\sqrt{(x-x_0)^2+(y-y_0)^2}$ 是同阶无穷小量, 所以由上式可知, 当 $(A,B)\neq(f_x(x_0,y_0),f_y(x_0,y_0))$ 即 $\pi'\neq\pi$ 时, $d(P,\pi')$ 与 $d(P,P_0)$ 是同阶无穷小量, 而当 $(A,B)=(f_x(x_0,y_0),f_y(x_0,y_0))$ 即 $\pi'=\pi$ 时, $d(P,\pi')$ 是 $d(P,P_0)$ 的高阶无穷小量. 这就证明了前面所述的结论.

前面考虑了当空间曲面是由方程 $z=f(x,y)$ 给出时, 如何求曲面上任意一点的切平面和法向量的问题. 现在再来考虑当空间曲面 S 是由方程

$$F(x,y,z)=0$$

给出时, 如何求曲面上任意一点的切平面和法向量的问题. 这里假定 $F(x,y,z)$ 是可微函数, 且对满足 $F(x,y,z)=0$ 的任意一点 (x,y,z) 都有 $\nabla F(x,y,z)\neq 0$.

对于曲面 S 上的任意一点 $P_0(x_0,y_0,z_0)$, 由于 $\nabla F(x_0,y_0,z_0)\neq 0$, 所以 $F_x(x_0,y_0,z_0)$, $F_y(x_0,y_0,z_0)$ 和 $F_z(x_0,y_0,z_0)$ 三个数中至少有一个非零. 不妨设 $F_z(x_0,y_0,z_0)\neq 0$, 则由隐函数定理知, 存在点 (x_0,y_0) 附近的可微函数 $f(x,y)$, 使在点 P_0 附近, 曲面 S 可以表示成 $z=f(x,y)$ 的形式, 且

$$f_x(x,y)=-\frac{F_x(x,y,z)}{F_z(x,y,z)},\qquad f_y(x,y)=-\frac{F_y(x,y,z)}{F_z(x,y,z)}.$$

因此应用式 (15.5.1) 可知曲面 S 在点 P_0 的切平面方程为

$$F_x(x_0,y_0,z_0)(x-x_0)+F_y(x_0,y_0,z_0)(y-y_0)+F_z(x_0,y_0,z_0)(z-z_0)=0.$$

进而 S 在点 P_0 的单位法向量为

$$\boldsymbol{n}=\pm\frac{(F_x(x_0,y_0,z_0),F_y(x_0,y_0,z_0),F_z(x_0,y_0,z_0))}{\sqrt{F_x^2(x_0,y_0,z_0)+F_y^2(x_0,y_0,z_0)+F_z^2(x_0,y_0,z_0)}}.$$

这个表达式当然也可应用式 (15.5.3) 导出.

如果曲面 S 由参数方程

$$x = x(u,v), \quad y = y(u,v), \quad z = z(u,v), \quad (u,v) \in D$$

给出, 其中 D 是 $\mathbf{R}^2$ 中的一个区域, 我们来求 S 在其上任意一点 $P_0(x_0,y_0,z_0)$ 的切平面方程和法向量的表达式. 设

$$x_0 = x(u_0,v_0), \quad y_0 = y(u_0,v_0), \quad z_0 = z(u_0,v_0),$$

其中 $(u_0,v_0) \in D$. 令

$$\boldsymbol{r}(u,v) = (x(u,v), y(u,v), z(u,v)) = x(u,v)\boldsymbol{i} + y(u,v)\boldsymbol{j} + z(u,v)\boldsymbol{k}, \quad (u,v) \in D.$$

则曲面 S 的向量方程便是 $\boldsymbol{r} = \boldsymbol{r}(u,v)$. 我们假设

$$\boldsymbol{r}_u(u_0,v_0) \times \boldsymbol{r}_u(u_0,v_0) \neq \boldsymbol{0}.$$

显然, $\boldsymbol{r} = \boldsymbol{r}(u,v_0)$ 和 $\boldsymbol{r} = \boldsymbol{r}(u_0,v)$ 是曲面 S 上通过点 P_0 的两条曲线, 这两条曲线在点 P_0 的切向量分别为

$$\boldsymbol{r}_u(u_0,v_0) = x_u(u_0,v_0)\boldsymbol{i} + y_u(u_0,v_0)\boldsymbol{j} + z_u(u_0,v_0)\boldsymbol{k},$$
$$\boldsymbol{r}_v(u_0,v_0) = x_v(u_0,v_0)\boldsymbol{i} + y_v(u_0,v_0)\boldsymbol{j} + z_v(u_0,v_0)\boldsymbol{k}.$$

由于 $\boldsymbol{r}_u(u_0,v_0) \times \boldsymbol{r}_u(u_0,v_0) \neq 0$, 所以这两个切向量不平行. 因此曲面 S 在点 P_0 的切平面的向量方程为

$$\boldsymbol{r} = \boldsymbol{r}(u_0,v_0) + s\boldsymbol{r}_u(u_0,v_0) + t\boldsymbol{r}_v(u_0,v_0), \quad -\infty < s,t < +\infty,$$

而单位法向量则为

$$\boldsymbol{n} = \pm\frac{\boldsymbol{r}_u(u_0,v_0) \times \boldsymbol{r}_u(u_0,v_0)}{|\boldsymbol{r}_u(u_0,v_0) \times \boldsymbol{r}_u(u_0,v_0)|}.$$

习　题　15.5

1. 求下列曲面在其上任意点 (x_0,y_0,z_0) 的切平面方程和单位法向量:

(1) 椭圆抛物面 $z = ax^2 + by^2$ $(a,b>0)$;

(2) 双曲抛物面 $z = ax^2 - by^2$ $(a,b>0)$;

(3) 椭球面 $\dfrac{x^2}{a^2} + \dfrac{y^2}{b^2} + \dfrac{z^2}{c^2} = 1$ $(a,b,c>0)$;

(4) 单叶双曲面 $\dfrac{x^2}{a^2} + \dfrac{y^2}{b^2} - \dfrac{z^2}{c^2} = 1$ $(a,b,c>0)$;

(5) 椭圆柱面 $\dfrac{x^2}{a^2}+\dfrac{y^2}{b^2}=1\ (a,b>0)$.

2. 设 f 和 g 都是区间 (a,b) 上的可微函数, 且 $f(t)>0,\ \forall t\in(a,b)$, 则 Oxz 平面上的曲线 $x=f(t),\ z=g(t)\ (a<t<b)$ 绕 Oz 轴旋转所得旋转曲面的参数方程为

$$x=f(t)\cos\theta,\qquad y=f(t)\sin\theta,\qquad z=g(t),$$

其中, $a<t<b,\ 0\leqslant\theta\leqslant 2\pi$. 如果 $t_0\in(a,b)$ 使得函数 f 取到极值, 则称该旋转曲面上的圆周

$$x=f(t_0)\cos\theta,\quad y=f(t_0)\sin\theta,\quad z=g(t_0),\quad 0\leqslant\theta\leqslant 2\pi$$

为它的**腰圆**. 证明旋转曲面在其腰圆上任意点的切平面都平行于其旋转轴.

3. 设 f 是可微的 2π 周期函数, 则称由参数方程

$$x=r\cos\theta,\qquad y=r\sin\theta,\qquad z=rf(\theta),$$

(其中, $0<r<+\infty,\ 0\leqslant\theta\leqslant 2\pi$) 为以原点作为顶点的**锥面**. 证明锥面的任意切平面都通过其顶点, 且与锥面相切于至少一条直线.

4. 证明曲面 $xyz=a^3\ (a>0)$ 的切平面与坐标面形成体积一定的四面体.

5. 证明曲面 $\sqrt{x}+\sqrt{y}+\sqrt{z}=\sqrt{a}\ (a>0)$ 的切平面在坐标轴上截下的线段长度之和为常数.

6. 两个相交曲面在其交点的夹角定义为它们在交点处的切平面的夹角, 或等价地定义为它们在交点处的法向量的夹角. 求圆柱面 $x^2+y^2=a^2\ (a>0)$ 和双曲抛物面 $z=bxy\ (b>0)$ 在交点的夹角.

7. 两个相交曲面在其某个交点的夹角如果为直角, 则称它们在该交点处正交.

(1) 证明以下三族球面两两互相正交 (a,b,c 为参数)

$$x^2+y^2+z^2=2ax,\qquad x^2+y^2+z^2=2by,\qquad x^2+y^2+z^2=2cz;$$

(2) 证明以下三族曲面也两两互相正交 (a,b,c 为参数且 $a,b>0$):

$$x^2+y^2+z^2=a^2,\qquad x^2+y^2-b^2z^2=0,\qquad y=cx.$$

8. 函数 f 在曲面 S 上某点 P_0 沿 S 在该点的任意切方向的方向导数叫做 f 在 P_0 沿曲面 S 的**切向导数**. 设 $F(x,y,z)$ 是定义在区域 $\Omega\subseteq\mathbf{R}^3$ 上的可微函数, 且对任意 $(x,y,z)\in\Omega$ 都有 $\nabla F(x,y,z)\neq 0$. 证明: 对定义在 Ω 上的可微函数 f, f 沿 F 的任意等值面

$$F(x,y,z)=c$$

(c 为 $F(\Omega)$ 中的任意实数) 的切向导数都等于零的充要条件是：存在定义在 Ω 上的函数 λ 使成立

$$\nabla f(x,y,z)=\lambda(x,y,z)\nabla F(x,y,z), \qquad \forall (x,y,z)\in\Omega.$$

9. 求下列曲线在其上任意点 (x_0,y_0,z_0) 的切线方程:

(1) $x^2+y^2=1,\ x^2+z^2=1$;

(2) $z=x^2+y^2,\ y^2+z^2=1$;

(3) $\dfrac{x^2}{a^2}+\dfrac{y^2}{b^2}+\dfrac{z^2}{c^2}=1,\ \dfrac{x}{a}+\dfrac{y}{b}+\dfrac{z}{c}=1\ (a,b,c>0)$;

(4) $x^2+y^2+z^2=4,\ z=\dfrac{1}{2}(x^2-y^2)$.

第 16 章

多元向量函数的微分学

本章我们先把第 15 章关于多元数量函数的偏导数和全微分等概念推广到多元向量函数，然后应用这些概念研究多元向量函数的性质，把隐函数定理由单个方程的情形推广到方程组的情形，并应用这个定理证明关于欧氏空间上可微映射的其他几个重要定理，包括反函数定理、满射定理、单射定理等. 这些内容是多元函数分析学的一个重要部分.

为了建立多元向量函数的全微分或全导数的概念，必须用到欧氏空间上的线性变换和矩阵等概念. 而在应用全微分或全导数研究多元向量函数的性质时，必须对线性变换和矩阵的代数与分析性质有比较好的了解，特别是需要用到线性变换和矩阵的范数以及可逆线性变换和可逆矩阵的摄动定理. 所以本章 16.1 节我们对线性变换与矩阵的代数与分析学基本知识做一些简单的介绍. 16.2 节介绍多元向量函数的偏导数和全微分等概念. 16.3 节是本章的最重要部分，介绍隐函数定理和反函数定理等几个前面提到的重要定理.

16.1　线性变换与矩阵分析初步

矩阵和线性变换是线性代数课程的两个重要的研究对象. 相信读者已经学习过线性代数课程，因而已经比较好地掌握了矩阵和线性变换的代数性质. 本节我们先对矩阵和线性变换的代数性质做些简单的回顾，然后讨论矩阵和线性变换的分析理论的最基础知识，即介绍矩阵和线性变换的范数、矩阵和线性变换序列的极限以及矩阵函数和线性变换函数的极限与连续性等概念，并证明关于可逆矩阵和可逆线性变换的一个重要定理：摄动定理.

16.1.1　线性变换与矩阵的代数理论

从欧氏空间 $\mathbf{R}^m$ 到欧氏空间 $\mathbf{R}^n$ 的一个映射 $\boldsymbol{A}$ 如果满足以下条件，则称 $\boldsymbol{A}$ 为从

$\mathbf{R}^m$ 到 $\mathbf{R}^n$ 的**线性变换**

$$\boldsymbol{A}(x \pm y) = \boldsymbol{A}(x) \pm \boldsymbol{A}(y), \qquad \boldsymbol{A}(ax) = a\boldsymbol{A}(x), \qquad \forall x, y \in \mathbf{R}^m,\ \forall a \in \mathbf{R}.$$

从 $\mathbf{R}^m$ 到 $\mathbf{R}^n$ 的全体线性变换组成的集合用符号 $L(\mathbf{R}^m, \mathbf{R}^n)$ 表示.

设 $\boldsymbol{A}, \boldsymbol{B} \in L(\mathbf{R}^m, \mathbf{R}^n)$, 则它们的**和**$\boldsymbol{A}+\boldsymbol{B}$ 与**差** $\boldsymbol{A}-\boldsymbol{B}$ 分别定义为从 $\mathbf{R}^m$ 到 $\mathbf{R}^n$ 的以下映射

$$(\boldsymbol{A}+\boldsymbol{B})(x) = \boldsymbol{A}(x) + \boldsymbol{B}(x), \quad (\boldsymbol{A}-\boldsymbol{B})(x) = \boldsymbol{A}(x) - \boldsymbol{B}(x), \quad \forall x \in \mathbf{R}^m,$$

易知 $\boldsymbol{A} \pm \boldsymbol{B} \in L(\mathbf{R}^m, \mathbf{R}^n)$.

设 $\boldsymbol{A} \in L(\mathbf{R}^m, \mathbf{R}^n)$, $a \in \mathbf{R}$, 则 a 与 $\boldsymbol{A}$ 的**数积** $a\boldsymbol{A}$ 定义为从 $\mathbf{R}^m$ 到 $\mathbf{R}^n$ 的映射

$$(a\boldsymbol{A})(x) = a\boldsymbol{A}(x), \qquad \forall x \in \mathbf{R}^m.$$

易知 $a\boldsymbol{A} \in L(\mathbf{R}^m, \mathbf{R}^n)$.

设 $\boldsymbol{A} \in L(\mathbf{R}^m, \mathbf{R}^n)$, $\boldsymbol{B} \in L(\mathbf{R}^n, \mathbf{R}^p)$. 则 $\boldsymbol{B}$ 与 $\boldsymbol{A}$ 的**乘积** $\boldsymbol{BA}$ 定义为复合映射 $\boldsymbol{B} \circ \boldsymbol{A}$, 即 $\boldsymbol{BA}$ 是从 $\mathbf{R}^m$ 到 $\mathbf{R}^p$ 的以下映射

$$(\boldsymbol{BA})(x) = \boldsymbol{B}(\boldsymbol{A}(x)), \qquad \forall x \in \mathbf{R}^m.$$

易知 $\boldsymbol{BA} \in L(\mathbf{R}^m, \mathbf{R}^p)$.

显然, 如果 $m \neq p$, 那么对 $\boldsymbol{A} \in L(\mathbf{R}^m, \mathbf{R}^n)$ 和 $\boldsymbol{B} \in L(\mathbf{R}^n, \mathbf{R}^p)$, 乘积 $\boldsymbol{BA}$ 有意义而乘积 $\boldsymbol{AB}$ 没有意义. 但是如果 $m = p$, 即若 $\boldsymbol{A} \in L(\mathbf{R}^m, \mathbf{R}^n)$ 而 $\boldsymbol{B} \in L(\mathbf{R}^n, \mathbf{R}^m)$, 则乘积 $\boldsymbol{BA}$ 和 $\boldsymbol{AB}$ 都有意义. $\mathbf{R}^m$ 上的恒等映射 $\boldsymbol{I}_m$ 显然是 $\mathbf{R}^m$ 到自身的线性变换, 称为**恒等变换**, 它在线性变换的乘积运算中起着单位元的作用, 即对任意 $\boldsymbol{A} \in L(\mathbf{R}^m, \mathbf{R}^n)$ 和 $\boldsymbol{B} \in L(\mathbf{R}^n, \mathbf{R}^m)$ 都有

$$\boldsymbol{AI}_m = \boldsymbol{A}, \qquad \boldsymbol{I}_m\boldsymbol{B} = \boldsymbol{B}.$$

对线性变换 $\boldsymbol{A} \in L(\mathbf{R}^m, \mathbf{R}^n)$, 如果存在 $\boldsymbol{B} \in L(\mathbf{R}^n, \mathbf{R}^m)$ 使成立

$$\boldsymbol{BA} = \boldsymbol{I}_m,$$

则称 $\boldsymbol{A}$ 是**左可逆**的或**有左逆**, 并把线性变换 $\boldsymbol{B}$ 叫做 $\boldsymbol{A}$ 的**左逆**. 类似地, 如果存在 $\boldsymbol{C} \in L(\mathbf{R}^n, \mathbf{R}^m)$ 使成立

$$\boldsymbol{AC} = \boldsymbol{I}_n,$$

则称 $\boldsymbol{A}$ 是**右可逆**的或**有右逆**, 并把线性变换 $\boldsymbol{C}$ 叫做 $\boldsymbol{A}$ 的**右逆**. 如果 $\boldsymbol{A} \in L(\mathbf{R}^m, \mathbf{R}^m)$, 且存在 $\boldsymbol{B} \in L(\mathbf{R}^m, \mathbf{R}^m)$ 使成立

$$\boldsymbol{BA} = \boldsymbol{AB} = \boldsymbol{I}_m,$$

则称 $\boldsymbol{A}$ 为**可逆**的线性变换, 并把 $\boldsymbol{B}$ 叫做 $\boldsymbol{A}$ 的**逆**, 记作 $\boldsymbol{B}=\boldsymbol{A}^{-1}$.

从线性代数可知

(1) 线性变换 $\boldsymbol{A}$ 左可逆当且仅当 $\boldsymbol{A}$ 是单射; $\boldsymbol{A}$ 右可逆当且仅当 $\boldsymbol{A}$ 是满射.

(2) 对 $\boldsymbol{A}\in L(\mathbf{R}^m,\mathbf{R}^n)$, 如果 $\boldsymbol{A}$ 左可逆则必有 $m\leqslant n$, 而且当 $m<n$ 时有无穷多个左逆; 而如果 $\boldsymbol{A}$ 右可逆则必有 $m\geqslant n$, 而且当 $m>n$ 时有无穷多个右逆.

(3) 线性变换 $\boldsymbol{A}\in L(\mathbf{R}^m,\mathbf{R}^m)$ 是可逆的当且仅当 $\boldsymbol{A}$ 是双射, 即是 $\mathbf{R}^m$ 到自身的一一对应, 而且这时 $\boldsymbol{A}$ 的逆线性变换 $\boldsymbol{A}^{-1}$ 就是它的逆映射, 因而是唯一的. 换言之, 如果一个线性变换 $\boldsymbol{A}\in L(\mathbf{R}^m,\mathbf{R}^m)$ 是映 $\mathbf{R}^m$ 到自身的一一对应, 则其逆映射 $\boldsymbol{A}^{-1}$ 也是线性变换.

(4) 对于线性变换 $\boldsymbol{A}\in L(\mathbf{R}^m,\mathbf{R}^m)$ (注意这里 $m=n$), 有

$$\boldsymbol{A}\text{可逆}\iff\boldsymbol{A}\text{左可逆}\iff\boldsymbol{A}\text{右可逆}.$$

并且只有这时 $\boldsymbol{A}$ 的左逆与右逆都是唯一的, 二者皆为 $\boldsymbol{A}^{-1}$.

性质 (4) 是线性变换区别于一般映射的一个重要特性, 因为对于一个映集合 S 到自身的一般映射, 单射和满射是两个互相独立的概念, 即单射不必是满射, 因而不必是双射, 同样满射不必是单射, 因而也不必是双射. 但对于 $\mathbf{R}^m$ 到自身的一个线性变换, 如果它是单射则也一定是满射因而是双射, 同样如果它是满射则也一定是单射因而也一定是双射. 线性变换的这个特性是由它本质上的有限性所决定的, 因为 $\mathbf{R}^m$ 上的线性变换由它在 $\mathbf{R}^m$ 的基底上的作用完全确定, 而 $\mathbf{R}^m$ 的基底是一个有限集合.

对每个 $1\leqslant i\leqslant m$, 用 $\boldsymbol{e}_i$ 表示 $\mathbf{R}^m$ 中第 i 个坐标为 1、其余坐标为 0 的向量. 又对每个 $1\leqslant j\leqslant n$, 用 $\boldsymbol{w}_j$ 表示 $\mathbf{R}^n$ 中第 j 个坐标为 1、其余坐标为 0 的向量. 对任意线性变换 $\boldsymbol{A}\in L(\mathbf{R}^m,\mathbf{R}^n)$, 设

$$\boldsymbol{A}(\boldsymbol{e}_j)=(a_{1j},a_{2j},\cdots,a_{nj})=\sum_{i=1}^{n}a_{ij}\boldsymbol{w}_i,\qquad j=1,2,\cdots,m.$$

则对任意 $x=(x_1,x_2,\cdots,x_m)\in\mathbf{R}^m$, 因为 $x=\sum\limits_{j=1}^{m}x_j\boldsymbol{e}_j$, 所以由 $\boldsymbol{A}$ 的线性性可知

$$\boldsymbol{A}(x)=\sum_{j=1}^{m}x_j\boldsymbol{A}(\boldsymbol{e}_j)=\sum_{i=1}^{n}\Big(\sum_{j=1}^{m}a_{ij}x_j\Big)\boldsymbol{w}_i. \tag{16.1.1}$$

因此, 线性变换 $\boldsymbol{A}$ 由矩阵

$$A=\big(a_{ij}\big)_{n\times m}=\begin{pmatrix}a_{11}&a_{12}&\cdots&a_{1m}\\a_{21}&a_{22}&\cdots&a_{2m}\\\vdots&\vdots&&\vdots\\a_{n1}&a_{n2}&\cdots&a_{nm}\end{pmatrix} \tag{16.1.2}$$

唯一确定. 这个矩阵叫做线性变换 $\boldsymbol{A}$ 的**表示矩阵**. 我们把 m 维向量等同于 $m\times 1$ 矩阵

$$(x_1,x_2,\cdots,x_m)=\begin{pmatrix}x_1\\x_2\\\vdots\\x_m\end{pmatrix},$$

则式 (16.1.1) 可以写成

$$\boldsymbol{A}(x)=Ax,\quad \forall x\in\mathbf{R}^m. \tag{16.1.3}$$

因此, 每个线性变换 $\boldsymbol{A}\in L(\mathbf{R}^m,\mathbf{R}^n)$ 都可唯一地表示成式 (16.1.3) 的形式. 反之, 显然对每个 $n\times m$ 矩阵 A, 由式 (16.1.3) 定义的从 $\mathbf{R}^m$ 到 $\mathbf{R}^n$ 的映射 $\boldsymbol{A}$ 是线性变换, 它的表示矩阵恰好是 A. 因此, 线性变换与其表示矩阵之间的对应关系是一一对应.

如果线性变换 $\boldsymbol{A}$, $\boldsymbol{B}$ 和 $\boldsymbol{C}$ 的表示矩阵分别为 A, B 和 C, 则有

$$\begin{aligned}&\boldsymbol{A}\pm\boldsymbol{B}=\boldsymbol{C}\iff A\pm B=C,\\&a\boldsymbol{A}=\boldsymbol{C}\iff aA=C,\\&\boldsymbol{AB}=\boldsymbol{C}\iff AB=C,\\&\boldsymbol{A}^{-1}=\boldsymbol{C}\iff A^{-1}=C.\end{aligned}$$

因此, 线性变换与其表示矩阵之间的对应关系是代数同构的关系.

线性空间中一组向量的**秩**定义为该组向量中线性无关向量的最大个数. 关于矩阵的一个基本定理是对于任意一个矩阵 A, 它的行向量组的秩与列向量组的秩相等, 这个相等的数叫做矩阵 A 的秩, 记作 $\operatorname{rank}(A)$, 或简单地记作 $r(A)$. 对于线性变换 $\boldsymbol{A}\in L(\mathbf{R}^m,\mathbf{R}^n)$, 其秩定义为向量组 $\boldsymbol{A}(\boldsymbol{e}_1)$, $\boldsymbol{A}(\boldsymbol{e}_2)$, $\cdots$, $\boldsymbol{A}(\boldsymbol{e}_m)$ 的秩, 记作 $\operatorname{rank}(\boldsymbol{A})$, 或简单地记作 $r(\boldsymbol{A})$. 显然如果 $\boldsymbol{A}$ 的表示矩阵为 A, 则

$$r(\boldsymbol{A})=r(A),$$

因为 $\boldsymbol{A}(\boldsymbol{e}_1)$, $\boldsymbol{A}(\boldsymbol{e}_2)$, $\cdots$, $\boldsymbol{A}(\boldsymbol{e}_m)$ 是矩阵 A 的列向量组. 线性变换是否为满射或单射, 可以通过计算它的秩来判断, 因为有以下命题.

(5) 线性变换 $\boldsymbol{A}\in L(\mathbf{R}^m,\mathbf{R}^n)$ 是满射的充要条件是 $r(\boldsymbol{A})=n$; $\boldsymbol{A}$ 是单射的充要条件是 $r(\boldsymbol{A})=m$.

对于 $n\times m$ 阶矩阵 A, 如果 $r(A)=n$, 则称 A 为**行满秩**矩阵; 而如果 $r(A)=m$, 则称 A 为**列满秩**矩阵. 因此, 线性变换 $\boldsymbol{A}$ 是满射的充要条件是其表示矩阵 A 是行满秩矩阵; $\boldsymbol{A}$ 是单射的充要条件是 A 是列满秩矩阵. 对于方阵, 即 $m\times m$ 阶矩阵 A, 如果 $r(A)=m$, 则称 A 为**满秩矩阵**, 相应的线性变换 $\boldsymbol{A}$ 叫**满秩线性变换**. 由上述命题 (5) 知线性变换 $\boldsymbol{A}\in L(\mathbf{R}^m,\mathbf{R}^m)$ 是可逆线性变换的充要条件是它是满秩线性变换, 即

可逆线性变换与满秩线性变换是相同的概念. 相应地, 可逆矩阵与满秩矩阵是相同的概念.

方阵 A 的行列式我们用符号 $|A|$ 和 $\det A$ 表示. 熟知方阵 A 是可逆矩阵的充要条件是其行列式不等于零, 即

$$A \text{ 是可逆矩阵} \iff |A| = \det A \neq 0.$$

因此, 对于映 $\mathbf{R}^m$ 到自身的线性变换 $\boldsymbol{A}$, 也可应用其表示矩阵的行列式来判断它是否为可逆线性变换. $\boldsymbol{A}$ 是可逆线性变换的充要条件是它的表示矩阵 A 的行列式不等于零.

16.1.2 线性变换与矩阵的范数

下面讨论线性变换和矩阵的分析性质, 首先给出

定义 16.1.1 对于线性变换 $\boldsymbol{A} \in L(\mathbf{R}^m, \mathbf{R}^n)$, 称函数 $x \mapsto |\boldsymbol{A}(x)|$ 在单位球面 $|x| = 1$ 上的最大值为 $\boldsymbol{A}$ 的**范数**, 记作 $\|\boldsymbol{A}\|$, 即

$$\|\boldsymbol{A}\| = \max_{|x|=1} |\boldsymbol{A}(x)|.$$

由于 $|\boldsymbol{A}(x)|$ 显然是 $\mathbf{R}^m$ 上的连续函数, 而单位球面 $|x| = 1$ 是 $\mathbf{R}^m$ 中的有界闭集, 所以根据连续函数的最大最小值定理知, 函数 $|\boldsymbol{A}(x)|$ 在单位球面 $|x| = 1$ 上必有最大值. 因此定义 16.1.1 是合理的.

定理 16.1.1 线性变换的范数具有以下性质

(1) 非负性和非退化性: $\|\boldsymbol{A}\| \geqslant 0$, 而且 $\|\boldsymbol{A}\| = 0$ 当且仅当 $\boldsymbol{A} = 0$;

(2) 正齐次性: $\|a\boldsymbol{A}\| = |a|\|\boldsymbol{A}\|$, a 为任意实数;

(3) 三角不等式: $\|\boldsymbol{A} + \boldsymbol{B}\| \leqslant \|\boldsymbol{A}\| + \|\boldsymbol{B}\|$;

(4) 与向量范数相容: $|\boldsymbol{A}(x)| \leqslant \|\boldsymbol{A}\||x|$;

(5) 与乘法相容: $\|\boldsymbol{B}\boldsymbol{A}\| \leqslant \|\boldsymbol{B}\|\|\boldsymbol{A}\|$.

证明 这些结论的证明都是很简单的, 我们只以性质 (4) 和性质 (5) 为例给出证明.

首先证明性质 (4). 设 $\boldsymbol{A} \in L(\mathbf{R}^m, \mathbf{R}^n)$. 对任意 $x \in \mathbf{R}^m$, 如果 $x = 0$, 则显然有 $|\boldsymbol{A}(x)| \leqslant \|\boldsymbol{A}\||x|$, 因为不等式两边都等于零. 现设 $x \neq 0$, 则 $\dfrac{x}{|x|}$ 是单位向量, 因此有

$$\left|\boldsymbol{A}\left(\frac{x}{|x|}\right)\right| \leqslant \max_{|y|=1} |\boldsymbol{A}(y)| = \|\boldsymbol{A}\|,$$

而 $\left|\boldsymbol{A}\left(\dfrac{x}{|x|}\right)\right| = \left|\dfrac{1}{|x|}\boldsymbol{A}(x)\right| = \dfrac{|\boldsymbol{A}(x)|}{|x|}$, 所以 $|\boldsymbol{A}(x)| \leqslant \|\boldsymbol{A}\||x|$.

再证明性质 (5). 设 $\boldsymbol{A}\in L(\mathbf{R}^m,\mathbf{R}^n)$, $\boldsymbol{B}\in L(\mathbf{R}^n,\mathbf{R}^p)$. 则由性质 (4) 知对任意 $x\in\mathbf{R}^m$ 有

$$|\boldsymbol{B}\boldsymbol{A}(x)|\leqslant\|\boldsymbol{B}\||\boldsymbol{A}(x)|\leqslant\|\boldsymbol{B}\|\|\boldsymbol{A}\||x|.$$

因此,

$$\|\boldsymbol{B}\boldsymbol{A}\|=\max_{|x|=1}|\boldsymbol{B}\boldsymbol{A}(x)|\leqslant\max_{|x|=1}\|\boldsymbol{B}\|\|\boldsymbol{A}\||x|=\|\boldsymbol{B}\|\|\boldsymbol{A}\|.$$

证毕.

定理 16.1.2 设线性变换 $\boldsymbol{A}\in L(\mathbf{R}^m,\mathbf{R}^n)$ 的表示矩阵为 $A=\big(a_{ij}\big)_{n\times m}$. 令 μ_1 为矩阵 $A^{\mathrm{T}}A$ 的最大特征值, 其中上标符号 "T" 表示矩阵的转置, 则有

$$\|\boldsymbol{A}\|=\sqrt{\mu_1},\tag{16.1.4}$$

而且成立以下不等式

$$\max_{\substack{1\leqslant i\leqslant n\\1\leqslant j\leqslant m}}|a_{ij}|\leqslant\|\boldsymbol{A}\|\leqslant\Big(\sum_{i=1}^{n}\sum_{j=1}^{m}|a_{ij}|^2\Big)^{\frac{1}{2}}.\tag{16.1.5}$$

证明 把每个 m 维向量 x 都看成 $m\times1$ 阶矩阵, 则 $|x|^2=x^{\mathrm{T}}x$. 设矩阵 $A^{\mathrm{T}}A$ 的全部特征值为

$$\mu_1\geqslant\mu_2\geqslant\cdots\geqslant\mu_m\geqslant0$$

(重特征值按重数计算), 并设 $\boldsymbol{\eta}_1,\boldsymbol{\eta}_2,\cdots,\boldsymbol{\eta}_m$ 为相应的特征向量, 它们互相正交并且都是单位向量, 因而构成 $\mathbf{R}^m$ 的一个规范正交基底. η_i 是矩阵 $A^{\mathrm{T}}A$ 的对应于特征值 μ_i 的特征向量意味着成立等式

$$A^{\mathrm{T}}A\boldsymbol{\eta}_j=\mu_j\boldsymbol{\eta}_j,\qquad j=1,2,\cdots,m.$$

对任意 $x\in\mathbf{R}^m$, 设 $x=t_1\boldsymbol{\eta}_1+t_2\boldsymbol{\eta}_2+\cdots+t_m\boldsymbol{\eta}_m$, 则

$$\begin{aligned}|\boldsymbol{A}(x)|^2&=(Ax)^{\mathrm{T}}\cdot Ax=x^{\mathrm{T}}A^{\mathrm{T}}\cdot Ax=x^{\mathrm{T}}(A^{\mathrm{T}}A)x\\&=\Big(\sum_{i=1}^{m}t_i\boldsymbol{\eta}_i\Big)^{\mathrm{T}}\Big(\sum_{j=1}^{m}t_jA^{\mathrm{T}}A\boldsymbol{\eta}_j\Big)\\&=\Big(\sum_{i=1}^{m}t_i\boldsymbol{\eta}_i^{\mathrm{T}}\Big)\Big(\sum_{j=1}^{m}t_j\mu_j\boldsymbol{\eta}_j\Big)\\&=\sum_{i,j=1}^{m}t_it_j\mu_j\boldsymbol{\eta}_i^{\mathrm{T}}\boldsymbol{\eta}_j=\sum_{i=1}^{m}t_i^2\mu_i\\&\leqslant\mu_1\sum_{i=1}^{m}t_i^2=\mu_1|x|^2.\end{aligned}$$

最后两个等号成立是因为 $\boldsymbol{\eta}_1, \boldsymbol{\eta}_2, \cdots, \boldsymbol{\eta}_m$ 是 $\mathbf{R}^m$ 的规范正交基底, 从而

$$\boldsymbol{\eta}_i^{\mathrm{T}}\boldsymbol{\eta}_j = \delta_{ij} = \begin{cases} 1, & 当i = j, \\ 0, & 当i \neq j \end{cases} \quad 且 \quad |x|^2 = \sum_{i=1}^m t_i^2.$$

因此

$$\|\boldsymbol{A}\| = \max_{|x|=1} |\boldsymbol{A}(x)| \leqslant \sqrt{\mu_1}.$$

又由于当 $x = \boldsymbol{\eta}_1$ 时, 按上面的计算有 $|\boldsymbol{A}(\boldsymbol{\eta}_1)|^2 = \mu_1$, 即 $|\boldsymbol{A}(\boldsymbol{\eta}_1)| = \sqrt{\mu_1}$, 而 η_1 是单位向量, 说明函数 $|\boldsymbol{A}(x)|$ 在单位球面上取到了 $\sqrt{\mu_1}$, 因此式 (16.1.4) 成立.

其次, 由于 $\boldsymbol{A}(\boldsymbol{e}_j) = (a_{1j}, a_{2j}, \cdots, a_{nj})$ 而 $\boldsymbol{e}_j$ 是单位向量, $j = 1, 2, \cdots, m$, 所以

$$\|\boldsymbol{A}\| = \max_{|x|=1} |\boldsymbol{A}(x)| \geqslant |\boldsymbol{A}(\boldsymbol{e}_j)| = \sqrt{\sum_{i=1}^n a_{ij}^2} \geqslant |a_{ij}|, \quad i = 1, 2, \cdots, n, \ \ j = 1, 2, \cdots, m.$$

这就证明了式 (16.1.5) 中的第一个不等式. 最后, 对任意 $x \in \mathbf{R}^m$, 设 $x = (x_1, x_2, \cdots, x_m) = \sum\limits_{j=1}^m x_j \boldsymbol{e}_j$, 则

$$\boldsymbol{A}(x) = \sum_{j=1}^m x_j \boldsymbol{A}(\boldsymbol{e}_j) = \sum_{j=1}^m x_j \Big(\sum_{i=1}^n a_{ij}\boldsymbol{w}_i\Big) = \sum_{i=1}^n \Big(\sum_{j=1}^m x_j a_{ij}\Big)\boldsymbol{w}_i.$$

所以应用柯西不等式得

$$|\boldsymbol{A}(x)| = \sqrt{\sum_{i=1}^n \Big(\sum_{j=1}^m x_j a_{ij}\Big)^2} \leqslant \sqrt{\sum_{i=1}^n \Big(\sum_{j=1}^m x_j^2\Big)\Big(\sum_{j=1}^m a_{ij}^2\Big)} = |x|\sqrt{\sum_{i=1}^n\sum_{j=1}^m a_{ij}^2}.$$

据此可得式 (16.1.5) 中的第二个不等式. 证毕.

既然线性变换有范数, 矩阵也相应地有范数. 对 $n \times m$ 阶矩阵 A, 其范数 $\|A\|$ 按下式定义

$$\|A\| = \max_{|x|=1} |Ax|, \tag{16.1.6}$$

其中 $|x| = 1$ 表示 $\mathbf{R}^m$ 中的单位球面. 可见矩阵 A 的范数等于它所对应的线性变换 $\boldsymbol{A}$ 的范数: $\|A\| = \|\boldsymbol{A}\|$. 由定理 16.1.2 知, 这个范数可按下式计算.

$$\|A\| = \sqrt{\mu_1}, \tag{16.1.7}$$

其中 μ_1 为矩阵 $A^{\mathrm{T}}A$ 的最大特征值, 而且当 $A = (a_{ij})_{n\times m}$ 时还成立下列不等式

$$\max_{\substack{1\leqslant i\leqslant n\\ 1\leqslant j\leqslant m}} |a_{ij}| \leqslant \|A\| \leqslant \Big(\sum_{i=1}^n\sum_{j=1}^m |a_{ij}|^2\Big)^{\frac{1}{2}}. \tag{16.1.8}$$

根据定理 16.1.1, 矩阵的范数具有以下性质.

(1) 非负性和非退化性: $\|A\| \geqslant 0$, 而且 $\|A\|=0$ 当且仅当 $A=0$;

(2) 正齐次性: $\|aA\|=|a|\|A\|$, a 为任意实数;

(3) 三角不等式: $\|A+B\| \leqslant \|A\|+\|B\|$;

(4) 与乘法相容: $\|AB\| \leqslant \|A\|\|B\|$;

(5) 与向量范数 $|\cdot|$ 相容: 对任意 $x \in \mathbf{R}^m$ 都成立 $|Ax| \leqslant \|A\||x|$.

一般地, 一个定义在全体矩阵的集合上的函数 $\|\cdot\|$ 如果满足以上条件 (1)~ 条件 (4), 就称这个函数为矩阵的**范数**. 如果还满足条件 (5), 则称它是与向量范数 $|\cdot|$ **相容的**矩阵范数. 由于按式 (16.1.6) 定义的矩阵范数不好计算, 应用中经常使用以下几个矩阵范数

$$\|A\|_1=\max_{1\leqslant j\leqslant m}\sum_{i=1}^{n}|a_{ij}|, \quad \|A\|_\infty=\max_{1\leqslant i\leqslant n}\sum_{j=1}^{m}|a_{ij}|, \quad \|A\|_F=\Big(\sum_{i=1}^{n}\sum_{j=1}^{m}|a_{ij}|^2\Big)^{\frac{1}{2}},$$

其中 $A=(a_{ij})_{n\times m}$ 是一个任意矩阵. 不难验证它们都满足条件 (1)~ 条件 (4), 因而为矩阵范数, 但其中只有 $\|\cdot\|_F$ 与向量范数 $|\cdot|$ 相容. 关于矩阵范数的一个基本结论是任意两个矩阵范数 $\|\cdot\|$ 和 $\|\cdot\|'$ 都是互相等价的, 即存在常数 $C_1, C_2>0$ 使对任意矩阵 A 都成立

$$C_1\|A\| \leqslant \|A\|' \leqslant C_2\|A\|.$$

对线性变换和矩阵引进了范数之后, 便可对由线性变换和矩阵构成的序列考虑极限, 并对取值为线性变换或矩阵的函数讨论极限和连续性. 我们仅以矩阵为例给出这些概念的定义. 对于线性变换的相应定义留给读者.

定义 16.1.2 设 $A_k\ (k=1,2,\cdots)$ 是一列 $n\times m$ 阶矩阵.

(1) 如果存在一个 $n\times m$ 阶矩阵 B 使 $\lim\limits_{k\to\infty}\|A_k-B\|=0$ 成立, 则称矩阵列 $\{A_k\}$ **收敛** 于 B, 或 $\{A_k\}$ 以 B 为**极限**, 记作

$$\lim_{k\to\infty}A_k=B \quad 或 \quad A_k\to B(当\ n\to\infty);$$

(2) 如果存在一个 $n\times m$ 阶矩阵 B 使 $\lim\limits_{k\to\infty}\sum\limits_{j=1}^{k}A_j=B$ 成立, 即 $\lim\limits_{k\to\infty}\|\sum\limits_{j=1}^{k}A_j-B\|$ $=0$, 则称矩阵级数 $\sum\limits_{k=1}^{\infty}A_k$ **收敛**于 B, 记作 $\sum\limits_{k=1}^{\infty}A_k=B$.

定义 16.1.3 设 D 是 $\mathbf{R}^m$ 中的一个非空点集, $A(x)$ 是定义在 D 上而取值为 $k\times l$ 阶矩阵的一个矩阵函数. 又设 x_0 是 $\mathbf{R}^m$ 中的这样一个点, 存在 $\delta_0>0$ 使 $B(x_0,\delta_0)\backslash\{x_0\}\subseteq D$. 如果存在一个 $k\times l$ 阶矩阵 B 使 $\lim\limits_{x\to x_0}\|A(x)-B\|=0$ 成立, 则称矩阵函数 $A(x)$ 当 $x\to x_0$ 时**收敛**于 B 或以 B 为**极限**, 记作

$$\lim_{x\to x_0}A(x)=B \quad 或 \quad A(x)\to B\ (当\ x\to x_0).$$

如果 $x_0 \in D$ 且 $\lim\limits_{x\to x_0} A(x) = A(x_0)$, 即 $\lim\limits_{x\to x_0} \|A(x) - A(x_0)\| = 0$, 则称 $A(x)$ 在点 x_0 **连续**.

由于任意两个矩阵范数都互相等价, 所以上述定义中的矩阵范数 $\|\cdot\|$ 可以取为任意一个矩阵范数. 不过, 下面我们将始终采用由式 (16.1.6) 定义的矩阵范数. 注意对于这个范数而言单位矩阵的范数等于 1 (对范数 $\|\cdot\|_F$, 显然 $\|I_m\|_F = \sqrt{m} > 1$). 根据不等式 (16.1.8), 我们可得定理 16.1.3.

定理 16.1.3　(1) 设 $A_n = (a_{ij}^{(n)})_{k\times l}$, $n = 1, 2, \cdots$, $B = (b_{ij})_{k\times l}$, 则 $\lim\limits_{n\to\infty} A_n = B$ 的充要条件是

$$\lim_{n\to\infty} a_{ij}^{(n)} = b_{ij}, \quad i = 1, 2, \cdots, k, \;\; j = 1, 2, \cdots, l.$$

(2) 设 $A(x) = (a_{ij}(x))_{k\times l}$, $n = 1, 2, \cdots$, $B = (b_{ij})_{k\times l}$, 则 $\lim\limits_{x\to x_0} A(x) = B$ 的充要条件是

$$\lim_{x\to x_0} a_{ij}(x) = b_{ij}, \quad i = 1, 2, \cdots, k, \;\; j = 1, 2, \cdots, l.$$

特别地, $A(x)$ 在点 x_0 连续的充要条件是每个函数 $a_{ij}(x)$ $(i = 1, 2, \cdots, k, j = 1, 2, \cdots, l)$ 都在点 x_0 连续.

16.1.3　可逆矩阵的摄动定理

下面介绍有关可逆矩阵的几个重要定理. 以下我们把 m 阶单位矩阵简写为 I, 并对任意 m 阶方阵 A, 规定 $A^0 = I$.

定理 16.1.4　设 A 是一个 m 阶方阵, 其范数 $\|A\| < 1$, 则有下列结论:

(1) $\lim\limits_{k\to\infty} A^k = O$, 这里 O 表示零矩阵;

(2) 矩阵 $I - A$ 可逆, 矩阵级数 $\sum\limits_{k=0}^{\infty} A^k$ 收敛, 而且

$$(I - A)^{-1} = \sum_{k=0}^{\infty} A^k; \tag{16.1.9}$$

(3) 成立不等式

$$\|(I - A)^{-1}\| \leqslant \frac{1}{1 - \|A\|}. \tag{16.1.10}$$

证明　(1) 由于

$$\|A^k\| = \|A^{k-1}A\| \leqslant \|A^{k-1}\|\|A\| \leqslant \cdots \leqslant \|A\|^k, \quad k = 1, 2, \cdots,$$

而由 $\|A\| < 1$ 知 $\lim\limits_{k\to\infty} \|A\|^k = 0$, 所以 $\lim\limits_{k\to\infty} A^k = \boldsymbol{O}$.

(2) 为了证明 $I - A$ 是可逆矩阵, 只须证明零不是它的特征值. 而这只须证明 1 不是 A 的特征值. (反证法) 假设 1 是 A 的特征值, 则存在单位向量 $x \in \mathbf{R}^m$ 使成立

$Ax = x$. 此式蕴涵着对任意正整数 k 都有 $A^k x = x$, 进而

$$1 = |x| = |A^k x| \leqslant \|A^k\| |x| = \|A^k\| \to 0, \quad \text{当} \ k \to \infty.$$

这是个矛盾. 因此 $I - A$ 是可逆矩阵.

对任意正整数 k, 简单的计算表明

$$(I + A + A^2 + \cdots + A^k)(I - A) = I - A^{k+1},$$

因此

$$I + A + A^2 + \cdots + A^k = (I - A)^{-1} - A^{k+1}(I - A)^{-1}. \tag{16.1.11}$$

而由 $\lim\limits_{k\to\infty} A^k = O$ 易知 $\lim\limits_{k\to\infty} A^{k+1}(I - A)^{-1} = O$, 所以由式 (16.1.11) 知矩阵级数 $\sum\limits_{k=0}^{\infty} A^k$ 收敛, 且式 (16.1.9) 成立.

(3) 由等式 $(I - A)^{-1} = \sum\limits_{k=0}^{\infty} A^k$, 有

$$\|(I - A)^{-1}\| = \left\| \sum_{k=0}^{\infty} A^k \right\| \leqslant \sum_{k=0}^{\infty} \|A^k\| \leqslant \sum_{k=0}^{\infty} \|A\|^k = \frac{1}{1 - \|A\|}.$$

这就证明了式 (16.1.10). 证毕.

定理 16.1.5(摄动定理) 设 A 是 m 阶可逆矩阵, 则存在 $\varepsilon > 0$, 事实上可取 $\varepsilon = \dfrac{1}{\|A^{-1}\|}$, 使对任意满足条件 $\|B\| < \varepsilon$ 的 m 阶方阵 B, $A + B$ 也是可逆矩阵.

证明 事实上, 当 $\|B\| < \dfrac{1}{\|A^{-1}\|}$ 时, 有

$$\|A^{-1}B\| \leqslant \|A^{-1}\| \|B\| < 1,$$

所以根据定理 16.1.3 知这时 $I + A^{-1}B$ 是可逆矩阵, 进而 $A + B = A(I + A^{-1}B)$ 也是可逆矩阵. 因此, 只要取 $\varepsilon = \dfrac{1}{\|A^{-1}\|}$, 就得到了本定理的结论. 证毕.

推论 16.1.1 设 $\boldsymbol{A}$ 是 $\mathbf{R}^m$ 上的可逆线性变换, 则存在 $\varepsilon > 0$, 事实上可取 $\varepsilon = \dfrac{1}{\|\boldsymbol{A}^{-1}\|}$, 使对 $\mathbf{R}^m$ 上任意满足条件 $\|\boldsymbol{B}\| < \varepsilon$ 的线性变换 $\boldsymbol{B}$, $\boldsymbol{A} + \boldsymbol{B}$ 也是可逆线性变换.

一个带有范数的线性系统 (带有范数的线性空间), 对其中的某个量 a 加一个范数很小的另一量 b, 得到的量 $a + b$ 叫做 a 的**小摄动**或**小扰动**. 因此定理 16.1.4 与推论 16.1.1 告诉我们, 可逆矩阵的小摄动仍然是可逆矩阵, 可逆线性变换的小摄动仍然是可逆线性变换.

推论 16.1.2　设矩阵函数 $A(x)$ 取值于 m 阶方阵且在点 x_0 连续. 如果 $A(x_0)$ 是可逆矩阵, 则存在 $\delta>0$, 使对任意 $x\in B(x_0,\delta)$, $A(x)$ 也是可逆矩阵.

证明　根据定理 16.1.4, 由 $A(x_0)$ 是可逆矩阵知存在 $\varepsilon>0$, 使对任意 m 阶方阵 B, 只要 $\|B\|<\varepsilon$, 那么 $A(x_0)+B$ 便也是可逆矩阵. 对此 $\varepsilon>0$, 由 $A(x)$ 在点 x_0 连续知存在 $\delta>0$, 使对任意 $x\in B(x_0,\delta)$ 都有 $\|A(x)-A(x_0)\|<\varepsilon$, 因此当 $x\in B(x_0,\delta)$ 时, $A(x)=A(x_0)+[A(x)-A(x_0)]$ 是可逆矩阵. 证毕.

推论 16.1.3　设 $\boldsymbol{A}(x)$ 是取值于 $L(\mathbf{R}^m,\mathbf{R}^m)$ 的函数, 在点 x_0 连续. 又设 $\boldsymbol{A}(x_0)$ 是可逆线性变换, 则存在 $\delta>0$, 使对任意 $x\in B(x_0,\delta)$, $\boldsymbol{A}(x)$ 也是可逆线性变换.

习　题　16.1

1. 求下列矩阵列的极限或矩阵级数的和:

(1) $\lim\limits_{n\to\infty}\begin{pmatrix}\cos\dfrac{\theta}{n} & \sin\dfrac{\theta}{n}\\ -\sin\dfrac{\theta}{n} & \cos\dfrac{\theta}{n}\end{pmatrix}$;　　(2) $\lim\limits_{n\to\infty}\dfrac{1}{n}\begin{pmatrix}1 & a\\ 0 & 1\end{pmatrix}^n$;

(3) $\lim\limits_{n\to\infty}\begin{pmatrix}\lambda & 1 & 0\\ 0 & \lambda & 1\\ 0 & 0 & \lambda\end{pmatrix}^n$ $(|\lambda|<1)$;　　(4) $\lim\limits_{n\to\infty}\begin{pmatrix}\dfrac{1}{2} & 1 & 1\\ 0 & \dfrac{1}{3} & 1\\ 0 & 0 & \dfrac{1}{5}\end{pmatrix}^n$;

(5) $\sum\limits_{n=1}^{\infty}\dfrac{1}{n}\begin{pmatrix}\cos\theta & \sin\theta\\ -\sin\theta & \cos\theta\end{pmatrix}^n$;　　(6) $\sum\limits_{n=0}^{\infty}\dfrac{1}{n!}\begin{pmatrix}1 & a & 0\\ 0 & 1 & a\\ 0 & 0 & 1\end{pmatrix}^n$.

2. 求下列矩阵按式 (16.1.6) 定义的范数:

(1) $\begin{pmatrix}a & b\\ -b & a\end{pmatrix}$;　　(2) $\begin{pmatrix}a & b\\ b & a\end{pmatrix}$;

(3) $\begin{pmatrix}1 & -1 & -1\\ 1 & 1 & -1\\ \sqrt{2} & 0 & \sqrt{2}\end{pmatrix}$;　　(4) $\begin{pmatrix}1 & 1 & \sqrt{2}\\ 1 & -1 & 0\\ 1 & 1 & -\sqrt{2}\end{pmatrix}$.

3. 设 m 阶方阵 A 的范数 $\|A\|<1$. 证明: 对任意自然数 n 都成立

$$\|(I-A)^{-1}-(I+A+A^2+\cdots+A^n)\|\leqslant\frac{\|A\|^{n+1}}{1-\|A\|}.$$

4. 设 A 是方阵, 试应用矩阵的若尔当标准型理论证明: $\lim\limits_{n\to\infty}A^n=O$ 的充要条件是 A 的所有特征值的模都小于 1.

5. 证明: 方阵 A 的所有特征值的模都不大于它的任意一种矩阵范数 $\|A\|$.

6. 证明对任意方阵 A, 矩阵级数 $\sum\limits_{n=0}^{\infty}\frac{1}{n!}A^n$ 都收敛, 其和叫做 A 的**指数**, 记作 e^A 或 $\exp(A)$, 即

$$\mathrm{e}^A=\exp(A)=I+A+\frac{1}{2!}A^2+\cdots+\frac{1}{n!}A^n+\cdots.$$

再证明以下结论:

(1) 对任意方阵 A 成立 $\|\mathrm{e}^A\|\leqslant \mathrm{e}^{\|A\|}$;

(2) 对任意两个可交换的方阵 A 和 B ($AB=BA$), 成立 $\mathrm{e}^A\mathrm{e}^B=\mathrm{e}^B\mathrm{e}^A=\mathrm{e}^{A+B}$;

(3) 对任意方阵 A, e^A 都是可逆矩阵, 且 $(\mathrm{e}^A)^{-1}=\mathrm{e}^{-A}$;

(4) 对任意方阵 A, 矩阵值函数 $F(t)=\mathrm{e}^{tA}$ ($t\in\mathbf{R}$) 都可导, 且 $F'(t)=A\mathrm{e}^{tA}$, 这里矩阵值函数 $F(t)$ 的导数 $F'(t)$ 定义如下

$$F'(t)=\lim_{\Delta t\to 0}\frac{1}{\Delta t}[F(t+\Delta t)-F(t)].$$

7. 试应用矩阵的若尔当标准型理论证明: 对任意方阵 A 都成立

$$\det(\mathrm{e}^A)=\mathrm{e}^{\mathrm{tr}(A)},$$

这里 $\mathrm{tr}(A)$ 为方阵 A 的**迹**, 定义为 A 的全部对角线元素的和, 或等价地定义为 A 的全部特征值的和 (两种定义的等价性可应用矩阵的特征多项式和多项式根与系数关系的韦达定理证明).

8. 证明: 对任意方阵 A 都成立

$$\mathrm{e}^A=\lim_{n\to\infty}\Big(I+\frac{1}{n}A\Big)^n.$$

16.2 多元向量函数的偏导数与全微分

多元向量函数的偏导数与全微分, 原则上可通过其分量函数的偏导数与全微分得到.

设 $\boldsymbol{F}(x)$(其中 $x=(x_1,x_2,\cdots,x_m)$) 是定义在 $\mathbf{R}^m$ 中的开集 D 上的一个 n 维向量函数, 即 $\boldsymbol{F}$ 是从 $D\subseteq\mathbf{R}^m$ 到 $\mathbf{R}^n$ 的映射, 而 $x_0=(x_{01},x_{02},\cdots,x_{0m})$ 是 D 中一点. 如果 $\boldsymbol{F}(x)$ 的每个分量函数 $F_j(x)$ ($j=1,2,\cdots,n$) 都在点 x_0 关于变元 x_i 有偏导数, 这里 $1\leqslant i\leqslant m$, 则称 $\boldsymbol{F}(x)$ 在点 x_0 关于变元 x_i 有偏导数, 并且定义 $\boldsymbol{F}(x)$ 在点 x_0 关于变元 x_i 的偏导数为

$$\boldsymbol{F}_{x_i}(x_0)=\frac{\partial\boldsymbol{F}}{\partial x_i}(x_0)=\Big(\frac{\partial F_1}{\partial x_i}(x_0),\frac{\partial F_2}{\partial x_i}(x_0),\cdots,\frac{\partial F_n}{\partial x_i}(x_0)\Big).$$

也可应用向量函数的极限直接定义偏导数 $\boldsymbol{F}_{x_i}(x_0)=\dfrac{\partial\boldsymbol{F}}{\partial x_i}(x_0)$ 如下

$$\boldsymbol{F}_{x_i}(x_0)=\frac{\partial\boldsymbol{F}}{\partial x_i}(x_0)=\lim_{\Delta x_i\to 0}\frac{\partial\boldsymbol{F}(x_0+\Delta x_i\boldsymbol{e}_i)-\boldsymbol{F}(x_0)}{\Delta x_i},$$

其中 $\boldsymbol{e}_i$ 表示 $\mathbf{R}^m$ 中第 i 个分量为 1、其余分量为零的单位向量. 易见以上两个定义是互相等价的.

类似地, 如果 $\boldsymbol{F}(x)$ 的每个分量函数 $F_j(x)$ $(j=1,2,\cdots,n)$ 都在点 x_0 可微, 则称 $\boldsymbol{F}(x)$ 在点 x_0 可微, 并且定义 $\boldsymbol{F}(x)$ 在点 x_0 的微分为

$$\mathrm{d}\boldsymbol{F}(x_0)=(\mathrm{d}F_1(x_0),\mathrm{d}F_2(x_0),\cdots,\mathrm{d}F_n(x_0)). \tag{16.2.1}$$

注意由于对每个 $1\leqslant j\leqslant n$, $\mathrm{d}F_j(x_0)$ 是 $\mathbf{R}^m$ 上的线性函数, 所以 $\mathrm{d}\boldsymbol{F}(x_0)$ 是从 $\mathbf{R}^m$ 到 $\mathbf{R}^n$ 的线性变换.

向量函数的微分也可不通过分量函数而直接定义如下.

定义 16.2.1　设 $\boldsymbol{F}(x)$ 是在点 $x_0\in\mathbf{R}^m$ 及其附近有定义的 m 元 n 维向量函数. 如果存在线性变换 $\boldsymbol{A}:\mathbf{R}^m\to\mathbf{R}^n$ 使成立

$$\boldsymbol{F}(x)=\boldsymbol{F}(x_0)+\boldsymbol{A}(x-x_0)+o(|x-x_0|),\quad \text{当 } x\to x_0, \tag{16.2.2}$$

即

$$\lim_{x\to x_0}\frac{\boldsymbol{F}(x)-\boldsymbol{F}(x_0)-\boldsymbol{A}(x-x_0)}{|x-x_0|}=0,$$

则称 $\boldsymbol{F}(x)$ 在点 x_0**可微**, 并称线性变换 $\boldsymbol{A}$ 为 $\boldsymbol{F}(x)$ 在点 x_0 的**微分**, 记作 $\mathrm{d}\boldsymbol{F}(x_0)$, 即 $\mathrm{d}\boldsymbol{F}(x_0)=\boldsymbol{A}$.

以上两种定义是等价的. 我们把这个结论写成

定理 16.2.1　n 维向量函数 $\boldsymbol{F}(x)$(按定义 16.2.1) 在点 x_0 可微的充要条件是它的每个分量函数 $F_j(x)$ $(j=1,2,\cdots,n)$ 都在点 x_0 可微, 而且这时式 (16.2.1) 成立.

证明　先设 $\boldsymbol{F}(x)$ 按定义 16.2.1 在点 x_0 可微, 则存在线性变换 $\boldsymbol{A}:\mathbf{R}^m\to\mathbf{R}^n$ 使式 (16.2.2) 成立. 令 A_j 为 $\boldsymbol{A}$ 的第 j 个分量, $j=1,2,\cdots,n$, 即

$$\boldsymbol{A}(x)=(A_1(x),A_2(x),\cdots,A_n(x)),\quad \forall x\in\mathbf{R}^m. \tag{16.2.3}$$

则从式 (16.2.2) 可知

$$F_j(x)=F_j(x_0)+A_j(x-x_0)+o(|x-x_0|),\quad \text{当 } x\to x_0 \tag{16.2.4}$$

这说明每个 $F_j(x)$ 都在点 x_0 可微, 而且 $\mathrm{d}F_j(x_0)=A_j$, $j=1,2,\cdots,n$.

反过来假设 $\boldsymbol{F}(x)$ 的每个分量函数 $F_j(x)$ 都在点 x_0 可微, $j=1,2,\cdots,n$. 记 $A_j=\mathrm{d}F_j(x_0)$, $j=1,2,\cdots,n$, 再按式 (16.2.3) 定义线性变换 $\boldsymbol{A}:\mathbf{R}^m\to\mathbf{R}^n$, 则由每个 $F_j(x)$ 都在点 x_0 可微而且 $\mathrm{d}F_j(x_0)=A_j$ 知式 (16.2.4) 成立, 进而式 (16.2.2) 也成立, 说明 $\boldsymbol{F}(x)$ 按定义 16.2.1 在点 x_0 可微, 而且

$$\mathrm{d}\boldsymbol{F}(x_0)=\boldsymbol{A}=(A_1,A_2,\cdots,A_n)=(\mathrm{d}F_1(x_0),\mathrm{d}F_2(x_0),\cdots,\mathrm{d}F_n(x_0)).$$

证毕.

向量函数 $\boldsymbol{F}$ 在点 x_0 的微分 $\mathrm{d}\boldsymbol{F}(x_0)$ 也叫做 $\boldsymbol{F}$ 在点 x_0 的**导映射**, 记作 $D\boldsymbol{F}(x_0)$. 所以 $D\boldsymbol{F}(x_0)=\mathrm{d}\boldsymbol{F}(x_0)$, 即导映射和全微分是相同的概念, 区别仅在于在全微分的表达式中, 自变量都采用与函数的自变量 $x_1,x_2,\cdots,x_m$ 相关联的符号 $\mathrm{d}x_1,\mathrm{d}x_2,\cdots,\mathrm{d}x_m$ 来表示, 而在导映射的的表达式中则无此约定. 因此, 以后当我们写 $\mathrm{d}\boldsymbol{F}(x_0)$ 时, 便约定其自变量采用带有 d 的符号 $\mathrm{d}x_1,\mathrm{d}x_2,\cdots,\mathrm{d}x_m$ 等表示, 而当写 $D\boldsymbol{F}(x_0)$ 时, 则对自变量的表示符号没有限定.

由于向量函数在点 x_0 可微等价于它的每个分量函数都在点 x_0 可微, 所以根据数量函数的微分学知, 向量函数 $\boldsymbol{F}$ 如果在点 x_0 可微则它必在点 x_0 连续, 而且在点 x_0 关于每个自变元都有偏导数. 由于

$$\begin{aligned}\mathrm{d}F_i(x_0)=&\ \frac{\partial F_i}{\partial x_1}(x_0)\mathrm{d}x_1+\frac{\partial F_i}{\partial x_2}(x_0)\mathrm{d}x_2+\cdots+\frac{\partial F_i}{\partial x_m}(x_0)\mathrm{d}x_m\\ =&\ \left(\frac{\partial F_i}{\partial x_1}(x_0)\ \ \frac{\partial F_i}{\partial x_2}(x_0)\ \ \cdots\ \ \frac{\partial F_i}{\partial x_m}(x_0)\right)\begin{pmatrix}\mathrm{d}x_1\\ \mathrm{d}x_2\\ \vdots\\ \mathrm{d}x_m\end{pmatrix},\quad i=1,2,\cdots,n\end{aligned}$$

所以

$$\mathrm{d}\boldsymbol{F}(x_0)=\begin{pmatrix}\dfrac{\partial F_1}{\partial x_1}(x_0) & \dfrac{\partial F_1}{\partial x_2}(x_0) & \cdots & \dfrac{\partial F_1}{\partial x_m}(x_0)\\ \dfrac{\partial F_2}{\partial x_1}(x_0) & \dfrac{\partial F_2}{\partial x_2}(x_0) & \cdots & \dfrac{\partial F_2}{\partial x_m}(x_0)\\ \vdots & \vdots & & \vdots\\ \dfrac{\partial F_n}{\partial x_1}(x_0) & \dfrac{\partial F_n}{\partial x_2}(x_0) & \cdots & \dfrac{\partial F_n}{\partial x_m}(x_0)\end{pmatrix}\begin{pmatrix}\mathrm{d}x_1\\ \mathrm{d}x_2\\ \vdots\\ \mathrm{d}x_m\end{pmatrix}. \tag{16.2.5}$$

式 (16.2.5) 右端的 $n\times m$ 阶矩阵叫做向量函数 $\boldsymbol{F}(x)$ 在点 x_0 的**雅可比矩阵或导矩阵**, 仍然用导映射的符号 $\mathrm{D}\boldsymbol{F}(x_0)$ 表示, 也经常记作 $\left.\dfrac{\mathrm{D}(F_1,F_2,\cdots,F_n)}{\mathrm{D}(x_1,x_2,\cdots,x_m)}\right|_{x=x_0}$, 即

$$\mathrm{D}\boldsymbol{F}(x_0)=\left.\frac{\mathrm{D}(F_1,F_2,\cdots,F_n)}{\mathrm{D}(x_1,x_2,\cdots,x_m)}\right|_{x=x_0}=\begin{pmatrix}\dfrac{\partial F_1}{\partial x_1}(x_0) & \dfrac{\partial F_1}{\partial x_2}(x_0) & \cdots & \dfrac{\partial F_1}{\partial x_m}(x_0)\\ \dfrac{\partial F_2}{\partial x_1}(x_0) & \dfrac{\partial F_2}{\partial x_2}(x_0) & \cdots & \dfrac{\partial F_2}{\partial x_m}(x_0)\\ \vdots & \vdots & & \vdots\\ \dfrac{\partial F_n}{\partial x_1}(x_0) & \dfrac{\partial F_n}{\partial x_2}(x_0) & \cdots & \dfrac{\partial F_n}{\partial x_m}(x_0)\end{pmatrix}.$$

式 (16.2.5) 说明, $\boldsymbol{F}(x)$ 在点 x_0 的微分 $\mathrm{d}\boldsymbol{F}(x_0)$ 或导映射 $\mathrm{D}\boldsymbol{F}(x_0)$ 作为从 $\mathbf{R}^m$ 到 $\mathbf{R}^n$ 的线性变换, 其表示矩阵正是它在该点的雅可比矩阵 $\mathrm{D}\boldsymbol{F}(x_0)$. 因此, 微分式 (16.2.2) 也可写成

$$\boldsymbol{F}(x)=\boldsymbol{F}(x_0)+\mathrm{D}\boldsymbol{F}(x_0)(x-x_0)+o(|x-x_0|),\quad 当\ x\to x_0. \tag{16.2.6}$$

例 1　设 $\boldsymbol{A}$ 是从 $\mathbf{R}^m$ 到 $\mathbf{R}^n$ 的线性变换, 而 $\boldsymbol{F}(x)=\boldsymbol{A}(x)$. 对任意 $x_0\in\mathbf{R}^m$, 求 $\mathrm{D}\boldsymbol{F}(x_0)$.

解　因为

$$\boldsymbol{F}(x)-\boldsymbol{F}(x_0)=\boldsymbol{A}(x)-\boldsymbol{A}(x_0)=\boldsymbol{A}(x-x_0),$$

所以 $\mathrm{D}\boldsymbol{F}(x_0)=\boldsymbol{A}$.

例 2　设 $\boldsymbol{F}(x,y)=(\mathrm{e}^x\cos y,\mathrm{e}^x\sin y)$. 求 $\mathrm{D}\boldsymbol{F}(x,y)$.

解

$$\mathrm{D}\boldsymbol{F}(x,y)=\begin{pmatrix}\dfrac{\partial(\mathrm{e}^x\cos y)}{\partial x} & \dfrac{\partial(\mathrm{e}^x\cos y)}{\partial y}\\ \dfrac{\partial(\mathrm{e}^x\sin y)}{\partial x} & \dfrac{\partial(\mathrm{e}^x\sin y)}{\partial y}\end{pmatrix}=\begin{pmatrix}\mathrm{e}^x\cos y & -\mathrm{e}^x\sin y\\ \mathrm{e}^x\sin y & \mathrm{e}^x\cos y\end{pmatrix}.$$

由于向量函数的偏导数和全微分都可通过其分量函数得到, 所以关于数量函数的偏导数和全微分的各个命题或者可以直接平行地推广到向量函数, 或者只须做适当的修改即可适用于向量函数. 例如, 如果 m 元向量函数 $\boldsymbol{F}(x)$ 在点 x_0 可微, 则对任意单位向量 $\boldsymbol{l}\in\mathbf{R}^m$, $\boldsymbol{F}(x)$ 在点 x_0 沿 $\boldsymbol{l}$ 方向的方向导数

$$\frac{\partial\boldsymbol{F}}{\partial\boldsymbol{l}}(x_0)=\lim_{t\to0}\frac{\boldsymbol{F}(x_0+t\boldsymbol{l})-\boldsymbol{F}(x_0)}{t}$$

存在, 而且

$$\frac{\partial\boldsymbol{F}}{\partial\boldsymbol{l}}(x_0)=\mathrm{D}\boldsymbol{F}(x_0)(\boldsymbol{l})=\mathrm{D}\boldsymbol{F}(x_0)\cdot\boldsymbol{l}.$$

注意第一个等号后的 $\mathrm{D}\boldsymbol{F}(x_0)$ 表示导映射 (线性变换), 第二个等号后的 $\mathrm{D}\boldsymbol{F}(x_0)$ 表示导矩阵 (矩阵). 再比如, 如果 $\boldsymbol{F}(x)$ 在点 x_0 及其附近有关于各个变元的偏导数, 而且所有偏导数都在点 x_0 连续, 则 $\boldsymbol{F}(x)$ 在点 x_0 可微, 等等. 这些命题的证明以及其他类似命题的陈述与证明都留给读者, 我们不再在这里逐个地讨论了. 下面仅讨论两个定理, 一个是关于复合函数导映射的链锁规则, 另一个是微分中值不等式.

定理 16.2.2(链锁规则)　设 $\boldsymbol{F}$ 是在点 $x_0\in\mathbf{R}^m$ 及其附近有定义的 m 元 n 维向量函数, $\boldsymbol{G}$ 是在点 $y_0=\boldsymbol{F}(x_0)\in\mathbf{R}^n$ 及其附近有定义的 n 元 p 维向量函数. 假设 $\boldsymbol{F}$ 在点 x_0 可微, $\boldsymbol{G}$ 在点 y_0 可微, 则复合函数 $\boldsymbol{G}\circ\boldsymbol{F}$ 在点 x_0 可微, 且

$$\mathrm{D}(\boldsymbol{G}\circ\boldsymbol{F})(x_0)=\mathrm{D}\boldsymbol{G}(y_0)\mathrm{D}\boldsymbol{F}(x_0). \tag{16.2.7}$$

证明　由 $\boldsymbol{F}$ 在点 x_0 可微知

$$\boldsymbol{F}(x)=\boldsymbol{F}(x_0)+\mathrm{D}\boldsymbol{F}(x_0)(x-x_0)+o(|x-x_0|),\quad 当\ x\to x_0,\tag{16.2.8}$$

又由 $\boldsymbol{G}$ 在点 y_0 可微知

$$\boldsymbol{G}(y)=\boldsymbol{G}(y_0)+\mathrm{D}\boldsymbol{G}(y_0)(y-y_0)+o(|y-y_0|),\quad 当\ y\to y_0.\tag{16.2.9}$$

因为 $y_0=\boldsymbol{F}(x_0)$, 所以由式 (16.2.8) 易见当 $x\to x_0$ 时有 $\boldsymbol{F}(x)\to y_0$. 因此把式 (16.2.8) 代入式 (16.2.9) 得

$$\begin{aligned}\boldsymbol{G}(\boldsymbol{F}(x))&=\boldsymbol{G}(y_0)+D\boldsymbol{G}(y_0)(\boldsymbol{F}(x)-y_0)+o(|\boldsymbol{F}(x)-y_0|)\\&=\boldsymbol{G}(\boldsymbol{F}(x_0))+\mathrm{D}\boldsymbol{G}(y_0)\big(\mathrm{D}\boldsymbol{F}(x_0)(x-x_0)\big)+o(|x-x_0|),\quad 当\ x\to x_0.\end{aligned}$$

按定义, 这表明复合函数 $\boldsymbol{G}\circ\boldsymbol{F}$ 在点 x_0 可微, 且式 (16.2.7) 成立. 证毕.

由上述定理可知, 如果 $\boldsymbol{F}$ 是在一个开集 $D\subseteq\mathbf{R}^m$ 上定义并且可微的 n 维向量函数, 其值域包含于 $\mathbf{R}^n$ 中的开集 E: $\boldsymbol{F}(D)\subseteq E$, 而 $\boldsymbol{G}$ 是在 E 上定义并且可微的 p 维向量函数, 则复合函数 $\boldsymbol{G}\circ\boldsymbol{F}$ 在 D 上可微, 且成立

$$\mathrm{D}(\boldsymbol{G}(\boldsymbol{F}(x)))=\mathrm{D}\boldsymbol{G}(\boldsymbol{F}(x))\mathrm{D}\boldsymbol{F}(x),\quad \forall x\in D.$$

如果设 $\boldsymbol{F}=(F_1,F_2,\cdots,F_n)$, $\boldsymbol{G}=(G_1,G_2,\cdots,G_p)$, $\boldsymbol{G}\circ\boldsymbol{F}=(H_1,H_2,\cdots,H_p)$, 并用 $(x_1,x_2,\cdots,x_m)$ 表示 $\mathbf{R}^m$ 中的变元, 用 $(y_1,y_2,\cdots,y_n)$ 表示 $\mathbf{R}^n$ 中的变元, 则上式也可写成下述形式

$$\frac{\partial(H_1,H_2,\cdots,H_p)}{\partial(x_1,x_2,\cdots,x_m)}=\frac{\partial(G_1,G_2,\cdots,G_p)}{\partial(y_1,y_2,\cdots,y_n)}\frac{\partial(F_1,F_2,\cdots,F_n)}{\partial(x_1,x_2,\cdots,x_m)}.$$

定理 16.2.3(微分中值不等式)　设 D 是 $\mathbf{R}^m$ 中的凸区域, $\boldsymbol{F}$ 是在 D 上定义并且可微的 m 元 n 维向量函数, 则对任意两点 $x,y\in D$, 存在 x 与 y 的连线上的点 ξ 使成立

$$|\boldsymbol{F}(x)-\boldsymbol{F}(y)|\leqslant\|\mathrm{D}\boldsymbol{F}(\xi)\||x-y|.$$

证明　令

$$f(z)=[\boldsymbol{F}(x)-\boldsymbol{F}(y)]\cdot\boldsymbol{F}(z),\quad \forall z\in D.$$

其中 “·” 表示 $\mathbf{R}^n$ 中向量的内积或点积, 则易见 f 是凸区域 D 上的可微的数量函数, 且

$$\nabla f(z)=[\boldsymbol{F}(x)-\boldsymbol{F}(y)]\cdot\mathrm{D}\boldsymbol{F}(z),\quad \forall z\in D.$$

因此应用多元数量函数的微分中值定理, 即知存在 x 与 y 的连线上的点 ξ 使成立

$$f(x)-f(y)=\nabla f(\xi)\cdot(x-y).$$

此即,

$$|\boldsymbol{F}(x)-\boldsymbol{F}(y)|^2=[\boldsymbol{F}(x)-\boldsymbol{F}(y)]\cdot \mathrm{D}\boldsymbol{F}(\xi)\cdot(x-y).$$

而此式右端不超过 $|\boldsymbol{F}(x)-\boldsymbol{F}(y)|\|\mathrm{D}\boldsymbol{F}(\xi)\||x-y|$, 所以所需证明的不等式成立. 证毕.

需要注意的是对于维数 $n\geqslant 2$ 的向量函数, 我们只能得到上述微分中值不等式, 而不能像数量函数那样得到等式形式的微分中值定理. 反例如下：考虑定义在 $\mathbf{R}^2$ 上的下列二维向量函数

$$\boldsymbol{F}(x,y)=(\mathrm{e}^x\cos y,\mathrm{e}^x\sin y),\quad \forall(x,y)\in\mathbf{R}^2.$$

显然 $\boldsymbol{F}$ 在整个 $\mathbf{R}^2$ 上可微, 且

$$\mathrm{D}\boldsymbol{F}(x,y)=\begin{pmatrix}\mathrm{e}^x\cos y & -\mathrm{e}^x\sin y\\ \mathrm{e}^x\sin y & \mathrm{e}^x\cos y\end{pmatrix},\quad \forall(x,y)\in\mathbf{R}^2.$$

对两点 $P=(0,0)$ 和 $Q=(0,2\pi)$, 易见

$$\boldsymbol{F}(P)-\boldsymbol{F}(Q)=(0,0),$$

即 $\boldsymbol{F}(P)-\boldsymbol{F}(Q)$ 是零向量. 但因为对任意 $(x,y)\in\mathbf{R}^2$, $\mathrm{D}\boldsymbol{F}(x,y)$ 都是可逆矩阵, 而 $\overrightarrow{QP}$ 又是非零向量, 所以不存在 $\mathbf{R}^2$ 中的任何点 M 使成立

$$\boldsymbol{F}(P)-\boldsymbol{F}(Q)=\mathrm{D}\boldsymbol{F}(M)(P-Q).$$

对于多元向量函数, 也可像多元数量函数那样引进高阶偏导数和高阶微分等概念, 并应用这些概念研究多元向量函数的性质. 这些工作我们留给读者.

习　题　16.2

1. 求下列映射 $\boldsymbol{F}: D\subseteq\mathbf{R}^2\to\mathbf{R}^2$ 在各点的导映射 $\mathrm{D}F$, 并求其秩 $\mathrm{rankD}F$:

(1) $\boldsymbol{F}(x,y)=(x^2-y^2,2xy)$;　　(2) $\boldsymbol{F}(x,y)=(x^3-3xy^2,3x^2y-y^3)$;

(3) $\boldsymbol{F}(x,y)=\left(xy,\dfrac{y}{x}\right)$;　　(4) $\boldsymbol{F}(x,y)=\left(\dfrac{x}{\sqrt{x^2+y^2}},-\dfrac{y}{\sqrt{x^2+y^2}}\right)$;

(5) $\boldsymbol{F}(x,y)=\left(\sqrt{x^2+y^2},\arctan\dfrac{y}{x}\right)$;　　(6) $\boldsymbol{F}(r,\theta)=(r\cos\theta,r\sin\theta)$.

2. 求下列映射 $\boldsymbol{F}: D\subseteq\mathbf{R}^2\to\mathbf{R}^3$ 在各点的导映射 $\mathrm{D}\boldsymbol{F}$, 并求其秩 $\mathrm{rankD}\boldsymbol{F}$:

(1) $\boldsymbol{F}(u,v)=(u+v,u^2+v^2,u^3+v^3)$;　　(2) $\boldsymbol{F}(u,v)=(au\cos v,bu\sin v,cv)$;

(3) $\boldsymbol{F}(u,v)=(\mathrm{e}^{u+v},\mathrm{e}^{u-v},uv)$;

(4) $\boldsymbol{F}(u,v)=\left(u\cos\dfrac{v}{u},u\sin\dfrac{v}{u},u^2+v^2\right)$;

(5) $\boldsymbol{F}(u,v)=(\mathrm{e}^u+u\sin v,\mathrm{e}^u-u\cos v,uv)$;

(6) $\boldsymbol{F}(\theta,\varphi)=(a\cos\theta\cos\varphi,b\sin\theta\cos\varphi,c\sin\varphi)$.

3. 求下列映射 $\boldsymbol{F}: D\subseteq\mathbf{R}^3\to\mathbf{R}^3$ 在各点的导映射 $\mathrm{D}\boldsymbol{F}$, 并求其秩 $\mathrm{rankD}\boldsymbol{F}$:

(1) $\boldsymbol{F}(x,y,z)=(xy,yz,zx)$; (2) $\boldsymbol{F}(x,y,z)=\left(\dfrac{y}{x},\dfrac{z}{x},y-z\right)$;

(3) $\boldsymbol{F}(x,y,z)=(y+z-x,z+x-y,x+y-z)$;

(4) $\boldsymbol{F}(x,y,z)=\left(\dfrac{x}{\sqrt{x^2+y^2+z^2}},\dfrac{y}{\sqrt{x^2+y^2+z^2}},\dfrac{z}{\sqrt{x^2+y^2+z^2}}\right)$;

(5) $\boldsymbol{F}(r,\theta,z)=(ar\cos\theta,br\sin\theta,z)$;

(6) $\boldsymbol{F}(r,\theta,\varphi)=(ar\cos\theta\cos\varphi,br\sin\theta\cos\varphi,cr\sin\varphi)$.

4. 设 $u=u(x,y,z)$, $v=v(x,y,z)$, $x=x(s,t)$, $y=y(s,t)$, $z=z(s,t)$, 它们都有连续的一阶偏导数. 证明:

$$\frac{\mathrm{D}(u,v)}{\mathrm{D}(s,t)}=\frac{\mathrm{D}(u,v)}{\mathrm{D}(x,y)}\frac{\mathrm{D}(x,y)}{\mathrm{D}(s,t)}+\frac{\mathrm{D}(u,v)}{\mathrm{D}(y,z)}\frac{\mathrm{D}(y,z)}{\mathrm{D}(s,t)}+\frac{\mathrm{D}(u,v)}{\mathrm{D}(z,x)}\frac{\mathrm{D}(z,x)}{\mathrm{D}(s,t)}.$$

5. 设 D 是 $\mathbf{R}^m$ 中的开集, $\boldsymbol{F}: D\to\mathbf{R}^m$ 是可微映射, 且 $\det\mathrm{D}\boldsymbol{F}(x)\neq 0$, $\forall x\in D$. 又设 $y_0\in\mathbf{R}^m\backslash\boldsymbol{F}(D)$. 令 $f(x)=|y_0-\boldsymbol{F}(x)|^2$, $\forall x\in D$. 证明 f 是 D 上的可微函数, 且 $\nabla f(x)\neq 0$, $\forall x\in D$.

6. 设 D 是 $\mathbf{R}^m$ 中的开集, $\boldsymbol{F}$ 是 D 上的 m 维向量函数.

(1) 设 $x_0\in D$ 是 $\boldsymbol{F}$ 的一个零点, 即 $\boldsymbol{F}(x_0)=0$, 并设 $\boldsymbol{F}$ 在 $x_0\in D$ 点可微, 且 $\det\mathrm{D}\boldsymbol{F}(x_0)\neq 0$; 证明 x_0 是 $\boldsymbol{F}$ 的孤立零点, 即存在 $\delta>0$ 使在 $B(x_0,\delta)$ 上 x_0 是 $\boldsymbol{F}$ 的唯一零点;

(2) 设 $\boldsymbol{F}$ 在 D 上可微, 且 $\det\mathrm{D}\boldsymbol{F}(x)\neq 0$, $\forall x\in D$, 证明对 D 的任意有界闭子集 D_0 和任意 $y\in\boldsymbol{F}(D_0)$, 在 D_0 中 $\boldsymbol{F}$ 取值为 y 的点只有有限个多个.

16.3 隐函数定理和反函数定理

本节把数量函数的隐函数定理推广到向量函数, 然后应用这个定理导出一系列重要的定理.

16.3.1 压缩映射原理

对于一个映集合 E 到自身的映射 $F: E\to E$, 假如 E 中的点 $\bar{x}$ 满足 $F(\bar{x})=\bar{x}$, 则称 $\bar{x}$ 为映射 F 的**不动点**. 如果 E 是欧氏空间 $\mathbf{R}^m$ 中的点集, 且存在数 $0<r<1$ 使成立

$$d(F(x),F(y))\leqslant rd(x,y),\quad \forall x,y\in E,$$

则称 F 为 E 上的**压缩映射**. 显然当 F 是 $E\subseteq\mathbf{R}^m$ 上的压缩映射时, 它作为 E 上的 m 维向量函数是连续函数.

定理 16.3.1(压缩映射原理) 设 E 是 $\mathbf{R}^m$ 中的闭集, $F: E\to E$ 是压缩映射, 则 F 在 E 中有唯一的不动点.

证明 先证明存在性. 为此任取一点 $x_0 \in E$, 然后构造点列 $\{x_n\}$ 如下

$$x_n = F(x_{n-1}), \quad n = 1, 2, \cdots.$$

我们来证明这个点列收敛. 由 F 的压缩性我们有

$$\begin{aligned}|x_n - x_{n-1}| &= |F(x_{n-1}) - F(x_{n-2})| \leqslant r|x_{n-1} - x_{n-2}| \\ &\leqslant r^2|x_{n-2} - x_{n-3}| \leqslant \cdots \leqslant r^{n-1}|x_1 - x_0|, \quad n = 1, 2, \cdots.\end{aligned}$$

因此对任意正整数 n 和 p 都有

$$\begin{aligned}|x_{n+p} - x_n| &= |(x_{n+p} - x_{n+p-1}) + (x_{n+p-1} - x_{n+p-2}) + \cdots + (x_{n+1} - x_n)| \\ &\leqslant |x_{n+p} - x_{n+p-1}| + |x_{n+p-1} - x_{n+p-2}| + \cdots + |x_{n+1} - x_n| \\ &\leqslant r^{n+p-1}|x_1 - x_0| + r^{n+p-2}|x_1 - x_0| + \cdots + r^n|x_1 - x_0| \\ &= \frac{r^n - r^{n+p}}{1-r}|x_1 - x_0| \leqslant \frac{r^n}{1-r}|x_1 - x_0|.\end{aligned}$$

因为 $\lim\limits_{n\to\infty} \dfrac{r^n}{1-r}|x_1 - x_0| = 0$, 所以对任意给定的 $\varepsilon > 0$, 存在相应的正整数 N, 使当 $n > N$ 时, 对任意正整数 p 都有

$$|x_{n+p} - x_n| \leqslant \frac{r^n}{1-r}|x_1 - x_0| < \varepsilon.$$

因此由柯西收敛准则知$\{x_n\}$ 有极限. 令 $\bar{x} = \lim\limits_{n\to\infty} x_n$, 则因为 $x_n \in E\ (n = 1, 2, \cdots)$ 而 E 是闭集, 所以 $\bar{x} \in E$. 在等式 $x_n = F(x_{n-1})$ 两端令 $n \to \infty$ 取极限, 应用 F 的连续性, 即知 $\bar{x} = F(\bar{x})$, 这就证明了不动点的存在性.

再证明不动点的唯一性. 设 $\bar{x}' \in E$ 是 F 的任意一个不动点, 而 $\bar{x}$ 如上所述, 则由 F 的压缩性得

$$|\bar{x}' - \bar{x}| = |F(\bar{x}') - F(\bar{x})| \leqslant r|\bar{x}' - \bar{x}|.$$

因为 $r < 1$, 这个不等式蕴涵着 $|\bar{x}' - \bar{x}| = 0$, 即 $\bar{x}' = \bar{x}$. 这就证明了不动点的唯一性. 证毕.

注意上述证明告诉我们, 如果 F 是映闭集 E 到自身的压缩映射, 则以 E 中任意点 x_0 为初始点构造的迭代点列 $x_n = F(x_{n-1})\ (n = 1, 2, \cdots)$ 都收敛于 F 在 E 中的唯一不动点.

16.3.2 隐函数定理

现在我们把数量函数的隐函数定理推广到向量函数的情形.

设 $\varOmega$ 是 $\mathbf{R}^{m+n}$ 中的开集, $\varPhi$ 是定义在 $\varOmega$ 上的 n 维向量函数. 考察方程

$$\varPhi(x, y) = 0, \tag{16.3.1}$$

其中, $x=(x_1,x_2,\cdots,x_m)$ 是 m 维变元, $y=(y_1,y_2,\cdots,y_n)$ 是 n 维变元. 注意这是一个有 n 个方程的方程组. 我们的问题是在什么条件下, 从这个方程组可以把 y 作为未知元解出为 x 的函数? 下面的定理给出了当已知 $\Phi(x,y)$ 的一个零点 (x_0,y_0) 时, 在该点附近能够把 y 解出为 x 的函数的一类充分条件.

定理 16.3.2(隐函数定理) 设 Ω 是 $\mathbf{R}^{m+n}$ 中的开集, Φ 是定义在 Ω 上的一个 n 维向量函数, (x_0,y_0) 是 Ω 中一点, 其中, $x_0\in\mathbf{R}^m$, $y_0\in\mathbf{R}^n$. 用 (x,y) 表示 $\mathbf{R}^{m+n}$ 中的变元, 其中 $x\in\mathbf{R}^m$, $y\in\mathbf{R}^n$. 假设

(1) Φ 在 Ω 上连续;

(2) $\Phi(x,y)$ 关于 y 可微, 且导映射 $\mathrm{D}_y\Phi(x,y)$ 作为 (x,y) 的函数在点 (x_0,y_0) 连续;

(3) $\Phi(x_0,y_0)=0$;

(4) $\mathrm{D}_y\Phi(x_0,y_0):\mathbf{R}^n\to\mathbf{R}^n$ 是可逆线性变换,

则存在 $r>0$ 和 $a>0$, 这里 r 和 a 足够小使得 $B(x_0,r)\times B(y_0,a)\subseteq\Omega$, 以及定义在 $B(x_0,r)$ 上、取值于 $B(y_0,a)$ 的连续的 n 维向量函数 $\boldsymbol{F}$, 使成立

$$\boldsymbol{F}(x_0)=y_0,\quad \Phi(x,\boldsymbol{F}(x))=0,\quad \forall x\in B(x_0,r),$$

而且对每个 $x\in B(x_0,r)$, $y=\boldsymbol{F}(x)$ 都是关于 y 的方程 $\Phi(x,y)=0$ 在 $B(y_0,a)$ 中的唯一解. 进一步, 如果 $\Phi(x,y)$ 关于变元 x 也可微, 则 $\boldsymbol{F}$ 是可微函数, 且

$$\mathrm{D}\boldsymbol{F}(x)=-[\mathrm{D}_y\Phi(x,\boldsymbol{F}(x))]^{-1}\mathrm{D}_x\Phi(x,\boldsymbol{F}(x)),\quad \forall x\in B(x_0,r).\tag{16.3.2}$$

在给出定理 16.3.2 的证明之前, 我们先对这个定理的意义做一些说明. 由于 $\Phi(x,y)$ 关于变元 y 可微, 所以有

$$\Phi(x,y)=\Phi(x,y_0)+\mathrm{D}_y\Phi(x,y_0)(y-y_0)+o(|y-y_0|),\quad 当\ y\to y_0.$$

因此, 如果略去关于 $y-y_0$ 的高阶无穷小量, 可知方程 $\Phi(x,y)=0$ 在点 $y=y_0$ 附近可以近似地写成

$$\Phi(x,y_0)+\mathrm{D}_y\Phi(x,y_0)(y-y_0)=0.$$

这是一个关于 y 的线性方程, 叫做方程 $\Phi(x,y)=0$ 的**线性化方程**. 由 $\mathrm{D}_y\Phi(x_0,y_0)$ 可逆和 $\mathrm{D}_y\Phi(x,y)$ 在点 (x_0,y_0) 的连续性知当 x 在点 x_0 附近变化时, $\mathrm{D}_y\Phi(x,y_0)$ 也可逆, 从而上述线性方程就有唯一的解. 定理 16.3.2 保证了, 由线性化方程的唯一可解性可以局部地推出非线性方程的可解性.

证明 显然方程 $\Phi(x,y)=0$ 等价于下列方程

$$y=y-[\mathrm{D}_y\Phi(x_0,y_0)]^{-1}\Phi(x,y).$$

令 $\Psi(x,y)=y-[\mathrm{D}_y\Phi(x_0,y_0)]^{-1}\Phi(x,y)$, 则为了证明上述方程对点 x_0 附近的 x 有解, 只须证明对点 x_0 附近的 x, 映射 $y\mapsto\Psi(x,y)$ 有不动点. 下面应用压缩映射原理证明这个结论.

令 $M=\|[\mathrm{D}_y\Phi(x_0,y_0)]^{-1}\|$. 由于 $\mathrm{D}_y\Phi(x,y)$ 在点 (x_0,y_0) 连续, 所以存在 $\delta>0$ 和 $a>0$ 使 $\overline{B}(x_0,\delta)\times\overline{B}(y_0,a)\subseteq\Omega$ 且当 $x\in\overline{B}(x_0,\delta)$ 且 $y\in\overline{B}(y_0,a)$ 时, 有

$$\|\mathrm{D}_y\Phi(x,y)-\mathrm{D}_y\Phi(x_0,y_0)\|<\frac{1}{2M}. \tag{16.3.3}$$

因此

$$\begin{aligned}\|\mathrm{D}_y\Psi(x,y)\|&=\|I-[\mathrm{D}_y\Phi(x_0,y_0)]^{-1}\mathrm{D}_y\Phi(x,y)\|\\&=\|[\mathrm{D}_y\Phi(x_0,y_0)]^{-1}[\mathrm{D}_y\Phi(x_0,y_0)-\mathrm{D}_y\Phi(x,y)]\|\\&\leqslant\|[\mathrm{D}_y\Phi(x_0,y_0)]^{-1}\|\|\mathrm{D}_y\Phi(x_0,y_0)-\mathrm{D}_y\Phi(x,y)\|\\&\leqslant M\cdot\frac{1}{2M}=\frac{1}{2}.\end{aligned} \tag{16.3.4}$$

又由函数 $x\mapsto\Phi(x,y_0)$ 的连续性知存在 $0<r\leqslant\delta$, 使当 $x\in\overline{B}(x_0,r)$ 时, 有

$$|\Phi(x,y_0)|=|\Phi(x,y_0)-\Phi(x_0,y_0)|<\frac{a}{2M}. \tag{16.3.5}$$

下面证明当 $x\in\overline{B}(x_0,r)$ 时, 映射 $y\mapsto\Psi(x,y)$ 是映闭球 $\overline{B}(y_0,a)$ 到自身的压缩映射.

首先证明这个映射把闭球 $\overline{B}(y_0,a)$ 映入自身. 事实上, 应用微分中值不等式和式 (16.3.4)、式 (16.3.5) 可知当 $y\in\overline{B}(y_0,a)$ 时, 有

$$\begin{aligned}|\Psi(x,y)-y_0|&\leqslant|\Psi(x,y)-\Psi(x,y_0)|+|\Psi(x,y_0)-y_0|\\&\leqslant\|\mathrm{D}_y\Psi(x,\xi)\||y-y_0|+|[\mathrm{D}_y\Phi(x_0,y_0)]^{-1}\Phi(x,y_0)|\\&\leqslant\frac{1}{2}\cdot a+M\cdot\frac{a}{2M}=a,\end{aligned}$$

即 $\Psi(x,y)\in\overline{B}(y_0,a)$. 因此映射 $y\mapsto\Psi(x,y)$ 把闭球 $\overline{B}(y_0,a)$ 映入自身.

其次证明这个映射是压缩映射. 事实上, 对任意 $y_1,y_2\in\overline{B}(y_0,a)$, 应用微分中值不等式和式 (16.3.4), 我们有

$$|\Psi(x,y_1)-\Psi(x,y_2)|\leqslant\|\mathrm{D}_y\Psi(x,\eta)\||y_1-y_2|\leqslant\frac{1}{2}|y_1-y_2|,$$

可见映射 $y\mapsto\Psi(x,y)$ 是压缩映射.

这样根据压缩映射原理知对每个 $x\in\overline{B}(x_0,r)$, 映射 $y\mapsto\Psi(x,y)$ 都在闭球 $\overline{B}(y_0,a)$ 上有唯一的不动点. 记此不动点为 $\boldsymbol{F}(x)$, 则就证明了隐函数 $y=\boldsymbol{F}(x)$ 的存在唯一性.

再来证明隐函数 $y=\boldsymbol{F}(x)$ 的连续性. 设 $x_1,x_2\in\overline{B}(x_0,r)$, 令 $y_1=\boldsymbol{F}(x_1)$, $y_2=\boldsymbol{F}(x_2)$, 则有 $y_1=\Psi(x_1,y_1)$, $y_2=\Psi(x_2,y_2)$. 因此

$$
\begin{aligned}
|y_1-y_2| &= |\Psi(x_1,y_1)-\Psi(x_2,y_2)| \\
&\leqslant |\Psi(x_1,y_1)-\Psi(x_1,y_2)|+|\Psi(x_1,y_2)-\Psi(x_2,y_2)| \\
&\leqslant \|\mathrm{D}_y\Psi(x_1,\zeta)\||y_1-y_2|+|[\mathrm{D}_y\Phi(x_0,y_0)]^{-1}[\Phi(x_1,y_2)-\Phi(x_2,y_2)]| \\
&\leqslant \frac{1}{2}|y_1-y_2|+M|\Phi(x_1,y_2)-\Phi(x_2,y_2)|,
\end{aligned}
$$

进而

$$
|y_1-y_2|\leqslant 2M|\Phi(x_1,y_2)-\Phi(x_2,y_2)|,
$$

即

$$
|\boldsymbol{F}(x_1)-\boldsymbol{F}(x_2)|\leqslant 2M|\Phi(x_1,y_2)-\Phi(x_2,y_2)|,
$$

据此应用函数 $\Phi(x,y)$ 的连续性, 即知函数 $\boldsymbol{F}(x)$ 也连续.

最后证明如果 $\Phi(x,y)$ 关于变元 x 可微, 则 $\boldsymbol{F}$ 是可微函数, 且求导公式 (16.3.2) 成立. 为此设 $\bar{x}$ 是 $\overline{B}(x_0,r)$ 中任意一点, 并令 $\bar{y}=\boldsymbol{F}(\bar{x})$, 则对任意 $x\in\overline{B}(x_0,r)$, 由于

$$
\Phi(x,\boldsymbol{F}(x))=0,\quad \Phi(\bar{x},\bar{y})=\Phi(\bar{x},\boldsymbol{F}(\bar{x}))=0,
$$

所以根据 $\Phi(x,y)$ 关于变元 x 和 y 都可微以及 $\lim\limits_{x\to\bar{x}}\boldsymbol{F}(x)=\boldsymbol{F}(\bar{x})=\bar{y}$, 我们得到

$$
\begin{aligned}
0&=\Phi(x,\boldsymbol{F}(x))-\Phi(\bar{x},\bar{y}) \\
&=[\Phi(x,\boldsymbol{F}(x))-\Phi(\bar{x},\boldsymbol{F}(x))]+[\Phi(\bar{x},\boldsymbol{F}(x))-\Phi(\bar{x},\bar{y})] \\
&=[\mathrm{D}_x\Phi(\bar{x},\boldsymbol{F}(x))(x-\bar{x})+o(|x-\bar{x}|)] \\
&\quad +[\mathrm{D}_y\Phi(\bar{x},\bar{y})(\boldsymbol{F}(x)-\bar{y})+o(|\boldsymbol{F}(x)-\bar{y}|)],\quad 当\ x\to\bar{x}.
\end{aligned}
$$

由式 (16.3.3) 和摄动定理可知当 $(x,y)\in\overline{B}(x_0,r)\times\overline{B}(y_0,a)$ 时, $D_y\Phi(x,y)$ 是可逆线性变换, 特别地, $\mathrm{D}_y\Phi(\bar{x},\bar{y})$ 是可逆线性变换. 因此, 由上式得

$$
\begin{aligned}
[\boldsymbol{F}(x)-\boldsymbol{F}(\bar{x})]+o(|\boldsymbol{F}(x)-\boldsymbol{F}(\bar{x})|)=-[\mathrm{D}_y\Phi(\bar{x},\bar{y})]^{-1}[\mathrm{D}_x\Phi(\bar{x},\boldsymbol{F}(x))(x-\bar{x})+o(|x-\bar{x}|)], \\
当 x\to\bar{x}.
\end{aligned}
$$

再应用摄动定理, 即知

$$
\begin{aligned}
\boldsymbol{F}(x)-\boldsymbol{F}(\bar{x})&=-[I+o(1)]^{-1}[\mathrm{D}_y\Phi(\bar{x},\bar{y})]^{-1}[\mathrm{D}_x\Phi(\bar{x},\boldsymbol{F}(x))(x-\bar{x})+o(|x-\bar{x}|)] \\
&=-[\mathrm{D}_y\Phi(\bar{x},\bar{y})]^{-1}\mathrm{D}_x\Phi(\bar{x},\bar{y})(x-\bar{x})+o(|x-\bar{x}|),\quad 当 x\to\bar{x}.
\end{aligned}
$$

因此 $\boldsymbol{F}(x)$ 在点 $\bar{x}$ 可微, 且

$$
\mathrm{D}\boldsymbol{F}(\bar{x})=-[\mathrm{D}_y\Phi(\bar{x},\bar{y})]^{-1}\mathrm{D}_x\Phi(\bar{x},\bar{y}),
$$

即式 (16.3.2) 成立. 证毕.

16.3.3 反函数定理

隐函数定理的第一个应用是下述反函数定理.

定理 16.3.3(反函数定理) 设 D 是 $\mathbf{R}^m$ 中的开集, $\boldsymbol{F}$ 是 D 上的可微的 m 维向量函数. 又设 x_0 是 D 中一点, $\boldsymbol{F}$ 的导映射 $\mathrm{D}\boldsymbol{F}(x)$ 在点 x_0 连续, 且 $\mathrm{D}\boldsymbol{F}(x_0):\mathbf{R}^m\to\mathbf{R}^m$ 是可逆线性变换. 令 $y_0=\boldsymbol{F}(x_0)$, 则存在充分小的 $a>0$ 和 $b>0$ 以及定义在 $B(y_0,b)$ 上的可微的 m 维向量函数 $\boldsymbol{G}$, 使得 $\boldsymbol{F}(B(x_0,a))\subseteq B(y_0,b)$, $\boldsymbol{G}(B(y_0,b))\subseteq D$, 且

$$\boldsymbol{G}(\boldsymbol{F}(x))=x,\quad \forall x\in B(x_0,a),\tag{16.3.6}$$

$$\boldsymbol{F}(\boldsymbol{G}(y))=y,\quad \forall y\in B(y_0,b),\tag{16.3.7}$$

$$\mathrm{D}\boldsymbol{G}(y)=[(\mathrm{D}\boldsymbol{F})(\boldsymbol{G}(y))]^{-1},\qquad \forall y\in B(y_0,b),\tag{16.3.8}$$

即 $\boldsymbol{F}$ 在点 x_0 附近有反函数, 且反函数 $\boldsymbol{G}$ 的导映射是 $\boldsymbol{F}$ 的导映射之逆.

证明 令 $\varOmega=D\times\mathbf{R}^m$, 并定义映射 $\varPhi:\varOmega\to\mathbf{R}^m$ 如下

$$\varPhi(x,y)=\boldsymbol{F}(x)-y,\quad \forall (x,y)\in\varOmega,$$

则由 $\boldsymbol{F}$ 满足的条件易知 $\varPhi$ 在 $\varOmega$ 上可微因而也连续, 特别地关于 x 和 y 都可微, 而且

$$\mathrm{D}_x\varPhi(x,y)=\mathrm{D}\boldsymbol{F}(x),\quad \mathrm{D}_y\varPhi(x,y)=-I,\quad \forall (x,y)\in\varOmega.$$

由于 $\varPhi(x_0,y_0)=0$, $\mathrm{D}_x\varPhi(x_0,y_0)=\mathrm{D}\boldsymbol{F}(x_0):\mathbf{R}^m\to\mathbf{R}^m$ 是可逆线性变换, 且 $\mathrm{D}_x\varPhi(x,y)=\mathrm{D}\boldsymbol{F}(x)$ 在点 (x_0,y_0) 连续, 所以根据隐函数定理知存在充分小的 $b>0$ 和定义在 $B(y_0,b)$ 上的可微的 m 维向量函数 $\boldsymbol{G}$, 使得 $\boldsymbol{G}(B(y_0,b))\subseteq D$, 且

$$\boldsymbol{G}(y_0)=x_0,\quad \varPhi(\boldsymbol{G}(y),y)=0,\quad \forall y\in B(y_0,b),$$

即

$$\boldsymbol{F}(\boldsymbol{G}(y))=y,\quad \forall y\in B(y_0,b),$$

而且

$$\mathrm{D}\boldsymbol{G}(y)=-[\mathrm{D}_x\varPhi(\boldsymbol{G}(y),y)]^{-1}\mathrm{D}_y\varPhi(\boldsymbol{G}(y),y)=[(\mathrm{D}\boldsymbol{F})(\boldsymbol{G}(y))]^{-1},\quad \forall y\in B(y_0,b),$$

即式 (16.3.7) 和式 (16.3.8) 都成立. 因此只须再证明式 (16.3.6). 为此再考虑定义在 $\widetilde{\varOmega}=\mathbf{R}^m\times B(y_0,b)$ 上的如下 m 维向量函数 $\varPsi$

$$\varPsi(x,y)=x-\boldsymbol{G}(y),\quad \forall (x,y)\in\widetilde{\varOmega}.$$

显然 $\varPsi$ 在 $\widetilde{\varOmega}$ 上可微因而也连续并关于 x 和 y 都可微, $\varPsi(x_0,y_0)=0$, 并且 $\mathrm{D}_y\varPsi(x_0,y_0)=-\mathrm{D}\boldsymbol{G}(y_0)=-[\mathrm{D}\boldsymbol{F}(x_0)]^{-1}$ 是 $\mathbf{R}^m$ 上的可逆线性变换. 又由式 (16.3.8) 易知 $\mathrm{D}_y\varPsi(x,y)=$

$-\mathrm{D}\boldsymbol{G}(y)$ 在点 (x_0,y_0) 连续. 因此再次应用隐函数定理知存在充分小的 $a>0$ 和定义在 $B(x_0,a)$ 上的可微的 m 维向量函数 $\widetilde{\boldsymbol{F}}$, 使得 $\widetilde{\boldsymbol{F}}(B(x_0,a))\subseteq B(y_0,b)$, 且

$$\widetilde{\boldsymbol{F}}(x_0)=y_0,\quad \Psi(x,\widetilde{\boldsymbol{F}}(x))=0,\quad \forall x\in B(x_0,a),$$

即

$$\boldsymbol{G}(\widetilde{\boldsymbol{F}}(x))=x,\qquad \forall x\in B(x_0,a). \tag{16.3.9}$$

由此式和式 (16.3.7) 可知

$$\widetilde{\boldsymbol{F}}(x)=\boldsymbol{F}(\boldsymbol{G}(\widetilde{\boldsymbol{F}}(x)))=\boldsymbol{F}(x),\qquad \forall x\in B(x_0,a).$$

说明 $\widetilde{\boldsymbol{F}}$ 是 $\boldsymbol{F}$ 在 $B(x_0,a)$ 上的限制. 因此由式 (16.3.9) 得式 (16.3.6). 证毕.

16.3.4 满射定理和单射定理

应用隐函数定理我们还可得到下面两个定理.

定理 16.3.4(满射定理) 设 D 是 $\mathbf{R}^m$ 中的开集, $\boldsymbol{F}$ 是 D 上的可微的 n 维向量函数. 又设 x_0 是 D 中一点, $\boldsymbol{F}$ 的导映射 $\mathrm{D}\boldsymbol{F}(x)$ 在点 x_0 连续, 且 $\mathrm{D}\boldsymbol{F}(x_0):\mathbf{R}^m\to\mathbf{R}^n$ 是满射线性变换, 即 $r(\mathrm{D}\boldsymbol{F}(x_0))=n$. 则 $\boldsymbol{F}$ 在点 x_0 附近映满 $y_0=\boldsymbol{F}(x_0)$ 的一个邻域并在点 x_0 附近有可微的右逆映射, 即存在充分小的 $b>0$ 和定义在 $B(y_0,b)$ 上的可微的 m 维向量函数 $\boldsymbol{G}$, 使得 $\boldsymbol{G}(B(y_0,b))\subseteq D$, 且

$$\boldsymbol{F}(\boldsymbol{G}(y))=y,\qquad \forall y\in B(y_0,b).$$

证明 由于 $\mathrm{D}\boldsymbol{F}(x_0):\mathbf{R}^m\to\mathbf{R}^n$ 是满射, 所以必有 $m\geqslant n$, 而且必存在$x_1,x_2,\cdots,x_m$中的n个变元, 不妨设为 $x_1,x_2,\cdots,x_n$, 使得导矩阵 $\mathrm{D}\boldsymbol{F}(x_0)=\left.\dfrac{\mathrm{D}(F_1,F_2,\cdots,F_n)}{\mathrm{D}(x_1,x_2,\cdots,x_m)}\right|_{x=x_0}$ 的子矩阵 $\left.\dfrac{\mathrm{D}(F_1,F_2,\cdots,F_n)}{\mathrm{D}(x_1,x_2,\cdots,x_n)}\right|_{x=x_0}$ 是可逆矩阵. 令 $\widetilde{x}=(x_1,x_2,\cdots,x_n)$, $\widetilde{x}_0=(x_{01},x_{02},\cdots,x_{0n})$, 其中 x_{0i} 是 x_0 的第 i 个分量, $i=1,2,\cdots,n$. 又令 $\widetilde{D}=B(\widetilde{x}_0,\delta)$, 其中 δ 是充分小的正数使得 $B(x_0,\delta)\subseteq D$. 再定义 $\widetilde{\boldsymbol{F}}:\widetilde{D}\to\mathbf{R}^n$ 为 $\boldsymbol{F}$ 在 $\widetilde{D}$ 上的限制, 即对函数 $\boldsymbol{F}(x_1,x_2,\cdots,x_m)$ 只让前 n 个变元 $x_1,x_2,\cdots,x_n$ 在 $\widetilde{D}$ 中变化, 而把后 $m-n$个变元都固定在 x_0 的对应分量所得到的函数. 因为 $D\widetilde{\boldsymbol{F}}(\widetilde{x}_0)=\left.\dfrac{\mathrm{D}(F_1,F_2,\cdots,F_n)}{\mathrm{D}(x_1,x_2,\cdots,x_n)}\right|_{x=x_0}$ 是可逆矩阵, 所以对 $\widetilde{\boldsymbol{F}}$ 可应用反函数定理, 便得到 $y_0=\boldsymbol{F}(x_0)=\widetilde{\boldsymbol{F}}(\widetilde{x}_0)$ 的一个邻域 $B(y_0,b)$ 和定义在此邻域上的可微的 n 维向量函数 $\widetilde{\boldsymbol{G}}:B(y_0,b)\to\mathbf{R}^n$, 使 $\widetilde{\boldsymbol{G}}(B(y_0,b))\subseteq\widetilde{D}$ 且成立

$$\widetilde{\boldsymbol{F}}(\widetilde{\boldsymbol{G}}(y))=y,\qquad \forall y\in B(y_0,b).$$

现在定义 m 维向量函数 $\boldsymbol{G}:B(y_0,b)\to\mathbf{R}^m$ 如下

$$\boldsymbol{G}(y) = (\widetilde{\boldsymbol{G}}(y), x_0''), \qquad \forall y \in B(y_0, b),$$

这里 x_0'' 是由 x_0 的后 $m-n$ 个分量构成的 $m-n$ 维向量, 则显然 $\boldsymbol{G}$ 在 $B(y_0,b)$ 上可微, 且

$$\boldsymbol{F}(\boldsymbol{G}(y)) = \boldsymbol{F}(\widetilde{\boldsymbol{G}}(y), x_0'') = \widetilde{\boldsymbol{F}}(\widetilde{\boldsymbol{G}}(y)) = y, \quad \forall y \in B(y_0, b).$$

这正是所需证明的结论. 证毕.

推论 16.3.1(开映射定理)　设 D 是 $\mathbf{R}^m$ 中的开集, $\boldsymbol{F}$ 是定义在 D 上具有连续偏导数的 n 维向量函数, 且 $r(D\boldsymbol{F}(x)) = n$, $\forall x \in D$. 则对 D 的任意开子集 O, $\boldsymbol{F}(O)$ 都是 $\mathbf{R}^n$ 中的开集.

证明　对任意 $y_0 \in \boldsymbol{F}(O)$, 令 $x_0 \in O$ 使得 $\boldsymbol{F}(x_0) = y_0$. 把开集 O 作为满射定理中的开集 D 应用该定理, 便由 $r(\mathrm{D}\boldsymbol{F}(x_0)) = n$ 可知存在 $b > 0$ 和定义在 $B(y_0,b)$ 上的可微的 m 维向量函数 $\boldsymbol{G}$, 使得 $\boldsymbol{G}(B(y_0,b)) \subseteq O$, 且

$$\boldsymbol{F}(\boldsymbol{G}(y)) = y, \quad \forall y \in B(y_0, b).$$

这表明 $B(y_0,b) \subseteq \boldsymbol{F}(O)$. 因此 $\boldsymbol{F}(O)$ 是 $\mathbf{R}^n$ 中的开集. 证毕.

把任意开集都映射成开集的映射叫做**开映射**. 因此上述开映射定理可以重新叙述为: 定义在开集 $D \subseteq \mathbf{R}^m$ 上具有连续偏导数的映射 $\boldsymbol{F}: D \to \mathbf{R}^n$, 如果在每点 $x \in D$ 的导矩阵 $\mathrm{D}\boldsymbol{F}(x)$ 都是行满秩矩阵, 或等价地导映射 $\mathrm{D}\boldsymbol{F}(x)$ 都是满射, 则 $\boldsymbol{F}$ 是开映射.

定理 16.3.5(单射定理)　设 D 是 $\mathbf{R}^m$ 中的开集, $\boldsymbol{F}$ 是 D 上的可微的 n 维向量函数. 又设 x_0 是 D 中一点, $\boldsymbol{F}$ 的导映射 $\mathrm{D}\boldsymbol{F}(x)$ 在点 x_0 连续, 且 $\mathrm{D}\boldsymbol{F}(x_0): \mathbf{R}^m \to \mathbf{R}^n$ 是单射线性变换, 即 $r(\mathrm{D}\boldsymbol{F}(x_0)) = m$, 则 $\boldsymbol{F}$ 在点 x_0 附近是单射并在点 x_0 附近有可微的左逆映射, 即存在充分小的 $a > 0$ 和 $b > 0$ 以及定义在 $B(y_0,b)$ (其中 $y_0 = \boldsymbol{F}(x_0)$) 上的可微的 m 维向量函数 $\boldsymbol{G}$, 使得 $\boldsymbol{F}(B(x_0,a)) \subseteq B(y_0,b)$, 且

$$\boldsymbol{G}(\boldsymbol{F}(x)) = x, \quad \forall x \in B(x_0, a).$$

证明　由于 $\mathrm{D}\boldsymbol{F}(x_0): \mathbf{R}^m \to \mathbf{R}^n$ 是单射, 所以必有 $m \leqslant n$, 而且必存在函数 $\boldsymbol{F} = (F_1, F_2, \cdots, F_n)$ 的 m 个分量, 不妨设为 $F_1, F_2, \cdots, F_m$, 使得导矩阵 $\mathrm{D}\boldsymbol{F}(x_0) = \left.\dfrac{\mathrm{D}(F_1, F_2, \cdots, F_n)}{\mathrm{D}(x_1, x_2, \cdots, x_m)}\right|_{x=x_0}$ 的子矩阵 $\left.\dfrac{\mathrm{D}(F_1, F_2, \cdots, F_m)}{\mathrm{D}(x_1, x_2, \cdots, x_m)}\right|_{x=x_0}$ 是可逆矩阵. 定义映射 $\widetilde{\boldsymbol{F}}: D \to \mathbf{R}^m$ 如下

$$\widetilde{\boldsymbol{F}}(x) = (F_1(x), F_2(x), \cdots, F_m(x)), \quad \forall x \in D,$$

则因为 $\widetilde{\boldsymbol{F}}$ 在点 x_0 的导矩阵 $\mathrm{D}\widetilde{\boldsymbol{F}}(x_0) = \left.\dfrac{\mathrm{D}(F_1, F_2, \cdots, F_m)}{\mathrm{D}(x_1, x_2, \cdots, x_m)}\right|_{x=x_0}$ 是可逆矩阵, 所以应用反函数定理知存在充分小的 $a > 0$ 和 $b > 0$ 以及定义在 $B(\widetilde{y}_0, b)$ (其中 $\widetilde{y}_0 = \widetilde{\boldsymbol{F}}(x_0)$) 上的可微的 m 维向量函数 $\widetilde{\boldsymbol{G}}$, 使得 $\widetilde{\boldsymbol{F}}(B(x_0,a)) \subseteq B(\widetilde{y}_0, b)$, 且

$$\widetilde{\boldsymbol{G}}(\widetilde{\boldsymbol{F}}(x)) = x, \quad \forall x \in B(x_0, a).$$

现在定义 m 维向量函数 $\boldsymbol{G}: B(y_0,b)\to\mathbf{R}^m$ 如下

$$\boldsymbol{G}(y)=\widetilde{\boldsymbol{G}}(y_1,y_2,\cdots,y_m),\quad \forall y=(y_1,y_2,\cdots,y_n)\in B(y_0,b).$$

则显然 $\boldsymbol{G}$ 可微, 且

$$\boldsymbol{G}(\boldsymbol{F}(x))=\widetilde{\boldsymbol{G}}(F_1(x),F_2(x),\cdots,F_m(x))=\widetilde{\boldsymbol{G}}(\widetilde{\boldsymbol{F}}(x))=x,\quad \forall x\in B(x_0,a).$$

证毕.

对于可微的向量函数 $\boldsymbol{F}: D\subseteq\mathbf{R}^m\to\mathbf{R}^n$, 设 $x_0\in D$, 称仿射线性函数

$$x\mapsto \boldsymbol{F}(x_0)+\mathrm{D}\boldsymbol{F}(x_0)(x-x_0),\quad \forall x\in\mathbf{R}^m$$

为 $\boldsymbol{F}$ 在点 x_0 的**线性化函数**. 定理 16.3.4、推论 16.3.1、定理 16.3.5 表明, 可微向量函数的局部性质能够很好地由其线性化函数反映. 因此, 人们经常通过研究可微函数的线性化函数来研究函数本身的局部性质. 这种方法叫做**线性化方法**.

必须注意的是定理 16.3.5 只是保证了当 $\mathrm{D}\boldsymbol{F}(x_0)$ 是单射时, $\boldsymbol{F}$ 在点 x_0 的一个小邻域里是单射. 因此, 如果对区域 D 中的每一点 x_0, $\mathrm{D}\boldsymbol{F}(x_0)$ 都是单射, 则 $\boldsymbol{F}$ 在区域 D 中的每一点附近都局部地是单射. 但是据此我们不能推出 $\boldsymbol{F}$ 在整个区域 D 上是单射. 例如, 对于定义在平面区域 $D=\{(x,y): 0<x^2+y^2<1\}$ 上的二维向量函数

$$\boldsymbol{F}(x,y)=(x^2-y^2,2xy),\quad \forall (x,y)\in D,$$

我们有

$$\mathrm{D}\boldsymbol{F}(x,y)=\begin{pmatrix}2x & -2y\\ 2y & 2x\end{pmatrix},\quad \forall (x,y)\in D.$$

由于当 $(x,y)\in D$ 时 $\det\mathrm{D}\boldsymbol{F}(x,y)=4(x^2+y^2)>0$, 所以 $\mathrm{D}\boldsymbol{F}(x,y)$ 在 D 中每点都可逆因而是单射, 因此 $\boldsymbol{F}$ 在区域 D 中的每一点附近都局部地是单射. 但是显然有

$$\boldsymbol{F}(-x,-y)=\boldsymbol{F}(x,y),\quad \forall (x,y)\in D,$$

所以 $\boldsymbol{F}$ 在整个区域 D 上不是单射.

习 题 16.3

1. 证明: 由以下方程组在给定点 (x_0,y_0,u_0,v_0) 的某个小邻域里确定了唯一的一组隐函数 $u=f(x,y)$, $v=g(x,y)$, 并求 f 和 g 的一阶和二阶偏导数在点 (x_0,y_0) 的值

(1) $\begin{cases}\mathrm{e}^{xu}\cos(yv)=u,\\ \mathrm{e}^{xu}\sin(yv)=\dfrac{2}{\pi}v,\end{cases}\qquad (x_0,y_0,u_0,v_0)=\left(1,1,0,\dfrac{\pi}{4}\right);$

(2) $\begin{cases} xe^{u+v}+2uv=1, \\ ye^{u-v}-\dfrac{u}{1+v}=2x, \end{cases}$ $\qquad (x_0,y_0,u_0,v_0)=(1,2,0,0).$

2. 给定 $\mathbf{R}^5$ 上的两个函数 F 和 G 如下

$$F(x,y,z,u,v)=xv+yu^3+z+u^4,$$
$$G(x,y,z,u,v)=xyz+u+v^3+v+1.$$

(1) 证明在点 $(x,y,z,u,v)=(1,1,0,-1,0)$ 的某个小邻域中能由方程组

$$\begin{cases} F(x,y,z,u,v)=0 \\ G(x,y,z,u,v)=0 \end{cases}$$

唯一地解出 u 和 v 作为 (x,y,z) 的函数 $u=f(x,y,z)$, $v=g(x,y,z)$, 且使得 $f(1,1,0)=-1$, $g(1,1,0)=0$;

(2) 求 $\nabla f(1,1,0)$, $\nabla g(1,1,0)$, $\boldsymbol{H}f(1,1,0)$, $\boldsymbol{H}g(1,1,0)$.

3. 证明: 从方程组

$$\begin{cases} 3x+y-z+x^2-y^2+2yz^2-u^5=0 \\ x-y+2z+u+x^2+y^2-3yz^2+2u^3=0 \\ 2x+2y-3z+2u-2y^2+5yz^2=0 \end{cases}$$

能够在原点 $(0,0,0,0)$ 的一个小邻域里把 y,z,u 解出为 x 的函数, x,z,u 解出为 y 的函数, x,y,u 解出为 z 的函数, 但不能把 x,y,z 解出为 u 的函数.

4. 映射 $F:\mathbf{R}^2\to\mathbf{R}^2$ 定义如下

$$F(x,y)=(e^x\cos y, e^x\sin y), \qquad \forall (x,y)\in\mathbf{R}^2.$$

证明: (1) 对任意 $(x,y)\in\mathbf{R}^2$ 都有 $\det DF(x,y)\neq 0$, 因此 F 限制在 $\mathbf{R}^2$ 中每个点的一个小邻域上都是单射;

(2) F 的值域是 $\mathbf{R}^2\backslash\{0\}$, 且对任意 $(u,v)\in\mathbf{R}^2\backslash\{0\}$ 方程组

$$\begin{cases} e^x\cos y=u \\ e^x\sin y=v \end{cases}$$

都有无穷多个解, 即 F 在整个 $\mathbf{R}^2$ 上不是单射.

5. 设 $f(x,y)$ 是在二维区域 D 上定义并有二阶连续偏导数的函数, (x_0,y_0) 是 D 中一点, 在该点成立

$$f_{xx}(x_0,y_0)f_{yy}(x_0,y_0)-f_{xy}^2(x_0,y_0)\neq 0.$$

定义映射 $\boldsymbol{F}:D\to\mathbf{R}^2$ 如下: $\boldsymbol{F}(x,y)=(f_x(x,y),f_y(x,y))$, $\forall (x,y)\in D$. 证明:

(1) 在 (x_0,y_0) 的某个小邻域上 $\boldsymbol{F}$ 有逆映射, 且逆映射 $\boldsymbol{F}^{-1}$ 有连续的偏导数;

(2) 设逆映射 $\boldsymbol{F}^{-1}(u,v)$ 的两个分量函数为 $\varphi(u,v)$, $\psi(u,v)$. 则成立以下等式

$$\varphi_v(u,v)=\psi_u(u,v);$$

(3) 如果 $f(x,y)$ 是 D 上的调和函数, 即有 $\Delta f(x,y)=f_{xx}(x,y)+f_{yy}(x,y)=0$, $\forall(x,y)\in D$, 则还成立以下等式

$$\varphi_u(u,v)=-\psi_v(u,v),$$

因此 φ 和 ψ 是共轭调和函数.

6. 设 D 是 $\mathbf{R}^m$ 中的凸开集, $\boldsymbol{F}:D\to\mathbf{R}^m$ 是可微映射, 且对任意 $x\in D$, $\mathrm{D}\boldsymbol{F}(x)$ 都是正定矩阵. 证明: $\boldsymbol{F}$ 是单射.

7. 设 D 是 $\mathbf{R}^m$ 中的开集, $\boldsymbol{F}:D\to\mathbf{R}^m$ 是可微映射, 且 $\boldsymbol{F}$ 的偏导数都在 D 上连续. 又设 $\det\mathrm{D}\boldsymbol{F}(x)\neq0$, $\forall x\in D$. 证明: 对 D 的任意有界闭子集 E, 都存在相应的正整数 p, 使对任意 $y\in\boldsymbol{F}(E)$, 方程 $\boldsymbol{F}(x)=y$ 在 E 中的解的个数都不超过 p.

8. 设 $z=z(x,y)$ 是由以下隐函数方程组确定的隐函数:

$$x=u+v,\quad y=u^2+v^2,\quad z=u^3+v^3.$$

(1) 求该方程组满足隐函数定理条件的 (u,v) 的区域;

(2) 求隐函数 $z=z(x,y)$ 的显式表达式及其定义域;

(3) 用隐函数求导法和显函数求导法两种方法分别求偏导数 $\dfrac{\partial z}{\partial x}$ 和 $\dfrac{\partial z}{\partial x}$ 在点 $(0,2)$ 的值, 以比较哪种方法计算更快捷.

9. (1) 设 $x=u+\ln v$, $y=v-\ln u$, $z=2u+v$, 求 $\dfrac{\partial z}{\partial x}$ 和 $\dfrac{\partial z}{\partial y}$ 在点 $(u,v)=(1,1)$ 的值;

(2) 设 $x=u+v^2$, $y=u^2-v^3$, $z=2uv$, 求 $\dfrac{\partial^2 z}{\partial x\partial y}$ 在点 $(u,v)=(2,1)$ 的值;

(3) 设 $x=\cos\varphi\cos\psi$, $y=\cos\varphi\sin\psi$, $z=\sin\varphi$, 求 $\dfrac{\partial^2 z}{\partial x^2}$, $\dfrac{\partial^2 z}{\partial y^2}$ 和 $\dfrac{\partial^2 z}{\partial x\partial y}$;

(4) 设 $x=ar\cos\theta$, $y=br\sin\theta$, $z=r$ (a,b 为正常数), 求 $\dfrac{\partial^2 z}{\partial x^2}$, $\dfrac{\partial^2 z}{\partial y^2}$ 和 $\dfrac{\partial^2 z}{\partial x\partial y}$.

10. 求以下映射 $(u,v)\mapsto(x,y)$ 的逆映射的偏导数 $\dfrac{\partial u}{\partial x}$, $\dfrac{\partial u}{\partial y}$, $\dfrac{\partial v}{\partial x}$, $\dfrac{\partial v}{\partial y}$:

(1) $x=u\cos\dfrac{v}{u}$,$y=u\sin\dfrac{v}{u}$;

(2) $x=\mathrm{e}^u+u\sin v$, $y=\mathrm{e}^u-u\cos v$;

(3) $x=\mathrm{e}^u+u\sin v$, $y=\mathrm{e}^u-u\cos v$;

(4) $x=\mathrm{e}^{u^2-v^2}[u\cos(2uv)-v\sin(2uv)]$, $y=\mathrm{e}^{u^2-v^2}[v\cos(2uv)+u\sin(2uv)]$.

11. (1) 设 $z=z(x,y)$ 是由隐函数方程组 $x=f(u,v)$, $y=g(u,v)$, $z=h(u,v)$ 确定的隐函数, 求其一阶和二阶偏导数的表达式;

(2) 设 $u=u(x,y)$ 是由隐函数方程组 $u=f(x,y,z)$, $g(x,y,z)=0$ 确定的隐函数, 求其一阶和二阶偏导数的表达式;

(3) 设 $u=u(x,y)$ 是由隐函数方程组 $u=f(x,y,z,t)$, $g(x,y,z,t)=0$, $h(x,y,z,t)=0$ 确定的隐函数, 求其一阶和二阶偏导数的表达式;

(4) 设 $u=u(x)$ 是由隐函数方程组 $u=f(x,y,z)$, $g(x,y,z)=0$, $h(x,y,z)=0$ 确定的隐函数, 求 $u'(x)$ 和 $u''(x)$ 的表达式.

12. 证明由以下给定的隐函数方程组确定的隐函数 $z=z(x,y)$ 满足指定的偏微分方程:

(1) 隐函数方程组为 $\begin{cases} x\cos\theta+y\sin\theta+\ln z=f(\theta), \\ -x\sin\theta+y\cos\theta=f'(\theta), \end{cases}$ 偏微分方程为

$$\left(\frac{\partial z}{\partial x}\right)^2+\left(\frac{\partial z}{\partial y}\right)^2=z^2;$$

(2) 隐函数方程组为 $\begin{cases} z=x\eta+\dfrac{y}{\eta}+f(\eta), \\ 0=x-\dfrac{y}{\eta^2}+f'(\eta), \end{cases}$ 偏微分方程为 $\dfrac{\partial z}{\partial x}\dfrac{\partial z}{\partial y}=1;$

(3) 隐函数方程组为 $\begin{cases} z=x\eta+y\varphi(\eta)+\psi(\eta), \\ 0=x+y\varphi'(\eta)+\psi'(\eta), \end{cases}$ 偏微分方程为 $\dfrac{\partial^2 z}{\partial x^2}\dfrac{\partial^2 z}{\partial y^2}=\left(\dfrac{\partial^2 z}{\partial x\partial y}\right)^2.$

第 17 章

多元函数的极值

与一元函数的极值问题可以应用微分理论来解决一样, 多元函数的极值问题也可以运用微分理论来解决.

17.1 简单极值问题

定义 17.1.1 设 $f(x)$(其中 $x=(x_1,x_2,\cdots,x_m)$) 是定义在开集 $\Omega\subseteq\mathbf{R}^m$ 上的 m 元函数, $x_0=(x_{01},x_{02},\cdots,x_{0m})$ 是 Ω 中的一个点. 如果存在 x_0 的邻域 $B(x_0,\delta)\subseteq\Omega$ 使成立

$$f(x)\leqslant f(x_0),\qquad \forall x\in B(x_0,\delta),$$

则称 x_0 为函数 f 的**极大值点**, 相应的函数值 $f(x_0)$ 称为 f 的**极大值**. 如果上式中的等号只在 $x=x_0$ 时才成立, 则称 x_0 为 f 的**严格极大值点**.

类似地可定义函数 f 的**极小值点**和它的**极小值**、**严格极小值点**等概念, 只需把上述定义中的不等号改变方向即可. 极大值和极小值通称为**极值**; 极大值点和极小值点通称为**极值点**.

从定义易见, 如果 $x_0=(x_{01},x_{02},\cdots,x_{0m})$ 是函数 $f(x_1,x_2,\cdots,x_m)$ 的极值点, 则对每个 $1\leqslant i\leqslant m$, x_{0i} 是一元函数

$$x_i\mapsto f(x_{01},\cdots,x_{0i-1},x_i,x_{0i+1},\cdots,x_{0m})$$

的极值点. 因此, 如果函数 f 在点 x_0 可微, 则根据一元函数取极值的必要条件 (费马定理) 可知 $f_{x_i}(x_0)=0$, $i=1,2,\cdots,m$, 从而 f 在点 x_0 的梯度 $\nabla f(x_0)$ 是零向量. 我们把这个结论写成以下定理.

定理 17.1.1(极值的必要条件) 设 m 元函数 $f(x)$ (其中 $x=(x_1,x_2,\cdots,x_m)$) 在点 $x_0=(x_{01},x_{02},\cdots,x_{0m})$ 可微, 并且 x_0 是函数 f 的极值点, 则

$$\nabla f(x_0)=(f_{x_1}(x_0),f_{x_2}(x_0),\cdots,f_{x_m}(x_0))=(0,0,\cdots,0).$$

与一元函数类似, 使得梯度是零向量的点叫做函数的**稳定点**. 上述定理说明函数的极值点必是它的稳定点. 但是, 反过来的结论是不成立的, 即稳定点未必是极值点. 例如, 点 $(0,0)$ 是二元函数 $f(x,y)=x^2-y^2$ 的稳定点

$$f_x(x,y)=2x,\ \ f_y(x,y)=2y \quad \Rightarrow \quad f_x(0,0)=f_y(0,0)=0.$$

但从解析几何我们知道, 点 $(0,0,0)$ 是双曲抛物面 $z=x^2-y^2$ 的鞍点, 因此 $(0,0)$ 不是函数 $f(x,y)=x^2-y^2$ 的极值点 (图 17-1-1).

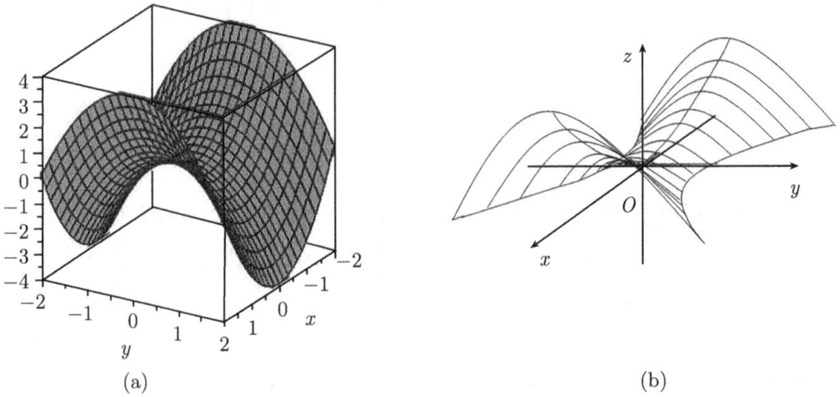

图 17-1-1　双曲抛物面 $z=x^2-y^2$ 的图像

为了保证稳定点是极值点, 函数 f 还应当满足什么条件? 在一元函数的情形, 如果 x_0 是一元函数 $f(x)$ 的稳定点, 且 $f(x)$ 在 x_0 处有二阶导数, 则当 $f''(x_0)>0$ 时, x_0 是 $f(x)$ 的极小值点; 而当 $f''(x_0)<0$ 时, x_0 是 $f(x)$ 的极大值点. 下面我们把这个结论推广到多元函数的情形. 回忆对于二阶可微的 m 元函数 $f(x_1,x_2,\cdots,x_m)$, 它在点 x_0 的黑塞矩阵 $\boldsymbol{H}f(x_0)$ 为以下 $m\times m$ 矩阵

$$\boldsymbol{H}f(x_0)=\begin{pmatrix} f_{x_1x_1}(x_0) & f_{x_1x_2}(x_0) & \cdots & f_{x_1x_m}(x_0) \\ f_{x_2x_1}(x_0) & f_{x_2x_2}(x_0) & \cdots & f_{x_2x_m}(x_0) \\ \vdots & \vdots & & \vdots \\ f_{x_mx_1}(x_0) & f_{x_mx_2}(x_0) & \cdots & f_{x_mx_m}(x_0) \end{pmatrix}.$$

这个矩阵是对称矩阵.

定理 17.1.2(极值的充分条件 1)　设 m 元函数 $f(x_1,x_2,\cdots,x_m)$ 在点 $x_0=(x_{01},x_{02},\cdots,x_{0m})$ 的一个邻域中有连续的二阶偏导数, 且 x_0 是 f 的稳定点, 即 $\nabla f(x_0)=0$. 则有下列结论:

(1) 如果黑塞矩阵 $\boldsymbol{H}f(x_0)$ 是正定矩阵, 则 x_0 是 f 的严格极小值点;

(2) 如果黑塞矩阵 $\boldsymbol{H}f(x_0)$ 是负定矩阵, 则 x_0 是 f 的严格极大值点.

证明 仅证明结论 (1), 因为结论 (2) 的证明完全类似. 应用带有佩亚诺型余项的泰勒公式我们有

$$f(x) = f(x_0) + \sum_{i=1}^{m} f_{x_i}(x_0)(x_i - x_{0i}) + \sum_{i,j=1}^{m} f_{x_i x_j}(x_0)(x_i - x_{0i})(x_j - x_{0j}) + R(x)$$
$$= f(x_0) + \sum_{i,j=1}^{m} f_{x_i x_j}(x_0)(x_i - x_{0i})(x_j - x_{0j}) + R(x), \qquad (17.1.1)$$

其中 $R(x) = o(|x - x_0|^2)$ (当 $x \to x_0$). 由于 $\boldsymbol{H}f(x_0) = (f_{x_i x_j}(x_0))_{m\times m}$ 是正定矩阵, 所以二次函数

$$F(\xi) = \sum_{i,j=1}^{m} f_{x_i x_j}(x_0)\xi_i\xi_j, \qquad \forall \xi = (\xi_1, \xi_2, \cdots, \xi_m) \in \mathbf{R}^m$$

对非零的 $\xi \in \mathbf{R}^m$ 都取正值, 特别地, 在单位球面 $|\xi|^2 = 1$ 上恒取正值. 因为单位球面 $|\xi|^2 = 1$ 是有界闭集, 而 $F(\xi)$ 显然是连续函数, 所以它在单位球面 $|\xi|^2 = 1$ 上取到最小值. 设在点 ξ_0 取到最小值 ($|\xi_0|^2 = 1$), 并记 $a = F(\xi_0)$, 则 $a > 0$, 且对单位球面 $|\xi|^2 = 1$ 上的每个 ξ 都有 $F(\xi) \geqslant a$. 因为 $F(\xi)$ 是二次齐次函数, 所以对 $\mathbf{R}^m$ 中任意非零的 ξ 都有

$$F(\xi) = F\Big(\frac{\xi}{|\xi|}\Big)|\xi|^2 \geqslant a|\xi|^2.$$

这个不等式显然对 $\xi = 0$ 也成立. 因此, 令 $\xi = x - x_0$, 就得到

$$\sum_{i,j=1}^{m} f_{x_i x_j}(x_0)(x_i - x_{0i})(x_j - x_{0j}) \geqslant a|x - x_0|^2. \qquad (17.1.2)$$

由于 $R(x) = o(|x - x_0|^2)$ (当 $x \to x_0$), 所以存在 $\delta > 0$, 使当 $|x - x_0| < \delta$ 时, 就有

$$|R(x)| \leqslant \frac{a}{2}|x - x_0|^2. \qquad (17.1.3)$$

把不等式 (17.1.2) 和不等式 (17.1.3) 代入式 (17.1.1), 即知当 $0 < |x - x_0| < \delta$ 时成立

$$f(x) \geqslant f(x_0) + a|x - x_0|^2 - \frac{a}{2}|x - x_0|^2 = f(x_0) + \frac{a}{2}|x - x_0|^2 > f(x_0).$$

因此 x_0 是函数 $f(x)$ 的严格极小值点. 证毕.

定理 17.1.2 的证明采用了带有佩亚诺型余项的泰勒公式. 如果改用带有拉格朗日型余项的泰勒公式, 则可得到

定理 17.1.3(极值的充分条件 2) 设 m 元函数 $f(x_1, x_2, \cdots, x_m)$ 在点 $x_0 = (x_{01}, x_{02}, \cdots, x_{0m})$ 的一个邻域中有连续的二阶偏导数, 且 x_0 是 f 的稳定点, 即 $\nabla f(x_0) = 0$. 则有下列结论:

(1) 如果存在 x_0 的邻域 $B(x_0,\delta)$, 使对该邻域中的每个点 x, 黑塞矩阵 $\boldsymbol{H}f(x)$ 都是正定或半正定矩阵, 则 x_0 是 f 的极小值点;

(2) 如果存在 x_0 的邻域 $B(x_0,\delta)$, 使对该邻域中的每个点 x, 黑塞矩阵 $\boldsymbol{H}f(x)$ 都是负定或半负定矩阵, 则 x_0 是 f 的极大值点.

证明　同样我们仅证明结论 (1). 根据带有拉格朗日型余项的泰勒公式, 对邻域 $B(x_0,\delta)$ 中的每个点 x, 都存在相应的位于 x_0 和 x 连线上的点 ξ 使成立

$$f(x)=f(x_0)+\sum_{i=1}^{m}f_{x_i}(x_0)(x_i-x_{0i})+\sum_{i,j=1}^{m}f_{x_ix_j}(\xi)(x_i-x_{0i})(x_j-x_{0j}).$$

由于 $f_{x_i}(x_0)=0\ (i=1,2,\cdots,m)$, 且矩阵 $(f_{x_ix_j}(\xi))_{m\times m}$ 是正定或半正定矩阵, 所以得到

$$f(x)=f(x_0)+\sum_{i,j=1}^{m}f_{x_ix_j}(\xi)(x_i-x_{0i})(x_j-x_{0j})\geqslant f(x_0).$$

因此 x_0 是 f 的极小值点. 证毕.

求函数的极值, 特别是求函数在一个指定集合上的最大值或最小值, 在实际问题中有广泛的应用, 也在许多理论问题中经常出现. 这种问题一般都可通过灵活地应用前面推导的几个定理并结合考虑实际问题的一些具体条件来解决. 下面考虑三种特殊情况.

(1) 设函数 $f(x)$ 定义在一个有界闭区域 $D\subseteq\mathbf{R}^m$ 上并在 D 上连续, 则根据连续函数的最大最小值定理可知, $f(x)$ 在 D 上有最大值和最小值. 假设这个函数在 D 的内部可微, 则为了求 $f(x)$ 在 D 上的最大值点和最小值点, 只需求出 $f(x)$ 在 D 的内部的全部稳定点, 再比较 $f(x)$ 在这些稳定点处的值以及它在 D 的边界 ∂D 上的值的大小, 那么其中最大者就是 $f(x)$ 在 D 上的最大值, 最小者则是 $f(x)$ 在 D 上的最小值. 这是因为, 最大值和最小者或者在 D 的边界 ∂D 上取到, 或者在 D 的内部取到; 而如果在内部取到, 那么这样的点必是极值点因而也是稳定点. 因此 $f(x)$ 在 D 上的最大值点和最小值点必然在 D 内的稳定点和 D 的边界点之中.

(2) 设函数 $f(x)$ 定义在一个开集 $D\subseteq\mathbf{R}^m$ 上并在 D 上可微, 且当 x 趋于 D 的边界以及 (在 D 为无界区域的情况下) 当 $|x|$ 趋于无穷时, $f(x)$ 都趋于正无穷大, 这时 $f(x)$ 必在 D 中达到最小值. 由于函数在开集中的最小值点也是它的极小值点, 所以 $f(x)$ 在 D 中的最小值点必是它的稳定点. 因此, 只要求出 $f(x)$ 在 D 中的全部稳定点, 再比较 $f(x)$ 在这些点处的值的大小, 那么其中最小者便是 $f(x)$ 在 D 中的最小值点. 这个命题成立的理由同前.

(3) 设函数 $f(x)$ 定义在一个凸的开区域 $D\subseteq\mathbf{R}^m$ 上并在 D 上有连续的二阶偏导数, 并设 $f(x)$ 在 D 中每个点 x 的黑塞矩阵 $\boldsymbol{H}f(x)$ 都是正定或半正定矩阵 (这样的函数叫做**凸函数**), 并且 $f(x)$ 在 D 中有一个稳定点 x_0, 则该点 x_0 必是 $f(x)$ 在 D

中的最小值点. 这个命题可采用定理 17.1.3 的证明方法, 即应用带拉格朗日型余项的泰勒公式来证明.

例 1 设在地面上有 n 个观测点 $A_1, A_2, \cdots, A_n$ 同时观测人造地球卫星 B 的飞行情况. 由于观测条件的限制, 各个观测点所得到的观测数据往往不是卫星运行的真实数据, 而只是真实数据的一些误差很小的近似值. 这样同一颗卫星从不同的观测点所获得的观测数据便不一定相同. 设这 n 个观测点观测到的卫星 B 的空间坐标分别为 $(x_1, y_1, z_1), (x_2, y_2, z_2), \cdots, (x_n, y_n, z_n)$. 于是产生了下列问题: 该以哪一组数作为卫星 B 的坐标值?

实践中一般采用**最小二乘法**来解决这个问题, 即取目标函数

$$f(x, y, z) = \sum_{i=1}^{n}[(x - x_i)^2 + (y - y_i)^2 + (z - z_i)^2],$$

它表示点 (x, y, z) 与 n 个点 $(x_1, y_1, z_1), (x_2, y_2, z_2), \cdots, (x_n, y_n, z_n)$ 的距离的平方和, 把这个函数的最小值点作为卫星 B 的空间坐标. 这意味着取与 n 个观测数据 (x_1, y_1, z_1), $(x_2, y_2, z_2), \cdots, (x_n, y_n, z_n)$ 误差的平方和最小的一组数作为卫星的坐标值.

我们来求这个最小值点. 求偏导数并令它们等于零, 有

$$\frac{\partial f}{\partial x}(x, y, z) = 2\sum_{i=1}^{n}(x - x_i) = 0 \quad \Rightarrow \quad x = \frac{1}{n}\sum_{i=1}^{n} x_i,$$

$$\frac{\partial f}{\partial y}(x, y, z) = 2\sum_{i=1}^{n}(y - y_i) = 0 \quad \Rightarrow \quad y = \frac{1}{n}\sum_{i=1}^{n} y_i,$$

$$\frac{\partial f}{\partial x}(x, y, z) = 2\sum_{i=1}^{n}(z - z_i) = 0 \quad \Rightarrow \quad z = \frac{1}{n}\sum_{i=1}^{n} z_i.$$

因此函数 f 在整个 $\mathbf{R}^3$ 上有唯一的稳定点

$$(x_0, y_0, z_0) = \left(\frac{1}{n}\sum_{i=1}^{n} x_i, \frac{1}{n}\sum_{i=1}^{n} y_i, \frac{1}{n}\sum_{i=1}^{n} z_i\right).$$

由于当 $|(x, y, z)| \to +\infty$ 时, $f(x, y, z) \to +\infty$, 所以可以断定 (x_0, y_0, z_0) 是 f 的最小值点. 这一结论也可证明如下: 函数 f 的二阶偏导数为

$$\frac{\partial^2 f}{\partial x^2}(x, y, z) = \frac{\partial^2 f}{\partial y^2}(x, y, z) = \frac{\partial^2 f}{\partial z^2}(x, y, z) = 2n,$$

$$\frac{\partial^2 f}{\partial x \partial y}(x, y, z) = \frac{\partial^2 f}{\partial x \partial z}(x, y, z) = \frac{\partial^2 f}{\partial y \partial z}(x, y, z) = 0.$$

因此 f 在各点处的黑塞矩阵 $\boldsymbol{H}f(x, y, z)$ 都相同且都等于 $2nI$, 其中 I 为三阶单位矩阵. 这表明 f 是 $\mathbf{R}^3$ 上的凸函数, 所以应用带拉格朗日型余项的泰勒公式便知它的唯一的稳定点 (x_0, y_0, z_0) 是它的最小值点.

习　题　17.1

1. 求以下二元函数的极值:

(1) $f(x,y)=x^3+y^3-3xy$;

(2) $f(x,y)=x^4+y^4-x^2-2xy-y^2$;

(3) $f(x,y)=xy\ln(x^2+y^2)$;

(4) $f(x,y)=xy+\dfrac{50}{x}+\dfrac{20}{y}\quad(x>0,\ y>0)$;

(5) $f(x,y)=xy\sqrt{1-2x^2-y^2}$;

(6) $f(x,y)=(5x+7y-25)\mathrm{e}^{-(x^2+xy+y^2)}$;

(7) $f(x,y)=\cos x+\cos y+\cos(x-y)\quad\left(|x|\leqslant\dfrac{\pi}{2},\ |y|\leqslant\dfrac{\pi}{2}\right)$;

(8) $f(x,y)=\tan x+\tan y-\tan(x+y)\quad\left(|x|<\dfrac{\pi}{2},\ |y|<\dfrac{\pi}{2}\right)$.

2. 求以下多元函数的极值:

(1) $f(x,y,z)=\dfrac{1}{x}+\dfrac{x^2}{y}+\dfrac{y^2}{z}+z^2\quad(x>0,\ y>0,\ z>0)$;

(2) $f(x,y,z)=\sin x+\sin y+\sin z-\sin(x+y+z)\ (0\leqslant x\leqslant\pi,\ 0\leqslant y\leqslant\pi,\ 0\leqslant z\leqslant\pi)$;

(3) $f(x_1,x_2,\cdots,x_m)=x_1x_2^2\cdots x_m^m(1-x_1-2x_2-\cdots-mx_m)\ (x_i>0,\ i=1,2,\cdots,m)$;

(4) $f(x_1,x_2,\cdots,x_m)=x_1+\dfrac{x_2}{x_1}+\dfrac{x_3}{x_2}+\cdots+\dfrac{x_m}{x_{m-1}}+\dfrac{2}{x_m}\quad(x_i>0,\ i=1,2,\cdots,m)$.

3. 证明函数 $f(x,y)=(x-y^2)(2x-y^2)$ 沿通过原点的每条直线都在原点达到极小值, 但它本身并不在原点达到极小值.

4. 对函数

$$f(x,y)=\begin{cases} x^2+y^2-2x^2y-\dfrac{4x^6y^2}{(x^4+y^2)^2}, & \text{当 }(x,y)\neq(0,0),\\ 0, & \text{当 }(x,y)=(0,0).\end{cases}$$

证明: (1) $f(x,y)$ 在全平面上有连续的偏导数, 且 $(0,0)$ 是其稳定点;

(2) 沿过点 $(0,0)$ 的每条直线, $(0,0)$ 都是 $f(x,y)$ 的严格极小值点;

(3) $(0,0)$ 不是 $f(x,y)$ 的极小值点.

5. 设 $m+1$ 元函数 $F(x,y)$ (其中 $x\in\mathbf{R}^m$, $y\in\mathbf{R}$) 在 (x_0,y_0) 的某个邻域上有二阶连续偏导数, 并且 $F(x_0,y_0)=0$, $F_y(x_0,y_0)\neq0$. 讨论由方程 $F(x,y)=0$ 在点 (x_0,y_0) 附近确定的隐函数 $y=f(x)$ 在点 x_0 取到极值的必要条件和充分条件.

6. 求由下列隐函数方程确定的隐函数 $z=z(x,y)$ 的极值:

(1) $2x^2+y^2+3z^2+2x+3y-9z+1=0$;

(2) $(x-y)^4+(y+z)^4+(x+y-z)^4=1$;

(3) $z^4+4xyz-x^4-y^4+2x^3y+3xy^2=1$;

(4) $(x^2+y^2+z^2)^2=a^2(x^2+y^2-z^2)$;

(5) $(\sqrt{x^2+z^2}-b)^2+y^2=a^2\quad(0<a<b)$;

(6) $(\sqrt{x^2+y^2}-b)^2+z^2=a^2\quad(0<a<b)$.

7. 求下列函数在指定范围的最大值和最小值:

(1) $f(x,y)=2x^2-y^2$, $x^2+y^2\leqslant 1$;

(2) $f(x,y)=x^2+y^2-xy$, $|x|+|y|\leqslant 1$;

(3) $f(x,y,z)=x^2+y^2+z^2$, $\dfrac{x^2}{a^2}+\dfrac{y^2}{b^2}+\dfrac{z^2}{c^2}\leqslant 1\quad(a,b,c>0)$;

(4) $f(x,y,z)=\dfrac{x^2}{a^2}+\dfrac{y^2}{b^2}+\dfrac{z^2}{c^2}$, $x^2+y^2+z^2\leqslant 1\quad(a,b,c>0)$;

(5) $f(x,y,z)=(ax+by+cz)\mathrm{e}^{-(x^2+y^2+z^2)}$, $x^2+y^2+z^2\geqslant R\quad(a,b,c$ 不全为零, $R>0)$;

(6) $f(x_1,x_2,\cdots,x_m)=\dfrac{x_1x_2\cdots x_m}{(a+x_1)(x_1+x_2)\cdots(x_m+b)}$, $x_1,x_2,\cdots,x_m\in[a,b]\quad(0<a<b)$.

8. 证明不等式:

(1) $xy\leqslant x(\ln x-1)+\mathrm{e}^y$, 当 $x\geqslant 1$, $y\geqslant 0$;

(2) $\mathrm{e}yx^y(1-x)\leqslant 1$, 当 $x\in(0,1)$, $y>0$;

(3) $xy^2z^3(a-x-2y-3z)\leqslant\left(\dfrac{a}{7}\right)^7$, 当 $x,y,z\geqslant 0$, 且 $x+2y+3z\leqslant a$;

(4) $\sin x\sin y\sin(x+y)\leqslant\dfrac{3\sqrt{3}}{8}$, 当 $x,y\in[0,\pi]$.

9. 已知容积为 V 的开顶长方浴盆, 当其长、宽、高成怎样的比例时, 具有最小的表面积?

10. 在半径为 R 的半球内嵌入一长方体, 使得所嵌入的长方体有最大的体积.

11. 以直圆柱为筒身、球冠为顶和底作一浮筒, 在体积 V 一定且球冠的拱高与半径之比 $\mu\ (0<\mu<1)$ 也已确定的条件下, 应当怎样设计尺寸, 才能使浮筒的表面积最小?

12. 把长度为 L 的铁丝分为三段, 用此三段分别作成圆、正方形和等边三角形, 问如何分才能使这三个图形的面积总和: (1) 达到最小; (2) 达到最大.

13. 在平面上给定一个边长分别为 a,b,c 的三角形, 以此三角形为底面作一高为 h 的锥体. 问当锥体的顶点在何位置时, 其侧面积最小?

14. 已知平面上有 n 个质点 $P_1(x_1,y_1)$, $P_2(x_2,y_2)$, $\cdots$, $P_n(x_n,y_n)$, 它们的质量分别为 m_1, m_2, $\cdots$, m_n. 问当点 $P(x,y)$ 在什么位置时, 该质点系对于点 P 的转动惯量最小?

15. 设 $(a_{ij})_{m\times m}$ 是正定矩阵, Ω 是 $\mathbf{R}^m$ 中的开集, f 是定义在 Ω 上的函数, $x_0\in\Omega$ 是 f 的一个极小值点, f 在点 x_0 二阶可微. 证明:

$$\sum_{i,j=1}^{m} a_{ij} f_{x_i x_j}(x_0) \geqslant 0.$$

16. 定义在凸区域 $D\subseteq \mathbf{R}^m$ 上的函数 f 如果满足条件

$$f\big(tx+(1-t)y\big) \leqslant tf(x)+(1-t)f(y), \qquad \forall x,y\in D,\ \forall t\in(0,1),$$

则称 f 为 D 上的**凸函数**. 如果当 $x\neq y$ 时上述不等式中的严格不等号成立, 则称 f 为 D 上的**严格凸函数**. 证明: 如果 f 在 D 上二阶可微, 则 f 为 D 上的凸函数的充要条件是它在 D 中每点的黑塞矩阵都是正定或半正定矩阵. 而如果它在 D 中每点的黑塞矩阵都是正定矩阵; 则 f 在 D 上是严格凸的.

17.2　条件极值问题

17.2.1　求稳定点的拉格朗日乘数法

前面考虑的极值问题, 是一种没有约束条件的极值问题, 即求定义在 $\mathbf{R}^m$ 的一个开集 D 上的函数 f 在这个开集中局部地取到最大值或最小值的点, 这里对自变元 $x=(x_1,x_2,\cdots,x_m)$ 的各个分量没有做任何限制, 它们都是各自独立地变化的. 实际问题中还有另一类极值问题, 它对自变元的变化具有一定的约束条件, 即自变量的各个分量不是相互独立地变化的, 而是要满足一些方程. 这类极值问题叫做**条件极值问题**.

例如, 求单位球内接长方体中体积最大的长方体. 建立空间直角坐标系, 使长方体的各个表面都平行于坐标面. 设位于第一象限中的那个顶点的坐标为 (x,y,z), 则长方体的体积 $V=8xyz$, 而 x,y,z 满足约束条件 $x^2+y^2+z^2=1$. 因此所要解决的数学问题便是求目标函数

$$V=8xyz$$

在第一象限 $x>0,y>0,z>0$ 中满足约束条件

$$x^2+y^2+z^2=1$$

的最大值点. 在这个问题中, 体积函数 $V=8xyz$ 的定义范围是 $\mathbf{R}^3$ 中的开集 $x>0,y>0,z>0$. 但我们要求的不是这个函数在整个这个开集上的最大值点 (显然这样的点不存在), 而是它在这个开集中满足约束条件 $x^2+y^2+z^2=1$ 的那些点中取到最大值的点.

条件极值问题的一般形式为给定 $\mathbf{R}^m$ 中的一个开集 D 和定义在这个开集上的 $n+1$ 个函数 $f, g_1, g_2, \cdots, g_n$, 其中 $n<m$, 求函数 $y=f(x_1,x_2,\cdots,x_m)$ 在约束条件

$$\begin{cases} g_1(x_1,x_2,\cdots,x_m)=0 \\ g_2(x_1,x_2,\cdots,x_m)=0 \\ \cdots\cdots \\ g_n(x_1,x_2,\cdots,x_m)=0 \end{cases} \tag{17.2.1}$$

下的极值. 以极小值为例, 称点 $x_0=(x_{01},x_{02},\cdots,x_{0m})\in D$ 是函数 $y=f(x_1,x_2,\cdots,x_m)$ **在约束条件** (17.2.1) **下的极小值点**, 是指 $x_0=(x_{01},x_{02},\cdots,x_{0m})$ 满足方程组 (17.2.1), 且存在 x_0 的邻域 $B(x_0,\delta)\subseteq D$, 使得对此邻域中所有满足方程组 (17.2.1) 的点 $x=(x_1,x_2,\cdots,x_m)$ 都成立

$$f(x)\geqslant f(x_0).$$

理论上, 条件极值问题可以化为简单极值问题来求解. 具体地说就是从方程组 (17.2.1) 解出 n 个变元, 如变元 $x_{m-n+1}, x_{m-n+2}, \cdots, x_m$, 作为其他 $m-n$ 个变元 x_1, $x_2, \cdots, x_{m-n}$ 的函数, 设为

$$\begin{cases} x_{m-n+1}=\varphi_1(x_1,x_2,\cdots,x_{m-n}), \\ x_{m-n+2}=\varphi_2(x_1,x_2,\cdots,x_{m-n}), \\ \cdots\cdots \\ x_m=\varphi_n(x_1,x_2,\cdots,x_{m-n}). \end{cases}$$

把这组函数代入函数 $y=f(x_1,x_2,\cdots,x_m)$ 得到一个只含 $m-n$ 个变元 $x_1, x_2, \cdots$, x_{m-n} 的函数 $y=h(x_1,x_2,\cdots,x_{m-n})$, 其中

$$\begin{aligned} h(x_1,x_2,\cdots,x_{m-n})=f(&x_1,x_2,\cdots,x_{m-n},\varphi_1(x_1,x_2,\cdots,x_{m-n}),\cdots,\\ &\varphi_n(x_1,x_2,\cdots,x_{m-n})), \end{aligned}$$

求这个函数的无约束条件的极值, 就得到了原来的含有约束条件的极值问题的解.

例如, 求单位球内接长方体中体积最大的长方体的问题, 从约束条件 $x^2+y^2+z^2=1$ 解出变元 z 作为变元 x 和 y 的函数 $z=\sqrt{1-x^2-y^2}$, 代入目标函数 $V=8xyz$, 则问题化为求函数

$$V=8xy\sqrt{1-x^2-y^2}$$

在区域 $x>0, y>0, x^2+y^2<1$ 中的无条件极值.

但是, 以上这种把条件极值问题转化为无条件极值问题的方法, 在实际应用中往往不是一个好的方法. 这是因为, 一方面从方程组 (17.2.1) 解出 n 个变元作为其他 $m-n$ 个变元的函数往往非常困难甚至经常不可能实现, 另一方面, 即使侥幸这样解出来了, 也可能把这些解出来的函数代入函数 $y=f(x_1,x_2,\cdots,x_m)$ 的表达式中后得

到的函数 $y=h(x_1,x_2,\cdots,x_{m-n})$ 具有很复杂的表达式, 以至于它的偏导数不好计算或偏导数的表达式非常复杂. 下面介绍由拉格朗日发现的解决这个问题的一个巧妙方法 ——**拉格朗日乘数法**, 采用这种方法可以无须从方程组 (17.2.1) 求解它所确定的隐函数, 而直接获得条件极值问题的解.

为使记号简单, 以 $m=4$, $n=2$ 这种比较简单的情况为例来讨论, 其方法可以推广到一般的 m 和 n $(m>n)$ 的情形. 因此, 我们设给定了定义在 $\mathbf{R}^4$ 的一个开集 D 上的三个可微函数 $f(x,y,u,v)$, $F(x,y,u,v)$ 和 $G(x,y,u,v)$, 来考虑如何求函数 $f(x,y,u,v)$ 在约束条件

$$\begin{cases} F(x,y,u,v)=0 \\ G(x,y,u,v)=0 \end{cases} \tag{17.2.2}$$

下的极值点, 其中 $(x,y,u,v)\in D$. 为了能用微分学进行研究, 我们假设函数 f, F 和 G 都在 D 上可微.

设 $P_0(x_0,y_0,u_0,v_0)\in D$ 是函数 $f(x,y,u,v)$ 在约束条件 (17.2.2) 下的一个极小值点, 则

$$F(x_0,y_0,u_0,v_0)=G(x_0,y_0,u_0,v_0)=0,$$

且存在 P_0 的一个邻域 $B\subseteq D$, 使对 B 中所有满足约束条件 (17.2.2) 的点 (x,y,u,v) 都成立

$$f(x,y,u,v)\geqslant f(x_0,y_0,u_0,v_0). \tag{17.2.3}$$

设向量函数 $(x,y,u,v)\mapsto(F(x,y,u,v),G(x,y,u,v))$ 的雅可比矩阵

$$\begin{pmatrix} F_x & F_y & F_u & F_v \\ G_x & G_y & G_u & G_v \end{pmatrix}$$

在点 P_0 处的秩是 2, 则这个矩阵的所有二阶子矩阵中, 至少有一个行列式在点 P_0 非零. 不妨设 $\left.\dfrac{\partial(F,G)}{\partial(u,v)}\right|_{P_0}\neq 0$, 则由隐函数定理知, 存在 (x_0,y_0) 的一个邻域 $\Omega\subseteq\mathbf{R}^2$ 和定义在 Ω 上的两个可微函数 $u=u(x,y)$ 和 $v=v(x,y)$, 使得 $u(x_0,y_0)=u_0$, $v(x_0,y_0)=v_0$, 当 $(x,y)\in\Omega$ 时 $(x,y,u(x,y),v(x,y))\in D$, 且对任意 $(x,y)\in\Omega$, $u=u(x,y)$ 和 $v=v(x,y)$ 满足方程组 (17.2.2). 令

$$g(x,y)=f(x,y,u(x,y),v(x,y)),\qquad (x,y)\in\Omega,$$

则由式 (17.2.3) 可得

$$g(x,y)\geqslant g(x_0,y_0),\qquad \forall(x,y)\in\Omega_1.$$

其中 Ω_1 是 (x_0,y_0) 的一个更小的邻域, 对所有点 $(x,y)\in\Omega_1$ 都有 $(x,y,u(x,y),v(x,y))\in B$. 这意味着 (x_0,y_0) 是函数 $g(x,y)$ 的一个极小值点. 于是根据多元函数极值的必要

条件 (定理 17.1.1), 得

$$g_x(x_0,y_0)=g_y(x_0,y_0)=0. \tag{17.2.4}$$

由链锁法则有

$$\begin{cases} g_x(x_0,y_0)=f_x(P_0)+f_u(P_0)u_x(x_0,y_0)+f_v(P_0)v_x(x_0,y_0), \\ g_y(x_0,y_0)=f_y(P_0)+f_u(P_0)u_y(x_0,y_0)+f_v(P_0)v_y(x_0,y_0). \end{cases}$$

代入式 (17.2.4) 便得到

$$\begin{pmatrix} f_x(P_0) \\ f_y(P_0) \end{pmatrix} = -\begin{pmatrix} u_x(x_0,y_0) & v_x(x_0,y_0) \\ u_y(x_0,y_0) & v_y(x_0,y_0) \end{pmatrix}\begin{pmatrix} f_u(P_0) \\ f_v(P_0) \end{pmatrix}. \tag{17.2.5}$$

我们来计算矩阵 $\begin{pmatrix} u_x & v_x \\ u_y & v_y \end{pmatrix}$. 根据 $u=u(x,y)$ 和 $v=v(x,y)$ 的定义可知, 对任意 $(x,y)\in\Omega$ 都成立

$$\begin{cases} F(x,y,u(x,y),v(x,y))=0, \\ G(x,y,u(x,y),v(x,y))=0, \end{cases}$$

对这两个等式关于 x 和 y 求偏导数, 得

$$\begin{cases} F_x+F_uu_x+F_vv_x=0, \\ G_x+G_uu_x+G_vv_x=0 \end{cases} \quad 和 \quad \begin{cases} F_y+F_uu_y+F_vv_y=0, \\ G_y+G_uu_y+G_vv_y=0. \end{cases}$$

写成矩阵形式是

$$\begin{pmatrix} F_x & G_x \\ F_y & G_y \end{pmatrix} + \begin{pmatrix} u_x & v_x \\ u_y & v_y \end{pmatrix}\begin{pmatrix} F_u & G_u \\ F_v & G_v \end{pmatrix}=0.$$

这样就得到

$$\begin{pmatrix} u_x(x_0,y_0) & v_x(x_0,y_0) \\ u_y(x_0,y_0) & v_y(x_0,y_0) \end{pmatrix} = -\begin{pmatrix} F_x(P_0) & G_x(P_0) \\ F_y(P_0) & G_y(P_0) \end{pmatrix}\begin{pmatrix} F_u(P_0) & G_u(P_0) \\ F_v(P_0) & G_v(P_0) \end{pmatrix}^{-1}.$$

把这个等式代入式 (17.2.5), 并令

$$\begin{pmatrix} \lambda \\ \mu \end{pmatrix} = \begin{pmatrix} F_u(P_0) & G_u(P_0) \\ F_v(P_0) & G_v(P_0) \end{pmatrix}^{-1}\begin{pmatrix} f_u(P_0) \\ f_v(P_0) \end{pmatrix}, \tag{17.2.6}$$

就得到

$$\begin{pmatrix} f_x(P_0) \\ f_y(P_0) \end{pmatrix} = \begin{pmatrix} F_x(P_0) & G_x(P_0) \\ F_y(P_0) & G_y(P_0) \end{pmatrix}\begin{pmatrix} \lambda \\ \mu \end{pmatrix}. \tag{17.2.7}$$

式 (17.2.6) 和式 (17.2.7) 可以合写成

$$\begin{pmatrix} f_x(P_0) \\ f_y(P_0) \\ f_u(P_0) \\ f_v(P_0) \end{pmatrix} = \begin{pmatrix} F_x(P_0) & G_x(P_0) \\ F_y(P_0) & G_y(P_0) \\ F_u(P_0) & G_u(P_0) \\ F_v(P_0) & G_v(P_0) \end{pmatrix} \begin{pmatrix} \lambda \\ \mu \end{pmatrix},$$

而这个等式也可改写成

$$\nabla f(P_0) = \lambda \nabla F(P_0) + \mu \nabla G(P_0). \tag{17.2.8}$$

这说明函数 f 在点 P_0 的梯度可以表示成函数 F 和 G 在点 P_0 的梯度的线性组合.

这样我们就证明了下述命题: 设函数 $f(x,y,u,v)$, $F(x,y,u,v)$ 和 $G(x,y,u,v)$ 在点 $P_0=(x_0,y_0,u_0,v_0)\in\mathbf{R}^4$ 的一个邻域上可微, 且向量函数 $(x,y,u,v)\mapsto(F(x,y,u,v),G(x,y,u,v))$ 在点 P_0 的雅可比矩阵的秩是 2. 又设 P_0 是函数 $f(x,y,u,v)$ 在约束条件 (17.2.2) 下的一个极值点, 则存在实数 λ 和 μ 使式 (17.2.8) 成立.

采用完全类似的方法, 便可对一般的 m 和 n $(m>n)$ 的情形得到一个类似的命题. 我们把它写成下述定理.

定理 17.2.1(条件极值的必要条件)　设函数 $f(x)$, $g_1(x)$, $g_2(x)$, $\cdots$, $g_n(x)$ (其中 $x=(x_1,x_2,\cdots,x_m)$ 且 $n<m$) 都在点 $x_0=(x_{01},x_{02},\cdots,x_{0m})$ 的一个邻域上可微, 且向量函数 $x\mapsto(g_1(x),g_2(x),\cdots,g_n(x))$ 在点 x_0 的雅可比矩阵的秩是 n. 又设 x_0 是函数 $f(x)$ 在约束条件

$$g_1(x)=0,\quad g_2(x)=0,\cdots,g_n(x)=0$$

下的极值点, 则存在 n 个实数 λ_1, λ_2, $\cdots$, λ_n 使成立

$$\nabla f(x_0)=\lambda_1\nabla g_1(x_0)+\lambda_2\nabla g_2(x_0)+\cdots+\lambda_n\nabla g_n(x_0).$$

定理 17.2.1 是下述求条件极值的拉格朗日乘数法的理论根据.

拉格朗日乘数法　为了求 m 元函数 $f(x)$ 在 n 个约束条件 $g_1(x)=0$, $g_2(x)=0$, $\cdots$, $g_n(x)=0$ $(n<m)$ 下的极值点, 我们引进 n 个参数 λ_1, λ_2, $\cdots$, λ_n, 构造辅助函数

$$\varPhi(x)=f(x)-\lambda_1 g_1(x)-\lambda_2 g_2(x)-\cdots-\lambda_n g_n(x).$$

定理 17.2.1 表明, 如果点 x_0 是函数 $f(x)$ 在约束条件 $g_1(x)=0$, $g_2(x)=0$, $\cdots$, $g_n(x)=0$ 下的极值点, 那么必存在一组实数 λ_1, λ_2, $\cdots$, λ_n 使 x_0 是上述函数 $\varPhi(x)$ 的稳定点, 即有

$$\nabla\varPhi(x_0)=0. \tag{17.2.9}$$

而由 x_0 满足的约束条件我们还有

$$g_1(x_0)=0,\quad g_2(x_0)=0,\quad \cdots,\quad g_n(x_0)=0. \tag{17.2.10}$$

把式 (17.2.9) 和式 (17.2.10) 联立起来, 就得到了一个含有 $m+n$ 个未知数 $x_{01}, x_{02}, \cdots, x_{0m}, \lambda_1, \lambda_2, \cdots, \lambda_n$ 和$m+n$个方程的方程组. 求解这个方程组, 则以 $(x_{01}, x_{02}, \cdots, x_{0m})$ 为坐标的点就是可能的条件极值点.

需要说明的是, 拉格朗日乘数法只是提供了一个方法, 运用这个方法可以不用从约束条件求解隐函数而直接确定条件极值点. 但是因为定理 17.2.1 只是给出一个点是条件极值点的必要条件, 而不是充要条件, 所以这样求出的点只是可能的条件极值点. 为了完整地解决条件极值问题, 还必须在此基础上, 进一步根据具体的问题作具体的分析, 以确定所得到的可能的解是否真正地为条件极值问题的解.

例 1 求内接于椭球面

$$\frac{x^2}{a^2}+\frac{y^2}{b^2}+\frac{z^2}{c^2}=1 \tag{17.2.11}$$

且所有表面都平行于坐标面的长方体中, 体积最大的长方体. 其中 a, b, c 是正常数.

解 我们需要求函数 $f(x,y,z)=8xyz\ (x>0, y>0, z>0)$ 在约束条件 (17.2.11) 下的最大值, 即求这个函数限制在椭球面 (17.2.11) 位于第一象限的曲面块上变化时的最大值.

对待定的参数 λ, 引进辅助函数

$$g(x,y,z)=8xyz-\lambda\Big(\frac{x^2}{a^2}+\frac{y^2}{b^2}+\frac{z^2}{c^2}-1\Big),\qquad x>0,\ y>0,\ z>0.$$

求偏导数得

$$g_x(x,y,z)=8yz-\frac{2\lambda x}{a^2},\quad g_y(x,y,z)=8xz-\frac{2\lambda y}{b^2},\quad g_z(x,y,z)=8xy-\frac{2\lambda z}{c^2}.$$

因此令

$$\begin{cases} 8yz-\dfrac{2\lambda x}{a^2}=0, \\ 8xz-\dfrac{2\lambda y}{b^2}=0, \\ 8xy-\dfrac{2\lambda z}{c^2}=0, \\ \dfrac{x^2}{a^2}+\dfrac{y^2}{b^2}+\dfrac{z^2}{c^2}=1. \end{cases}$$

下面求解这个方程组. 从前三个方程得到

$$8xyz=\frac{2\lambda x^2}{a^2}=\frac{2\lambda y^2}{b^2}=\frac{2\lambda z^2}{c^2}.$$

容易看出 $\lambda \neq 0$, 因此 $\frac{x^2}{a^2} = \frac{y^2}{b^2} = \frac{z^2}{c^2}$, 把这些关系式代入第四个方程得

$$\frac{x^2}{a^2} = \frac{y^2}{b^2} = \frac{z^2}{c^2} = \frac{1}{3}.$$

这样就得到了一个可能的极值点 $(x, y, z) = \left(\frac{a}{\sqrt{3}}, \frac{b}{\sqrt{3}}, \frac{c}{\sqrt{3}}\right)$. 由于函数 $f(x, y, z) = 8xyz$ 在椭球面 (17.2.11) 位于第一象限的曲面块的边缘上 (这时三个坐标 x, y, z 中至少有一个为零) 的值恒为零, 而在这个曲面块的内部都取正值, 所以它必在这个曲面块上有最大值. 因此, 点 $(x, y, z) = \left(\frac{a}{\sqrt{3}}, \frac{b}{\sqrt{3}}, \frac{c}{\sqrt{3}}\right)$ 必是所求的最大值点, 相应的函数值为

$$f\left(\frac{a}{\sqrt{3}}, \frac{b}{\sqrt{3}}, \frac{c}{\sqrt{3}}\right) = \frac{8abc}{3\sqrt{3}}.$$

特别地, 当 $a = b = c$ 时, 就得到了我们熟知的结论: 在内接于球面的所有长方体中, 立方体的体积最大.

例 2　设 a_1, a_2, $\cdots$, a_m 和 b 都是正数, 而 $p > 1$. 求函数 $f(x_1, x_2, \cdots, x_m) = x_1^p + x_2^p + \cdots + x_m^p$ $(x_1 > 0, x_2 > 0, \cdots, x_m > 0)$ 在约束条件 $a_1x_1 + a_2x_2 + \cdots + a_mx_m = b$ 下的极值.

解　对待定的参数 λ, 引进辅助函数

$$g(x_1, x_2, \cdots, x_m) = x_1^p + x_2^p + \cdots + x_m^p - \lambda(a_1x_1 + a_2x_2 + \cdots + a_mx_m - b),$$

其中, $x_1 > 0$, $x_2 > 0$, $\cdots$, $x_m > 0$. 求偏导数得

$$g_{x_i}(x_1, x_2, \cdots, x_m) = px_i^{p-1} - \lambda a_i, \qquad i = 1, 2, \cdots, m.$$

令这些偏导数全为零, 得 $x_i = \left(\frac{\lambda a_i}{p}\right)^{\frac{1}{p-1}}$, $i = 1, 2, \cdots, m$, 再代入约束条件 $a_1x_1 + a_2x_2 + \cdots + a_mx_m = b$ 求得

$$\lambda = pb^{p-1}\left(\sum_{i=1}^{m} a_i^{\frac{p}{p-1}}\right)^{-(p-1)}.$$

因此得到可能的极值点

$$x_i^* = a_i^{\frac{1}{p-1}} b\left(\sum_{i=1}^{m} a_i^{\frac{p}{p-1}}\right)^{-1}, \qquad i = 1, 2, \cdots, m.$$

函数 $f(x_1, x_2, \cdots, x_m) = x_1^p + x_2^p + \cdots + x_m^p$ 在该点的值为

$$f(x_1^*, x_2^*, \cdots, x_m^*) = b^p\left(\sum_{i=1}^{m} a_i^{\frac{p}{p-1}}\right)^{-(p-1)}.$$

为了确定这个值是最大值还是最小值, 或根本不是极值, 我们需要比较函数 f 在点 $(x_1^*,x_2^*,\cdots,x_m^*)$ 的值与它在曲面 $a_1x_1+a_2x_2+\cdots+a_mx_m=b$ 位于第一象限的曲面块边缘处的值的大小, 而这就需要确定函数 $f(x_1,x_2,\cdots,x_m)=x_1^p+x_2^p+\cdots+x_m^p$ 在这些边缘上取值的范围. 由于在这些边缘上, 至少有一个坐标为零, 以 $x_m=0$ 的情形为例, 便化为求同一类型但只有 $m-1$ 个自变元的函数 (仍以相同的符号表示)$f(x_1,x_2,\cdots,x_{m-1})=x_1^p+x_2^p+\cdots+x_{m-1}^p$ $(x_1>0,\ x_2>0,\ \cdots,\ x_{m-1}>0)$ 在约束条件 $a_1x_1+a_2x_2+\cdots+a_{m-1}x_{m-1}=b$ 下的条件极值问题. 因此, 这个问题便可采用数学归纳法来解决, 具体如下: 首先, 当 $m=2$ 时, 函数是 $f(x_1,x_2)=x_1^p+x_2^p$ $(x_1>0,\ x_2>0)$, 而约束条件为 $a_1x_1+a_2x_2=b$. 这时边缘为两个点 $\left(0,\dfrac{b}{a_2}\right)$ 和 $\left(\dfrac{b}{a_1},0\right)$. 函数 f 在这两个点处的值分别为

$$f\left(0,\frac{b}{a_2}\right)=\left(\frac{b}{a_2}\right)^p,\qquad f\left(\frac{b}{a_1},0\right)=\left(\frac{b}{a_1}\right)^p.$$

而

$$f(x_1^*,x_2^*)=\frac{b^p}{\left(a_1^{\frac{p}{p-1}}+a_2^{\frac{p}{p-1}}\right)^{p-1}}.$$

由于

$$\left(a_1^{\frac{p}{p-1}}+a_2^{\frac{p}{p-1}}\right)^{p-1}>a_1^p,\ a_2^p,$$

所以

$$f(x_1^*,x_2^*)<f\left(0,\frac{b}{a_2}\right),\ f\left(\frac{b}{a_1},0\right).$$

这说明在 $m=2$ 的情形, (x_1^*,x_2^*) 是函数 $f(x_1,x_2)=x_1^p+x_2^p$ $(x_1>0,\ x_2>0)$ 在约束条件 $a_1x_1+a_2x_2=b$ 下的最小值点, 从而得到

$$x_1^p+x_2^p\geqslant\frac{b^p}{\left(a_1^{\frac{p}{p-1}}+a_2^{\frac{p}{p-1}}\right)^{p-1}}$$

(当 $x_1\geqslant0,\ x_2\geqslant0,\ a_1x_1+a_2x_2=b$). 应用这个不等式来分析 $m=3$ 时函数 $f(x_1,x_2,x_3)=x_1^p+x_2^p+x_3^p$ 在曲面块 $a_1x_1+a_2x_2+a_3x_3=b$ $(x_1>0,\ x_2>0,\ x_3>0)$ 的边缘的取值范围, 再与 $f(x_1^*,x_2^*,x_3^*)$ 比较, 知 (x_1^*,x_2^*,x_3^*) 是最小值点, 即有

$$x_1^p+x_2^p+x_3^p\geqslant\frac{b^p}{\left(a_1^{\frac{p}{p-1}}+a_2^{\frac{p}{p-1}}+a_3^{\frac{p}{p-1}}\right)^{p-1}}$$

(当 $x_1\geqslant0,\ x_2\geqslant0,\ x_3\geqslant0,\ a_1x_1+a_2x_2+a_3x_3=b$). 依次类推, 应用归纳法, 便可推知在一般的 m 情形, $(x_1^*,x_2^*,\cdots,x_m^*)$ 是所讨论问题的最小值点.

这样就证明了当 $a_1x_1+a_2x_2+\cdots+a_mx_m=b$ 且 $x_1,x_2,\cdots,x_m$ 都非负时, 有

$$x_1^p+x_2^p+\cdots+x_m^p\geqslant b^p\left(a_1^{\frac{p}{p-1}}+a_2^{\frac{p}{p-1}}+\cdots+a_m^{\frac{p}{p-1}}\right)^{-(p-1)}.$$

记 $q=\dfrac{p}{p-1}$, 则从此例我们得到下述很有用的不等式.

赫尔德不等式　设 $p>1,q>1$ 且 $\dfrac{1}{p}+\dfrac{1}{q}=1$, 则对任意的非负实数 $a_1,a_2,\cdots,a_m$ 和 $x_1,x_2,\cdots,x_m$ 都成立

$$\sum_{i=1}^m a_ix_i\leqslant\left(\sum_{i=1}^m x_i^p\right)^{\frac{1}{p}}\left(\sum_{i=1}^m a_i^q\right)^{\frac{1}{q}}.$$

17.2.2　拉格朗日乘数法的几何解释

下面给出拉格朗日乘数法的几何解释. 先考虑 $m=3$, $n=1$ 的情况, 即求函数 $f(x,y,z)$ 在条件

$$g(x,y,z)=0 \tag{17.2.12}$$

下的极值点. 这里假定 f 和 g 都是可微函数, 且在使式 (17.2.12) 成立的每个点处都有 $\nabla g(x,y,z)\neq(0,0,0)$. 用 S 表示曲面 (17.2.12), 则求函数 f 在条件 (17.2.12) 下的极值, 从几何的观点看就是求该函数在曲面 S 上的极值.

设 $P_0(x_0,y_0,z_0)$ 是 S 上一点, 则 S 在该点的单位法向量为

$$\boldsymbol{n}(P_0)=\frac{\nabla g(P_0)}{|\nabla g(P_0)|}=\left.\frac{(g_x,g_y,g_z)}{\sqrt{g_x^2+g_y^2+g_z^2}}\right|_{P_0}.$$

任意垂直于 $\boldsymbol{n}(P_0)$ 的非零向量都是 S 在点 P_0 的切向量.

对于在点 P_0 及其附近有定义的可微函数 f, 称 f 在点 P_0 沿曲面 S 在点 P_0 的任意单位切向量 $\boldsymbol{v}$ 的方向导数 $\dfrac{\partial f}{\partial\boldsymbol{v}}(P_0)$ 为 f 在点 P_0 沿曲面 S 的**切向导数**. 类似于简单极值问题的费马定理, 我们有

定理 17.2.2(函数在曲面上达到极值的必要条件)　设 f 是在曲面 S 的一个邻域中有定义并且可微的函数, P_0 是 f 在曲面 S 上的一个极值点. 则 f 在点 P_0 沿曲面 S 在该点的任意切方向的切向导数都等于零.

证明　设 $\boldsymbol{v}=(\cos\alpha,\cos\beta,\cos\gamma)$ 是曲面 S 在点 P_0 的一个单位切向量, 则存在 S 上通过点 P_0 的光滑曲线 C 使其在点 P_0 的切向量为 $\boldsymbol{v}$. 设 C 的参数方程为

$$x=x(t),\quad y=y(t),\quad z=z(t),\quad a<t<b,$$

并设 $(x(t_0),y(t_0),z(t_0))=(x_0,y_0,z_0)=P_0$, 其中 $a<t_0<b$. 由 C 在点 P_0 的切向量为 $\boldsymbol{v}$ 可知 $(x'(t_0),y'(t_0),z'(t_0))=(\cos\alpha,\cos\beta,\cos\gamma)$. 定义函数 ψ 如下

$$\psi(t)=f(x(t),y(t),z(t)),\quad a<t<b,$$

由 P_0 是 f 在 S 上的极值点可知, t_0 是 ψ 的极值点, 因此 $\psi'(t_0)=0$. 而

$$\begin{aligned}\psi'(t_0)=&f_x(x(t_0),y(t_0),z(t_0))x'(t_0)+f_y(x(t_0),y(t_0),z(t_0))y'(t_0)\\&+f_z(x(t_0),y(t_0),z(t_0))z'(t_0)\\=&f_x(x_0,y_0,z_0)\cos\alpha+f_y(x_0,y_0,z_0)\cos\beta+f_z(x_0,y_0,z_0)\cos\gamma=\frac{\partial f}{\partial \boldsymbol{v}}(P_0),\end{aligned}$$

所以得到 $\dfrac{\partial f}{\partial \boldsymbol{v}}(P_0)=0$. 证毕.

由于 $\dfrac{\partial f}{\partial \boldsymbol{v}}(P_0)=\nabla f(P_0)\cdot\boldsymbol{v}$, 所以上述定理表明如果 P_0 是函数 f 在曲面 S 上的极值点, 则对 S 在点 P_0 的任意切向量 $\boldsymbol{v}$ 都有

$$\nabla f(P_0)\cdot\boldsymbol{v}=0,\qquad \text{即}\qquad \nabla f(P_0)\perp\boldsymbol{v}.$$

因此 $\nabla f(P_0)$ 垂直于 S 在点 P_0 的切平面, 从而 $\nabla f(P_0)//\boldsymbol{n}(P_0)$, 这等价于 $\nabla f(P_0)//\nabla g(P_0)$. 所以存在实数 λ 使得

$$\nabla f(P_0)=\lambda\nabla g(P_0).$$

这就得到了 $m=3$, $n=1$ 情形下的拉格朗日乘数法.

再考虑 $m=3$, $n=2$ 的情况, 即求函数 $f(x,y,z)$ 在条件

$$\begin{cases}g_1(x,y,z)=0\\g_2(x,y,z)=0\end{cases}\tag{17.2.13}$$

下的极值点. 这里假定 f, g_1, g_2 都是可微函数, 且在使式 (17.2.13) 成立的每个点处都有 $\nabla g_1(x,y,z)\times\nabla g_2(x,y,z)\neq(0,0,0)$. 我们知道, 在几何上式 (17.2.13) 表示一条曲线, 即曲面 $S_1:g_1(x,y,z)=0$ 和 $S_2:g_2(x,y,z)=0$ 的交线. 用 C 表示这条曲线, 则求函数 f 在条件 (17.2.13) 下的极值, 从几何的观点看便是求该函数在曲线 C 上的极值. 因此, 如果 $P_0(x_0,y_0,z_0)$ 是 f 在条件 (17.2.13) 下的极值点, 则类似于定理 17.2.2 可以证明 f 在点 P_0 沿 C 的切向 $\boldsymbol{v}$ 的方向导数 $\dfrac{\partial f}{\partial \boldsymbol{v}}(P_0)$ 应当等于零, 这意味着 $\nabla f(P_0)$ 垂直于 $\boldsymbol{v}$. 令 $\boldsymbol{n}_1(P_0)$ 和 $\boldsymbol{n}_2(P_0)$ 分别为曲面 S_1 和 S_2 在点 P_0 的单位法向量, 即

$$\boldsymbol{n}_1(P_0)=\frac{\nabla g_1(P_0)}{|\nabla g_1(P_0)|},\qquad \boldsymbol{n}_2(P_0)=\frac{\nabla g_2(P_0)}{|\nabla g_2(P_0)|},$$

则 $\boldsymbol{v}=\boldsymbol{n}_1(P_0)\times\boldsymbol{n}_2(P_0)$. 因此由 $\nabla f(P_0)$ 垂直于 $\boldsymbol{v}$ 可知混合积

$$(\nabla f(P_0),\boldsymbol{n}_1(P_0),\boldsymbol{n}_2(P_0))=\nabla f(P_0)\cdot[\boldsymbol{n}_1(P_0)\times\boldsymbol{n}_2(P_0)]=0,$$

进而

$$(\nabla f(P_0),\nabla g_1(P_0),\nabla g_2(P_0))=|\nabla g_1(P_0)||\nabla g_2(P_0)|(\nabla f(P_0),\boldsymbol{n}_1(P_0),\boldsymbol{n}_2(P_0))=0.$$

这说明三个向量 $\nabla f(P_0), \nabla g_1(P_0), \nabla g_2(P_0)$ 共面, 因而线性相关, 所以存在实数 λ 和 μ 使成立

$$\nabla f(P_0) = \lambda \nabla g_1(P_0) + \mu \nabla g_2(P_0).$$

这就得到了 $m=3, n=2$ 情形下的拉格朗日乘数法.

对 $m=2, n=1$ 的情况可类似地讨论.

对于 $m \geqslant 4$ 和 $1 \leqslant n < m$ 的情况, 可以类似地在想象的几何空间 $\mathbf{R}^m$ 中给出拉格朗日乘数法的几何解释. 先介绍几个术语. 对于给定的 m 元函数 g, 如果由方程

$$g(x_1, x_2, \cdots, x_m) = 0$$

确定的 $\mathbf{R}^m$ 中的点集 S 中的每个点都满足 $\nabla g(x_1, x_2, \cdots, x_m) \neq 0$, 则称 S 为 $\mathbf{R}^m$ 中的**超曲面**或$m-1$ **维流形**. $\mathbf{R}^m$ 中的非零向量 $\nabla g(x_0)$ (其中 $x_0 = (x_{01}, x_{02}, \cdots, x_{0m}) \in S$) 叫做 S 在点 x_0 的**法向量**, 超平面

$$\nabla g(x_0) \cdot (x - x_0) = 0$$

叫做 S 在点 x_0 的**切平面**. 又对于给定的 n 个 m 元函数 $g_1, g_2, \cdots, g_n$, 其中 $1 \leqslant n < m$, 如果由方程组

$$\begin{cases} g_1(x_1, x_2, \cdots, x_m) = 0 \\ g_2(x_1, x_2, \cdots, x_m) = 0 \\ \cdots\cdots \\ g_n(x_1, x_2, \cdots, x_m) = 0 \end{cases}$$

确定的 $\mathbf{R}^m$ 中的点集 M 中的每个点都满足

$$\operatorname{rank}\Big(\frac{D(g_1, g_2, \cdots, g_n)}{D(x_1, x_2, \cdots, x_m)}\Big) = n,$$

则称 M 为 $\mathbf{R}^m$ 中的 $m-n$ **维超曲面**或$m-n$ **维流形**. 上面这个条件表明对 M 上的任意一点 x_0, 向量 $\nabla g_1(x_0), \nabla g_2(x_0), \cdots, \nabla g_n(x_0)$ 都线性无关, 因而它们张成 $\mathbf{R}^m$ 的一个 n 维线性子空间. 这个线性子空间叫做 M 在点 x_0 的**法空间**, 记作 $N_{x_0}(M)$. 法空间的正交补子空间叫做 M 在点 x_0 的**切空间**, 记作 $T_{x_0}(M)$. 法空间 $N_{x_0}(M)$ 中的每个非零向量都叫做 M 在点 x_0 的**法向量**; 切空间 $T_{x_0}(M)$ 中的每个非零向量都叫做 M 在点 x_0 的**切向量**.

现在设 M 是 $\mathbf{R}^m$ 中的一个 $m-n$ 维流形, 而 f 是在点 $x_0 \in M$ 及其附近有定义并且可微的函数. 则对 M 在点 x_0 的任意单位切向量 $\boldsymbol{v}$, 称 f 在点 x_0 沿 $\boldsymbol{v}$ 方向的方向导数 $\dfrac{\partial f}{\partial \boldsymbol{v}}(x_0)$ 为 f 在点 x_0 沿流形 M 的**切向导数**. 与 $m=3, n=1$ 的情形类似地可以证明以下流形上的费马定理.

定理 17.2.3(函数在流形上达到极值的必要条件)　设 f 是在流形 M 的一个邻域中有定义且可微的函数, x_0 是 f 在流形 M 上的一个极值点, 则 f 在点 x_0 沿流形 M 在该点的任意切方向的切向导数都等于零.

因此, 当 f 在点 x_0 达到它在流形 M 上的极值时, 对 M 在点 x_0 的任意单位切向量 $\boldsymbol{v}$, 都有

$$\nabla f(x_0)\cdot\boldsymbol{v}=\frac{\partial f}{\partial\boldsymbol{v}}(x_0)=0,$$

这表明 $\nabla f(x_0)$ 垂直于 M 在点 x_0 的所有切向量, 从而 $\nabla f(x_0)$ 属于 M 在点 x_0 的法空间 $N_{x_0}(M)$. 因此 $\nabla f(x_0)$ 能够表示成 $\nabla g_1(x_0)$, $\nabla g_2(x_0)$, $\cdots$, $\nabla g_n(x_0)$ 的线性组合, 即存在一组实数 λ_1, λ_2, $\cdots$, λ_n 使成立

$$\nabla f(x_0)=\lambda_1\nabla g_1(x_0)+\lambda_2\nabla g_2(x_0)+\cdots+\lambda_n\nabla g_n(x_0).$$

这就得到了一般情形下的拉格朗日乘数法.

习　题　17.2

1. 求下列二元函数在所指定条件下的条件极值:

(1) $f(x,y)=xy$, 若 $x+y=1$;

(2) $f(x,y)=ax+by$, 若 $x^2+y^2=1$;

(3) $f(x,y)=x^2+y^2$, 若 $ax+by=1$;

(4) $f(x,y)=ax^2+2bxy+cy^2$, 若 $x^2+y^2=1$;

(5) $f(x,y)=\cos^2x+\cos^2y$, 若 $x-y=\dfrac{\pi}{4}$;

(6) $f(x,y)=\dfrac{1}{2}(x^n+y^n)$, 若 $ax+by=c\quad(a,b,c>0)$.

2. 求下列多元函数在所指定条件下的条件极值:

(1) $f(x,y,z)=ax+by+cz$, 若 $x^2+y^2+z^2=1$;

(2) $f(x,y,z)=x^2+y^2+z^2$, 若 $\dfrac{x^2}{a^2}+\dfrac{y^2}{b^2}+\dfrac{z^2}{c^2}=1\quad(a,b,c>0)$;

(3) $f(x,y,z)=x^\alpha y^\beta z^\gamma$, 若 $x+y+z=a\quad(\alpha,\beta,\gamma,a>0)$;

(4) $f(x,y,z)=xy^2z^3$, 若 $x+2y+3z=a\quad(x,y,z>0,\ a>0)$;

(5) $f(x,y,z)=\sin x\sin y\sin z$, 若 $x+y+z=\dfrac{\pi}{2}\quad(x,y,z>0)$;

(6) $f(x,y,z)=xyz$, 若 $x^2+y^2+z^2=1$, $x+y+z=0$;

(7) $f(x,y,z)=x^2+y^2+z^2$, 若 $\dfrac{x^2}{a^2}+\dfrac{y^2}{b^2}+\dfrac{z^2}{c^2}=1$, $x\cos\alpha+y\cos\beta+z\cos\gamma=0$ $(a,b,c>0,\ \cos^2\alpha+\cos^2\beta+\cos^2\gamma=1)$;

(8) $f(x,y,z,\xi,\eta,\zeta)=(x-\xi)^2+(y-\eta)^2+(z-\zeta)^2$, 若 $x^2+y^2+z^2=R^2$, $ax+by+cz=0$, $\dfrac{\xi}{\cos\alpha}=\dfrac{\eta}{\cos\beta}=\dfrac{\zeta}{\cos\gamma}\quad(R>0,\ a^2+b^2+c^2=1,\ \cos^2\alpha+\cos^2\beta+\cos^2\gamma=1)$.

3. 设 a_i 和 b_i $(i=1,2,\cdots,m)$ 都是正常数, $x=(x_1,x_2,\cdots,x_m)$. 求下列多元函数在所指定条件下的条件极值:

(1) $f(x)=|x|$, 若 $\displaystyle\sum_{i=1}^{m}\frac{x_i}{a_i}=1$;

(2) $f(x)=\displaystyle\sum_{i=1}^{m}a_ix_i$, 若 $|x|=1$;

(3) $f(x)=\displaystyle\sum_{i=1}^{m}\frac{a_i}{x_i}$, 若 $\displaystyle\sum_{i=1}^{m}b_ix_i=1\quad(x_i>0,\,i=1,2,\cdots,m)$;

(4) $f(x)=|x|$, 若 $\displaystyle\sum_{i=1}^{m}\frac{a_i}{x_i}=1\quad(x_i>0,\,i=1,2,\cdots,m)$.

4. 求直线 $x+2y-10=0$ 和椭圆 $\dfrac{x^2}{9}+\dfrac{y^2}{4}=1$ 之间的最短距离.

5. 横截面为半圆形的半圆柱形浴盆, 已知表面积为 S, 当其长和横截面半径成怎样的比例时, 具有最大的容积?

6. (1) 圆内接三角形中, 怎样的三角形具有最大的面积?

   (2) 圆外切三角形中, 怎样的三角形具有最小的周长?

7. (1) 求表面积一定而体积最大的长方体;

   (2) 求体积一定而表面积最小的长方体.

8. (1) 已知矩形的周长等于 $2p$, 把它绕其一边旋转一周得一圆柱体. 为使该圆柱体的体积最大, 矩形的边长应当各为多少;

   (2) 已知三角形的周长等于 $2p$, 把它绕其一边旋转一周得一旋转体. 为使该旋转体的体积最大, 三角形的三个边长应当各为多少?

9. 给定单位球面 $x^2+y^2+z^2=1$ 之外的 m 个点 $P_i(x_i,y_i,z_i)$, $i=1,2,\cdots,m$, 在单位球面上求出一点, 使该点到这 m 个点的距离的平方和最小.

10. 设 $x_i>0, i=1,2,\cdots,m, p\geqslant 1$. 应用求函数 $f(x)=x_1x_2\cdots x_m$ 在条件 $\displaystyle\sum_{i=1}^{m}x_i=a$ 下的极值的方法证明平均值不等式

$$\sqrt[m]{x_1x_2\cdots x_m}\leqslant\frac{x_1+x_2+\cdots+x_m}{m}.$$

11. 设 $p\geqslant 1$, $x_i>0$, $i=1,2,\cdots,m$. 应用求函数 $f(x)=\displaystyle\sum_{i=1}^{m}x_i^p$ 在条件 $\displaystyle\sum_{i=1}^{m}x_i=a$ 下的极值的方法证明以下不等式:

$$\left(\frac{x_1+x_2+\cdots+x_m}{m}\right)^p\leqslant\frac{x_1^p+x_2^p+\cdots+x_m^p}{m}.$$

12. 设 $\alpha_i > 1, x_i > 0, i = 1, 2, \cdots, m$. 证明不等式:

$$\left(\frac{x_1}{\alpha_1}\right)^{\alpha_1}\left(\frac{x_2}{\alpha_2}\right)^{\alpha_2}\cdots\left(\frac{x_m}{\alpha_m}\right)^{\alpha_m} \leqslant \left(\frac{x_1+x_2+\cdots+x_m}{\alpha_1+\alpha_2+\cdots+\alpha_m}\right)^{\alpha_1+\alpha_2+\cdots+\alpha_m}.$$

13. 设 $p > 1, q > 1$, 且 $\dfrac{1}{p}+\dfrac{1}{q}=1$. 应用求函数 $f(x,y)=\sum\limits_{i=1}^{m}x_iy_i$ 在 $\sum\limits_{i=1}^{m}x_i^p=a$ 和 $\sum\limits_{i=1}^{m}y_i^q=b$ 的条件下的极值的方法证明赫尔德不等式:

$$\sum_{i=1}^{m}x_iy_i \leqslant \left(\sum_{i=1}^{m}x_i^p\right)^{\frac{1}{p}}\left(\sum_{i=1}^{m}y_i^q\right)^{\frac{1}{q}},$$

其中, $x_i > 0, y_i > 0, i = 1, 2, \cdots, m$.

14. 设 $\boldsymbol{A} = (a_{ij})_{m\times m}$ 是 m 阶矩阵. 应用求函数 $f(a) = |\det\boldsymbol{A}|^2$ 在 $\sum\limits_{j=1}^{m}a_{ij}^2 = b_i$ $(i = 1, 2, \cdots, m)$ 的条件下的极值的方法证明阿达马不等式:

$$|\det\boldsymbol{A}|^2 \leqslant \prod_{i=1}^{m}\left(\sum_{j=1}^{m}a_{ij}^2\right).$$

15. 设 $f(x,y)$ 和 $g(x,y)$ (其中, $x\in\mathbf{R}^m$, $y\in\mathbf{R}$) 都在开集 $\Omega\subseteq\mathbf{R}^m\times\mathbf{R}$ 上二阶可微, (x_0,y_0) 是 Ω 中一点, 在该点有 $g(x_0,y_0)=0$, $g_y(x_0,y_0)\neq 0$. 令 $F(x,y)=f(x,y)-\lambda g(x,y)$. 假设对某个实数 λ 成立 $\nabla F(x_0,y_0)=0$, 且黑塞矩阵 $\boldsymbol{H}F(x_0,y_0)$ 是正定矩阵. 证明: (x_0,y_0) 是函数 $f(x,y)$ 在约束条件 $g(x,y)=0$ 下的极小值点.

16. 设 $\boldsymbol{A} = (a_{ij})_{m\times m}$ 是对称矩阵. 求二次型 $f(x)=\sum\limits_{i,j=1}^{m}a_{ij}x_ix_j$ 在单位球面 $|x|=1$ 上的稳定点 (即所有切向导数等于零的点) 以及相应的函数值.

第 18 章

含参变量的积分

本章学习含参变量的积分. 所谓含参变量的积分, 是指这样的定积分或广义积分, 其中的被积函数以及积分的上下限含有一个或多个参变量. 自然, 这种积分的值也含有这些参变量, 因而积分所得到的是这些参变量的函数. 我们要研究的是, 这样得到的函数的连续性、可微性和可积性, 以及如何计算其极限、导数和积分.

含参变量的积分实际上已经在前面多次遇到了, 如 8.1 节给出的泰勒公式中的积分型余项公式和函数的高阶原函数公式, 实际上都是一些含参变量的积分. 这种积分也经常在其他场合出现, 比如以后学习常微分方程和偏微分方程课程时, 除了用初等函数、隐函数以及用函数项级数表示的函数来求这种方程的解之外, 也常用含参变量的积分表示的函数来求它们的解. 第 19 章将学习多元函数的黎曼积分即重积分. 计算重积分的一个基本方法是把它表示成累次积分, 而累次积分, 其实就是对含参变量的积分关于参变量再积分. 因此, 本章的内容除了它本身的重要意义之外, 也是出于为第 19 章的讨论做准备而设置的.

18.1 含参变量的定积分

设 I 是一个任意类型的区间 (闭区间、开区间或半开半闭的区间; 有限或无限均可), c 和 d 是两个实数且 $c<d$. 又设 $f(x,y)$ 是定义在区域 $I\times[c,d]$ 上的一个二元函数, 使得对每个给定的 $x\in I$, $f(x,y)$ 作为变元 y 的函数在区间 $[c,d]$ 上可积. 则积分值 $\int_c^d f(x,y)\mathrm{d}y$ 是一个与 x 有关的实数, 记作 $g(x)$:

$$g(x)=\int_c^d f(x,y)\mathrm{d}y,\quad \forall x\in I. \tag{18.1.1}$$

称式 (18.1.1) 右端的积分为**含参变量 x 的积分**. 式 (18.1.1) 定义了区间 I 上的一个函数 g. 我们需要知道这个函数在什么条件下是连续的、可微的和可积的以及如何计算其极限、导数和积分. 这方面最基本的一个结果是以下定理

定理 18.1.1(极限和积分交换次序) 设函数 $f(x,y)$ 在 $I\times[c,d]$ 上连续, 则对任意 $x_0\in I$ 成立

$$\lim_{\substack{x\to x_0\\x\in I}}\int_c^d f(x,y)\mathrm{d}y=\int_c^d f(x_0,y)\mathrm{d}y=\int_c^d\lim_{\substack{x\to x_0\\x\in I}}f(x,y)\mathrm{d}y,\tag{18.1.2}$$

即函数 $g(x)=\displaystyle\int_c^d f(x,y)\mathrm{d}y$ 在区间 I 上连续.

证明 先考虑 $I=[a,b]$(有限闭区间) 的情况. 只需证明对任意给定的 $\varepsilon>0$, 存在相应的 $\delta>0$, 使对任意 $x\in[a,b]$, 只要它满足条件 $|x-x_0|<\delta$, 就有

$$\Big|\int_c^d f(x,y)\mathrm{d}y-\int_c^d f(x_0,y)\mathrm{d}y\Big|<\varepsilon.$$

由于 $f(x,y)$ 在 $[a,b]\times[c,d]$ 上连续, 而 $[a,b]\times[c,d]$ 是有界闭集, 所以 $f(x,y)$ 在 $[a,b]\times[c,d]$ 上一致连续. 因此对任意给定的 $\varepsilon>0$, 必存在相应的 $\delta>0$, 使对任意 $x,x'\in[a,b]$ 和 $y,y'\in[c,d]$, 只要它们满足条件 $|x-x'|<\delta$ 且 $|y-y'|<\delta$, 就有

$$|f(x,y)-f(x',y')|<\frac{\varepsilon}{2(d-c)}.$$

据此易见, 只要 $x\in[a,b]$ 满足条件 $|x-x_0|<\delta$, 则对任意 $y\in[c,d]$ 都成立

$$|f(x,y)-f(x_0,y)|<\frac{\varepsilon}{2(d-c)},$$

从而

$$\Big|\int_c^d f(x,y)\mathrm{d}y-\int_c^d f(x_0,y)\mathrm{d}y\Big|\leqslant\int_c^d|f(x,y)-f(x_0,y)|\mathrm{d}y\leqslant\frac{\varepsilon}{2(d-c)}\cdot(d-c)<\varepsilon.$$

这就证明了所需要的结论.

再来考虑 I 是任意类型的区间的情况. 只需证明对任意 $x_0\in I$ 都成立

$$\lim_{\substack{x\to x_0\\x\in I}}g(x)=g(x_0).$$

如果 x_0 是区间 I 的内点, 则存在 $\delta>0$ 使得 $[x_0-\delta,x_0+\delta]\subseteq I$. 这时由 $f(x,y)$ 在 $I\times[c,d]$ 上连续可知, 它也在 $[x_0-\delta,x_0+\delta]\times[c,d]$ 上连续, 因此应用已经证明的结论知上式成立. 如果 x_0 是区间 I 的端点, 不妨设是左端点, 则存在 $\delta>0$ 使得 $[x_0,x_0+\delta]\subseteq I$, 且 x_0 左端没有区间 I 中的点. 因此, 在 $[x_0,x_0+\delta]\times[c,d]$ 上应用已经证明的结论, 即知上式也成立. 对于 x_0 是区间 I 的右端点的情况, 类似的分析知上式仍然是成立的. 总之, 对区间 I 中任意的点 x_0, 上式都成立. 证毕.

定理 18.1.1 表明, 在被积函数作为积分变元和参变元联合形成的多变元函数是连续函数的条件下, 可以把关于参变元的极限运算与关于积分变元的积分运算交换次

序, 即把求极限的运算放到积分号下进行. 因此这个定理通常也叫做"积分号下求极限"定理.

从几何上看, 定理 18.1.1 的结论是显然的. 为简单起见, 不妨设 $f(x,y) > 0$, $\forall (x,y) \in [a,b]\times[c,d]$. 对每个 $x_0 \in [a,b]$, 积分 $g(x_0) = \int_c^d f(x_0,y)\mathrm{d}y$ 在几何上表示的是平面 $x = x_0$ 上位于该平面与曲面 $z = f(x,y)$ 的交线的下方, 且在 $y=c$ 和 $y=d$ 之间以及 Oxy 平面上方的曲边梯形的面积. 当曲面 $z=f(x,y)$ 连续时, 这个面积显然随 x_0 在 $[a,b]$ 中连续变化而连续变化 (图 18-1-1).

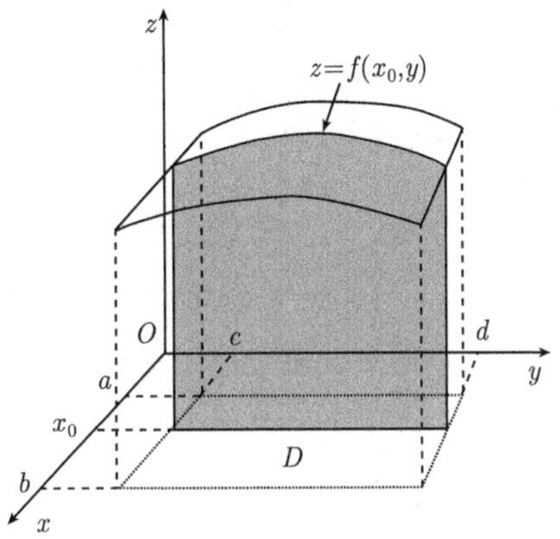

图 18-1-1　定理 18.1.1 的几何意义

定理 18.1.1 可直接推广到含多个参变量的积分的情形. 相应定理的陈述及其证明留给读者.

定理 18.1.2(导数和积分交换次序)　设 I 是任意一个区间, $f(x,y)$ 是定义在 $I\times[c,d]$ 上的函数, 且满足以下两个条件:

(1) 对每个 $x\in I$, $f(x,y)$ 作为变元 y 的函数在 $[c,d]$ 上可积;

(2) $f(x,y)$ 关于变元 x 有偏导数, 且偏导函数 $f_x(x,y)$ 在 $I\times[c,d]$ 上连续.

则成立

$$\frac{\mathrm{d}}{\mathrm{d}x}\int_c^d f(x,y)\mathrm{d}y = \int_c^d \frac{\partial}{\partial x} f(x,y)\mathrm{d}y = \int_c^d f_x(x,y)\mathrm{d}y, \quad \forall x\in I, \tag{18.1.3}$$

即函数 $g(x) = \int_c^d f(x,y)\mathrm{d}y$ 在区间 I 上可导, 且 $g'(x) = \int_c^d f_x(x,y)\mathrm{d}y$. 这里当 x 是区间 I 的端点时, 导数指的是单侧导数.

证明　仅以 x_0 是区间 I 的内点的情况证明; x_0 是区间 I 的端点的情况证明类似. 注意条件 (1) 保证了函数 $g(x)$ 在 I 上处处有定义. 所以只需证明对任意 $x_0\in I$ 都成立

$$\lim_{x\to x_0}\frac{g(x)-g(x_0)}{x-x_0} = \int_c^d f_x(x_0,y)\mathrm{d}y. \tag{18.1.4}$$

为证明式 (18.1.4), 首先注意成立下列不等式:

$$\left|\frac{g(x)-g(x_0)}{x-x_0} - \int_c^d f_x(x_0,y)\mathrm{d}y\right| \leqslant \int_c^d \left|\frac{f(x,y)-f(x_0,y)}{x-x_0} - f_x(x_0,y)\right|\mathrm{d}y.$$

根据拉格朗日中值定理, 对任意 $x, x_0\in I$, 存在位于 x 和 x_0 之间的 ξ, 使得

$$\frac{f(x,y)-f(x_0,y)}{x-x_0} = f_x(\xi,y),$$

因此

$$\left|\frac{f(x,y)-f(x_0,y)}{x-x_0}-f_x(x_0,y)\right|=|f_x(\xi,y)-f_x(x_0,y)|.$$

取 $\sigma>0$ 充分小使得 $[x_0-\sigma,x_0+\sigma]\subseteq I$. 由于 $f_x(x,y)$ 在 $I\times[c,d]$ 上连续, 所以它在 $[x_0-\sigma,x_0+\sigma]\times[c,d]$ 上一致连续. 据此推知对任意给定的 $\varepsilon>0$, 存在相应的 $\delta>0$, 使对任意 $x',x''\in[x_0-\sigma,x_0+\sigma]$, 只要 $|x'-x''|<\delta$, 便对任意 $y\in[c,d]$ 都成立

$$|f_x(x',y)-f_x(x'',y)|<\frac{\varepsilon}{2(d-c)}.$$

由于当 $|x-x_0|<\delta$ 时也有 $|\xi-x_0|<\delta$, 所以由上面的不等式知, 只要 $|x-x_0|<\min\{\delta,\sigma\}$, 便对任意 $y\in[c,d]$ 都成立

$$\left|\frac{f(x,y)-f(x_0,y)}{x-x_0}-f_x(x_0,y)\right|=|f_x(\xi,y)-f_x(x_0,y)|<\frac{\varepsilon}{2(d-c)},$$

进而

$$\left|\frac{g(x)-g(x_0)}{x-x_0}-\int_c^d f_x(x_0,y)\mathrm{d}y\right|\leqslant\frac{\varepsilon}{2(d-c)}\cdot(d-c)<\varepsilon.$$

这就证明了式 (18.1.4). 证毕.

定理 18.1.2 表明, 在被积函数作为积分变元和参变元联合形成的多变元函数关于参变元有连续的偏导数的条件下, 可以把关于参变元的求导运算与关于积分变元的积分运算交换次序, 即把求导数的运算放到积分号下进行. 因此这个定理通常也叫做 "积分号下求导数" 定理.

公式 (18.1.3) 叫做**莱布尼茨公式**, 这个公式所保证的把求导运算和积分运算交换次序的运算法则叫做**莱布尼茨法则**.

定理 18.1.3(积分交换次序) 设 $f(x,y)$ 在矩形区域 $[a,b]\times[c,d]$ 上连续. 则成立

$$\int_a^b\Big(\int_c^d f(x,y)\mathrm{d}y\Big)\mathrm{d}x=\int_c^d\Big(\int_a^b f(x,y)\mathrm{d}x\Big)\mathrm{d}y. \tag{18.1.5}$$

证明 考虑函数

$$g(x,t)=\int_c^t f(x,y)\mathrm{d}y,\quad x\in[a,b],\ \ t\in[c,d].$$

首先, 根据定理 18.1.1 可知, 对每个给定的 $t\in[c,d]$, $g(x,t)$ 作为变元 x 的函数在 $[a,b]$ 上是连续的, 自然也是可积的 (实际上, $g(x,t)$ 是区域 $[a,b]\times[c,d]$ 上的连续函数, 见下面一个引理). 其次, 根据定理 7.3.4 可知, $g(x,t)$ 关于变元 t 有偏导数, 且

$$g_t(x,t)=f(x,t),\quad x\in[a,b],\ \ t\in[c,d].$$

由于这个函数在 $[a,b]\times[c,d]$ 上连续, 所以应用定理 18.1.2 就得到

$$\frac{\mathrm{d}}{\mathrm{d}t}\int_a^b g(x,t)\mathrm{d}x=\int_a^b g_t(x,t)\mathrm{d}x=\int_a^b f(x,t)\mathrm{d}x,\quad \forall t\in[c,d].$$

这说明, 函数 $t \mapsto \int_a^b g(x,t)\mathrm{d}x$ 是函数 $t \mapsto \int_a^b f(x,t)\mathrm{d}x$ 的原函数. 因此根据牛顿–莱布尼茨公式有

$$\int_c^d \Big(\int_a^b f(x,t)\mathrm{d}x\Big)\mathrm{d}t = \int_a^b g(x,d)\mathrm{d}x - \int_a^b g(x,c)\mathrm{d}x = \int_a^b \Big(\int_c^d f(x,y)\mathrm{d}y\Big)\mathrm{d}x.$$

证毕.

下面讨论形如

$$F(x) = \int_{\alpha(x)}^{\beta(x)} f(x,y)\mathrm{d}y \tag{18.1.6}$$

的含参量的积分, 其中, $f(x,y)$ 是定义在 $I \times [c,d]$ 上的函数, α 和 β 是定义在区间 I 上的函数, 且

$$c \leqslant \alpha(x) \leqslant d, \quad c \leqslant \beta(x) \leqslant d, \quad \forall x \in I.$$

假定对每个 $x \in I$, $f(x,y)$ 作为 y 的函数在区间 $[c,d]$ 上黎曼可积, 从而上面的积分有意义, 进而定义了区间 I 上的一个函数 g. 下面考虑这个函数的连续性和可微性. 先证明一个引理.

引理 18.1.1 设 $f(x,y)$ 在 $[a,b] \times [c,d]$ 上连续. 令

$$g(x,t) = \int_c^t f(x,y)\mathrm{d}y, \quad x \in [a,b], \ t \in [c,d].$$

则有下列结论:

(1) $g(x,t)$ 在 $[a,b] \times [c,d]$ 上连续;

(2) 如果 $f(x,y)$ 关于变元 x 有偏导数, 且偏导函数 $f_x(x,y)$ 在 $[a,b] \times [c,d]$ 上连续, 则 $g(x,t)$ 在 $[a,b] \times [c,d]$ 上关于各变元都有连续的偏导数, 且

$$g_t(x,t) = f(x,t), \quad g_x(x,t) = \int_c^t f_x(x,y)\mathrm{d}y.$$

证明 (1) 对任意 $(x_0,t_0), (x,t) \in [a,b] \times [c,d]$, 有

$$\begin{aligned}|g(x,t) - g(x_0,t_0)| &= \Big|\int_c^t f(x,y)\mathrm{d}y - \int_c^{t_0} f(x_0,y)\mathrm{d}y\Big| \\ &\leqslant \int_c^{t_0} |f(x,y) - f(x_0,y)|\mathrm{d}y + \Big|\int_{t_0}^t |f(x,y)|\mathrm{d}y\Big| \equiv A + B.\end{aligned}$$

最后这个恒等号的意思是用它前面的量来对应地定义它后面的各个量, 即 A 表示恒等号前面两个被加项中的第一项, B 表示第二项. 由于 $f(x,y)$ 在 $[a,b] \times [c,d]$ 上连续蕴涵着它在 $[a,b] \times [c,d]$ 上一致连续, 所以对任意给定的 $\varepsilon > 0$, 必存在相应的 $\delta_1 > 0$, 使当 $|x - x_0| < \delta_1$ 时, 对任意 $y \in [c,d]$ 都成立

$$|f(x,y) - f(x_0,y)| < \frac{\varepsilon}{2(d-c)}.$$

因此当 $|x-x_0|<\delta_1$ 时,

$$A=\int_c^{t_0}|f(x,y)-f(x_0,y)|\mathrm{d}y\leqslant\frac{\varepsilon}{2(d-c)}\cdot(t_0-c)\leqslant\frac{\varepsilon}{2}.$$

又由 $f(x,y)$ 在 $[a,b]\times[c,d]$ 上连续知它有界, 所以存在 $M>0$ 使得

$$|f(x,y)|\leqslant M,\quad \forall(x,y)\in[a,b]\times[c,d].$$

这样当 $|t-t_0|<\delta_2=\dfrac{\varepsilon}{2M}$ 时, 有

$$B=\left|\int_{t_0}^{t}|f(x,y)|\mathrm{d}y\right|\leqslant M|t-t_0|<M\cdot\frac{\varepsilon}{2M}=\frac{\varepsilon}{2}.$$

因此, 当 $|x-x_0|<\delta_1$ 且 $|t-t_0|<\delta_2$ 时, 有

$$|g(x,t)-g(x_0,t_0)|\leqslant A+B<\frac{\varepsilon}{2}+\frac{\varepsilon}{2}=\varepsilon.$$

所以 $g(x,t)$ 在 $[a,b]\times[c,d]$ 中的任意一点 (x_0,t_0) 都连续. 这就证明了结论 (1).

(2) 根据定理 7.3.4, $g(x,t)$ 关于变元 t 有偏导数, 且

$$g_t(x,t)=f(x,t).$$

根据定理 18.1.2, $g(x,t)$ 关于变元 x 有偏导数, 且

$$g_x(x,t)=\int_c^t f_x(x,y)\mathrm{d}y.$$

由于这些等式右端的函数都是 $[a,b]\times[c,d]$ 上的连续函数, 所以就得到了结论 (2). 证毕.

定理 18.1.4 设 $f(x,y)$ 在 $[a,b]\times[c,d]$ 上连续, α 和 β 是定义在区间 $[a,b]$ 上的连续函数, 且

$$c\leqslant\alpha(x)\leqslant d,\quad c\leqslant\beta(x)\leqslant d,\quad \forall x\in[a,b].$$

则函数 $F(x)=\displaystyle\int_{\alpha(x)}^{\beta(x)}f(x,y)\mathrm{d}y$ 在 $[a,b]$ 上连续.

证明 令 $g(x,t)$ 如引理 18.1.1, 则根据这个引理知, 它是 $[a,b]\times[c,d]$ 上的连续函数. 显然有

$$F(x)=g(x,\beta(x))-g(x,\alpha(x)),\quad \forall x\in[a,b],$$

所以由复合函数的连续性知, F 在 $[a,b]$ 上连续. 证毕.

定理 18.1.5 设 $f(x,y)$ 在 $[a,b]\times[c,d]$ 上连续, 关于变元 x 有偏导数, 且 $f_x(x,y)$ 也在 $[a,b]\times[c,d]$ 上连续. 又设 α 和 β 是定义在区间 $[a,b]$ 上的可微函数, 且

$$c\leqslant\alpha(x)\leqslant d,\quad c\leqslant\beta(x)\leqslant d,\quad \forall x\in[a,b].$$

则函数 $F(x)=\int_{\alpha(x)}^{\beta(x)} f(x,y)\mathrm{d}y$ 在 $[a,b]$ 上可微，且

$$F'(x)=\int_{\alpha(x)}^{\beta(x)} f_x(x,y)\mathrm{d}y+f(x,\beta(x))\beta'(x)-f(x,\alpha(x))\alpha'(x).$$

证明 令 $g(x,t)$ 如引理 18.1.1，则根据引理 18.1.1 知，它在 $[a,b]\times[c,d]$ 上关于各变元都有连续的偏导数. 由于

$$F(x)=g(x,\beta(x))-g(x,\alpha(x)),\quad \forall x\in[a,b],$$

所以由复合函数的可微性知，$F(x)$ 在 $[a,b]$ 上可微，且由链锁规则有

$$\begin{aligned}F'(x)&=g_x(x,\beta(x))+g_t(x,\beta(x))\beta'(x)-g_x(x,\alpha(x))-g_t(x,\alpha(x))\alpha'(x)\\&=\int_c^{\beta(x)} f_x(x,y)\mathrm{d}y+f(x,\beta(x))\beta'(x)-\int_c^{\alpha(x)} f_x(x,y)\mathrm{d}y-f(x,\alpha(x))\alpha'(x)\\&=\int_{\alpha(x)}^{\beta(x)} f_x(x,y)\mathrm{d}y+f(x,\beta(x))\beta'(x)-f(x,\alpha(x))\alpha'(x).\end{aligned}$$

证毕.

例 1 设 $|\theta|<1$，计算积分

$$\int_0^{\frac{\pi}{2}}\left(\ln\frac{1+\theta\cos x}{1-\theta\cos x}\right)\frac{\mathrm{d}x}{\cos x}.$$

解 记上述积分为 $g(\theta)$. 假如导数和积分可以交换次序，则有

$$\begin{aligned}g'(\theta)&=\int_0^{\frac{\pi}{2}}\frac{\partial}{\partial\theta}\left(\ln\frac{1+\theta\cos x}{1-\theta\cos x}\right)\frac{\mathrm{d}x}{\cos x}\\&=\int_0^{\frac{\pi}{2}}\frac{2\mathrm{d}x}{1-\theta^2\cos^2 x}=(\text{令 } u=\tan x)\int_0^{+\infty}\frac{2\mathrm{d}u}{1-\theta^2+u^2}\\&=\frac{2}{\sqrt{1-\theta^2}}\arctan\left(\frac{u}{\sqrt{1-\theta^2}}\right)\Big|_0^{+\infty}=\frac{\pi}{\sqrt{1-\theta^2}}.\end{aligned}$$

从而

$$g(\theta)=g(0)+\int_0^{\theta} g'(\eta)\mathrm{d}\eta=\int_0^{\theta}\frac{\pi\mathrm{d}\eta}{\sqrt{1-\eta^2}}=\pi\arcsin\theta.$$

因此，剩下的问题便为验证导数和积分交换次序的条件是满足的. 为此令

$$f(x,\theta)=\begin{cases}\left(\ln\dfrac{1+\theta\cos x}{1-\theta\cos x}\right)\dfrac{1}{\cos x}, & \text{当 } 0\leqslant x<\dfrac{\pi}{2},\ |\theta|<1,\\[2ex] 2\theta, & \text{当 } x=\dfrac{\pi}{2},\ |\theta|<1.\end{cases}$$

对每个 $|\theta|<1$, $f(x,\theta)$ 关于变元 x 在区间 $\left[0,\dfrac{\pi}{2}\right]$ 上是连续的. 这是因为 $f(x,\theta)$ 显然关于 x 在区间 $\left[0,\dfrac{\pi}{2}\right)$ 上连续, 而由于当 $x\to\dfrac{\pi}{2}$ 时有

$$\ln\frac{1+\theta\cos x}{1-\theta\cos x}=\ln\left(1+\frac{2\theta\cos x}{1-\theta\cos x}\right)=\frac{2\theta\cos x}{1-\theta\cos x}+O(\cos^2 x),$$

从而对任意 $|\theta|<1$ 有

$$\lim_{x\to\frac{\pi}{2}-0}f(x,\theta)=\lim_{x\to\frac{\pi}{2}}\left(\ln\frac{1+\theta\cos x}{1-\theta\cos x}\right)\frac{1}{\cos x}=2\theta=f\left(\frac{\pi}{2},\theta\right),$$

所以 $f(x,\theta)$ 关于 x 也在 $x=\dfrac{\pi}{2}$ 处连续. 另外, 易见对任意 $(x,\theta)\in\left[0,\dfrac{\pi}{2}\right)\times(-1,1)$, $f(x,\theta)$ 在这些点关于 θ 有偏导数, 且

$$f_\theta(x,\theta)=\frac{2}{1-\theta^2\cos^2 x}.$$

又显然对任意 $|\theta|<1$ 有

$$f_\theta\left(\frac{\pi}{2},\theta\right)=2.$$

不难看出, 偏导函数 $f_\theta(x,\theta)$ 在整个区域 $\left[0,\dfrac{\pi}{2}\right]\times(-1,1)$ 上连续. 因此, 定理 18.1.2 的条件是满足的, 所以导数和积分可以交换次序.

习 题 18.1

1. 求下列极限:

(1) $\displaystyle\lim_{x\to 0}\int_{-1}^{1}\sqrt[4]{x^4+y^4}\mathrm{d}y$;　　(2) $\displaystyle\lim_{\varepsilon\to 0}\int_{-\pi}^{\pi}\frac{\mathrm{d}x}{1+\varepsilon\sin x}$;

(3) $\displaystyle\lim_{a\to 0}\int_{-\frac{\pi}{4}}^{\frac{\pi}{4}}\tan x\tan(x+a)\mathrm{d}x$;　　(4) $\displaystyle\lim_{a\to 0}\int_{a}^{1+a}\frac{\mathrm{d}x}{1+x^2+a^2}$;

(5) $\displaystyle\lim_{x\to 0}\frac{1}{x}\int_{x}^{1+x}\frac{\sin xy^2}{y}\mathrm{d}y$;　　(6) $\displaystyle\lim_{x\to 0}\int_{\sin x}^{\cos x}y\ln y\ln(x^2+y^2)\mathrm{d}y$.

2. 设 D 是 $\mathbf{R}^m$ 中的一个区域, $f(x,y)$ (其中, $x\in\mathbf{R}^m$, $y\in\mathbf{R}$) 是定义在 $D\times[c,d]$ 上的连续函数. 证明: 函数 $F(x)=\displaystyle\int_c^d f(x,y)\mathrm{d}y$ 在 D 上连续.

3. 设 I 是一个区间, $f(x,y)$ 是定义在 $I\times[c,d]$ 上的函数, x_0 是 I 中一点. 称函数 $x\mapsto f(x,y)$ $(x\in I)$ 在点 x_0 关于 $y\in[c,d]$**一致连续**. 如果对任意给定的 $\varepsilon>0$, 存在相应的 $\delta>0$, 使得只要 $|x-x_0|<\delta$ $(x\in I)$, 便成立

$$|f(x,y)-f(x_0,y)|<\varepsilon,\quad\forall y\in[c,d].$$

证明: (1) 如果定义在 $I\times[c,d]$ 上的函数 $f(x,y)$ 对每个固定的 $x\in I$ 作为 y 的函数在 $[c,d]$ 上黎曼可积, 且它作为 x 的函数在点 x_0 关于 $y\in[c,d]$ 一致连续, 则函数 $F(x)=\int_c^d f(x,y)\mathrm{d}y\ (x\in I)$ 在点 x_0 连续, 即成立

$$\lim_{x\to x_0}\int_c^d f(x,y)\mathrm{d}y=\int_c^d f(x_0,y)\mathrm{d}y.$$

(2) 如果 $f(x,y)$ 对每个 $y_0\in[c,d]$ 都在点 (x_0,y_0) 连续, 则它作为 x 的函数在点 x_0 关于 $y\in[c,d]$ 一致连续.

4. 求以下极限 (要求计算过程有合理的根据):

(1) $\lim\limits_{x\to 0}\int_0^1 \frac{y}{x^2}\mathrm{e}^{-\frac{y^2}{x^2}}\mathrm{d}y$; (2) $\lim\limits_{x\to 0}\int_0^1 \frac{y^2}{x^2}\mathrm{e}^{-\frac{y^2}{x^2}}\mathrm{d}y$; (3) $\lim\limits_{x\to 0}\int_0^1 \frac{y^3}{x^2}\mathrm{e}^{-\frac{y^2}{x^2}}\mathrm{d}y$.

5. 设 f 是在区间 $[0,1]$ 上恒取正值的连续函数.

(1) 下列计算是否正确?

$$\lim_{x\to 0}\int_0^1 \frac{xf(y)}{x^2+y^2}\mathrm{d}y=\int_0^1\lim_{x\to 0}\frac{xf(y)}{x^2+y^2}\mathrm{d}y=\int_0^1 0\mathrm{d}y=0;$$

(2) 证明: $\lim\limits_{x\to 0^+}\int_0^1 \frac{xf(y)}{x^2+y^2}\mathrm{d}y=\frac{\pi}{2}f(0)$.

6. 设 D 是 $\mathbf{R}^m$ 中包含原点的一个凸开集, f 是定义在 D 上的连续可微函数, 它在原点的值为零: $f(0)=0$. 证明: 存在 D 上的 m 个连续函数 $g_1, g_2, \cdots, g_m$ 使成立

$$f(x)=\sum_{i=1}^m x_i g_i(x),\quad \forall x\in D.$$

7. 求 $F'(x)$, 已知:

(1) $F(x)=\int_{\sin x}^{\cos x}\mathrm{e}^{x\sqrt{1-y^2}}\mathrm{d}y$; (2) $F(x)=\int_x^{x^2}\mathrm{e}^{-xy^2}\mathrm{d}y$;

(3) $F(x)=\int_{a+x}^{b+x}\frac{\sin xy}{y}\mathrm{d}y$; (4) $F(x)=\int_0^x\frac{\ln(1+xy)}{y}\mathrm{d}y$;

(5) $F(x)=\int_0^x\Big[\int_t^{2x}\ln(1+s^2+t^2)\mathrm{d}s\Big]\mathrm{d}t$;

(6) $F(x)=\int_0^{x^2}\Big[\int_{t-x}^{t+x}\sin(x^2-s^2-t^2)\mathrm{d}s\Big]\mathrm{d}t$.

8. 设 $\varphi(x,y)$ 在 $(a,b)\times[c,d]$ 上连续, 关于变元 x 有 n 阶偏导数 $(n\geqslant 1)$, 且对每个 $1\leqslant k\leqslant n$, $\frac{\partial^k\varphi}{\partial x^k}(x,y)$ 在 $(a,b)\times[c,d]$ 上连续. 又设 $f(y)$ 在 $[c,d]$ 上黎曼可积. 令

$$F(x)=\int_c^d\varphi(x,y)f(y)\mathrm{d}y,\quad x\in(a,b).$$

证明: $F(x)$ 在 (a,b) 上有连续的 n 阶导数, 且

$$F^{(n)}(x)=\int_c^d \frac{\partial^n\varphi}{\partial x^n}(x,y)f(y)\mathrm{d}y,\quad x\in(a,b).$$

9. 可否应用莱布尼茨法则来对函数 $F(x)=\displaystyle\int_0^1 \ln(x^2+y^2)\mathrm{d}y$ 在 $x=0$ 处求导数?
10. 设 f 是定义在 $(-\infty,+\infty)$ 上的连续函数, a 是给定的正数. 考虑函数

$$F(x)=\frac{1}{a^2}\int_0^a\Big[\int_0^a f(x+u+v)\mathrm{d}u\Big]\mathrm{d}v,\quad x\in(-\infty,+\infty).$$

证明: $F(x)$ 在 $(-\infty,+\infty)$ 上有连续的二阶导数, 并求 $F''(x)$.
11. 设 f 是定义在 $[0,+\infty)$ 上的连续函数. 应用莱布尼茨法则证明 n 阶原函数公式, 即证明函数

$$F(x)=\frac{1}{(n-1)!}\int_0^x f(t)(x-t)^{n-1}\mathrm{d}t,\quad x\geqslant 0$$

在 $[0,+\infty)$ 上有连续的 n 阶导数, 且

$$F^{(n)}(x)=f(x),\quad F(0)=F'(0)=\cdots=F^{(n-1)}(0)=0.$$

12. 设 f 是定义在 $[0,1]$ 上的连续函数. 令

$$u(x)=\int_0^1 K(x,y)f(y)\mathrm{d}y,\quad x\in[0,1],$$

其中, $K(x,y)=\begin{cases} x(1-y), & \text{当 } 0\leqslant x\leqslant y\leqslant 1,\\ y(1-x), & \text{当 } 0\leqslant y< x\leqslant 1.\end{cases}$ 证明: $u(x)$ 是以下常微分方程边值问题的解

$$\begin{cases} u''(x)=-f(x), & \text{当 } 0\leqslant x\leqslant 1,\\ u(0)=u(1)=0.\end{cases}$$

13. 应用对参数求导数的方法计算以下积分:

(1) $\displaystyle\int_0^\pi \frac{\ln(1+a\sin x)}{\sin x}\mathrm{d}x\ \ (|a|<1)$;　　(2) $\displaystyle\int_0^{\frac{\pi}{2}} \ln(a^2-\cos^2 x)\mathrm{d}x\ \ (a>1)$;

(3) $\displaystyle\int_0^{\frac{\pi}{2}} \ln(a^2\cos^2 x+b^2\sin^2 x)\mathrm{d}x\ \ (a,b>0)$;　　(4) $\displaystyle\int_0^{\pi} \ln(1-2a\cos x+a^2)\mathrm{d}x\ \ (a\in\mathbf{R})$;

(5) $\displaystyle\int_0^{\frac{\pi}{2}} \frac{\arctan(a\tan x)}{\tan x}\mathrm{d}x$;　　(6) $\displaystyle\int_0^{\frac{\pi}{2}} \frac{\arctan(a\sin x)}{\sin x}\mathrm{d}x$.

14. 证明: $\displaystyle\int_0^{2\pi} \mathrm{e}^{x\cos\theta}\cos(x\sin\theta)\mathrm{d}\theta=2\pi,\ \forall x\in\mathbf{R}$.

15. 证明: $\int_0^1\Big[\int_0^1\frac{x^2-y^2}{(x^2+y^2)^2}\mathrm{d}y\Big]\mathrm{d}x\neq\int_0^1\Big[\int_0^1\frac{x^2-y^2}{(x^2+y^2)^2}\mathrm{d}x\Big]\mathrm{d}y$.

16. 应用交换积分次序的方法计算以下积分:

(1) $\int_0^1\frac{x^b-x^a}{\ln x}\mathrm{d}x\quad(a,b>0)$; (2) $\int_0^1\cos\ln x\frac{x^b-x^a}{\ln x}\mathrm{d}x\quad(a,b>0)$.

18.2 含参变量的广义积分

对于广义积分, 自然也可以考虑被积函数含有参变量的情况, 这时就得到了含参变量的广义积分. 这种积分也在数学理论和物理应用问题中广泛出现. 由于一般的广义积分总可以分解为有界函数在无穷区间上的积分 (即无穷积分) 和无界函数在有限区间上的积分 (即瑕积分) 两种基本类型, 所以含参变量的广义积分也分为含参变量的无穷积分和含参变量的瑕积分两种基本类型. 对这两种不同类型的含参变量积分, 理论是完全平行的. 所以我们只以含参变量的无穷积分为例来做讨论. 对这类含参变量积分的每个结论, 都对应地有含参变量瑕积分的一个相应结论, 其证明也是相类似的. 因此, 关于含参变量瑕积分的理论留给读者补出.

设 I 是一个区间, c 是一个实数, $f(x,y)$ 是定义在区域 $I\times[c,+\infty)$ 上的二元函数, 使得对每个给定的 $x\in I$ 和 $d>c$, $f(x,y)$ 作为变元 y 的函数在区间 $[c,d]$ 上可积, 且无穷积分 $\int_c^{+\infty}f(x,y)\mathrm{d}y$ 收敛. 则此无穷积分的值是一个与 x 有关的实数, 记作 $g(x)$:

$$g(x)=\int_c^{+\infty}f(x,y)\mathrm{d}y,\quad\forall x\in I.\tag{18.2.1}$$

这样就得到了一个定义在区间 I 上的函数 g. 与含参变量的定积分类似, 需要知道这个函数在什么条件下是连续的、可微的和可积的以及如何计算其极限、导数和积分. 更确切地说, 下列三个等式分别在什么条件下成立:

$$\lim_{x\to x_0}\int_c^{+\infty}f(x,y)\mathrm{d}y=\int_c^{+\infty}\lim_{x\to x_0}f(x,y)\mathrm{d}y,\tag{18.2.2}$$

$$\frac{\mathrm{d}}{\mathrm{d}x}\int_c^{+\infty}f(x,y)\mathrm{d}y=\int_c^{+\infty}\frac{\partial}{\partial x}f(x,y)\mathrm{d}y,\tag{18.2.3}$$

$$\int_a^b\Big(\int_c^{+\infty}f(x,y)\mathrm{d}y\Big)\mathrm{d}x=\int_c^{+\infty}\Big(\int_a^bf(x,y)\mathrm{d}x\Big)\mathrm{d}y.\tag{18.2.4}$$

因此, 本节的主要目的就是给出使这些等式成立的一些条件.

18.2.1 含参量广义积分的一致收敛

检查 18.1 节各个定理的证明不难发现, 如果函数 $f(x,y)$ 仅满足含参变量定积分相应等式成立的那些条件, 是不能推导出以上这些等式的. 以第一个等式 (18.2.2) 为

例, 含参变量定积分的相应等式为

$$\lim_{x\to x_0}\int_c^d f(x,y)\mathrm{d}y=\int_c^d\lim_{x\to x_0}f(x,y)\mathrm{d}y.$$

为了保证这个等式成立, 只需函数 $f(x,y)$ 在 $[a,b]\times[c,d]$ 上连续即可. 因为这时 $f(x,y)$ 也在 $[a,b]\times[c,d]$ 上一致连续, 从而对任意给定的 $\varepsilon>0$, 都存在相应的 $\delta>0$, 使当 $|x-x_0|<\delta$ 时, 对任意 $y\in[c,d]$ 都成立

$$|f(x,y)-f(x_0,y)|<\frac{\varepsilon}{d-c}. \tag{18.2.5}$$

对此不等式关于 y 积分就可推出 $\int_c^d f(x,y)\mathrm{d}y$ 与 $\int_c^d f(x_0,y)\mathrm{d}y$ 之差不超过 ε. 在现在这种积分区间为无穷区间的情形, 显然即使要求 $f(x,y)$ 在 $[a,b]\times[c,+\infty)$ 上一致连续, 上述推导也得不到所需要的结论, 因为式 (18.2.5) 右端的值无论取得多么小, 它在无穷区间 $[c,+\infty)$ 上的积分都是无穷大.

为了避免对形如式(18.2.5) 的不等式在整个无穷区间 $[c,+\infty)$ 上积分, 下面对无穷积分 $\int_c^{+\infty}f(x,y)\mathrm{d}y$ 附加以下条件: 它的收敛性是关于参变元 x 一致的, 即当 d 充分大时, $\int_d^{+\infty}f(x,y)\mathrm{d}y$ 关于参变元 x 一致地充分小. 更准确地说就是, 对任意给定的 $\varepsilon>0$, 都存在相应的 $A>c$, 使当 $d>A$ 时, 对所有 $x\in[a,b]$ 而言都成立

$$\left|\int_d^{+\infty}f(x,y)\mathrm{d}y\right|<\varepsilon.$$

这样结合式 (18.2.5) 可得到: 当 $|x-x_0|<\delta$ 时,

$$\begin{aligned}&\left|\int_c^{+\infty}f(x,y)\mathrm{d}y-\int_c^{+\infty}f(x_0,y)\mathrm{d}y\right|\\&=\left|\int_c^d f(x,y)\mathrm{d}y-\int_c^d f(x_0,y)\mathrm{d}y+\int_d^{+\infty}f(x,y)\mathrm{d}y-\int_d^{+\infty}f(x_0,y)\mathrm{d}y\right|\\&\leqslant\left|\int_c^d[f(x,y)\mathrm{d}y-f(x_0,y)]\mathrm{d}y\right|+\left|\int_d^{+\infty}f(x,y)\mathrm{d}y\right|+\left|\int_d^{+\infty}f(x_0,y)\mathrm{d}y\right|\\&<\frac{\varepsilon}{d-c}\cdot(d-c)+\varepsilon+\varepsilon=3\varepsilon.\end{aligned}$$

因此引进以下概念.

定义 18.2.1 设 $f(x,y)$ 是定义在区域 $I\times[c,+\infty)$ 上的二元函数, 使得对每个给定的 $x\in I$, 无穷积分 $\int_c^{+\infty}f(x,y)\mathrm{d}y$ 收敛. 记此无穷积分的值为 $g(x)$. 如果对任意

给定的 $\varepsilon>0$, 都存在相应的 $A>c$, 使当 $d>A$ 时, 对所有 $x\in I$ 而言都成立

$$\left|\int_c^d f(x,y)\mathrm{d}y-g(x)\right|<\varepsilon,$$

或等价地, 当 $d>A$ 时对所有 $x\in I$ 都成立

$$\left|\int_d^{+\infty} f(x,y)\mathrm{d}y\right|<\varepsilon,$$

则称无穷积分 $\int_c^{+\infty} f(x,y)\mathrm{d}y$ **关于** $x\in I$ **一致收敛**.

正如无穷积分与无穷级数有许多类似的敛散性判别法一样, 含参变量无穷积分一致收敛的判别, 可以类似于对函数项级数一致收敛的判别来进行. 下面把这些定理逐个写出.

定理 18.2.1(一致收敛的柯西准则) 无穷积分 $\int_c^{+\infty} f(x,y)\mathrm{d}y$ 关于 $x\in I$ 一致收敛的充要条件是: 对任意给定的 $\varepsilon>0$, 存在相应的 $A>c$, 使当 $d_1,d_2>A$ 时, 对所有 $x\in I$ 都成立

$$\left|\int_{d_1}^{d_2} f(x,y)\mathrm{d}y\right|<\varepsilon.$$

定理 18.2.2(魏尔斯特拉斯 M 判别法) 设存在定义在 $[c,+\infty)$ 上的非负连续函数 $M(y)$ 使成立

$$|f(x,y)|\leqslant M(y),\quad \forall x\in I,\ \forall y\geqslant c,$$

并且广义积分 $\int_c^{+\infty} M(y)\mathrm{d}y$ 收敛, 则广义积分 $\int_c^{+\infty} f(x,y)\mathrm{d}y$ 关于 $x\in I$ 一致收敛.

定理 18.2.3(狄利克雷判别法) 设

(1) 函数 $d\mapsto\int_c^d f(x,y)\mathrm{d}y$ 关于 $x\in I$ 一致有界, 即存在常数 $M>0$ 使成立

$$\left|\int_c^d f(x,y)\mathrm{d}y\right|\leqslant M,\quad \forall x\in I,\ \forall d\geqslant c.$$

(2) 对每个固定的 $x\in I$, 函数 $g(x,y)$ 关于 y 是单调的, 并且当 $y\to+\infty$ 时, $g(x,y)$ 关于 $x\in I$ 一致地收敛于零, 即对任意给定的 $\varepsilon>0$, 存在相应的 $d>c$, 使得

$$|f(x,y)|<\varepsilon,\quad \forall x\in I,\ \forall y>d.$$

则广义积分 $\int_c^{+\infty} f(x,y)g(x,y)\mathrm{d}y$ 关于 $x\in I$ 一致收敛.

定理 18.2.4(阿贝尔判别法) 设

(1) 广义积分 $\int_c^{+\infty} f(x,y)\mathrm{d}y$ 关于 $x\in I$ 一致收敛.

(2) 对每个固定的 $x\in I$, 函数 $g(x,y)$ 关于 y 是单调的, 并且作为 y 的函数, $g(x,y)$ 关于 $x\in I$ 一致有界, 即存在常数 $M>0$ 使成立

$$|g(x,y)|\leqslant M,\quad \forall x\in I,\ \forall y\geqslant c.$$

则广义积分 $\displaystyle\int_c^{+\infty} f(x,y)g(x,y)\mathrm{d}y$ 关于 $x\in I$ 一致收敛.

定理 18.2.1 和定理 18.2.2 可仿照函数项级数的相应定理证明, 定理 18.2.3 和定理 18.2.4 则可仿照函数项级数相应定理的证明并参考无穷积分收敛的狄利克雷判别法和阿贝尔判别法的证明来证明. 留给读者完成.

例 1 证明无穷积分 $\displaystyle\int_{-\infty}^{+\infty}\frac{\sin ax}{1+x^2}\mathrm{d}x$ 关于 $a\in\mathbf{R}$ 一致收敛.

证明 由于

$$\left|\frac{\sin ax}{1+x^2}\right|\leqslant\frac{1}{1+x^2},\quad \forall a\in\mathbf{R},\ \forall x\in\mathbf{R},$$

并且无穷积分 $\displaystyle\int_{-\infty}^{+\infty}\frac{\mathrm{d}x}{1+x^2}$ 收敛, 所以由 M 判别法知, 无穷积分 $\displaystyle\int_{-\infty}^{+\infty}\frac{\sin ax}{1+x^2}\mathrm{d}x$ 关于 $a\in\mathbf{R}$ 一致收敛.

例 2 证明无穷积分 $\displaystyle\int_0^{+\infty}\frac{\sin x}{x}\mathrm{e}^{-tx}\mathrm{d}x$ 关于 $t\geqslant 0$ 一致收敛.

证明 无穷积分 $\displaystyle\int_0^{+\infty}\frac{\sin x}{x}\mathrm{d}x$ 是收敛的 (见 9.1 节例 11). 又对每个固定的 $t\geqslant 0$, 函数 e^{-tx} 关于 x 是单调的, 并且

$$|\mathrm{e}^{-tx}|\leqslant 1,\quad \forall t\geqslant 0,\ \forall x\geqslant 0.$$

所以由阿贝尔判别法知, 无穷积分 $\displaystyle\int_0^{+\infty}\frac{\sin x}{x}\mathrm{e}^{-tx}\mathrm{d}x$ 关于 $t\geqslant 0$ 一致收敛.

在有些问题中, 需要用到广义积分 $\displaystyle\int_c^{+\infty} f(x,y)\mathrm{d}y$ 关于 $x\in I$ 不一致收敛的条件. 这个积分一致收敛条件的逆否命题就是它不一致收敛的条件. 用逻辑学的语言, 这个积分一致收敛的条件是

$$\forall\varepsilon>0,\ \exists A>c,\ \text{使}\ \forall d>A,\ \forall x\in I,\ \text{有}\ \left|\int_d^{+\infty} f(x,y)\mathrm{d}y\right|<\varepsilon.$$

因此, 广义积分 $\displaystyle\int_c^{+\infty} f(x,y)\mathrm{d}y$ 关于 $x\in I$ 不一致收敛的充要条件是

$$\exists\varepsilon_0>0,\ \text{使}\ \forall A>c,\ \exists d>A,\ \exists x\in I,\ \text{使}\ \left|\int_d^{+\infty} f(x,y)\mathrm{d}y\right|\geqslant\varepsilon_0. \tag{18.2.6}$$

根据这个条件, 当广义积分 $\int_c^{+\infty} f(x,y)\mathrm{d}y$ 关于 $x\in I$ 不一致收敛时, 必存在正数 ε_0, 使得对每个 $A_n=c+n$, $n=1,2,\cdots$, 存在相应的 $d_n>A_n$ 和 $x_n\in I$, 使

$$\left|\int_{d_n}^{+\infty} f(x_n,y)\mathrm{d}y\right|\geqslant\varepsilon_0,\quad n=1,2,\cdots. \tag{18.2.7}$$

而 $d_n>A_n=c+n$ 意味着 $\lim\limits_{n\to+\infty}d_n=+\infty$. 因此, 如果广义积分 $\int_c^{+\infty} f(x,y)\mathrm{d}y$ 关于 $x\in I$ 不一致收敛, 则必存在正数 ε_0 和两个数列 $\{d_n\}$ 和 $\{x_n\}$, 其中, $d_n>c$ 且 $\lim\limits_{n\to+\infty}d_n=+\infty$, 而 $x_n\in I$, $n=1,2,\cdots$, 使得式 (18.2.7) 成立. 这个条件也是 $\int_c^{+\infty} f(x,y)\mathrm{d}y$ 关于 $x\in I$ 不一致收敛的充分条件. 因为当这个条件成立时, 对任意 $A>c$, 只要取 n 充分大使得 $d_n>A$, 然后令 $d=d_n$, $x=x_n$, 则就有式 (18.2.6) 成立.

例 3　对无穷积分 $I(\alpha)=\int_1^{+\infty}x^{\alpha}\mathrm{e}^{-x}\mathrm{d}x$, 证明:

(1) 对任意 $a>0$, $I(\alpha)$ 关于 $0\leqslant\alpha\leqslant a$ 一致收敛.

(2) $I(\alpha)$ 关于 $\alpha\geqslant 0$ 不一致收敛.

证明　(1) 由于

$$0\leqslant x^{\alpha}\mathrm{e}^{-x}\leqslant x^{a}\mathrm{e}^{-x},\quad \forall x\geqslant 1,\ \forall\alpha\in[0,a],$$

而无穷积分 $I(\alpha)=\int_1^{+\infty}x^{a}\mathrm{e}^{-x}\mathrm{d}x$ 收敛, 所以由 M 判别法知, $I(\alpha)$ 关于 $0\leqslant\alpha\leqslant a$ 一致收敛.

(2) 由于

$$\int_n^{+\infty}x^n\mathrm{e}^{-x}\mathrm{d}x=-x^n\mathrm{e}^{-x}\Big|_n^{+\infty}+n\int_n^{+\infty}x^{n-1}\mathrm{e}^{-x}\mathrm{d}x\geqslant n^n\mathrm{e}^{-n}\geqslant\mathrm{e}^{-1},\quad n=1,2,\cdots,$$

所以 $I(\alpha)$ 关于 $\alpha\geqslant 0$ 不一致收敛.

18.2.2　含参量广义积分的性质

再引进以下概念.

定义 18.2.2　设对每个给定的 $x\in I$, 无穷积分 $\int_c^{+\infty} f(x,y)\mathrm{d}y$ 收敛. 如果对任意 $x_0\in I$, 都存在相应的 $\delta>0$, 使得该无穷积分关于 $x\in I\bigcap[x_0-\delta,x_0+\delta]$ 一致收敛, 则称这个无穷积分关于 $x\in I$**局部地一致收敛**.

现在便可把 18.1 节给出的关于含参量的定积分的连续性、可微性和积分交换次序的定理全部推广到含参量的广义积分. 下面逐一写出并证明这些定理.

定理 18.2.5(极限和积分交换次序) 设 $f(x,y)$ 在 $I\times[c,+\infty)$ 上连续, 且广义积分 $g(x)=\int_c^{+\infty}f(x,y)\mathrm{d}y$ 关于 $x\in I$ 局部地一致收敛. 则对任意 $x_0\in I$ 都成立

$$\lim_{\substack{x\to x_0\\ x\in I}}\int_c^{+\infty}f(x,y)\mathrm{d}y=\int_c^{+\infty}f(x_0,y)\mathrm{d}y=\int_c^{+\infty}\lim_{\substack{x\to x_0\\ x\in I}}f(x,y)\mathrm{d}y, \tag{18.2.8}$$

即函数 $g(x)=\int_c^{+\infty}f(x,y)\mathrm{d}y$ 在 I 上连续.

证明 先设 x_0 是区间 I 的内点, 即当 $\sigma>0$ 充分小时有 $[x_0-\sigma,x_0+\sigma]\subseteq I$. 由于无穷积分 $\int_c^{+\infty}f(x,y)\mathrm{d}y$ 关于 $x\in I$ 局部地一致收敛, 所以存在 $\sigma>0$, 使得该无穷积分关于 $x\in I\bigcap[x_0-\sigma,x_0+\sigma]$ 一致收敛. 不妨设 σ 充分小使 $[x_0-\sigma,x_0+\sigma]\subseteq I$, 因而 $I\bigcap[x_0-\sigma,x_0+\sigma]=[x_0-\sigma,x_0+\sigma]$. 这样该无穷积分就关于 $x\in[x_0-\sigma,x_0+\sigma]$ 一致收敛. 因此对任意给定的 $\varepsilon>0$, 存在相应的 $A>c$, 使当 $d>A$ 时对所有 $x\in[x_0-\sigma,x_0+\sigma]$ 都成立

$$\Big|\int_d^{+\infty}f(x,y)\mathrm{d}y\Big|<\frac{\varepsilon}{3}. \tag{18.2.9}$$

取定一个 $d>A$. 对于积分 $\int_c^d f(x,y)\mathrm{d}y$, 应用定理 18.1.1 有

$$\lim_{x\to x_0}\int_c^d f(x,y)\mathrm{d}y=\int_c^d f(x_0,y)\mathrm{d}y.$$

因此存在 $\delta>0$, 使当 $|x-x_0|<\delta$ 时, 有

$$\Big|\int_c^d f(x,y)\mathrm{d}y-\int_c^d f(x_0,y)\mathrm{d}y\Big|<\frac{\varepsilon}{3}. \tag{18.2.10}$$

结合式 (18.2.9) 和式 (18.2.10) 可知当 $|x-x_0|<\min\{\delta,\sigma\}$ 时, 有

$$\begin{aligned}
&\Big|\int_c^{+\infty}f(x,y)\mathrm{d}y-\int_c^{+\infty}f(x_0,y)\mathrm{d}y\Big|\\
=&\Big|\int_c^d f(x,y)\mathrm{d}y-\int_c^d f(x_0,y)\mathrm{d}y+\int_d^{+\infty}f(x,y)\mathrm{d}y-\int_d^{+\infty}f(x_0,y)\mathrm{d}y\Big|\\
\leqslant&\Big|\int_c^d f(x,y)\mathrm{d}y-\int_c^d f(x_0,y)\mathrm{d}y\Big|+\Big|\int_d^{+\infty}f(x,y)\mathrm{d}y\Big|+\Big|\int_d^{+\infty}f(x_0,y)\mathrm{d}y\Big|\\
<&\frac{\varepsilon}{3}+\frac{\varepsilon}{3}+\frac{\varepsilon}{3}=\varepsilon.
\end{aligned}$$

因此式 (18.2.8) 成立.

再来考虑 x_0 是区间 I 的端点的情况. 如果 x_0 是 I 的左端点, 说明 $I=[x_0,b)$ (其中 $x_0<b\leqslant+\infty$) 或 $I=[x_0,b]$ (其中 $x_0<b<+\infty$). 这时条件 “广义积分

$\displaystyle\int_c^{+\infty} f(x,y)\mathrm{d}y$ 关于 $x\in I$ 局部地一致收敛” 蕴涵着存在 $\sigma>0$, 使得该无穷积分关于 $x\in[x_0,x_0+\sigma]$ 一致收敛. 这时只要把上面的讨论限制在关于 $x\in[x_0,x_0+\sigma]$ 进行即可. 同样地, 如果 x_0 是 I 的右端点, 说明 $I=(a,x_0]$ (其中 $-\infty\leqslant a<x_0$) 或 $I=[a,x_0]$ (其中 $-\infty<a<x_0$). 这时条件 “广义积分 $\displaystyle\int_c^{+\infty} f(x,y)\mathrm{d}y$ 关于 $x\in I$ 局部地一致收敛” 蕴涵着存在 $\sigma>0$, 使得该无穷积分关于 $x\in[x_0-\sigma,x_0]$ 一致收敛. 这时只要把上面的讨论限制在关于 $x\in[x_0-\sigma,x_0]$ 进行即可. 总之, 在这两种情况下式 (18.2.8) 仍然成立. 证毕.

定理 18.2.6(积分交换次序)　设 $f(x,y)$ 在 $[a,b]\times[c,+\infty)$ 上连续, 且广义积分 $g(x)=\displaystyle\int_c^{+\infty} f(x,y)\mathrm{d}y$ 关于 $x\in[a,b]$ 一致收敛. 则成立

$$\int_a^b\Big(\int_c^{+\infty} f(x,y)\mathrm{d}y\Big)\mathrm{d}x=\int_c^{+\infty}\Big(\int_a^b f(x,y)\mathrm{d}x\Big)\mathrm{d}y. \tag{18.2.11}$$

证明　由定理 18.2.5 知, 函数 $g(x)=\displaystyle\int_c^{+\infty} f(x,y)\mathrm{d}y$ 在 $[a,b]$ 上连续, 进而可积. 因此式 (18.2.11) 的左端是一个确定的实数, 它就是 $g(x)$ 在 $[a,b]$ 上的定积分 $\displaystyle\int_a^b g(x)\mathrm{d}x$. 为了证明这个等式的右端也有意义且等式成立, 只需证明

$$\lim_{d\to+\infty}\int_c^d\Big(\int_a^b f(x,y)\mathrm{d}x\Big)\mathrm{d}y=\int_a^b g(x)\mathrm{d}x. \tag{18.2.12}$$

根据含参变量定积分的积分交换次序定理, 有

$$\begin{aligned}&\Big|\int_c^d\Big(\int_a^b f(x,y)\mathrm{d}x\Big)\mathrm{d}y-\int_a^b g(x)\mathrm{d}x\Big|\\=&\Big|\int_a^b\Big(\int_c^d f(x,y)\mathrm{d}y\Big)\mathrm{d}x-\int_a^b g(x)\mathrm{d}x\Big|\\\leqslant&\int_a^b\Big|\int_c^d f(x,y)\mathrm{d}y-g(x)\Big|\mathrm{d}x.\end{aligned} \tag{18.2.13}$$

因为 $g(x)=\displaystyle\int_c^{+\infty} f(x,y)\mathrm{d}y$ 关于 $x\in[a,b]$ 一致收敛, 所以对任意给定的 $\varepsilon>0$, 存在相应的 $A>c$, 使当 $d>A$ 时对所有 $x\in[a,b]$ 都成立

$$\Big|\int_c^d f(x,y)\mathrm{d}y-g(x)\Big|<\frac{\varepsilon}{b-a}.$$

从而当 $d>A$ 时, 有

$$\int_a^b\Big|\int_c^d f(x,y)\mathrm{d}y-g(x)\Big|\mathrm{d}x\leqslant\frac{\varepsilon}{b-a}\cdot(b-a)=\varepsilon. \tag{18.2.14}$$

结合式 (18.2.13) 与式 (18.2.14), 即知式 (18.2.12) 成立. 证毕.

定理 18.2.7(导数和积分交换次序) 对任意区间 I 和定义在 $I\times[c,+\infty)$ 上的函数 $f(x,y)$, 设以下三个条件满足:

(1) 对每个 $x\in I$, 广义积分 $g(x)=\displaystyle\int_c^{+\infty}f(x,y)\mathrm{d}y$ 收敛;

(2) $f(x,y)$ 关于变元 x 有偏导数, 且偏导函数 $f_x(x,y)$ 在 $I\times[c,+\infty)$ 上连续;

(3) 广义积分 $\displaystyle\int_c^{+\infty}f_x(x,y)\mathrm{d}y$ 关于 $x\in I$ 局部地一致收敛.

则函数 $g(x)=\displaystyle\int_c^{+\infty}f(x,y)\mathrm{d}y$ 在 I 上可导, 且 $g'(x)=\displaystyle\int_c^{+\infty}f_x(x,y)\mathrm{d}y$, 即导数和积分可以交换次序:

$$\frac{\mathrm{d}}{\mathrm{d}x}\int_c^{+\infty}f(x,y)\mathrm{d}y=\int_c^{+\infty}f_x(x,y)\mathrm{d}y=\int_c^{+\infty}\frac{\partial}{\partial x}f(x,y)\mathrm{d}y,\quad\forall x\in I.\tag{18.2.15}$$

这里当 x 是区间 I 的端点时, 导数指的是单侧导数.

证明 令

$$h(x)=\int_c^{+\infty}f_x(x,y)\mathrm{d}y,\quad\forall x\in I.$$

根据定理 18.2.5, 从条件 (2) 和条件 (3) 推知 $h(x)$ 是 I 上的连续函数. 进一步, 根据定理 18.2.6, 从条件 (2) 和条件 (3) 可知对任意 $s,t\in I\ (s<t)$ 成立

$$\begin{aligned}\int_s^t h(x)\mathrm{d}x&=\int_s^t\Big(\int_c^{+\infty}f_x(x,y)\mathrm{d}y\Big)\mathrm{d}x=\int_c^{+\infty}\Big(\int_s^t f_x(x,y)\mathrm{d}x\Big)\mathrm{d}y\\&=\int_c^{+\infty}[f(t,y)-f(s,y)]\mathrm{d}y=g(t)-g(s).\end{aligned}$$

由上式和变限积分的导数定理 (定理 7.3.4) 知, $g(x)$ 在 I 上可导, 且 $g'(x)=h(x)$, $\forall x\in I$. 证毕.

例 4 求狄利克雷积分 $\displaystyle\int_0^{+\infty}\frac{\sin x}{x}\mathrm{d}x$.

解 考虑含参量的广义积分

$$g(t)=\int_0^{+\infty}\frac{\sin x}{x}\mathrm{e}^{-tx}\mathrm{d}x,\quad t\geqslant 0.$$

由例 2 知这个广义积分关于 $t\in[0,+\infty)$ 一致收敛, 因而 $g(t)$ 是区间 $[0,+\infty)$ 上的连续函数. 易见

$$g(0)=\int_0^{+\infty}\frac{\sin x}{x}\mathrm{d}x,$$

且

$$|g(t)|=\Big|\int_0^{+\infty}\frac{\sin x}{x}\mathrm{e}^{-tx}\mathrm{d}x\Big|\leqslant\int_0^{+\infty}\mathrm{e}^{-tx}\mathrm{d}x=\frac{1}{t},\quad\forall t>0,$$

从而

$$\lim_{t\to+\infty} g(t)=0.$$

如果关于 $t>0$ 的求导运算 (注意不需要在 $t=0$ 处求导) 能够与关于 x 的无穷积分交换次序, 那么有

$$g'(t)=-\int_0^{+\infty}(\sin x)\mathrm{e}^{-tx}\mathrm{d}x=\left.\frac{\mathrm{e}^{-tx}(t\sin x+\cos x)}{1+t^2}\right|_{x=0}^{+\infty}=-\frac{1}{1+t^2},\quad \forall t>0,$$

进而对任意 $t>0$, 有

$$g(t)-g(0)=-\int_0^t\frac{\mathrm{d}\eta}{1+\eta^2}=-\arctan\eta|_0^t=-\arctan t.$$

令 $t\to+\infty$, 得

$$g(0)=\lim_{t\to+\infty}\arctan t=\frac{\pi}{2}.$$

因此, 剩下的问题只是验证求导运算与无穷积分交换次序的条件是满足的. 而这只需证明, 积分号下求导所得到的广义积分 $h(t)=\displaystyle\int_0^{+\infty}(\sin x)\mathrm{e}^{-tx}\mathrm{d}x$ 关于 $t\in(0,+\infty)$ 局部地一致收敛. 这个条件的确是满足的. 这是因为, 显然对任意 $a>0$, 有

$$|(\sin x)\mathrm{e}^{-tx}|\leqslant\mathrm{e}^{-ax},\quad\forall t\geqslant a,\ \forall x\geqslant 0,$$

所以运用 M 判别法知, $h(t)$ 关于 $t\geqslant a$ 一致收敛. 由于对任意 $t_0>0$, 只要取 $\delta=\dfrac{t_0}{2}$ 和 $a=\dfrac{t_0}{2}$, 就有 $[t_0-\delta,t_0+\delta]\subseteq\left[\dfrac{t_0}{2},+\infty\right)$, 进而应用前述结论知 $h(t)$ 关于 $t\in[t_0-\delta,t_0+\delta]$ 一致收敛, 所以就证明了广义积分 $h(t)=\displaystyle\int_0^{+\infty}(\sin x)\mathrm{e}^{-tx}\mathrm{d}x$ 关于 $t\in(0,+\infty)$ 局部地一致收敛.

以上例题给出了引理 13.2.3 的另一个证明.

狄利克雷积分中的被积函数 $\dfrac{\sin x}{x}$, 其原函数不是初等函数, 因此无法应用牛顿-莱布尼茨公式来计算这个广义积分的值. 但是通过人为地引进一个参变量, 把这个广义积分看成一个含参变量的广义积分在一个点处的值, 便根据含参变量的广义积分的运算规则, 避开了求原函数而计算出了它的值. 这种人为地引进参变量的方法, 是数学分析中一个很有用的技巧. 希望读者给予足够的重视.

前面考虑的积分交换次序问题, 其中一个积分是定积分. 下面讨论两个积分都是广义积分时, 它们在什么条件下可以交换次序的问题. 只以两个广义积分都是无穷积分的情形为例来讨论.

定理 18.2.8　设 $f(x,y)$ 是 $[a,+\infty)\times[c,+\infty)$ 上的连续函数, 满足以下三个条件:

(1) 对任意 $b>a$, 广义积分 $\int_c^{+\infty}|f(x,y)|\mathrm{d}y$ 关于 $x\in[a,b]$ 一致收敛;

(2) 对任意 $d>c$, 广义积分 $\int_a^{+\infty}|f(x,y)|\mathrm{d}x$ 关于 $y\in[c,d]$ 一致收敛;

(3) 两个广义积分

$$\int_a^{+\infty}\Big(\int_c^{+\infty}|f(x,y)|\mathrm{d}y\Big)\mathrm{d}x \quad 和 \quad \int_c^{+\infty}\Big(\int_a^{+\infty}|f(x,y)|\mathrm{d}x\Big)\mathrm{d}y$$

至少有一个收敛. 则另一个广义积分也必收敛, 而且成立以下等式:

$$\int_a^{+\infty}\Big(\int_c^{+\infty}|f(x,y)|\mathrm{d}y\Big)\mathrm{d}x=\int_c^{+\infty}\Big(\int_a^{+\infty}|f(x,y)|\mathrm{d}x\Big)\mathrm{d}y, \tag{18.2.16}$$

$$\int_a^{+\infty}\Big(\int_c^{+\infty}f(x,y)\mathrm{d}y\Big)\mathrm{d}x=\int_c^{+\infty}\Big(\int_a^{+\infty}f(x,y)\mathrm{d}x\Big)\mathrm{d}y. \tag{18.2.17}$$

证明 只需证明 (18.2.17), 因为 (18.2.16) 可通过对函数 $|f(x,y)|$ 应用 (18.2.17) 得到. 首先, 根据定理 18.2.5, 由条件 (1) 可知函数 $x\mapsto\int_c^{+\infty}f(x,y)\mathrm{d}y$ 是 $[a,+\infty)$ 上的连续函数, 从而对任意 $b>a$, 它在 $[a,b]$ 上黎曼可积. 因此广义积分 $\int_a^{+\infty}\Big(\int_c^{+\infty}f(x,y)\mathrm{d}y\Big)\mathrm{d}x$ 有意义. 同理由条件 (2) 知函数 $y\mapsto\int_a^{+\infty}f(x,y)\mathrm{d}x$ 是 $[c,+\infty)$ 上的连续函数, 因此广义积分 $\int_c^{+\infty}\Big(\int_a^{+\infty}f(x,y)\mathrm{d}x\Big)\mathrm{d}y$ 也有意义. 由条件 (3) 知这两个广义积分至少有一个是收敛的. 不妨设 $\int_c^{+\infty}\Big(\int_a^{+\infty}f(x,y)\mathrm{d}x\Big)\mathrm{d}y$ 收敛. 下面证明:

$$\lim_{b\to+\infty}\int_a^{b}\Big(\int_c^{+\infty}f(x,y)\mathrm{d}y\Big)\mathrm{d}x=\int_c^{+\infty}\Big(\int_a^{+\infty}f(x,y)\mathrm{d}x\Big)\mathrm{d}y. \tag{18.2.18}$$

由于对每个 $b>a$, 广义积分 $\int_c^{+\infty}f(x,y)\mathrm{d}y$ 关于 $x\in[a,b]$ 一致收敛, 所以由定理 18.2.6 知

$$\int_a^{b}\Big(\int_c^{+\infty}f(x,y)\mathrm{d}y\Big)\mathrm{d}x=\int_c^{+\infty}\Big(\int_a^{b}f(x,y)\mathrm{d}x\Big)\mathrm{d}y,$$

因此

$$\begin{aligned}&\Big|\int_a^{b}\Big(\int_c^{+\infty}f(x,y)\mathrm{d}y\Big)\mathrm{d}x-\int_c^{+\infty}\Big(\int_a^{+\infty}f(x,y)\mathrm{d}x\Big)\mathrm{d}y\Big|\\=&\Big|\int_c^{+\infty}\Big(\int_a^{b}f(x,y)\mathrm{d}x\Big)\mathrm{d}y-\int_c^{+\infty}\Big(\int_a^{+\infty}f(x,y)\mathrm{d}x\Big)\mathrm{d}y\Big|\end{aligned}$$

$$\begin{aligned}
&\leqslant \int_c^{+\infty}\Big(\int_b^{+\infty}|f(x,y)|\mathrm{d}x\Big)\mathrm{d}y\\
&= \int_c^{d}\Big(\int_b^{+\infty}|f(x,y)|\mathrm{d}x\Big)\mathrm{d}y+\int_d^{+\infty}\Big(\int_b^{+\infty}|f(x,y)|\mathrm{d}x\Big)\mathrm{d}y\\
&\leqslant \int_c^{d}\Big(\int_b^{+\infty}|f(x,y)|\mathrm{d}x\Big)\mathrm{d}y+\int_d^{+\infty}\Big(\int_a^{+\infty}|f(x,y)|\mathrm{d}x\Big)\mathrm{d}y\\
&\equiv A+B.
\end{aligned}$$

由于 $\int_c^{+\infty}\Big(\int_a^{+\infty}|f(x,y)|\mathrm{d}x\Big)\mathrm{d}y<\infty$, 所以对任意给定的 $\varepsilon>0$, 存在相应的 $N>c$, 使对任意 $d>N$ 都有

$$B=\int_d^{+\infty}\Big(\int_a^{+\infty}|f(x,y)|\mathrm{d}x\Big)\mathrm{d}y<\frac{\varepsilon}{2}.$$

取定一个这样的 d. 因为广义积分 $\int_a^{+\infty}|f(x,y)|\mathrm{d}x$ 关于 $y\in[c,d]$ 一致收敛, 所以对给定的 $\varepsilon>0$, 存在相应的 $M>a$, 使对任意 $b>M$ 和 $y\in[c,d]$ 都有

$$\int_b^{+\infty}|f(x,y)|\mathrm{d}x<\frac{\varepsilon}{2(d-c)},$$

它蕴含着

$$A=\int_c^{d}\Big(\int_b^{+\infty}|f(x,y)|\mathrm{d}x\Big)\mathrm{d}y\leqslant\frac{\varepsilon}{2(d-c)}\cdot(d-c)=\frac{\varepsilon}{2}.$$

因此当 $b>M$ 时有

$$\Big|\int_a^{b}\Big(\int_c^{+\infty}f(x,y)\mathrm{d}y\Big)\mathrm{d}x-\int_c^{+\infty}\Big(\int_a^{+\infty}f(x,y)\mathrm{d}x\Big)\mathrm{d}y\Big|\leqslant A+B<\frac{\varepsilon}{2}+\frac{\varepsilon}{2}=\varepsilon.$$

这就证明了 (18.2.18). 定理证毕.

下面应用定理 18.2.8 计算一个重要的积分.

命题 18.2.1(**概率积分或欧拉–泊松积分**)

$$\int_0^{+\infty}\mathrm{e}^{-x^2}\mathrm{d}x=\frac{\sqrt{\pi}}{2}.$$

证明　记以上积分为 A. 对任意 $t>0$, 做积分变元变换 $x=ty$, 得

$$A=\int_0^{+\infty}t\mathrm{e}^{-t^2y^2}\mathrm{d}y,$$

进而

$$\mathrm{e}^{-t^2}A=\int_0^{+\infty}t\mathrm{e}^{-t^2(1+y^2)}\mathrm{d}y.$$

因此对任意 $a>0$ 有

$$\Big(\int_a^{+\infty}\mathrm{e}^{-t^2}\mathrm{d}t\Big)A=\int_a^{+\infty}\Big(\int_0^{+\infty}t\mathrm{e}^{-t^2(1+y^2)}\mathrm{d}y\Big)\mathrm{d}t.$$

假如积分次序可以交换, 则有

$$\begin{aligned}\Big(\int_a^{+\infty}\mathrm{e}^{-t^2}\mathrm{d}t\Big)A&=\int_0^{+\infty}\Big(\int_a^{+\infty}t\mathrm{e}^{-t^2(1+y^2)}\mathrm{d}t\Big)\mathrm{d}y\\&=\int_0^{+\infty}\Big(-\frac{\mathrm{e}^{-t^2(1+y^2)}}{2(1+y^2)}\Big|_{t=a}^{t\to+\infty}\Big)\mathrm{d}y\\&=\frac{1}{2}\int_0^{+\infty}\frac{\mathrm{e}^{-a^2(1+y^2)}}{1+y^2}\mathrm{d}y.\end{aligned}$$

当 $a\to0^+$ 时, 第一个等号左端收敛于 A^2. 对于最后一个等号右端的广义积分, 由于它显然关于所有 $a\geqslant0$ 一致收敛 (根据 M 判别法), 所以应用积分号下取极限 (定理 18.2.5) 可知当 $a\to0^+$ 时它收敛于 $\displaystyle\int_0^{+\infty}\frac{\mathrm{d}y}{1+y^2}=\frac{\pi}{2}$. 因此令 $a\to0^+$ 就得到:

$$A^2=\frac{\pi}{4},$$

从而得到 $A=\dfrac{\sqrt{\pi}}{2}$. 因此只需再证明, 积分交换次序的条件是满足的. 为此对任意 $a>0$, 令

$$f(t,y)=t\mathrm{e}^{-t^2(1+y^2)},\qquad\forall t\geqslant a,\ \forall y\geqslant0.$$

显然这个函数是 $[a,+\infty)\times[0,+\infty)$ 上的非负连续函数, 且因 $t\mathrm{e}^{-t^2}\leqslant\dfrac{1}{\sqrt{2}}\mathrm{e}^{-\frac{1}{2}}$, 而有

$$0\leqslant f(t,y)\leqslant\frac{1}{\sqrt{2}}\mathrm{e}^{-\frac{1}{2}}\mathrm{e}^{-a^2y^2},\qquad\forall t\geqslant a,\ \forall y\geqslant0,$$

从而广义积分 $\displaystyle\int_0^{+\infty}t\mathrm{e}^{-t^2(1+y^2)}\mathrm{d}y$ 关于 $t\geqslant a$ 一致收敛. 又显然

$$0\leqslant f(t,y)\leqslant t\mathrm{e}^{-t^2},\qquad\forall t\geqslant a,\ \forall y\geqslant0,$$

从而广义积分 $\displaystyle\int_a^{+\infty}t\mathrm{e}^{-t^2(1+y^2)}\mathrm{d}t$ 关于 $y\geqslant0$ 一致收敛. 最后, 我们有

$$\int_a^{+\infty}\Big(\int_0^{+\infty}f(t,y)\mathrm{d}y\Big)\mathrm{d}t=A\int_a^{+\infty}\mathrm{e}^{-t^2}\mathrm{d}t<A^2<\infty.$$

所以定理 18.2.8 的三个条件全部满足, 从而积分交换次序的运算合理. 证毕.

习　题　18.2

1. 求以下含参量广义积分的收敛域:

(1) $\displaystyle\int_0^{+\infty}\frac{e^{-ax}}{1+x^2}dx$;　(2) $\displaystyle\int_0^{+\infty}\frac{\sin x}{x^\alpha}dx$;

(3) $\displaystyle\int_0^{2}\frac{dx}{|\ln x|^p}$;　(4) $\displaystyle\int_0^{+\infty}\frac{\sin x}{x+a}dx$;

(5) $\displaystyle\int_0^{+\infty}\frac{x\sin x}{x^p+x^q}dx$;　(6) $\displaystyle\int_0^{+\infty}\frac{\sin x^q}{x^p}dx$.

2. 证明下列含参量的广义积分在所指定的范围内一致收敛:

(1) $\displaystyle\int_0^{+\infty}e^{-ax}\cos x dx \quad (a\geqslant\varepsilon>0)$;　(2) $\displaystyle\int_1^{+\infty}x^\alpha e^{-x}dx \quad (\alpha\leqslant a<+\infty)$;

(3) $\displaystyle\int_{-\infty}^{+\infty}\frac{\cos ax}{1+x^2}dx \quad (-\infty<a<+\infty)$;　(4) $\displaystyle\int_0^{+\infty}\frac{\cos ax}{a^2+x^2}dx \quad (a\geqslant\varepsilon>0)$;

(5) $\displaystyle\int_0^{+\infty}\frac{\sin x}{x}e^{-ax}dx \quad (a\geqslant 0)$;　(6) $\displaystyle\int_0^{+\infty}\frac{\sin x^2}{1+x^p}dx \quad (p\geqslant 0)$;

(7) $\displaystyle\int_0^{1}x^\alpha\ln x dx \quad (\alpha\geqslant -1+\varepsilon, \varepsilon>0)$;　(8) $\displaystyle\int_0^{1}\frac{\cos ax}{\sqrt{|x-a|}}dx \quad (0\leqslant a\leqslant 1)$.

3. 设 f 是 $(0,+\infty)$ 上的连续函数, 广义积分 $\displaystyle\int_0^{+\infty}x^a f(x)dx$ 和 $\displaystyle\int_0^{+\infty}x^b f(x)dx$ 都收敛, 其中 $a<b$. 证明: 广义积分 $\displaystyle\int_0^{+\infty}x^\alpha f(x)dx$ 关于 $\alpha\in[a,b]$ 一致收敛.

4. 讨论下列含参量的广义积分在所指定范围的一致收敛性:

(1) $\displaystyle\int_0^{+\infty}\sqrt{a}e^{-ax}\cos x dx$　① $0<\varepsilon\leqslant a<+\infty$;　② $0<a<+\infty$.

(2) $\displaystyle\int_{-\infty}^{+\infty}e^{-(x-\alpha)^2}dx$　① $-\infty<a\leqslant\alpha\leqslant b<+\infty$;　② $-\infty<\alpha<+\infty$.

(3) $\displaystyle\int_{-\infty}^{+\infty}te^{-t^2(1+x^2)}dx$　① $0<\varepsilon\leqslant|t|<+\infty$;　② $-\infty<t<+\infty$.

(4) $\displaystyle\int_0^{1}\frac{x^\alpha}{\sqrt{1-x^2}}dx$　① $\alpha\geqslant-1+\varepsilon, \varepsilon>0$;　② $\alpha>-1$.

(5) $\displaystyle\int_0^{1}\frac{1}{x^\alpha}\sin\frac{1}{x}dx$　① $0<\alpha\leqslant 2-\varepsilon, \varepsilon>0$;　② $0<\alpha<2$.

(6) $\displaystyle\int_0^{+\infty}\frac{\sin\alpha x}{x}dx$　① $\alpha\in[a,b], 0\notin[a,b]$;　② $\alpha\in[a,b], 0\in[a,b]$.

5. 设 $f(x,y)$ 是 $[a,b]\times[c,+\infty)$ 上的连续函数, 且广义积分 $F(x)=\displaystyle\int_c^{+\infty}f(x,y)dy$

对每个 $x \in [a,b)$ 都收敛, 但在 $x=b$ 发散. 证明: $F(x)$ 关于 $x \in [a,b)$ 不一致收敛.

6. 设 $f(x,y)$ 是 $I\times[c,+\infty)$ 上的函数, 对每个 $x\in I$ 广义积分 $F(x)=\displaystyle\int_c^{+\infty} f(x,y)\mathrm{d}y$ 都收敛. 证明: $F(x)$ 关于 $x\in I$ 一致收敛的充要条件是对任意满足条件

$$c=A_0<A_1<A_2<\cdots<A_n<A_{n+1}<\cdots, \qquad \lim_{n\to\infty} A_n=+\infty$$

的数列 $\{A_n\}_{n=0}^{\infty}$, 函数项级数

$$\sum_{n=1}^{\infty} u_n(x)=\sum_{n=1}^{\infty}\int_{A_{n-1}}^{A_n} f(x,y)\mathrm{d}y$$

都关于 $x\in I$ 一致收敛.

7. 应用上题证明定理 18.2.5～ 定理 18.2.7.

8. 设定义在 $(0,+\infty)$ 上的函数 f 在每个形如$[a,b]$ $(0<a<b<+\infty)$ 的区间上都黎曼可积, 且广义积分 $\displaystyle\int_0^{+\infty} f(x)\mathrm{d}x$ 收敛. 证明:

$$\lim_{\alpha\to 0^+}\int_0^{+\infty} \mathrm{e}^{-\alpha x} f(x)\mathrm{d}x=\int_0^{+\infty} f(x)\mathrm{d}x.$$

9. 设 I 是一区间, $x_0\in I$, $f(x,y)$ 是定义在 $I\times[c,+\infty)$ 上的函数, 满足以下条件:

(1) 对每个 $x\in I$, 广义积分 $F(x)=\displaystyle\int_c^{+\infty} f(x,y)\mathrm{d}y$ 收敛;

(2) 对任意 $y_0>c$, $f(x,y)$ 都在点 (x_0,y_0) 连续;

(3) 存在 $(c,+\infty)$ 上的广义可积函数 $g(y)$ 使成立

$$|f(x,y)|\leqslant g(y), \quad \forall (x,y)\in I\times(c,+\infty).$$

证明: $F(x)$ 在点 x_0 连续.

10. 证明: 函数 $F(\alpha)=\displaystyle\int_0^{+\infty}\frac{\cos x}{1+(x+\alpha)^2}\mathrm{d}x$ 在 $(-\infty,+\infty)$ 上连续并且无穷可微.

11. 计算下列积分:

(1) $\displaystyle\int_0^1 \frac{\ln(1-a^2x^2)}{x^2\sqrt{1-x^2}}\mathrm{d}x \quad (|a|\leqslant 1)$;

(2) $\displaystyle\int_0^1 \frac{\ln(1-a^2x^2)}{\sqrt{1-x^2}}\mathrm{d}x \quad (|a|\leqslant 1)$;

(3) $\displaystyle\int_0^{+\infty} \frac{\ln(a^2+x^2)}{b^2+x^2}\mathrm{d}x \quad (a,b>0)$;

(4) $\displaystyle\int_0^{+\infty} \frac{\ln(a^2+x^2)\ln(b^2+x^2)}{x^4}\mathrm{d}x \quad (a,b>0)$;

(5) $\int_{1}^{+\infty}\frac{\arctan ax}{x^2\sqrt{x^2-1}}\mathrm{d}x$;

(6) $\int_{0}^{+\infty}\frac{\arctan ax\arctan bx}{x^2}\mathrm{d}x$;

(7) $\int_{0}^{+\infty}\frac{\mathrm{e}^{-ax^2}-\mathrm{e}^{-bx^2}}{x}\mathrm{d}x\quad(a,b>0)$;

(8) $\int_{0}^{+\infty}\frac{\mathrm{e}^{-ax}-\mathrm{e}^{-bx}}{x}\sin kx\mathrm{d}x\quad(a,b>0)$;

(9) $\int_{0}^{+\infty}\frac{\cos ax-\cos bx}{x}\mathrm{d}x\quad(a,b>0)$;

(10) $\int_{0}^{+\infty}\frac{\arctan ax-\arctan bx}{x}\mathrm{d}x\quad(a,b>0)$.

12. 计算下列积分:

(1) $\int_{0}^{+\infty}\frac{\ln(1+x^2)}{x^2(1+x^2)}\mathrm{d}x$;　　(2) $\int_{0}^{+\infty}\frac{\ln(1+x^3)}{1+x^3}\mathrm{d}x$;

(3) $\int_{0}^{+\infty}\frac{1-\mathrm{e}^{-x}}{x}\cos x\mathrm{d}x$;　　(4) $\int_{0}^{+\infty}\frac{\sin^2 x}{x^2}\mathrm{e}^{-x}\mathrm{d}x$.

13. 利用狄利克雷积分 $\int_{0}^{+\infty}\frac{\sin x}{x}\mathrm{d}x=\frac{\pi}{2}$ 求下列积分的值:

(1) $\int_{0}^{+\infty}\frac{\sin ax}{x}\mathrm{d}x$;　　(2) $\int_{0}^{+\infty}\frac{\sin x\cos ax}{x}\mathrm{d}x$;

(3) $\int_{0}^{+\infty}\frac{\sin^3 ax}{x}\mathrm{d}x$;　　(4) $\int_{0}^{+\infty}\frac{\sin x^2}{x}\mathrm{d}x$;

(5) $\int_{0}^{+\infty}\left(\frac{\sin ax}{x}\right)^2\mathrm{d}x$;　　(6) $\int_{0}^{+\infty}\left(\frac{\sin ax}{x}\right)^3\mathrm{d}x$.

14. 利用概率积分 $\int_{0}^{+\infty}\mathrm{e}^{-x^2}\mathrm{d}x=\frac{\sqrt{\pi}}{2}$ 求下列积分的值:

(1) $\int_{-\infty}^{+\infty}\mathrm{e}^{-(ax^2+bx)}\mathrm{d}x\quad(a>0)$;　　(2) $\int_{-\infty}^{+\infty}(x^2+\alpha x+\beta)\mathrm{e}^{-ax^2}\mathrm{d}x\quad(a>0)$;

(3) $\int_{-\infty}^{+\infty}\mathrm{e}^{-(x^2+\frac{a^2}{x^2})}\mathrm{d}x\quad(a>0)$;　　(4) $\int_{0}^{+\infty}\frac{\mathrm{e}^{-ax^2}-\mathrm{e}^{-bx^2}}{x^2}\mathrm{d}x\quad(a,b\geqslant 0)$;

(5) $\int_{0}^{+\infty}\mathrm{e}^{-ax^2}\cos bx\mathrm{d}x\quad(a>0)$;　　(6) $\int_{0}^{+\infty}x\mathrm{e}^{-ax^2}\sin bx\mathrm{d}x\quad(a>0)$.

15. 证明迪尼定理: 设 $f(x,y)$ 是 $[a,b]\times[c,+\infty)$ 上的非负连续函数, 且广义积分 $g(x)=\int_{c}^{+\infty}f(x,y)\mathrm{d}y$ 对每个 $x\in[a,b]$ 都收敛. 如果由此得到的函数 $g(x)$ 在

$[a,b]$ 上连续, 则此广义积分必关于 $x\in[a,b]$ 一致收敛.

18.3 欧拉积分

本节介绍两个特殊函数: 伽马函数或 Γ 函数 $\Gamma(x)$ 和贝塔函数或 B 函数 $\mathrm{B}(x,y)$. 这两个函数都是用含参变量的广义积分表示的非初等函数, 它们在许多理论问题的研究中很有用处.

18.3.1 伽马函数

由广义积分

$$\Gamma(x)=\int_0^{+\infty}t^{x-1}\mathrm{e}^{-t}\mathrm{d}t \tag{18.3.1}$$

定义的关于参量 x 的函数 $\Gamma(x)$ 叫做**伽马函数**或**Γ 函数**.

式 (18.3.1) 右端的广义积分叫做**第二类欧拉积分**. 所以伽马函数也叫第二类欧拉积分. 显然, 广义积分 (18.3.1) 仅当 $x>0$ 时才收敛. 因此 $\Gamma(x)$ 的定义域是 $x>0$. 作积分变元变换 $t=u^2$, 可得 $\Gamma(x)$ 的另一常用表达式:

$$\Gamma(x)=2\int_0^{+\infty}u^{2x-1}\mathrm{e}^{-u^2}\mathrm{d}u,\quad x>0.$$

根据这个表达式得到

$$\Gamma\left(\frac{1}{2}\right)=2\int_0^{+\infty}\mathrm{e}^{-u^2}\mathrm{d}u=\sqrt{\pi}.$$

命题 18.3.1 $\Gamma(x)$ 在其定义域 $(0,+\infty)$ 上无穷可微, 并可在积分号下求任意阶导数:

$$\Gamma^{(n)}(x)=\int_0^{+\infty}t^{x-1}(\ln t)^n\mathrm{e}^{-t}\mathrm{d}t,\quad \forall x>0,\quad n=1,2,\cdots.$$

证明 先证明 $\Gamma(x)$ 在 $(0,+\infty)$ 上连续. 事实上, 对任意 $0<a<1<b$, 由

$$0\leqslant t^{x-1}\mathrm{e}^{-t}\leqslant t^{a-1},\quad \forall t\in(0,1),\quad \forall x\geqslant a,$$

$$0\leqslant t^{x-1}\mathrm{e}^{-t}\leqslant t^{b-1}\mathrm{e}^{-t},\quad \forall t\in(1,+\infty),\quad \forall x\leqslant b,$$

可知广义积分 $\displaystyle\int_0^1 t^{x-1}\mathrm{e}^{-t}\mathrm{d}t$ 和 $\displaystyle\int_1^{+\infty}t^{x-1}\mathrm{e}^{-t}\mathrm{d}t$ 都关于 $x\in[a,b]$ 一致收敛. 由于被积函数都是 (x,t) 的连续函数, 所以 $\Gamma(x)=\displaystyle\int_0^1 t^{x-1}\mathrm{e}^{-t}\mathrm{d}t+\int_1^{+\infty}t^{x-1}\mathrm{e}^{-t}\mathrm{d}t$ 在 $[a,b]$ 上连续. 再由区间 $[a,b]$ 的任意性, 即知 $\Gamma(x)$ 在 $(0,+\infty)$ 上连续.

类似地, 对任意正整数 n 和任意 $0<a<1<b$, 由

$$|t^{x-1}(\ln t)^n\mathrm{e}^{-t}|\leqslant t^{a-1}|\ln t|^n,\quad \forall t\in(0,1),\quad \forall x\geqslant a,$$

$$0 \leqslant t^{x-1}(\ln t)^n \mathrm{e}^{-t} \leqslant t^{b-1}(\ln t)^n \mathrm{e}^{-t}, \quad \forall t \in (1,+\infty), \quad \forall x \leqslant b,$$

可知 $\int_0^1 (\ln t)^n t^{x-1}\mathrm{e}^{-t}\mathrm{d}t$ 和 $\int_1^{+\infty} (\ln t)^n t^{x-1}\mathrm{e}^{-t}\mathrm{d}t$ 也都关于 $x \in [a,b]$ 一致收敛. 因此 $\Gamma(x)$ 在 $[a,b]$ 上可求任意阶的导数, 且求导运算可以和积分运算交换次序. 再由区间 $[a,b]$ 的任意性, 即知 $\Gamma(x)$ 在 $(0,+\infty)$ 上可求任意阶的导数. 证毕.

命题 18.3.2　对任意 $x > 0$ 都有

$$\Gamma(x+1) = x\Gamma(x).$$

证明　事实上, 由分部积分有

$$\Gamma(x+1) = \int_0^{+\infty} t^x \mathrm{e}^{-t}\mathrm{d}t = -t^x\mathrm{e}^{-t}\Big|_{t=0}^{+\infty} + x\int_0^{+\infty} t^{x-1}\mathrm{e}^{-t}\mathrm{d}t = x\Gamma(x).$$

推论 18.3.1　对任意正整数 n 成立

$$\Gamma(n+1) = n!,$$

$$\Gamma\left(n+\frac{1}{2}\right) = \frac{(2n-1)!!}{2^n}\sqrt{\pi}.$$

证明　事实上, 由于 $\Gamma(1) = \int_0^{+\infty} \mathrm{e}^{-t}\mathrm{d}t = 1$, $\Gamma\left(\frac{1}{2}\right) = \sqrt{\pi}$, 所以应用命题 18.3.2 得

$$\Gamma(n+1) = n\Gamma(n) = n(n-1)\Gamma(n-1) = \cdots = n(n-1)\cdots 1\Gamma(1) = n!,$$

$$\Gamma\left(n+\frac{1}{2}\right) = \left(n-\frac{1}{2}\right)\Gamma\left(n-\frac{1}{2}\right) = \left(n-\frac{1}{2}\right)\left(n-\frac{3}{2}\right)\Gamma\left(n-\frac{3}{2}\right) = \cdots$$

$$= \left(n-\frac{1}{2}\right)\left(n-\frac{3}{2}\right)\cdots\frac{1}{2}\Gamma\left(\frac{1}{2}\right) = \frac{(2n-1)!!}{2^n}\sqrt{\pi}.$$

证毕.

由以上命题和推论知, 伽马函数是阶乘的推广.

18.3.2　贝塔函数

由积分

$$\mathrm{B}(x,y) = \int_0^1 t^{x-1}(1-t)^{y-1}\mathrm{d}t \tag{18.3.2}$$

定义的关于参量 x, y 的函数 $\mathrm{B}(x,y)$ 叫做**贝塔函数**或**B 函数**.

式 (18.3.2) 右端的积分叫做**第一类欧拉积分**. 所以贝塔函数也叫第一类欧拉积分.

当 $x \geqslant 1$ 且 $y \geqslant 1$ 时, 式 (18.3.2) 中的积分是通常连续函数的定积分; 当 $x < 1$ 时, 0 是瑕点; 当 $y < 1$ 时, 1 是瑕点. 易知瑕积分在 $x > 0$ 且 $y > 0$ 时收敛. 所以 $\mathrm{B}(x,y)$ 的定义域是 $x > 0$, $y > 0$, 即平面上的第一象限.

$\mathrm{B}(x,y)$ 关于变元 x 和 y 是对称的:

$$\mathrm{B}(x,y)=\int_0^1 t^{x-1}(1-t)^{y-1}\mathrm{d}t \xlongequal{\text{令 } u=1-t} \int_0^1 (1-u)^{x-1}u^{y-1}\mathrm{d}u=\mathrm{B}(y,x).$$

另外, $\mathrm{B}(x,y)$ 还有以下常用表达形式:

$$\mathrm{B}(x,y)=\int_0^{+\infty}\frac{u^{x-1}}{(1+u)^{x+y}}\mathrm{d}u, \tag{18.3.3}$$

$$\mathrm{B}(x,y)=\int_0^{1}\frac{u^{x-1}+u^{y-1}}{(1+u)^{x+y}}\mathrm{d}t. \tag{18.3.4}$$

式 (18.3.3) 通过对式 (18.3.2) 右端的积分作积分变元变换 $t=\dfrac{u}{1+u}$ 得到. 式 (18.3.4) 的证明如下：由式 (18.3.3) 有

$$\mathrm{B}(x,y)=\int_0^{1}\frac{u^{x-1}}{(1+u)^{x+y}}\mathrm{d}u+\int_1^{+\infty}\frac{u^{x-1}}{(1+u)^{x+y}}\mathrm{d}u.$$

对右端第二个积分再作积分变元变换 $u=\dfrac{1}{v}$ 即得到式 (18.3.4).

命题 18.3.3 对任意 $x>0$ 和 $y>0$ 成立下列等式:

$$\mathrm{B}(x,y+1)=\frac{y}{x+y}\mathrm{B}(x,y), \tag{18.3.5}$$

$$\mathrm{B}(x+1,y)=\frac{x}{x+y}\mathrm{B}(x,y), \tag{18.3.6}$$

$$\mathrm{B}(x+1,y+1)=\frac{xy}{(x+y+1)(x+y)}\mathrm{B}(x,y). \tag{18.3.7}$$

证明 分部积分得

$$\begin{aligned}\mathrm{B}(x,y+1)&=\int_0^1 t^{x-1}(1-t)^{y}\mathrm{d}t=\frac{y}{x}\int_0^1 t^{x}(1-t)^{y-1}\mathrm{d}t\\&=\frac{y}{x}\int_0^1 [t^{x-1}-t^{x-1}(1-t)](1-t)^{y-1}\mathrm{d}t=\frac{y}{x}\mathrm{B}(x,y)-\frac{y}{x}\mathrm{B}(x,y+1).\end{aligned}$$

移项后化简得式 (18.3.5). 从式 (18.3.5) 由对称性得式 (18.3.6). 最后, 先应用式 (18.3.5) 再应用式 (18.3.6) 便得到式 (18.3.7). 证毕.

命题 18.3.4(狄利克雷公式) 对任意 $x>0$ 和 $y>0$ 成立等式

$$\mathrm{B}(x,y)=\frac{\Gamma(x)\Gamma(y)}{\Gamma(x+y)}. \tag{18.3.8}$$

证明 根据式 (18.3.3) 有

$$\begin{aligned}\mathrm{B}(x,y)\Gamma(x+y) &= \int_0^{+\infty}\frac{u^{x-1}}{(1+u)^{x+y}}\Gamma(x+y)\mathrm{d}u\\&=\int_0^{+\infty}\frac{u^{x-1}}{(1+u)^{x+y}}\Big(\int_0^{+\infty}t^{x+y-1}\mathrm{e}^{-t}\mathrm{d}t\Big)\mathrm{d}u.\end{aligned}$$

对括号里面的积分作积分变元变换 $t=(1+u)v$, 得

$$\mathrm{B}(x,y)\Gamma(x+y)=\int_0^{+\infty}u^{x-1}\Big(\int_0^{+\infty}v^{x+y-1}\mathrm{e}^{-(1+u)v}\mathrm{d}v\Big)\mathrm{d}u.$$

如果能够交换积分次序, 则有

$$\begin{aligned}\mathrm{B}(x,y)\Gamma(x+y)&=\int_0^{+\infty}u^{x-1}\Big(\int_0^{+\infty}v^{x+y-1}\mathrm{e}^{-(1+u)v}\mathrm{d}v\Big)\mathrm{d}u\\&=\int_0^{+\infty}v^{x+y-1}\mathrm{e}^{-v}\Big(\int_0^{+\infty}u^{x-1}\mathrm{e}^{-uv}\mathrm{d}u\Big)\mathrm{d}v.\end{aligned}$$

对括号里面的积分作积分变元变换 $u=\dfrac{w}{v}$, 得

$$\mathrm{B}(x,y)\Gamma(x+y)=\int_0^{+\infty}v^{y-1}\mathrm{e}^{-v}\mathrm{d}v\cdot\int_0^{+\infty}w^{x-1}\mathrm{e}^{-w}\mathrm{d}w=\Gamma(y)\Gamma(x).$$

从而得式 (18.3.8).

因此, 剩下只需证明交换积分次序是可行的.

为证明这一点, 我们只需验证函数

$$f(u,v)=u^{x-1}v^{x+y-1}\mathrm{e}^{-(1+u)v},\quad u\geqslant 0,\ v\geqslant 0$$

满足定理 18.2.8 的条件即可. 为此先设 $x>1$ 且 $y>1$. 这时应用不等式

$$t^a\mathrm{e}^{-t}\leqslant a^a\mathrm{e}^{-a},\qquad \forall t\geqslant 0,\ a>0$$

(请读者自证) 可知对 $\forall u\geqslant 0$ 和 $\forall v\geqslant 0$ 成立

$$\begin{aligned}&0\leqslant f(u,v)=(uv)^{x-1}\mathrm{e}^{-uv}\cdot v^y\mathrm{e}^{-v}\leqslant(x-1)^{x-1}\mathrm{e}^{-(x-1)}v^y\mathrm{e}^{-v},\\&0\leqslant f(u,v)=[(1+u)v]^{x+y-1}\mathrm{e}^{-(1+u)v}\cdot\frac{u^{x-1}}{(1+u)^{x+y-1}}\\&\qquad\leqslant(x+y-1)^{x+y-1}\mathrm{e}^{-(x+y-1)}(1+u)^{-y}.\end{aligned}$$

而广义积分 $\int_0^{+\infty} v^y \mathrm{e}^{-v}\mathrm{d}v$ 和 $\int_0^{+\infty}(1+u)^{-y}\mathrm{d}u$ 都收敛, 所以由 M 判别法知广义积分 $\int_0^{+\infty} f(u,v)\mathrm{d}v$ 和 $\int_0^{+\infty} f(u,v)\mathrm{d}u$ 都关于 $\forall u \geqslant 0$ 和 $\forall v \geqslant 0$ 一致收敛. 此外,

$$\int_0^{+\infty}\Big(\int_0^{+\infty} f(u,v)\mathrm{d}u\Big)\mathrm{d}v = \Gamma(x)\int_0^{+\infty} v^{y-1}\mathrm{e}^{-v}\mathrm{d}v = \Gamma(x)\Gamma(y) < +\infty,$$

$$\int_0^{+\infty}\Big(\int_0^{+\infty} f(u,v)\mathrm{d}v\Big)\mathrm{d}u = \Gamma(x+y)\int_0^{+\infty} \frac{u^{x-1}\mathrm{d}u}{(1+u)^{x+y}} = \mathrm{B}(x,y)\Gamma(x+y) < +\infty.$$

可见定理 18.2.8 的条件全都满足. 因此根据这个定理得

$$\mathrm{B}(x,y)\Gamma(x+y) = \Gamma(x)\Gamma(y), \quad x>1,\ y>1.$$

这就在 $x>1$ 且 $y>1$ 的条件下证明了式 (18.3.8). 对于 x 和 y 不全大于 1 的情况, 应用命题 18.3.2、命题 18.3.3 和已证明的结论有

$$\begin{aligned}\mathrm{B}(x,y) &= \frac{(x+y+1)(x+y)}{xy}\mathrm{B}(x+1,y+1)\\ &= \frac{(x+y+1)(x+y)}{xy}\frac{\Gamma(x+1)\Gamma(y+1)}{\Gamma(x+y+2)}\\ &= \frac{(x+y+1)(x+y)}{xy}\frac{x\Gamma(x)y\Gamma(y)}{(x+y+1)(x+y)\Gamma(x+y)}\\ &= \frac{\Gamma(x)\Gamma(y)}{(x+y+1)(x+y)\Gamma(x+y)}.\end{aligned}$$

证毕.

从贝塔函数和伽马函数的这个关系式, 立刻可从伽马函数的性质得到贝塔函数的一些相应性质. 例如, 由于伽马函数 $\Gamma(x)$ 在右半数轴 $x>0$ 上无穷可微, 即知贝塔函数 $\mathrm{B}(x,y)$ 在第一象限 $x>0$, $y>0$ 上无穷可微. 又由于 $\Gamma(n)=(n-1)!$, 所以

$$\mathrm{B}(m,n) = \frac{(m-1)!(n-1)!}{(m+n-1)!}, \qquad m,n\in\mathbf{N},$$

$$\mathrm{B}(x,n) = \frac{(n-1)!}{x(x+1)\cdots(x+n-1)}, \qquad x>0,\ n\in\mathbf{N}.$$

又由于 $\Gamma\Big(n+\dfrac{1}{2}\Big) = \dfrac{(2n-1)!!}{2^n}\sqrt{\pi}$, 所以

$$\mathrm{B}\Big(m+\frac{1}{2},n\Big) = \frac{2^n(2m-1)!!(n-1)!}{(2m+2n-1)!!}, \qquad m,n\in\mathbf{N},$$

$$\mathrm{B}\Big(m+\frac{1}{2},n+\frac{1}{2}\Big) = \frac{(2m-1)!!(2n-1)!!}{2^{m+n}(m+n)!}\pi, \qquad m,n\in\mathbf{N},$$

等. 当然, 也可反过来通过研究 $\mathrm{B}(x,y)$ 的性质以得到 $\Gamma(x)$ 的性质.

习　题　18.3

1. 利用欧拉积分计算下列积分:

(1) $\displaystyle\int_0^a x^2\sqrt{\frac{x}{a-x}}\mathrm{d}x \quad (a>0)$;

(2) $\displaystyle\int_0^a x^4\sqrt{a^2-x^2}\mathrm{d}x \quad (a>0)$;

(3) $\displaystyle\int_0^1 \frac{x^5}{\sqrt{1-x^2}}\mathrm{d}x$;

(4) $\displaystyle\int_1^{+\infty} \frac{\mathrm{d}x}{x^4\sqrt{x^2-1}}$;

(5) $\displaystyle\int_0^{+\infty} \frac{\sqrt{x}}{(1+x)^2}\mathrm{d}x$;

(6) $\displaystyle\int_0^{+\infty} \frac{\sqrt{x}}{(1+x)^3}\mathrm{d}x$;

(7) $\displaystyle\int_0^{\frac{\pi}{2}} \sin^6 x\cos^4 x\mathrm{d}x$;

(8) $\displaystyle\int_0^{+\infty} x^{2n}\mathrm{e}^{-x^2}\mathrm{d}x \quad (n$ 为正整数).

2. 求下列积分的收敛域并用欧拉积分表出:

(1) $\displaystyle\int_0^{+\infty} \frac{x^{q-1}}{1+x^p}\mathrm{d}x \quad (p>0)$;

(2) $\displaystyle\int_0^{+\infty} \frac{x^{q-1}}{(1+x)^p}\mathrm{d}x$;

(3) $\displaystyle\int_0^1 \frac{x^p}{\sqrt{1-x^2}}\mathrm{d}x$;

(4) $\displaystyle\int_{-1}^1 (1+x)^p(1-x)^q\mathrm{d}x$;

(5) $\displaystyle\int_a^b \frac{(x-a)^p(b-x)^q}{(x+c)^{p+q+2}}\mathrm{d}x$;

(6) $\displaystyle\int_1^1 \frac{\mathrm{d}x}{\sqrt[n]{1-x^m}} \quad (m,n>0)$;

(7) $\displaystyle\int_0^{\frac{\pi}{2}} \sin^m x\cos^n x\mathrm{d}x$;

(8) $\displaystyle\int_0^{\frac{\pi}{2}} \tan^n x\mathrm{d}x$;

(9) $\displaystyle\int_0^{+\infty} x^m\mathrm{e}^{-x^n}\mathrm{d}x \quad (n>0)$;

(10) $\displaystyle\int_0^1 |\ln x|^p\mathrm{d}x$;

(11) $\displaystyle\int_0^{+\infty} x^p\mathrm{e}^{-ax}\ln x\mathrm{d}x \quad (a>0)$;

(12) $\displaystyle\int_0^{+\infty} \frac{x^{p-1}-x^{q-1}}{(1+x)\ln x}\mathrm{d}x$.

3. 证明: 对任意 $p>0$ 都有

$$\int_0^{\frac{\pi}{2}} \sin^p x\mathrm{d}x = \int_0^{\frac{\pi}{2}} \cos^p x\mathrm{d}x = \frac{1}{2}\mathrm{B}\Big(\frac{1}{2},\frac{p+1}{2}\Big).$$

并据此计算当 p 为正整数时的积分值.

4. 证明: 对任意 $x>0$ 都有

(1) $\mathrm{B}(x,x)=2^{-2x+1}\mathrm{B}\Big(x,\dfrac{1}{2}\Big)$;

(2) $\Gamma(2x)=\dfrac{2^{2x-1}}{\sqrt{\pi}}\Gamma(x)\Gamma\Big(x+\dfrac{1}{2}\Big)$.

5. 关于伽马函数的余元公式为 $\Gamma(x)\Gamma(1-x)=\mathrm{B}(x,1-x)=\dfrac{\pi}{\sin\pi x}, \forall x\in(0,1)$. 试

就 $x=\dfrac{1}{3},\dfrac{1}{4}$ 的情况给出这个公式的证明, 即证明:

$$\mathrm{B}\left(\frac{1}{3},\frac{2}{3}\right)=\int_0^1 x^{-\frac{2}{3}}(1-x)^{-\frac{1}{3}}\mathrm{d}x=\frac{2\pi}{\sqrt{3}},$$

$$\mathrm{B}\left(\frac{1}{4},\frac{3}{4}\right)=\int_0^1 x^{-\frac{3}{4}}(1-x)^{-\frac{1}{4}}\mathrm{d}x=\sqrt{2}\pi.$$

6. 证明下列等式:

(1) $\displaystyle\int_0^1 \frac{\mathrm{d}x}{\sqrt{1-x^4}}\cdot\int_0^1 \frac{x^2\mathrm{d}x}{\sqrt{1-x^4}}=\frac{\pi}{4}$.

(2) $\displaystyle\int_0^{+\infty} \mathrm{e}^{-x^4}\mathrm{d}x\cdot\int_0^{+\infty} x^2\mathrm{e}^{-x^4}\mathrm{d}x=\frac{\sqrt{2}\pi}{16}$.

7. 证明: $\displaystyle\lim_{n\to\infty}\int_0^{+\infty}\mathrm{e}^{-x^n}\mathrm{d}x=1$.

8. 设 $a>0$, $n>0$. 求 Oxy 平面上由曲线 $|x|^n+|y|^n=a^n$ 所围区域的面积.

第 19 章

重 积 分

前面已经把一元函数的微分学推广到多元函数的情形. 从本章开始, 将要把一元函数的积分学也推广到多元函数. 对于一元函数而言, 积分域比较简单, 只涉及区间. 但对多元函数, 积分域就要复杂多了. 例如, 对于二元函数, 我们既可考虑它在一个二维区域上的积分, 也可考虑它在一个平面曲线上的积分; 对于三元函数, 则既要考虑它在一个三维区域上的积分, 同时还需考虑它在空间曲线和曲面上的积分. 对于自变量更多的多元函数, 就需考虑更多种形式的积分了. m 元函数在 m 维区域上的积分叫做 m 重积分, 简称重积分, 它是一元函数定积分向多元函数的直接推广. 本章学习重积分. 多元函数的其他形式的积分将在以后各章学习.

19.1 $\mathbf{R}^m$ 中点集的若尔当测度

重积分是一元函数的定积分概念向多元函数的直接推广. 定义在区间 $[a,b]$ 上的一元函数 f 在此区间上的定积分 $\int_a^b f(x)\mathrm{d}x$ 是下列积分和的极限:

$$\int_a^b f(x)\mathrm{d}x=\lim_{\|\Delta\|\to 0}\sum_{i=1}^{n} f(\xi_i)\Delta x_i,$$

其中, Δ 表示对区间 $[a,b]$ 的一个任意的分割, $\{\xi_1,\xi_2,\cdots,\xi_n\}$ 是从属于这个分割的一组介点, Δx_i 为分割得到的小区间的长度. 与此类似, 定义在 $\mathbf{R}^m$ 中的有界区域 D 上的 m 元函数 f 在此区域上的 m 重积分 $\int_D f(x)\mathrm{d}x$ 定义为下列积分和的极限:

$$\int_D f(x)\mathrm{d}x=\lim_{\|\Delta\|\to 0}\sum_{i=1}^{n} f(\xi_i)|\Delta D_i|,$$

其中, $\Delta=\{\Delta D_1,\Delta D_2,\cdots,\Delta D_n\}$ 表示对区域 D 的一个任意的分割, $\{\xi_1,\xi_2,\cdots,\xi_n\}$ 是从属于这个分割的一组介点, $|\Delta D_i|$ 为小区域 ΔD_i 的 m 维体积. 所谓 m 维体积,

在 $m=2$ 时就是平面区域的面积, $m=3$ 时是空间区域的体积, 而对一般的 $m\geqslant 4$ 的情形则是二维区域的面积和三维区域的体积概念在高维情形的推广. m 维体积也叫 m 维若尔当测度.

我们看到, 在重积分的定义中需要用到 $\mathbf{R}^m$ 中一般区域的 m 维体积或若尔当测度的概念. 虽然在第 8 章作为定积分的应用, 计算了某些平面图形的面积和立体图形的体积, 但是, 严格地说我们还没有给出面积和体积概念的确切定义, 更没有接触过 $m\geqslant 4$ 情形的体积概念. 所以在正式开始讨论重积分之前, 必须先给出这些概念的严格定义. 本节对 $\mathbf{R}^m$ 中一般点集的 m 维体积即若尔当测度理论做简单的介绍.

19.1.1 若尔当测度的定义

前面已经提到, 若尔当测度的概念是平面图形的面积和立体图形的体积概念的推广. 所以为了给出一般欧氏空间 $\mathbf{R}^m$ 中点集的若尔当测度的定义, 需要先搞清楚平面图形的面积和立体图形的体积该如何定义. 下面以平面图形的面积为例来研究这个问题.

平面图形的面积是用来衡量平面图形大小的数量, 这个量刻画了平面图形所含面积的单位 —— 边长为 1 的正方形即单位正方形的多寡. 如长和宽分别为 3.5 和 2.5 的矩形 Q 除含有 $3\times 2=6$ 个单位正方形外, 去掉这 6 个单位正方形所剩余的部分还可划分成 11 个边长为 0.5 的正方形 (图 19-1-1). 而边长为 0.5 的正方形因为是由单位正方形 4 等分得到的, 所以认为它含有 $\dfrac{1}{4}$ 个单位正方形. 因此矩形 Q 含有 $6+11\times\dfrac{1}{4}=8.75$ 个单位正方形, 从而其面积为 8.75. 依据同样的原理, 容易知道任意矩形的面积都等于长乘宽. 再应用割补法, 便可知道任意平行四边形的面积都等于底乘高, 进而任意三角形的面积都等于底乘高的一半, 因为两个全等的三角形可以拼接成一个平行四边形. 知道了三角形的面积, 便可得到任意多边形的面积, 因为每个多边形都可剖分成有限个三角形. 所以多边形面积的定义以及计算都是很简单的, 我们在中小学时代就已经掌握了这些知识.

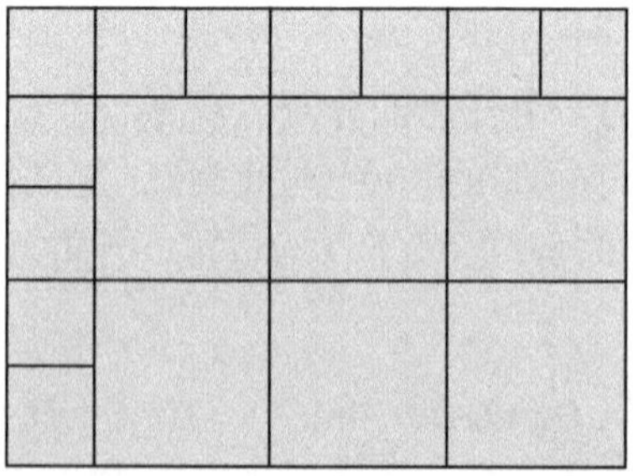

图 19-1-1　平面图形的面积

对于不是多边形即具有弯曲边界的平面图形, 面积该如何定义? 这个问题曾在第

8 章研究过, 在那里把求曲边梯形面积的问题归结为求一元函数定积分的问题, 进而采用把复杂区域剖分为曲边梯形的方法就可求出任意平面区域的面积. 但是如果把这一方法推广到一般的欧氏空间 $\mathbf{R}^m$, 则要定义 m 维区域的 m 维体积, 就必须用到 $m-1$ 重积分, 因而只要 $m \geqslant 3$, 目前我们无法做到. 另外, 这种方法不能处理不是区域的一般点集. 因此必须用其他的方法来给出面积的定义.

受矩形面积公式的推导中所采用思想的启发, 这个问题似乎可以这样解决. 对于一个给定的平面图形 D, 为了求它的面积, 先从 D 中划出最大数目的单位正方形 (指边线平行于坐标轴的正方形, 下同), 然后在剩余部分划出最大数目的边长为 0.1 的正方形, 再接着在剩余部分划出最大数目的边长为 0.01 的正方形, 如此继续下去, 直至把 D 全部划分殆尽为止, 最后把所有这样划分出的正方形的面积全部加起来, 所得到的十进制实数就定义为 D 的面积 (图 19-1-2). 但是, 稍微留心就会发现, 这样定义的面积实际上只度量了 D 的内域大小, 而把 D 的边界部分整个地忽略了, 因为只有内域才可能含有正方形, 边界部分是不可能含有正方形的. 因此, 如果 D 比较规则, 边界的测度为零 (准确含义稍后会解释), 则这样定义 D 的面积便是可行的; 但若 D 不很规则以至于其边界的测度不是零, 那么这样定义的 D 的面积就不能很好地反映 D 的大小. 例如, 考虑单位正方形 $[0,1]\times[0,1]$ 中的下面两个图形 D_1 和 D_2:

$$D_1 = \{(x,y):\ x,y \in [0,1] \text{ 且都是有理数}\},$$

$$D_2 = \{(x,y):\ x,y \in [0,1] \text{ 且至少有一个是无理数}\}.$$

由于 D_1 和 D_2 都没有内点 (注意 ∂D_1 和 ∂D_2 都是整个单位正方形), 所以它们按上述定义的面积都等于零. 但是注意到 $D_1 \bigcup D_2 = [0,1]\times[0,1]$, 便出现了这样的现象: 两个面积都等于零的集合的并集是一个面积为 1 的集合. 这与面积可以分拆和相加的常识相悖, 说明上述面积的定义存在缺陷.

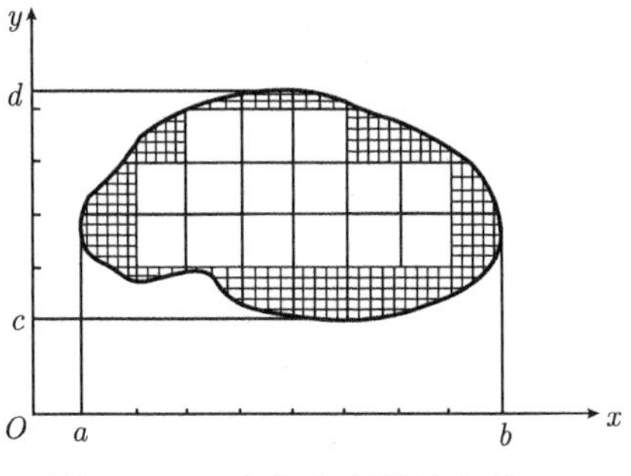

图 19-1-2 点集内容量的定义

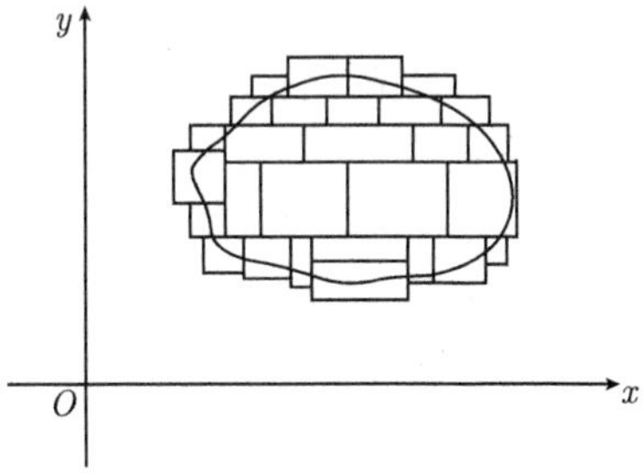

图 19-1-3 点集外容量的定义

上述定义面积的思想是从点集 D 的内部来看它所含面积的大小. 1881~1884 年, 雷蒙 (Du Bois-Reymond, 1882)、哈纳克 (Axel Harnack, 1881)、斯托尔茨 (Otto Stolz, 1884) 和康托尔 (1884) 等采用与此不同的思想考虑面积问题. 他们的方法是考虑 D

的由矩形区域构成的有限覆盖 (图 19-1-3). 对于每个这样的覆盖, 把其中所有矩形的面积相加, 就得到了 D 的面积的一个上方近似值. 关于所有可能的这种覆盖求这样得到的上方近似值的下确界, 得到的数值定义为 D 的面积. 不难看出, 这种定义也存在与前述定义类似的缺陷, 因为按这样的定义, D_1 和 D_2 的面积都是 1.

佩亚诺 (1887) 和若尔当 (1892) 先后采用把以上两种定义方式结合起来考虑的方法, 解决了这两种不同的定义方式都存在缺陷的问题. 他们把按前一种方式得到的量叫做 D 的内容量, 把按后一种方式得到的量叫做 D 的外容量, 并规定只有当 D 的内容量和外容量相等时, 它才有面积, 否则就没有面积. 佩亚诺只考虑了区域, 并定义 D 的内容量为所有包含于 D 的多边形面积的上确界, 外容量为所有包含 D 的多边形面积的下确界. 若尔当则考虑了一般的点集, 内容量按上面所述的第一种方式定义, 外容量按第二种方式定义. 若尔当还证明了下述重要结果: 有限多个互不相交的有容量的点集 (即内容量和外容量相等的点集, 其容量就是内容量和外容量的公共值) 也有容量, 且其容量等于各个分集的容量之和. 现在, 人们把由这两人发展起来的这个 "容量理论" 叫做若尔当测度理论, 把内容量和外容量相等的点集叫做若尔当可测集, 把容量即内容量和外容量的公共值叫做点集的若尔当测度. 下面给出 $\mathbf{R}^m$ 中的若尔当可测集及其若尔当测度的严格定义.

对任意给定的满足条件 $a_i < b_i$ $(i = 1, 2, \cdots, m)$ 的两组实数 $a_1, a_2, \cdots, a_m$ 和 $b_1, b_2, \cdots, b_m$, 把 $\mathbf{R}^m$ 中的点集

$$K = \{(x_1, x_2, \cdots, x_m) \in \mathbf{R}^m : \ a_i \leqslant x_i \leqslant b_i, \ i = 1, 2, \cdots, m\}$$

叫做m **维长方体**, 定义它的 m 维体积为

$$|K| = (b_1 - a_1)(b_2 - a_2) \cdots (b_m - a_m).$$

称有限个长方体的并为**简单图形**. 显然, 有限个简单图形的并和交仍然是简单图形, 而且每个简单图形都可分解成有限个两两之间没有公共内点的长方体的并. 假如一个简单图形 Q 分解成了 n 个两两之间没有公共内点的长方体 K_1, K_2, $\cdots$, K_n 的并:

$$Q = K_1 \bigcup K_2 \bigcup \cdots \bigcup K_n, \quad K_i^\circ \bigcap K_j^\circ = \varnothing \ (\text{当 } i \neq j),$$

则定义 Q 的 m 维体积为

$$|Q| = |K_1| + |K_2| + \cdots + |K_n|.$$

这个定义是合理的, 即 $|Q|$ 的值不依赖于 Q 的分解方式的选择.

现在对 $\mathbf{R}^m$ 中的任意有界点集 S, 定义

$$m_*(S) = \sup\{|Q| : \ Q \text{ 为简单图形, 且 } Q \subseteq S^\circ\},$$
$$m^*(S) = \inf\{|Q| : \ Q \text{ 为简单图形, 且 } \overline{S} \subseteq Q^\circ\}.$$

这里规定 $\sup\varnothing = 0$. $m_*(S)$ 叫做 S 的**内容量或若尔当内测度**; $m^*(S)$ 叫做 S 的**外容量或若尔当外测度**. 由定义知对 $\mathbf{R}^m$ 中任意有界点集 S, 其内容量 $m_*(S)$ 和外容量 $m^*(S)$ 都有定义, 且

$$m_*(S) \leqslant m^*(S).$$

定义 19.1.1 对 $\mathbf{R}^m$ 中的有界点集 S, 如果成立 $m_*(S) = m^*(S)$, 则称 S 为**若尔当可测集**, 并称此公共值为 S 的**若尔当测度**, 记作 $|S|$ 或 $\mathrm{meas}(S)$.

若尔当测度也叫做**体积** ($m = 2$ 时改称面积)、**容量**、**容积**、**容度**等. 其中测度是英文 measure 的译文, 体积是 volume 的译文, 而容量、容积、容度等都是 content 的译文.

注意在内容量的定义中, 要求简单图形 Q 包含于 S 的内域, 而不只是包含于 S; 在外容量的定义中, 要求简单图形 Q 的内域包含 S 的闭包, 而不只是 Q 包含 S. 这样做只是为了后面讨论的方便, 并不影响问题的实质. 另外, 内容量的定义似乎和前面叙述的方式不太一样. 这只是表象, 本质上它们是一致的.

19.1.2 若尔当可测的等价条件

按照定义 19.1.1, 显然前面给出的两个平面点集 D_1 和 D_2 都是 $\mathbf{R}^2$ 中的若尔当不可测集, 因为它们的内容量都是零而外容量都是 1. 自然要问: $\mathbf{R}^m$ 中怎样的点集才是若尔当可测集? 下面的定理给出了对这个问题的回答. 把 $\mathbf{R}^m$ 中若尔当外测度等于零的点集叫做**若尔当零测集**. 显然若尔当零测集都是若尔当可测的, 而且其若尔当测度等于零.

定理 19.1.1 $\mathbf{R}^m$ 中的有界点集 S 为若尔当可测集的充要条件是 S 的边界 ∂S 是若尔当零测集, 即对任意给定的 $\varepsilon > 0$, 存在相应的简单图形 Q, 使得 $\partial S \subseteq Q^\circ$, 且 $|Q| < \varepsilon$.

证明 先设 S 是若尔当可测集. 则对任意给定的 $\varepsilon > 0$, 由定义存在两个简单图形 Q_1 和 Q_2, 使得 $Q_1 \subseteq S^\circ \subseteq \overline{S} \subseteq Q_2^\circ$, 且

$$|S| - |Q_1| < \frac{\varepsilon}{2}, \quad |Q_2| - |S| < \frac{\varepsilon}{2}.$$

令 $Q = Q_2 \backslash Q_1^\circ$. 则易知 Q 是简单图形, 且由 $\partial S \subseteq Q_2^\circ$ 和 $\partial S \bigcap Q_1 = \varnothing$ 可知 $\partial S \subseteq Q_2^\circ \backslash Q_1 = Q^\circ$. 另外, 由上面两个不等式有

$$|Q| = |Q_2| - |Q_1| = (|Q_2| - |S|) + (|S| - |Q_1|) < \frac{\varepsilon}{2} + \frac{\varepsilon}{2} = \varepsilon.$$

这就证明了必要性.

再来证明充分性. 对任意给定的 $\varepsilon > 0$, 由条件知存在简单图形 Q, 使得 $\partial S \subseteq Q^\circ$, 且 $|Q| < \varepsilon$. 作 $\overline{S}$ 的开覆盖如下: 对每个 $x \in S^\circ$, 作相应的长方体 K_x 使

$$x \in K_x^\circ \subseteq K_x \subseteq S^\circ.$$

则易见开集的集合 $\{Q^\circ\}\bigcup\{K_x^\circ : x\in S^\circ\}$ 覆盖了 $\overline{S}$. 因此根据有限覆盖定理知, $\overline{S}$ 的这个开覆盖有一个有限的子覆盖. 由于这个开覆盖的任何子覆盖都必含有 Q°, 所以设这个有限的子覆盖为 $\{Q^\circ\}\bigcup\{K_{x_1}^\circ, K_{x_2}^\circ,\cdots,K_{x_n}^\circ\}$, 其中 $x_1,x_2,\cdots,x_n\in S^\circ$. 令

$$Q_1=\bigcup_{i=1}^{n}K_{x_i},\quad Q_2=Q\bigcup Q_1.$$

则 Q_1 和 Q_2 都是简单图形, 且 $Q_1\subseteq S^\circ\subseteq\overline{S}\subseteq Q_2^\circ$. 因此

$$0\leqslant m^*(S)-m_*(S)\leqslant|Q_2|-|Q_1|\leqslant|Q|<\varepsilon.$$

从而由 ε 的任意性即知 $m^*(S)=m_*(S)$. 所以 S 是若尔当可测集. 证毕.

因此, 为了检验 $\mathbf{R}^m$ 中的一个点集是否为若尔当可测集, 只需看它的边界的 m 维若尔当测度是否为零. 下面的定理给出了 $\mathbf{R}^m$ 中一类常见的具有 m 维若尔当零测度的点集, 由这个定理即可推出一些易于检验的若尔当可测集的充分条件.

定理 19.1.2 设 D 是 $\mathbf{R}^{m-1}$ 中的有界闭集, f 是定义在 D 上的 $m-1$ 元连续函数. 令 S 为 f 的图像, 即 S 是 $\mathbf{R}^m$ 中由方程

$$x_m=f(x_1,x_2,\cdots,x_{m-1}),\quad (x_1,x_2,\cdots,x_{m-1})\in D$$

所确定的点集. 则 S 是 m 维若尔当零测集.

证明 为记号简单起见, 用 P, P_1, P_2 等记号表示 $\mathbf{R}^{m-1}$ 中的点. 由连续函数的最大最小值定理知 f 在 D 上有最小值和最大值, 设各为 a 和 b. 则 S 包含于 $\mathbf{R}^m$ 中的有界集合 $D\times[a,b]$ 中, 所以它是有界点集, 而且显然是闭集. 为了构造包含 S 的简单图形, 先在 $\mathbf{R}^{m-1}$ 中作一长方体 R, 使得 $D\subseteq R^\circ$. R 的 $m-1$ 维体积仍然记作 $|R|$. 由 f 在 D 上连续和 D 是有界闭集可知 f 在 D 上一致连续. 因此对任意给定的 $\varepsilon>0$, 存在相应的 $\delta>0$, 使对任意两点 $P_1,P_2\in D$, 只要 $d(P_1,P_2)<\delta$, 就有

$$|f(P_1)-f(P_2)|<\frac{\varepsilon}{|R|}.$$

把 R 剖分成直径都小于 δ 的小长方体. 设这些小长方体中与 D 相交的为 $R_1,R_2,\cdots,R_n$. 在每个 $R_i\bigcap D$ $(1\leqslant i\leqslant n)$ 上, 因为 f 的振幅都小于 $\dfrac{\varepsilon}{|R|}$, 所以可作小区间 $[c_i,d_i]$, 使得 $d_i-c_i=\dfrac{\varepsilon}{|R|}$, 且

$$c_i<f(P)<d_i,\quad \forall P\in R_i\bigcap D.$$

现在令 $K_i=R_i\times[c_i,d_i]$, $i=1,2,\cdots,n$, 并令 $Q=\bigcup\limits_{i=1}^{n}K_i$. 则易见 $S\subseteq Q^\circ$, 且

$$|Q|\leqslant\sum_{i=1}^{n}|K_i|=\sum_{i=1}^{n}|R_i|(d_i-c_i)=\frac{\varepsilon}{|R|}\sum_{i=1}^{n}|R_i|\leqslant\frac{\varepsilon}{|R|}|R|=\varepsilon.$$

因此 S 的 m 维若尔当测度等于零. 证毕.

推论 19.1.1 $\mathbf{R}^m$ 中由有限个光滑超曲面所围成的有界区域是若尔当可测集.

推论 19.1.2 $\mathbf{R}^m$ 中的有界点集 S 如果具有性质: 对任意 $x_0 \in \partial S$, 存在相应的邻域 $B(x_0, \delta_{x_0})$ (其中 $\delta_{x_0} > 0$) 和 $1 \leqslant i \leqslant m$, 使 $\partial S \bigcap B(x_0, \delta_{x_0})$ 可表示成

$$x_i = f_{x_0}(x_1, \cdots, x_{i-1}, x_{i+1}, \cdots, x_m),$$

其中 f_{x_0} 为连续函数, 则 S 是若尔当可测集.

19.1.3 若尔当测度的运算性质

应用定理 19.1.1, 便可证明以下定理.

定理 19.1.3 设 S_1, S_2, $\cdots$, S_n 都是若尔当可测集. 则并集 $\bigcup\limits_{i=1}^{n} S_i$ 也是若尔当可测集, 且

$$\left|\bigcup_{i=1}^{n} S_i\right| \leqslant \sum_{i=1}^{n} |S_i|. \tag{19.1.1}$$

进一步如果 S_1, S_2, $\cdots$, S_n 两两无公共内点, 则成立等式

$$\left|\bigcup_{i=1}^{n} S_i\right| = \sum_{i=1}^{n} |S_i|. \tag{19.1.2}$$

证明 只需对 $n=2$ 的情况证明. 因为只要证明了 $n=2$ 的情况, 一般 n 的情况便可由数学归纳法得到.

先证明 $S_1 \bigcup S_2$ 是若尔当可测集. 由 S_1 和 S_2 都是若尔当可测集知, ∂S_1 和 ∂S_2 都是若尔当零测集, 所以对任意给定的 $\varepsilon > 0$, 存在相应的简单图形 Q_1 和 Q_2, 使得 $\partial S_1 \subseteq Q_1^\circ$, $\partial S_2 \subseteq Q_2^\circ$, 且 $|Q_1| < \dfrac{\varepsilon}{2}$, $|Q_2| < \dfrac{\varepsilon}{2}$. 令 $Q = Q_1 \bigcup Q_2$. 则 Q 是简单图形, 且

$$\partial(S_1 \bigcup S_2) \subseteq \partial S_1 \bigcup \partial S_2 \subseteq Q_1^\circ \bigcup Q_2^\circ \subseteq (Q_1 \bigcup Q_2)^\circ = Q^\circ,$$

$$|Q| = |Q_1 \bigcup Q_2| \leqslant |Q_1| + |Q_2| < \frac{\varepsilon}{2} + \frac{\varepsilon}{2} = \varepsilon.$$

因此 $\partial(S_1 \bigcup S_2)$ 是若尔当零测集, 从而 $S_1 \bigcup S_2$ 是若尔当可测集.

再证明 $|S_1 \bigcup S_2| \leqslant |S_1| + |S_2|$. 设 Q_1 和 Q_2 是任意满足条件 $\overline{S}_1 \subseteq Q_1^\circ$, $\overline{S}_2 \subseteq Q_2^\circ$ 的简单图形. 令 $Q = Q_1 \bigcup Q_2$. 则 Q 是简单图形, 且

$$\overline{S_1 \bigcup S_2} = \overline{S}_1 \bigcup \overline{S}_2 \subseteq Q_1^\circ \bigcup Q_2^\circ \subseteq (Q_1 \bigcup Q_2)^\circ = Q^\circ.$$

所以根据 $S_1 \bigcup S_2$ 是若尔当可测集和外容量的定义有

$$|S_1 \bigcup S_2| = m^*(S_1 \bigcup S_2) \leqslant |Q| \leqslant |Q_1| + |Q_2|.$$

对此不等式两端关于所有满足条件 $\overline{S}_1 \subseteq Q_1^\circ$, $\overline{S}_2 \subseteq Q_2^\circ$ 的简单图形 Q_1 和 Q_2 取下确界, 就得到

$$|S_1 \bigcup S_2| \leqslant \inf_{\overline{S}_1 \subseteq Q_1^\circ} \inf_{\overline{S}_2 \subseteq Q_2^\circ} (|Q_1| + |Q_2|)$$
$$= \inf_{\overline{S}_1 \subseteq Q_1^\circ} |Q_1| + \inf_{\overline{S}_2 \subseteq Q_2^\circ} |Q_2| = m^*(S_1) + m^*(S_2) = |S_1| + |S_2|.$$

最后证明当 S_1 和 S_2 没有公共内点时, 成立等式 $|S_1 \bigcup S_2| = |S_1| + |S_2|$. 为此只需再证明 $|S_1| + |S_2| \leqslant |S_1 \bigcup S_2|$. 设 Q_1 和 Q_2 是任意满足条件 $Q_1 \subseteq S_1^\circ$, $Q_2 \subseteq S_2^\circ$ 的简单图形. 令 $Q = Q_1 \bigcup Q_2$. 则 Q 是简单图形, 且

$$Q = Q_1 \bigcup Q_2 \subseteq S_1^\circ \bigcup S_2^\circ \subseteq (S_1 \bigcup S_2)^\circ.$$

于是根据内容量的定义和 $S_1 \bigcup S_2$ 是若尔当可测集, 有 $|Q| \leqslant m_*(S_1 \bigcup S_2) = |S_1 \bigcup S_2|$. 而由 S_1 和 S_2 没有公共内点与条件 $Q_1 \subseteq S_1^\circ$, $Q_2 \subseteq S_2^\circ$ 可知, Q_1 和 Q_2 不相交, 所以 $|Q| = |Q_1 \bigcup Q_2| = |Q_1| + |Q_2|$. 这就证明了

$$|Q_1| + |Q_2| \leqslant |S_1 \bigcup S_2|.$$

对此不等式两端关于所有的简单图形 $Q_1 \subseteq S_1^\circ$ 和 $Q_2 \subseteq S_2^\circ$ 取上确界, 就得到

$$|S_1| + |S_2| = m_*(S_1) + m_*(S_2) = \sup_{Q_1 \subseteq S_1^\circ} |Q_1| + \sup_{Q_2 \subseteq S_2^\circ} |Q_2|$$
$$= \sup_{Q_1 \subseteq S_1^\circ} \sup_{Q_2 \subseteq S_2^\circ} (|Q_1| + |Q_2|) \leqslant |S_1 \bigcup S_2|.$$

证毕.

等式 (19.1.2) 叫做若尔当测度的**有限可加性**. 检查定理 19.1.3 的证明便不难发现, 我们其实证明了以下两个不等式:

$$m^*(S_1 \bigcup S_2) \leqslant m^*(S_1) + m^*(S_2),$$

$$m_*(S_1 \bigcup S_2) \geqslant m_*(S_1) + m_*(S_2) \quad (\text{当 } S_1^\circ \bigcap S_2^\circ = \varnothing).$$

这些不等式对任意有界点集 S_1 和 S_2 都成立, 而不需要它们是若尔当可测集.

定理 19.1.4 设 S_1 和 S_2 是若尔当可测集. 则它们的差 $S_1 \backslash S_2$ 也是若尔当可测集, 且

$$|S_1 \backslash S_2| \geqslant |S_1| - |S_2|. \tag{19.1.3}$$

进一步如果 $S_1 \supseteq S_2$, 则

$$|S_1 \backslash S_2| = |S_1| - |S_2|. \tag{19.1.4}$$

证明 由于 $\partial(S_1\backslash S_2)\subseteq\partial S_1\bigcup\partial S_2$, 所以

$$m^*[\partial(S_1\backslash S_2)]\leqslant m^*(\partial S_1)+m^*(\partial S_2).$$

而由 S_1 和 S_2 是若尔当可测集知, 以上不等式右端的两项都等于零, 所以不等式左端也等于零. 因此 $S_1\backslash S_2$ 是若尔当可测集. 由于 $S_1\subseteq(S_1\backslash S_2)\bigcup S_2$, 所以

$$|S_1|\leqslant|S_1\backslash S_2|+|S_2|.$$

从这个不等式立得式 (19.1.3). 如果 $S_1\supseteq S_2$, 则 $S_1=(S_1\backslash S_2)\bigcup S_2$, 且 $(S_1\backslash S_2)\bigcap S_2=\varnothing$, 所以

$$|S_1|=|S_1\backslash S_2|+|S_2|.$$

从这个等式立得式 (19.1.4). 证毕.

定理 19.1.5 设 S 是若尔当可测集. 则其闭包 $\overline{S}$ 和内域 S° 也都是若尔当可测集, 且

$$|S|=|\overline{S}|=|S^\circ|.$$

证明 由于 $\overline{S}=S\bigcup\partial S$, $S^\circ=S\backslash\partial S$, 而由 S 是若尔当可测集知其边界 ∂S 也是若尔当可测集且 $|\partial S|=0$, 所以应用定理 19.1.3 和定理 19.1.4 即知 $\overline{S}$ 和 S° 都是若尔当可测集, 且

$$|S|\leqslant|\overline{S}|\leqslant|S|+|\partial S|=|S|\quad\Rightarrow\quad|\overline{S}|=|S|,$$

$$|S|\geqslant|S^\circ|\geqslant|S|-|\partial S|=|S|\quad\Rightarrow\quad|S^\circ|=|S|.$$

证毕.

定理 19.1.6 设 $S_1, S_2, \cdots, S_n$ 都是若尔当可测集. 则交集 $\bigcap\limits_{i=1}^{n}S_i$ 也是若尔当可测集.

证明 与前类似, 只需对 $n=2$ 的情况给出证明. 根据定理 19.1.3 和定理 19.1.4, 由 S_1 和 S_2 是若尔当可测集可知, $S_1\bigcup S_2$, $S_1\backslash S_2$ 和 $S_2\backslash S_1$ 都是若尔当可测集, 从而由等式

$$S_1\bigcap S_2=(S_1\bigcup S_2)\backslash[(S_1\backslash S_2)\bigcup(S_2\backslash S_1)]$$

并再次应用定理 19.1.3 和定理 19.1.4, 即知 $S_1\bigcap S_2$ 也是若尔当可测集. 证毕.

关于点集的若尔当测度理论就介绍这些内容, 而不打算再做更深入的讨论了, 因为以上内容已经足够满足建立重积分理论的需要了.

最后指出, 正如黎曼积分不完备一样 (黎曼可积函数列的逐点极限不一定黎曼可积), 若尔当测度也是不完备的, 即如果 $S_1, S_2, \cdots, S_n, \cdots$ 是一列若尔当可测集, 则它们的并集 $\bigcup\limits_{n=1}^{\infty}S_n$ 不一定是若尔当可测集. 如把区间 $[0,1]$ 中的全体有理数排成一个数

列 $\{r_n\}_{n=1}^{\infty}$, 再令 $S_n=\{r_n\}$ (即 S_n 仅由一个点 r_n 构成), $n=1,2,\cdots$, 则每个 S_n 都是若尔当零测集, 但它们的并集 $\bigcup\limits_{n=1}^{\infty} S_n=\mathbf{Q}\bigcap[0,1]$ 因为内容量为零、外容量为 1, 所以不是若尔当可测集. 另外, 康托尔证明了, $\mathbf{R}^1$ 中的任意开集都可表示成至多可数个两两互不相交的开区间的并, 所以按照人们对面积、体积、测度这些概念的理解, $\mathbf{R}^1$ 中开集都应当是有测度即可测的, 其测度应等于构成它的所有开区间的长度总和. 但是采用类似于 $\mathbf{Q}\bigcap[0,1]$ 的构造方法, 可以构作出开集的例子, 使其按若尔当可测集的定义是不可测的. 这显然有悖人们对面积、体积、测度这些概念的理解. 所以若尔当测度理论存在缺陷. 为了弥补若尔当测度理论的这种不完备性缺陷, 博雷尔在 1898 年从定义开集及其余集即闭集的测度出发, 对由开集和闭集经过至多可数多次集合运算得到的集合都定义了测度, 进而建立了具有可数可加性的博雷尔测度理论. 所谓可数可加性, 是指测度 m 具有这种性质: 如果 S_1, S_2, $\cdots$, S_n, $\cdots$ 是一列可测集, 则它们的并集 $\bigcup\limits_{n=1}^{\infty} S_n$ 也是可测集, 且当这些集合两两互不相交时成立等式

$$m\Big(\bigcup_{n=1}^{\infty} S_n\Big)=\sum_{n=1}^{\infty} m(S_n).$$

1902 年, 勒贝格把博雷尔的思想进一步发展, 通过修改若尔当测度理论中外容量和内容量的定义, 建立了勒贝格测度理论. 勒贝格定义点集 S 的外测度 $m^*(S)$ 等于由至多可数个长方体构成的覆盖中所有长方体体积之和的下确界 (即把若尔当测度理论中外容量的定义由有限个长方体的覆盖放宽为至多可数个长方体的覆盖), 并定义 S 的内测度 $m_*(S)$ 等于 S 在包含它的长方体 K 中的余集 $K\backslash S$ 之外测度的补量, 即

$$m_*(S)=|K|-m^*(K\backslash S),\quad S\subseteq K.$$

然后规定当且仅当 $m^*(S)=m_*(S)$ 时, 称 S 是可测集. 这样得到的可测集不仅包括了全部的若尔当可测集, 也包括了全部的博雷尔可测集, 并且测度具有可数可加性, 因而成功地弥补了若尔当测度理论中前面指出的各项缺陷. 例如, 前面给出的 D_1 和 D_2 两个点集按勒贝格的测度理论都是可测集, 且 $m(D_1)=0$, $m(D_2)=1$. 勒贝格测度理论是迄今为止人们发现的最完善的测度理论. 这一理论将在后续课程实变函数中进行深入细致的讨论.

习 题 19.1

1. 根据定义证明 $\mathbf{R}^2$ 中的以下点集都是若尔当可测集, 且若尔当测度等于所给定的值:

(1) 半径为 R 的圆盘 $x^2+y^2\leqslant R^2$, 若尔当测度等于 πR^2;

(2) 以 $(0,0)$, $(a,0)$, $(0,b)$ (其中 $a,b>0$) 为顶点的直角三角形, 若尔当测度等于 $\dfrac{1}{2}ab$;

(3) 以 $(0,0)$, $(h,0)$, (h,a), $(0,b)$ (其中 $a,b,h>0$)为顶点的梯形, 若尔当测度等于 $\dfrac{1}{2}(a+b)h$.

2. 设 f 是定义在区间 $[a,b]$ 上的有界非负函数. 令 S 为 f 的下方图形, 即

$$S=\{(x,y)\in\mathbf{R}^2:\ a\leqslant x\leqslant b,\ 0\leqslant y\leqslant f(x)\}.$$

证明: (佩亚诺定理) S 的内容量和外容量分别等于 f 在 $[a,b]$ 上的下积分和上积分, 即

$$m_*(S)=\underline{\int_a^b} f(x)dx,\quad m^*(S)=\overline{\int_a^b} f(x)dx.$$

因此 S 若尔当可测的充要条件是 f 在 $[a,b]$ 上黎曼可积, 而且当 S 若尔当可测时, 其若尔当测度等于 f 在 $[a,b]$ 上的黎曼积分.

3. $\mathbf{R}^m$ 到 $\mathbf{R}^m$ 的一个可逆变换 F 如果具有形式

$$\boldsymbol{F}(x)=\boldsymbol{A}(x)+y_0,\quad \forall x\in\mathbf{R}^m,$$

其中, $\boldsymbol{A}$ 是 $\mathbf{R}^m$ 上的可逆线性变换, y_0 是 $\mathbf{R}^m$ 中一点, 则称 $\boldsymbol{F}$ 是 $\mathbf{R}^m$ 上的**仿射变换**. 如果进一步 $\boldsymbol{A}$ 是 $\mathbf{R}^m$ 上的正交变换, 则称 F 是 $\mathbf{R}^m$ 上的**等距变换**或**全等变换**. $\mathbf{R}^m$ 中的两个点集如果可以用一个全等变换把其中一个变为另一个, 则称这两个点集为**全等**的. 若尔当测度在全等变换下是不变的, 即如果一个点集是若尔当可测的, 则与它全等的点集也都是若尔当可测的, 而且它们具有相同的若尔当测度. 试就 $m=2$ 的情况, 按以下步骤证明这个结论.

(1) 证明如果一个有界点集 $S\subseteq\mathbf{R}^2$ 是若尔当可测的, 则它在任意一个平移变换 $F(x)=x+x_0$ (其中 x_0 是 $\mathbf{R}^m$ 中的任意一个固定点) 下的像集 $F(S)$ 也是若尔当可测的, 而且 $|F(S)|=|S|$.

(2) 证明 $\mathbf{R}^2$ 中任意矩形 (边不必平行于坐标轴) 都是若尔当可测集, 并且其若尔当测度等于其面积, 即等于矩形的长乘宽.

(3) 证明如果一个有界点集 $S\subseteq\mathbf{R}^2$ 是若尔当可测的, 则它在任意一个正交变换 $\boldsymbol{F}(x)=\boldsymbol{A}(x)$ 下的像集 $\boldsymbol{F}(S)$ 也是若尔当可测的, 而且 $|\boldsymbol{F}(S)|=|S|$.

(4) 由 (1) 和 (3), 就得到了所要证明的结论.

4. 设 S_1, S_2, S_3 都是 $\mathbf{R}^m$ 中的若尔当可测集. 证明以下结论:

(1) $|S_1\backslash S_2|=|S_1|-|S_1\bigcap S_2|$;

(2) $|S_1\bigcup S_2|=|S_1|+|S_2|-|S_1\bigcap S_2|$;

(3) $|S_1\bigcup S_2\bigcup S_3|=|S_1|+|S_2|+|S_3|-|S_1\bigcap S_2|-|S_1\bigcap S_3|-|S_2\bigcap S_3|+|S_1\bigcap S_2\bigcap S_3|$.

5. 设 S 是 $\mathbf{R}^m$ 中的若尔当可测集, T 是 $\mathbf{R}^n$ 中的若尔当可测集. 证明:

$$S \times T = \{(x,y):\ x \in S,\ y \in T\}$$

是 $\mathbf{R}^{m+n}$ 中的若尔当可测集, 且 $|S \times T| = |S||T|$.

19.2 重积分的定义和性质

有了 19.1 节的准备, 给出重积分的定义已经毫无困难了. 这一节讨论重积分的定义和性质. 我们将看到, 一元函数的黎曼积分理论可以毫无困难地推广到多元函数.

19.2.1 重积分的定义

在正式给出重积分的定义之前, 先看两个例子. 由这些例子可知, 把一元函数的黎曼积分理论推广到多元函数, 是十分必要的.

例 1(曲顶柱体的体积) 19.1 节建立了平面图形面积和立体图形体积的一般定义, 但并不知道对于每个具体的平面图形和立体图形, 怎样计算它们的面积或体积. 平面图形面积的计算和部分立体图形 (如旋转体和知道了沿某一固定方向的所有截面面积的立体) 体积的计算问题已在定积分理论中解决了. 但是一般立体图形体积的计算问题仍然有待研究. 下面来看最简单的情况: 曲顶柱体的体积如何计算.

设 $z = f(x,y)$ 是定义在有界闭区域 $D \subseteq \mathbf{R}^2$ 上的连续函数, 且 $f(x,y) \geqslant 0$, $\forall (x,y) \in D$. 该函数的图形是一张位于 Oxy 平面上方的曲面 S. 下面求以这个曲面为顶、以 Oxy 平面上区域 D 为底、母线平行于 Oz 轴的曲顶柱体的体积 V(图 19-2-1).

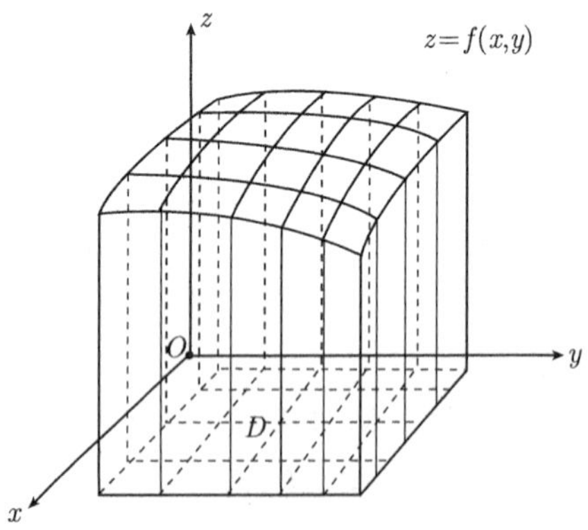

图 19-2-1 作分割求体积

类似于第 7 章求曲边梯形的面积的做法, 对区域 D 作分割, 把它分解成有限个直径很小的小区域 $\Delta D_1, \Delta D_2, \cdots, \Delta D_n$. 用 Δ 表示区域 D 的这个分割, 即 $\Delta = \{\Delta D_1, \Delta D_2, \cdots, \Delta D_n\}$. 由于每个小区域 ΔD_i 直径都很小, 函数 $z = f(x,y)$ 在其上变化不大因而可近似地看成取常数值, 从而以 ΔD_i 为底的小柱体 W_i 就可近似地看作平顶柱体. 因此任取一点 $(\xi_i, \eta_i) \in D_i$, 以函数值 $f(\xi_i, \eta_i)$ 作为这个小柱体 W_i 的高, 则其体积便近似地等于 $f(\xi_i, \eta_i)|\Delta D_i|$, 其中, $|\Delta D_i|$ 为小区域 ΔD_i 的面积. 关于 i 求和, 就得所求曲顶柱体的体积 V 的近似值

$$V \approx \sum_{i=1}^{n} f(\xi_i, \eta_i)|\Delta D_i|.$$

显然区域 D 的这种分割作的越细, 则上述近似值就越接近于体积 V 的精确值. 因此, 把 D 的分割无限加细即让 $\|\Delta\| = \max\limits_{1\leqslant i\leqslant n} \operatorname{diam}(D_i) \to 0$ 取极限, 就得到了 V 的精确值, 即

$$V = \lim_{\|\Delta\|\to 0} \sum_{i=1}^{n} f(\xi_i, \eta_i)|\Delta D_i|.$$

例 2(非均匀物体的质量) 如果物体的质量分布是均匀的, 设其总质量为 M, 体积为 V, 则称商 $\dfrac{M}{V}$ 为其**质量密度**. 如果物体的质量分布是不均匀的, 那么这样得到的只是它的平均质量密度. 更准确地反映其质量分布情况的是**质量密度函数**$\rho(x,y,z)$, 定义为

$$\rho(x,y,z) = \lim_{\operatorname{diam}(\Delta\Omega)\to 0} \frac{\Delta M}{|\Delta\Omega|},$$

其中, (x,y,z) 为物体所占据空间区域 Ω 中的任意一点, $\Delta\Omega$ 为 Ω 中包含点 (x,y,z) 的任意一个小区域, $|\Delta\Omega|$ 为这个小区域的体积, ΔM 为位于此小区域中的物体小块的质量. 现在要问: 如果已知物体的质量密度函数 $\rho(x,y,z)$, 如何求物体的总质量 M?

为此, 我们把物体剖分成许多小块, 即把区域 Ω 作分割 Δ: $\Delta\Omega_1, \Delta\Omega_2, \cdots, \Delta\Omega_n$, 使得每个小区域 $\Delta\Omega_i$ 的直径都很小, 这样在每个小区域上质量密度函数 $\rho(x,y,z)$ 的变化都很小, 从而每个小块都可近似地看成质量分布是均匀的. 于是, 对第 i 个小块, 可在 $\Delta\Omega_i$ 中任取一点 (ξ_i, η_i, ζ_i), 以 $\rho(\xi_i, \eta_i, \zeta_i)$ 作为这个小块的平均质量密度, 而得它的质量 ΔM_i 的近似值 $\rho(\xi_i, \eta_i, \zeta_i)|\Delta\Omega_i|$, 进而得物体的总质量 M 的近似值:

$$M = \sum_{i=1}^{n} \Delta M_i \approx \sum_{i=1}^{n} \rho(\xi_i, \eta_i, \zeta_i)|\Delta\Omega_i|.$$

显然分割 Δ 作的越细, 则上述近似值就越接近于 M 的精确值. 因此, 把分割 Δ 无限加细, 即让 $\|\Delta\| = \max\limits_{1\leqslant i\leqslant n} \operatorname{diam}(\Delta\Omega_1) \to 0$ 取极限, 就得到了 M 的精确值:

$$M = \lim_{\|\Delta\|\to 0} \sum_{i=1}^{n} \rho(\xi_i, \eta_i, \zeta_i)|\Delta\Omega_i|.$$

对于厚度很小因而可近似地看成平面的薄板, 其**质量面密度**$\rho(x,y)$ 定义为

$$\rho(x,y) = \lim_{\operatorname{diam}(\Delta D)\to 0} \frac{\Delta M}{|\Delta D|},$$

其中, (x,y) 为薄板所占据平面区域 D 中的任意一点, ΔD 为 D 中包含点 (x,y) 的任意一个小区域, $|\Delta D|$ 为这个小区域的面积, ΔM 为位于此小区域中的小薄板块的质量. 如果已经知道了薄板的质量面密度函数 $\rho(x,y)$, 则可用与上面类似的方法求薄板的总质量 M: 先把区域 D 作分割 Δ: $\Delta D_1, \Delta D_2, \cdots, \Delta D_n$, 使得每个小区域

ΔD_i 的直径都很小. 然后对每个小区域 ΔD_i, 任取其中一点 (ξ_i, η_i), 以 $\rho(\xi_i, \eta_i)$ 作为这个小区域中的小薄板块的平均面密度, 算出这个小薄板块的质量 ΔM_i 的近似值 $\rho(\xi_i, \eta_i)|\Delta D_i|$, 再关于 i 相加得薄板总质量 M 的近似值:

$$M = \sum_{i=1}^{n} \Delta M_i \approx \sum_{i=1}^{n} \rho(\xi_i, \eta_i)|\Delta D_i|.$$

最后令 $\|\Delta\| = \max\limits_{1 \leqslant i \leqslant n} \operatorname{diam}(\Delta D_1) \to 0$ 取极限, 就得到了 M 的精确值:

$$M = \lim_{\|\Delta\| \to 0} \sum_{i=1}^{n} \rho(\xi_i, \eta_i)|\Delta D_i|.$$

以上这些例子涉及的数学问题和一元函数的定积分十分相似, 即先对区域作分割, 再作积分和, 然后让分割无限加细取极限. 应用中还有很多类似的问题. 这些问题就引出了多元函数的黎曼积分即重积分的概念. 下面给出重积分的一般定义.

对于 $\mathbf{R}^m$ 中的一个区域 Ω, 如果对任意 $x_0 \in \partial\Omega$, 存在相应的邻域 $B(x_0, \delta_{x_0})$ (其中 $\delta_{x_0} > 0$) 和 $1 \leqslant i \leqslant m$, 使 $\partial\Omega \bigcap B(x_0, \delta_{x_0})$ 可表示成

$$x_i = f_{x_0}(x_1, \cdots, x_{i-1}, x_{i+1}, \cdots, x_m),$$

其中 f_{x_0} 为连续函数, 则称 Ω 是**具有连续边界的区域**. 根据 19.1 节的推论 19.1.2, 有界的这种区域都是若尔当可测的, 因而具有体积 (当 $m \geqslant 3$) 或面积 (当 $m = 2$).

定义 19.2.1 设 Ω 是 $\mathbf{R}^m$ 中的一个具有连续边界的有界区域, $y = f(x)$(其中 $x = (x_1, x_2, \cdots, x_m)$) 是定义在 Ω 上的一个 m 元函数. 把 Ω 分割成一些具有连续边界的小区域 $\Delta\Omega_1$, $\Delta\Omega_2$, $\cdots$, $\Delta\Omega_n$, 使得这些小区域两两之间没有公共的内点且并集为 Ω

$$\Omega = \Delta\Omega_1 \bigcup \Delta\Omega_2 \bigcup \cdots \bigcup \Delta\Omega_n, \quad \Delta\Omega_i^\circ \bigcap \Delta\Omega_j^\circ = \varnothing \ (\text{当 } i \neq j).$$

集合 $\Delta = \{\Delta\Omega_1, \Delta\Omega_2, \cdots, \Delta\Omega_n\}$ 叫做 Ω 的一个**分割** 或**剖分**, 正数 $\|\Delta\| = \max\limits_{1 \leqslant i \leqslant n} \operatorname{diam}(\Delta\Omega_i)$ 叫做这个分割的**模**. 再对每个 $1 \leqslant i \leqslant n$, 任取小区域 $\Delta\Omega_i$ 中一点记作 ξ_i. 点集 $\Xi = \{\xi_1, \xi_2, \cdots, \xi_n\}$ 叫做从属于分割 Δ 的一个**介点集**. 作和

$$S(f, \Delta, \Xi) = \sum_{i=1}^{n} f(\xi_i)|\Delta\Omega_i|$$

(叫做 f 的黎曼积分和). 如果当 $\|\Delta\| \to 0$ 时 $S(f, \Delta, \Xi)$ 有极限, 即存在实数 I, 使对任意给定的 $\varepsilon > 0$ 都存在相应的 $\delta > 0$, 使当 $\|\Delta\| < \delta$ 时, 对任意从属于 Δ 的介点集 Ξ 都成立

$$|S(f, \Delta, \Xi) - I| = \left| \sum_{i=1}^{n} f(\xi_i)|\Delta\Omega_i| - I \right| < \varepsilon,$$

则称函数 f 在 Ω 上**黎曼可积**, 并称实数 I 为 f 在 Ω 上的m **重黎曼积分**, 简称m **重积分**, 记作

$$\int_{\Omega} f(x)\mathrm{d}x = I \qquad \text{或} \qquad \iint\cdots\int_{\Omega} f(x_1, x_2, \cdots, x_m)\mathrm{d}x_1\mathrm{d}x_2\cdots\mathrm{d}x_m = I.$$

读者可能会问: 对于一个给定的具有连续边界的有界区域 Ω, 满足定义中条件且模可以任意小的分割 Δ 是否一定存在? 这个问题的答案是肯定的. 例如, 可以用平行于坐标面的平面族来分割 Ω. 易见这样分割得到的每个小区域也都具有连续的边界, 且只要平行于每个坐标面的平面族都充分密, 那么这样得到的分割的模就充分小.

根据这个定义可知, 例 1 中的曲顶柱体的体积

$$V = \iint\limits_{D} f(x,y)\mathrm{d}x\mathrm{d}y;$$

例 2 中的非均匀立体和非均匀薄板的质量分别为

$$M = \iiint_{\Omega} \rho(x,y,z)\mathrm{d}x\mathrm{d}y\mathrm{d}z \qquad \text{和} \qquad M = \iint\limits_{D} \rho(x,y)\mathrm{d}x\mathrm{d}y.$$

19.2.2 函数可积的达布准则

多元函数的黎曼积分即重积分理论可以与一元函数的黎曼积分即定积分理论完全平行地建立起来. 下面简略地写出这个理论的一些主要结论, 其证明全部留给读者.

定理 19.2.1 设 f 是 $\mathbf{R}^m$ 中具有连续边界的有界闭区域 Ω 上的黎曼可积函数. 则 f 在 Ω 上有界.

以下总假设 Ω 是 $\mathbf{R}^m$ 中具有连续边界的有界闭区域, f 是 Ω 上的有界函数.

定义 19.2.2 设 $\Delta = \{\Delta\Omega_1, \Delta\Omega_2, \cdots, \Delta\Omega_n\}$ 是 Ω 的一个分割. 对每个 $1 \leqslant i \leqslant n$, 记

$$M_i = \sup\{f(x) : x \in \Delta\Omega_i\}, \quad m_i = \inf\{f(x) : x \in \Delta\Omega_i\},$$

并作和

$$\overline{S}(f,\Delta) = \sum_{i=1}^{n} M_i|\Delta\Omega_i|, \quad \underline{S}(f,\Delta) = \sum_{i=1}^{n} m_i|\Delta\Omega_i|.$$

它们分别叫做函数 f 关于分割 Δ 的**达布大和与达布小和**.

引理 19.2.1 成立下列结论:

(1) 对 Ω 的任一分割 $\Delta = \{\Delta\Omega_1, \Delta\Omega_2, \cdots, \Delta\Omega_n\}$ 都有

$$\overline{S}(f,\Delta) = \sup_{\Xi} S(f,\Delta,\Xi), \quad \underline{S}(f,\Delta) = \inf_{\Xi} S(f,\Delta,\Xi).$$

这里的上确界和下确界都指关于所有从属于分割 Δ 的介点集 Ξ 来求.

(2) 对 Ω 的两个分割 Δ 和 $\widetilde{\Delta}$, 如果 Δ 是 $\widetilde{\Delta}$ 的加细, 即对 Δ 中的任一小区域 $\Delta\Omega_i$, 都存在 $\widetilde{\Delta}$ 中的相应小区域 $\widetilde{\Delta\Omega_j}$ 使得 $\Delta\Omega_i \subseteq \widetilde{\Delta\Omega_j}$, 则有

$$\overline{S}(f,\Delta) \leqslant \overline{S}(f,\widetilde{\Delta}), \qquad \underline{S}(f,\Delta) \geqslant \underline{S}(f,\widetilde{\Delta}).$$

(3) 对 Ω 的任意两个分割 Δ_1 和 Δ_2 都成立

$$\underline{S}(f,\Delta_1) \leqslant \overline{S}(f,\Delta_2).$$

由这个引理知定义

$$\overline{\int_D} f(x)\mathrm{d}x = \inf_{\Delta} \overline{S}(f,\Delta) \qquad \text{和} \qquad \underline{\int_D} f(x)\mathrm{d}x = \sup_{\Delta} \underline{S}(f,\Delta)$$

都有意义, 这里的上确界和下确界都指关于区域 Ω 的所有分割 Δ 来求. 它们分别叫做函数 f 在 Ω 上的**上积分**和**下积分**.

定理 19.2.2(达布定理) (1) 当 $\|\Delta\| \to 0$ 时, 达布大和 $\overline{S}(f,\Delta)$ 与达布小和 $\underline{S}(f,\Delta)$ 分别收敛于 f 的上积分和下积分, 即

$$\lim_{\|\Delta\|\to 0} \overline{S}(f,\Delta) = \overline{\int_D} f(x)\mathrm{d}x, \quad \lim_{\|\Delta\|\to 0} \underline{S}(f,\Delta) = \underline{\int_D} f(x)\mathrm{d}x.$$

(2) f 在 Ω 上黎曼可积的充要条件是

$$\overline{\int_D} f(x)\mathrm{d}x = \underline{\int_D} f(x)\mathrm{d}x;$$

或等价地, f 在 Ω 上黎曼可积的充要条件是成立

$$\lim_{\|\Delta\|\to 0} [\overline{S}(f,\Delta) - \underline{S}(f,\Delta)] = 0.$$

给定了 Ω 的一个分割 $\Delta = \{\Delta\Omega_1, \Delta\Omega_2, \cdots, \Delta\Omega_n\}$, 对每个 $1 \leqslant i \leqslant n$ 记

$$\omega_i(f) = M_i - m_i = \sup_{x\in\Delta\Omega_i} f(x) - \inf_{x\in\Delta\Omega_i} f(x) = \sup_{x,y\in\Delta\Omega_i} |f(x) - f(y)|,$$

它叫做函数 f 在区域 $\Delta\Omega_i$ 上的**振幅**.

推论 19.2.1 函数 f 在 Ω 上黎曼可积的充要条件是成立

$$\lim_{\|\Delta\|\to 0} \sum_{i=1}^{n} \omega_i(f)|\Delta\Omega_i| = 0.$$

根据这个推论和有界闭集上连续函数的一致连续性, 便立刻得到下述定理.

定理 19.2.3 设 f 是 Ω 上的连续函数. 则 f 在 Ω 上黎曼可积.

19.2.3 重积分的性质

同前面一样, 在以下几个定理中, Ω 都表示 $\mathbf{R}^m$ 中具有连续边界的有界闭区域.

定理 19.2.4 设 f 和 g 都在 Ω 上黎曼可积. 则有下列结论:

(1) $f \pm g$ 在 Ω 上黎曼可积, 且

$$\int_\Omega [f(x) \pm g(x)]\mathrm{d}x = \int_\Omega f(x)\mathrm{d}x \pm \int_\Omega g(x)\mathrm{d}x.$$

(2) 对任意实数 c, cf 在 Ω 上黎曼可积, 且

$$\int_\Omega cf(x)\mathrm{d}x = c\int_\Omega f(x)\mathrm{d}x.$$

定理 19.2.5 设 f 和 g 都是 Ω 上的可积函数, 且 $f(x) \leqslant g(x)$, $\forall x \in \Omega$. 则有

$$\int_\Omega f(x)\mathrm{d}x \leqslant \int_\Omega g(x)\mathrm{d}x.$$

特别地, 有 (注意由推论 19.2.1 易知, 当 f 在 Ω 上可积时, $|f|$ 也在 Ω 上可积)

$$\left|\int_\Omega f(x)\mathrm{d}x\right| \leqslant \int_\Omega |f(x)|\mathrm{d}x.$$

推论 19.2.2 设 $a \leqslant f(x) \leqslant b$, $\forall x \in \Omega$. 则

$$a|\Omega| \leqslant \int_\Omega f(x)\mathrm{d}x \leqslant b|\Omega|.$$

定理 19.2.6(积分中值定理) 设 f 是 Ω 上的连续函数, g 是 Ω 上的非负可积函数. 则存在 $\xi \in \Omega$ 使成立

$$\int_\Omega f(x)g(x)\mathrm{d}x = f(\xi)\int_\Omega g(x)\mathrm{d}x.$$

特别地, 存在 $\xi \in \Omega$ 使成立

$$\int_\Omega f(x)dx = f(\xi)|\Omega|.$$

定理 19.2.7(区域可加性) 设 $\Omega = \Omega_1 \bigcup \Omega_2$, 其中 Ω_1 和 Ω_2 都是具有连续边界的有界闭区域, 且它们没有公共的内点. 又设 f 在 Ω_1 和 Ω_2 上都可积. 则 f 也在 Ω 上可积, 且

$$\int_\Omega f(x)\mathrm{d}x = \int_{\Omega_1} f(x)\mathrm{d}x + \int_{\Omega_2} f(x)\mathrm{d}x.$$

推论 19.2.3 设 f 是 Ω 上的分块连续函数. 则 f 在 Ω 上黎曼可积.

定理 19.2.8 设 f 和 g 都在 Ω 上黎曼可积, 则它们的乘积 fg 也在 Ω 上黎曼可积, 并且对 Ω 的任意分割 $\Delta=\{\Delta\Omega_1,\Delta\Omega_2,\cdots,\Delta\Omega_n\}$ 和任意从属于此分割的两个介点集 $\{\xi_1,\xi_2,\cdots,\xi_n\}$ 和 $\{\eta_1,\eta_2,\cdots,\eta_n\}$, 成立

$$\lim_{\|\Delta\|\to 0}\sum_{i=1}^{n}f(\xi_i)g(\eta_i)|\Delta\Omega_i|=\int_\Omega f(x)g(x)\mathrm{d}x.$$

以上定理的证明全部留给读者.

习　题　19.2

1. 证明本节的各个命题, 特别是引理 19.2.1, 定理 19.2.2, 定理 19.2.3 和定理 19.2.7, 因为这样做不仅有助于读者更好地理解本节讲述的内容, 同时也帮助读者巩固和提高第 7 章所学内容.

2. (1) 设 f 是有界闭区域 $D\subseteq\mathbf{R}^m$ 上不恒等于零的非负连续函数. 证明:

$$\int_D f(x)\mathrm{d}x>0.$$

(2) 设 f 是开区域 $D\subseteq\mathbf{R}^m$ 上的连续函数, 且对任意闭球 $\overline{B}(x_0,r)\subseteq D$ 都有

$$\int_{\overline{B}(x_0,r)}f(x)\mathrm{d}x=0.$$

证明: $f(x)=0,\ \forall x\in D$.

3. 设 f 在圆盘 $(x-x_0)^2+(y-y_0)^2\leqslant a^2\ (a>0)$ 上可积且在点 $P_0(x_0,y_0)$ 连续. 证明:

$$\lim_{r\to 0^+}\frac{1}{\pi r^2}\iint\limits_{B(P_0,r)}f(x,y)\mathrm{d}x\mathrm{d}y=f(x_0,y_0).$$

4. (1) 设 D 为圆盘 $x^2+y^2\leqslant 4$. 证明:

$$\iint\limits_D\sqrt[3]{x^2+y^2-1}\mathrm{d}x\mathrm{d}y>0.$$

(2) 设 D 为平面区域 $|x|+|y|\leqslant 1$. 证明:

$$\iint\limits_D(x^2+y^2+4\sqrt{|xy|})\mathrm{d}x\mathrm{d}y<5.$$

5. 设 Ω 为球 $x^2+y^2+z^2\leqslant R^2$, 而 $a^2+b^2+c^2>R^2$. 应用积分中值定理估计积分

$$I=\iiint_\Omega\frac{\mathrm{d}x\mathrm{d}y\mathrm{d}z}{\sqrt{(x-a)^2+(y-b)^2+(z-c)^2}}.$$

6. 用 $\Omega(n)$ 表示球体 $x^2+y^2+z^2 \leqslant n^2$, 而符号 $[x]$ 表示实数 x 的整数部分, 即 $[x]$ 等于不超过 x 的最大整数. 证明:

$$\lim_{n\to\infty}\frac{1}{\ln n}\iiint_{\Omega(n)}\frac{\mathrm{d}x\mathrm{d}y\mathrm{d}z}{[\sqrt{x^2+y^2+z^2}]^3+1}=4\pi.$$

7. 证明: 函数 f 在有界区域 $\Omega \subseteq \mathbf{R}^m$ 上黎曼可积的充要条件是存在 Ω 的一列分割 $\Delta_k=\{\Delta\Omega_1^{(k)},\Delta\Omega_2^{(k)},\cdots,\Delta\Omega_{n_k}^{(k)}\}$, $k=1,2,\cdots$, 使得 $\lim\limits_{k\to\infty}\|\Delta_k\|=0$, 且

$$\lim_{k\to\infty}\sum_{i=1}^{n_k}\omega_i(f,\Delta_k)|\Delta\Omega_i^{(k)}|=0,$$

其中, $\omega_i(f,\Delta_k)$ 表示函数 f 关于分割 Δ_k 的第 i 个小区域 $\Delta\Omega_i^{(k)}$ 的振幅.

8. 设 $f(x)$ 在 $[a,b]$ 上可积, $g(x)$ 在 $[c,d]$ 上可积. 证明: $F(x,y)=f(x)g(y)$ 在 $D=[a,b]\times[c,d]$ 上可积, 且

$$\iint\limits_D f(x)g(y)\mathrm{d}x\mathrm{d}y=\Big(\int_a^b f(x)\mathrm{d}x\Big)\Big(\int_c^d g(y)\mathrm{d}y\Big).$$

19.3 重积分的计算

本节讨论如何计算重积分. 我们先建立一些一般原理, 然后运用这些原理, 把计算重积分的问题化归为逐次计算一系列定积分的问题.

19.3.1 化重积分为累次积分

前面已经讲过, 在 $f(x,y)$ 是区域 D 上的非负连续函数的情况, 二重积分 $\iint\limits_D f(x,y)\mathrm{d}x\mathrm{d}y$ 的几何意义是以曲面 $z=f(x,y)$ 为顶、以 Oxy 坐标面上的区域 D 为底且母线平行于 Oz 轴的曲顶柱体的体积. 另一方面, 从含参变量积分的讨论可知, 当 $D=[a,b]\times[c,d]$ 时, 对每个 $x\in[a,b]$, 积分

$$A(x)=\int_c^d f(x,y)\mathrm{d}y$$

的几何意义是用通过 Ox 轴上坐标为 x 的点且平行于 Oyz 坐标面的平面截曲顶柱体所得曲边梯形的面积 (如图 19-3-1), 进而曲顶柱体的体积又等于

$$\int_a^b A(x)\mathrm{d}x=\int_a^b\Big(\int_c^d f(x,y)\mathrm{d}y\Big)\mathrm{d}x.$$

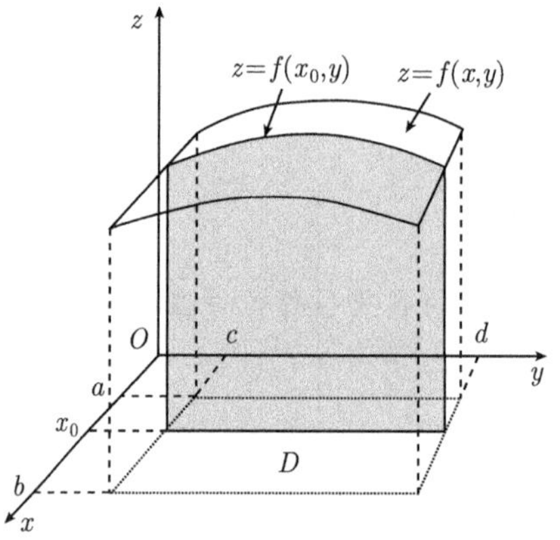

图 19-3-1　化重积分为累次积分

因此应当成立等式

$$\iint_D f(x,y)\mathrm{d}x\mathrm{d}y = \int_a^b \left(\int_c^d f(x,y)\mathrm{d}y\right)\mathrm{d}x.$$

此式的右端叫做**累次积分**, 它是两个依次计算的定积分. 上面这个等式把二重积分的计算化归为累次积分的计算, 因而最终化归为定积分的计算问题. 最后这个问题可以应用牛顿 – 莱布尼茨公式来解决.

下面给出上面这个等式的严格证明.

定理 19.3.1　设 $f(x,y)$ 在矩形区域 $D=[a,b]\times[c,d]$ 上可积, 且对每个 $x\in[a,b]$, $f(x,y)$ 作为 y 的函数在区间 $[c,d]$ 上可积. 令

$$A(x)=\int_c^d f(x,y)\mathrm{d}y, \quad \forall x\in[a,b].$$

则函数 $A(x)$ 在 $[a,b]$ 上可积, 且

$$\int_a^b A(x)\mathrm{d}x = \iint_D f(x,y)\mathrm{d}x\mathrm{d}y. \tag{19.3.1}$$

证明　分别作区间 $[a,b]$ 和 $[c,d]$ 的分割:

$$\Delta_1: \quad a=x_0<x_1<\cdots<x_m=b,$$
$$\Delta_2: \quad c=y_0<y_1<\cdots<y_n=d.$$

然后令 $\Delta=\Delta_1\times\Delta_2$ 为区域 $D=[a,b]\times[c,d]$ 的下述分割.

$$\Delta=\{[x_{i-1},x_i]\times[y_{j-1},y_j],\ i=1,2,\cdots,m,\ j=1,2,\cdots,n\}.$$

再以 m_{ij} 和 M_{ij} 分别表示函数 f 在 $[x_{i-1},x_i]\times[y_{j-1},y_j]$ 上的下确界和上确界. 则对任意 $\xi_i\in[x_{i-1},x_i]$, $i=1,2,\cdots,m$, 有

$$m_{ij}\Delta y_j \leqslant \int_{y_{j-1}}^{y_j} f(\xi_i,y)\mathrm{d}y \leqslant M_{ij}\Delta y_j, \quad j=1,2,\cdots,n,$$

对 j 求和就得到

$$\sum_{j=1}^n m_{ij}\Delta y_j \leqslant A(\xi_i)=\int_c^d f(\xi_i,y)\mathrm{d}y \leqslant \sum_{j=1}^n M_{ij}\Delta y_j, \quad i=1,2,\cdots,m.$$

因此
$$\sum_{i=1}^{m}\sum_{j=1}^{n} m_{ij}\Delta x_i\Delta y_j \leqslant \sum_{i=1}^{m} A(\xi_i)\Delta x_i \leqslant \sum_{i=1}^{m}\sum_{j=1}^{n} M_{ij}\Delta x_i\Delta y_j.$$
由于 $f(x,y)$ 在 $D=[a,b]\times[c,d]$ 上可积, 所以当 $\|\Delta\|\to 0$ 时, 上式最两端的两个和式都收敛于积分 $I=\iint\limits_D f(x,y)\mathrm{d}x\mathrm{d}y$. 因此对任意给定的 $\varepsilon>0$, 存在相应的 $\delta>0$, 使当 $\|\Delta_1\|=\max\limits_{1\leqslant i\leqslant m}\Delta x_i<\delta$ 且 $\|\Delta_2\|=\max\limits_{1\leqslant j\leqslant n}\Delta y_j<\delta$ 时, 有
$$\Big|\sum_{i=1}^{m}\sum_{j=1}^{n} m_{ij}\Delta x_i\Delta y_j - I\Big|<\varepsilon \quad 且 \quad \Big|\sum_{i=1}^{m}\sum_{j=1}^{n} M_{ij}\Delta x_i\Delta y_j - I\Big|<\varepsilon,$$
这样当 $\|\varDelta_1\|<\delta$ 时, 就有
$$\Big|\sum_{i=1}^{m} A(\xi_i)\Delta x_i - I\Big|<\varepsilon.$$
因此 $A(x)$ 在 $[a,b]$ 上可积, 且等式 (19.3.1) 成立. 证毕.

定理 19.3.1 很容易推广到高维情形.

定理 19.3.2 设 m_1 和 m_2 是两个正整数, $\varOmega_1$ 和 $\varOmega_2$ 分别是 $\mathbf{R}^{m_1}$ 和 $\mathbf{R}^{m_2}$ 中的两个具有连续边界的有界闭区域. 又设 $f(x,y)$ (其中, x 表示 m_1 维变元, y 表示 m_2 维变元) 在区域 $\varOmega_1\times\varOmega_2$ 上可积, 且对每个 $x\in\varOmega_1$, $f(x,y)$ 作为 y 的函数在区域 $\varOmega_2$ 上可积. 令
$$A(x)=\int_{\varOmega_2} f(x,y)\mathrm{d}y, \quad \forall x\in\varOmega_1.$$
则函数 $A(x)$ 在 $\varOmega_1$ 上可积, 且
$$\int_{\varOmega_1} A(x)\mathrm{d}x=\iint\limits_{\varOmega_1\times\varOmega_2} f(x,y)\mathrm{d}x\mathrm{d}y.$$

这个定理的证明与定理 19.3.1 的证明类似, 留给读者完成.

19.3.2 二重积分的计算

下面应用定理 19.3.1 计算二重积分
$$\iint\limits_D f(x,y)\mathrm{d}x\mathrm{d}y,$$
假定 $f(x,y)$ 是 D 上的连续函数. 针对积分区域 D 的不同情况, 分别考虑如下.

(1) 如果 D 是矩形区域, 即 $D=[a,b]\times[c,d]$, 则可直接应用定理 19.3.1 化为先关于 x 后关于 y 的累次积分, 或先关于 y 后关于 x 的累次积分:
$$\iint\limits_D f(x,y)\mathrm{d}x\mathrm{d}y=\int_c^d\Big(\int_a^b f(x,y)\mathrm{d}x\Big)\mathrm{d}y=\int_a^b\Big(\int_c^d f(x,y)\mathrm{d}y\Big)\mathrm{d}x.$$

(2) 如果

$$D=\{(x,y):\ a\leqslant x\leqslant b,\ \alpha(x)\leqslant y\leqslant \beta(x)\},$$

其中 $\alpha(x)$ 和 $\beta(x)$ 是区间 $[a,b]$ 上的连续函数 (以下称这种区域为第一类区域, 图 19-3-2), 则有

$$\iint\limits_D f(x,y)\mathrm{d}x\mathrm{d}y=\int_a^b\Big(\int_{\alpha(x)}^{\beta(x)} f(x,y)\mathrm{d}y\Big)\mathrm{d}x. \tag{19.3.2}$$

事实上, 取两个实数 c 和 d 使得 $c\leqslant \alpha(x)\leqslant d$ 且 $c\leqslant \beta(x)\leqslant d$, $\forall x\in[a,b]$, 然后令 $Q=[a,b]\times[c,d]$, 再考察定义在区域 Q 上的以下函数:

$$\tilde{f}(x,y)=\begin{cases} f(x,y), & \text{当}\ (x,y)\in D,\\ 0, & \text{当}\ (x,y)\in Q\backslash D.\end{cases}$$

根据定理 19.2.7 可知函数 $\tilde{f}(x,y)$ 在 Q 上可积, 且

$$\iint\limits_Q \tilde{f}(x,y)\mathrm{d}x\mathrm{d}y=\iint\limits_D \tilde{f}(x,y)\mathrm{d}x\mathrm{d}y+\iint\limits_{Q\backslash D} \tilde{f}(x,y)\mathrm{d}x\mathrm{d}y=\iint\limits_D f(x,y)\mathrm{d}x\mathrm{d}y.$$

而另一方面, 根据定理 19.3.1 又有

$$\iint\limits_Q \tilde{f}(x,y)\mathrm{d}x\mathrm{d}y=\int_a^b\Big(\int_c^d \tilde{f}(x,y)\mathrm{d}y\Big)\mathrm{d}x=\int_a^b\Big(\int_{\alpha(x)}^{\beta(x)} f(x,y)\mathrm{d}y\Big)\mathrm{d}x.$$

所以式 (19.3.2) 成立.

(3) 如果

$$D=\{(x,y):\ \varphi(y)\leqslant x\leqslant \psi(y),\ c\leqslant y\leqslant d\},$$

其中 $\varphi(y)$ 和 $\psi(y)$ 是区间 $[c,d]$ 上的连续函数 (以下称这种区域为第二类区域, 图 19-3-3), 则类似地有

$$\iint\limits_D f(x,y)\mathrm{d}x\mathrm{d}y=\int_c^d\Big(\int_{\varphi(y)}^{\psi(y)} f(x,y)\mathrm{d}x\Big)\mathrm{d}y. \tag{19.3.3}$$

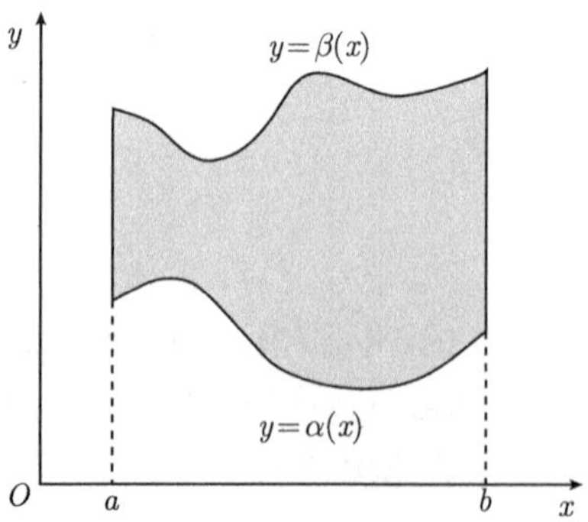

图 19-3-2　第一类区域

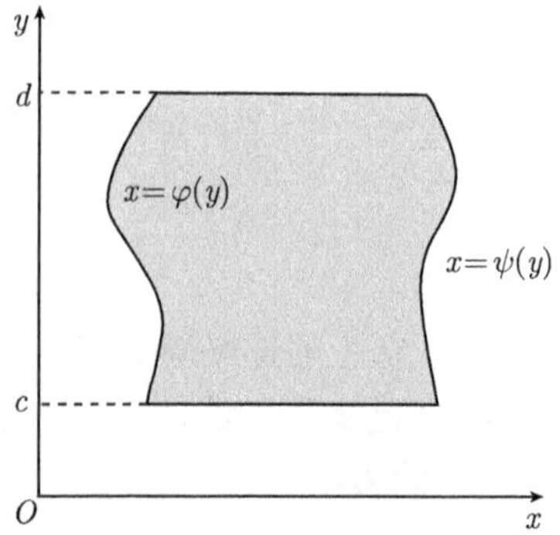

图 19-3-3　第二类区域

(4) 如果 D 既不是第一类区域又不是第二类区域 (如同心圆环), 可用一些平行于 Oy 轴的直线, 把它分解成若干个第一类区域 (图 19-3-4), 或用一些平行于 Ox 轴的直线, 把它分解成若干个第二类区域, 再用公式 (19.3.2) 或公式 (19.3.3) 计算.

例 1　求积分

$$\iint\limits_D \frac{\sin x}{y^2}\mathrm{d}x\mathrm{d}y,$$

其中 D 是由双曲线 $xy=1$, $xy=2$ 和直线 $x=\pi$, $x=2\pi$ 围成的区域 (图 19-3-5).

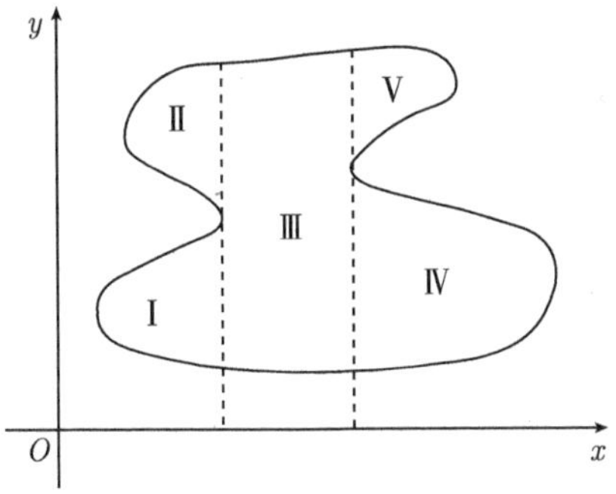

图 19-3-4　一般区域

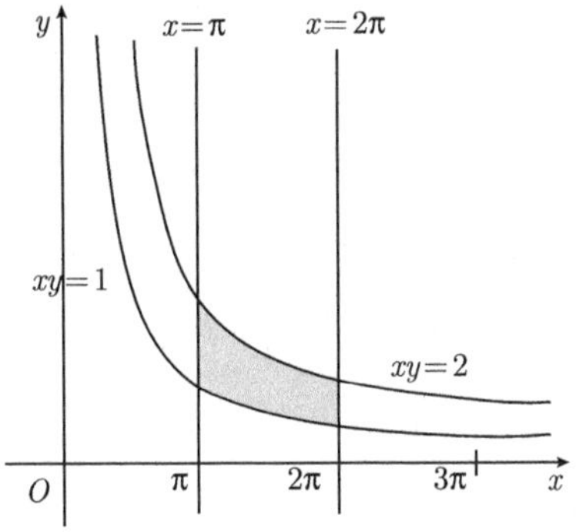

图 19-3-5　例 1 中的积分区域

解　化为先关于 y 后关于 x 的累次积分, 得

$$\begin{aligned}\iint\limits_D \frac{\sin x}{y^2}\mathrm{d}x\mathrm{d}y &= \int_\pi^{2\pi}\left(\int_{\frac{1}{x}}^{\frac{2}{x}}\frac{\sin x}{y^2}\mathrm{d}y\right)\mathrm{d}x = \int_\pi^{2\pi}\left(-\frac{\sin x}{y}\Big|_{y=\frac{1}{x}}^{\frac{2}{x}}\right)\mathrm{d}x\\ &= \frac{1}{2}\int_\pi^{2\pi}x\sin x\mathrm{d}x = \frac{1}{2}(\sin x - x\cos x)\Big|_\pi^{2\pi} = -\frac{3}{2}\pi.\end{aligned}$$

如果化为先关于 x 后关于 y 的累次积分来计算, 也是行得通的, 但计算要复杂一些.

例 2　求由椭球面

$$\frac{x^2}{a^2}+\frac{y^2}{b^2}+\frac{z^2}{c^2}=1$$

所包围空间区域的体积 (图 19-3-6).

解　由对称性, 椭球面在八个象限中的图形都是全等的, 因此只需计算椭球体在第一卦限中的部分的体积. 这就需要计算函数

$$z=c\sqrt{1-\frac{x^2}{a^2}-\frac{y^2}{b^2}},\qquad \frac{x^2}{a^2}+\frac{y^2}{b^2}\leqslant 1,\ x\geqslant 0,\ y\geqslant 0$$

的二重积分. 由于区域 $D:\dfrac{x^2}{a^2}+\dfrac{y^2}{b^2}\leqslant 1, x\geqslant 0, y\geqslant 0$ 可写成

$$D=\left\{(x,y):0\leqslant x\leqslant a,\ 0\leqslant y\leqslant b\sqrt{1-\frac{x^2}{a^2}}\right\},$$

所以椭球体的体积

$$
\begin{aligned}
V &= 8c\iint\limits_D \sqrt{1-\frac{x^2}{a^2}-\frac{y^2}{b^2}}\mathrm{d}x\mathrm{d}y \\
&= 8c\int_0^a\Big(\int_0^{b\sqrt{1-\frac{x^2}{a^2}}}\sqrt{1-\frac{x^2}{a^2}-\frac{y^2}{b^2}}\mathrm{d}y\Big)\mathrm{d}x \\
&= 8bc\int_0^a\Big(\int_0^1\Big(1-\frac{x^2}{a^2}\Big)\sqrt{1-t^2}\mathrm{d}t\Big)\mathrm{d}x \quad (\text{这里做了变元变换}y=bt\sqrt{1-\frac{x^2}{a^2}}) \\
&= 8bc\int_0^a\Big(1-\frac{x^2}{a^2}\Big)\mathrm{d}x\cdot\int_0^1\sqrt{1-t^2}\mathrm{d}t \\
&= 8bc\Big(x-\frac{x^3}{3a^2}\Big)\Big|_0^a\cdot\Big(\frac{t}{2}\sqrt{1-t^2}+\frac{1}{2}\arcsin t\Big)\Big|_0^1 \\
&= 8bc\cdot\frac{2}{3}a\cdot\frac{\pi}{4}=\frac{4}{3}\pi abc.
\end{aligned}
$$

例 3 求积分

$$\iint\limits_D \mathrm{e}^{-y^2}\mathrm{d}x\mathrm{d}y,$$

其中 D 是由三条直线 $x=0$, $y=1$ 和 $y=x$ 所围成的三角形区域 (图 19-3-7).

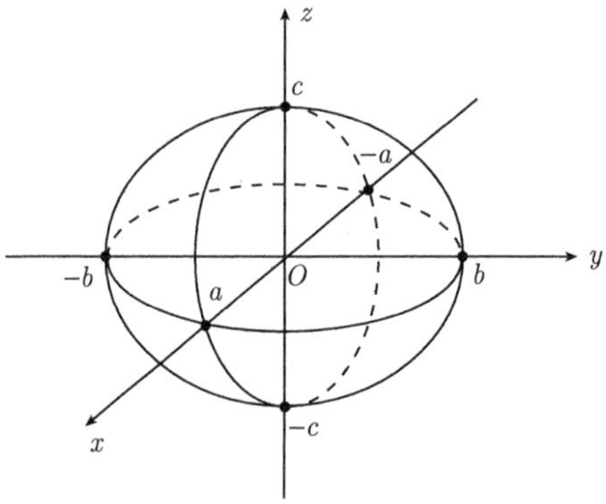

图 19-3-6 椭球体

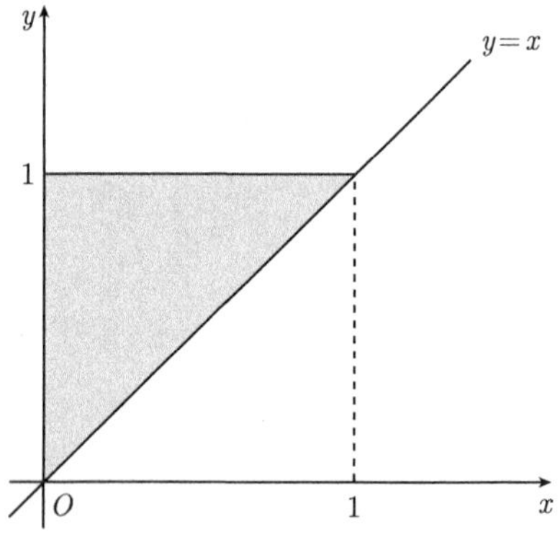

图 19-3-7 例 3 中的积分区域

解 化为先关于 x 后关于 y 的累次积分, 得

$$\iint\limits_D \mathrm{e}^{-y^2}\mathrm{d}x\mathrm{d}y=\int_0^1\Big(\int_0^y\mathrm{e}^{-y^2}\mathrm{d}x\Big)\mathrm{d}y=\int_0^1 y\mathrm{e}^{-y^2}\mathrm{d}y=\Big(-\frac{1}{2}\mathrm{e}^{-y^2}\Big)\Big|_0^1=\frac{1}{2}(1-\mathrm{e}^{-1}).$$

如果化为先关于 y 后关于 x 的累次积分来计算, 则

$$\iint\limits_D \mathrm{e}^{-y^2}\mathrm{d}x\mathrm{d}y=\int_0^1\Big(\int_x^1\mathrm{e}^{-y^2}\mathrm{d}y\Big)\mathrm{d}x.$$

因为遇到了无法求出的积分 $\int_x^1 \mathrm{e}^{-y^2}\mathrm{d}y$, 计算就行不通了.

上例说明, 在把重积分化为累次积分时, 积分次序的选择是需要仔细考虑的. 选择的不好, 可能导致计算十分繁琐, 甚至出现积不出来的情况.

19.3.3 三重积分的计算

下面再来应用定理 19.3.2 计算三重积分

$$\iiint_\Omega f(x,y,z)\mathrm{d}x\mathrm{d}y\mathrm{d}z,$$

其中 $f(x,y,z)$ 是三维有界闭区域 Ω 上的连续函数. 针对积分区域 Ω 的不同情况, 分别考虑如下.

(1) 如果 $\Omega=[a,b]\times[c,d]\times[p,q]$, 则可化为先关于 x, 再关于 y, 最后关于 z 的累次积分:

$$\iiint_\Omega f(x,y,z)\mathrm{d}x\mathrm{d}y\mathrm{d}z=\int_p^q\Big(\int_c^d\Big(\int_a^b f(x,y,z)\mathrm{d}x\Big)\mathrm{d}y\Big)\mathrm{d}z. \tag{19.3.4}$$

证明如下: 令 $D=[a,b]\times[c,d]$, 则 $\Omega=D\times[p,q]$, 所以根据定理 19.3.2 有

$$\iiint_\Omega f(x,y,z)\mathrm{d}x\mathrm{d}y\mathrm{d}z=\int_p^q\Big(\int_D f(x,y,z)\mathrm{d}x\mathrm{d}y\Big)\mathrm{d}z.$$

又根据定理 19.3.1 有

$$\int_D f(x,y,z)\mathrm{d}x\mathrm{d}y=\int_c^d\Big(\int_a^b f(x,y,z)\mathrm{d}x\Big)\mathrm{d}y,\quad \forall z\in[p,q].$$

把此式代入上面的等式, 就得到了式 (19.3.4).

由于在这种情况下三个变元 x, y, z 的地位是平等的, 所以也可化为先关于 z, 再关于 x, 最后关于 y 的累次积分:

$$\iiint_\Omega f(x,y,z)\mathrm{d}x\mathrm{d}y\mathrm{d}z=\int_c^d\Big(\int_a^b\Big(\int_p^q f(x,y,z)\mathrm{d}z\Big)\mathrm{d}x\Big)\mathrm{d}y,$$

等等.

(2) 如果

$$\Omega=\{(x,y,z):\ (x,y)\in D,\ \varphi(x,y)\leqslant z\leqslant\psi(x,y)\},$$

其中, D 是平面上具有连续边界的有界闭区域, $\varphi(x,y)$ 和 $\psi(x,y)$ 是区域 D 上的连续函数 (图 19-3-8), 则有

$$\iiint_\Omega f(x,y,z)\mathrm{d}x\mathrm{d}y\mathrm{d}z=\int_D\Big(\int_{\varphi(x,y)}^{\psi(x,y)} f(x,y,z)\mathrm{d}z\Big)\mathrm{d}x\mathrm{d}y. \tag{19.3.5}$$

证明类似于式 (19.3.2) 的证明, 但是这里应用定理 19.3.2.

(3) 如果

$$\Omega = \{(x,y,z):\ (x,y) \in D(z),\ p \leqslant z \leqslant q\},$$

其中对每个 $z \in [p,q]$, $D(z)$ 是平面上的一个具有连续边界的有界闭区域 (图 19-3-9), 则有

$$\iiint_{\Omega} f(x,y,z)\mathrm{d}x\mathrm{d}y\mathrm{d}z = \int_p^q \Big(\iint_{D(z)} f(x,y,z)\mathrm{d}x\mathrm{d}y\Big)\mathrm{d}z. \tag{19.3.6}$$

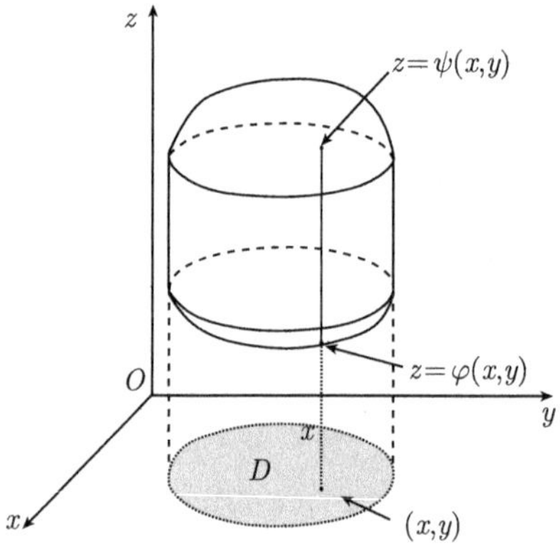

图 19-3-8　式 (19.3.5) 的图示

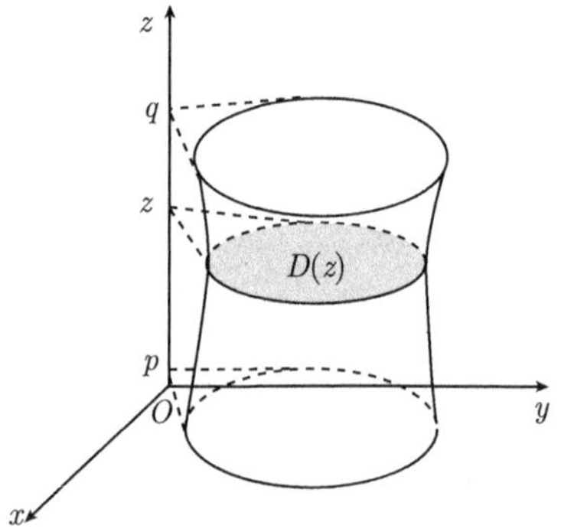

图 19-3-9　式 (19.3.6) 的图示

式 (19.3.6) 也可类似于式 (19.3.2) 给出证明, 即取四个实数 a, b, c 和 d, 使得对每个 $z \in [p,q]$ 都成立 $D(z) \subseteq [a,b] \times [c,d]$, 再考虑辅助函数

$$\tilde{f}(x,y,z) = \begin{cases} f(x,y,z), & \text{当}\ (x,y,z) \in \Omega, \\ 0, & \text{当}\ (x,y,z) \in Q \backslash \Omega, \end{cases}$$

其中 $Q=[a,b]\times[c,d]\times[p,q]$, 然后应用定理 19.3.2 做与式 (19.3.2) 的证明类似的推导.

在以上 (2) 和 (3) 中, 把三重积分化成了由一个定积分和一个二重积分形成的累次积分. 对于其中的二重积分, 可以应用前一段的讨论化为由两个定积分形成的累次积分, 从而最终把三重积分化成由三个定积分形成的累次积分.

例 4　求三重积分

$$\iiint_{\Omega} x^2 \mathrm{d}x\mathrm{d}y\mathrm{d}z,$$

其中 Ω 是由抛物面 $z = 2(x^2+y^2)$ 和 $z = 1 + x^2 + y^2$ 所围成的区域 (图 19-3-10).

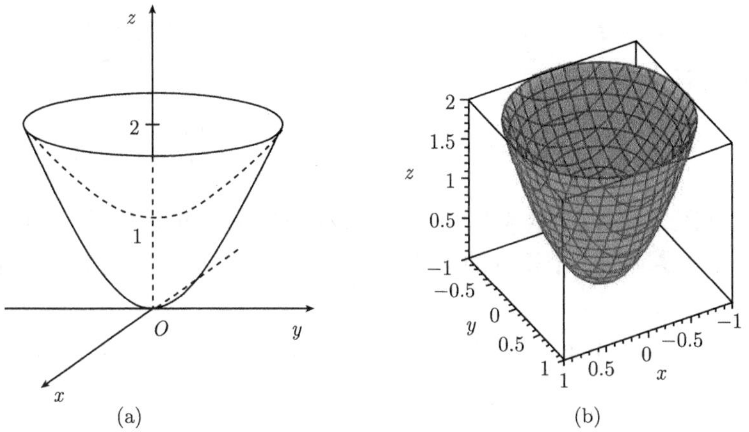

图 19-3-10　例 4 中的积分区域

解　抛物面 $z=2(x^2+y^2)$ 和 $z=1+x^2+y^2$ 的交线为 $x^2+y^2=1, z=2$. 因此区域 Ω 在 Oxy 坐标面上的投影是单位圆盘 $x^2+y^2\leqslant 1$, 说明 Ω 可表述成

$$\Omega=\{(x,y,z):\ 2(x^2+y^2)\leqslant z\leqslant 1+x^2+y^2,\ x^2+y^2\leqslant 1\}.$$

因此

$$\begin{aligned}
&\iiint_\Omega x^2\mathrm{d}x\mathrm{d}y\mathrm{d}z=\iint_{x^2+y^2\leqslant 1}\Big(\int_{2(x^2+y^2)}^{1+x^2+y^2}\mathrm{d}z\Big)x^2\mathrm{d}x\mathrm{d}y\\
&=\iint_{x^2+y^2\leqslant 1}(1-x^2-y^2)x^2\mathrm{d}x\mathrm{d}y\\
&=4\int_0^1\Big(\int_0^{\sqrt{1-x^2}}(x^2(1-x^2)-x^2y^2)\mathrm{d}y\Big)\mathrm{d}x\\
&=4\int_0^1\Big(x^2(1-x^2)y-\frac{1}{3}x^2y^3\Big)\Big|_{y=0}^{\sqrt{1-x^2}}\mathrm{d}x\\
&=\frac{8}{3}\int_0^1 x^2(1-x^2)\sqrt{1-x^2}\mathrm{d}x\\
&=\frac{8}{3}\int_0^{\frac{\pi}{2}}\sin^2\theta\cos^4\theta\mathrm{d}\theta\quad(\text{这里做了变元变换 } x=\sin\theta)\\
&=\frac{1}{3}\int_0^{\frac{\pi}{2}}\sin^2 2\theta(1+\cos 2\theta)\mathrm{d}\theta\\
&=\frac{1}{3}\Big(\frac{1}{2}\theta-\frac{1}{8}\sin 4\theta+\frac{1}{6}\sin^3 2\theta\Big)\Big|_0^{\frac{\pi}{2}}\\
&=\frac{\pi}{12}.
\end{aligned}$$

例 5 求三重积分 $I=\iiint_{\Omega}(x+y)^2\mathrm{d}x\mathrm{d}y\mathrm{d}z$, 其中 Ω 是椭球体 $\frac{x^2}{a^2}+\frac{y^2}{b^2}+\frac{z^2}{c^2}\leqslant 1$.

解 首先有

$$I=\iiint_{\Omega}x^2\mathrm{d}x\mathrm{d}y\mathrm{d}z+2\iiint_{\Omega}xy\mathrm{d}x\mathrm{d}y\mathrm{d}z+\iiint_{\Omega}y^2\mathrm{d}x\mathrm{d}y\mathrm{d}z.$$

对于第二个积分, 因为被积函数关于变元 x 是奇函数而积分区域关于 Oyz 坐标面对称, 所以其值为零. 第三个积分的计算与第一个积分类似. 所以下面只计算第一个积分.

显然, 对每个 $x\in[-a,a]$, 用平行于 Oyz 坐标面的平面 $x=x$ 去截椭球体, 得一椭圆面 $D(x)$:

$$\frac{y^2}{b^2\left(1-\dfrac{x^2}{a^2}\right)}+\frac{z^2}{c^2\left(1-\dfrac{x^2}{a^2}\right)}\leqslant 1$$

它的面积为

$$\pi b\sqrt{1-\frac{x^2}{a^2}}\cdot c\sqrt{1-\frac{x^2}{a^2}}=\pi bc\left(1-\frac{x^2}{a^2}\right).$$

所以

$$\begin{aligned}\iiint_{\Omega}x^2\mathrm{d}x\mathrm{d}y\mathrm{d}z&=\int_{-a}^{a}\left(\iint_{D(x)}\mathrm{d}y\mathrm{d}z\right)x^2\mathrm{d}x\\&=\int_{-a}^{a}\pi bc\left(1-\frac{x^2}{a^2}\right)x^2\mathrm{d}x=\frac{4}{15}\pi a^3bc.\end{aligned}$$

根据对称性得

$$\iiint_{\Omega}y^2\mathrm{d}x\mathrm{d}y\mathrm{d}z=\frac{4}{15}\pi ab^3c.$$

因此 $I=\dfrac{4}{15}\pi abc(a^2+b^2)$.

19.3.4 m 重积分的计算

更高维重积分的计算, 与二重和三重积分的计算没有原则的区别, 仍然需要应用把重积分化为累次积分的方法, 通过适当选择积分次序, 把重积分最终化作定积分来计算. 这中间可能还需应用数学归纳法进行归纳. 下面举三个例子.

例 6 求 m 重积分

$$I_m(a)=\iint\cdots\int_{\substack{x_1\geqslant 0,\,x_2\geqslant 0,\,\cdots,\,x_m\geqslant 0\\x_1+x_2+\cdots+x_m=a}}\mathrm{d}x_1\mathrm{d}x_2\cdots\mathrm{d}x_m,$$

其中 a 是正常数.

解 用 $D_m(a)$ 表示积分区域. 则

$$D_m(a)=\{(x',x_m)\in\mathbf{R}^{m-1}\times\mathbf{R}:\ x'\in D_{m-1}(a-x_m),\ 0\leqslant x_m\leqslant a\}.$$

所以

$$I_m(a)=\int_{D_m(a)}\mathrm{d}x=\int_0^a\Big(\int_{D_{m-1}(a-x_m)}\mathrm{d}x'\Big)\mathrm{d}x_m$$

$$=\int_0^a I_{m-1}(a-x_m)\mathrm{d}x_m=\int_0^a I_{m-1}(t)\mathrm{d}t.$$

由于

$$I_1(a)=\int_0^a\mathrm{d}x_1=a,$$

$$I_2(a)=\int_0^a I_1(t)\mathrm{d}t=\int_0^a t\mathrm{d}t=\frac{1}{2}a^2,$$

$$I_3(a)=\int_0^a I_2(t)\mathrm{d}t=\int_0^a\frac{1}{2}t^2\mathrm{d}t=\frac{1}{6}a^3,$$

所以猜测, 对一般的 m 应有

$$I_m(a)=\frac{1}{m!}a^m.$$

下面应用数学归纳法来证明这个猜测. 已经看到当 $m=1,2,3$ 时这个表达式是正确的. 假设已知对 m 这个表达式正确, 则对 $m+1$ 就有

$$I_{m+1}(a)=\int_0^a I_m(t)\mathrm{d}t=\int_0^a\frac{1}{m!}t^m\mathrm{d}t=\frac{1}{(m+1)!}a^{m+1}.$$

说明 $m+1$ 时上述表达式也正确. 因此猜测得到了证明, 从而即得 $I_m(a)$ 的值.

例 7　设 f 是 $[0,+\infty)$ 上的连续函数. 求积分

$$J_m(a)=\iint\cdots\int_{\substack{x_1\geqslant0,x_2\geqslant0,\cdots,x_m\geqslant0\\x_1+x_2+\cdots+x_m\leqslant a}}f(x_1+x_2+\cdots+x_m)\mathrm{d}x_1\mathrm{d}x_2\cdots\mathrm{d}x_m.$$

解　令 $I_m(a)$ 为 $m+1$ 面体 $x_1+x_2+\cdots+x_m\leqslant a$, $x_1\geqslant0,x_2\geqslant0,\cdots,x_m\geqslant0$ 的体积. 上题已经算出 $I_m(a)=\dfrac{a^m}{m!}$. 对任意 $a>0$ 和 $\Delta a>0$, 令 ξ 和 η 分别为函数 f 在区间 $[a,a+\Delta a]$ 上的最小值点和最大值点. 则有

$$f(\xi)[I_m(a+\Delta a)-I_m(a)]\leqslant J_m(a+\Delta a)-J_m(a)\leqslant f(\eta)[I_m(a+\Delta a)-I_m(a)].$$

各项同除以 Δa 后再令 $\Delta a\to0$, 就得到

$$J'_m(a)=f(a)I'_m(a)=\frac{a^{m-1}}{(m-1)!}f(a).$$

所以

$$J_m(a)=\frac{1}{(m-1)!}\int_0^a f(t)t^{m-1}\mathrm{d}t.$$

例 8 设 $f(x)$ 是区间 $[0,+\infty)$ 上的连续函数. 求它满足条件

$$y(0)=y'(0)=\cdots=y^{(m-1)}(0)=0 \tag{19.3.7}$$

的 m 阶原函数 $y(x)$.

解 这个问题已经在中册第 8 章讨论过, 其解为

$$y(x)=\frac{1}{(m-1)!}\int_0^x f(t)(x-t)^{m-1}\mathrm{d}t,\quad x\geqslant 0. \tag{19.3.8}$$

现在应用重积分的观点来重新证明这个公式.

容易看出, 所求问题的解为下述 m 重积分:

$$y(x)=I_m(x)=\int_0^x\int_0^{t_m}\cdots\int_0^{t_2} f(t_1)\mathrm{d}t_1\mathrm{d}t_2\cdots\mathrm{d}t_m.$$

用 $D_m(x)$ 表示积分区域. 则

$$D_m(x)=\{(t',t_m)\in\mathbf{R}^{m-1}\times\mathbf{R}:\ t'\in D_{m-1}(t_m),\ 0\leqslant t_m\leqslant x\}.$$

所以

$$I_m(x)=\int_{D_m(x)} f(t_1)\mathrm{d}t=\int_0^x\Big(\int_{D_{m-1}(t_m)} f(t_1)\mathrm{d}t'\Big)\mathrm{d}t_m=\int_0^x I_{m-1}(t_m)\mathrm{d}t_m.$$

用归纳法来计算最后这个积分. 显然有

$$I_1(x)=\int_0^x f(t_1)\mathrm{d}t_1,$$

以及

$$\begin{aligned}I_2(x)&=\int_0^x I_1(t_2)\mathrm{d}t_2=\int_0^x\Big(\int_0^{t_2} f(t_1)\mathrm{d}t_1\Big)\mathrm{d}t_2\\&=\int_0^x\Big(\int_{t_1}^x f(t_1)\mathrm{d}t_2\Big)\mathrm{d}t_1=\int_0^x f(t_1)(x-t_1)\mathrm{d}t_1,\end{aligned}$$

$$\begin{aligned}I_3(x)&=\int_0^x I_2(t_3)\mathrm{d}t_3=\int_0^x\Big(\int_0^{t_3} f(t_1)(t_3-t_1)\mathrm{d}t_1\Big)\mathrm{d}t_3\\&=\int_0^x\Big(\int_{t_1}^x f(t_1)(t_3-t_1)\mathrm{d}t_3\Big)\mathrm{d}t_1=\frac{1}{2}\int_0^x f(t_1)(x-t_1)^2\mathrm{d}t_1,\end{aligned}$$

因此猜测

$$I_m(x)=\frac{1}{(m-1)!}\int_0^x f(t)(x-t)^{m-1}\mathrm{d}t,\quad x\geqslant 0.$$

已经看到这个表达式在 $m=1,2,3$ 时是正确的. 假设它对于 $m-1$ 正确, 则对 m 就有

$$
\begin{aligned}
I_m(x)&=\int_0^x I_{m-1}(t_m)\mathrm{d}t_m=\frac{1}{(m-2)!}\int_0^x\Big(\int_0^{t_m}f(t)(t_m-t)^{m-2}\mathrm{d}t\Big)\mathrm{d}t_m\\
&=\frac{1}{(m-2)!}\int_0^x\Big(\int_t^x f(t)(t_m-t)^{m-2}\mathrm{d}t_m\Big)\mathrm{d}t=\frac{1}{(m-1)!}\int_0^x f(t)(x-t)^{m-1}\mathrm{d}t,
\end{aligned}
$$

说明 m 时上述表达式也正确. 因此式 (19.3.8) 得到了证明.

习 题 19.3

1. 计算下列二重积分:

(1) $\displaystyle\iint\limits_D xy(x+y)^2\mathrm{d}x\mathrm{d}y,\ D=[a,b]\times[c,d]$;

(2) $\displaystyle\iint\limits_D xy\mathrm{e}^{xy}\mathrm{d}x\mathrm{d}y,\ D=[0,a]\times[0,b]$;

(3) $\displaystyle\iint\limits_D \frac{x}{1+xy}\mathrm{d}x\mathrm{d}y,\ D=[0,1]\times[0,1]$;

(4) $\displaystyle\iint\limits_D \sin x\sin y\sin(x-y)\mathrm{d}x\mathrm{d}y,\ D=\Big[0,\frac{\pi}{2}\Big]\times\Big[0,\frac{\pi}{2}\Big]$;

(5) $\displaystyle\iint\limits_D \frac{\ln(1+x^2y)}{x^2}\mathrm{d}x\mathrm{d}y,\ D=[0,2]\times[0,1]$.

2. 把二重积分 $\displaystyle\iint\limits_D f(x,y)\mathrm{d}x\mathrm{d}y$ 化为不同顺序的累次积分;

(1) D 是由三条直线 $x=0,\ y=0,\ x+y=a\ (a>0)$ 围成的三角形区域;

(2) D 是由直线 $x=a,\ y=b$ 和双曲线 $xy=c\ (a,b,c>0$ 且 $ab\neq c)$ 围成的区域;

(3) D 是圆盘 $x^2+y^2\leqslant a^2\ (a>0)$;

(4) D 是由两条抛物线 $y=x^2-a^2$ 和 $y=a^2-x^2\ (a>0)$ 包围的区域;

(5) D 是由曲线 $y=x^3,\ y=2x^3$ 和直线 $y=1,\ y=2$ 包围的区域.

3. 设 $f(x,y)$ 在所积分的闭区域上连续. 证明下列积分公式:

(1) 狄利克雷公式:

$$
\int_a^b\Big(\int_a^x f(x,y)\mathrm{d}y\Big)\mathrm{d}x=\int_a^b\Big(\int_y^b f(x,y)\mathrm{d}x\Big)\mathrm{d}y,\quad (a<b).
$$

(2) 设 φ 是区间 $[a,b]$ 上严格单调递减的连续函数, ψ 为 φ 的反函数. 则

$$\int_a^b\Big(\int_{\varphi(b)}^{\varphi(x)} f(x,y)\mathrm{d}y\Big)\mathrm{d}x=\int_{\varphi(b)}^{\varphi(a)}\Big(\int_a^{\psi(y)} f(x,y)\mathrm{d}x\Big)\mathrm{d}y.$$

4. 改变下面累次积分的积分顺序:

(1) $\displaystyle\int_0^a\Big(\int_x^{2x} f(x,y)\mathrm{d}y\Big)\mathrm{d}x\ \ (a>0)$;　　(2) $\displaystyle\int_0^1\Big(\int_{x^3}^{x^2} f(x,y)\mathrm{d}y\Big)\mathrm{d}x$;

(3) $\displaystyle\int_0^1\Big(\int_{x^2}^{3x} f(x,y)\mathrm{d}y\Big)\mathrm{d}x$;　　(4) $\displaystyle\int_{-1}^1\Big(\int_{-\sqrt{1-x^2}}^{1-x^2} f(x,y)\mathrm{d}y\Big)\mathrm{d}x$;

(5) $\displaystyle\int_0^1\Big(\int_0^{2x^2} f(x,y)\mathrm{d}y\Big)\mathrm{d}x+\int_1^3\Big(\int_0^{3-x} f(x,y)\mathrm{d}y\Big)\mathrm{d}x$.

5. 计算下列二重积分:

(1) $\displaystyle\iint\limits_D xy^2\mathrm{d}x\mathrm{d}y$, D 是由抛物线 $y=x^2$ 和直线 $y=2x+3$ 包围的区域;

(2) $\displaystyle\iint\limits_D y\mathrm{e}^x\mathrm{d}x\mathrm{d}y$, D 是圆盘 $x^2+y^2\leqslant a^2$ 在第一象限的部分, 其中 a 是正常数;

(3) $\displaystyle\iint\limits_D \frac{\mathrm{d}x\mathrm{d}y}{\sqrt{2a-x}}$, D 是由两条坐标轴以及圆周 $(x-a)^2+(y-a)^2=a^2$ 在 $0\leqslant x\leqslant a$, $0\leqslant y\leqslant a$ 的部分所包围的区域, 其中 a 是正常数;

(4) $\displaystyle\iint\limits_D \frac{\cos x}{\sqrt{1-y^2}}\mathrm{d}x\mathrm{d}y$, D 是由两条正弦曲线 $y=\sin x$, $y=\sin 2x$ 在 $0\leqslant x\leqslant \dfrac{\pi}{3}$ 的部分所包围的区域;

(5) $\displaystyle\iint\limits_D (x^2+y^2)\mathrm{d}x\mathrm{d}y$, D 是由四条直线 $y=x$, $y=x+a$, $y=a$, $y=3a$ 所包围的区域, 其中 a 是正常数.

6. 改变积分次序以计算以下累次积分:

(1) $\displaystyle\int_0^1\Big(\int_x^1 \mathrm{e}^{-y^2}\mathrm{d}y\Big)\mathrm{d}x$;　　(2) $\displaystyle\int_0^{\frac{\pi}{2}}\Big(\int_x^{\frac{\pi}{2}} x^2\sin y^2\mathrm{d}y\Big)\mathrm{d}x$;

(3) $\displaystyle\int_1^2\Big(\int_1^x \frac{\ln(1+xy)}{y}\mathrm{d}y\Big)\mathrm{d}x+\int_2^4\Big(\int_1^{\frac{4}{x}} \frac{\ln(1+xy)}{y}\mathrm{d}y\Big)\mathrm{d}x$;

(4) $\displaystyle\int_1^2\Big(\int_{\sqrt{x}}^x \sin\frac{\pi x}{2y}\mathrm{d}y\Big)\mathrm{d}x+\int_2^4\Big(\int_{\sqrt{x}}^2 \sin\frac{\pi x}{2y}\mathrm{d}y\Big)\mathrm{d}x$.

7. 计算下列三重积分:

(1) $\iiint_{\Omega} xyz\mathrm{d}x\mathrm{d}y\mathrm{d}z$, Ω 是球体 $x^2+y^2+z^2\leqslant a^2$ 在第一象限的部分, 其中 a 是正常数;

(2) $\iiint\limits_{\Omega}(x+y+z)\mathrm{d}x\mathrm{d}y\mathrm{d}z$, Ω 是椭球体 $\dfrac{x^2}{a^2}+\dfrac{y^2}{b^2}+\dfrac{z^2}{c^2}\leqslant 1$ 在第一象限的部分, 其中 a,b,c 是正常数;

(3) $\iiint_{\Omega}\dfrac{\mathrm{d}x\mathrm{d}y\mathrm{d}z}{(1+x+y+z)^3}$, Ω 是由三个坐标面与平面 $x+y+z=1$ 所包围的区域;

(4) $\iiint\limits_{\Omega}\Big(\dfrac{x^2}{a^2}+\dfrac{y^2}{y^2}+\dfrac{z^2}{c^2}\Big)\mathrm{d}x\mathrm{d}y\mathrm{d}z$, Ω 是椭球体 $\dfrac{x^2}{a^2}+\dfrac{y^2}{y^2}+\dfrac{z^2}{c^2}\leqslant 1$;

(5) $\iiint\limits_{\Omega} z\cos(x+y)\mathrm{d}x\mathrm{d}y\mathrm{d}z$, Ω 是由曲面 $z=\sqrt{x+y}$ 和平面 $x+y=\dfrac{\pi}{2}$ 及三个坐标面 $x=0, y=0, z=0$ 所包围的区域.

8. 把下列三重累次积分表示成定积分:

(1) $\displaystyle\int_0^t\Big(\int_0^x\Big(\int_0^y f(z)\mathrm{d}z\Big)\mathrm{d}y\Big)\mathrm{d}x$;

(2) $\displaystyle\int_0^t\Big(\int_0^t\Big(\int_0^{x+y} f(z)\mathrm{d}z\Big)\mathrm{d}y\Big)\mathrm{d}x$;

(3) $\displaystyle\int_0^t\Big(\int_0^{1-x}\Big(\int_0^{1-x-y} f(z)\mathrm{d}z\Big)\mathrm{d}y\Big)\mathrm{d}x$.

9. 求下列三维区域 Ω 的体积:

(1) Ω 是由曲面 $z=\cos x\cos y$ 与四个平面 $z=-1\pm\dfrac{2}{\pi}x$, $z=-1\pm\dfrac{2}{\pi}y$ 所围区域;

(2) Ω 是由双曲抛物面 $z=\dfrac{x^2}{a^2}-\dfrac{y^2}{b^2}$ 与平面 $x=c$ 和 Oxy 坐标面所围区域;

(3) Ω 是由椭圆抛物面 $z=1-\dfrac{x^2}{a^2}-\dfrac{y^2}{b^2}$ 与 Oxy 坐标面所围区域.

10. 设 a 为正常数. 计算下列多重积分:

(1) $\displaystyle\int_0^a\int_0^a\cdots\int_0^a(x_1^2+x_2^2+\cdots+x_m^2)\mathrm{d}x_1\mathrm{d}x_2\cdots\mathrm{d}x_m$;

(2) $\displaystyle\int_0^a\int_0^a\cdots\int_0^a(x_1+x_2+\cdots+x_m)^2\mathrm{d}x_1\mathrm{d}x_2\cdots\mathrm{d}x_m$;

(3) $\displaystyle\int_0^a\Big(\int_0^{x_1}\cdots\Big(\int_0^{x_{m-1}}x_1x_2\cdots x_m\mathrm{d}x_m\Big)\cdots\mathrm{d}x_2\Big)\mathrm{d}x_1$.

(4) $\displaystyle\iint\cdots\int_D\sqrt{x_1+x_2+\cdots+x_m}\mathrm{d}x_1\mathrm{d}x_2\cdots\mathrm{d}x_m$, 其中 D 是下列区域为

$$x_1\geqslant 0,\quad x_2\geqslant 0,\quad \cdots,\quad x_m\geqslant 0,\quad x_1+x_2+\cdots+x_m\leqslant a.$$

11. 证明狄利克雷公式的下述推广:

$$\int_a^b\left(\int_a^{x_1}\left(\int_a^{x_2}\cdots\left(\int_a^{x_{m-1}} f(x_1,x_2,\cdots,x_m)\mathrm{d}x_m\right)\cdots\mathrm{d}x_3\right)\mathrm{d}x_2\right)\mathrm{d}x_1$$
$$=\int_a^b\left(\int_{x_m}^b\left(\int_{x_{m-1}}^b\cdots\left(\int_{x_2}^b f(x_1,x_2,\cdots,x_m)\mathrm{d}x_1\right)\cdots\mathrm{d}x_{m-2}\right)\mathrm{d}x_{m-1}\right)\mathrm{d}x_m.$$

并应用这个公式证明以下公式:

(1) $\displaystyle\int_0^x\left(\int_0^{x_1}\cdots\left(\int_0^{x_{m-1}} f(x_m)\mathrm{d}x_m\right)\cdots\mathrm{d}x_2\right)\mathrm{d}x_1=\int_0^x\frac{(x-t)^{m-1}}{(m-1)!}f(t)\mathrm{d}t;$

(2) $\displaystyle\int_0^x\left(\int_0^{x_1}\cdots\left(\int_0^{x_{m-1}} f(x_m)\mathrm{d}x_m\right)\cdots x_2\mathrm{d}x_2\right)x_1\mathrm{d}x_1=\int_0^x\frac{(x^2-t^2)^{m-1}}{2^{m-1}(m-1)!}f(t)\mathrm{d}t;$

(3) $\displaystyle\int_a^x\left(\int_a^{x_1}\cdots\left(\int_a^{x_{m-1}} f(x_1)f(x_2)\cdots f(x_m)\mathrm{d}x_m\right)\cdots\mathrm{d}x_2\right)\mathrm{d}x_1=\frac{1}{m!}\left(\int_a^x f(t)\mathrm{d}t\right)^m.$

19.4 重积分的变元变换

在一元函数的定积分理论中已经看到, 通过作积分变元变换往往可以把难于计算的积分化为容易计算的积分, 因此是计算定积分的一个有力工具. 对于多元函数的重积分, 也经常需要做类似的处理. 重积分的变元变换有时候是为了简化被积函数, 但更多的时候则是为了把积分区域变简单, 以便使累次积分容易计算.

19.4.1 变元变换的一般公式

与前面一样, 这里仍然以二重积分为例进行讨论, 因为二重积分的处理在几何上比较直观, 而思想则可完全平行地 (因而毫无困难地) 推广到一般的 m 重积分.

先分析一下二重积分变元变换的公式应有怎样的形式. 为此设 D 是平面上具有连续边界的有界闭区域, f 是定义在 D 上的黎曼可积函数, 它在 D 上的积分为

$$\iint_D f(x,y)\mathrm{d}x\mathrm{d}y. \tag{19.4.1}$$

再设有变元变换 $\varPhi$:

$$x=x(u,v),\quad y=y(u,v),\quad (u,v)\in E, \tag{19.4.2}$$

其中 E 是平面上另一具有连续边界的有界闭区域, 而 $\varPhi$ 是从 E 到 D 的连续可微的双射, 并且假设雅可比行列式恒不等于零:

$$\frac{\partial(x,y)}{\partial(u,v)}\neq 0,\quad \forall (u,v)\in E. \tag{19.4.3}$$

首先注意, 重积分的变元变换, 不能象定积分那样把变元变换的表达式直接代入来做. 这是因为如果这么做, 则积分微元 $\mathrm{d}x\mathrm{d}y$ 的表达式为

$$\mathrm{d}x\mathrm{d}y = (x_u\mathrm{d}u + x_v\mathrm{d}v)(y_u\mathrm{d}u + y_v\mathrm{d}v) = x_uy_u\mathrm{d}u\mathrm{d}u + (x_uy_v + x_vy_u)\mathrm{d}u\mathrm{d}v + x_vy_v\mathrm{d}v\mathrm{d}v,$$

其中出现了形如 $\mathrm{d}u\mathrm{d}u$ 和 $\mathrm{d}v\mathrm{d}v$ 的项, 而这些项在积分理论中是没有明确含义的. 我们的思路是从重积分的定义入手来考虑这个问题. 回忆二重积分是积分和的极限

$$\iint\limits_D f(x,y)\mathrm{d}x\mathrm{d}y = \lim_{\|\Delta\|\to 0}\sum_{i=1}^n f(\xi_i,\eta_i)\Delta\sigma_i,$$

其中, (ξ_i,η_i) 是对区域 D 所作分割 $\Delta = \{\Delta D_1, \Delta D_2, \cdots, \Delta D_n\}$ 的第 i 个小区域 ΔD_i 中任意选取的一点, $\Delta\sigma_i$ 为这个小区域的面积. 所以, 需要弄清楚这个积分和在变元变换之下如何变化.

在变元变换 $\varPhi$ 作用下, 区域 D 的分割 $\Delta = \{\Delta D_1, \Delta D_2, \cdots, \Delta D_n\}$ 对应着区域 E 的一个相应的分割 $\Delta' = \{\Delta E_1, \Delta E_2, \cdots, \Delta E_n\}$ (图 19-4-1), (ξ_i,η_i) 对应着小区域 ΔE_i 中的一点 (μ_i,ν_i) ($\xi_i = x(\mu_i,\nu_i)$,$\eta_i = y(\mu_i,\nu_i)$), 因此

$$\sum_{i=1}^n f(\xi_i,\eta_i)\Delta\sigma_i = \sum_{i=1}^n f(x(\mu_i,\nu_i),y(\mu_i,\nu_i))\Delta\sigma_i. \tag{19.4.4}$$

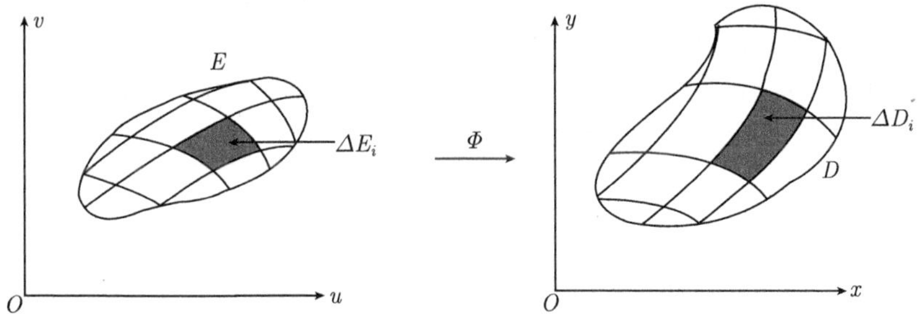

图 19-4-1 变元变换和区域分割

下面将要证明的引理 19.4.1 保证了成立

$$\Delta\sigma_i \approx \left|\frac{\partial(x,y)}{\partial(u,v)}\right|_{(\mu_i,\nu_i)}\Delta\sigma_i', \tag{19.4.5}$$

其中 $\Delta\sigma_i'$ 为区域 ΔE_i 的面积. 把这个结果代入式 (19.4.4) 右端, 就得到

$$\sum_{i=1}^n f(\xi_i,\eta_i)\Delta\sigma_i \approx \sum_{i=1}^n f(x(\mu_i,\nu_i),y(\mu_i,\nu_i))\left|\frac{\partial(x,y)}{\partial(u,v)}\right|_{(\mu_i,\nu_i)}\Delta\sigma_i'.$$

因此, 二重积分的变元变换公式应当是

$$\iint\limits_D f(x,y)\mathrm{d}x\mathrm{d}y = \iint\limits_E f(x(u,v),y(u,v))\left|\frac{\partial(x,y)}{\partial(u,v)}\right|\mathrm{d}u\mathrm{d}v.$$

下面就来严格地证明这个结果. 先证明一个引理.

引理 19.4.1 设 D 和 E 是平面上两个具有连续边界的有界闭区域, 它们通过由式 (19.4.2) 给出的连续可微双射 Φ 相联系, 其中, 自变量 (u,v) 在 E 中变化, 因变量 (x,y) 在 D 中变化, 且这个映射满足条件 (19.4.3). 则区域 D 的面积

$$|D|=\iint\limits_E\left|\frac{\partial(x,y)}{\partial(u,v)}\right|\mathrm{d}u\mathrm{d}v. \tag{19.4.6}$$

证明 记

$$\boldsymbol{r}(u,v)=x(u,v)\boldsymbol{i}+y(u,v)\boldsymbol{j},\quad (u,v)\in E.$$

用平行于 v 轴的直线 $u=u_j$ $(j=1,2,\cdots,p)$ 和平行于 u 轴的直线 $v=v_k$ $(k=1,2,\cdots,q)$ 对区域 E 作分割, 记此分割为 Δ (图 19-4-2). Δ 分割出的小区域分为两类: 一类四个顶点都在 E 中, 记所有这类小区域的集合为 Δ_1; 另一类至少有一个顶点不在 E 中, 记所有这类小区域的集合为 Δ_2. 对 Δ_1 中的小区域, 令 ΔE_{jk} 表示以 $M(u_{j-1},v_{k-1})$, $N(u_j,v_{k-1})$, $P(u_j,v_k)$ 和 $Q(u_{j-1},v_k)$ 为四个顶点的小区域. 再令 M', N', P' 和 Q' 分别为 M, N, P 和 Q 在映射 (19.4.2) 下的像, 以它们为顶点的四边形记为 ΔD_{jk}, 它们的全体记作 $\varDelta_1'$. 从区域 D 去掉这些四边形 ΔD_{jk} 就得到沿 D 的边界分布的一些曲边三角形和曲边四边形, 每个这样的曲边三角形和曲边四边形弯曲的一边都是 D 的边界的一部分, 它们的全体记作 $\varDelta_2'$. 令 $\varDelta'=\varDelta_1'\bigcup\varDelta_2'$. 就得到了 D 的一个分割 $\varDelta'$. 由于 ∂E 和 ∂D 的若尔当测度都是零, 所以当 $\|\varDelta\|\to 0$ 时 (这时显然也有 $\|\varDelta'\|\to 0$), $\varDelta_2$ 和 $\varDelta_2'$ 中小区域的面积之和都趋于零.

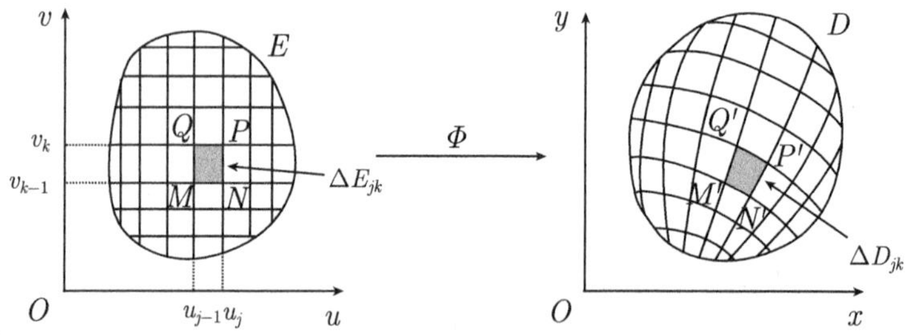

图 19-4-2 引理 19.4.1 的证明

下面来计算每个小区域 ΔD_{jk} 的面积 $\Delta\sigma_{jk}$. 应用微分中值定理得

$$\begin{aligned}\overrightarrow{M'N'}&=\boldsymbol{r}(u_j,v_{k-1})-\boldsymbol{r}(u_{j-1},v_{k-1})\\&=[x_u(\xi_j,v_{k-1})\boldsymbol{i}+y_u(\bar{\xi}_j,v_{k-1})\boldsymbol{j}]\Delta u_j\qquad(\xi_j,\bar{\xi}_j\in[u_{j-1},u_j])\\&=[\boldsymbol{r}_u(u_j,v_k)+\boldsymbol{z}_1]\Delta u_j,\end{aligned}$$

其中

$$\boldsymbol{z}_1=[x_u(\xi_j,v_{k-1})-x_u(u_j,v_k)]\boldsymbol{i}+[y_u(\bar{\xi}_j,v_{k-1})-y_u(u_j,v_k)]\boldsymbol{j}.$$

类似地有

$$\overrightarrow{M'Q'}=[\boldsymbol{r}_v(u_j,v_k)+\boldsymbol{z}_2]\Delta v_k,\quad \overrightarrow{N'P'}=[\boldsymbol{r}_v(u_j,v_k)+\boldsymbol{z}_3]\Delta v_k,\quad \overrightarrow{Q'P'}=[\boldsymbol{r}_u(u_j,v_k)+\boldsymbol{z}_4]\Delta u_j,$$

其中 $\boldsymbol{z}_2$, $\boldsymbol{z}_3$ 和 $\boldsymbol{z}_4$ 有与 $\boldsymbol{z}_1$ 类似的表达式. 由于 $x_u(u,v)$, $x_v(u,v)$, $y_u(u,v)$ 和 $y_v(u,v)$ 都是有界闭区域 E 上的连续函数从而一致连续, 所以对任意给定的 $\varepsilon>0$, 存在相应的 $\delta>0$, 使当 $\|\Delta\|<\delta$ 时, 对所有来自于 Δ_1' 中的小区域 ΔD_{jk} 都成立

$$|\boldsymbol{z}_i|<\varepsilon,\quad i=1,2,3,4.$$

又由于 $x_u(u,v)$, $x_v(u,v)$, $y_u(u,v)$ 和 $y_v(u,v)$ 都是 E 上的连续函数蕴涵着它们都是有界函数, 所以存在常数 $A>0$ 使得

$$|x_u(u,v)|,\ |x_v(u,v)|,\ |y_u(u,v)|,\ |x_u(u,v)|\leqslant A,\quad \forall(u,v)\in E.$$

因此小区域 ΔD_{jk} 的面积

$$\Delta\sigma_{jk}=\frac{1}{2}|\overrightarrow{M'N'}\times\overrightarrow{M'Q'}|+\frac{1}{2}|\overrightarrow{N'P'}\times\overrightarrow{Q'P'}|=[|\boldsymbol{r}_u(u_j,v_k)\times\boldsymbol{r}_v(u_j,v_k)|+\gamma_{jk}]\Delta u_j\Delta v_k,$$

其中 γ_{jk} 是一个这样性质的数量: 对任意给定的 $\varepsilon>0$, 存在相应的 $\delta>0$, 使当 $\|\Delta\|<\delta$ 时, 对所有来自于 $\varDelta_1$ 中的小区域的足标 j,k 都有

$$|\gamma_{jk}|\leqslant(2M+\varepsilon)\varepsilon.$$

因此区域 D 的面积

$$\begin{aligned}|D|&=\lim_{\|\Delta'\|\to0}\sum_{\Delta_1'}\Delta\sigma_{jk}\\&=\lim_{\|\Delta\|\to0}\sum_{\Delta_1}[|\boldsymbol{r}_u(u_j,v_k)\times\boldsymbol{r}_v(u_j,v_k)|+\gamma_{jk}]\Delta u_j\Delta v_k\\&=\iint\limits_E|\boldsymbol{r}_u(u,v)\times\boldsymbol{r}_v(u,v)|\mathrm{d}u\mathrm{d}v\\&=\iint\limits_E\left|\frac{\partial(x,y)}{\partial(u,v)}\right|\mathrm{d}u\mathrm{d}v.\end{aligned}$$

这就证明了式 (19.4.6). 证毕.

以上证明似乎没有用到条件 (19.4.3). 其实, 这个条件主要是用来保证从 $\|\Delta'\|\to0$ 可以推出 $\|\varDelta\|\to0$. 如果没有这个条件, 便有可能出现分割 Δ' 中所有的小区域都已经很小了, 而分割 $\varDelta$ 中某些小区域仍然比较大的情况 [参考式 (19.4.5)]. 通过比较细致的分析便可知道, 这个条件是可以适当减弱的. 这里就不做这一工作了.

从公式 (19.4.6) 可以给出雅可比行列式的几何意义. 为此对区域 E 中的任意一点 (u_0,v_0), 任取 E 中包含该点的一个小区域 ΔE, 设它在映射 $\varPhi$ 下的像为 D 中的小

区域 ΔD. 则由式 (19.4.6) 和积分中值定理可知

$$\left|\frac{\partial(x,y)}{\partial(u,v)}\right|\Bigg|_{(u_0,v_0)}=\lim_{\operatorname{diam}(\Delta E)\to 0}\frac{|\Delta D|}{|\Delta E|}.$$

即雅可比行列式 $\left|\dfrac{\partial(x,y)}{\partial(u,v)}\right|$ 在点 (u_0,v_0) 的值, 表示的是在映射 $\varPhi$ 作用下点 (u_0,v_0) 处的面积变化率. 这个事实也可以用公式表示成

$$\mathrm{d}x\mathrm{d}y=\left|\frac{\partial(x,y)}{\partial(u,v)}\right|\mathrm{d}u\mathrm{d}v. \tag{19.4.7}$$

我们将把这个等式看成变换前的面积微元与变换后的面积微元之间的关系式.

定理 19.4.1 设 D 和 E 是平面上两个具有连续边界的有界闭区域, $\varPhi: E\to D$ 是连续可微的双射, 其坐标表示式由式 (19.4.2) 给出, 且条件式 (19.4.3) 满足. 则对 D 上的任意黎曼可积函数 f 成立

$$\iint\limits_D f(x,y)\mathrm{d}x\mathrm{d}y=\iint\limits_E f(x(u,v),y(u,v))\left|\frac{\partial(x,y)}{\partial(u,v)}\right|\mathrm{d}u\mathrm{d}v. \tag{19.4.8}$$

证明 令 $\Delta=\{\Delta D_1,\Delta D_2,\cdots,\Delta D_n\}$ 为区域 D 的一个分割. 又令 (ξ_i,η_i) 是这个分割的第 i 个小区域 ΔD_i 中任意选取的一点, $\Delta\sigma_i$ 为这个小区域的面积. 则有

$$\iint\limits_D f(x,y)\mathrm{d}x\mathrm{d}y=\lim_{\|\Delta\|\to 0}\sum_{i=1}^n f(\xi_i,\eta_i)\Delta\sigma_i.$$

再令 $\Delta'=\{\Delta E_1,\Delta E_2,\cdots,\Delta E_n\}$ 为区域 E 由映射 $\varPhi$ 确定的相应分割, 并设 $\xi_i=x(\mu_i,\nu_i)$, $\eta_i=y(\mu_i,\nu_i)$, 其中 $(\mu_i,\nu_i)\in\Delta E_i$. 于是, 应用引理 19.4.1 得

$$\begin{aligned}\sum_{i=1}^n f(\xi_i,\eta_i)\Delta\sigma_i&=\sum_{i=1}^n f(x(\mu_i,\nu_i),y(\mu_i,\nu_i))\iint\limits_{\Delta E_i}\left|\frac{\partial(x,y)}{\partial(u,v)}\right|\mathrm{d}u\mathrm{d}v\\&=\sum_{i=1}^n f(x(\mu_i,\nu_i),y(\mu_i,\nu_i))\left|\frac{\partial(x,y)}{\partial(u,v)}\right|\Bigg|_{(\bar\mu_i,\bar\nu_i)}\Delta\sigma_i',\end{aligned}$$

其中, $(\bar\mu_i,\bar\nu_i)$ 为 ΔE_i 中的一点, $\Delta\sigma_i'$ 为 ΔE_i 的面积. 最后这个等式用到了积分中值定理. 应用定理 19.2.8, 从上述关系式令 $\|\Delta\|\to 0$ 就得到了式 (19.4.7). 证毕.

借助于面积微元的变换关系式 (19.4.7), 二重积分的变元变换公式 (19.4.8) 就很容易记忆了: 为了对二重积分 $\iint\limits_D f(x,y)\mathrm{d}x\mathrm{d}y$ 作变元变换 $x=x(u,v)$, $y=y(u,v)$, 只要把被积函数 $f(x,y)$ 中的变元 x,y 用这个变换的表达式代替, 再把面积微元 $\mathrm{d}x\mathrm{d}y$ 用其变换关系式 (19.4.7) 代入即可.

类似于引理 19.4.1 之后的说明, 上述定理中雅可比行列式处处非零的条件是可以适当减弱的.

例 1 求平面上由四条曲线 $xy=1$, $xy=2$, $x^2y=1$, $x^2y=3$ 所包围区域 D 的面积.

解 需要计算二重积分 $\iint\limits_D \mathrm{d}x\mathrm{d}y$. 为此作变元变换 $u=xy$, $v=x^2y$, 即 $x=\dfrac{v}{u}$, $y=\dfrac{u^2}{v}$, 则

$$\frac{\partial(x,y)}{\partial(u,v)}=\begin{vmatrix}-\dfrac{v}{u^2} & \dfrac{1}{u}\\ \dfrac{2u}{v} & -\dfrac{u^2}{v^2}\end{vmatrix}=\frac{1}{v}-\frac{2}{v}=-\frac{1}{v}.$$

因此区域 D 的面积为

$$|D|=\iint\limits_D \mathrm{d}x\mathrm{d}y=\iint\limits_{[1,2]\times[1,3]}\frac{1}{v}\mathrm{d}u\mathrm{d}v=\left(\int_1^2\mathrm{d}u\right)\left(\int_1^3\frac{\mathrm{d}v}{v}\right)=\ln 3.$$

引理 19.4.1 和定理 19.4.1 都可完全平行地推广到高维情形. 下面就写出它们的高维推广, 证明从略.

引理 19.4.2 设 Ω 和 Δ 是 $\mathbf{R}^m$ 中两个具有连续边界的有界闭区域, $\Phi:\Delta\to\Omega$ 是一个连续可微的双射, 其雅可比行列式 $\det \mathrm{D}\Phi(y)\neq 0$, $\forall y\in\Delta$. 则区域 Ω 的 m 维体积

$$|\Omega|=\int_\Delta|\det \mathrm{D}\Phi(y)|\mathrm{d}y. \tag{19.4.9}$$

定理 19.4.2 设 Ω 和 Δ 是 $\mathbf{R}^m$ 中两个具有连续边界的有界闭区域, $\Phi:\Delta\to\Omega$ 是一个连续可微的双射, 其雅可比行列式 $\det \mathrm{D}\Phi(y)\neq 0$, $\forall y\in\Delta$. 则对 Ω 上的任意黎曼可积函数 f 成立

$$\int_\Omega f(x)\mathrm{d}x=\int_\Delta f(\Phi(y))|\det \mathrm{D}\Phi(y)|\mathrm{d}y. \tag{19.4.10}$$

类似于二维情形, 从公式 (19.4.9) 可推出变元变换或映射的雅可比行列式的几何意义, 即对于一个连续可微的映射 $\Phi:\Delta\to\Omega$, 其雅可比行列式在某点 $y_0\in\Delta$ 处的值 $\det D\Phi(y_0)$, 表示的是在映射 Φ 作用下 y_0 点处 m 维体积的变化率. 这个事实可以用积分微元表示成

$$\mathrm{d}x=|\det D\Phi(y)|\mathrm{d}y.$$

借助于积分微元在变元变换下的这个变换关系式, 重积分的变元变换公式 (19.4.10) 就显得非常容易理解和记忆了: 为了对重积分 $\int_\Omega f(x)\mathrm{d}x$ 作变元变换 $x=\Phi(y)$, 只需把被积函数 $f(x)$ 中的变元 x 用这个变换的表达式代入, 同时把积分微元的变换关系式 $\mathrm{d}x=|\det D\Phi(y)|\mathrm{d}y$ 代入即可.

19.4.2 一些常用的积分变元变换

下面考虑几类在实际应用中经常碰到的特殊的变元变换.

(1) 极坐标变换.

计算二重积分时, 一类常用的变元变换是极坐标变换:

$$x = r\cos\theta, \quad y = r\sin\theta,$$

其中, $r \geqslant 0$, $0 \leqslant \theta \leqslant 2\pi$. 这个变换的雅可比行列式为

$$\frac{\partial(x,y)}{\partial(r,\theta)} = \begin{vmatrix} \cos\theta & -r\sin\theta \\ \sin\theta & r\cos\theta \end{vmatrix} = r.$$

因此相应的面积微元为

$$\mathrm{d}x\mathrm{d}y = r\mathrm{d}r\mathrm{d}\theta.$$

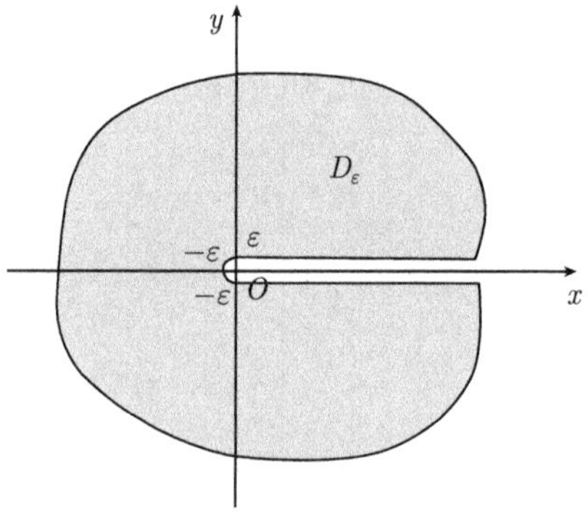

图 19-4-3 区域 D_ε 的图示

极坐标变换不是一一的变换: 坐标原点 $(0,0)$ 对应着无穷多个不同的 θ; x 轴正半轴上的每个点都对应着 0 和 2π 两个不同的 θ. 因此, 如果一个平面区域 D 包含原点或与 x 轴正半轴相交, 则公式 (19.4.8) 便不能直接应用于极坐标变换. 但是这个困难是很容易克服的, 可以先从区域 D 中去掉原点和 x 轴正半轴的一个 ε 邻域, 记所得区域为 D_ε (图 19-4-3). 在 D_ε 上应用公式 (19.4.8) 有

$$\iint\limits_{D_\varepsilon} f(x,y)\mathrm{d}x\mathrm{d}y = \iint\limits_{E_\varepsilon} f(r\cos\theta, r\sin\theta)r\mathrm{d}r\mathrm{d}\theta,$$

其中 E_ε 是区域 D_ε 在极坐标变换下, (r,θ) 的对应区域, 即 $E_\varepsilon = E\bigcap\{r \geqslant \varepsilon, \varepsilon \leqslant \theta \leqslant 2\pi - \varepsilon\}$, 而 E 为区域 D 在极坐标变换下, (r,θ) 的对应区域. 再令 $\varepsilon \to 0$, 就得到

$$\iint\limits_{D} f(x,y)\mathrm{d}x\mathrm{d}y = \iint\limits_{E} f(r\cos\theta, r\sin\theta)r\mathrm{d}r\mathrm{d}\theta.$$

这表明, 尽管极坐标变换不是一一的变换, 但二重积分的变换公式仍然可以不作任何变化地应用于这个变换.

注意如果区域 D 与 Ox 正半轴相交, 但与从原点出发的某条射线不相交 (图 19-4-4), 则如果 θ 的变化范围取为 $0 \leqslant \theta \leqslant 2\pi$ 或这个区间的某个子集, 便会发生把区域 D 变为 (r,θ) 空间中的两个不相交区域、把一个积分变为两个积分相加的情况. 在这种情况下, 为了避免繁琐, 应当利用三角函数的周期性, 把 θ 的变化范围从 $0 \leqslant \theta \leqslant 2\pi$ 换为长度为 2π 的其他区间, 即变为 $\theta_0 - \pi \leqslant \theta \leqslant \theta_0 + \pi$, 其中 θ_0 是根据实际问题选取的角度.

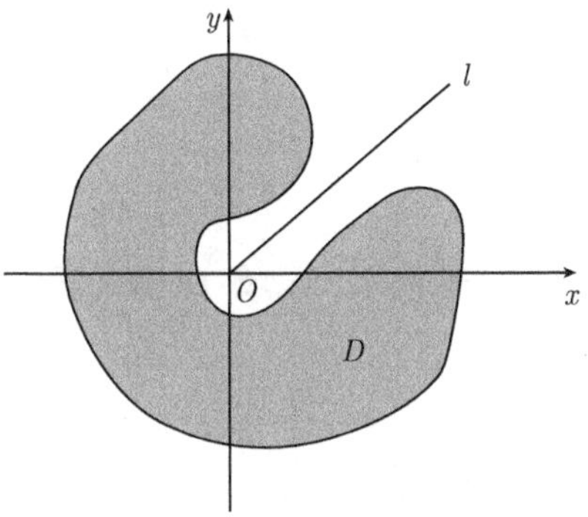

图 19-4-4　区域 D 与射线 l 不相交

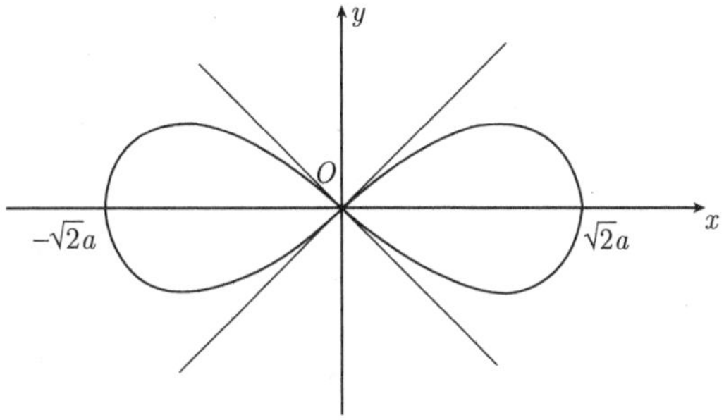

图 19-4-5　双纽线

例 2　求双纽线 $(x^2+y^2)^2=2a^2(x^2-y^2)\ (a>0)$ 所包围区域的面积 (图 19-4-5).

解　双纽线在极坐标下的方程为 $r^2=2a^2\cos 2\theta$, 其中, 位于右半平面的部分 θ 的变化范围是 $-\dfrac{\pi}{4}\leqslant\theta\leqslant\dfrac{\pi}{4}$, 位于左半平面的部分 θ 的变化范围是 $\dfrac{3\pi}{4}\leqslant\theta\leqslant\dfrac{5\pi}{4}$. 根据对称性, 只需计算右半部分区域的面积. 所以

$$\begin{aligned}
\text{面积}&=2\iint\limits_D \mathrm{d}x\mathrm{d}y \qquad (D=\{(x,y):(x^2+y^2)^2\leqslant 2a^2(x^2-y^2),\ x\geqslant 0\})\\
&=2\iint\limits_E r\mathrm{d}r\mathrm{d}\theta \qquad (E=\{(r,\theta):r^2\leqslant 2a^2\cos 2\theta,\ -\frac{\pi}{4}\leqslant\theta\leqslant\frac{\pi}{4}\})\\
&=2\int_{-\frac{\pi}{4}}^{\frac{\pi}{4}}\Big(\int_0^{a\sqrt{2\cos 2\theta}} r\mathrm{d}r\Big)\mathrm{d}\theta=2a^2\int_{-\frac{\pi}{4}}^{\frac{\pi}{4}}\cos 2\theta\mathrm{d}\theta=2a^2.
\end{aligned}$$

例 3　求柱体 $x^2+y^2\leqslant ax\ (a>0)$ 被球面 $x^2+y^2+z^2=a^2$ 所包围部分的体积 (图 19-4-6).

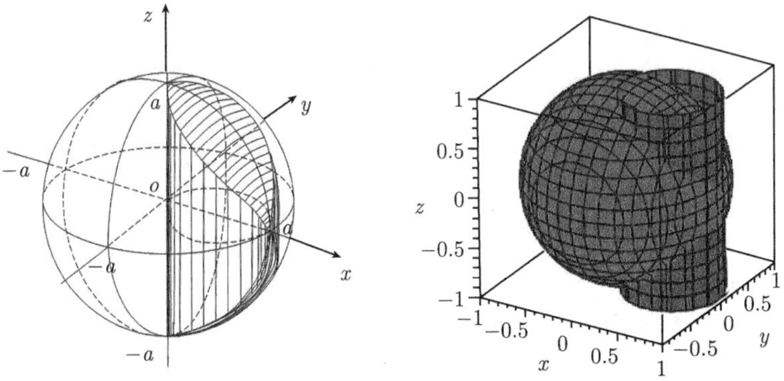

(a)　(b)

图 19-4-6　例 3 中的区域

解 根据对称性, 该立体的体积 V 等于它位于第一卦限中部分的体积的 4 倍, 所以

$$V = 4\iint\limits_{D} \sqrt{a^2-x^2-y^2}\mathrm{d}x\mathrm{d}y,$$

其中 $D = \{(x,y) : x^2+y^2 \leqslant ax,\ y \geqslant 0\}$. 在极坐标变换下, 区域 D 变为区域 $E = \left\{(r,\theta) : 0 \leqslant r \leqslant a\cos\theta,\ 0 \leqslant \theta \leqslant \dfrac{\pi}{2}\right\}$. 因此

$$\begin{aligned} V &= 4\iint\limits_{D} \sqrt{a^2-x^2-y^2}\mathrm{d}x\mathrm{d}y = 4\iint\limits_{E} \sqrt{a^2-r^2}r\mathrm{d}r\mathrm{d}\theta \\ &= 4\int_0^{\frac{\pi}{2}}\left(\int_0^{a\cos\theta} \sqrt{a^2-r^2}r\mathrm{d}r\right)\mathrm{d}\theta = \frac{4}{3}a^3\int_0^{\frac{\pi}{2}}(1-\sin^3\theta)d\theta = \frac{4}{3}a^3\left(\frac{\pi}{2}-\frac{2}{3}\right). \end{aligned}$$

例 4 证明 $\displaystyle\int_0^{+\infty} \mathrm{e}^{-x^2}\mathrm{d}x = \frac{\sqrt{\pi}}{2}$.

证明 记

$$I_a = \int_0^a \mathrm{e}^{-x^2}\mathrm{d}x \qquad (a>0).$$

则所求积分的值等于 $\lim\limits_{a\to+\infty} I_a$. 有

$$I_a^2 = \left(\int_0^a \mathrm{e}^{-x^2}\mathrm{d}x\right)\left(\int_0^a \mathrm{e}^{-y^2}\mathrm{d}y\right) = \iint_{D_a} \mathrm{e}^{-x^2-y^2}\mathrm{d}x\mathrm{d}y,$$

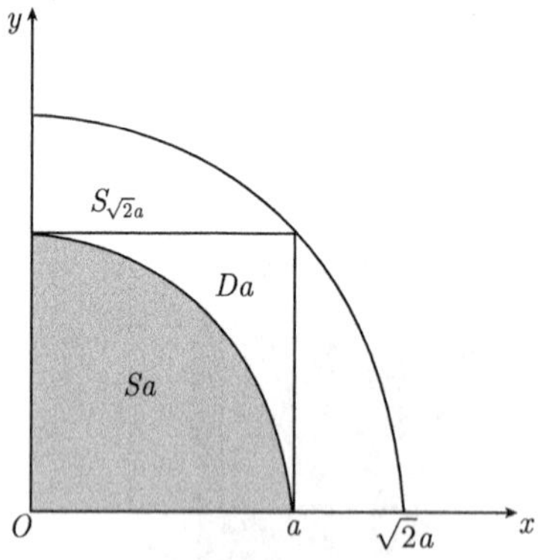

图 19-4-7 D_a 与 S_a, $s_{\sqrt{2}}a$ 的关系

其中 $D_a = [0,a]\times[0,a]$. 令 S_a 表示半径为 a 的四分之一圆盘: $x^2+y^2 \leqslant a^2$, $x \geqslant 0$, $y \geqslant 0$(图 19-4-7). 则

$$S_a \subseteq D_a \subseteq S_{\sqrt{2}a}.$$

因此 $J_a \leqslant I_a^2 \leqslant J_{\sqrt{2}a}$, 其中

$$J_a = \iint\limits_{S_a} \mathrm{e}^{-x^2-y^2}\mathrm{d}x\mathrm{d}y.$$

应用极坐标变换有

$$J_a = \int_0^{\frac{\pi}{2}}\left(\int_0^a \mathrm{e}^{-r^2}r\mathrm{d}r\right)\mathrm{d}\theta = \frac{\pi}{4}(1-\mathrm{e}^{-a^2}).$$

所以

$$\frac{\pi}{4}(1-\mathrm{e}^{-a^2}) \leqslant I_a^2 \leqslant \frac{\pi}{4}(1-\mathrm{e}^{-2a^2}).$$

进而由两边夹法则知 $\lim\limits_{a\to+\infty} I_a^2 = \dfrac{\pi}{4}$. 这就得到

$$\int_0^{+\infty} \mathrm{e}^{-x^2}\mathrm{d}x = \lim_{a\to+\infty} I_a = \frac{\sqrt{\pi}}{2}.$$

(2) 圆柱坐标变换.

三重积分最常用的变元变换是圆柱坐标变换和球坐标变换. 先看圆柱坐标变换, 其表达式为

$$x = r\cos\theta, \quad y = r\sin\theta, \quad z = z,$$

其中, $r \geqslant 0, 0 \leqslant \theta \leqslant 2\pi, -\infty < z < +\infty$. 这个变换的雅可比行列式为

$$\frac{\partial(x,y,z)}{\partial(r,\theta,z)} = \begin{vmatrix} \cos\theta & -r\sin\theta & 0 \\ \sin\theta & r\cos\theta & 0 \\ 0 & 0 & 1 \end{vmatrix} = r.$$

因此圆柱坐标变换下的体积微元为

$$\mathrm{d}x\mathrm{d}y\mathrm{d}z = r\mathrm{d}r\mathrm{d}\theta\mathrm{d}z.$$

圆柱坐标变换也不是一一的变换, 但是这个困难可以采用与处理极坐标变换类似的方法克服. 总之, 应用公式 (19.4.10) 可以推知, 圆柱坐标变换下三重积分的变换公式为

$$\iiint_\Omega f(x,y,z)\mathrm{d}x\mathrm{d}y\mathrm{d}z = \iiint_\Delta f(r\cos\theta, r\sin\theta, z)r\mathrm{d}r\mathrm{d}\theta\mathrm{d}z.$$

做完变元变换之后, 还必须进一步把变换后的重积分化为累次积分. 为了把重积分化为累次积分, 必须正确地写出积分区域. 因此, 清楚地了解变换后的各变元在原直角坐标系下的几何意义是非常重要的. 由于在圆柱坐标中, (r,θ) 正是 (x,y) 平面上的极坐标, 所以, r 的意义是点 $P(x,y,z)$ 在 Oxy 坐标面上的投影点 $Q(x,y,0)$ 到坐标原点 $O(0,0,0)$ 的距离, 也即点 $P(x,y,z)$ 到 Oz 轴的距离; θ 的意义是投影点 $Q(x,y,0)$ 的向径 $\overrightarrow{OQ}$ 与 Ox 轴正半轴的夹角, 也表示通过点 $P(x,y,z)$ 与 Oz 轴的平面与 Oxz 坐标面之间的夹角. 至于 z, 因为是点 $P(x,y,z)$ 的 z 坐标, 所以其意义为点 $P(x,y,z)$ 到 Oxy 坐标面的有向距离, 也即向量 $\overrightarrow{QP}$ 的代数长度 (图 19-4-8).

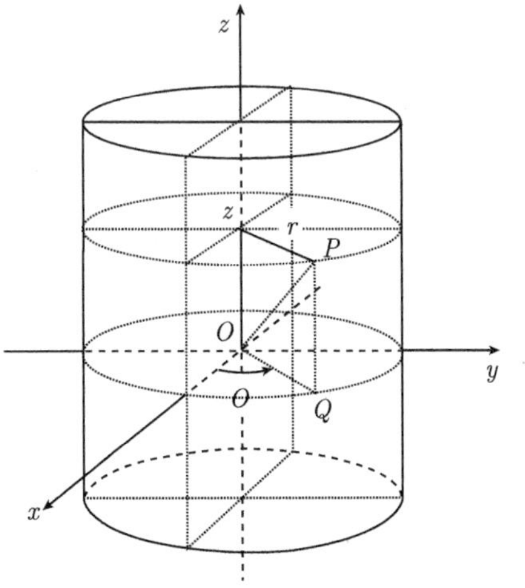

图 19-4-8　圆柱坐标变换

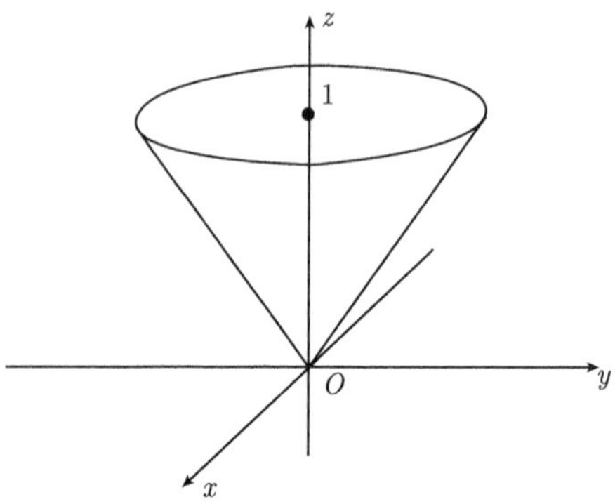

图 19-4-9

例 5 求积分 $\iiint_{\Omega}\sqrt{x^2+y^2}\mathrm{d}x\mathrm{d}y\mathrm{d}z$, 其中 Ω 表示由圆锥面 $x^2+y^2=z^2$ 和平面 $z=1$ 所包围的区域 (图 19-4-9).

解 作圆柱坐标变换. 区域 Ω 在圆柱坐标下的表现形式为

$$0\leqslant r\leqslant z\leqslant 1,\quad 0\leqslant\theta\leqslant 2\pi.$$

故得

$$\iiint_{\Omega}\sqrt{x^2+y^2}\mathrm{d}x\mathrm{d}y\mathrm{d}z=\int_0^{2\pi}\mathrm{d}\theta\int_0^1\mathrm{d}z\int_0^z r^2\mathrm{d}r=2\pi\int_0^1\frac{1}{3}z^3\mathrm{d}z=\frac{\pi}{6}.$$

例 6 求积分 $\iiint_{\Omega_1}\sqrt{x^2+y^2}\mathrm{d}x\mathrm{d}y\mathrm{d}z$, 其中 Ω_1 表示由上半圆锥面 $x^2+y^2=z^2$, $z\geqslant 0$ 和旋转抛物面 $z=2-x^2-y^2$ 所包围的区域 (图 19-4-10).

解 作圆柱坐标变换. 区域 Ω_1 在圆柱坐标下的表现形式为

$$0\leqslant r\leqslant z\leqslant 2-r^2,\quad 0\leqslant\theta\leqslant 2\pi.$$

因为在 rz 平面上, 曲线 $z=2-r^2$ 和 $z=r$ 交于 $r=1$, 所以 rz 平面上区域 $0\leqslant r\leqslant z\leqslant 2-r^2$ 即为 $r\leqslant z\leqslant 2-r^2, 0\leqslant r\leqslant 1$. 故得

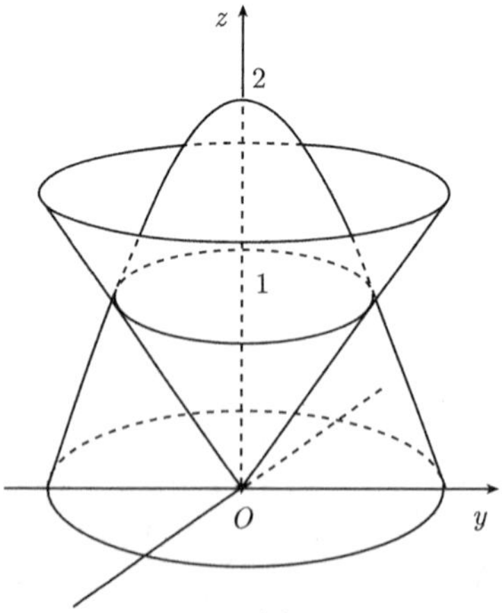

(a)

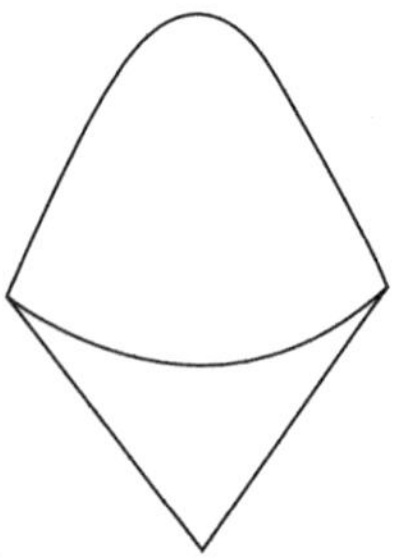

(b)

图 19-4-10 例 6 中的区域

$$\iiint_{\Omega_1}\sqrt{x^2+y^2}\mathrm{d}x\mathrm{d}y\mathrm{d}z=\int_0^{2\pi}d\theta\int_0^1\mathrm{d}r\int_r^{2-r^2}r^2\mathrm{d}z=2\pi\int_0^1(2-r^2-r)r^2\mathrm{d}r=\frac{13}{30}\pi.$$

(3) 球坐标变换.

球坐标变换的表达式为

$$x=r\cos\theta\sin\varphi,\qquad y=r\sin\theta\sin\varphi,\qquad z=r\cos\varphi,$$

其中, $r\geqslant 0$, $0\leqslant\theta\leqslant 2\pi$, $0\leqslant\varphi\leqslant\pi$. 这个变换的雅可比行列式为

$$\frac{\partial(x,y,z)}{\partial(r,\theta,\varphi)}=\begin{vmatrix}\cos\theta\sin\varphi & -r\sin\theta\sin\varphi & r\cos\theta\cos\varphi\\ \sin\theta\sin\varphi & r\cos\theta\sin\varphi & r\sin\theta\cos\varphi\\ \cos\theta & 0 & -r\sin\varphi\end{vmatrix}=-r^2\sin\varphi.$$

进而球坐标变换下的体积微元为

$$\mathrm{d}x\mathrm{d}y\mathrm{d}z=r^2\sin\varphi\mathrm{d}r\mathrm{d}\theta\mathrm{d}\varphi.$$

因此, 应用公式 (19.4.10) 可知, 球坐标变换下三重积分的变换公式为

$$\iiint_{\Omega}f(x,y,z)\mathrm{d}x\mathrm{d}y\mathrm{d}z=\iiint_{\Delta}f(r\cos\theta\sin\varphi,r\sin\theta\sin\varphi,r\cos\varphi)\,r^2\sin\varphi\mathrm{d}r\mathrm{d}\theta\mathrm{d}\varphi.$$

球坐标变换也不是一一的变换, 但是这个问题可以与极坐标变换类似地处理.

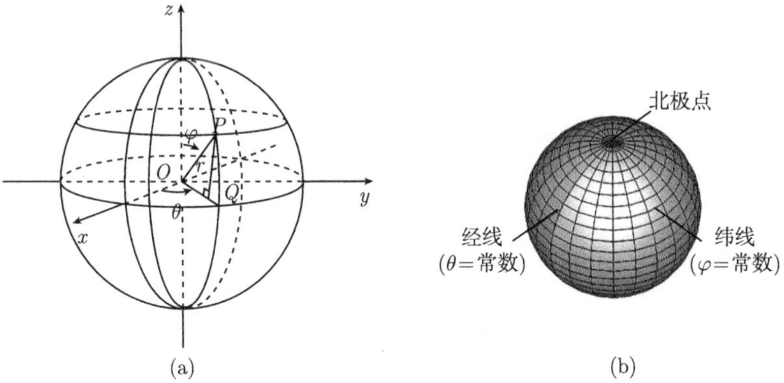

图 19-4-11　球坐标变换

对球坐标 (r,θ,φ) 中各变元在原直角坐标系下的几何意义进行分析. 由于

$$r=\sqrt{x^2+y^2+z^2},$$

所以 r 的意义是点 $P(x,y,z)$ 到坐标原点 $O(0,0,0)$ 的距离, 也即点 $P(x,y,z)$ 的向径 $\overrightarrow{OP}$ 的长度. 又由于

$$\sqrt{x^2+y^2}=r\sin\varphi,\quad z=r\cos\varphi,$$

从而

$$\varphi=\operatorname{arccot}\Big(\frac{z}{\sqrt{x^2+y^2}}\Big),$$

而 $\sqrt{x^2+y^2}$ 是点 $P(x,y,z)$ 到 Oz 轴的距离, 所以 φ 的意义是点 $P(x,y,z)$ 的向径 $\overrightarrow{OP}$ 与 Oz 轴正半轴的夹角. 最后, 由于

$$\begin{cases} x=(r\sin\varphi)\cos\theta=|\overrightarrow{OQ}|\cos\theta, \\ y=(r\sin\varphi)\sin\theta=|\overrightarrow{OQ}|\sin\theta, \end{cases}$$

其中 Q 表示点 $P(x,y,z)$ 在 Oxy 坐标面上的投影点, 即坐标为 $(x,y,0)$ 的点, 所以从以上表达式知, θ 的意义是投影点 $Q(x,y,0)$ 的向径 $\overrightarrow{OQ}$ 与 Ox 轴正半轴的夹角, 也即通过点 $P(x,y,z)$ 与 Oz 轴的平面与 Oxz 坐标面之间的夹角 (图 19-4-11). 注意这里 θ 的意义与圆柱坐标时是相同的, 但 r 的意义则不同.

例 7 求上半圆锥体 $x^2+y^2\leqslant z^2$, $z\geqslant 0$ 被球面 $x^2+y^2+z^2=2az\ (a>0)$ 所截出的部分的体积 (图 19-4-12).

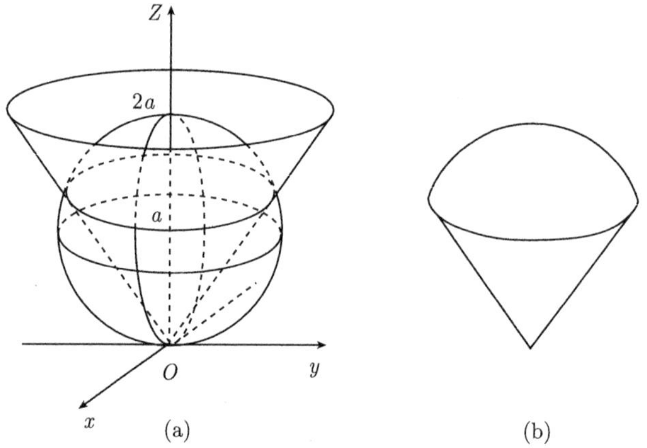

图 19-4-12 例 7 中的区域

解 在球坐标下, 上半圆锥体的表现形式为 $\sin\varphi\leqslant\cos\varphi$, 即 $0\leqslant\varphi\leqslant\dfrac{\pi}{4}$, 而球体 $x^2+y^2+z^2\leqslant 2az$ 的表现形式为 $0\leqslant r\leqslant 2a\cos\varphi$. 因此所给立体 V 在球坐标下的区域为

$$0\leqslant r\leqslant 2a\cos\varphi,\quad 0\leqslant\varphi\leqslant\frac{\pi}{4},\quad 0\leqslant\theta\leqslant 2\pi.$$

故作球坐标变换, 得

$$\begin{aligned} V\text{的体积} &= \iiint_V \mathrm{d}x\mathrm{d}y\mathrm{d}z=\int_0^{2\pi}\mathrm{d}\theta\int_0^{\frac{\pi}{4}}\mathrm{d}\varphi\int_0^{2a\cos\varphi}r^2\sin\varphi\mathrm{d}r \\ &= \frac{16}{3}\pi a^3\int_0^{\frac{\pi}{4}}\cos^3\varphi\sin\varphi\mathrm{d}\varphi=\pi a^3. \end{aligned}$$

例 8 设 f 是定义在闭的正半轴 $[0,+\infty)$ 上的单调递减连续函数. 定义函数 F 如下:

$$F(t)=\frac{3}{4\pi t^3}\iiint_{x^2+y^2+z^2\leqslant t^2} f(\sqrt{x^2+y^2+z^2})\mathrm{d}x\mathrm{d}y\mathrm{d}z,\quad \forall t>0.$$

求证: F 在 $(0,+\infty)$ 上单调递减.

证明 先作球坐标变换以化简积分

$$\begin{aligned}F(t)&=\frac{3}{4\pi t^3}\iiint_{x^2+y^2+z^2\leqslant t^2} f(\sqrt{x^2+y^2+z^2})\mathrm{d}x\mathrm{d}y\mathrm{d}z\\&=\frac{3}{4\pi t^3}\int_0^{2\pi}\mathrm{d}\theta\int_0^{\pi}\mathrm{d}\varphi\int_0^t f(r)r^2\sin\varphi\mathrm{d}r=\frac{3}{2t^3}\Big(\int_0^{\pi}\sin\varphi\mathrm{d}\varphi\Big)\Big(\int_0^t f(r)r^2\mathrm{d}r\Big)\\&=\frac{3}{t^3}\int_0^t f(r)r^2\mathrm{d}r.\end{aligned}$$

因此

$$F'(t)=\frac{3}{t}f(t)-\frac{9}{t^4}\int_0^t f(r)r^2\mathrm{d}r\leqslant\frac{3}{t}f(t)-\frac{9}{t^4}f(t)\int_0^t r^2\mathrm{d}r=0,\quad \forall t>0.$$

所以 F 在 $(0,+\infty)$ 上单调递减. 证毕.

这里着重讨论了极坐标变换、圆柱坐标变换和球坐标变换, 并不等于说实际计算中遇到的重积分都可用这三种变元变换处理, 而只是因为它们比较常用而已. 事实上, 无论是在应用中还是在理论研究方面, 重积分的变元变换是会遇到很多各种各样不同的形式的. 因此, 读者务必熟记公式 (19.4.10), 并根据实际问题灵活应用. 下面再举两例以作说明.

例 9 求椭球面 $\dfrac{x^2}{a^2}+\dfrac{y^2}{b^2}+\dfrac{z^2}{c^2}=1$ 所围区域的体积.

解 作椭球坐标变换

$$x=ar\cos\theta\sin\varphi,\quad y=br\sin\theta\sin\varphi,\quad z=cr\cos\varphi,$$

则椭球体 $\dfrac{x^2}{a^2}+\dfrac{y^2}{b^2}+\dfrac{z^2}{c^2}\leqslant 1$ 变为 (r,θ,φ) 空间中的长方形区域

$$0\leqslant r\leqslant 1,\quad 0\leqslant\theta\leqslant 2\pi,\quad 0\leqslant\varphi\leqslant\pi.$$

这个变换的雅可比行列式为

$$\frac{\partial(x,y,z)}{\partial(r,\theta,z)}=\begin{vmatrix}a\cos\theta\sin\varphi & -ar\sin\theta\sin\varphi & ar\cos\theta\cos\varphi\\ b\sin\theta\sin\varphi & br\cos\theta\sin\varphi & br\sin\theta\cos\varphi\\ c\cos\theta & 0 & -cr\sin\varphi\end{vmatrix}=-abcr^2\sin\varphi.$$

虽然这个变换不是一一的, 但与极坐标变换类似的方法处理, 可知公式 (19.4.10) 对它是成立的. 因此

$$
\begin{aligned}
\text{椭球体的体积} &= \iiint_{\frac{x^2}{a^2}+\frac{y^2}{b^2}+\frac{z^2}{c^2}\leqslant 1} \mathrm{d}x\mathrm{d}y\mathrm{d}z \\
&= \int_0^{2\pi}\mathrm{d}\theta\int_0^{\pi}\mathrm{d}\varphi\int_0^1 abcr^2\sin\varphi\mathrm{d}r \\
&= 2\pi abc\Big(\int_0^{\pi}\sin\varphi\mathrm{d}\varphi\Big)\Big(\int_0^1 r^2\mathrm{d}r\Big) = \frac{4}{3}\pi abc.
\end{aligned}
$$

例 10 求椭圆

$$
(a_1x+b_1y+c_1)^2+(a_2x+b_2y+c_2)^2=1
$$

所围平面区域 D 的面积, 这里 $a_1b_2-a_2b_1\neq 0$.

解 作仿射变换

$$
u=a_1x+b_1y+c_1,\quad v=a_2x+b_2y+c_2.
$$

有

$$
\frac{\partial(u,v)}{\partial(x,y)}=\begin{vmatrix} a_1 & b_1\\ a_2 & b_2\end{vmatrix}=a_1b_2-a_2b_1\neq 0,
$$

从而

$$
\frac{\partial(x,y)}{\partial(u,v)}=(a_1b_2-a_2b_1)^{-1}.
$$

在这个变换之下, 椭圆变为单位圆 $u^2+v^2=1$, 它所包围区域的面积为 π, 所以

$$
D\text{的面积}=\iint\limits_D \mathrm{d}x\mathrm{d}y=|a_1b_2-a_2b_1|^{-1}\iint_{u^2+v^2\leqslant 1}\mathrm{d}u\mathrm{d}v=\pi|a_1b_2-a_2b_1|^{-1}.
$$

19.4.3 m 维球坐标变换

对于一般的 m 维重积分, 其中 $m\geqslant 4$, 这里只考虑一种特殊的变元变换, 即所谓m **维球坐标变换**, 也称m **维极坐标变换**, 其表达式如下:

$$
\varPhi:\begin{cases}
x_1=r\sin\theta_1\sin\theta_2\cdots\sin\theta_{m-2}\sin\theta_{m-1},\\
x_2=r\sin\theta_1\sin\theta_2\cdots\sin\theta_{m-2}\cos\theta_{m-1},\\
\cdots\cdots\\
x_{m-2}=r\sin\theta_1\sin\theta_2\cos\theta_3,\\
x_{m-1}=r\sin\theta_1\cos\theta_2,\\
x_m=r\cos\theta_1,
\end{cases}
$$

其中, r 为点 $x=(x_1,x_2,\cdots,x_m)$ 到坐标原点的距离, 因而 $r\geqslant 0$, 而 $0\leqslant\theta_i\leqslant\pi$ $(i=1,2,\cdots,m-2)$, $0\leqslant\theta_{m-1}\leqslant 2\pi$. θ_1, θ_2, $\cdots$, θ_{m-1} 的意义可类似于三维球坐标进行

分析, 我们留给读者. 显然上述变元变换是二维的极坐标变换和三维的球坐标变换向一般高维情形的推广. 容易算出, 这个变换的雅可比行列式等于

$$|\det D\Phi(r,\theta)| = r^{m-1}\sin^{m-2}\theta_1\sin^{m-3}\theta_2\cdots\sin\theta_{m-2}.$$

因此, 根据定理 19.4.2, 对于定义在具有连续边界的有界闭区域 $\Omega\subseteq\mathbf{R}^m$ 上的黎曼可积函数 f, 我们有

$$\begin{aligned}&\iint\cdots\int_{\Omega} f(x_1,x_2,\cdots,x_m)\mathrm{d}x_1\mathrm{d}x_2\cdots\mathrm{d}x_m\\ =&\iint\cdots\int_{\Delta}\tilde{f}(r,\theta_1,\cdots,\theta_{m-1})r^{m-1}\sin^{m-2}\theta_1\sin^{m-3}\theta_2\cdots\sin\theta_{m-2}\mathrm{d}r\mathrm{d}\theta_1\cdots\mathrm{d}\theta_{m-1},\end{aligned}\tag{19.4.11}$$

其中 Δ 是区域 Ω 经变换 Φ 所得到的区域, 而

$$\begin{aligned}&\tilde{f}(r,\theta_1,\cdots,\theta_{m-1})\\ =\;&f(r\sin\theta_1\sin\theta_2\cdots\sin\theta_{m-2}\cos\theta_{m-1},r\sin\theta_1\sin\theta_2\cdots\sin\theta_{m-2}\sin\theta_{m-1},\cdots,r\cos\theta_1).\end{aligned}$$

我们来应用这个公式求 m 维球的体积. 用 $V_m(R)$ 表示半径为 R 的 m 维球 $B(0,R)$ 的体积. 则因变元变换 $x=Ry$ 把 $B(0,R)$ 变为单位球 $B(0,1)$, 而这个变换的雅可比行列式等于 R^m, 所以

$$V_m(R)=\int_{B(0,R)}\mathrm{d}x=R^m\int_{B(0,1)}\mathrm{d}y=R^m\omega_m,$$

其中 $\omega_m=V_m(1)$ 表示 m 维单位球 $B(0,1)$ 的体积. 所以只需计算 ω_m. 为此在公式 (19.4.11) 中取 $f=1$, $\Omega=B(0,1)$, 则得

$$\begin{aligned}\omega_m&=\int_{|x|\leqslant 1}\mathrm{d}x\\ &=\int_0^{2\pi}\mathrm{d}\theta_{m-1}\int_0^{\pi}\mathrm{d}\theta_{m-2}\cdots\int_0^{\pi}\mathrm{d}\theta_1\int_0^1 r^{m-1}\sin^{m-2}\theta_1\sin^{m-3}\theta_2\cdots\sin\theta_{m-2}\mathrm{d}r\\ &=\frac{2\pi}{m}\Big(\int_0^{\pi}\sin^{m-2}\theta_1\mathrm{d}\theta_1\Big)\Big(\int_0^{\pi}\sin^{m-3}\theta_2\mathrm{d}\theta_2\Big)\cdots\Big(\int_0^{\pi}\sin\theta_{m-2}\mathrm{d}\theta_{m-2}\Big).\end{aligned}$$

于是只需对每个正整数 k 计算出定积分

$$I_k=\int_0^{\pi}\sin^k\theta\mathrm{d}\theta.$$

这个定积分本可以按 6.3 节所讲述的方法计算, 即采用万能变换化为有理函数的积分. 但是那样做比较烦琐. 下面应用 18.3 节介绍的伽马函数和贝塔函数来计算这个定积

分, 有

$$\begin{aligned}I_k &= 2\int_0^{\frac{\pi}{2}} \sin^k \theta \mathrm{d}\theta \quad (\text{作变换}\ \ \theta = \arcsin u)\\ &= 2\int_0^1 \frac{u^k}{\sqrt{1-u^2}}\mathrm{d}u \qquad (\text{作变换}\ \ u=\sqrt{v})\\ &= \int_0^1 \frac{v^{\frac{k}{2}-\frac{1}{2}}}{\sqrt{1-v}}\mathrm{d}v = \int_0^1 v^{\frac{k+1}{2}-1}(1-v)^{\frac{1}{2}-1}\mathrm{d}v\\ &= \mathrm{B}\Big(\frac{k+1}{2},\frac{1}{2}\Big) = \frac{\Gamma\Big(\frac{k+1}{2}\Big)\Gamma\Big(\frac{1}{2}\Big)}{\Gamma\Big(\frac{k+2}{2}\Big)} = \frac{\sqrt{\pi}\Gamma\Big(\frac{k+1}{2}\Big)}{\Gamma\Big(\frac{k+2}{2}\Big)}.\end{aligned}$$

最后这个等式用到了 $\Gamma\Big(\frac{1}{2}\Big)=\sqrt{\pi}$. 因此

$$\omega_m = \frac{2\pi}{m}\cdot\frac{\sqrt{\pi}\Gamma\Big(\frac{m-1}{2}\Big)}{\Gamma\Big(\frac{m}{2}\Big)}\cdot\frac{\sqrt{\pi}\Gamma\Big(\frac{m-2}{2}\Big)}{\Gamma\Big(\frac{m-1}{2}\Big)}\cdot\cdots\cdot\frac{\sqrt{\pi}\Gamma(1)}{\Gamma\Big(\frac{3}{2}\Big)} = \frac{2\pi^{\frac{m}{2}}}{m\Gamma\Big(\frac{m}{2}\Big)}.$$

其次, 用 $S_m(R)$ 表示半径为 R 的 m 维球 $B(0,R)$ 的表面积. 则内半径为 R、厚度为 ΔR 的球壳的体积以 $S_m(R)\Delta R$ 为下界、以 $S_m(R+\Delta R)\Delta R$ 为上界. 因为这个体积等于 $V_m(R+\Delta R)-V_m(R)$, 所以

$$S_m(R)\Delta R \leqslant V_m(R+\Delta R)-V_m(R) \leqslant S_m(R+\Delta R)\Delta R.$$

各项同除以 ΔR, 再令 $\Delta R\to 0$, 就得到

$$S_m(R) = V_m'(R) = mR^{m-1}\omega_m.$$

特别地, $m-1$ 维单位球面 $S^{m-1}=\partial B(0,1)$ 的"面积"为

$$\sigma_m = S_m(1) = m\omega_m = \frac{2\pi^{\frac{m}{2}}}{\Gamma\Big(\frac{m}{2}\Big)}.$$

命题 19.4.1 (1) m 维单位球 $B(0,1)$ 的体积和 m–1 维单位球面 $S^{m-1}=\partial B(0,1)$ 的面积分别为

$$\omega_m = \frac{2\pi^{\frac{m}{2}}}{m\Gamma\Big(\frac{m}{2}\Big)},\quad \sigma_m = m\omega_m = \frac{2\pi^{\frac{m}{2}}}{\Gamma\Big(\frac{m}{2}\Big)}.$$

(2) 半径为 R 的 m 维球 $B(0,R)$ 的体积和表面积分别为

$$V_m(R) = \frac{2\pi^{\frac{m}{2}}R^m}{m\Gamma\Big(\frac{m}{2}\Big)},\quad S_m(R) = \frac{2\pi^{\frac{m}{2}}R^{m-1}}{\Gamma\Big(\frac{m}{2}\Big)}.$$

公式 (19.4.11) 经常被用来求径向函数的积分. 所谓**径向函数**, 是指形如 $f(r)$ (其中 $r=|x|$) 的函数. 应用公式 (19.4.11), 这种函数在球域 $B(0,R)$ 上的积分可以化为定积分, 即有以下命题:

命题 19.4.2　设 f 是 $[0,R]$ 上的黎曼可积函数. 则

$$\int_{|x|\leqslant R} f(|x|)dx=\sigma_m\int_0^R f(r)r^{m-1}\mathrm{d}r=\frac{2\pi^{\frac{m}{2}}}{\Gamma\left(\frac{m}{2}\right)}\int_0^R f(r)r^{m-1}\mathrm{d}r.$$

证明　根据公式 (19.4.11) 和命题 19.4.1 的证明, 我们有

$$\begin{aligned}&\int_{|x|\leqslant R} f(|x|)\mathrm{d}x\\&=\int_0^{2\pi}\mathrm{d}\theta_{m-1}\int_0^{\pi}\mathrm{d}\theta_{m-2}\cdots\int_0^{\pi}\mathrm{d}\theta_1\int_0^R f(r)r^{m-1}\sin^{m-2}\theta_1\sin^{m-3}\theta_2\cdots\sin\theta_{m-2}\mathrm{d}r\\&=2\pi\Big(\int_0^{\pi}\sin^{m-2}\theta_1\mathrm{d}\theta_1\Big)\Big(\int_0^{\pi}\sin^{m-3}\theta_2\mathrm{d}\theta_2\Big)\cdots\Big(\int_0^{\pi}\sin\theta_{m-2}\mathrm{d}\theta_{m-2}\Big)\Big(\int_0^R f(r)r^{m-1}\mathrm{d}r\Big)\\&=\sigma_m\int_0^R f(r)r^{m-1}\mathrm{d}r.\end{aligned}$$

习　题　19.4

1. 通过对积分变元做适当的变换, 把下列二重积分化为定积分:

(1) $\displaystyle\iint\limits_D f(\sqrt{x^2+y^2})\mathrm{d}x\mathrm{d}y$, 其中 D 是圆盘 $x^2+y^2\leqslant a^2$;

(2) $\displaystyle\iint\limits_D f(\sqrt{x^2+y^2})\mathrm{d}x\mathrm{d}y$, 其中 $D=\{(x,y):0\leqslant x\leqslant a,\ |y|\leqslant|x|\}$;

(3) $\displaystyle\iint\limits_D f\left(\frac{y}{x}\right)\mathrm{d}x\mathrm{d}y$, 其中 D 是圆盘 $x^2+y^2\leqslant 2ax$;

(4) $\displaystyle\iint\limits_D f(x+y)\mathrm{d}x\mathrm{d}y$, 其中 D 是正方形 $|x|+|y|\leqslant a$;

(5) $\displaystyle\iint\limits_D f(xy)\mathrm{d}x\mathrm{d}y$, 其中 D 是由曲线 $xy=1$, $xy=a$, $y=x$, $y=4x$ $(a>1)$ 围成的区域;

(6) $\displaystyle\iint\limits_D f(ax+by+c)\mathrm{d}x\mathrm{d}y$, 其中 D 是圆盘 $x^2+y^2\leqslant r^2$ $(a^2+b^2>0,\ r>0)$.

2. 通过对积分变元作适当的变换, 求下列二重积分:

(1) $\iint\limits_D xye^{\sqrt{x^2+y^2}}\mathrm{d}x\mathrm{d}y$, 其中 D 是圆环 $1\leqslant x^2+y^2\leqslant 4$;

(2) $\iint\limits_D (x+2y)^2\mathrm{d}x\mathrm{d}y$, 其中 D 是圆盘 $x^2+y^2\leqslant 2x+y$;

(3) $\iint\limits_D \sin\sqrt{|x|+|y|}\mathrm{d}x\mathrm{d}y$, 其中 D 是正方形区域 $|x|+|y|\leqslant \pi^2$;

(4) $\iint\limits_D (x^2+y^2)\mathrm{d}x\mathrm{d}y$, 其中 D 是区域 $x^4+y^4\leqslant 1$;

(5) $\iint\limits_D \mathrm{e}^{\frac{2x-y}{x+2y}}\mathrm{d}x\mathrm{d}y$, 其中 D 是由直线 $x+2y=1$ 和两条坐标轴围成的三角形区域;

(6) $\iint\limits_D (x^2+y^2)\ln(1+xy)\mathrm{d}x\mathrm{d}y$, 其中 D 是由四条双曲线 $x^2-y^2=1$, $x^2-y^2=2$, $xy=-\dfrac{1}{2}$ 和 $xy=1$ 在右半平面的部分围成的区域.

3. 求下列平面区域 D 的面积:

(1) D 由曲线 $xy=4$, $xy=8$, $xy^3=5$, $xy^3=15$ 围成;

(2) D 由抛物线 $y^2=2ax$, $y^2=2bx$, $x^2=2cy$, $x^2=2\mathrm{d}y$ $(0<a<b, 0<c<d)$ 围成;

(3) D 是双纽线 $(x^2+y^2)^2=2a^2(x^2-y^2)$ 在右半平面的部分所围区域;

(4) D 由曲线 $\sqrt[4]{\dfrac{x}{a}}+\sqrt[4]{\dfrac{y}{b}}=1$ $(a>0, b>0)$ 和两个坐标轴围成.

4. 求下列曲面所围空间区域 Ω 的体积:

(1) $z=1+x+y$, $z=0$, $x+y=1$, $x=0$, $y=0$;

(2) $z=\cos x\cos y$, $z=0$, $x+y=\pm\dfrac{\pi}{2}$; $x-y=\pm\dfrac{\pi}{2}$;

(3) $z=x^2+y^2$, $z=0$, $x^2+y^2=x$, $x^2+y^2=2x$;

(4) $z=\mathrm{e}^{-(x^2+y^2)}$, $z=0$, $x^2+y^2=a^2$;

(5) $z=x^2+y^2$, $z=0$, $xy=a^2$, $xy=2a^2$, $y=x$, $y=2x$.

5. 通过对积分变元作适当的变换, 求下列三重积分:

(1) $\iiint_\Omega \sqrt{x^2+y^2}\mathrm{d}x\mathrm{d}y\mathrm{d}z$, 其中 Ω 是由锥面 $z^2=x^2+y^2$ 和平面 $z=1$ 所界区域;

(2) $\iiint_\Omega \ln(1+x^2+y^2)\mathrm{d}x\mathrm{d}y\mathrm{d}z$, 其中 Ω 是由椭圆抛物面 $z=x^2+y^2$ 和平面 $z=2$ 所界区域;

(3) $\iiint_\Omega e^{\sqrt{x^2+y^2+z^2}}dxdydz$, 其中 Ω 是球域 $x^2+y^2+z^2\leqslant 2x$;

(4) $\iiint_\Omega \sqrt{1-\frac{x^2}{a^2}-\frac{y^2}{b^2}-\frac{z^2}{c^2}}dxdydz$, 其中 Ω 是椭球域 $\frac{x^2}{a^2}+\frac{y^2}{b^2}+\frac{z^2}{c^2}\leqslant 1$;

(5) $\iiint_\Omega xyzdxdydz$, 其中 Ω 是第一象限内由曲面 $z=x^2+y^2$, $z=0$, $xy=1$, $xy=4$, $y=2x$, $y=3x$ 所界区域;

(6) $\iiint_\Omega x^2dxdydz$, 其中 Ω 是椭球域 $x^2+4y^2+z^2\leqslant 1$ 和锥域 $x^2+4y^2\leqslant z^2$, $z\geqslant 0$ 的公共部分.

6. 求下列空间区域 Ω 的体积:

(1) Ω 是由球面 $x^2+y^2+z^2=2az$ 和锥面 $x^2+y^2\leqslant z^2$ 在上半空间中的部分所界区域;

(2) Ω 是由两个球面 $x^2+y^2+z^2=a^2$, $x^2+y^2+z^2=b^2$ 和锥面 $x^2+y^2\leqslant z^2$ 在上半空间中的部分所界区域;

(3) Ω 是曲面 $\left(\frac{x^2}{a^2}+\frac{y^2}{b^2}+\frac{z^2}{c^2}\right)^2=\frac{x^2}{a^2}+\frac{y^2}{b^2}$ 的内部区域;

(4) Ω 是由曲面 $z=x^2+y^2$, $z=2(x^2+y^2)$, $xy=a^2$, $xy=2a^2$, $x=2y$, $y=2x$ 所界区域.

7. 设

$$\Delta=\begin{vmatrix} a_1 & b_1 & c_1 \\ a_2 & b_2 & c_2 \\ a_3 & b_3 & c_3 \end{vmatrix}\neq 0.$$

求下列空间区域 Ω 的体积:

(1) Ω 是由三组互相平行的平面 $a_ix+b_iy+c_iz=\pm h_i$ $(h_i>0, i=1,2,3)$ 所界平行六面体;

(2) Ω 是椭球面 $\sum_{i=1}^{3}(a_ix+b_iy+c_iz)^2=1$ 的内部区域.

8. 设 f 是 $[0,+\infty)$ 上的连续可微函数, $\Omega(t)=\{(x,y,z)\in\mathbf{R}^3:\ 0\leqslant x\leqslant t, 0\leqslant y\leqslant t, 0\leqslant z\leqslant t\}$. 求以下函数 $F(t)$ 的导函数:

$$F(t)=\int_{\Omega(t)}f(xyz)dxdydz,\quad t>0.$$

9. 设 f 是 $[0,+\infty)$ 上的非负连续函数, 且 $\lim\limits_{x\to+\infty}f(x)=a>0$. 对 $t>0$, 定义 $F(t)$ 如下:

$$F(t)=\frac{3}{4\pi t^3}\iiint_{\Omega(t)}f(\sqrt{x^2+y^2+z^2})dxdydz.$$

其中 $\Omega(t)$ 是球面 $x^2+y^2+z^2=t^2$ 包围的区域. 证明: $\lim\limits_{t\to+\infty}F(t)=a$.

10. 设 $\boldsymbol{A}$ 是 m 阶正定矩阵, $\Omega(t)=\{x\in\mathbf{R}^m: x^{\mathrm{T}}\boldsymbol{A}x\leqslant t^2\}$. 这里如前把 m 维向量等同于 $m\times 1$ 矩阵. 求 m 重积分

$$F(t)=\int_{\Omega(t)}\mathrm{e}^{-x^{\mathrm{T}}\boldsymbol{A}x}\mathrm{d}x$$

当 $t\to+\infty$ 时的极限.

11. (1) 对区域 $\Omega\subseteq\mathbf{R}^m$ 和正数 λ, 定义 $\lambda\Omega=\{\lambda x\in\mathbf{R}^m: x\in\Omega\}$. 证明: $\lambda\Omega$ 的体积 $|\lambda\Omega|$ 和 Ω 的体积 $|\Omega|$ 之间的关系为

$$|\lambda\Omega|=\lambda^m|\Omega|.$$

(2) 对 $\mathbf{R}^m$ 中的区域 Ω 和 $h>0$, $\mathbf{R}^{m+1}$ 中以 Ω 为底、以 $P_0(0,h)$ (其中 0 为 $\mathbf{R}^m$ 的原点) 为顶点因而高为 h 的 $m+1$ 维锥定义为 $\mathbf{R}^{m+1}$ 中的以下区域:

$$V=\{(tx,(1-t)h)\in\mathbf{R}^{m+1}: x\in\Omega,\ 0\leqslant t\leqslant 1\}.$$

证明: V 的 $m+1$ 维体积 $|V|$ 和 Ω 的 m 维体积 $|\Omega|$ 之间的关系为

$$|V|=\frac{1}{m+1}h|\Omega|.$$

19.5 曲面的面积

作为二重积分的应用, 本节考虑一般的光滑曲面的面积计算问题.

回忆在 8.2 节, 曲线的弧长是这样定义的: 首先把曲线剖分成许多小段, 使每一小段的长度都很小. 然后把每一小段以与它有公共端点的直线段代替, 则得一折线. 计算这个折线段的长度, 把这个长度作为曲线弧长的近似值. 再让分法无限加细来取极限, 所得极限值便定义为曲线的弧长. 简单地说就是, 把曲线的弧长定义为内接折线的长度在曲线剖分无限加细时的极限. 受此定义的启发, 一个很自然的想法是, 把空间曲面的面积定义为内接多面形的面积当曲面的剖分无限加细时的极限. 由于在曲面上任取四个或四个以上的点不一定能保证它们在同一个平面上, 所以对于一般的空间曲面, 我们只能对它做三角剖分, 即把曲面划分成许多很小的曲面三角形, 然后对每个曲面三角形以与它有公共顶点的平面三角形代替, 就得到了曲面的一个内接多面形. 然而, 下面的例子说明, 这样做出的内接多面形的面积, 在剖分无限加细时, 并不一定有极限, 因而不能用这种方法定义空间曲面的面积.

考虑一个底面半径和高都是 1 的圆柱体. 我们试用上述做内接多面形的方法来求它的侧面积. 为此把圆柱面的高 m 等分, 过每个分点作圆柱面的纬圆即垂直于圆柱面中心轴的平面与圆柱面的交线, 并把每个这样做出的纬圆 n 等分, 使得上一纬圆的分

点与下一纬圆的分点相互交错, 即上一纬圆的分点位于下一纬圆的分点所分割出的圆弧的中点的上方. 然后以每个圆弧的弦为底边、以圆弧的端点与其上方或下方纬圆上的分点的连线为腰线作平面三角形. 这样就得到了圆柱面的一个内接多面形. 下面来计算这个内接多面形的面积 A_{mn}.

三角形的总数是 $2mn$ 个, 它们都互相全等. 每个三角形的底边长为 $|AB|=2\sin\dfrac{\pi}{n}$ (图 19-5-1), 高为

$$|CD|=\sqrt{|CE|^2+|DE|^2}=\sqrt{\left(\frac{1}{m}\right)^2+\left(1-\cos\frac{\pi}{n}\right)^2}.$$

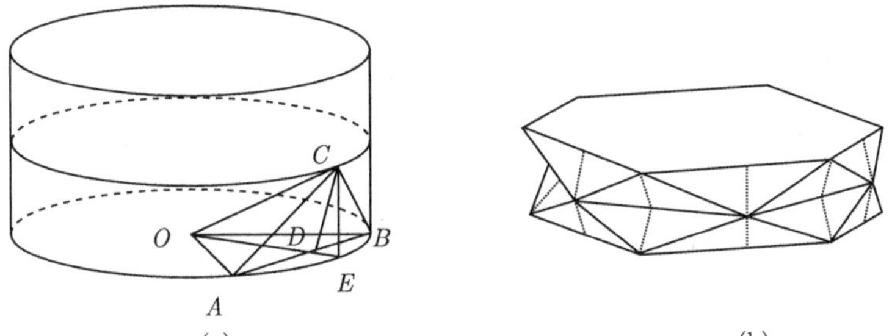

图 19-5-1 圆柱内接多面体的作法

因此三角形的面积为

$$\frac{1}{2}|AB||CD|=\sin\frac{\pi}{n}\sqrt{\left(\frac{1}{m}\right)^2+\left(1-\cos\frac{\pi}{n}\right)^2}.$$

进而内接多面形的面积为

$$A_{mn}=2mn\sin\frac{\pi}{n}\sqrt{\left(\frac{1}{m}\right)^2+\left(1-\cos\frac{\pi}{n}\right)^2}=2\pi\left(1+O\left(\frac{1}{n^2}\right)\right)\sqrt{1+\frac{\pi^4}{4}\frac{m^2}{n^4}\left(1+O\left(\frac{1}{n^2}\right)\right)}.$$

若取 $m=\lambda n^2$, 则当 $n\to\infty$ 时 (此时也有 $m\to\infty$, 从而每个三角形的直径都趋于零, 符合剖分无限加细的要求),

$$\lim_{n\to\infty}A_{mn}=2\pi\sqrt{1+\frac{\lambda^2\pi^4}{4}},$$

极限依赖于 λ; 若更进一步取 $m=n^3$, 则当 $n\to\infty$ 时, 有

$$\lim_{n\to\infty}A_{mn}=\infty.$$

因此, 当剖分无限加细时, 这样作出的内接多面形的面积 A_{mn} 没有极限.

究其原因不难发现, 当 m 远远大于 n 时, 按上述方法作出的内接多面形上的每个三角形, 几乎都与圆柱面的切平面垂直, 从而它的面积不能作为圆柱面上对应小块面积的近似值. 因此必须摒弃这种定义曲面面积的思想.

换用另一种思想定义曲面的面积. 这种思想是对曲面作剖分, 对于剖分出来的每个小曲面块, 任取其上一点作切平面, 该小曲面在这个切平面上对应着一个小的平面块, 即它在切平面上的投影. 以这个小平面块的面积作相应的小曲面块面积的近似值, 求和便得到了曲面面积的近似值, 再使剖分无限加细取极限, 极限值便定义为所求曲面的面积. 下面就按这种思想推导曲面面积的计算公式.

先来看平面块面积的计算. 设给定了两个互不平行的非零向量 $\boldsymbol{a}$ 和 $\boldsymbol{b}$, 并给定了空间中的一点 P_0, 其向径 $\overrightarrow{OP_0}=\boldsymbol{r}_0$. 则通过点 P_0 并且平行于向量 $\boldsymbol{a}$ 和 $\boldsymbol{b}$ 的平面 π 的参数方程为

$$\boldsymbol{r}=\boldsymbol{r}_0+\boldsymbol{a}u+\boldsymbol{b}v,\quad u,v\in\mathbf{R}.$$

考虑 (u,v) 平面上的一个可求面积的有界闭区域 D. 这个区域在上述参数方程下对应着平面 π 上的一个平面块 S(图 19-5-2). 则平面块 S 的面积为

$$A=|\boldsymbol{a}\times\boldsymbol{b}||D|. \tag{19.5.1}$$

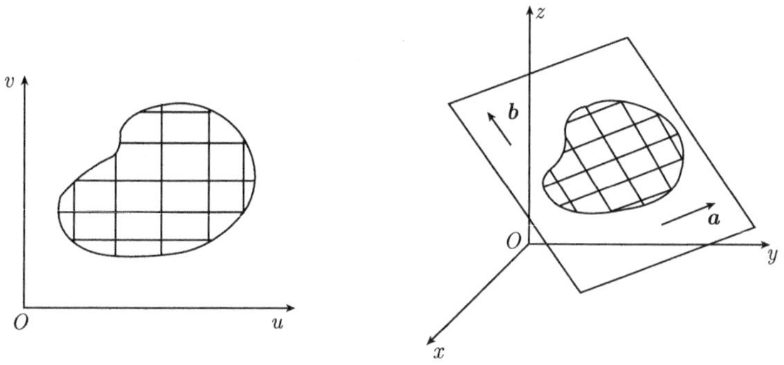

图 19-5-2　公式 (19.5.1) 的证明

为证明这个公式, 首先注意, 根据向量叉积的几何意义知, 以向量 $\boldsymbol{a}$ 和 $\boldsymbol{b}$ 为邻边的平行四边形的面积为 $|\boldsymbol{a}\times\boldsymbol{b}|$, 进而对任意两个正数 λ 和 μ, 以向量 $\lambda\boldsymbol{a}$ 和 $\mu\boldsymbol{b}$ 为邻边的平行四边形的面积为

$$|\lambda\boldsymbol{a}\times\mu\boldsymbol{b}|=\lambda\mu|\boldsymbol{a}\times\boldsymbol{b}|. \tag{19.5.2}$$

现在对区域 D 用平行于坐标轴的直线作剖分, 相应地在平面块 S 上也得到了一个剖分. 去掉 D 的剖分中那些边界附近不规则的小区域, 就得到了 D 的一个内接多边形, 相应地在平面块 S 上也得到了一个内接多边形. 记前者的面积为 S_1, 后者的面积为 S_2. S_1 是一些小矩形的面积的和, S_2 是一些相应的小平行四边形的面积的和. 因此根据上面的公式 (19.5.2) 不难计算出, 成立关系式

$$S_2=|\boldsymbol{a}\times\boldsymbol{b}|S_1.$$

由于当剖分无限加细时 $S_2\to A$ 且 $S_1\to|D|$, 取极限就得到了式 (19.5.1).

现在设曲面 S 由参数方程

$$x = x(u,v), \quad y = y(u,v), \quad z = z(u,v), \quad (u,v) \in D \tag{19.5.3}$$

给出, 其中, D 是平面上的一个可求面积的有界闭区域, $x(u,v)$, $y(u,v)$ 和 $z(u,v)$ 是定义在 D 上的具有一阶连续偏导数的函数, 且雅可比矩阵

$$\begin{pmatrix} \dfrac{\partial x}{\partial u} & \dfrac{\partial y}{\partial u} & \dfrac{\partial z}{\partial u} \\ \dfrac{\partial x}{\partial v} & \dfrac{\partial y}{\partial v} & \dfrac{\partial z}{\partial v} \end{pmatrix} \tag{19.5.4}$$

在 D 中每点的秩都是 2. 从 15.2 节的讨论知, 以上这些条件保证了曲面 S 在其上每点都有切平面. 引进向量函数

$$\boldsymbol{r}(u,v) = x(u,v)\boldsymbol{i} + y(u,v)\boldsymbol{j} + z(u,v)\boldsymbol{k}, \quad (u,v) \in D,$$

则曲面 S 有向量方程 $\boldsymbol{r} = \boldsymbol{r}(u,v)$, $(u,v) \in D$, 其参数曲线的切向量为

$$\boldsymbol{r}_u = x_u\boldsymbol{i} + y_u\boldsymbol{j} + z_u\boldsymbol{k}, \quad \boldsymbol{r}_v = x_v\boldsymbol{i} + y_v\boldsymbol{j} + z_v\boldsymbol{k},$$

从而法向量为

$$\boldsymbol{n} = \boldsymbol{r}_u \times \boldsymbol{r}_v = \begin{vmatrix} \boldsymbol{i} & \boldsymbol{j} & \boldsymbol{k} \\ \dfrac{\partial x}{\partial u} & \dfrac{\partial y}{\partial u} & \dfrac{\partial z}{\partial u} \\ \dfrac{\partial x}{\partial v} & \dfrac{\partial y}{\partial v} & \dfrac{\partial z}{\partial v} \end{vmatrix} = \frac{\partial(y,z)}{\partial(u,v)}\boldsymbol{i} + \frac{\partial(z,x)}{\partial(u,v)}\boldsymbol{j} + \frac{\partial(x,y)}{\partial(u,v)}\boldsymbol{k}. \tag{19.5.5}$$

由于矩阵 (19.5.4) 在每点的秩都是 2, 所以 $\boldsymbol{n}$ 的三个分量在每点都至少有一个非零, 即 $\boldsymbol{n}$ 在每点都是非零向量.

对曲面 S 作剖分, 设剖分得到的小曲面块为 $\Delta S_1, \Delta S_2, \cdots, \Delta S_n$. 这时 (u,v) 平面上的区域 D 相应地有一个剖分, 记为 Δ: $\Delta D_1, \Delta D_2, \cdots, \Delta D_n$, 其中对每个 i, ΔD_i 对应于曲面块 ΔS_i. 对每个 i, 在曲面块 ΔS_i 上任取一点记为 P_i, 设其向径为

$$\boldsymbol{r}_i = \boldsymbol{r}(\xi_i,\eta_i) = x(\xi_i,\eta_i)\boldsymbol{i} + y(\xi_i,\eta_i)\boldsymbol{j} + z(\xi_i,\eta_i)\boldsymbol{k},$$

其中 $(\xi_i,\eta_i) \in \Delta D_i$. 曲面 S 在点 P_i 的切平面 π_i 的方程为

$$\boldsymbol{r} = \boldsymbol{r}_i + \boldsymbol{r}_u(\xi_i,\eta_i)(u-\xi_i) + \boldsymbol{r}_v(\xi_i,\eta_i)(v-\eta_i), \quad u,v \in \mathbf{R}.$$

记当 (u,v) 在 ΔD_i 中变化时所得到的平面 π_i 上的平面块为 $\Delta\tilde{S}_i$. 由泰勒展开

$$\boldsymbol{r}(u,v) = \boldsymbol{r}(\xi_i,\eta_i) + \boldsymbol{r}_u(\xi_i,\eta_i)(u-\xi_i) + \boldsymbol{r}_v(\xi_i,\eta_i)(v-\eta_i) + o(\sqrt{(u-\xi_i)^2+(v-\eta_i)^2})$$

可知, 当 ΔD_i 的直径充分小时, 平面块 $\Delta\tilde{S}_i$ 上的点与对应的曲面块 ΔS_i 上的点之间的距离非常小, 从而二者的面积近似地相等. $\Delta\tilde{S}_i$ 可认为是曲面块 ΔS_i 在切平面 π_i 上的投影. 根据公式 (19.5.1), 平面块 $\Delta\tilde{S}_i$ 的面积为

$$\tilde{A}_i = |\boldsymbol{r}_u(\xi_i,\eta_i) \times \boldsymbol{r}_v(\xi_i,\eta_i)||\Delta D_i|.$$

把这些面积相加, 就得到了曲面 S 的面积 A 的近似值:

$$A \approx \sum_{i=1}^{n} \tilde{A}_i = \sum_{i=1}^{n} |\boldsymbol{r}_u(\xi_i, \eta_i) \times \boldsymbol{r}_v(\xi_i, \eta_i)||\Delta D_i|.$$

现在把剖分无限加细取极限, 即令 $\|\Delta\| = \max\limits_{1 \leqslant i \leqslant n} \mathrm{diam}\Delta D_i \to 0$, 显然上式右端有极限且极限值就是数量函数 $|\boldsymbol{r}_u(u,v) \times \boldsymbol{r}_v(u,v)|$ 在区域 D 上的二重积分:

$$\lim_{\|\Delta\| \to 0} \sum_{i=1}^{n} |\boldsymbol{r}_u(\xi_i, \eta_i) \times \boldsymbol{r}_v(\xi_i, \eta_i)||\Delta D_i| = \iint_D |\boldsymbol{r}_u(u,v) \times \boldsymbol{r}_v(u,v)| \mathrm{d}u\mathrm{d}v.$$

因此曲面 S 的面积为

$$A = \iint_D |\boldsymbol{r}_u(u,v) \times \boldsymbol{r}_v(u,v)| \mathrm{d}u\mathrm{d}v. \tag{19.5.6}$$

根据 $\boldsymbol{r}_u \times \boldsymbol{r}_v$ 的计算公式 (19.5.5), 上式可改写为

$$A = \iint_D \sqrt{\left|\frac{\partial(y,z)}{\partial(u,v)}\right|^2 + \left|\frac{\partial(z,x)}{\partial(u,v)}\right|^2 + \left|\frac{\partial(x,y)}{\partial(u,v)}\right|^2} \mathrm{d}u\mathrm{d}v. \tag{19.5.7}$$

这就是由参数方程 (19.5.3) 给出的曲面 S 的面积计算公式.

特别地, 如果曲面 S 是定义在平面区域 D 上的具有一阶连续偏导数的函数 $z = f(x,y)$ 的图像, 则由于

$$\frac{\partial(x,y)}{\partial(x,y)} = 1, \quad \frac{\partial(y,z)}{\partial(x,y)} = \begin{vmatrix} 0 & 1 \\ f_x & f_y \end{vmatrix} = -f_x, \quad \frac{\partial(z,x)}{\partial(x,y)} = \begin{vmatrix} f_x & f_y \\ 1 & 0 \end{vmatrix} = -f_y,$$

所以这时曲面 S 的面积计算公式为

$$A = \iint_D \sqrt{1 + f_x^2(x,y) + f_y^2(x,y)} \mathrm{d}x\mathrm{d}y. \tag{19.5.8}$$

例 1 求上半球面 $x^2 + y^2 + z^2 = a^2$, $z \geqslant 0$ (其中 $a > 0$) 被圆柱面 $x^2 + y^2 = ax$ 所截出的部分的面积 (图 19-5-3).

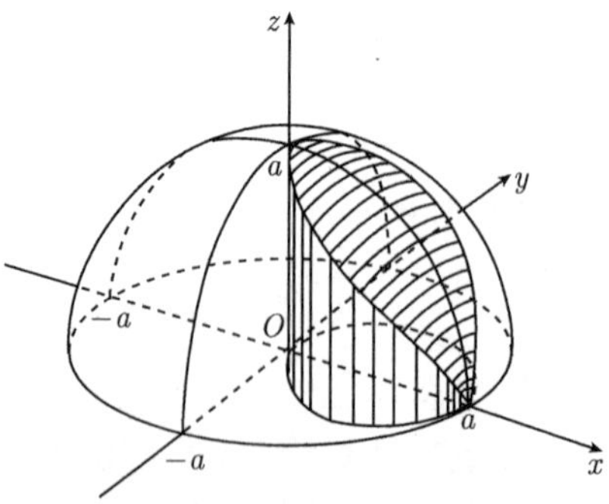

图 19-5-3 例 1 中的曲面

解　上半球面 $x^2+y^2+z^2=a^2,\ z\geqslant 0$ 在圆柱坐标下的参数方程为

$$x=r\cos\theta,\quad y=r\sin\theta,\quad z=\sqrt{a^2-r^2},$$

其中参数 r,θ 的变化区域为 $0\leqslant\theta\leqslant 2\pi,\ 0\leqslant r\leqslant a$. 对于由圆柱面 $x^2+y^2=ax$ 所截出的部分而言, 易知参数 r,θ 的变化区域为

$$D=\{(r,\theta):0\leqslant r\leqslant a\cos\theta,\ -\frac{\pi}{2}\leqslant\theta\leqslant\frac{\pi}{2}\}.$$

由于

$$\frac{\partial(x,y)}{\partial(r,\theta)}=r,\quad \frac{\partial(y,z)}{\partial(r,\theta)}=\frac{r^2\cos\theta}{\sqrt{a^2-r^2}},\qquad \frac{\partial(z,x)}{\partial(r,\theta)}=\frac{r^2\sin\theta}{\sqrt{a^2-r^2}},$$

所以根据公式 (19.5.7), 所求面积为

$$\begin{aligned}A&=\iint_D\sqrt{r^2+\frac{r^4\cos^2\theta}{a^2-r^2}+\frac{r^4\sin^2\theta}{a^2-r^2}}\mathrm{d}r\mathrm{d}\theta\\&=\int_{-\frac{\pi}{2}}^{\frac{\pi}{2}}\int_0^{a\cos\theta}\frac{ar}{\sqrt{a^2-r^2}}\mathrm{d}r\mathrm{d}\theta\\&=a\int_{-\frac{\pi}{2}}^{\frac{\pi}{2}}\left(-\sqrt{a^2-r^2}\right)\Big|_0^{a\cos\theta}\mathrm{d}\theta=a\int_{-\frac{\pi}{2}}^{\frac{\pi}{2}}(a-a|\sin\theta|)\mathrm{d}\theta\\&=2a^2\left(\frac{\pi}{2}-1\right).\end{aligned}$$

习　题　19.5

1. 求双曲抛物面 $z=axy$ 包围在圆柱面 $x^2+y^2=a^2\ (a>0)$ 内部分的面积.
2. 求椭圆抛物面 $z=\dfrac{1}{2}\left(\dfrac{x^2}{a}+\dfrac{y^2}{b}\right)$ 被椭圆柱面 $\dfrac{x^2}{a^2}+\dfrac{y^2}{b^2}=c^2(a,b,c>0)$截出的面积.
3. 求半径为 $a>0$ 的球面的面积.
4. 求螺旋面 $x=r\cos\theta,\ y=r\sin\theta,\ z=b\theta\ (0\leqslant r\leqslant a,\ 0\leqslant\theta<2\pi$, 其中 $a,b>0$ 为常数) 的面积.
5. 求环面 $x=(a+b\cos\varphi)\cos\theta,\ y=(a+b\cos\varphi)\sin\theta,\ z=b\sin\varphi\ (0\leqslant\varphi<2\pi,\ 0\leqslant\theta<2\pi$, 其中 $a>b>0$ 为常数) 的面积.
6. 证明: 椭球面 $\dfrac{x^2}{a^2}+\dfrac{y^2}{b^2}+\dfrac{z^2}{c^2}=1$ 的面积 $S\geqslant\dfrac{4}{3}\pi(ab+ac+bc)$.

19.6　重积分的物理应用

和定积分一样, 重积分在物理中的应用也是非常广泛的. 本节以最简单的几个物理问题为例, 说明重积分是如何在物理问题中应用的. 这些应用实际上是把第 8 章介

绍的一元函数定积分的物理应用推广到多元函数的情形. 我们只考虑三重积分, 即只考虑三维物体. 如果考虑二维物体, 则相应的积分都应换为二重积分.

19.6.1 质心的计算

在引出重积分的定义时已经看到, 如果已知占据了空间区域 Ω 的非均匀物体 A 的质量密度函数为 $\rho(x,y,z)$, 则该物体的总质量为

$$M=\iiint_{\Omega}\rho(x,y,z)\mathrm{d}x\mathrm{d}y\mathrm{d}z.$$

现在来求它的质心. 由 n 个质量分别为 M_1, M_2, $\cdots$, M_n 的质点构成的质点系, 如果这 n 个质点在空间中的坐标分别为 (x_1,y_1,z_1), (x_1,y_1,z_1), $\cdots$, (x_n,y_n,z_n), 则该质点系的质心坐标为 $(\bar{x},\bar{y},\bar{z})$, 其中

$$\bar{x}=\frac{\sum\limits_{k=1}^{n}x_kM_k}{\sum\limits_{k=1}^{n}M_k},\quad \bar{y}=\frac{\sum\limits_{k=1}^{n}y_kM_k}{\sum\limits_{k=1}^{n}M_k},\quad \bar{z}=\frac{\sum\limits_{k=1}^{n}z_kM_k}{\sum\limits_{k=1}^{n}M_k}.$$

为了求物体 A 的质心, 把 A 剖分成一些小块, 使每一小块的直径都很小因而可近似地看成质点, 然后应用以上公式. 这相当于对区域 Ω 作分割. 设所作分割为 $\Delta=\{\Delta\Omega_1,\Delta\Omega_2,\cdots,\Delta\Omega_n\}$. 则 A 的质心坐标近似地为 $(\tilde{x},\tilde{y},\tilde{z})$, 其中

$$\tilde{x}=\frac{\sum\limits_{k=1}^{n}\xi_k\rho(P_k)|\Delta\Omega_k|}{\sum\limits_{k=1}^{n}\rho(P_k)|\Delta\Omega_k|},\quad \tilde{y}=\frac{\sum\limits_{k=1}^{n}\eta_k\rho(P_k)|\Delta\Omega_k|}{\sum\limits_{k=1}^{n}\rho(P_k)|\Delta\Omega_k|},\quad \tilde{z}=\frac{\sum\limits_{k=1}^{n}\zeta_k\rho(P_k)|\Delta\Omega_k|}{\sum\limits_{k=1}^{n}\rho(P_k)|\Delta\Omega_k|},$$

其中 $P_k(\xi_k,\eta_k,\zeta_k)$ 为第 k 个小块上任意选取的一点, 即 $P_k\in\Delta\Omega_k$, $k=1,2,\cdots,n$. 把分割无限加细, 即令 $\|\Delta\|\to 0$ 取极限, 就得到了 A 的质心的精确坐标 $(\bar{x},\bar{y},\bar{z})$:

$$\begin{cases}\bar{x}=\dfrac{1}{M}\displaystyle\iiint_{\Omega}x\rho(x,y,z)\mathrm{d}x\mathrm{d}y\mathrm{d}z,\\[2ex] \bar{y}=\dfrac{1}{M}\displaystyle\iiint_{\Omega}y\rho(x,y,z)\mathrm{d}x\mathrm{d}y\mathrm{d}z,\\[2ex] \bar{z}=\dfrac{1}{M}\displaystyle\iiint_{\Omega}z\rho(x,y,z)\mathrm{d}x\mathrm{d}y\mathrm{d}z,\end{cases}\tag{19.6.1}$$

其中 $M=\iiint_{\Omega}\rho(x,y,z)\mathrm{d}x\mathrm{d}y\mathrm{d}z$ 为物体 A 的总质量.

19.6.2 转动惯量的计算

在运动过程中始终保持任意两点之间的相对位置不发生变化的物体叫做**刚体**. 设一刚体 A 在占据空间区域 Ω 时测得其质量密度函数为 $\rho(x,y,z)$, 其中 $(x,y,z)\in\Omega$. 让该刚体以角速度 ω 绕一直线 l 匀速旋转, 下面来求它运动的动能 E.

如前, 把 A 剖分成一些小块, 使每一小块的直径都很小, 因而可近似地看成质点. 设剖分成了 n 个小块, 其中第 k 个小块到直线 l 的距离为 r_k, 则第 k 个小块的速度为 $v_k=r_k\omega$, $k=1,2,\cdots,n$. 又设第 k 个小块的质量为 ΔM_k, $k=1,2,\cdots,n$. 则第 k 个小块的动能近似地为

$$E_k\approx\frac{1}{2}\Delta M_k v_k^2=\frac{1}{2}\Delta M_k r_k^2\omega^2,\quad k=1,2,\cdots,n.$$

于是刚体 A 转动的动能近似地等于

$$E=\sum_{k=1}^{n}E_k\approx\frac{1}{2}\sum_{k=1}^{n}\Delta M_k r_k^2\omega^2.$$

设对 A 作剖分时, 所得区域 Ω 的相应分割为 $\Delta=\{\Delta\Omega_1,\Delta\Omega_2,\cdots,\Delta\Omega_n\}$. 则

$$\Delta M_k\approx\rho(P_k)|\Delta\Omega_k|,\quad r_k\approx r(P_k),\quad k=1,2,\cdots,n,$$

其中, $r(P)$ 表示点 P 到直线 l 的距离, 而 P_k 为第 k 个小块上任意选取的一点, 即 $P_k\in\Delta\Omega_k$, $k=1,2,\cdots,n$. 因此

$$E\approx\frac{1}{2}\Big(\sum_{k=1}^{n}r^2(P_k)\rho(P_k)|\Delta\Omega_k|\Big)\omega^2.$$

令 $\|\Delta\|\to 0$ 取极限, 就得到了动能 E 的精确值:

$$E=\frac{1}{2}\Big(\iiint_{\Omega}r^2(x,y,z)\rho(x,y,z)\mathrm{d}x\mathrm{d}y\mathrm{d}z\Big)\omega^2.$$

记

$$I=\iiint_{\Omega}r^2(x,y,z)\rho(x,y,z)\mathrm{d}x\mathrm{d}y\mathrm{d}z. \tag{19.6.2}$$

这是一个只与刚体 A 的质量密度以及 A 与直线 l 的相对位置有关, 而与 A 的运动状态无关的物理量. 上式表明, 刚体 A 以角速度 ω 绕直线 l 匀速旋转的动能为

$$E=\frac{1}{2}I\omega^2.$$

把此式与物体做平动的动能公式 $E=\dfrac{1}{2}Mv^2$ (其中, M 为质量, v 为平动速度) 相比较, 不难看出在刚体旋转问题中, I 和 ω 的作用分别相当于平动中的 M 和 v 的作用. 由于这个原因, 力学中把 I 叫做刚体 A 关于直线 l 的**转动惯量**.

19.6.3 万有引力的计算

设物体 A 占据了空间区域 Ω, 其质量密度函数为 $\rho(x,y,z)$. 又设在 Ω 之外 $P_0(x_0,y_0,z_0)$ 点处有一质量为 m 的质点 B. 我们来求物体 A 对质点 B 的万有引力.

令 $\Delta=\{\Delta\Omega_1,\Delta\Omega_2,\cdots,\Delta\Omega_n\}$ 为区域 Ω 的一个分割, 其模 $\|\Delta\|$ 充分小以至于物体 A 在每个小区域 $\Delta\Omega_k$ 中的部分 ΔA_k 都可近似地看成一个质点. 则 ΔA_k 对质点 B 的万有引力近似地为

$$\Delta \boldsymbol{F}_k\approx\frac{Gm\rho(P_k)|\Delta\Omega_k|}{r^3(P_k)}\boldsymbol{r}(P_k),\quad k=1,2,\cdots,n,$$

其中, G 为万有引力常数, P_k 为 $\Delta\Omega_k$ 中任意选取的一点, $\boldsymbol{r}(P_k)$ 为从 P_0 到 P_k 的向径, 即 $\boldsymbol{r}(P_k)=\overrightarrow{P_0P_k}$, $r(P_k)$ 为从 P_0 到 P_k 的距离, 即 $r(P_k)=|\boldsymbol{r}(P_k)|$, $k=1,2,\cdots,n$. 由于物体 A 对质点 B 的万有引力 $\boldsymbol{F}$ 等于每个小块 ΔA_k 对质点 B 的万有引力的合力, 所以

$$\boldsymbol{F}=\sum_{k=1}^{n}\Delta\boldsymbol{F}_k\approx Gm\sum_{k=1}^{n}\frac{\rho(P_k)|\Delta\Omega_k|}{r^3(P_k)}\boldsymbol{r}(P_k).$$

令 $\|\Delta\|\to 0$ 取极限, 就得到了 $\boldsymbol{F}$ 的精确值:

$$\boldsymbol{F}=Gm\iiint_\Omega\frac{\rho(x,y,z)}{r^3(x,y,z)}\boldsymbol{r}(x,y,z)\mathrm{d}x\mathrm{d}y\mathrm{d}z,\tag{19.6.3}$$

其中, $\boldsymbol{r}(P)$ 为从点 P_0 到空间任意点 P 的向径, $r(P)$ 为从 P_0 到 P 的距离, 即

$$\boldsymbol{r}(x,y,z)=(x-x_0)\boldsymbol{i}+(y-y_0)\boldsymbol{j}+(z-z_0)\boldsymbol{k},$$

$$r(x,y,z)=\sqrt{(x-x_0)^2+(y-y_0)^2+(z-z_0)^2}.$$

注意向量函数的积分等于其各个分量的积分, 即式 (19.6.3) 等价于以下分量形式:

$$\begin{cases}F_x=Gm\displaystyle\iiint_\Omega\frac{\rho(x,y,z)(x-x_0)}{r^3(x,y,z)}\mathrm{d}x\mathrm{d}y\mathrm{d}z,\\ F_y=Gm\displaystyle\iiint_\Omega\frac{\rho(x,y,z)(y-y_0)}{r^3(x,y,z)}\mathrm{d}x\mathrm{d}y\mathrm{d}z,\\ F_z=Gm\displaystyle\iiint_\Omega\frac{\rho(x,y,z)(z-z_0)}{r^3(x,y,z)}\mathrm{d}x\mathrm{d}y\mathrm{d}z\end{cases}\tag{19.6.4}$$

(F_x,F_y,F_z 为 $\boldsymbol{F}$ 的三个分量).

如果物体 A 和 B 分别占据了空间区域 Ω_1 和 Ω_2, 它们的质量密度函数分别为 $\rho_1(x,y,z)$ 和 $\rho_2(x,y,z)$, 则类似地可求得 A 对 B 的万有引力为

$$\boldsymbol{F}=G\iiiint\!\!\iint_{\Omega_1\times\Omega_2}\frac{\rho_1(x,y,z)\rho_2(x',y',z')}{r^3(x,y,z;x',y',z')}\boldsymbol{r}(x,y,z;x',y',z')\mathrm{d}x\mathrm{d}y\mathrm{d}z\mathrm{d}x'\mathrm{d}y'\mathrm{d}z',$$

其中 (x,y,z) 和 (x',y',z') 分别表示在区域 Ω_1 和 Ω_2 上变化的点的坐标, 而

$$\boldsymbol{r}(x,y,z;x',y',z')=(x-x')\boldsymbol{i}+(y-y')\boldsymbol{j}+(z-z')\boldsymbol{k},$$

$$r(x,y,z;x',y',z')=\sqrt{(x-x')^2+(y-y')^2+(z-z')^2}.$$

例 1　求质量密度为常数 ρ、半径为 R 的均匀球体对于球外质量为 m 的质点的万有引力, 设该质点到球心的距离为 $h>R$.

解　建立直角坐标系, 使球心位于坐标原点, 质点位于 Oz 轴上坐标为 $(0,0,h)$ 的点. 则由公式 (19.6.4) 有

$$F_x=Gm\rho\iiint_{B(0,R)}\frac{x\mathrm{d}x\mathrm{d}y\mathrm{d}z}{[x^2+y^2+(z-h)^2]^{\frac{3}{2}}},$$

$$F_y=Gm\rho\iiint_{B(0,R)}\frac{y\mathrm{d}x\mathrm{d}y\mathrm{d}z}{[x^2+y^2+(z-h)^2]^{\frac{3}{2}}},$$

$$F_z=Gm\rho\iiint_{B(0,R)}\frac{(z-h)\mathrm{d}x\mathrm{d}y\mathrm{d}z}{[x^2+y^2+(z-h)^2]^{\frac{3}{2}}}.$$

由于积分区域关于三个坐标面都对称, 而 F_x 和 F_y 中的被积函数分别是关于变元 x 和 y 的奇函数, 所以 $F_x=F_y=0$. 为求 F_z, 作柱坐标变换

$$x=r\cos\theta,\quad y=r\sin\theta,\quad z=z.$$

则

$$\begin{aligned}F_z&=Gm\rho\iiint_{B(0,R)}\frac{(z-h)\mathrm{d}x\mathrm{d}y\mathrm{d}z}{[x^2+y^2+(z-h)^2]^{\frac{3}{2}}}\\&=Gm\rho\int_{-R}^{R}\int_0^{\sqrt{R^2-z^2}}\int_0^{2\pi}\frac{z-h}{[r^2+(z-h)^2]^{\frac{3}{2}}}r\mathrm{d}\theta\mathrm{d}r\mathrm{d}z\\&=2\pi Gm\rho\int_{-R}^{R}\left[-\frac{z-h}{\sqrt{r^2+(z-h)^2}}\right]\Bigg|_{r=0}^{\sqrt{R^2-z^2}}\mathrm{d}z\\&=2\pi Gm\rho\int_{-R}^{R}\left[-1-\frac{z-h}{\sqrt{R^2+h^2-2hz}}\right]\mathrm{d}z\\&=-\frac{4\pi Gm\rho R^3}{3h^2}=-\frac{GmM}{h^2},\end{aligned}$$

其中 $M=\dfrac{4}{3}\pi R^3\rho$ 恰为球体的质量. 以上结果说明, 均匀球体 A 对于球外一质点 B 的万有引力, 等于将球体 A 的质量全部集中在球心所得质点对质点 B 的万有引力. 这个结果已在中学物理课程中学习过, 但在当时未能证明. 现在应用重积分理论给出了它的证明.

习 题 19.6

1. 设球体的密度 ρ 与其到球心的距离 r 的关系为 $\rho = \dfrac{k}{1+r^2}$ $(k>0)$, 球的半径为 a. 求它的质量.
2. 求球面 $x^2+y^2+z^2=a^2$ $(a>0)$ 与抛物面 $z=\dfrac{1}{2}(x^2+y^2)$ 所围立体的质心, 设密度 ρ 为常数.
3. 求锥体 $x^2+y^2 \leqslant az^2$ $(a>0)$ 夹在两平面 $z=b$, $z=c$ $(c>b>0)$ 部分的质心, 设密度 ρ 为常数.
4. 求圆盘 $x^2+y^2 \leqslant a^2$ $(a>0)$ 对于其切线的转动惯量, 设密度 ρ 为常数.
5. 设球体的密度 ρ 与其到球心的距离 r 的关系为 $\rho = \dfrac{k}{1+r^2}$ $(k>0)$, 球的半径为 a. 求它对于其任意一条切线的转动惯量.
6. 求密度 ρ 为常数、半径为 a、长度为 $2b$ 的圆柱体对质量为 m 并位于以下位置的质点的万有引力: (1) 质点 m 位于圆柱体长度的中分面上, 距圆柱体中心线中点的距离为 $h>a$; (2) 质点 m 位于圆柱体中心线的延长线上, 距圆柱体中心线中点的距离为 $h>b$.

第 20 章

曲线积分和曲面积分

定积分是定义在直线段上的函数的积分, 二重积分是定义在平面区域上的函数的积分, 三重积分是定义在空间区域上的函数的积分, 更一般的 m 重积分是定义在 $\mathbf{R}^m$ 中区域上的函数的积分. 自然地, 我们也可以考虑定义在曲线段和曲面块上的函数的积分. 定义在曲线段上的函数的积分叫做曲线积分; 定义在曲面块上的函数的积分叫做曲面积分. 类似于定积分和重积分, 这类积分在应用中也有很多来源. 例如, 求质量分布不均匀的曲线段和曲面块的质量, 求带电导体 (电荷分布于导体表面) 对导体外的点电荷的库仑引力、电磁学中的电通量和磁通量以及流体力学中流体速度场的环量和通量, 都是曲线积分或曲面积分的常见例子. 本章学习曲线积分和曲面积分.

根据物理问题的数学表述形式的不同, 曲线积分和曲面积分分为第一型和第二型两种类型, 其中第一型曲线积分和第一型曲面积分来源于求质量分布不均匀的曲线段和曲面块的质量的问题, 是数量函数的积分; 第二型曲线积分和第二型曲面积分则来源于求向量场 (如电场、磁场、流体的速度场) 沿曲线的环量和穿过曲面的通量等物理问题, 是向量函数的积分, 但积分的结果不是向量, 而是数量 (注意对向量函数也可作第一型的曲线和曲面积分, 但其结果仍然是向量而非数量). 因此, 这两种类型的曲线和曲面积分在性质上有很大的不同. 但通过考虑被积的向量函数与曲线的切向量或曲面的法向量的数量积, 第二型的曲线和曲面积分又可转化为第一型的曲线和曲面积分. 因此这两类积分之间又有紧密的联系.

20.1 节讨论第一型曲线积分和第一型曲面积分, 20.2 节讨论第二型曲线积分和第二型曲面积分. 20.3 节建立三个重要的积分公式: 格林公式、高斯公式和斯托克斯公式, 它们是定积分中的牛顿–莱布尼茨公式在高维情形的推广.

20.1 第一型曲线积分和曲面积分

定积分是一元函数的积分, 它可以看成定义在直线段上的函数的积分. 把它推广到定义在曲线段上的函数, 就得到了第一型曲线积分. 类似地, 把定义在平面区域上的函数的积分即二元函数的二重积分推广到定义在曲面块上的函数, 就得到了第一型曲面积分. 所以第一型曲线积分和第一型曲面积分是定积分和重积分的直接推广. 本节从求密度分布不均匀的曲线和曲面的质量问题出发, 引出第一型曲线积分和第一型曲面积分的定义, 然后讨论如何对它们进行计算.

20.1.1 第一型曲线积分

设有一条由质点构成的有限长的曲线 C, 它的质量密度分布是不均匀的. 已知其质量线密度函数为 $\rho(x,y,z)$, 问如何求其质量 M? 这个问题在 8.3 节作为定积分的应用讨论过. 现在为了引出第一型曲线积分的定义, 重新进行讨论.

所谓曲线 C 的**质量线密度**, 是指定义在 C 上的下述函数

$$\rho(x,y,z)=\lim_{|\Delta l|\to 0}\frac{\Delta M}{|\Delta l|},$$

其中, (x,y,z) 是曲线 C 上的任意一点, Δl 为在曲线 C 上任意截取的一段包含点 (x,y,z) 的曲线段, $|\Delta l|$ 表示该曲线段的长度, ΔM 为该曲线段的质量.

显然, 如果 $\rho(x,y,z)=\rho$ 是常数, 则 C 的质量 M 等于密度 ρ 乘以 C 的长度. 当 $\rho(x,y,z)$ 不是常数时, 可采用与求直线段的质量类似的方法, 把 C 划分成很多长度都很小的小段, 使在每一小段上函数 $\rho(x,y,z)$ 的变化都不大, 因而可近似地看成常数, 任取其上一点, 以该点的质量密度作为整条小段的质量密度, 用它乘以该小段的长度得到这条小段的质量的近似值, 然后再关于所有小段相加得到整条曲线 C 的质量 M 的近似值. 如果划分得越细, 则这个近似值就越接近于 M 的精确值. 因此把划分无限加细取极限, 就得到了 M 的精确值.

因此, 在曲线 C 上从其一个端点 A 出发依次插入一些分点 $A_0=A$, A_1, $A_2,\cdots,A_n=B$, 其中 B 表示 C 的另一个端点, 就把曲线 C 划分成了 n 个小段 $\widehat{A_0A_1}$, $\widehat{A_1A_2},\cdots,\widehat{A_{n-1}A_n}$. 对每个 $1\leqslant i\leqslant n$, 设第 i 个小段 $\widehat{A_{i-1}A_i}$ 的长度为 Δs_i, 并在其上任取一点记作 (ξ_i,η_i,ζ_i)(图 20-1-1). 则 $\widehat{A_{i-1}A_i}$ 的质量 ΔM_i 近似地等于 $\rho(\xi_i,\eta_i,\zeta_i)\Delta s_i$, 所以曲线 C 的质量 M 近似地等于

$$\sum_{i=1}^{n}\rho(\xi_i,\eta_i,\zeta_i)\Delta s_i.$$

令 $\|\Delta\|=\max\limits_{1\leqslant i\leqslant n}\Delta s_i\to 0$ 取极限, 就得到了质量 M 的精确值, 即

$$M=\lim_{\|\Delta\|\to 0}\sum_{i=1}^{n}\rho(\xi_i,\eta_i,\zeta_i)\Delta s_i.$$

除了求曲线的质量, 在物理应用中还有许多其他问题, 都需要求定义在曲线上的函数所作类似和式的极限. 因此, 有必要把它抽象出来进行专门研究. 这就得到了第一型曲线积分.

定义 20.1.1　设 C 是空间中的一条可求长的曲线段, $f(x,y,z)$ 是定义在曲线 C 上的一个函数. 设 C 的两个端点分别为 A 和 B. 在 C 上从其一个端点 A 出发依次插入一些分点 $A_0=A$, A_1, A_2, $\cdots$, $A_n=B$, 以把 C 分成一些小段 $\widehat{A_0A_1}$, $\widehat{A_1A_2}$, $\cdots$, $\widehat{A_{n-1}A_n}$. 用 Δ 表示所有小段的集合, 称为曲线 C 的一个**分割**. 对每个 $1\leqslant i\leqslant n$, 设第 i 个小段 $\widehat{A_{i-1}A_i}$ 的长度为 Δs_i, 并任取一点 $(\xi_i,\eta_i,\zeta_i)\in\widehat{A_{i-1}A_i}$, 作和

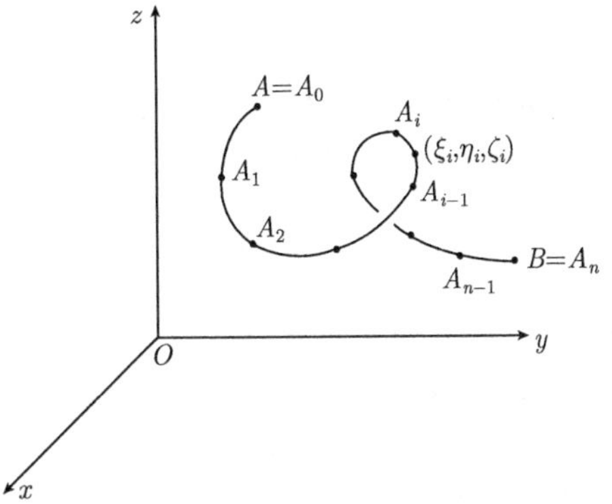

图 20-1-1　曲线的分割

$$\sum_{i=1}^{n} f(\xi_i,\eta_i,\zeta_i)\Delta s_i.$$

如果当 $\|\Delta\|=\max\limits_{1\leqslant i\leqslant n}\Delta s_i\to 0$ 时该和式有极限, 即存在实数 I, 使对任意给定的 $\varepsilon>0$, 都存在相应的 $\delta>0$, 使当 $\|\Delta\|<\delta$ 时, 无论每个小段 $\widehat{A_{i-1}A_i}$ 上所取的点 (ξ_i,η_i,ζ_i) 如何选取, 都有

$$\left|\sum_{i=1}^{n} f(\xi_i,\eta_i,\zeta_i)\Delta s_i - I\right|<\varepsilon,$$

则称函数f 在 C 上**可积**, 并称极限值 I 为 f 在 C 上的**第一型曲线积分**, 记作 $\int_C f(x,y,z)\mathrm{d}s$, 即

$$\int_C f(x,y,z)\mathrm{d}s=\lim_{\|\Delta\|\to 0}\sum_{i=1}^{n} f(\xi_i,\eta_i,\zeta_i)\Delta s_i. \tag{20.1.1}$$

在第一型曲线积分的记号 $\int_C f(x,y,z)\mathrm{d}s$ 中, $\mathrm{d}s$ 是专门的记号, 代表曲线的**弧长微元**, 它意味着在式 (20.1.1) 右端的和式中, Δs_i 为第 i 个小曲线段的弧长, 而不是其他. 以后还将学习第二型曲线积分, 遇到记号 $\int_C f(x,y,z)\mathrm{d}x$, $\int_C f(x,y,z)\mathrm{d}y$, $\int_C f(x,y,z)\mathrm{d}z$ 等, 其中的 $\mathrm{d}x$, $\mathrm{d}y$, $\mathrm{d}z$ 有不同的含义. 以这三个记号中的第一个为例, 其意义为

$$\int_C f(x,y,z)\mathrm{d}x=\lim_{\|\Delta\|\to 0}\sum_{i=1}^{n} f(\xi_i,\eta_i,\zeta_i)\Delta x_i,$$

其中 Δx_i 表示第 i 个小曲线段 $\widehat{A_{i-1}A_i}$ 的两个端点 A_i 和 A_{i-1} 的 x 坐标之差: $\Delta x_i=x_i-x_{i-1}$. 在不同的书上, 弧长微元可能采用不同的记号, 例如, 在有些书上用 $\mathrm{d}l$ 表

示弧长微元, 而把第一型曲线积分记作 $\int_C f(x,y,z)\mathrm{d}l$, 等等.

下面来考虑第一型曲线积分的计算问题. 这由以下定理解决.

定理 20.1.1 设曲线 C 的参数方程为

$$x=x(t),\quad y=y(t),\quad z=z(t),\quad a\leqslant t\leqslant b,$$

其中 $x(t)$, $y(t)$, $z(t)$ 都是区间 $[a,b]$ 上的连续可微函数. 又设 $f(x,y,z)$ 是定义在曲线 C 上的连续函数. 则 f 在 C 上可积, 且

$$\int_C f(x,y,z)\mathrm{d}s=\int_a^b f(x(t),y(t),z(t))\sqrt{|x'(t)|^2+|y'(t)|^2+|z'(t)|^2}\mathrm{d}t. \tag{20.1.2}$$

证明 用 A 和 B 分别表示曲线 C 的参数值为 a 和 b 的端点. 对曲线 C 作分割 Δ: $A_0=A$, A_1, A_2, $\cdots$, $A_n=B$, 把它划分成 n 个小段 $\widehat{A_0A_1}$, $\widehat{A_1A_2}$, $\cdots$, $\widehat{A_{n-1}A_n}$. 设分点 A_i 对应的参数值为 t_i, $i=0,1,2,\cdots,n$, 则就得到了区间 $[a,b]$ 的一个分割, 记之为 Δ'. 对每个 $1\leqslant i\leqslant n$, 在 C 的第 i 个小段 $\widehat{A_{i-1}A_i}$ 上任取一点 (ξ_i,η_i,ζ_i), 设其对应的参数值为 τ_i. 则

$$\xi_i=x(\tau_i),\quad \eta_i=y(\tau_i),\quad \zeta_i=z(\tau_i),\quad i=1,2,\cdots,n.$$

根据弧长公式, 第 i 个小段 $\widehat{A_{i-1}A_i}$ 的弧长为

$$\Delta s_i=\int_{t_{i-1}}^{t_i}\sqrt{|x'(t)|^2+|y'(t)|^2+|z'(t)|^2}\mathrm{d}t=\sqrt{|x'(\bar{t}_i)|^2+|y'(\bar{t}_i)|^2+|z'(\bar{t}_i)|^2}\Delta t_i,$$

其中, $\bar{t}_i$ 为区间 $[t_{i-1},t_i]$ 中的一个点, 而 $\Delta t_i=t_i-t_{i-1}$. 最后这个等式是应用积分中值定理得到的. 因此

$$\sum_{i=1}^n f(\xi_i,\eta_i,\zeta_i)\Delta s_i=\sum_{i=1}^n f(x(\tau_i),y(\tau_i),z(\tau_i))\sqrt{|x'(\bar{t}_i)|^2+|y'(\bar{t}_i)|^2+|z'(\bar{t}_i)|^2}\Delta t_i.$$

令 $\|\Delta\|\to 0$ 取极限, 应用定理 7.4.8, 就得到了式 (20.1.2). 证毕.

公式 (20.1.2) 把第一型曲线积分转化为定积分, 因此给出了第一型曲线积分的计算方法. 这个公式是很容易记忆的, 它指出, 为了计算 $\int_C f(x,y,z)\mathrm{d}s$, 只需把曲线的参数方程 $x=x(t)$, $y=y(t)$, $z=z(t)$ 代入函数 $f(x,y,z)$, 并把弧长微元 $\mathrm{d}s$ 用弧长的微分公式

$$\mathrm{d}s=\sqrt{|x'(t)|^2+|y'(t)|^2+|z'(t)|^2}\mathrm{d}t$$

替代, 然后对所得表达式在参数的取值区间 $[a,b]$ 上积分即可.

定理 20.1.1 要求曲线 C 的参数方程中的三个函数 $x(t)$, $y(t)$, $z(t)$ 都是区间 $[a,b]$ 上的连续可微函数. 根据积分的可加性 (这种性质对各种积分都是成立的), 这个条件显然可以减弱为只要求这三个函数都是区间 $[a,b]$ 上的分段连续可微函数.

对于用参数方程 $x=x(t)$, $y=y(t)$ (其中 $a\leqslant t\leqslant b$) 表示的平面曲线 C 以及定义在 C 上的函数 $f(x,y)$, 可以认为是 $z=0$ 的特殊情况. 因此有

$$\int_C f(x,y)ds=\int_a^b f(x(t),y(t))\sqrt{|x'(t)|^2+|y'(t)|^2}\mathrm{d}t.$$

特别地, 当 C 是定义在区间 $[a,b]$ 上的函数 $y=g(x)$ 的图像时, 有

$$\int_C f(x,y)\mathrm{d}s=\int_a^b f(x,g(x))\sqrt{1+|g'(x)|^2}\mathrm{d}x.$$

20.1.2 第一型曲面积分

对于由质点构成的非均匀曲面, 也可采用类似的思想计算其质量. 为此设有曲面 S, 其上点 (x,y,z) 处的质量面密度为 $\rho(x,y,z)$. 所谓**质量面密度**, 是指

$$\rho(x,y,z)=\lim_{\mathrm{diam}(\Delta S)\to 0}\frac{\Delta M}{\Delta\sigma},$$

其中, (x,y,z) 是曲面 S 上的任意一点, ΔS 为在 S 上任意截取的一块包含点 (x,y,z) 的曲面块, $\Delta\sigma$ 表示该曲面块的面积, ΔM 为该曲面块的质量. 对 S 作分割, 即把 S 剖分为许多小曲面块 ΔS_1, ΔS_2, $\cdots$, ΔS_n, 使得每个小曲面块 $\Delta\sigma_i$ 的直径都很小, 以致密度函数 $\rho(x,y,z)$ 在其上的变化都很小. 记这个分割为 Δ. 对每个 $1\leqslant i\leqslant n$, 记第 i 个小曲面块 ΔS_i 的面积为 $\Delta\sigma_i$, 并在其上任取一点记作 (ξ_i,η_i,ζ_i). 则该曲面块的质量 ΔM_i 近似地等于 $\rho(\xi_i,\eta_i,\zeta_i)\Delta\sigma_i$(图 20-1-2). 关于 i 相加就得到了曲面 S 的质量 M 的近似值:

$$M\approx\sum_{i=1}^n\rho(\xi_i,\eta_i,\zeta_i)\Delta\sigma_i.$$

令 $\|\Delta\|=\max\limits_{1\leqslant i\leqslant n}\mathrm{diam}(\Delta S_i)\to 0$ 取极限, 就得到了 M 的精确值, 即

$$M=\lim_{\|\Delta\|\to 0}\sum_{i=1}^n\rho(\xi_i,\eta_i,\zeta_i)\Delta\sigma_i.$$

除了求非均匀曲面的质量, 在物理应用中还有许多其他问题, 都需要求关于定义在曲面上的函数所作类似和式的极限. 把这类问题抽象出来, 就得到了第一型曲面积分.

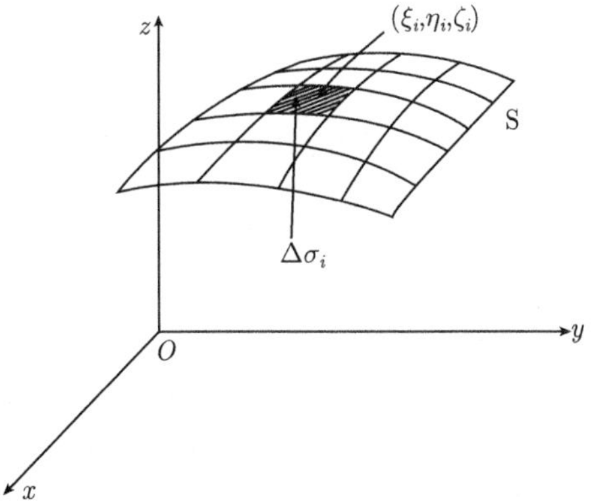

图 20-1-2 曲面的分割

定义 20.1.2 设 S 是空间中的一个可求面积的曲面, $f(x,y,z)$ 是定义在曲面 S 上的一个函数. 如上对 S 作分割 Δ: ΔS_1, ΔS_2, $\cdots$, ΔS_n, 并对每个 $1\leqslant i\leqslant n$, 任取一点 $(\xi_i,\eta_i,\zeta_i)\in\Delta S_i$, 作和

$$\sum_{i=1}^n f(\xi_i,\eta_i,\zeta_i)\Delta\sigma_i,$$

其中 $\Delta\sigma_i$ 表示 ΔS_i 的面积. 如果当 $\|\Delta\| = \max\limits_{1\leqslant i\leqslant n} \operatorname{diam}(\Delta S_i) \to 0$ 时该和式有极限, 即存在实数 I, 使对任意给定的 $\varepsilon > 0$, 都存在相应的 $\delta > 0$, 使当 $\|\Delta\| < \delta$ 时, 无论介点 $(\xi_i, \eta_i, \zeta_i) \in \Delta S_i$ 如何选取, 都有

$$\left|\sum_{i=1}^{n} f(\xi_i, \eta_i, \zeta_i)\Delta\sigma_i - I\right| < \varepsilon,$$

则称函数 f 在 S 上**可积**, 并称极限值 I 为 f 在 S 上的**第一型曲面积分**, 记作 $\iint\limits_S f(x,y,z)\mathrm{d}\sigma$, 即

$$\iint\limits_S f(x,y,z)\mathrm{d}\sigma = \lim_{\|\Delta\|\to 0}\sum_{i=1}^{n} f(\xi_i, \eta_i, \zeta_i)\Delta\sigma_i. \tag{20.1.3}$$

与第一型曲线积分的情形类似, 在第一型曲面积分的记号 $\iint\limits_S f(x,y,z)\mathrm{d}\sigma$ 中, $\mathrm{d}\sigma$ 是专门的记号, 代表曲面的**面积微元**, 它意味着在式 (20.1.3) 右端的和式中, $\Delta\sigma_i$ 为第 i 个小曲面块的面积, 而不是其他. 以后还将学习第二型曲面积分, 遇到记号 $\iint\limits_S f(x,y,z)\mathrm{d}x\mathrm{d}y$, $\iint\limits_S f(x,y,z)\mathrm{d}y\mathrm{d}z$, $\iint\limits_S f(x,y,z)\mathrm{d}z\mathrm{d}x$ 等, 其中的 $\mathrm{d}x\mathrm{d}y$, $\mathrm{d}y\mathrm{d}z$, $\mathrm{d}z\mathrm{d}x$ 有不同的含义. 以这三个记号中的第一个为例, 其意义为

$$\iint\limits_S f(x,y,z)\mathrm{d}x\mathrm{d}y = \lim_{\|\Delta\|\to 0}\sum_{i=1}^{n} f(\xi_i, \eta_i, \zeta_i)\cos\gamma_i\Delta\sigma_i,$$

其中 γ_i 为曲面 S 在点 (ξ_i, η_i, ζ_i) 处的切平面的法向量与 Oz 轴的夹角 (因此 $\cos\gamma_i\Delta\sigma_i$ 为 ΔS_i 的面积 $\Delta\sigma_i$ 在 Oxy 坐标面上的有向投影). 在不同的书上, 面积微元可能采用不同的记号, 例如, 在有些书上用 $\mathrm{d}S$ 表示面积微元, 而把第一型曲面积分记作 $\iint\limits_S f(x,y,z)\mathrm{d}S$.

如同第一型曲面积分可以转化为定积分来计算一样, 第一型曲面积分可以转化为二重积分来计算. 这就是下面的定理.

定理 20.1.2 设曲面 S 的参数方程为

$$x = x(u,v), \quad y = y(u,v), \quad z = z(u,v), \quad (u,v) \in D,$$

其中, D 是平面上一个具有连续边界的有界闭区域, $x(u,v)$, $y(u,v)$ 和 $z(u,v)$ 都是区域 D 上的连续可微函数, 使得矩阵

$$\begin{pmatrix} x_u & y_u & z_u \\ x_v & y_v & z_v \end{pmatrix}$$

在 D 上每个点处的秩都是 2. 又设 $f(x,y,z)$ 是定义在曲面 S 上的连续函数. 则 f 在 S 上可积, 且

$$\iint\limits_S f(x,y,z)\mathrm{d}\sigma=\iint\limits_D f(x(u,v),y(u,v),z(u,v))\sqrt{\left|\frac{\partial(x,y)}{\partial(u,v)}\right|^2+\left|\frac{\partial(y,z)}{\partial(u,v)}\right|^2+\left|\frac{\partial(z,x)}{\partial(u,v)}\right|^2}\mathrm{d}u\mathrm{d}v. \tag{20.1.4}$$

证明　设 S 的分割 Δ: $\Delta S_1, \Delta S_2, \cdots, \Delta S_n$ 和介点 $(\xi_i,\eta_i,\zeta_i)\in\Delta S_i$ $(1\leqslant i\leqslant n)$ 如定义. 需要证明当 $\|\Delta\|\to 0$ 时, 积分和

$$\sum_{i=1}^n f(\xi_i,\eta_i,\zeta_i)\Delta\sigma_i$$

以式 (20.1.4) 的右端为极限. 显然 S 的分割 Δ 唯一地对应着参数区域 D 的一个相应分割 Δ': $\Delta D_1, \Delta D_2, \cdots, \Delta D_n$, 每个介点 $(\xi_i,\eta_i,\zeta_i)\in\Delta S_i$ 也唯一地对应着一个点 $(u_i,v_i)\in\Delta D_i$, 即

$$\xi_i=x(u_i,v_i),\quad \eta_i=y(u_i,v_i),\quad \zeta_i=z(u_i,v_i).$$

记

$$g(u,v)=\sqrt{\left|\frac{\partial(x,y)}{\partial(u,v)}\right|^2+\left|\frac{\partial(y,z)}{\partial(u,v)}\right|^2+\left|\frac{\partial(z,x)}{\partial(u,v)}\right|^2},\quad (u,v)\in D.$$

根据曲面的面积公式, 有

$$\Delta\sigma_i=\iint\limits_{\Delta D_i} g(u,v)\mathrm{d}u\mathrm{d}v=g(\bar{u}_i,\bar{v}_i)|\Delta D_i|,$$

其中, $|\Delta D_i|$ 表示区域 ΔD_i 的面积, $(\bar{u}_i,\bar{v}_i)$ 为 ΔD_i 中的一点. 最后这个等式用到了二重积分的中值定理. 因此

$$\sum_{i=1}^n f(\xi_i,\eta_i,\zeta_i)\Delta\sigma_i=\sum_{i=1}^n f(x(u_i,v_i),y(u_i,v_i),z(u_i,v_i))g(\bar{u}_i,\bar{v}_i)|\Delta D_i|.$$

由于 $f(x(u,v),y(u,v),z(u,v))$ 和 $g(u,v)$ 都是 D 上的连续函数, 所以由定理 19.2.8 可知

$$\begin{aligned}\lim_{\|\Delta\|\to 0}\sum_{i=1}^n f(\xi_i,\eta_i,\zeta_i)\Delta\sigma_i&=\lim_{\|\Delta'\|\to 0}\sum_{i=1}^n f(x(u_i,v_i),y(u_i,v_i),z(u_i,v_i))g(\bar{u}_i,\bar{v}_i)|\Delta D_i|\\&=\iint\limits_D f(x(u,v),y(u,v),z(u,v))g(u,v)\mathrm{d}u\mathrm{d}v.\end{aligned}$$

这就证明了式 (20.1.4). 证毕.

利用积分的可加性, 易见定理 20.1.2 中关于三个函数 $x(u,v)$, $y(u,v)$ 和 $z(u,v)$ 在区域 D 上连续可微的条件可以减弱为只要求这三个函数在区域 D 上分块连续可微.

20.1.3 物理应用

除了求非均匀曲线段和非均匀曲面块的质量之外, 第一型曲线积分和第一型曲面积分还有许多其他的物理应用. 下面写出这些应用中的计算公式, 而略去它们的推导过程.

(1) 质量线密度为 $\rho(x,y,z)$ 的非均匀曲线段 C 的质心坐标 $(\bar{x},\bar{y},\bar{z})$ 由下式计算:

$$\bar{x}=\frac{1}{M}\int_C \rho(x,y,z)x\mathrm{d}s,\quad \bar{y}=\frac{1}{M}\int_C \rho(x,y,z)y\mathrm{d}s,\quad \bar{z}=\frac{1}{M}\int_C \rho(x,y,z)z\mathrm{d}s,$$

其中 M 为曲线段的质量: $M=\displaystyle\int_C \rho(x,y,z)\mathrm{d}s$.

类似地, 质量面密度为 $\rho(x,y,z)$ 的非均匀曲面块 S 的质心坐标 $(\bar{x},\bar{y},\bar{z})$ 由下式计算:

$$\bar{x}=\frac{1}{M}\iint\limits_S \rho(x,y,z)x\mathrm{d}\sigma,\quad \bar{y}=\frac{1}{M}\iint\limits_S \rho(x,y,z)y\mathrm{d}\sigma,\quad \bar{z}=\frac{1}{M}\iint\limits_S \rho(x,y,z)z\mathrm{d}\sigma,$$

其中 M 为曲面块的质量: $M=\displaystyle\iint\limits_S \rho(x,y,z)\mathrm{d}\sigma$.

(2) 质量线密度为 $\rho(x,y,z)$ 的非均匀曲线段 C 关于一条给定的直线 l 的转动惯量 I 由下式计算:

$$I=\int_C \rho(x,y,z)r^2(x,y,z)\mathrm{d}s,$$

其中 $r(x,y,z)$ 表示曲线段 C 上的点 (x,y,z) 到直线 l 的距离.

类似地, 质量面密度为 $\rho(x,y,z)$ 的非均匀曲面块 S 关于一条给定的直线 l 的转动惯量 I 由下式计算:

$$I=\iint\limits_S \rho(x,y,z)r^2(x,y,z)\mathrm{d}\sigma,$$

其中 $r(x,y,z)$ 表示曲面块 S 上的点 (x,y,z) 到直线 l 的距离.

(3) 质量线密度为 $\rho(x,y,z)$ 的非均匀曲线段 C 对其外坐标为 (x_0,y_0,z_0) 的质量为 m 的质点 P 的万有引力 $\boldsymbol{F}$ 由下式计算:

$$\boldsymbol{F}=Gm\int_C \frac{\rho(x,y,z)}{r^3(x,y,z)}\boldsymbol{r}(x,y,z)\mathrm{d}s,$$

其中, G 为万有引力常数, $\boldsymbol{r}(x,y,z)$ 为从质点 $P(x_0,y_0,z_0)$ 到曲线 C 上的点 (x,y,z) 的向径, 即

$$\boldsymbol{r}(x,y,z)=(x-x_0)\boldsymbol{i}+(y-y_0)\boldsymbol{j}+(z-z_0)\boldsymbol{k},\quad (x,y,z)\in C,$$

而 $r(x,y,z)$ 为点 $P(x_0,y_0,z_0)$ 到点 (x,y,z) 的距离, 即 $r(x,y,z)=|\boldsymbol{r}(x,y,z)|$. 这里对向量函数的第一型曲线积分由对该向量函数的每个分量作第一型曲线积分得到.

类似地, 质量面密度为 $\rho(x,y,z)$ 的非均匀曲面块 S 对其外坐标为 (x_0,y_0,z_0) 的质量为 m 的质点 P 的万有引力 $\boldsymbol{F}$ 由下式计算:

$$\boldsymbol{F}=Gm\iint\limits_S\frac{\rho(x,y,z)}{r^3(x,y,z)}\boldsymbol{r}(x,y,z)\mathrm{d}\sigma,$$

其中 $\boldsymbol{r}(x,y,z)$ 和 $r(x,y,z)$ 的意义与前类似. 这里对向量函数的第一型曲面积分由对该向量函数的每个分量作第一型曲面积分得到.

如果把质点 P 代之以一个已知质量密度函数的连续体, 则上面这些积分中的 m 就要相应地换为质量密度函数, 并且需要关于此连续体上的任意点 (x_0,y_0,z_0) 作积分. 如质量线密度为 $\rho_1(x,y,z)$ 的曲线段 C_1 对质量线密度为 $\rho_2(x',y',z')$ 的曲线段 C_2(其中, (x,y,z) 代表 C_1 上的点, (x',y',z') 代表 C_2 上的点) 的万有引力 $\boldsymbol{F}$ 由下式计算:

$$\boldsymbol{F}=G\int_C\int_{C'}\frac{\rho_1(x,y,z)\rho_2(x',y',z')}{|\boldsymbol{r}(x-x',y-y',z-z')|^3}\boldsymbol{r}(x-x',y-y',z-z')\mathrm{d}s'\mathrm{d}s,$$

其中

$$\boldsymbol{r}(x-x',y-y',z-z')=(x-x')\boldsymbol{i}+(y-y')\boldsymbol{j}+(z-z')\boldsymbol{k}.$$

(4) 电荷线密度为 $q(x,y,z)$ 的导线段 C 对其外坐标为 (x_0,y_0,z_0) 的电荷量为 Q 的点电荷 P 的库仑引力 $\boldsymbol{F}$ 由下式计算:

$$\boldsymbol{F}=-KQ\int_C\frac{q(x,y,z)}{r^3(x,y,z)}\boldsymbol{r}(x,y,z)\mathrm{d}s,$$

其中, K 为库仑常数, $\boldsymbol{r}(x,y,z)$ 与 $r(x,y,z)$ 意义同前.

类似地, 电荷面密度为 $q(x,y,z)$ 的带电导体 (设其表面为曲面 S, 注意带电导体上的电荷都分布在导体表面) 对其外坐标为 (x_0,y_0,z_0) 的电荷量为 Q 的点电荷 P 的库仑引力 $\boldsymbol{F}$ 由下式计算:

$$\boldsymbol{F}=-KQ\iint\limits_S\frac{q(x,y,z)}{r^3(x,y,z)}\boldsymbol{r}(x,y,z)\mathrm{d}\sigma,$$

其中 $\boldsymbol{r}(x,y,z)$ 和 $r(x,y,z)$ 的意义同前.

电荷面密度为 $q_1(x,y,z)$ 的带电导体 1(设其表面为曲面 S_1) 对另一电荷面密度为 $q_2(x',y',z')$ 的带电导体 2(设其表面为曲面 S_2) 的库仑引力 $\boldsymbol{F}$ 由下式计算:

$$\boldsymbol{F}=-K\iint\limits_{S_2}\iint\limits_{S_1}\frac{q_1(x,y,z)q_2(x',y',z')}{|\boldsymbol{r}(x-x',y-y',z-z')|^3}\boldsymbol{r}(x-x',y-y',z-z')\mathrm{d}\sigma\mathrm{d}\sigma',$$

其中 $\boldsymbol{r}(x-x',y-y',z-z')$ 意义同前.

习　题　20.1

1. 计算下列第一型曲线积分:

(1) $\int_C (x+y)\mathrm{e}^{x^2+y^2}\mathrm{d}s$, C 是平面上以 $(0,0)$, $(1,0)$, $(0,1)$ 为顶点的三角形区域的边界;

(2) $\int_C xy\mathrm{d}s$, C 是平面上由抛物线 $2y=x^2$ 和直线 $y=2$ 所围区域的边界;

(3) $\int_C \sqrt{y}\mathrm{d}s$; C 是旋轮线 (摆线)$x=a(\theta-\sin\theta)$, $y=a(1-\cos\theta)$ 的第一拱, 即参数 θ 的变化范围为 $0\leqslant\theta\leqslant 2\pi$ 的那一段;

(4) $\int_C \sqrt{x^2+y^2}\mathrm{d}s$, C 为圆周 $x^2+y^2=ax$;

(5) $\int_C xyz\mathrm{d}s$, C 是 $x=a\cos\theta$, $y=a\sin\theta$, $z=b\theta$, 参数 θ 的变化范围为 $0\leqslant\theta\leqslant 2\pi$;

(6) $\int_C (xy+yz+zx)\mathrm{d}s$; C 是球面 $x^2+y^2+z^2=a^2$ 与平面 $x+y+z=0$ 的交线 (注意利用对称性进行简化);

(7) $\int_C z^2\mathrm{d}s$, C 是球面 $x^2+y^2+z^2=a^2$ 与平面 $x+y-z=0$ 的交线 (注意利用对称性进行简化);

(8) $\int_C |x|\ln(1+\sqrt{y^2+z^2})\mathrm{d}s$, C 是旋转椭球面 $x^2+y^2+2z^2=a^2$ 与平面 $x=y$ 的交线.

2. 计算下列第一型曲面积分:

(1) $\iint\limits_S (x+2y+3z)\mathrm{d}\sigma$, S 为球面 $x^2+y^2+z^2=2ax$;

(2) $\iint\limits_S (x^2+y^2)\mathrm{d}\sigma$, S 为圆锥面 $z=\sqrt{x^2+y^2}$ 位于 $0\leqslant z\leqslant a$ 的部分;

(3) $\iint\limits_S |xyz|\mathrm{d}\sigma$, S 为旋转抛物面 $z=x^2+y^2$ 位于 $z\leqslant 1$ 的部分;

(4) $\iint\limits_S (xy+yz+zx)\mathrm{d}\sigma$, S 为圆锥面 $z=\sqrt{x^2+y^2}$ 被圆柱面 $x^2+y^2=2ax$ 截下的部分;

(5) $\iint\limits_S \frac{\mathrm{d}\sigma}{\sqrt{x^2+y^2+(z+a)^2}}$, S 为球面 $x^2+y^2+z^2=a^2$ 的上半部分;

(6) $\iint\limits_S \frac{\mathrm{d}\sigma}{(x^2+y^2+z^2)^{\frac{3}{2}}\sqrt{\frac{x^2}{a^4}+\frac{y^2}{b^4}+\frac{z^2}{c^4}}}$, S 为椭球面 $\frac{x^2}{a^2}+\frac{y^2}{b^2}+\frac{z^2}{c^2}=1$.

3. (1) 设 f 是 $(-\infty,+\infty)$ 上的连续函数, S 为球面 $x^2+y^2+z^2=1$, a, b, c 为不全为零的实数. 证明:

$$\iint\limits_S f(ax+by+cz)\mathrm{d}\sigma=\frac{2\pi}{\kappa}\int_{-\kappa}^{\kappa} f(t)\mathrm{d}t,$$

其中 $\kappa=\sqrt{a^2+b^2+c^2}$.

(2) 设 $f(x,y)$ 是单位圆盘 $x^2+y^2\leqslant 1$ 上的连续函数, 且 $f(-x,y)=f(x,y)$. 证明:

$$\iint\limits_{S_2} f(\sqrt{x^2+y^2},z)\mathrm{d}\sigma=\pi\int_{S^1} f(x,y)|x|\mathrm{d}s.$$

这里 S^2 表示单位球面 $x^2+y^2+z^2=1$, S^1 表示单位圆周 $x^2+y^2=1$.

4. (1) 设 C 是空间中一条分段光滑曲线, f 和 g 是 C 上的连续函数. 证明:

$$\left(\int_C f(x,y,z)g(x,y,z)\mathrm{d}s\right)^2\leqslant\left(\int_C f^2(x,y,z)\mathrm{d}s\right)\left(\int_C g^2(x,y,z)\mathrm{d}s\right)$$

(2) 设 S 是空间中一块分块光滑曲面, f 和 g 是 S 上的连续函数. 证明:

$$\left(\iint\limits_S f(x,y,z)g(x,y,z)\mathrm{d}\sigma\right)^2\leqslant\left(\iint\limits_S f^2(x,y,z)\mathrm{d}\sigma\right)\left(\iint\limits_S g^2(x,y,z)\mathrm{d}\sigma\right)$$

5. 设 C 是分段光滑的曲线, f 是 C 上的连续函数, g 是 C 上的非负可积函数, f 在 C 上的最小值和最大值分别为 m 和 M, C 的长度为 L. 证明:

(1) 成立不等式

$$m\int_C g(x,y,z)\mathrm{d}s\leqslant\int_C f(x,y,z)g(x,y,z)\mathrm{d}s\leqslant M\int_C g(x,y,z)\mathrm{d}s.$$

特别地, 有

$$mL\leqslant\int_C f(x,y,z)\mathrm{d}s\leqslant ML;$$

(2) 存在 $(\xi,\eta,\zeta)\in C$ 使成立

$$\int_C f(x,y,z)g(x,y,z)\mathrm{d}s=f(\xi,\eta,\zeta)\int_C g(x,y,z)\mathrm{d}s.$$

特别地, 存在 $(\xi,\eta,\zeta)\in C$ 使成立

$$\int_C f(x,y,z)\mathrm{d}s=f(\xi,\eta,\zeta)L;$$

(3) 对第一型曲面积分 $\iint\limits_S f(x,y,z)g(x,y,z)\mathrm{d}\sigma$ 叙述并证明类似的命题.

6. 设 $f(x,y)$ 是单位圆周 $S^1: x^2+y^2=1$ 上的连续函数. 证明:

$$\lim_{t\to1^-}\frac{\sqrt{1-t^2}}{2\pi}\int_{S^1}\frac{f(x,y)}{1-tx}\mathrm{d}s=f(1,0).$$

7. 设 $f(x,y,z)$ 是单位球面 $S^2: x^2+y^2+z^2=1$ 上的非负连续函数. 证明:

$$\lim_{n\to\infty}\left(\iint\limits_{S_2} f^n(x,y,z)\mathrm{d}S\right)^{\frac{1}{n}}=\max_{(x,y,z)\in S^2}f(x,y,z).$$

8. (1) 叙述并证明关于第一型曲线积分的达布理论, 即给出有界函数 f 在可求长曲线 C 上的达布下和、达布上和以及下积分、上积分的定义, 讨论达布下和、达布上和的性质, 并证明达布定理: ① f 在 C 上的下积分与上积分都存在且分别是它在 C 上的达布下和与达布上和当分割无限加细时的极限; ② f 在 C 上的第一型曲线积分存在的充要条件是其在 C 上的下积分与上积分相等.

(2) 对第一型曲面积分做类似的讨论.

9. 求球面三角形 $x^2+y^2+z^2=a^2$, $x\geqslant0$, $y\geqslant0$, $z\geqslant0$ 的边界线的质心坐标, 假定该球面三角形的质量是均匀分布的.

10. 求上半球面 $x^2+y^2+z^2=a^2$, $z\geqslant0$ 的质心坐标, 假定该球面的质量是均匀分布的.

11. 求密度为常数 ρ 的均匀球面 $S: x^2+y^2+z^2=a^2$ 在空间中所产生引力场的位势函数 u, 即对任意 $(x_0,y_0,z_0)\neq(0,0,0)$, 求

$$u(x_0,y_0,z_0)=\iint\limits_S\frac{G\rho\mathrm{d}S}{\sqrt{(x-x_0)^2+(y-y_0)^2+(z-z_0)^2}}$$

(G 为万有引力常数).

12. 球面 $x^2+y^2+z^2=a^2$ 上均匀地分布有总电荷量为 Q 的正电荷. 求该球面对距其中心 $r>a$ 处的电荷量为 $-q$ 的负电荷的库仑引力.

20.2 第二型曲线积分和曲面积分

对于定义在曲线和曲面上的函数, 除了 20.1 节讨论的第一型曲线积分和第一型曲面积分外, 还有另外一种类型的积分, 叫做第二型曲线积分和第二型曲面积分, 它

们来源于对向量函数沿曲线和曲面所作的一类数量型的积分. 前面在求质点所受由质点构成的曲线和曲面的万有引力时已经看到, 对于向量函数也可以像数量函数一样作第一型曲线积分和第一型曲面积分. 但是这种积分是通过对每个分量函数作第一型曲线积分和第一型曲面积分得到的, 结果仍然是向量. 与此不同, 向量函数的第二型曲线积分和第二型曲面积分结果则是数量. 这类积分以变力做的功、电场与磁场的环量与通量、流体速度场的环量与通量等物理问题为背景. 由于涉及向量的问题都不可避免地需要通过其分量来处理, 所以当考虑向量函数的第二型曲线积分和第二型曲面积分运用其分量函数计算的问题时, 就会很自然地引出数量函数的第二型曲线积分和第二型曲面积分. 本节就以一些具体的物理问题为例, 引出第二型曲线积分和第二型曲面积分的定义, 然后讨论它们的计算问题.

20.2.1 第二型曲线积分

考虑变力做功的问题. 设有一质点在一变力场 (如重力场)$\boldsymbol{F}(x,y,z)$ 的作用下, 从点 A 沿一曲线 C 移动到点 B. 变力 $\boldsymbol{F}(x,y,z)$ 不仅大小随点的变化而变化, 而且方向也随点的变化而变化. 要问该力对质点所做的功 W 如何计算? 这个问题在 8.2 节作为定积分的应用考虑过. 现在以新的观点来重新加以考虑.

如果力 $\boldsymbol{F}(x,y,z)$ 不随点的变化而变化, 即 $\boldsymbol{F}(x,y,z)=\boldsymbol{F}$ 是一常向量, 而且曲线 C 是以 A 和 B 为端点的直线段, 则该力对质点所做的功为 $W=\boldsymbol{F}\cdot\overrightarrow{AB}$. 对于一般的变力 $\boldsymbol{F}(x,y,z)$ 沿曲线 C 做功的问题, 可采用把 C 划分成一些很短的小段, 使得每个小段都可近似地看成直线段, 并且 $\boldsymbol{F}(x,y,z)$ 在其上变化不大因而可近似地看成常向量, 求得该变力在每个小段上所做功的近似值, 然后关于所有小段相加而得沿整个曲线 C 所做功的近似值. 显然这种划分作的越细, 则所得近似值的近似程度就越好. 因此让分法无限加细取极限, 就得到了该变力所做功的精确值.

因此, 在曲线 C 上从端点 A 出发依次插入一些分点 $A_0=A, A_1, A_2, \cdots, A_n=B$, 以把曲线 C 划分成了 n 个小段 $\widehat{A_0A_1}$, $\widehat{A_1A_2}$, $\cdots$, $\widehat{A_{n-1}A_n}$. 设分点 A_i 的向径为 $\boldsymbol{r}_i$ $(i=0,1,2,\cdots,n)$. 对每个 $1\leqslant i\leqslant n$, 以直线段 $\overline{A_{i-1}A_i}$ 近似地代替第 i 个小段 $\widehat{A_{i-1}A_i}$, 并在其上任取一点记作 (ξ_i,η_i,ζ_i), 以常力 $\boldsymbol{F}(\xi_i,\eta_i,\zeta_i)$ 代替变力 $\boldsymbol{F}(x,y,z)$(图 20-2-1). 则该变力沿曲线段 $\widehat{A_{i-1}A_i}$ 所做的功 ΔW_i 近似地等于

$$\boldsymbol{F}(\xi_i,\eta_i,\zeta_i)\cdot\overrightarrow{A_{i-1}A_i}=\boldsymbol{F}(\xi_i,\eta_i,\zeta_i)\cdot(\boldsymbol{r}_i-\boldsymbol{r}_{i-1})=\boldsymbol{F}(\xi_i,\eta_i,\zeta_i)\cdot\Delta\boldsymbol{r}_i,$$

进而变力 $\boldsymbol{F}(x,y,z)$ 沿整条曲线 C 所做的功便近似地等于

$$\sum_{i=1}^{n}\boldsymbol{F}(\xi_i,\eta_i,\zeta_i)\cdot\Delta\boldsymbol{r}_i.$$

令 $\|\Delta\|=\max\limits_{1\leqslant i\leqslant n}|\Delta\boldsymbol{r}_i|\to 0$ 取极限, 就得到了功 W 的精确值, 即

$$W=\lim_{\|\Delta\|\to 0}\sum_{i=1}^{n}\boldsymbol{F}(\xi_i,\eta_i,\zeta_i)\cdot\Delta\boldsymbol{r}_i.$$

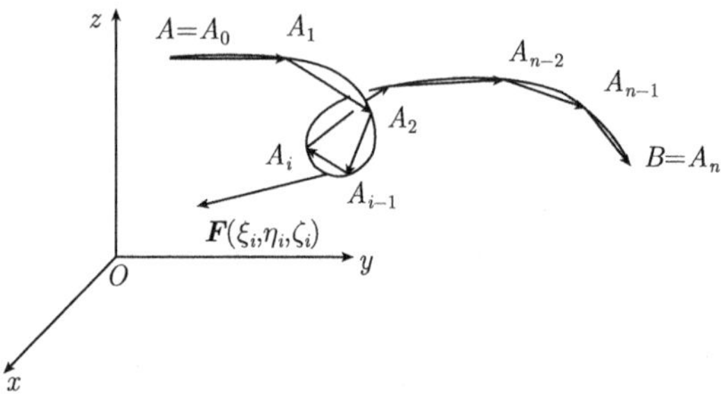

图 20-2-1　变力做功的计算

抽去以上问题的物理背景而作为一个纯数学问题考虑, 就引出了第二型曲线积分的概念:

定义 20.2.1　设 C 是空间中的一条可求长的有向曲线段, 其始点为 A, 终点为 B. 又设 $\boldsymbol{F}(x,y,z)$ 是定义在曲线 C 上的一个向量函数. 在 C 上从其始点 A 出发依次插入一些分点 $A_0=A$, A_1, A_2, $\cdots$, $A_n=B$, 以对 C 作分割. 用 Δ 表示 C 的这个分割. 设分点 A_i 的向径为 $\boldsymbol{r}_i$ $(i=0,1,2,\cdots,n)$. 对每个 $1\leqslant i\leqslant n$, 在曲线段 $\widehat{A_{i-1}A_i}$ 上任取一点记作 (ξ_i,η_i,ζ_i), 作和

$$\sum_{i=1}^{n}\boldsymbol{F}(\xi_i,\eta_i,\zeta_i)\cdot\Delta\boldsymbol{r}_i\quad(\Delta\boldsymbol{r}_i=\boldsymbol{r}_i-\boldsymbol{r}_{i-1}).\tag{20.2.1}$$

如果当 $\|\Delta\|=\max\limits_{1\leqslant i\leqslant n}|\Delta\boldsymbol{r}_i|\to 0$ 时该和式有极限 I, 即对任意给定的 $\varepsilon>0$, 都存在相应的 $\delta>0$, 使当 $\|\Delta\|<\delta$ 时, 无论每个小段 $\widehat{A_{i-1}A_i}$ 上所取的点 (ξ_i,η_i,ζ_i) 如何选取, 都有

$$\left|\sum_{i=1}^{n}\boldsymbol{F}(\xi_i,\eta_i,\zeta_i)\cdot\Delta\boldsymbol{r}_i-I\right|<\varepsilon,$$

则称 I 为向量函数 $\boldsymbol{F}$ 沿有向曲线 C 的**第二型曲线积分**, 记作 $\displaystyle\int_C\boldsymbol{F}(x,y,z)\cdot\mathrm{d}\boldsymbol{r}$, 即

$$\int_C\boldsymbol{F}(x,y,z)\cdot\mathrm{d}\boldsymbol{r}=\lim_{\|\Delta\|\to 0}\sum_{i=1}^{n}\boldsymbol{F}(\xi_i,\eta_i,\zeta_i)\cdot\Delta\boldsymbol{r}_i.\tag{20.2.2}$$

设 $\boldsymbol{F}(x,y,z)$ 的三个分量依次为 $P(x,y,z)$, $Q(x,y,z)$ 和 $R(x,y,z)$, 即

$$\boldsymbol{F}(x,y,z)=P(x,y,z)\boldsymbol{i}+Q(x,y,z)\boldsymbol{j}+R(x,y,z)\boldsymbol{k},$$

并设 $\boldsymbol{r}_i=x_i\boldsymbol{i}+y_i\boldsymbol{j}+z_i\boldsymbol{k}$ $(i=0,1,2,\cdots,n)$. 则积分和 (20.2.1) 可以写成

$$\sum_{i=1}^{n}P(\xi_i,\eta_i,\zeta_i)\Delta x_i+\sum_{i=1}^{n}Q(\xi_i,\eta_i,\zeta_i)\Delta y_i+\sum_{i=1}^{n}R(\xi_i,\eta_i,\zeta_i)\Delta z_i,$$

其中, $\Delta x_i = x_i - x_{i-1}$, $\Delta y_i = y_i - y_{i-1}$, $\Delta z_i = z_i - z_{i-1}$, $i = 1, 2, \cdots, n$. 这就得到了三个关于数量函数 $P(x,y,z)$, $Q(x,y,z)$ 和 $R(x,y,z)$ 的积分和, 分别为

$$\sum_{i=1}^{n} P(\xi_i,\eta_i,\zeta_i)\Delta x_i,\quad \sum_{i=1}^{n} Q(\xi_i,\eta_i,\zeta_i)\Delta y_i,\quad \sum_{i=1}^{n} R(\xi_i,\eta_i,\zeta_i)\Delta z_i.$$

这三个数量函数的积分和与 20.1 节第一型曲线积分中出现的积分和有不同的形式. 显然, 积分和 (20.2.1) 的极限问题可以化为这三个积分和的极限问题. 因此引进以下定义.

定义 20.2.2　设 C 是空间中的一条可求长的有向曲线段, 其始点为 A, 终点为 B. 又设 $f(x,y,z)$ 是定义在曲线 C 上的一个数量函数. 对曲线 C 做分割 $\varDelta$: $A_0 = A$, A_1, A_2, $\cdots$, $A_n = B$. 设分点 A_i 的向径为 $\boldsymbol{r}_i = x_i\boldsymbol{i} + y_i\boldsymbol{j} + z_i\boldsymbol{k}$ $(i = 0, 1, 2, \cdots, n)$. 对每个 $1 \leqslant i \leqslant n$, 在曲线段 $\widehat{A_{i-1}A_i}$ 上任取一点记作 (ξ_i,η_i,ζ_i), 作和

$$\sum_{i=1}^{n} f(\xi_i,\eta_i,\zeta_i)\Delta x_i.$$

如果当 $\|\Delta\| = \max\limits_{1\leqslant i\leqslant n} |\Delta\boldsymbol{r}_i| \to 0$ 时, 该和式有极限 I, 则称此极限值 I 为数量函数 f 沿有向曲线 C 对 x 变元的**第二型曲线积分**, 记作 $\int_C f(x,y,z)\mathrm{d}x$, 即

$$\int_C f(x,y,z)\mathrm{d}x = \lim_{\|\Delta\|\to 0} \sum_{i=1}^{n} f(\xi_i,\eta_i,\zeta_i)\Delta x_i. \tag{20.2.3}$$

f 沿 C 对变元 y 和变元 z 的第二型曲线积分可类似地定义, 分别记作 $\int_C f(x,y,z)\mathrm{d}y$ 和 $\int_C f(x,y,z)\mathrm{d}z$, 即

$$\int_C f(x,y,z)\mathrm{d}y = \lim_{\|\Delta\|\to 0} \sum_{i=1}^{n} f(\xi_i,\eta_i,\zeta_i)\Delta y_i, \tag{20.2.4}$$

$$\int_C f(x,y,z)\mathrm{d}z = \lim_{\|\Delta\|\to 0} \sum_{i=1}^{n} f(\xi_i,\eta_i,\zeta_i)\Delta z_i. \tag{20.2.5}$$

应用数量函数的第二型曲线积分, 便可把向量函数 $\boldsymbol{F}(x,y,z) = P(x,y,z)\boldsymbol{i} + Q(x,y,z)\boldsymbol{j} + R(x,y,z)\boldsymbol{k}$ 的第二型曲线积分表示成

$$\int_C \boldsymbol{F}(x,y,z)\cdot \mathrm{d}\boldsymbol{r} = \int_C P(x,y,z)\mathrm{d}x + \int_C Q(x,y,z)\mathrm{d}y + \int_C R(x,y,z)\mathrm{d}z.$$

通常把这个等式简写成

$$\int_C \boldsymbol{F}(x,y,z)\cdot \mathrm{d}\boldsymbol{r} = \int_C P(x,y,z)\mathrm{d}x + Q(x,y,z)\mathrm{d}y + R(x,y,z)\mathrm{d}z. \tag{20.2.6}$$

给定了定义在有向曲线 C 上的一个数量函数 f, 如果式 (20.2.3)~ 式 (20.2.5) 右端的极限都存在, 便可得到一个向量

$$\Big(\int_C f(x,y,z)\mathrm{d}x\Big)\boldsymbol{i}+\Big(\int_C f(x,y,z)\mathrm{d}y\Big)\boldsymbol{j}+\Big(\int_C f(x,y,z)\mathrm{d}z\Big)\boldsymbol{k}.$$

这个向量可用符号 $\int_C f(x,y,z)\mathrm{d}\boldsymbol{r}$ 来表示. 但是无论在应用中还是在理论上, 这个量并没有多大意义. 因此对它不特别考虑.

必须注意的是, 第一型曲线积分是与曲线 C 的取向无关的, 但第二型曲线积分则依赖于曲线 C 的取向. 因为从定义式 (20.2.3)~ 式 (20.2.5) 不难看出, 改变曲线 C 的取向, 第二型曲线积分的值便相应地变为相反数.

由公式 (20.2.6), 向量函数的第二型曲线积分可以通过其分量函数的的第二型曲线积分来计算. 因此下面来考虑, 给定了有向曲线 C 上的一个数量函数 f, 如何计算它的三个第二型曲线积分式 (20.2.3)~ 式 (20.2.5).

定理 20.2.1 设有向曲线 C 的始点为 A, 终点为 B, 参数方程为

$$x=x(t),\quad y=y(t),\quad z=z(t),$$

且始点 A 对应的参数值为 a, 终点 B 对应的参数值为 b (因此参数 t 的变化范围是从 a 到 b, 注意 a 既可小于 b, 也可大于 b), 其中 $x(t)$, $y(t)$, $z(t)$ 都是区间 $[a,b]$(当 $a<b$) 或 $[b,a]$(当 $a>b$) 上的连续可微函数. 又设 $f(x,y,z)$ 是定义在 C 上的连续函数. 则有

$$\int_C f(x,y,z)\mathrm{d}x=\int_a^b f(x(t),y(t),z(t))x'(t)\mathrm{d}t, \tag{20.2.7}$$

$$\int_C f(x,y,z)\mathrm{d}y=\int_a^b f(x(t),y(t),z(t))y'(t)\mathrm{d}t, \tag{20.2.8}$$

$$\int_C f(x,y,z)\mathrm{d}z=\int_a^b f(x(t),y(t),z(t))z'(t)\mathrm{d}t. \tag{20.2.9}$$

证明 只证明式 (20.2.7), 因为其他两个等式的证明完全类似. 对曲线 C 作分割 Δ: $A_0=A$, A_1, A_2, $\cdots$, $A_n=B$. 设分点 A_i 对应的参数值为 t_i, 则 A_i 的向径为

$$\boldsymbol{r}_i=x_i\boldsymbol{i}+y_i\boldsymbol{j}+z_i\boldsymbol{k}=x(t_i)\boldsymbol{i}+y(t_i)\boldsymbol{j}+z(t_i)\boldsymbol{k}$$

$(i=0,1,2,\cdots,n)$. 对每个 $1\leqslant i\leqslant n$, 在曲线段 $\widehat{A_{i-1}A_i}$ 上任取一点记作 (ξ_i,η_i,ζ_i), 设其对应的参数值为 τ_i. 即

$$\xi_i=x(\tau_i),\quad \eta_i=y(\tau_i),\quad \zeta_i=z(\tau_i).$$

则有

$$\sum_{i=1}^{n} f(\xi_i,\eta_i,\zeta_i)\Delta x_i = \sum_{i=1}^{n} f(x(\tau_i),y(\tau_i),z(\tau_i))[x(t_i)-x(t_{i-1})]$$
$$= \sum_{i=1}^{n} f(x(\tau_i),y(\tau_i),z(\tau_i))x'(\bar{\tau}_i)\Delta t_i,$$

其中 $\Delta t_i = t_i - t_{i-1}$, 而 $\bar{\tau}_i$ 是 t_{i-1} 与 t_i 之间的一个实数. 根据定理 7.4.8, 当 $\|\Delta\| = \max\limits_{1\leqslant i\leqslant n} |\Delta \boldsymbol{r}_i| \to 0$ 时, 最后这个和式以式 (20.2.7) 的右端为极限. 因此式 (20.2.7) 成立. 证毕.

推论 20.2.1　设关于有向曲线 C 的假设与定理 20.2.1 相同. 又设

$$\boldsymbol{F}(x,y,z) = P(x,y,z)\boldsymbol{i} + Q(x,y,z)\boldsymbol{j} + R(x,y,z)\boldsymbol{k},$$

其中 $P(x,y,z)$, $Q(x,y,z)$ 和 $R(x,y,z)$ 都是定义在 C 上的连续函数. 则有

$$\int_C \boldsymbol{F}(x,y,z)\cdot \mathrm{d}\boldsymbol{r} = \int_a^b [P(t)x'(t)+Q(t)y'(t)+R(t)z'(t)]\mathrm{d}t, \tag{20.2.10}$$

其中, $P(t)=P(x(t),y(t),z(t))$, $Q(t)=Q(x(t),y(t),z(t))$, $R(t)=R(x(t),y(t),z(t))$.

证明　这是等式 (20.2.6) 和式 (20.2.7)~ 式 (20.2.9) 的直接推论.

从式 (20.2.7)~ 式 (20.2.9) 知, 如果曲线 C 是平行于 Oz 坐标轴的直线段 $x=x_0$, $y=y_0$, $a\leqslant z\leqslant b$, 则

$$\int_C f(x,y,z)\mathrm{d}x = \int_C f(x,y,z)\mathrm{d}y = 0,$$

而

$$\int_C f(x,y,z)\mathrm{d}z = \int_a^b f(x_0,y_0,z)\mathrm{d}z.$$

最后这个等式说明, 定积分是第二型曲线积分在积分曲线是直线的情况下的特例.

第二型曲线积分中的曲线是有方向的, 因此积分值自然与曲线的定向有关, 改变曲线的定向就相应地改变了积分的符号

$$\int_{C^-} P\mathrm{d}x + Q\mathrm{d}y + R\mathrm{d}z = -\int_C P\mathrm{d}x + Q\mathrm{d}y + R\mathrm{d}z,$$

其中 C^- 表示把 C 的方向改变为反方向所得到的有向曲线. 这是第二型曲线积分与第一型曲线积分的一个重要区别.

如果曲线 C 是一条封闭曲线, 这时不难看出第二型曲线积分的值只与其定向有关, 而与起点和终点的选取无关. 在这种情况下, 习惯上常把第二型曲线积分记作

$$\oint_C P\mathrm{d}x + Q\mathrm{d}y + R\mathrm{d}z, \quad \oint_C \boldsymbol{F}(x,y,z)\cdot\mathrm{d}\boldsymbol{r},$$

等等, 以强调积分是在一个环路即封闭曲线上进行的.

如果 C 是平面曲线, 设其参数方程为 $x=x(t)$, $y=y(t)$, 其中参数 t 从 a 变到 b. 则对定义在 C 上的数量函数 $f(x,y)$ 和向量函数 $\boldsymbol{F}(x,y)=P(x,y)\boldsymbol{i}+Q(x,y)\boldsymbol{j}$, 它们的第二型曲线积分的计算公式分别成为

$$\begin{aligned}
\int_C f(x,y)\mathrm{d}x &= \int_a^b f(x(t),y(t))x'(t)\mathrm{d}t,\\
\int_C f(x,y)\mathrm{d}y &= \int_a^b f(x(t),y(t))y'(t)\mathrm{d}t,\\
\int_C \boldsymbol{F}(x,y)\cdot\mathrm{d}\boldsymbol{r} &= \int_C P(x,y)\mathrm{d}x+Q(x,y)\mathrm{d}y\\
&= \int_a^b [P(x(t),y(t))x'(t)+Q(x(t),y(t))y'(t)]\mathrm{d}t.
\end{aligned}$$

例 1 计算第二型曲线积分

$$I=\int_C (y-z)\mathrm{d}x+(z-x)\mathrm{d}y+(x-y)\mathrm{d}z,$$

其中, C 是圆柱面 $x^2+y^2=1$ 与平面 $z=x+y$ 的交线, 从 Oz 轴正向看为逆时针走向 (图 20-2-2).

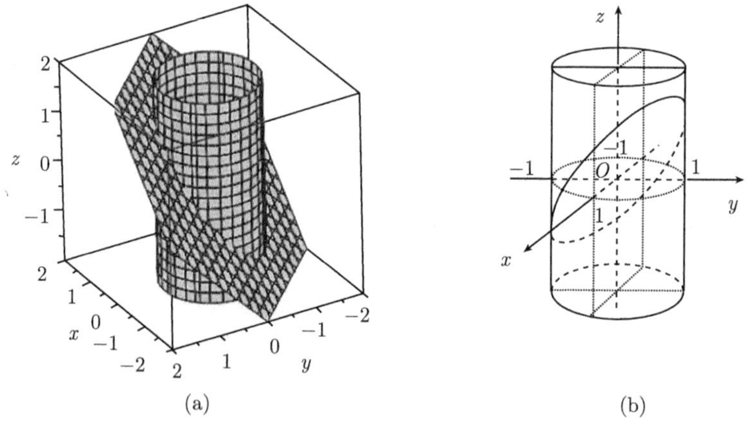

图 20-2-2 例 1 中的积分路径

解法一 C 的参数方程为 $x=\cos\theta$, $y=\sin\theta$, $z=\cos\theta+\sin\theta$, 其中参数 θ 从 0 变化到 2π. 因此根据推论 20.2.1 有

$$\begin{aligned}
I=&\int_0^{2\pi}[(\sin\theta-\cos\theta-\sin\theta)(-\sin\theta)\\
&+(\cos\theta+\sin\theta-\cos\theta)\cos\theta+(\cos\theta-\sin\theta)(-\sin\theta+\cos\theta)]\mathrm{d}\theta\\
=&\int_0^{2\pi}\mathrm{d}\theta=2\pi.
\end{aligned}$$

解法二　曲线 C 在 Oxy 坐标面的投影 C_1 为单位圆周 $x^2+y^2=1$, 其参数方程为 $x=\cos\theta$, $y=\sin\theta$, 其中参数 θ 从 0 变化到 2π. 先把方程 $z=x+y$ 代入 I 得到一个在 C_1 上的积分, 再把 C_1 的参数方程代入, 应用推论 20.2.1, 得

$$I=\int_{C_1}(-x)\mathrm{d}x+y\mathrm{d}y+(x-y)(\mathrm{d}x+\mathrm{d}y)=\int_{C_1}(-y\mathrm{d}x+x\mathrm{d}y)$$
$$=\int_0^{2\pi}[(-\sin\theta)(-\sin\theta)+\cos\theta\cos\theta]\mathrm{d}\theta=\int_0^{2\pi}\mathrm{d}\theta=2\pi.$$

从概念上讲, 第一型曲线积分和第二型曲线积分是两种不同的曲线积分. 但是它们两者之间又是有联系的. 事实上第二型曲线积分很容易就可转化为第一型曲线积分, 这就是下述定理.

定理 20.2.2　设 C 是连续可微的有向曲线, 它在其上点 (x,y,z) 处的单位切向量为 $\boldsymbol{v}(x,y,z)$. 又设 $\boldsymbol{F}(x,y,z)$ 是定义在曲线 C 上的向量函数. 则有

$$\int_C\boldsymbol{F}(x,y,z)\cdot\mathrm{d}\boldsymbol{r}=\int_C\boldsymbol{F}(x,y,z)\cdot\boldsymbol{v}(x,y,z)\mathrm{d}s. \tag{20.2.11}$$

即 $\boldsymbol{F}(x,y,z)$ 沿曲线 C 的第二型曲线积分等于它与 C 的单位切向量函数 $\boldsymbol{v}(x,y,z)$ 的内积 $\boldsymbol{F}(x,y,z)\cdot\boldsymbol{v}(x,y,z)$ 在 C 上的第一型曲线积分.

证明　考查积分和 (20.2.1), 有

$$\sum_{i=1}^n\boldsymbol{F}(\xi_i,\eta_i,\zeta_i)\cdot\Delta\boldsymbol{r}_i=\sum_{i=1}^n\boldsymbol{F}(\xi_i,\eta_i,\zeta_i)\cdot\frac{\Delta\boldsymbol{r}_i}{\Delta s_i}\Delta s_i,$$

其中 Δs_i 为第 i 个曲线段 $\widehat{A_{i-1}A_i}$ 的弧长. 由于 C 是连续可微曲线, 成立

$$\Delta\boldsymbol{r}_i=\boldsymbol{v}(\xi_i,\eta_i,\zeta_i)\Delta s_i+\boldsymbol{o}(\Delta s_i)\quad 即\quad \frac{\Delta\boldsymbol{r}_i}{\Delta s_i}=\boldsymbol{v}(\xi_i,\eta_i,\zeta_i)+\boldsymbol{o}(1),$$

其中 $\boldsymbol{o}(\Delta s_i)$ 是关于 Δs_i 的高阶无穷小向量, 即对任意给定的 ε, 存在相应的 $\delta>0$, 使当 $\|\Delta s_i\|<\delta$ 时有

$$|\boldsymbol{o}(\Delta s_i)|<\varepsilon\Delta s_i,\quad i=1,2,\cdots,n.$$

这个事实可通过写出 C 的参数方程, 应用微分中值定理和连续函数在闭区间上的一致连续性严格地证明, 留给读者. 因此

$$\sum_{i=1}^n\boldsymbol{F}(\xi_i,\eta_i,\zeta_i)\cdot\Delta\boldsymbol{r}_i=\sum_{i=1}^n\boldsymbol{F}(\xi_i,\eta_i,\zeta_i)\cdot\boldsymbol{v}(\xi_i,\eta_i,\zeta_i)\Delta s_i+\sum_{i=1}^n\boldsymbol{F}(\xi_i,\eta_i,\zeta_i)\cdot\boldsymbol{o}(\Delta s_i).$$

当 $\|\Delta\|=\max\limits_{1\leqslant i\leqslant n}|\Delta\boldsymbol{r}_i|\to 0$ 时, 此式右端第一项收敛于 $\int_C\boldsymbol{F}(x,y,z)\cdot\boldsymbol{v}(x,y,z)\mathrm{d}s$, 而第二项则收敛于零. 所以式 (20.2.11) 成立. 证毕.

式 (20.2.11) 也可用定理 20.1.1 和定理 20.2.1 证明, 因为把式 (20.2.11) 的左端按式 (20.2.10) 计算和把式 (20.2.11) 的右端按式 (20.1.2) 计算得到的结果是相同的, 所以这个等式成立.

例 2 计算第二型曲线积分

$$I=\int_C (y-z)\mathrm{d}x+(z-x)\mathrm{d}y+(x-y)\mathrm{d}z,$$

其中, C 是球面 $x^2+y^2+z^2=1$ 与平面 $x+y+z=0$ 的交线, 从 $(1,1,1)$ 方向看为逆时针走向.

解 本题如果采用例 1 的方法计算将比较繁琐, 下面改为应用定理 20.2.2 计算. 为此先求 C 的单位切向量 $\boldsymbol{v}$. 由于 C 在平面 $x+y+z=0$ 上, 所以 $\boldsymbol{v}$ 垂直于该平面的法向量 $\boldsymbol{e}=(1,1,1)$. 类似地由于 C 在球面 $x^2+y^2+z^2=1$ 上, 所以 $\boldsymbol{v}$ 垂直于球面的法向量 $\boldsymbol{r}=(x,y,z)$. 因此 $\boldsymbol{v}$ 平行于 $\boldsymbol{e}\times\boldsymbol{r}=(z-y,x-z,y-x)$. 又由于 $\boldsymbol{e}$, $\boldsymbol{r}$, $\boldsymbol{v}$ 构成右手系, 所以

$$\boldsymbol{v}=\frac{\boldsymbol{e}\times\boldsymbol{r}}{|\boldsymbol{e}\times\boldsymbol{r}|}=\frac{(z-y,x-z,y-x)}{\sqrt{(z-y)^2+(x-z)^2+(y-x)^2}}.$$

因此

$$\begin{aligned}I&=\int_C (y-z,z-x,x-y)\cdot\boldsymbol{v}\mathrm{d}s\\&=-\int_C\frac{(z-y)^2+(x-z)^2+(y-x)^2}{\sqrt{(z-y)^2+(x-z)^2+(y-x)^2}}\mathrm{d}s\\&=-\int_C\frac{3(x^2+y^2+z^2)-(x+y+z)^2}{\sqrt{3(x^2+y^2+z^2)-(x+y+z)^2}}\mathrm{d}s\\&=-\int_C\sqrt{3}\mathrm{d}s=-2\sqrt{3}\pi.\end{aligned}$$

20.2.2 第二型曲面积分

为了引出第二型曲面积分的定义, 考虑稳恒流体在单位时间里流过一个给定曲面的流量问题.

设在空间区域 Ω 中有流体流动. 对 Ω 中的每个点 (x,y,z), 记下在 t 时刻流过该点的流体质点的速度, 设为 $\boldsymbol{v}(x,y,z,t)$. 这样就对每个时刻 t, 得到了一个定义在区域 Ω 上的向量函数 $\boldsymbol{v}(x,y,z,t)$, 这个向量函数叫做该流体的**速度场**. 如果 $\boldsymbol{v}(x,y,z,t)$ 与时间 t 无关, 即对 Ω 中的每个点 (x,y,z), 在不同时间流过该点的不同质点的速度都是一样的, 则称这个流体的运动为**稳恒流动**. 稳恒流动是一种十分常见的流体运动形式. 例如, 在无如山洪暴发等特殊情况发生的条件下, 一般河流中的水流运动都可看成稳恒流动.

设有密度为常数 ρ 的某种流体在空间区域 Ω 中做稳恒流动, 其速度场为 $\boldsymbol{v}(x,y,z)$. 又设 S 是 Ω 中的一个曲面. 要问该流体在单位时间里流过曲面 S 的流量如何计算. 注意这里必须对曲面 S 指定它的一侧作为正侧, 因为明显地, 从 S 的不同侧观察流体的运动, 效果正好是相反的: 当从它的一侧看, 流体是流出时, 从它的另一侧看, 流体则是流入. 指定曲面 S 的正侧的方法是取定它在每个点处切平面的两个单位法向量中的一个作为它在该点的法向量, 这时法向量所指向的一侧就自然地规定为曲面的正侧. 当然必须要求法向量是在曲面上连续变化的, 否则可能产生矛盾. 指定了连续变化的单位法向量的曲面叫做**有向曲面**.

如果流体在 Ω 中各个不同点的速度是相同的, 即速度场 $\boldsymbol{v}(x,y,z)=\boldsymbol{v}$ 是常向量, 且 S 是以常向量 $\boldsymbol{n}$ 作为单位法向量的平面, 并设其面积为 A, 则流体在单位时间里流过 S 的体积为 $\boldsymbol{v}\cdot\boldsymbol{n}A$(图 20-2-3; 注意当 $\boldsymbol{v}\cdot\boldsymbol{n}>0$ 时是从 S 的负侧流向正侧, 而当 $\boldsymbol{v}\cdot\boldsymbol{n}<0$ 时是从 S 的正侧流向负侧). 因此, 在单位时间里流过 S 的流体质量即流量为 $\boldsymbol{v}\cdot\boldsymbol{n}A\rho$.

对于速度场 $\boldsymbol{v}(x,y,z)$ 不是常向量, 或 S 不是平面 (此时单位法向量 $\boldsymbol{n}(x,y,z)$ 不是常向量), 或二者兼备的情况, 对 S 作分割, 把它划分成一些很小的曲面块 ΔS_1, ΔS_2, $\cdots$, ΔS_n, 使每个小曲面块都可近似地看成平面 (此时 $\boldsymbol{n}(x,y,z)$ 可近似地看成常向量) 并且 $\boldsymbol{v}(x,y,z)$ 在其上的变化不大, 因而可近似地看成常向量. 记 S 的这个分割为 Δ. 对每个 $1\leqslant i\leqslant n$, 任取一点 $(\xi_i,\eta_i,\zeta_i)\in\Delta S_i$, 以 $\boldsymbol{n}(\xi_i,\eta_i,\zeta_i)$ 和 $\boldsymbol{v}(\xi_i,\eta_i,\zeta_i)$ 分别作为 $\boldsymbol{n}(x,y,z)$ 和 $\boldsymbol{v}(x,y,z)$ 在小曲面块 ΔS_i 上的近似值. 则在单位时间里流体流过该小曲面块的质量便近似地等于 $\boldsymbol{v}(\xi_i,\eta_i,\zeta_i)\cdot\boldsymbol{n}(\xi_i,\eta_i,\zeta_i)\Delta\sigma_i\rho$, 其中 $\Delta\sigma_i$ 为 ΔS_i 的面积. 关于 i 相加, 就得到了单位时间里流体流过曲面 S 的质量 M 的近似值

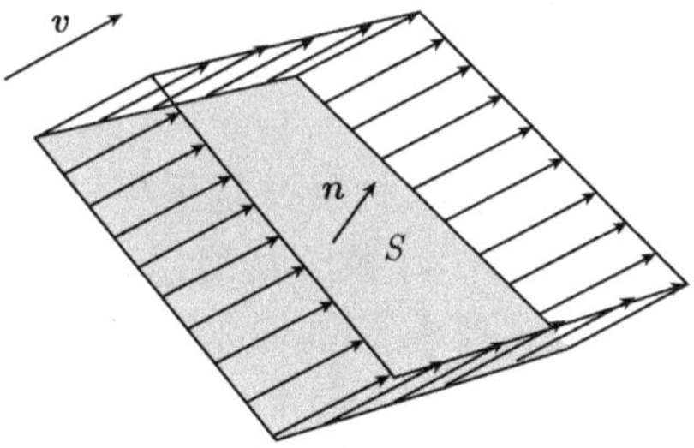

图 20-2-3　单位时间里流过 S 的体积

$$\sum_{i=1}^{n}\boldsymbol{v}(\xi_i,\eta_i,\zeta_i)\cdot\boldsymbol{n}(\xi_i,\eta_i,\zeta_i)\Delta\sigma_i\rho.$$

显然 S 的分割 Δ 作的越细, 则上述近似值越接近于 M 的精确值. 因此令 $\|\Delta\|\to 0$ 取极限, 就得到了 M 的精确值, 即

$$M=\lim_{\|\Delta\|\to 0}\sum_{i=1}^{n}\boldsymbol{v}(\xi_i,\eta_i,\zeta_i)\cdot\boldsymbol{n}(\xi_i,\eta_i,\zeta_i)\Delta\sigma_i\rho.$$

抽去以上问题的物理背景而作为一个纯数学问题考虑, 就引出了第二型曲面积分的概念.

定义 20.2.3 设 S 是空间中的一个指定了单位法向量 $\boldsymbol{n}(x,y,z)$ 的有向曲面, $\boldsymbol{F}(x,y,z)$ 是定义在曲面 S 上的一个向量函数. 作 S 的分割 Δ: ΔS_1, ΔS_2, $\cdots$, ΔS_n, 对每个 $1\leqslant i\leqslant n$, 任取一点 $(\xi_i,\eta_i,\zeta_i)\in\Delta S_i$, 作和

$$\sum_{i=1}^{n}\boldsymbol{F}(\xi_i,\eta_i,\zeta_i)\cdot\boldsymbol{n}(\xi_i,\eta_i,\zeta_i)\Delta\sigma_i, \tag{20.2.12}$$

其中 $\Delta\sigma_i$ 为 ΔS_i 的面积. 如果当 $\|\Delta\|=\max\limits_{1\leqslant i\leqslant n}\operatorname{diam}(\Delta S_i)\to 0$ 时该和式有极限 I, 即对任意给定的 $\varepsilon>0$, 存在相应的 $\delta>0$, 使当 $\|\Delta\|<\delta$ 时, 无论每个 ΔS_i 上所取的点 (ξ_i,η_i,ζ_i) 如何选取, 都有

$$\left|\sum_{i=1}^{n}\boldsymbol{F}(\xi_i,\eta_i,\zeta_i)\cdot\boldsymbol{n}(\xi_i,\eta_i,\zeta_i)\Delta\sigma_i-I\right|<\varepsilon,$$

则称 I 为向量函数 $\boldsymbol{F}$ 沿有向曲面 S 的**第二型曲面积分**, 记作 $\iint_S\boldsymbol{F}(x,y,z)\cdot\mathrm{d}\boldsymbol{S}$, 即

$$\iint\limits_S\boldsymbol{F}(x,y,z)\cdot\mathrm{d}\boldsymbol{S}=\lim_{\|\Delta\|\to 0}\sum_{i=1}^{n}\boldsymbol{F}(\xi_i,\eta_i,\zeta_i)\cdot\boldsymbol{n}(\xi_i,\eta_i,\zeta_i)\Delta\sigma_i. \tag{20.2.13}$$

以上定义要求曲面 S 是至少一阶连续可微的, 即它在每一点都有切平面 (否则单位法向量 $\boldsymbol{n}(x,y,z)$ 就无从谈起). 根据对各种积分都应成立的可加性原理, 可把这个条件减弱为只要求 S 是分块一阶连续可微的, 即它可剖分成有限块 S_1, S_2, $\cdots$, S_n, 使每一块都是一阶连续可微的. 这时定义 S 上的第二型曲面积分为所有这些曲面块上的第二型曲面积分之和

$$\iint\limits_S\boldsymbol{F}(x,y,z)\cdot\mathrm{d}\boldsymbol{S}=\sum_{k=1}^{n}\iint_{S_k}\boldsymbol{F}(x,y,z)\cdot\mathrm{d}\boldsymbol{S}.$$

由定义即可看出, 向量函数 $\boldsymbol{F}$ 沿有向曲面 S 的第二型曲面积分, 其实就是该向量函数与曲面的法向量 $\boldsymbol{n}(x,y,z)$ 的内积在 S 上的第一型曲面积分, 即

$$\iint\limits_S\boldsymbol{F}(x,y,z)\cdot\mathrm{d}\boldsymbol{S}=\iint\limits_S\boldsymbol{F}(x,y,z)\cdot\boldsymbol{n}(x,y,z)\mathrm{d}\sigma. \tag{20.2.14}$$

因此, 根据第一型曲面积分的计算公式可得到第二型曲面积分的计算公式.

定理 20.2.3 设有向曲面 S 的参数方程为

$$x=x(u,v),\quad y=y(u,v),\quad z=z(u,v),\quad (u,v)\in D,$$

其中, D 是平面上一个具有连续边界的有界闭区域, $x(u,v)$, $y(u,v)$ 和 $z(u,v)$ 都是区域 D 上的连续可微函数, 使得矩阵

$$\begin{pmatrix} x_u & y_u & z_u\\ x_v & y_v & z_v\end{pmatrix}$$

在 D 上每个点处的秩都是 2. 又设 $\boldsymbol{F}(x,y,z)$ 是定义在曲面 S 上的连续向量函数, 其分量表达式为

$$\boldsymbol{F}(x,y,z)=P(x,y,z)\boldsymbol{i}+Q(x,y,z)\boldsymbol{j}+R(x,y,z)\boldsymbol{k}.$$

则有

$$\iint\limits_S \boldsymbol{F}(x,y,z)\cdot \mathrm{d}\boldsymbol{S}=\pm\iint\limits_D \left[P(u,v)\frac{\partial(y,z)}{\partial(u,v)}+Q(u,v)\frac{\partial(z,x)}{\partial(u,v)}+R(u,v)\frac{\partial(x,y)}{\partial(u,v)}\right]\mathrm{d}u\mathrm{d}v. \tag{20.2.15}$$

其中, $P(u,v)=P(x(u,v),y(u,v),z(u,v))$, $Q(u,v)=Q(x(u,v),y(u,v),z(u,v))$, $R(u,v)=R(x(u,v),y(u,v),z(u,v))$. 等式右端正负号的选取规则为当 S 的给定法向量 $\boldsymbol{n}$ 与向量 $\boldsymbol{r}_u\times\boldsymbol{r}_v$ (其中 $\boldsymbol{r}=x(u,v)\boldsymbol{i}+y(u,v)\boldsymbol{j}+z(u,v)\boldsymbol{k}$) 同向时取正号, 反向时则取负号.

证明　根据公式 (20.2.14) 和定理 20.1.2 有

$$\begin{aligned}\iint\limits_S \boldsymbol{F}(x,y,z)\cdot \mathrm{d}\boldsymbol{S}&=\iint\limits_S \boldsymbol{F}(x,y,z)\cdot\boldsymbol{n}(x,y,z)\mathrm{d}\sigma\\&=\iint\limits_D \boldsymbol{F}(x(u,v),y(u,v),z(u,v))\cdot\boldsymbol{n}(x(u,v),y(u,v),z(u,v))\\&\quad\times\sqrt{\left|\frac{\partial(x,y)}{\partial(u,v)}\right|^2+\left|\frac{\partial(y,z)}{\partial(u,v)}\right|^2+\left|\frac{\partial(z,x)}{\partial(u,v)}\right|^2}\mathrm{d}u\mathrm{d}v.\end{aligned} \tag{20.2.16}$$

由于 $\boldsymbol{n}=\pm\dfrac{\boldsymbol{r}_u\times\boldsymbol{r}_v}{|\boldsymbol{r}_u\times\boldsymbol{r}_v|}$, 其中, 当 $\boldsymbol{n}$ 与 $\boldsymbol{r}_u\times\boldsymbol{r}_v$ 同向时取正号, 反向时则取负号, 而

$$\boldsymbol{r}_u\times\boldsymbol{r}_v=\frac{\partial(y,z)}{\partial(u,v)}\boldsymbol{i}+\frac{\partial(z,x)}{\partial(u,v)}\boldsymbol{j}+\frac{\partial(x,y)}{\partial(u,v)}\boldsymbol{k},$$

所以

$$\boldsymbol{n}(x(u,v),y(u,v),z(u,v))=\pm\frac{\dfrac{\partial(y,z)}{\partial(u,v)}\boldsymbol{i}+\dfrac{\partial(z,x)}{\partial(u,v)}\boldsymbol{j}+\dfrac{\partial(x,y)}{\partial(u,v)}\boldsymbol{k}}{\sqrt{\left|\dfrac{\partial(x,y)}{\partial(u,v)}\right|^2+\left|\dfrac{\partial(y,z)}{\partial(u,v)}\right|^2+\left|\dfrac{\partial(z,x)}{\partial(u,v)}\right|^2}}.$$

再应用 $\boldsymbol{F}$ 的表达式得

$$\begin{aligned}&\boldsymbol{F}(x(u,v),y(u,v),z(u,v))\cdot\boldsymbol{n}(x(u,v),y(u,v),z(u,v))\\&=\pm\frac{P(u,v)\dfrac{\partial(y,z)}{\partial(u,v)}+Q(u,v)\dfrac{\partial(z,x)}{\partial(u,v)}+R(u,v)\dfrac{\partial(x,y)}{\partial(u,v)}}{\sqrt{\left|\dfrac{\partial(x,y)}{\partial(u,v)}\right|^2+\left|\dfrac{\partial(y,z)}{\partial(u,v)}\right|^2+\left|\dfrac{\partial(z,x)}{\partial(u,v)}\right|^2}}.\end{aligned}$$

把这个表达式代入式 (20.2.16), 就得到了式 (20.2.15). 证毕.

再来分析一下和式 (20.2.12). 设 $\boldsymbol{n}(\xi_i,\eta_i,\zeta_i)$ 与 Ox 轴、Oy 轴、Oz 轴正向的夹角依次为 α_i, β_i 和 γ_i, 则

$$\boldsymbol{n}(\xi_i,\eta_i,\zeta_i)=\cos\alpha_i\boldsymbol{i}+\cos\beta_i\boldsymbol{j}+\cos\gamma_i\boldsymbol{k}.$$

因此, 当 $\boldsymbol{F}(x,y,z)=P(x,y,z)\boldsymbol{i}+Q(x,y,z)\boldsymbol{j}+R(x,y,z)\boldsymbol{k}$ 时有

$$\begin{aligned}&\sum_{i=1}^{n}\boldsymbol{F}(\xi_i,\eta_i,\zeta_i)\cdot\boldsymbol{n}(\xi_i,\eta_i,\zeta_i)\Delta\sigma_i\\=&\sum_{i=1}^{n}[P(\xi_i,\eta_i,\zeta_i)\cos\alpha_i\Delta\sigma_i+Q(\xi_i,\eta_i,\zeta_i)\cos\beta_i\Delta\sigma_i+R(\xi_i,\eta_i,\zeta_i)\cos\gamma_i\Delta\sigma_i]\\=&\sum_{i=1}^{n}P(\xi_i,\eta_i,\zeta_i)\Delta\sigma_{yzi}+\sum_{i=1}^{n}Q(\xi_i,\eta_i,\zeta_i)\Delta\sigma_{zxi}+\sum_{i=1}^{n}R(\xi_i,\eta_i,\zeta_i)\Delta\sigma_{xyi},\end{aligned}$$

其中

$$\Delta\sigma_{yzi}=\Delta\sigma_i\cos\alpha_i,\quad \Delta\sigma_{zxi}=\Delta\sigma_i\cos\beta_i,\quad \Delta\sigma_{xyi}=\Delta\sigma_i\cos\gamma_i,$$

它们分别表示曲面块 ΔS_i 的面积在 Oyz 坐标面、Ozx 坐标面和 Oxy 坐标面的有向投影, 这是因为 α_i, β_i 和 γ_i 分别等于曲面 S 在点 (ξ_i,η_i,ζ_i) 的切平面与 Oyz 坐标面、Ozx 坐标面和 Oxy 坐标面的夹角. 这里说有向投影, 是因为这些量都是带有正负号的, 并且当改变曲面 S 的定向时, 它们都相应地改变符号. 上式把向量函数 $\boldsymbol{F}(x,y,z)$ 的积分和表示成关于它的三个分量的数量函数的积分和. 引进以下定义.

定义 20.2.4 设 S 是空间中的一个指定了单位法向量 $\boldsymbol{n}(x,y,z)$ 的有向曲面, $\boldsymbol{n}(x,y,z)$ 与 Ox 轴, Oy 轴、Oz 轴正向的夹角依次为 $\alpha=\alpha(x,y,z)$, $\beta=\beta(x,y,z)$ 和 $\gamma=\gamma(x,y,z)$. 又设 $f(x,y,z)$ 是定义在曲面 S 上的一个数量函数. 作 S 的分割 Δ: ΔS_1, ΔS_2, $\cdots$, ΔS_n, 对每个 $1\leqslant i\leqslant n$, 任取一点 $(\xi_i,\eta_i,\zeta_i)\in\Delta S_i$, 作和

$$\sum_{i=1}^{n}f(\xi_i,\eta_i,\zeta_i)\Delta\sigma_{yzi},$$

其中 $\Delta\sigma_{yzi}$ 为 ΔS_i 的面积在 Oyz 坐标面的有向投影, 即 $\Delta\sigma_{yzi}=\Delta\sigma_i\cos\alpha(\xi_i,\eta_i,\zeta_i)$. 如果当 $\|\Delta\|=\max\limits_{1\leqslant i\leqslant n}\operatorname{diam}(\Delta S_i)\to 0$ 时该和式有极限, 则称极限值为函数 f 沿曲面 S 关于 yz 坐标的**第二型曲面积分**, 记作 $\displaystyle\iint\limits_S f(x,y,z)\mathrm{d}y\mathrm{d}z$, 即

$$\iint\limits_S f(x,y,z)\mathrm{d}y\mathrm{d}z=\lim_{\|\Delta\|\to 0}\sum_{i=1}^{n}f(\xi_i,\eta_i,\zeta_i)\Delta\sigma_{yzi}.$$

类似地, 函数 f 沿 S 关于 zx 坐标与 xy 坐标的第二型曲面积分分别定义为

$$\iint\limits_S f(x,y,z)\mathrm{d}z\mathrm{d}x = \lim_{\|\Delta\|\to 0}\sum_{i=1}^{n} f(\xi_i,\eta_i,\zeta_i)\Delta\sigma_{zxi},$$
$$\iint\limits_S f(x,y,z)\mathrm{d}x\mathrm{d}y = \lim_{\|\Delta\|\to 0}\sum_{i=1}^{n} f(\xi_i,\eta_i,\zeta_i)\Delta\sigma_{xyi},$$

其中 $\Delta\sigma_{zxi}$ 和 $\Delta\sigma_{xyi}$ 分别为 ΔS_i 的面积在 Ozx 坐标面和 Oxy 坐标面的有向投影, 即 $\Delta\sigma_{zxi} = \Delta\sigma_i\cos\beta(\xi_i,\eta_i,\zeta_i)$, $\Delta\sigma_{xyi} = \Delta\sigma_i\cos\gamma(\xi_i,\eta_i,\zeta_i)$.

根据以上定义可知, 向量函数 $\boldsymbol{F}(x,y,z)$ 的第二型曲面积分可以用它的三个分量函数 $P(x,y,z)$, $Q(x,y,z)$ 和 $R(x,y,z)$ 的第二型曲面积分表示为

$$\iint\limits_S \boldsymbol{F}(x,y,z)\cdot\mathrm{d}\boldsymbol{S} = \iint\limits_S P(x,y,z)\mathrm{d}y\mathrm{d}z + \iint\limits_S Q(x,y,z)\mathrm{d}z\mathrm{d}x + \iint\limits_S R(x,y,z)\mathrm{d}x\mathrm{d}y.$$

这个表达式一般简写为

$$\iint\limits_S \boldsymbol{F}(x,y,z)\cdot\mathrm{d}\boldsymbol{S} = \iint\limits_S P(x,y,z)\mathrm{d}y\mathrm{d}z + Q(x,y,z)\mathrm{d}z\mathrm{d}x + R(x,y,z)\mathrm{d}x\mathrm{d}y.$$

把公式 (20.2.15) 分别应用于三个向量函数 $f(x,y,z)\boldsymbol{i}$, $f(x,y,z)\boldsymbol{j}$ 和 $f(x,y,z)\boldsymbol{k}$, 就得到了数量函数第二型曲面积分的以下计算公式.

定理 20.2.4 设有向曲面 S 的参数方程为

$$x = x(u,v),\quad y = y(u,v),\quad z = z(u,v);\quad (u,v)\in D,$$

其中, D 是平面上一个具有连续边界的有界闭区域, $x(u,v)$, $y(u,v)$ 和 $z(u,v)$ 都是区域 D 上的连续可微函数, 使得矩阵

$$\begin{pmatrix} x_u & y_u & z_u \\ x_v & y_v & z_v \end{pmatrix}$$

在 D 上每个点处的秩都是 2. 又设 $f(x,y,z)$ 是定义在曲面 S 上的连续函数. 则有

$$\iint\limits_S f(x,y,z)\mathrm{d}y\mathrm{d}z = \pm\iint\limits_D f(x(u,v),y(u,v),z(u,v))\frac{\partial(y,z)}{\partial(u,v)}\mathrm{d}u\mathrm{d}v,$$
$$\iint\limits_S f(x,y,z)\mathrm{d}z\mathrm{d}x = \pm\iint\limits_D f(x(u,v),y(u,v),z(u,v))\frac{\partial(z,x)}{\partial(u,v)}\mathrm{d}u\mathrm{d}v,$$
$$\iint\limits_S f(x,y,z)\mathrm{d}x\mathrm{d}y = \pm\iint\limits_D f(x(u,v),y(u,v),z(u,v))\frac{\partial(x,y)}{\partial(u,v)}\mathrm{d}u\mathrm{d}v.$$

这里正负号的选取规则如定理 20.2.3 所述.

特别地, 如果曲面 S 是由显式方程

$$z=\varphi(x,y),\quad (x,y)\in D$$

给出, 其中 D 是平面上具连续边界的有界闭区域, $f(x,y)$ 是定义在区域 D 上的一阶连续可微函数, 且 S 的正向指向曲面的上方, 则应用以上公式可知

$$\begin{aligned}
\iint\limits_S f(x,y,z)\mathrm{d}y\mathrm{d}z&=-\iint\limits_D f(x,y,\varphi(x,y))\varphi_x(x,y)\mathrm{d}x\mathrm{d}y,\\
\iint\limits_S f(x,y,z)\mathrm{d}z\mathrm{d}x&=-\iint\limits_D f(x,y,\varphi(x,y))\varphi_y(x,y)\mathrm{d}x\mathrm{d}y,\\
\iint\limits_S f(x,y,z)\mathrm{d}x\mathrm{d}y&=\iint\limits_D f(x,y,\varphi(x,y))\mathrm{d}x\mathrm{d}y.
\end{aligned}$$

与第二型曲线积分类似, 对于第二型曲面积分, 改变曲面的定向就改变了积分的正负号, 即

$$\begin{aligned}
&\iint\limits_{S^-} P(x,y,z)\mathrm{d}y\mathrm{d}z+Q(x,y,z)\mathrm{d}z\mathrm{d}x+R(x,y,z)\mathrm{d}x\mathrm{d}y\\
=&-\iint\limits_S P(x,y,z)\mathrm{d}y\mathrm{d}z+Q(x,y,z)\mathrm{d}z\mathrm{d}x+R(x,y,z)\mathrm{d}x\mathrm{d}y,
\end{aligned}$$

其中 S^- 表示把 S 的方向改变为反方向所得到的有向曲面. 这是第二型曲面积分与第一型曲面积分的一个重要区别.

例 3 计算第二型曲面积分

$$I=\iint\limits_S \frac{\mathrm{d}y\mathrm{d}z}{x}+\frac{\mathrm{d}z\mathrm{d}x}{y}+\frac{\mathrm{d}x\mathrm{d}y}{z},$$

其中 S 是椭球面 $\dfrac{x^2}{a^2}+\dfrac{y^2}{b^2}+\dfrac{z^2}{c^2}=1$, 以外侧为正侧.

解 利用对称性, 只需计算三个积分中的任何一个. 下面以第三个积分 I_3 为例来计算. 椭球面 S 分为上、下两半, 分别记为 S_1 和 S_2. 因为 S_1 以上侧为正向, S_2 以下侧为正向, 所以

$$\begin{aligned}
I_3&=\iint\limits_{S_1}\frac{\mathrm{d}x\mathrm{d}y}{z}+\iint\limits_{S_2}\frac{\mathrm{d}x\mathrm{d}y}{z}\\
&=\iint\limits_D\frac{\mathrm{d}x\mathrm{d}y}{c\sqrt{1-\dfrac{x^2}{a^2}-\dfrac{y^2}{b^2}}}-\iint\limits_D\frac{\mathrm{d}x\mathrm{d}y}{-c\sqrt{1-\dfrac{x^2}{a^2}-\dfrac{y^2}{b^2}}}=\frac{2}{c}\iint\limits_D\frac{\mathrm{d}x\mathrm{d}y}{\sqrt{1-\dfrac{x^2}{a^2}-\dfrac{y^2}{b^2}}},
\end{aligned}$$

其中 D 是平面上的椭圆形区域 $\dfrac{x^2}{a^2}+\dfrac{y^2}{b^2}\leqslant 1$. 作广义极坐标变换 $x=ar\cos\theta$, $y=br\sin\theta$, 便有

$$I_3=\frac{2}{c}\int_0^{2\pi}\int_0^1\frac{abr}{\sqrt{1-r^2}}\mathrm{d}r\mathrm{d}\theta=\frac{4\pi ab}{c}(-\sqrt{1-r^2})\Big|_0^1=\frac{4\pi ab}{c}.$$

由对称性有

$$I_1=\frac{4\pi bc}{a},\quad I_2=\frac{4\pi ac}{b}.$$

因此

$$I=I_1+I_2+I_3=\frac{4\pi}{abc}(a^2b^2+a^2c^2+b^2c^2).$$

习　题　20.2

1. 沿以下从 $O(0,0)$ 到 $A(1,1)$ 的五种路线计算第二型曲线积分

$$\int_C(2xy+y^2)\mathrm{d}x+(x^2+3xy)\mathrm{d}y.$$

(1) C 为直线段 OA;

(2) C 为折线段 OBA, 其中 $B(1,0)$;

(3) C 为折线段 ODA, 其中 $D(0,1)$;

(4) C 为抛物线 $y=x^2$ 从 O 到 A 的部分;

(5) C 为抛物线 $x=y^2$ 从 O 到 A 的部分.

2. 计算下列第二型曲线积分:

(1) $\displaystyle\int_C(x^2-2xy)\mathrm{d}x+(y^2-2xy)\mathrm{d}y$, C 为逆时针走向的单位圆周 $x^2+y^2=1$;

(2) $\displaystyle\int_C(x+y)\mathrm{d}x+(y-x)\mathrm{d}y$, C 为逆时针走向的椭圆 $\dfrac{x^2}{a^2}+\dfrac{y^2}{b^2}=1$;

(3) $\displaystyle\int_C(y^2-z^2)\mathrm{d}x+(z^2-x^2)\mathrm{d}y+(x^2-y^2)\mathrm{d}z$, C 为依参数增加方向走向的曲线 $x=t$, $y=t^2$, $z=t^3$ 位于 $0\leqslant t\leqslant 1$ 的部分;

(4) $\displaystyle\int_C y\mathrm{d}x+z\mathrm{d}y+x\mathrm{d}z$, C 为依参数增加方向走向的圆柱螺线 $x=a\cos\theta$, $y=a\sin\theta$, $z=b\theta$ 位于 $0\leqslant\theta\leqslant 2\pi$ 的部分;

(5) $\displaystyle\int_C(y^2-z^2)\mathrm{d}x+(z^2-x^2)\mathrm{d}y+(x^2-y^2)\mathrm{d}z$, C 为球面三角形 $x^2+y^2+z^2=1$, $x\geqslant 0$, $y\geqslant 0$, $z\geqslant 0$ 的边线, 关于 $(1,1,1)$ 方向为逆时针走向;

(6) $\displaystyle\int_C(y-z)\mathrm{d}x+(z-x)\mathrm{d}y+(x-y)\mathrm{d}z$, C 为圆周 $x^2+y^2+z^2=a^2$, $x\sin\alpha-y\cos\alpha=0$ $(0\leqslant\alpha<\pi)$, 当 $0<\alpha<\pi$ 时, 在 $y>0$ 的部分依 z 减少的方向走向, 在

$y<0$ 的部分则依 z 增加的方向走向; 当 $\alpha=0$ 时, 从 Oy 轴正向看逆时针走向.

3. 设 C 是 $\mathbf{R}^3$ 中的分段光滑曲线, S 为分块光滑曲面, 曲线 C 在曲面 S 上. 又设 C 在 Oxy 坐标面的投影为分段光滑曲线 C_1, 曲面 S 的方程为 $z=\varphi(x,y)$. 证明第二型曲线积分的下述计算公式:

$$\begin{aligned}&\int_C f(x,y,z)\mathrm{d}x+g(x,y,z)\mathrm{d}y+h(x,y,z)\mathrm{d}z\\=&\int_{C_1}[f(x,y,\varphi(x,y))+h(x,y,\varphi(x,y))\varphi_x(x,y)]\mathrm{d}x\\&+[g(x,y,\varphi(x,y))+h(x,y,\varphi(x,y))\varphi_y(x,y)]\mathrm{d}y.\end{aligned}$$

4. 设 Ω 是 $\mathbf{R}^3$ 中的开区域, f, g, h 是定义在 Ω 上的函数. 如果存在 Ω 上的可微函数 F 使在 Ω 上成立 $\mathrm{d}F=f\mathrm{d}x+g\mathrm{d}y+h\mathrm{d}z$, 即有

$$\begin{cases}F_x(x,y,z)=f(x,y,z),\\F_y(x,y,z)=g(x,y,z), & \forall(x,y,z)\in\Omega,\\F_z(x,y,z)=h(x,y,z),\end{cases}$$

则称微分形式 $f\mathrm{d}x+g\mathrm{d}y+h\mathrm{d}z$ 为 Ω 上的**全微分**, 并称 F 为 $f\mathrm{d}x+g\mathrm{d}y+h\mathrm{d}z$ 的**原函数**. 证明牛顿–莱布尼茨公式的下述推广: 如果 f, g, h 是 Ω 上的连续函数, 且微分形式 $f\mathrm{d}x+g\mathrm{d}y+h\mathrm{d}z$ 有原函数 F, 则对 Ω 中任意两点 P 和 Q 和任意以 P 为始点、以 Q 为终点的分段光滑曲线 C 都成立

$$\int_C f\mathrm{d}x+g\mathrm{d}y+h\mathrm{d}z=F(Q)-F(P).$$

这时积分 $\int_C f\mathrm{d}x+g\mathrm{d}y+h\mathrm{d}z$ 也记作 $\int_P^Q f\mathrm{d}x+g\mathrm{d}y+h\mathrm{d}z$ (因为这个积分只与始点 P 和终点 Q 有关而与具体的路径 C 无关). 然后应用这个命题计算下列第二型曲线积分:

(1) $\displaystyle\int_{(0,0,0)}^{(a,b,c)}\mathrm{e}^{xyz}(yz\mathrm{d}x+zx\mathrm{d}y+xy\mathrm{d}z)$;

(2) $\displaystyle\int_{(0,0,0)}^{(a,b,c)}(x^2-3yz)\mathrm{d}x+(y^2-3zx)\mathrm{d}y+(z^2-3xy)\mathrm{d}z$;

(3) $\displaystyle\int_{(0,0,0)}^{(a,b,c)}\cos(xy+yz+zx)[(y+z)\mathrm{d}x+(z+x)\mathrm{d}y+(x+y)\mathrm{d}z]$;

(4) $\displaystyle\int_{(x_1,y_1,z_1)}^{(x_2,y_2,z_2)}\frac{x\mathrm{d}x+y\mathrm{d}y+z\mathrm{d}z}{\sqrt{x^2+y^2+z^2}}$, 点 (x_1,y_1,z_1) 位于球面 $x^2+y^2+z^2=a^2$ 上, 点 (x_2,y_2,z_2) 位于球面 $x^2+y^2+z^2=b^2$ 上, 其中 $a>0, b>0$;

(5) $\displaystyle\int_{(x_1,y_1,z_1)}^{(x_2,y_2,z_2)} f(x)\mathrm{d}x+g(y)\mathrm{d}y+h(z)\mathrm{d}z$, 其中 f, g, h 是 $(-\infty,+\infty)$ 上的连续函数;

(6) $\displaystyle\int_{(x_1,y_1,z_1)}^{(x_2,y_2,z_2)} \varphi(\sqrt{x^2+y^2+z^2})(x\mathrm{d}x+y\mathrm{d}y+z\mathrm{d}z)$, 其中 φ 是 $[0,+\infty)$ 上的连续函数.

5. 设 D 是 $\mathbf{R}^2$ 中的开区域, f,g 是定义在 D 上的函数. 给出微分形式 $f\mathrm{d}x+g\mathrm{d}y$ 为 D 上的全微分及其原函数的定义, 写出牛顿–莱布尼茨公式对曲线积分 $\displaystyle\int_C f\mathrm{d}x+g\mathrm{d}y$ 的推广, 然后应用所得到的公式计算下列平面上的第二型曲线积分:

(1) $\displaystyle\int_{(0,0)}^{(a,b)} x\mathrm{d}x+y\mathrm{d}y$;　　(2) $\displaystyle\int_{(0,0)}^{(a,b)} y\mathrm{d}x+x\mathrm{d}y$;

(3) $\displaystyle\int_{(0,0,0)}^{(a,b,c)} (x+y)\mathrm{d}x+(x-y)\mathrm{d}y$;　　(4) $\displaystyle\int_{(0,0,0)}^{(a,b,c)} (x-y)(\mathrm{d}x-\mathrm{d}y)$;

(5) $\displaystyle\int_{(0,0)}^{(a,b)} (3x^2y-y^3)\mathrm{d}x+(x^3-3xy^2)\mathrm{d}y$;　　(6) $\displaystyle\int_{(0,0)}^{(a,b)} \mathrm{e}^x(\cos y\mathrm{d}x-\sin y\mathrm{d}y)$;

(7) $\displaystyle\int_{(1,0)}^{(a,b)} \frac{x\mathrm{d}x+y\mathrm{d}y}{\sqrt{x^2+y^2}}$ 沿不通过坐标原点的路径 $(a^2+b^2>0)$;

(8) $\displaystyle\int_{(1,1)}^{(a,b)} \frac{y\mathrm{d}x-x\mathrm{d}y}{x^2}$ 沿不与 Oy 轴相交的路径 $(a>0)$;

(9) $\displaystyle\int_{(0,1)}^{(a,b)} \frac{y\mathrm{d}x-x\mathrm{d}y}{(x-y)^2}$ 沿不与直线 $y=x$ 相交的路径 $(b>a)$.

6. 设 C 是 $\mathbf{R}^3$ 中的分段光滑曲线, 弧长为 L. 又设 f, g, h, w 是 C 上的连续函数, 且 $M=\max\limits_C\sqrt{f^2+g^2+h^2}$. 证明:

$$\left|\int_C w(f\mathrm{d}x+g\mathrm{d}y+h\mathrm{d}z)\right|\leqslant M\int_C |w|\mathrm{d}s.$$

特别地, 有

$$\left|\int_C f\mathrm{d}x+g\mathrm{d}y+h\mathrm{d}z\right|\leqslant ML.$$

7. 计算下列第二型曲面积分:

(1) $\displaystyle\iint\limits_S xyz\mathrm{d}x\mathrm{d}y$, 其中 S 是单位球面 $x^2+y^2+z^2=1$ 满足 $x,y\geqslant 0$ 的四分之一部分, 以外侧为正侧;

(2) $\displaystyle\iint\limits_S x\mathrm{d}y\mathrm{d}z+y\mathrm{d}z\mathrm{d}x+z\mathrm{d}x\mathrm{d}y$, 其中 S 是球面 $x^2+y^2+z^2=a^2$, 以外侧为正侧;

(3) $\iint\limits_S yz\mathrm{d}y\mathrm{d}z + zx\mathrm{d}z\mathrm{d}x + xy\mathrm{d}x\mathrm{d}y$, 其中 S 是四面体 $x+y+z \leqslant 1, x,y,z \geqslant 0$ 的边界, 以外侧为正侧;

(4) $\iint\limits_S (y-z)\mathrm{d}y\mathrm{d}z + (z-x)\mathrm{d}z\mathrm{d}x + (x-y)\mathrm{d}x\mathrm{d}y$, 其中 S 是圆锥面 $x^2+y^2=z^2$ 被平面 $z=0$ 和 $z=a$ $(a>0)$ 所截出的部分, 以下侧为正侧;

(5) $\iint\limits_S yz\cos(x^3y^2z)\mathrm{d}y\mathrm{d}z + zx\cos(y^3z^2x)\mathrm{d}z\mathrm{d}x + xy\cos(z^3x^2y)\mathrm{d}x\mathrm{d}y$, 其中 S 是立方体 $0 \leqslant x \leqslant a, 0 \leqslant y \leqslant a, 0 \leqslant z \leqslant a$ $(a>0)$ 的外表面;

(6) $\iint\limits_S x^3\mathrm{d}y\mathrm{d}z + y^3\mathrm{d}z\mathrm{d}x + z^3\mathrm{d}x\mathrm{d}y$, 其中 S 是椭球面 $\dfrac{x^2}{a^2}+\dfrac{y^2}{b^2}+\dfrac{z^2}{c^2}=1$, 以外侧为正侧;

(7) $\iint\limits_S x^2\mathrm{d}y\mathrm{d}z + y^2\mathrm{d}z\mathrm{d}x + z^2\mathrm{d}x\mathrm{d}y$, 其中 S 是球面 $(x-a)^2+(y-b)^2+(z-c)^2=R^2$ $(R>0)$, 以外侧为正侧;

(8) $\iint\limits_S f(y+z)\mathrm{d}y\mathrm{d}z + g(z+x)\mathrm{d}z\mathrm{d}x + h(x+y)\mathrm{d}x\mathrm{d}y$, 其中 S 是立方体 $|x| \leqslant a$, $|y| \leqslant a, |z| \leqslant a$ $(a>0)$ 的外表面.

8. 设 S 是 $\mathbf{R}^3$ 中的分块光滑曲面, 其方程为 $z=\varphi(x,y)$, 其中 (x,y) 在 $D \subseteq \mathbf{R}^2$ 上变化. 证明第二型曲面积分的下述计算公式.

$$\begin{aligned}&\iint\limits_S f(x,y,z)\mathrm{d}y\mathrm{d}z + g(x,y,z)\mathrm{d}z\mathrm{d}x + h(x,y,z)\mathrm{d}x\mathrm{d}y\\ =&\iint\limits_D [-f(x,y,\varphi(x,y))\varphi_x(x,y) - g(x,y,\varphi(x,y))\varphi_y(x,y) + h(x,y,\varphi(x,y))]\mathrm{d}x\mathrm{d}y.\end{aligned}$$

9. 把第 6 题推广到第二型曲面积分, 并给出证明.

10. 设重量为 W 的物体被工人沿横截面的边缘为曲线 C 的坡面从点 $O(0,0)$ 拖到点 $A(a,h)$, 其中 $a,h>0$. 已知物体与坡面的摩擦系数为正常数 λ. 求工人拖动此物体所做的功.

11. 单位正电荷在位于坐标原点电荷量为 Q 的点电荷的库仑力作用下从点 $P_1(x_1,y_1,z_1)$ 移动到点 $P_2(x_2,y_2,z_2)$. 求该库仑力所做的功.

12. 设在空间区域 $\Omega = \mathbf{R}^2 \times [0,h]$ $(h>0)$ 中充满了某种流体, 该流体的流速场为稳恒场 (即流速不随时间变化), 由下式给出.

$$\boldsymbol{v}(x,y,z) = \frac{xz\boldsymbol{i}+yz\boldsymbol{j}}{1+x^2+y^2}, \quad \forall (x,y,z) \in \Omega.$$

求单位时间里穿过圆柱面 $x^2+y^2=a^2$ 的该流体总量.

20.3 三个重要公式

定积分的牛顿–莱布尼茨公式

$$\int_a^b f(x)\mathrm{d}x = F(b)-F(a) \qquad (F'(x)=f(x)),$$

建立了函数在一个区间上的积分与和该函数相关的另一函数在区间端点处的值之间的关系. 本节将证明三个公式, 它们与牛顿 – 莱布尼茨公式的思想类似, 分别建立了平面区域上的二重积分与该区域边界上的曲线积分、空间区域上的三重积分与该区域边界上的曲面积分、以及曲面上的曲面积分与曲面边界线上的曲线积分之间的关系. 这三个公式分别叫做**格林公式**、**高斯公式**和**斯托克斯公式**. 它们是多元函数积分学中几个很重要的公式.

20.3.1 格林公式

定理 20.3.1(格林公式)　设 D 是平面上由一条或数条分段一阶光滑的闭曲线围成的有界闭区域, $P(x,y)$ 和 $Q(x,y)$ 是定义在区域 D 上的一阶连续可微函数. 则有

$$\iint\limits_D \Big(\frac{\partial Q}{\partial x}-\frac{\partial P}{\partial y}\Big)\mathrm{d}x\mathrm{d}y = \oint_{\partial D} P\mathrm{d}x+Q\mathrm{d}y, \tag{20.3.1}$$

其中 ∂D 的正向取为按 D 右旋的方向, 即沿 ∂D 行走时区域 D 总是位于左侧的方向.

证明　先考虑 D 是第一类区域 (图 20-3-1)

$$D=\{(x,y):\ a\leqslant x\leqslant b,\ \varphi(x)\leqslant y\leqslant \psi(x)\}$$

的情况, 其中 φ 和 ψ 都是区间 $[a,b]$ 上的连续可微函数. 这时, 根据重积分化累次积分的定理有

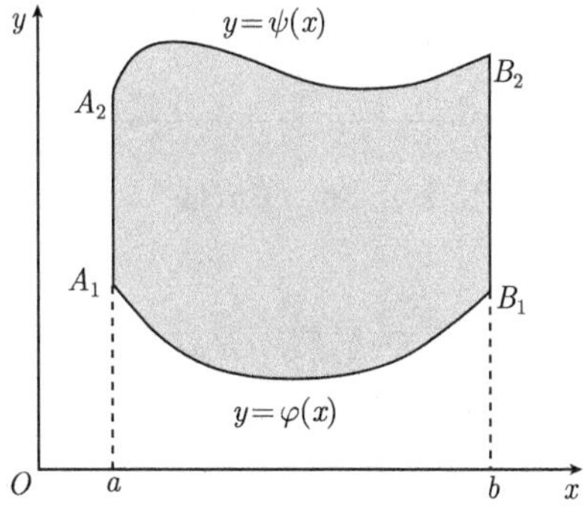

图 20-3-1　第一类区域

$$\begin{aligned}\iint\limits_D \frac{\partial P}{\partial y}\mathrm{d}x\mathrm{d}y &= \int_a^b\Big(\int_{\varphi(x)}^{\psi(x)}\frac{\partial P(x,y)}{\partial y}\mathrm{d}y\Big)\mathrm{d}x\\ &= \int_a^b P(x,\psi(x))\mathrm{d}x-\int_a^b P(x,\varphi(x))\mathrm{d}x.\end{aligned}$$

而如果用 C_1 和 C_2 分别表示曲线 $y=\varphi(x)\ (a\leqslant x\leqslant b)$ 和 $y=\psi(x)\ (a\leqslant x\leqslant b)$, 其中, C_1 的正向取为 x 增加的方向, C_2 的正向取为 x 减少的方向, 则因

$$\int_{\overline{B_1B_2}} P(x,y)\mathrm{d}x=\int_{\overline{A_2A_1}} P(x,y)\mathrm{d}x=0,$$

所以有

$$\begin{aligned}\int_{\partial D} P(x,y)\mathrm{d}x\mathrm{d}y&=\int_{C_1} P(x,y)\mathrm{d}x+\int_{\overline{B_1B_2}} P(x,y)\mathrm{d}x+\int_{C_2} P(x,y)\mathrm{d}x+\int_{\overline{A_2A_1}} P(x,y)\mathrm{d}x\\&=\int_{C_1} P(x,y)\mathrm{d}x+\int_{C_2} P(x,y)\mathrm{d}x\\&=\int_a^b P(x,\varphi(x))\mathrm{d}x-\int_a^b P(x,\psi(x))\mathrm{d}x.\end{aligned}$$

这样就得到了

$$-\iint\limits_D \frac{\partial P}{\partial y}\mathrm{d}x\mathrm{d}y=\int_{\partial D} P(x,y)\mathrm{d}x. \tag{20.3.2}$$

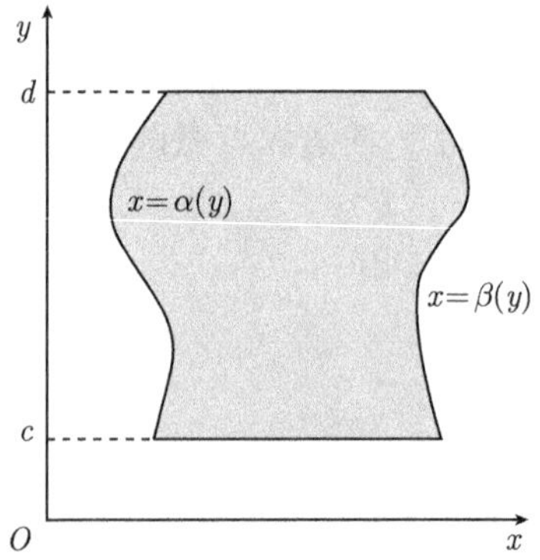

图 20-3-2　第二类区域

同理可证, 如果 D 是第二类区域 (图 20-3-2)

$$D=\{(x,y):\alpha(y)\leqslant x\leqslant\beta(y),\ c\leqslant y\leqslant d\}$$

(其中 α 和 β 都是区间 $[c,d]$ 上的连续可微函数), 则有

$$\iint\limits_D \frac{\partial Q}{\partial y}\mathrm{d}x\mathrm{d}y=\int_{\partial D} Q(x,y)\mathrm{d}y. \tag{20.3.3}$$

因此, 当 D 既是第一类又是第二类的区域时, 把式 (20.3.2) 和式 (20.3.3) 相加, 就得到了式 (20.3.1).

如果区域 D 虽然不是这种既是第一类又是第二类的区域, 但可以剖分成有限个这种类型的小区域 $D_1, D_2, \cdots, D_n$, 则有

$$\begin{aligned}\iint\limits_D\Big(\frac{\partial Q}{\partial x}-\frac{\partial P}{\partial y}\Big)\mathrm{d}x\mathrm{d}y&=\sum_{i=1}^n\iint_{D_i}\Big(\frac{\partial Q}{\partial x}-\frac{\partial P}{\partial y}\Big)\mathrm{d}x\mathrm{d}y\\&=\sum_{i=1}^n\int_{\partial D_i}P\mathrm{d}x+Q\mathrm{d}y=\int_{\partial D}P\mathrm{d}x+Q\mathrm{d}y.\end{aligned}$$

最后这个等式成立是因为, 沿每条剖分线积分时, 因为都是积分了两次, 且两次积分的方向相反 (图 20-3-3), 所以沿所有剖分线的积分正负相消因而总和为零. 这就证明了, 对于这种区域 (20.3.1) 是成立的.

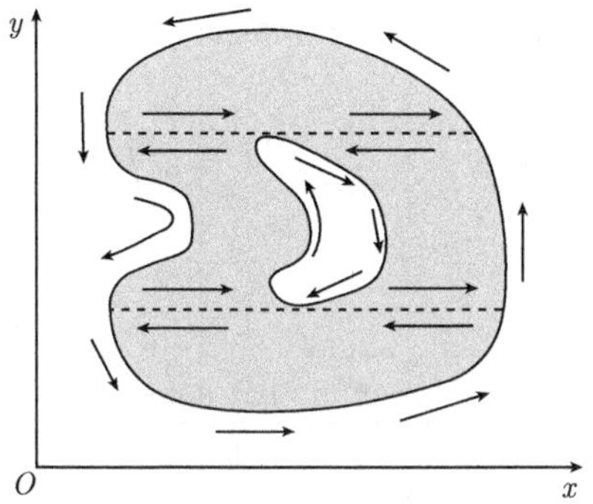

图 20-3-3 一般区域

最后, 对于如定理条件所述的一般区域, 可以通过用折线逼近区域 D 的边界 ∂D 的方法, 来证明式 (20.3.1) 也是成立的. 详细的推导这里从略. 证毕.

注意格林公式也可写成以下形式

$$\iint\limits_D \left(\frac{\partial P}{\partial x}+\frac{\partial Q}{\partial y}\right)\mathrm{d}x\mathrm{d}y=\oint_{\partial D} P\mathrm{d}y-Q\mathrm{d}x.$$

由格林公式 (20.3.1) 知, 对于二重积分 $\iint\limits_D f(x,y)\mathrm{d}x\mathrm{d}y$, 假如存在两个连续可微的函数 P 和 Q 使被积函数有表达式 $f(x,y)=\dfrac{\partial Q(x,y)}{\partial x}-\dfrac{\partial P(x,y)}{\partial y}$, 则此二重积分可以化为在区域 D 的边界 ∂D 上的线积分

$$\iint\limits_D f(x,y)\mathrm{d}x\mathrm{d}y=\oint_{\partial D} P(x,y)\mathrm{d}x+Q(x,y)\mathrm{d}y.$$

推论 20.3.1(二维分部积分公式) 设 D 是平面上由一条或数条分段光滑的闭曲线围成的区域, P, Q, U, V 是 D 上的连续可微函数. 则有

$$\iint\limits_D \left(P\frac{\partial U}{\partial x}+Q\frac{\partial V}{\partial y}\right)\mathrm{d}x\mathrm{d}y=\int_{\partial D} PU\mathrm{d}y-QV\mathrm{d}x-\iint\limits_D \left(U\frac{\partial P}{\partial x}+V\frac{\partial Q}{\partial y}\right)\mathrm{d}x\mathrm{d}y.$$

其中 ∂D 的正向取为按 D 右旋的方向.

证明 根据格林公式, 有

$$\begin{aligned}&\iint\limits_D \left(P\frac{\partial U}{\partial x}+Q\frac{\partial V}{\partial y}\right)\mathrm{d}x\mathrm{d}y+\iint\limits_D \left(U\frac{\partial P}{\partial x}+V\frac{\partial Q}{\partial y}\right)\mathrm{d}x\mathrm{d}y\\ =&\iint\limits_D \left(\frac{\partial (PU)}{\partial x}+\frac{\partial (QV)}{\partial y}\right)\mathrm{d}x\mathrm{d}y=\int_{\partial D} PU\mathrm{d}y-QV\mathrm{d}x.\end{aligned}$$

移项即得所要证的等式. 证毕.

推论 20.3.2 设 D 是平面上由一条或数条分段光滑的闭曲线围成的区域. 则其面积

$$|D| = \int_{\partial D} x\mathrm{d}y = -\int_{\partial D} y\mathrm{d}x = \frac{1}{2}\int_{\partial D} x\mathrm{d}y - y\mathrm{d}x.$$

其中 ∂D 的正向取为按 D 右旋的方向.

例 1 计算曲线积分

$$\int_C \frac{2(1+y^2)\mathrm{e}^{2x}\mathrm{d}x + y\mathrm{e}^{2x}dy}{\sqrt{1+y^2}},$$

其中 C 是上半椭圆 $\dfrac{(x-a)^2}{a^2} + \dfrac{y^2}{b^2} = 1$, 并从点 $O(0,0)$ 到点 $A(2a,0)$.

解 如果应用计算第二型曲线积分的公式直接计算, 则将十分复杂. 借助于格林公式, 可以转化为计算比较简单的积分. 为此令 D 为所给定的上半椭圆与线段 OA 所包围的区域 (图 20-3-4). 则应用格林公式得

$$\begin{aligned}\int_C \frac{2(1+y^2)\mathrm{e}^{2x}\mathrm{d}x + y\mathrm{e}^{2x}\mathrm{d}y}{\sqrt{1+y^2}} &= -\iint_D \left[\frac{\partial}{\partial x}\Big(\frac{y\mathrm{e}^{2x}}{\sqrt{1+y^2}}\Big) - \frac{\partial}{\partial y}\Big(\frac{2(1+y^2)\mathrm{e}^{2x}}{\sqrt{1+y^2}}\Big)\right]\mathrm{d}x\mathrm{d}y \\ &\quad + \int_{\overline{OA}} \frac{2(1+y^2)\mathrm{e}^{2x}\mathrm{d}x + y\mathrm{e}^{2x}\mathrm{d}y}{\sqrt{1+y^2}} \\ &= -\iint_D 0\mathrm{d}x\mathrm{d}y + \int_0^{2a} 2\mathrm{e}^{2x}\mathrm{d}x = \mathrm{e}^{2x}\Big|_0^{2a} = \mathrm{e}^{4a} - 1.\end{aligned}$$

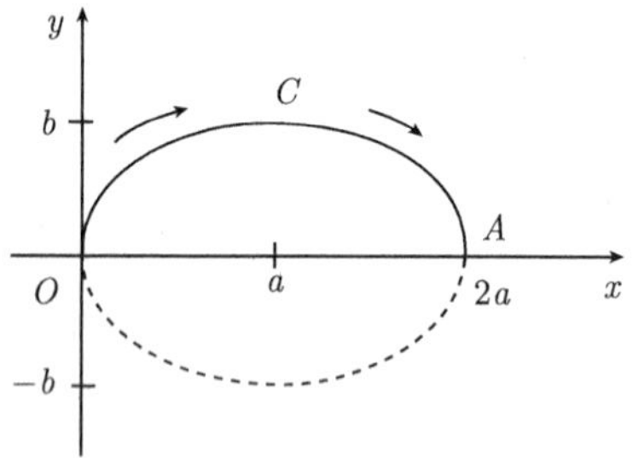

图 20-3-4 例 1 中的积分路径

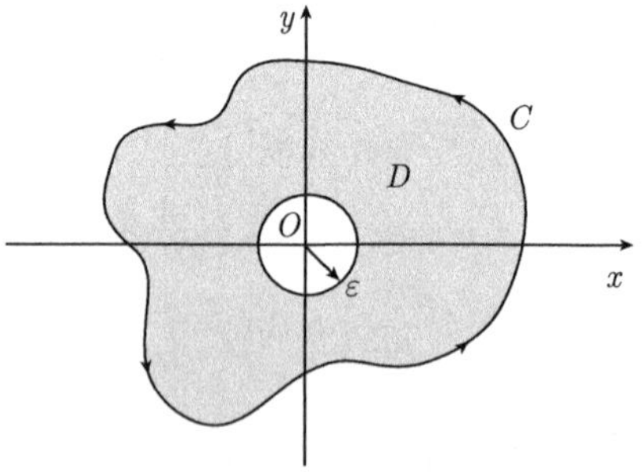

图 20-3-5 例 2 中的区域 $D/B_\varepsilon(0)$

例 2 计算曲线积分

$$I = \int_C \frac{x\mathrm{d}y - y\mathrm{d}x}{x^2+y^2},$$

其中 C 是逆时针旋转且不经过坐标原点的封闭分段光滑曲线. 考虑两种情况

(1) C 包围的区域不包含坐标原点; (2) C 包围的区域包含坐标原点.

解 用 D 表示 C 包围的区域. 则当 D 不包含坐标原点时, 函数 $P(x,y) =$

$-\dfrac{y}{x^2+y^2}$ 和 $Q(x,y)=\dfrac{x}{x^2+y^2}$ 都在 D 中连续可微. 因此应用格林公式得

$$\int_C \frac{x\mathrm{d}y-y\mathrm{d}x}{x^2+y^2}=\iint\limits_D\left[\frac{\partial}{\partial x}\left(\frac{x}{x^2+y^2}\right)-\frac{\partial}{\partial y}\left(\frac{-y}{x^2+y^2}\right)\right]\mathrm{d}x\mathrm{d}y$$
$$=\iint\limits_D\left(\frac{y^2-x^2}{(x^2+y^2)^2}+\frac{x^2-y^2}{(x^2+y^2)^2}\right)\mathrm{d}x\mathrm{d}y=0.$$

当 D 包含坐标原点时, 因原点是函数 $P(x,y)=-\dfrac{y}{x^2+y^2}$ 和 $Q(x,y)=\dfrac{x}{x^2+y^2}$ 的奇点, 即 P 和 Q 不可微因而不满足格林公式条件的点, 所以不能直接应用格林公式. 这时取 $\varepsilon>0$ 充分小使闭圆盘 $\overline{B_\varepsilon(0)}$ 包含于 D° (图 20-3-5). 在区域 $D\backslash B_\varepsilon(0)$ 上应用格林公式得

$$\int_C \frac{x\mathrm{d}y-y\mathrm{d}x}{x^2+y^2}=\iint\limits_{D\backslash B_\varepsilon(0)}\left[\frac{\partial}{\partial x}\left(\frac{x}{x^2+y^2}\right)-\frac{\partial}{\partial y}\left(\frac{-y}{x^2+y^2}\right)\right]\mathrm{d}x\mathrm{d}y+\int_{\partial B_\varepsilon(0)}\frac{x\mathrm{d}y-y\mathrm{d}x}{x^2+y^2}$$
$$=\frac{1}{\varepsilon^2}\int_{\partial B_\varepsilon(0)}x\mathrm{d}y-y\mathrm{d}x.$$

对最后这个积分再次应用格林公式, 就得到

$$\int_C \frac{x\mathrm{d}y-y\mathrm{d}x}{x^2+y^2}=\frac{1}{\varepsilon^2}\iint\limits_{B_\varepsilon(0)}\left(\frac{\partial x}{\partial x}-\frac{\partial(-y)}{\partial y}\right)\mathrm{d}x\mathrm{d}y$$
$$=\frac{2}{\varepsilon^2}\iint\limits_{B_\varepsilon(0)}\mathrm{d}x\mathrm{d}y=\frac{2}{\varepsilon^2}\cdot\pi\varepsilon^2=2\pi.$$

20.3.2 高斯公式

定理 20.3.2(高斯公式) 设 Ω 是空间中由一个或数个分块一阶光滑的闭曲面围成的有界闭区域, $P(x,y,z)$, $Q(x,y,z)$ 和 $R(x,y,z)$ 是定义在 Ω 上的一阶连续可微函数. 则有

$$\iiint_\Omega\left(\frac{\partial P}{\partial x}+\frac{\partial Q}{\partial y}+\frac{\partial R}{\partial z}\right)\mathrm{d}x\mathrm{d}y\mathrm{d}z=\iint\limits_{\partial\Omega}P\mathrm{d}y\mathrm{d}z+Q\mathrm{d}z\mathrm{d}x+R\mathrm{d}x\mathrm{d}y, \tag{20.3.4}$$

其中 $\partial\Omega$ 的正向取为区域 Ω 的外侧方向.

证明 与格林公式的证明类似, 先考虑 Ω 是一些特殊区域的情况.

先设 Ω 是第一类区域:

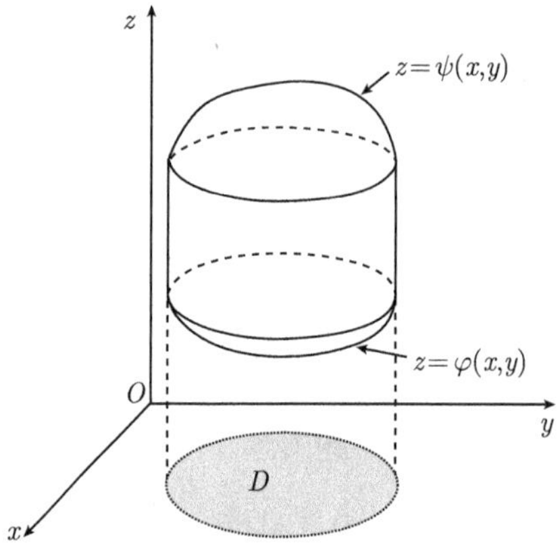

图 20-3-6　第一类区域

$$\Omega=\{(x,y,z):\ (x,y)\in D,\\ \varphi(x,y)\leqslant z\leqslant \psi(x,y)\},$$

其中, D 是平面上具有分段一阶光滑边界的有界区域, φ 和 ψ 都是区域 D 上的连续可微函数. 这时, Ω 的边界分为上底面、下底面和侧面三个部分 (图 20-3-6, 其中侧面有可能退化为一条封闭曲线), 分别记为 S_1, S_2 和 S_3, 它们的正侧规定与 $\partial\Omega$ 的正侧一致. 根据三重积分化累次积分的定理有

$$\begin{aligned}\iiint_\Omega \frac{\partial R}{\partial z}\mathrm{d}x\mathrm{d}y\mathrm{d}z &= \iint\limits_D \Big(\int_{\varphi(x,y)}^{\psi(x,y)} \frac{\partial R}{\partial z}dz\Big)\mathrm{d}x\mathrm{d}y\\ &= \iint\limits_D [R(x,y,\psi(x,y))-R(x,y,\varphi(x,y))]\mathrm{d}x\mathrm{d}y.\end{aligned}$$

再来考虑 $\iint_{\partial\Omega} R\mathrm{d}x\mathrm{d}y$. 有

$$\begin{aligned}\iint_{\partial\Omega} R\mathrm{d}x\mathrm{d}y &= \iint_{S_1} R\mathrm{d}x\mathrm{d}y + \iint_{S_2} R\mathrm{d}x\mathrm{d}y + \iint_{S_3} R\mathrm{d}x\mathrm{d}y\\ &= \iint\limits_D R(x,y,\psi(x,y))\mathrm{d}x\mathrm{d}y - \iint\limits_D R(x,y,\varphi(x,y))\mathrm{d}x\mathrm{d}y.\end{aligned}$$

最后这个等式用到

$$\iint_{S_3} R\mathrm{d}x\mathrm{d}y = 0,$$

这是因为 S_3 在 Oxy 坐标面上的投影是一条曲线, 其面积为零, 所以根据第二型曲面积分的定义可知任意函数在 S_3 上关于 xy 坐标的第二型曲面积分都是零. 这就证明了

$$\iiint_\Omega \frac{\partial R}{\partial z}\mathrm{d}x\mathrm{d}y\mathrm{d}z = \iint\limits_{\partial\Omega} R\mathrm{d}x\mathrm{d}y. \tag{20.3.5}$$

同理可证, 当 Ω 是第二类区域, 即形如

$$\Omega=\{(x,y,z):\ (y,z)\in D,\ \varphi(y,z)\leqslant x\leqslant \psi(y,z)\}$$

的区域时, 有

$$\iiint_\Omega \frac{\partial P}{\partial x}\mathrm{d}x\mathrm{d}y\mathrm{d}z = \iint\limits_{\partial\Omega} P\mathrm{d}y\mathrm{d}z. \tag{20.3.6}$$

当 Ω 是第三类区域, 即形如

$$\Omega=\{(x,y,z):(z,x)\in D,:\ \varphi(z,x)\leqslant y\leqslant\psi(z,x)\}$$

的区域时, 有

$$\iiint_{\Omega}\frac{\partial Q}{\partial x}\mathrm{d}x\mathrm{d}y\mathrm{d}z=\iint\limits_{\partial\Omega}Q\mathrm{d}z\mathrm{d}x. \tag{20.3.7}$$

因此, 如果 Ω 同时兼备这样三类区域的性质 (称这种区域为简单区域), 则把式 (20.3.5), 式 (20.3.6) 和式 (20.3.7) 三式相加, 就得到了式 (20.3.4).

显然, 如果 Ω 不是简单区域但却能够剖分成有限个简单区域的并集, 则类似于格林公式的推导即知式 (20.3.4) 仍然成立. 对于如定理条件所述的一般区域, 可以通过用内接多面体去逼近区域 Ω 的方法, 来证明式 (20.3.4) 也是成立的. 详细的推导这里从略. 证毕.

由高斯公式可知, 对于三重积分 $\iiint_{\Omega}f(x,y,z)\mathrm{d}x\mathrm{d}y\mathrm{d}z$, 如果存在三个连续可微的函数 P, Q 和 R 使被积函数有表达式

$$f(x,y,z)=\frac{\partial P(x,y,z)}{\partial x}+\frac{\partial Q(x,y,z)}{\partial y}+\frac{\partial R(x,y,z)}{\partial z},$$

则此三重积分可以化为在区域 Ω 的边界 $\partial\Omega$ 上的面积分

$$\iiint_{\Omega}f(x,y,z)\mathrm{d}x\mathrm{d}y\mathrm{d}z=\iint\limits_{\partial\Omega}P\mathrm{d}y\mathrm{d}z+Q\mathrm{d}z\mathrm{d}x+R\mathrm{d}x\mathrm{d}y.$$

推论 20.3.3(三维分部积分公式)　设 Ω 是 $\mathbf{R}^3$ 中具有连续边界的有界闭区域, P, Q, R, U, V, W 都是 Ω 上的连续可微函数. 则有

$$\iiint_{\Omega}\Big(P\frac{\partial U}{\partial x}+Q\frac{\partial V}{\partial y}+R\frac{\partial W}{\partial z}\Big)\mathrm{d}x\mathrm{d}y\mathrm{d}z=\iint\limits_{\partial\Omega}(PU\cos\alpha+QV\cos\beta+RW\cos\gamma)\mathrm{d}\sigma$$
$$-\iiint_{\Omega}\Big(U\frac{\partial P}{\partial x}+V\frac{\partial Q}{\partial y}+W\frac{\partial R}{\partial z}\Big)\mathrm{d}x\mathrm{d}y\mathrm{d}z.$$

其中 $(\cos\alpha,\cos\beta,\cos\gamma)$ 是 Ω 边界的单位外法向量的方向余弦.

证明　应用高斯公式, 有

$$\iiint_{\Omega}\Big(P\frac{\partial U}{\partial x}+Q\frac{\partial V}{\partial y}+R\frac{\partial W}{\partial z}\Big)\mathrm{d}x\mathrm{d}y\mathrm{d}z+\iiint_{\Omega}\Big(U\frac{\partial P}{\partial x}+V\frac{\partial Q}{\partial y}+W\frac{\partial R}{\partial z}\Big)\mathrm{d}x\mathrm{d}y\mathrm{d}z$$
$$=\iiint_{\Omega}\Big(\frac{\partial(PU)}{\partial x}+\frac{\partial(QV)}{\partial y}+\frac{\partial(RW)}{\partial z}\Big)\mathrm{d}x\mathrm{d}y\mathrm{d}z$$
$$=\iint\limits_{\partial\Omega}PU\mathrm{d}y\mathrm{d}z+QV\mathrm{d}z\mathrm{d}x+RW\mathrm{d}x\mathrm{d}y$$
$$=\iint\limits_{\partial\Omega}(PU\cos\alpha+QV\cos\beta+RW\cos\gamma)\mathrm{d}\sigma.$$

移项即得所要证的等式. 证毕.

推论 20.3.4 设 Ω 是空间中由一个或数个分块光滑的闭曲面围成的区域. 则其体积

$$|\Omega| = \iint\limits_{\partial\Omega} x\mathrm{d}y\mathrm{d}z = \iint\limits_{\partial\Omega} y\mathrm{d}z\mathrm{d}x = \iint\limits_{\partial\Omega} z\mathrm{d}x\mathrm{d}y$$
$$= \frac{1}{3}\iint\limits_{\partial\Omega} x\mathrm{d}y\mathrm{d}z + y\mathrm{d}z\mathrm{d}x + z\mathrm{d}x\mathrm{d}y,$$

其中 $\partial\Omega$ 的正侧取为外侧.

例 3 计算曲面积分

$$I = \iint\limits_{S} x^2\mathrm{d}y\mathrm{d}z + y^2\mathrm{d}z\mathrm{d}x + z^2\mathrm{d}x\mathrm{d}y,$$

其中 S 是圆锥面 $x^2+y^2=z^2$ 夹在平面 $z=0$ 和 $z=c\ (c>0)$ 之间的部分, 正侧为圆锥面的外侧.

解 令 Ω 为圆锥面 $x^2+y^2=z^2$ 和平面 $z=c$ 所包围的区域, 则应用高斯公式得

$$\begin{aligned}\iint\limits_{S} x^2\mathrm{d}y\mathrm{d}z + y^2\mathrm{d}z\mathrm{d}x + z^2\mathrm{d}x\mathrm{d}y &= \iiint_{\Omega} 2(x+y+z)\mathrm{d}x\mathrm{d}y\mathrm{d}z \\ &\quad - \iint_{z=c,x^2+y^2\leqslant c^2} x^2\mathrm{d}y\mathrm{d}z + y^2\mathrm{d}z\mathrm{d}x + z^2\mathrm{d}x\mathrm{d}y \\ &= 2\iiint_{\Omega} z\mathrm{d}x\mathrm{d}y\mathrm{d}z - c^2\iint_{x^2+y^2\leqslant c^2}\mathrm{d}x\mathrm{d}y \\ &= 2\int_0^{2\pi}\mathrm{d}\theta\int_0^c\mathrm{d}z\int_0^z zr\mathrm{d}r - \pi c^4 \\ &= 2\pi\int_0^c z^3\mathrm{d}z - \pi c^4 = \frac{1}{2}\pi c^4 - \pi c^4 = -\frac{1}{2}\pi c^4.\end{aligned}$$

例 4 计算曲面积分

$$I = \frac{Q}{4\pi\varepsilon_0}\iint\limits_{S}\frac{x\mathrm{d}y\mathrm{d}z + y\mathrm{d}z\mathrm{d}x + z\mathrm{d}x\mathrm{d}y}{(x^2+y^2+z^2)^{\frac{3}{2}}},$$

其中 S 是不经过坐标原点的分块光滑的闭曲面, 以外侧为正侧. 考虑两种情况:

(1) S 包围的区域不包含坐标原点; (2) S 包围的区域包含坐标原点.

解 用 Ω 表示 S 包围的区域. 当 Ω 不包含坐标原点时, 直接应用高斯公式得

$$I = \frac{Q}{4\pi\varepsilon_0}\iiint_{\Omega}\left[\frac{\partial}{\partial x}\left(\frac{x}{r^3}\right) + \frac{\partial}{\partial y}\left(\frac{y}{r^3}\right) + \frac{\partial}{\partial z}\left(\frac{z}{r^3}\right)\right]\mathrm{d}x\mathrm{d}y\mathrm{d}z \qquad \left(r = \sqrt{x^2+y^2+z^2}\right)$$

$$= \frac{Q}{4\pi\varepsilon_0}\iiint_{\Omega}\left(\frac{r^2-3x^2}{r^5} + \frac{r^2-3y^2}{r^5} + \frac{r^2-3z^2}{r^5}\right)\mathrm{d}x\mathrm{d}y\mathrm{d}z = 0.$$

当 Ω 包含坐标原点时, 与例 2 类似取 $\varepsilon > 0$ 充分小使闭球 $\overline{B_\varepsilon(0)}$ 包含于 Ω 的内域. 在区域 $\Omega\backslash B_\varepsilon(0)$ 上应用高斯公式得

$$\begin{aligned}
I =& \frac{Q}{4\pi\varepsilon_0}\iiint_{\Omega\backslash B_\varepsilon(0)}\left[\frac{\partial}{\partial x}\left(\frac{x}{r^3}\right)+\frac{\partial}{\partial y}\left(\frac{y}{r^3}\right)+\frac{\partial}{\partial z}\left(\frac{z}{r^3}\right)\right]\mathrm{d}x\mathrm{d}y\mathrm{d}z \\
&+\frac{Q}{4\pi\varepsilon_0}\iint_{\partial B_\varepsilon(0)}\frac{x\mathrm{d}y\mathrm{d}z+y\mathrm{d}z\mathrm{d}x+z\mathrm{d}x\mathrm{d}y}{(x^2+y^2+z^2)^{\frac{3}{2}}} \\
=& \frac{Q}{4\pi\varepsilon_0\varepsilon^3}\iint_{\partial B_\varepsilon(0)}x\mathrm{d}y\mathrm{d}z+y\mathrm{d}z\mathrm{d}x+z\mathrm{d}x\mathrm{d}y \\
=& \frac{Q}{4\pi\varepsilon_0\varepsilon^3}\iiint_{B_\varepsilon(0)}3\,\mathrm{d}x\mathrm{d}y\mathrm{d}z = \frac{3Q}{4\pi\varepsilon_0\varepsilon^3}\cdot\frac{4}{3}\pi\varepsilon^3 = \frac{Q}{\varepsilon_0}.
\end{aligned}$$

20.3.3　斯托克斯公式

定理 20.3.3(斯托克斯公式)　设 S 是空间中的一个分块光滑曲面, 其边界 C 是分段光滑的封闭曲线. 又设 $P(x,y,z)$, $Q(x,y,z)$ 和 $R(x,y,z)$ 是在包含曲面 S 连同其边界 C 的某个区域 Ω 上的一阶连续可微的函数. 则有

$$\begin{aligned}
&\iint\limits_S\left(\frac{\partial R}{\partial y}-\frac{\partial Q}{\partial z}\right)\mathrm{d}y\mathrm{d}z+\left(\frac{\partial P}{\partial z}-\frac{\partial R}{\partial x}\right)\mathrm{d}z\mathrm{d}x+\left(\frac{\partial Q}{\partial x}-\frac{\partial P}{\partial y}\right)\mathrm{d}x\mathrm{d}y \\
=&\int_C P\mathrm{d}x+Q\mathrm{d}y+R\mathrm{d}z,
\end{aligned} \tag{20.3.8}$$

其中 S 的正侧与 C 的正向按右手螺旋法则确定, 即把右手的四个手指指向 C 的正向, 则大拇指便指向 S 的正侧.

证明　先考虑一种特殊情况. 设曲面 S 由参数方程

$$x = x(u,v),\quad y = y(u,v),\quad z = z(u,v),\quad (u,v)\in D$$

给出, 并且曲线 C 是区域 D 的边界 ∂D 在此映照下的图像, 而 ∂D 由参数方程

$$u = u(t),\quad v = v(t),\quad a\leqslant t\leqslant b$$

给出, 其中, $u(a) = u(b)$, $v(a) = v(b)$, 且 $x(u,v)$, $y(u,v)$ 和 $z(u,v)$ 都在区域 D 上有二阶连续的偏导数, $u(t)$ 和 $v(t)$ 在 $[a,b]$ 上分段连续可微 (图 20-3-7). 为下面推导中记号简单, 引进以下记号

$$x(t) = x(u(t),v(t)),\quad y(t) = y(u(t),v(t)),\quad z(t) = z(u(t),v(t)),$$

$$P(u,v) = P(x(u,v),y(u,v),z(u,v)), f(u,v) = P(u,v)x_u(u,v),\quad g(u,v) = P(u,v)x_v(u,v).$$

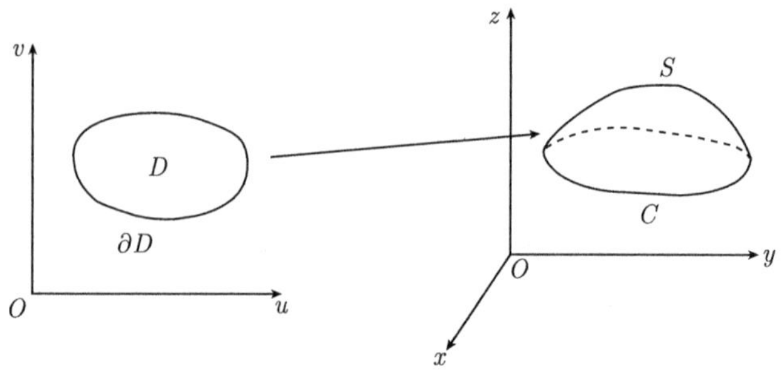

图 20-3-7　曲面 S 与平面区域 D

下面证明

$$\iint_S \frac{\partial P}{\partial z}\mathrm{d}z\mathrm{d}x - \frac{\partial P}{\partial y}\mathrm{d}x\mathrm{d}y = \int_C P(x,y,z)\mathrm{d}x. \tag{20.3.9}$$

我们有

$$\begin{aligned}\int_C P(x,y,z)\mathrm{d}x &= \int_a^b P(x(t),y(t),z(t))x'(t)\mathrm{d}t\\ &= \int_a^b P(u(t),v(t))[x_u(u(t),v(t))u'(t)+x_v(u(t),v(t))v'(t)]\mathrm{d}t\\ &= \int_a^b [f(u(t),v(t))u'(t)+g(u(t),v(t))v'(t)]\mathrm{d}t\\ &= \int_{\partial D} f(u,v)du+g(u,v)\mathrm{d}v.\end{aligned}$$

应用格林公式得

$$\begin{aligned}\int_{\partial D} f(u,v)\mathrm{d}u+g(u,v)\mathrm{d}v &= \iint_D \Big(\frac{\partial g(u,v)}{\partial u}-\frac{\partial f(u,v)}{\partial v}\Big)\mathrm{d}u\mathrm{d}v\\ &= \iint_D [P_u(u,v)x_v(u,v)-P_v(u,v)x_u(u,v)]\mathrm{d}u\mathrm{d}v.\end{aligned}$$

由于

$$\begin{aligned}P_u x_v - P_v x_u &= (P_x x_u + P_y y_u + P_z z_u)x_v - (P_x x_v + P_y y_v + P_z z_v)x_u\\ &= P_z(z_u x_v - z_v x_u) - P_y(x_u y_v - x_v y_u)\\ &= \frac{\partial P}{\partial z}\frac{\partial(z,x)}{\partial(u,v)} - \frac{\partial P}{\partial y}\frac{\partial(x,y)}{\partial(u,v)},\end{aligned}$$

所以

$$\int_{\partial D} f(u,v)\mathrm{d}u+g(u,v)\mathrm{d}v=\iint\limits_{D}\left(\frac{\partial P}{\partial z}\frac{\partial(z,x)}{\partial(u,v)}-\frac{\partial P}{\partial y}\frac{\partial(x,y)}{\partial(u,v)}\right)\mathrm{d}u\mathrm{d}v$$
$$=\iint\limits_{S}\frac{\partial P}{\partial z}\mathrm{d}z\mathrm{d}x-\frac{\partial P}{\partial y}\mathrm{d}x\mathrm{d}y.$$

这就证明了式 (20.3.9).

同理可证

$$\iint\limits_{S}\frac{\partial Q}{\partial x}\mathrm{d}x\mathrm{d}y-\frac{\partial Q}{\partial z}\mathrm{d}y\mathrm{d}z=\int_C Q(x,y,z)\mathrm{d}y, \tag{20.3.10}$$

$$\iint\limits_{S}\frac{\partial R}{\partial y}\mathrm{d}y\mathrm{d}x-\frac{\partial R}{\partial x}\mathrm{d}z\mathrm{d}x=\int_C R(x,y,z)\mathrm{d}z. \tag{20.3.11}$$

把式 (20.3.9)～式 (20.3.11) 相加, 就得到了式 (20.3.8).

对于 S 是一般的分块二阶光滑曲面的情况, 可以对它进行剖分, 使得剖分出的每个小块曲面都满足前面假设的条件, 进而运用与格林公式的证明类似的推导, 即知对这样的曲面而言式 (20.3.8) 仍然成立.

最后, 对一般的分块光滑曲面, 可通过用分块二阶光滑曲面来逼近的方法证明式 (20.3.8). 细节这里从略. 证毕.

斯托克斯公式中曲面积分部分的表达式不好记忆. 为了解决这个问题, 把这部分表达式写作一个行列式, 即

$$\left(\frac{\partial R}{\partial y}-\frac{\partial Q}{\partial z}\right)\mathrm{d}y\mathrm{d}z+\left(\frac{\partial P}{\partial z}-\frac{\partial R}{\partial x}\right)\mathrm{d}z\mathrm{d}x+\left(\frac{\partial Q}{\partial x}-\frac{\partial P}{\partial y}\right)\mathrm{d}x\mathrm{d}y=\begin{vmatrix}\mathrm{d}y\mathrm{d}z & \mathrm{d}z\mathrm{d}x & \mathrm{d}x\mathrm{d}y\\ \dfrac{\partial}{\partial x} & \dfrac{\partial}{\partial y} & \dfrac{\partial}{\partial z}\\ P & Q & R\end{vmatrix}.$$

因此斯托克斯公式可以形式地表示成

$$\int_{\partial S} P\mathrm{d}x+Q\mathrm{d}y+R\mathrm{d}z=\iint\limits_{S}\begin{vmatrix}\mathrm{d}y\mathrm{d}z & \mathrm{d}z\mathrm{d}x & \mathrm{d}x\mathrm{d}y\\ \dfrac{\partial}{\partial x} & \dfrac{\partial}{\partial y} & \dfrac{\partial}{\partial z}\\ P & Q & R\end{vmatrix}.$$

必须注意, 这样的写法是纯形式的, 完全是为了记忆方便. 21 章将学习微分形式和外微分运算. 借助于这些数学工具, 斯托克斯公式就变得很简单因而很容易记忆了, 见 21.3 节末尾的说明.

例 5　计算曲线积分

$$\int_C (x^2-yz)\mathrm{d}x+(y^2-xz)\mathrm{d}y+(z^2-xy)\mathrm{d}z,$$

其中 C 是螺线 $x=a\cos\theta,\ y=a\sin\theta,\ z=b\theta$ 从点 $A(a,0,0)$ 到点 $B(a,0,2\pi b)$ 的部分.

解 令 S 是以由直线段 AB 和曲线 C 形成的封闭曲线为边界的任意光滑曲面, 正侧为 Oz 轴的正向一侧. 则根据斯托克斯公式有

$$\int_C (x^2-yz)\mathrm{d}x+(y^2-xz)\mathrm{d}y+(z^2-xy)\mathrm{d}z$$

$$=\int_{\overline{AB}}(x^2-yz)\mathrm{d}x+(y^2-xz)\mathrm{d}y+(z^2-xy)\mathrm{d}z+\iint_S \begin{vmatrix} \mathrm{d}y\mathrm{d}z & \mathrm{d}z\mathrm{d}x & \mathrm{d}x\mathrm{d}y \\ \dfrac{\partial}{\partial x} & \dfrac{\partial}{\partial y} & \dfrac{\partial}{\partial z} \\ x^2-yz & y^2-xz & z^2-xy \end{vmatrix}$$

$$=\int_0^{2\pi b} z^2\mathrm{d}z=\frac{8}{3}\pi^3b^3.$$

习 题 20.3

1. 应用格林公式计算下列积分:

(1) $\displaystyle\int_C ax^2y\mathrm{d}x+bxy^2\mathrm{d}y$, 其中, C 为圆周 $x^2+y^2=R^2\ (R>0)$, 正向为顺时针方向;

(2) $\displaystyle\int_C (x-y)^m\mathrm{d}x+(x+y)^n\mathrm{d}y$ (m,n 为正整数), 其中, C 为正方形区域 $|x+y|\leqslant 1$, $|x-y|\leqslant 1$ 的边界线, 正向为逆时针方向;

(3) $\displaystyle\int_C (mx^3+a^2y^3-3cxy^2)\mathrm{d}x-(a^2x^3+ny^3+3cx^2y)\mathrm{d}y$, 其中, C 为椭圆 $\dfrac{x^2}{a^2}+\dfrac{y^2}{b^2}=1$, 正向为顺时针方向;

(4) $\displaystyle\int_C (\mathrm{e}^x\sin y-ay)\mathrm{d}x+(\mathrm{e}^x\cos y+ax)\mathrm{d}y$, 其中, C 为两条抛物线 $y=ax^2-1$ 和 $y=1-ax^2\ (a>0)$ 包围区域的边界线, 正向为逆时针方向;

(5) $\displaystyle\int_C \mathrm{e}^x(x\cos y-y\sin y)\mathrm{d}x-\mathrm{e}^x(y\cos y+x\sin y)\mathrm{d}y$, 其中, C 为上半圆周 $x^2+y^2=2ax,\ y\geqslant 0$, 正向为从原点到 $(2a,0)$;

(6) $\displaystyle\int_C (y\sin xy+\sin x\cosh y-y)\mathrm{d}x+(x\sin xy-\cos x\sinh y+x)\mathrm{d}y$, 其中, C 为折线 OAB, 而 $O,\ A,\ B$ 三点的坐标分别为 $(0,0),\ (1,1),\ (2,0)$.

2. 设 C_a 为半圆周 $x^2+y^2=2ax,\ y\geqslant 0\ (a>0)$, 且以 $O(0,0)$ 为始点, 以 $A(2a,0)$ 为终点. 证明:

$$\lim_{a\to+\infty}\int_{C_a}\mathrm{e}^{y^2-x^2}(\cos 2xy\mathrm{d}x+\sin 2xy\mathrm{d}y)=\frac{\sqrt{\pi}}{2}.$$

3. 设 C 为平面上的光滑简单闭曲线, $\boldsymbol{n}$ 是其单位外法向量, $\boldsymbol{l}$ 为平面上任意一个固定的单位向量. 证明:

$$\int_C \cos\langle\boldsymbol{n},\boldsymbol{l}\rangle \mathrm{d}s = 0.$$

4. 设 C 为平面上的光滑简单闭曲线, $\boldsymbol{n}$ 是其单位外法向量, $\boldsymbol{r}$ 为从平面上一固定点 $P_0(x_0, y_0)$ 到 C 上任意点 $P(x, y)$ 的向径, $r = |\boldsymbol{r}|$. 证明:

$$\int_C \frac{\cos\langle\boldsymbol{n},\boldsymbol{r}\rangle}{r}\mathrm{d}s = \begin{cases} 0, & \text{当 } P_0 \text{ 在 } C \text{ 包围的区域外面}, \\ 2\pi, & \text{当 } P_0 \text{ 在 } C \text{ 包围的区域里面}. \end{cases}$$

5. 应用高斯公式计算下列积分:

(1) $\displaystyle\iint_S \cos x^2 \mathrm{d}y\mathrm{d}z + \cos y^2 \mathrm{d}z\mathrm{d}x + \cos z^2 \mathrm{d}x\mathrm{d}y$, 其中 S 为立方体 $0 \leqslant x \leqslant \sqrt{\pi}$, $0 \leqslant y \leqslant \sqrt{\pi}$, $0 \leqslant z \leqslant \sqrt{\pi}$ 的外表面;

(2) $\displaystyle\iint_S \frac{x^3}{a^2}\mathrm{d}y\mathrm{d}z + \frac{y^3}{b^2}\mathrm{d}z\mathrm{d}x + \frac{z^3}{c^2}\mathrm{d}x\mathrm{d}y$, 其中 S 为椭球面 $\dfrac{x^2}{a^2} + \dfrac{y^2}{b^2} + \dfrac{z^2}{c^2} = 1$ 的外表面;

(3) $\displaystyle\iint_S x\mathrm{d}y\mathrm{d}z + y\mathrm{d}z\mathrm{d}x + z\mathrm{d}x\mathrm{d}y$, 其中 S 为上半球面 $z = \sqrt{a^2 - x^2 - y^2}$ 的上侧;

(4) $\displaystyle\iint_S (a_1x + b_1y + c_1z)\mathrm{d}y\mathrm{d}z + (a_2x + b_2y + c_2z)\mathrm{d}z\mathrm{d}x + (a_3x + b_3y + c_3z)\mathrm{d}x\mathrm{d}y$, 其中 S 为以下八面体的外表面.

$$|3x + 2y + z| + |x + 3y + 2z| + |2x + y + 3z| \leqslant 1;$$

(5) $\displaystyle\iint_S x^3\mathrm{d}y\mathrm{d}z + y^3\mathrm{d}z\mathrm{d}x + z^3\mathrm{d}x\mathrm{d}y$, 其中 S 为圆锥面 $z^2 = x^2 + y^2$ 在 $0 \leqslant z \leqslant h$ 的部分, 以上侧为正侧.

6. 证明:

$$\iiint_\Omega \frac{\mathrm{d}x\mathrm{d}y\mathrm{d}z}{r} = \frac{1}{2}\iint_{\partial\Omega} \cos\langle\boldsymbol{r},\boldsymbol{n}\rangle \mathrm{d}\sigma,$$

其中, Ω 是以分块光滑的简单闭曲面为边界的有界区域, $\boldsymbol{n}$ 为 $\partial\Omega$ 的单位外法向量, $\boldsymbol{r}$ 为空间任意点 (x, y, z) 的向径, $r = |\boldsymbol{r}|$.

7. $\mathbf{R}^3$ 上的拉普拉斯算子 Δ 定义为

$$\Delta u = \frac{\partial^2 u}{\partial x^2} + \frac{\partial^2 u}{\partial y^2} + \frac{\partial^2 u}{\partial z^2}.$$

设 Ω 是以分块光滑的简单闭曲面为边界的有界闭区域, $\boldsymbol{n}$ 为 $\partial\Omega$ 的单位外法向量. 假定 u,v 都是 Ω 上的二阶连续可微函数. 证明以下公式:

(1) $\displaystyle\iint\limits_{\Omega} v\Delta u\mathrm{d}x\mathrm{d}y\mathrm{d}z = \iint\limits_{\partial\Omega} v\frac{\partial u}{\partial \boldsymbol{n}}\mathrm{d}\sigma - \iiint_{\Omega}\nabla u\cdot\nabla v\mathrm{d}x\mathrm{d}y\mathrm{d}z$;

(2) $\displaystyle\iiint_{\Omega}(u\Delta v - v\Delta u)\mathrm{d}x\mathrm{d}y\mathrm{d}z = \iint\limits_{\partial\Omega}\left(u\frac{\partial v}{\partial \boldsymbol{n}} - v\frac{\partial u}{\partial \boldsymbol{n}}\right)\mathrm{d}S$;

(3) $\displaystyle\iiint_{\Omega} u\Delta u\mathrm{d}x\mathrm{d}y\mathrm{d}z = \iint\limits_{\partial\Omega} u\frac{\partial u}{\partial \boldsymbol{n}}\mathrm{d}\sigma - \iiint_{\Omega}|\nabla u|^2\mathrm{d}x\mathrm{d}y\mathrm{d}z$;

(4) $\displaystyle\iiint_{\Omega}\Delta u\mathrm{d}x\mathrm{d}y\mathrm{d}z = \iint\limits_{\partial\Omega}\frac{\partial u}{\partial \boldsymbol{n}}\mathrm{d}\sigma$.

8. 设 S 是分块光滑的简单闭曲面. 令 V 表示由 S 所围区域的体积. 证明以下公式:

(1) $\displaystyle V = \frac{1}{6}\iint\limits_{S} x\mathrm{d}y\mathrm{d}z + 2y\mathrm{d}z\mathrm{d}x + 3z\mathrm{d}x\mathrm{d}y$;

(2) $\displaystyle V = \frac{1}{3}\iint\limits_{S}|\boldsymbol{r}|\cos\langle\boldsymbol{r},\boldsymbol{n}\rangle\mathrm{d}\sigma$, 其中 $\boldsymbol{r}$ 为 S 上任意点 (x,y,z) 的向径.

9. 应用斯托克斯公式计算下列积分:

(1) $\displaystyle\int_C (y-z)\mathrm{d}x + (z-x)\mathrm{d}y + (x-y)\mathrm{d}z$, 其中, C 为圆柱面 $x^2+y^2=a^2$ 与平面 $\dfrac{x}{a}+\dfrac{z}{b}=1$ 的交线, 从 Oz 轴正向看其走向为逆时针方向;

(2) $\displaystyle\int_C (y+z)\mathrm{d}x + (z+x)\mathrm{d}y + (x+y)\mathrm{d}z$, 其中,$C$ 为椭球面 $\dfrac{x^2}{a^2}+\dfrac{y^2}{b^2}+\dfrac{z^2}{c^2}=1$ 与平面 $\dfrac{x}{a}+\dfrac{y}{b}+\dfrac{z}{c}=0$ 的交线, 从 Oz 轴正向看其走向为逆时针方向;

(3) $\displaystyle\int_C (y^2-z^2)\mathrm{d}x + (z^2-x^2)\mathrm{d}y + (x^2-y^2)\mathrm{d}z$, 其中, C 为球面 $x^2+y^2+z^2=a^2$ 与平面 $x+y+z=0$ 的交线, 从 Oz 轴正向看其走向为逆时针方向;

(4) $\displaystyle\int_C (y^2+z^2)\mathrm{d}x + (z^2+x^2)\mathrm{d}y + (x^2+y^2)\mathrm{d}z$, 其中, C 为球面 $x^2+y^2+z^2=2ax$ 与圆柱面 $x^2+y^2=2bx\ (0<b<a)$ 的交线在上半空间 $z\geqslant 0$ 的部分, 其走向为球面 $x^2+y^2+z^2=2ax$ 上它所包围面积小的区域在其左侧.

第 21 章

广义重积分和含参量的重积分

正如一元函数的积分需要考虑广义积分和含参变量的积分一样, 对于多元函数的积分即重积分, 同样也需要考虑广义重积分和含参变量的重积分. 这些理论基本上是与一元函数的广义积分和含参变量的积分理论平行的. 本章首先对广义重积分和含参变量的重积分做简单的讨论, 然后将重点考虑与含参变量的重积分紧密相关的两个问题: 函数的磨光和单位分解, 它们在处理许多涉及多元函数的问题时有重要的应用.

21.1 广义重积分和含参量的重积分

21.1.1 广义重积分

和一元函数的广义积分一样, 多元函数的广义重积分也在许多理论和应用问题中经常遇到. 例如, 从 5.3 节知道, 大气密度 ρ 随海拔高度 h 变化的公式为

$$\rho = \rho_0 \mathrm{e}^{-\lambda h},$$

其中, ρ_0 表示海平面上的大气密度, λ 为正常数. 因此, 如果以地球中心为坐标原点建立笛卡儿直角坐标系, 并令 R 表示地球的半径 (认为地球是一个严格的球体), 则在区域 $x^2+y^2+z^2 \geqslant R^2$ 中的任意一点 (x,y,z), 大气的密度为

$$\rho(x,y,z) = \rho_0 \mathrm{e}^{-\lambda(\sqrt{x^2+y^2+z^2}-R)} = a\mathrm{e}^{-\lambda\sqrt{x^2+y^2+z^2}},$$

其中 $a=\rho_0\mathrm{e}^{\lambda R}$. 依据此公式, 围绕在地球周围的大气的总质量为广义重积分:

$$M = a\iiint_{x^2+y^2+z^2\geqslant R^2} \mathrm{e}^{-\lambda\sqrt{x^2+y^2+z^2}}\mathrm{d}x\mathrm{d}y\mathrm{d}z.$$

定义 21.1.1 设 Ω 是 $\mathbf{R}^m$ 中的一个具有连续边界的无界区域, f 是定义在 Ω 上的函数, 使得对任意具有连续边界的有界区域 $U\subseteq\Omega$, f 都在 U 上黎曼可积. 如果存在实数 I, 使对任意给定的 $\varepsilon>0$, 都存在相应的 $R>0$, 使对任意满足条件

$$\Omega\bigcap B(0,R)\subseteq U\subseteq\Omega \tag{21.1.1}$$

的具有连续边界的有界区域 U 都成立

$$\left|\int_U f(x)\mathrm{d}x - I\right| < \varepsilon, \tag{21.1.2}$$

则称广义重积分 $\int_\Omega f(x)\mathrm{d}x$ **收敛**, 并称 I 为该广义重积分的**积分值**, 记作 $\int_\Omega f(x)\mathrm{d}x = I$.

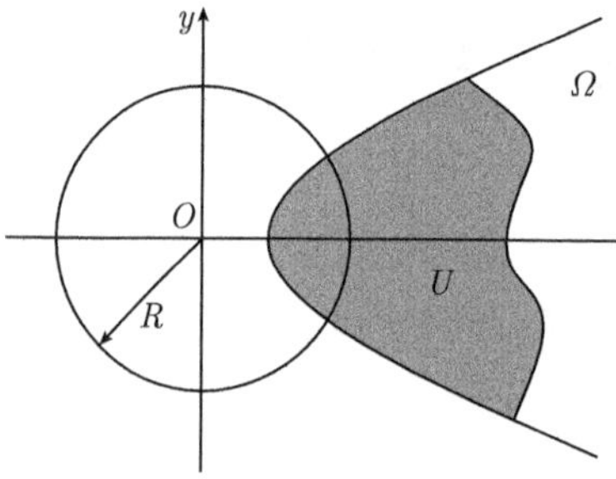

图 21-1-1 区域 U 的位置

上述定义中三个区域 $\Omega\bigcap B(0,R)$, U 和 Ω 的关系如图 21-1-1 所示.

对于定义在无界区间 $[a,+\infty)$ 上的一元函数 f, 无穷积分 $\int_a^{+\infty} f(x)\mathrm{d}x$ 是作为函数 $F(b) = \int_a^b f(x)\mathrm{d}x$ 当 $b\to+\infty$ 时的极限定义的. 上述定义表明, 多元函数在无界区域上的广义重积分则不能按此方法处理. 特别地, 广义重积分 $\int_\Omega f(x)\mathrm{d}x$ 不能作为函数

$$F(R) = \int_{\Omega\bigcap B(0,R)} f(x)\mathrm{d}x$$

当 $R\to+\infty$ 时的极限来定义. 例如, 在整个 $\mathbf{R}^2$ 上的广义重积分 $\iint_{\mathbf{R}^2} x\mathrm{d}x\mathrm{d}y$ 显然不能认为是收敛的 (按定义 21.1.1 它也的确不收敛). 但是显然有

$$F(R) = \iint_{B(0,R)} x\mathrm{d}x\mathrm{d}y = 0 \to 0 \quad \text{当}\ R\to+\infty.$$

这个例子也说明, 在定义 21.1.1 中要求使式 (21.1.2) 成立的区域 U 是满足条件 (21.1.1) 的任意区域, 而不是某类特别的区域, 是很重要的.

当然, 如果已经知道广义重积分 $\int_\Omega f(x)\mathrm{d}x$ 收敛, 则当 $R\to+\infty$ 时函数 $F(R) = \int_{\Omega\bigcap B(0,R)} f(x)\mathrm{d}x$ 显然也收敛, 且

$$\lim_{R\to+\infty}\int_{\Omega\bigcap B(0,R)} f(x)\mathrm{d}x = \int_\Omega f(x)\mathrm{d}x,$$

即考虑函数 $F(R)$ 当 $R\to+\infty$ 时的极限可以用来求已经确立了收敛性的广义重积分 $\int_\Omega f(x)\mathrm{d}x$ 的积分值.

虽然无界区域上的广义重积分与一元函数的无穷积分有以上重要的区别, 但是关于这类积分敛散性的判别, 却在很大程度上可以仿照一元函数无穷积分的敛散性判别法来进行. 特别地, 有下述基本的定理.

定理 21.1.1(柯西收敛准则)　设 Ω 是 $\mathbf{R}^m$ 中的一个具有连续边界的无界区域, f 是定义在 Ω 上的函数, 使得对任意具有连续边界的有界区域 $U \subseteq \Omega$, f 都在 U 上黎曼可积. 则广义重积分 $\int_\Omega f(x)\mathrm{d}x$ 收敛的充要条件是对任意给定的 $\varepsilon > 0$, 存在相应的 $R > 0$, 使对任意具有连续边界且满足条件 $U \subseteq \Omega \backslash B(0, R)$ 的有界区域 U 都成立

$$\left|\int_U f(x)\mathrm{d}x\right| < \varepsilon.$$

证明　必要性是显然的. 为证明充分性, 先考虑函数

$$F(R) = \int_{\Omega \bigcap B_R(0)} f(x)\mathrm{d}x.$$

这个函数对充分大的 R 都有定义, 且在所设条件下当 $R \to +\infty$ 时有极限. 记此极限为 I. 则应用所设条件不难证明, 定义 21.1.1 中的条件对此 I 是满足的. 所以广义重积分 $\int_\Omega f(x)\mathrm{d}x$ 收敛于 I. 证毕.

推论 21.1.1　设 $f \geqslant 0$. 则广义重积分 $\int_\Omega f(x)\mathrm{d}x$ 收敛的充要条件是函数

$$F(R) = \int_{\Omega \bigcap B_R(0)} f(x)\mathrm{d}x.$$

当 $R \to +\infty$ 时有极限.

根据柯西收敛准则知, 如果广义重积分 $\int_\Omega |f(x)|\mathrm{d}x$ 收敛, 则广义重积分 $\int_\Omega f(x)\mathrm{d}x$ 也收敛. 在这种情况下, 称 $\int_\Omega f(x)\mathrm{d}x$**绝对收敛**. 相反, 如果 $\int_\Omega f(x)\mathrm{d}x$ 收敛而 $\int_\Omega |f(x)|\mathrm{d}x$ 不收敛, 则称 $\int_\Omega f(x)\mathrm{d}x$**条件收敛**. 应用柯西收敛准则, 得到下列关于广义重积分绝对收敛的最基本 (也最常用) 判别法.

定理 21.1.2(比较判别法)　设 Ω 是 $\mathbf{R}^m$ 中的一个具有连续边界的无界区域, f 是定义在 Ω 上的函数, 使得对任意具有连续边界的有界区域 $U \subseteq \Omega$, f 都在 U 上黎曼可积. 又设存在满足同样条件的非负函数 g 使得

$$|f(x)| \leqslant g(x), \quad \forall x \in \Omega,$$

且 $\int_\Omega g(x)\mathrm{d}x$ 收敛, 则 $\int_\Omega f(x)\mathrm{d}x$ 绝对收敛.

证明很简单, 留给读者. 把这个定理与推论 21.1.1 相结合, 就得到

推论 21.1.2　对于无界区域 $\Omega \subseteq \mathbf{R}^m$ 上的广义重积分 $\int_\Omega f(x)\mathrm{d}x$, 设存在常数 $p > m$ 和 $C > 0$ 使成立

$$|f(x)| \leqslant C(1 + |x|)^{-p}, \quad \forall x \in \Omega.$$

则它绝对收敛.

证明 根据定理 21.1.2, 只需证明 $\int_{\Omega}(1+|x|)^{-p}\mathrm{d}x$ 收敛. 根据推论 21.1.1, 这只需证明函数

$$F(R)=\int_{\Omega\bigcap B_R(0)}(1+|x|)^{-p}\mathrm{d}x$$

当 $R\to+\infty$ 时有极限. 由于这个函数是单增函数, 所以为证明它当 $R\to+\infty$ 时有极限, 只需证明它有界. 有

$$\begin{aligned}F(R)&\leqslant\int_{B_R(0)}(1+|x|)^{-p}\mathrm{d}x=\sigma_m\int_0^R(1+r)^{-p}r^{m-1}\mathrm{d}r\\&\leqslant\sigma_m\int_0^R(1+r)^{-p+m-1}\mathrm{d}r=\frac{\sigma_m}{p-m}[1-(1+R)^{-p+m}]<\frac{\sigma_m}{p-m}.\end{aligned}$$

σ_m 表示 $m-1$ 维单位球面 S^{m-1} 的表面积: $\sigma_m=\dfrac{2\pi^{\frac{m}{2}}}{\Gamma\left(\dfrac{m}{2}\right)}$. 这就证明了函数 $F(R)$ 是有界的. 证毕.

对于在某个点 x_0 处无界因而在包含该点的区域上不黎曼可积的多元函数, 也可类似于一元函数的瑕积分来处理它的积分问题. 下面给出定义.

定义 21.1.2 设 Ω 是 $\mathbf{R}^m$ 中的一个具有连续边界的有界区域, $x_0\in\Omega$, f 是定义在 $\Omega\backslash\{x_0\}$ 上的函数, 使得对任意具有连续边界且与点 x_0 有正距离的区域 $\Omega_1\subseteq\Omega$, f 都在 Ω_1 上黎曼可积. 如果存在实数 I, 使对任意给定的 $\varepsilon>0$, 都存在相应的充分小的 $\delta>0$, 使对任意满足条件

$$x_0\in U^{\circ}\subseteq B(x_0,\delta)\tag{21.1.3}$$

的区域 U 都成立

$$\left|\int_{\Omega\backslash U}f(x)\mathrm{d}x-I\right|<\varepsilon,\tag{21.1.4}$$

则称广义重积分 $\int_{\Omega}f(x)\mathrm{d}x$**收敛**, 并称 I 为该广义重积分的**积分值**, 记作 $\int_{\Omega}f(x)\mathrm{d}x=I$. 点 x_0 叫做 $\int_{\Omega}f(x)\mathrm{d}x$ 的**瑕点**.

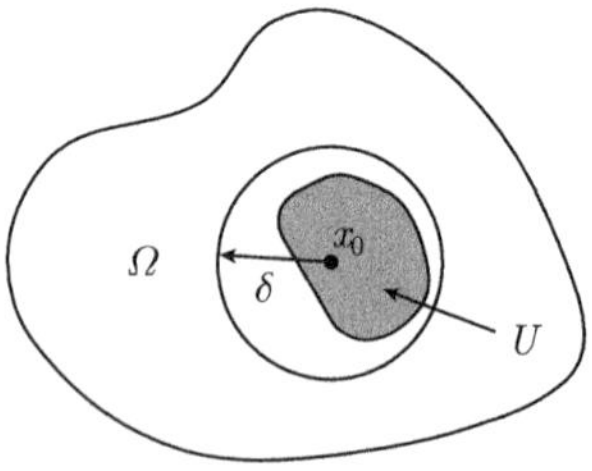

图 21-1-2 区域 U 的位置

上述定义中三个区域 $B(x_0,\delta)$, U 和 Ω 的关系如图 21-1-2 所示.

类似于无界区域上的广义重积分, 有瑕点的广义重积分 $\int_{\Omega}f(x)\mathrm{d}x$ 不能作为函数

$$G(\delta)=\int_{\Omega\backslash B(x_0,\delta)}f(x)\mathrm{d}x$$

当 $\delta \to 0^+$ 时的极限来定义. 例如, 以原点为瑕点的广义重积分

$$\iint_{x^2+y^2\leqslant 1} \frac{x}{(x^2+y^2)^2}\mathrm{d}x\mathrm{d}y$$

按定义 21.1.2 是不收敛的. 但是显然有

$$G(\delta) = \iint_{\delta<x^2+y^2\leqslant 1} \frac{x}{(x^2+y^2)^2}\mathrm{d}x\mathrm{d}y = 0 \to 0, \quad 当\ \delta \to 0^+.$$

这个例子也说明, 在定义 21.1.2 中要求使式 (21.1.4) 成立的区域 U 是满足条件 (21.1.3) 的任意区域, 而不是某类特别的区域, 是很重要的.

当然, 如果已经知道广义重积分 $\int_\Omega f(x)\mathrm{d}x$ 收敛, 则当 $\delta \to 0^+$ 时, 函数 $G(\delta) = \int_{\Omega\setminus B(x_0,\delta)} f(x)\mathrm{d}x$ 显然也收敛, 且

$$\lim_{\delta\to 0^+} \int_{\Omega\setminus B(x_0,\delta)} f(x)\mathrm{d}x = \int_\Omega f(x)\mathrm{d}x,$$

即考虑函数 $G(\delta)$ 当 $\delta \to 0^+$ 时的极限可以用来求已确立了收敛性的广义重积分 $\int_\Omega f(x)\mathrm{d}x$ 的积分值.

类似于无界区域上的广义重积分, 有瑕点的广义重积分在很大程度上可以仿照一元函数瑕积分来讨论. 特别地, 有下述基本的定理.

定理 21.1.3(柯西收敛准则)　设 Ω 是 $\mathbf{R}^m$ 中的一个具有连续边界的有界区域, $x_0 \in \Omega$, f 是定义在 $\Omega\setminus\{x_0\}$ 上的函数, 使得对任意具有连续边界且与点 x_0 有正距离的区域 $U \subseteq \Omega$, f 都在 U 上黎曼可积. 则广义重积分 $\int_\Omega f(x)\mathrm{d}x$ 收敛的充要条件是对任意给定的 $\varepsilon > 0$, 存在相应的 $\delta > 0$, 使对任意具有连续边界且与点 x_0 有正距离并满足条件 $U \subseteq \Omega \bigcap B(x_0,\delta)$ 的区域 U 都成立

$$\left|\int_U f(x)\mathrm{d}x\right| < \varepsilon.$$

证明留给读者.

推论 21.1.3　设 $f \geqslant 0$, $\int_\Omega f(x)\mathrm{d}x$ 是以 $x_0 \in \Omega$ 为唯一瑕点的广义重积分. 则 $\int_\Omega f(x)\mathrm{d}x$ 收敛的充要条件是函数

$$G(\delta) = \int_{\Omega\setminus B(x_0,\delta)} f(x)\mathrm{d}x$$

当 $\delta \to 0^+$ 时有极限.

根据柯西收敛准则知, 如果广义重积分 $\int_\Omega |f(x)|\mathrm{d}x$ 收敛, 则广义重积分 $\int_\Omega f(x)\mathrm{d}x$

也收敛. 在这种情况下, 称 $\int_{\Omega} f(x)\mathrm{d}x$ **绝对收敛**. 相反, 如果 $\int_{\Omega} f(x)\mathrm{d}x$ 收敛而 $\int_{\Omega} |f(x)|\mathrm{d}x$ 不收敛, 则称 $\int_{\Omega} f(x)\mathrm{d}x$ **条件收敛**. 应用柯西收敛准则, 容易得到下列关于广义重积分绝对收敛的最基本 (也最常用) 判别法.

定理 21.1.4(比较判别法) 设 Ω 是 $\mathbf{R}^m$ 中的一个具有连续边界的有界区域, f 是定义在 Ω 上且在 Ω 中有瑕点 x_0 的函数, 使得对任意具有连续边界且与点 x_0 有正距离的区域 $U \subseteq \Omega$, f 都在 U 上黎曼可积. 又设存在满足同样条件的非负函数 g 使得

$$|f(x)| \leqslant g(x), \quad \forall x \in \Omega,$$

且 $\int_{\Omega} g(x)\mathrm{d}x$ 收敛, 则 $\int_{\Omega} f(x)\mathrm{d}x$ 绝对收敛.

证明留给读者. 把这个定理与推论 21.1.3 相结合, 就得到

推论 21.1.4 对于有界区域 $\Omega \subseteq \mathbf{R}^m$ 上以 $x_0 \in \Omega$ 为唯一瑕点的广义重积分 $\int_{\Omega} f(x)\mathrm{d}x$, 设存在常数 $0 < p < m$ 和 $C > 0$ 使成立

$$|f(x)| \leqslant C|x - x_0|^{-p}, \quad \forall x \in \Omega \backslash \{x_0\}.$$

则它绝对收敛.

证明 根据定理 21.1.4, 只需证明 $\int_{\Omega} |x - x_0|^{-p}\mathrm{d}x$ 收敛. 根据推论 21.1.3, 这只需证明函数

$$G(\delta) = \int_{\Omega \backslash B(x_0,\delta)} |x - x_0|^{-p}\mathrm{d}x$$

当 $\delta \to 0^+$ 时有极限. 由于这个函数是单减函数, 所以为证明它当 $\delta \to 0^+$ 时有极限, 只需证明它有界. 取 $R > 0$ 充分大使 $\Omega \subseteq B(0, R)$, 有

$$\begin{aligned}G(\delta) \leqslant & \int_{B(x_0,R)\backslash B(x_0,\delta)} |x - x_0|^{-p}\mathrm{d}x = \sigma_m \int_{\delta}^{R} r^{-p+m-1}\mathrm{d}r \\ =&\frac{\sigma_m}{m-p}(R^{m-p} - \delta^{m-p}) < \frac{\sigma_m}{m-p}R^{m-p}.\end{aligned}$$

因此 $G(\delta)$ 是有界的. 证毕.

以上我们只讨论了只有一个瑕点的瑕积分. 对于含有不止一个但却只有有限多个瑕点的瑕积分, 显然可以通过运用剖分区域的方法化归为只含一个瑕点的情况来讨论. 另外, 对于被积函数不是在个别点处无界、而是在一条或数条曲线 (一个或数个曲面上) 无界的瑕积分, 也可类似地讨论其收敛性. 这里就不再赘述了.

21.1.2 含参变量的重积分

对于含参变量的重积分和广义重积分, 处理方法与含参变量的定积分和一元广义积分完全类似. 先看含参变量的重积分.

定理 21.1.5 设 Ω 是 $\mathbf{R}^m$ 中的一个具有连续边界的有界闭区域, D 是 $\mathbf{R}^k$ 中的一个点集, $f(x,y)$ 是定义在 $D\times\Omega$ 上的函数, 对每个 $x\in D$, $f(x,y)$ 作为变元 y 的函数在 Ω 上黎曼可积. 令

$$F(x)=\int_\Omega f(x,y)\mathrm{d}y,\quad x\in D.$$

则有下列结论:

(1) 如果 D 是开集或者闭集, $f(x,y)$ 在 $D\times\Omega$ 上连续, 则 $F(x)$ 在 D 上连续, 即对每个点 $x_0\in D$ 成立

$$\lim_{\substack{x\to x_0\\x\in D}}\int_\Omega f(x,y)\mathrm{d}y=\int_\Omega f(x_0,y)\mathrm{d}y=\int_\Omega\lim_{\substack{x\to x_0\\x\in D}}f(x,y)\mathrm{d}y.$$

(2) 如果 D 是开集, $f(x,y)$ 关于变元 x 在 $D\times\Omega$ 上有关于其某个分变元 x_i 的偏导数, 且 $\dfrac{\partial f}{\partial x_i}(x,y)$ 在 $D\times\Omega$ 上连续, 则 $F(x)$ 在 D 上关于分变元 x_i 有连续的偏导数, 且

$$\frac{\partial F(x)}{\partial x_i}=\frac{\partial}{\partial x_i}\int_\Omega f(x,y)\mathrm{d}y=\int_\Omega\frac{\partial f}{\partial x_i}(x,y)\mathrm{d}y,\quad x\in D.$$

(3) 如果 D 是具有连续边界的有界闭区域, $f(x,y)$ 在 $D\times\Omega$ 上连续, 则

$$\int_D\Big(\int_\Omega f(x,y)\mathrm{d}y\Big)\mathrm{d}x=\int_\Omega\Big(\int_D f(x,y)\mathrm{d}x\Big)\mathrm{d}y=\iint_{D\times\Omega}f(x,y)\mathrm{d}x\mathrm{d}y.$$

证明 对于结论 (1), 先看 D 是开集的情况. 这时 D 中每个点都是内点. 因此对任意 $x_0\in D$, 存在相应的 $\sigma>0$ 使 $\overline{B}(x_0,\sigma)\subseteq D$. 由于 $\overline{B}(x_0,\sigma)\times\Omega$ 是 $\mathbf{R}^k\times\mathbf{R}^m$ 中的有界闭集且 $f(x,y)$ 在 $\overline{B}(x_0,\sigma)\times\Omega$ 上连续, 所以 $f(x,y)$ 在 $\overline{B}(x_0,\sigma)\times\Omega$ 上一致连续. 因此, 对任意给定的 $\varepsilon>0$, 存在相应的 $\delta>0$, 使对任意两点 (x',y'), $(x'',y'')\in\overline{B}(x_0,\delta)\times\Omega$, 只要 $|x'-x''|<\delta$, $|y'-y''|<\delta$, 就有

$$|f(x',y')-f(x'',y'')|<\frac{\varepsilon}{|\Omega|}.$$

因此当 $|x-x_0|<\min\{\delta,\sigma\}$ 时, 有

$$|f(x,y)-f(x_0,y)|<\frac{\varepsilon}{|\Omega|},\quad\forall y\in\Omega,$$

进而

$$\begin{aligned}|F(x)-F(x_0)|&=\Big|\int_\Omega f(x,y)\mathrm{d}y-\int_\Omega f(x_0,y)\mathrm{d}y\Big|\\&\leqslant\int_\Omega|f(x,y)-f(x_0,y)|\mathrm{d}y\leqslant\frac{\varepsilon}{|\Omega|}\cdot|\Omega|=\varepsilon.\end{aligned}$$

所以 $F(x)$ 在 D 上每个点 x_0 处都连续.

再看 D 是闭集的情况. 这时对任意 $x_0 \in D$ 和任意选定的 $\sigma > 0$, 由于 $(\overline{B}(x_0, \sigma)\bigcap D) \times \Omega$ 是 $\mathbf{R}^k \times \mathbf{R}^m$ 中的有界闭集且 $f(x,y)$ 在 $(\overline{B}(x_0,\sigma)\bigcap D) \times \Omega$ 上连续, 所以运用与上面完全类似的推导, 即知对任意给定的 $\varepsilon > 0$, 存在相应的 $\delta > 0$, 当 $x \in D$ 且 $|x - x_0| < \min\{\delta, \sigma\}$ 时, 就有

$$|F(x) - F(x_0)| \leqslant \varepsilon.$$

所以 $F(x)$ 也在 D 上每个点 x_0 处都连续.

为证结论 (2), 只需证明对任意 $x_0 \in D$ 都成立

$$\lim_{t\to 0}\frac{F(x_0 + t\boldsymbol{e}_i) - F(x_0)}{t} = \int_\Omega \frac{\partial f}{\partial x_i}(x_0, y)\mathrm{d}y,$$

其中 $\boldsymbol{e}_i$ 表示 $\mathbf{R}^k$ 中第 i 个分量为 1 而其余分量都是 0 的向量. 为此选取 $\sigma > 0$ 充分小使 $\overline{B}(x_0, \sigma) \subseteq D$, 然后对任意 $(t, y) \in [-\sigma, \sigma] \times \Omega$, 令

$$g(t,y) = \begin{cases} \dfrac{1}{t}[f(x_0 + t\boldsymbol{e}_i, y) - f(x_0, y)], & \text{当 } t \neq 0, \\ \dfrac{\partial f}{\partial x_i}(x_0, y), & \text{当 } t = 0. \end{cases}$$

应用微分中值定理和函数 $\dfrac{\partial f}{\partial x_i}(x, y)$ 的连续性, 不难证明 $g(t, y)$ 在 $[-\sigma, \sigma] \times \Omega$ 上连续. 于是由已证明的结论 (1) 得

$$\lim_{t\to 0}\int_\Omega g(t,y)\mathrm{d}y = \int_\Omega g(0,y)\mathrm{d}y.$$

这正是所要证明的等式.

最后, 结论 (3) 是定理 19.3.2 和结论 (1) 的直接推论. 证毕.

再看含参变量的广义重积分. 这时, 类似于含参变量的一元广义积分, 为得到与上述定理各结论相应的结论, 需要附加广义重积分关于参变量一致收敛的条件. 一致收敛的定义就不写了, 只写出结论.

定理 21.1.6(M 判别法) 设 Ω 是 $\mathbf{R}^m$ 中的一个具有连续边界的闭区域, D 是 $\mathbf{R}^k$ 中的一个点集, $f(x, y)$ 是定义在 $D \times \Omega$ 上的函数, 使对每个 $x \in D$, $\int_\Omega f(x,y)\mathrm{d}y$ 是收敛的广义重积分. 如果存在定义在 Ω 上的非负函数 g 使成立

$$|f(x,y)| \leqslant g(y), \quad \forall (x, y) \in D \times \Omega,$$

且广义重积分 $\int_\Omega g(y)\mathrm{d}y$ 收敛, 则 $\int_\Omega f(x,y)\mathrm{d}y$ 关于 $x \in D$ 一致收敛.

定理 21.1.7 设 Ω 是 $\mathbf{R}^m$ 中的一个具有连续边界的闭区域, D 是 $\mathbf{R}^k$ 中的一个点集, $f(x,y)$ 是定义在 $D\times\Omega$ 上的函数, 使对每个 $x\in D$, $\int_\Omega f(x,y)\mathrm{d}y$ 是收敛的广义重积分. 令

$$F(x)=\int_\Omega f(x,y)\mathrm{d}y,\quad x\in D.$$

则有下列结论:

(1) 如果 D 是开集或者闭集, $f(x,y)$ 在 $D\times\Omega$ 上连续, 且广义重积分 $\int_\Omega f(x,y)\mathrm{d}y$ 关于 $x\in D$ 局部地一致收敛, 即对任意 $x_0\in D$ 存在相应的 $\delta>0$, 使这个广义重积分关于 $x\in D\bigcap\overline{B(x_0,\delta)}$ 一致收敛, 则 $F(x)$ 在 D 上连续, 即对每个点 $x_0\in D$ 都成立

$$\lim_{\substack{x\to x_0\\ x\in D}}\int_\Omega f(x,y)\mathrm{d}y=\int_\Omega f(x_0,y)\mathrm{d}y=\int_\Omega\lim_{\substack{x\to x_0\\ x\in D}}f(x,y)\mathrm{d}y.$$

(2) 如果 D 是开集, $f(x,y)$ 关于变元 x 在 $D\times\Omega$ 上有关于其某个分变元 x_i 的偏导数, $\dfrac{\partial f}{\partial x_i}(x,y)$ 在 $D\times\Omega$ 上连续, 且广义重积分 $\int_\Omega\dfrac{\partial f}{\partial x_i}(x,y)\mathrm{d}y$ 关于 $x\in D$ 局部地一致收敛, 则 $F(x)$ 在 D 上关于分变元 x_i 有连续的偏导数, 且

$$\frac{\partial F(x)}{\partial x_i}=\frac{\partial}{\partial x_i}\int_\Omega f(x,y)\mathrm{d}y=\int_\Omega\frac{\partial f}{\partial x_i}(x,y)\mathrm{d}y,\quad x\in D.$$

(3) 如果 D 是具有连续边界的有界闭区域, $f(x,y)$ 在 $D\times\Omega$ 上连续, 且广义重积分 $\int_\Omega f(x,y)\mathrm{d}y$ 关于 $x\in D$ 一致收敛, 则

$$\int_D\Big(\int_\Omega f(x,y)\mathrm{d}y\Big)\mathrm{d}x=\int_\Omega\Big(\int_D f(x,y)\mathrm{d}x\Big)\mathrm{d}y=\iint_{D\times\Omega}f(x,y)\mathrm{d}x\mathrm{d}y.$$

两个定理的证明留给读者完成.

习 题 21.1

1. 计算下列广义重积分:

(1) $\displaystyle\iint_{0<x^2+y^2\leqslant 1}\ln\frac{1}{\sqrt{x^2+y^2}}\mathrm{d}x\mathrm{d}y$; (2) $\displaystyle\iint_{x^2+y^2<1}\frac{\mathrm{d}x\mathrm{d}y}{\sqrt{1-x^2-y^2}}$;

(3) $\displaystyle\iint_{\substack{0<x+y\leqslant 1\\ x\geqslant 0,\, y\geqslant 0}}\frac{\mathrm{d}x\mathrm{d}y}{x+y}$; (4) $\displaystyle\iint_{0<x\leqslant y\leqslant 1}\frac{\mathrm{d}x\mathrm{d}y}{\sqrt{x^2+y^2}}$;

(5) $\displaystyle\iint_{0\leqslant x\leqslant y} \mathrm{e}^{-(x+y)}\mathrm{d}x\mathrm{d}y$; (6) $\displaystyle\iint_{y\geqslant x^2+1} \frac{\mathrm{d}x\mathrm{d}y}{x^4+y^2}$;

(7) $\displaystyle\iint_{x+y\geqslant 0} \frac{\mathrm{d}x\mathrm{d}y}{(1+x+y)^{\frac{5}{2}}}$; (8) $\displaystyle\iint_{-\frac{1}{2}\leqslant x\leqslant y} \mathrm{e}^{-(x^2+y)}\mathrm{d}x\mathrm{d}y$;

(9) $\displaystyle\iiint_{0<x^2+y^2+z^2\leqslant 2z} \frac{\mathrm{d}x\mathrm{d}y\mathrm{d}z}{x^2+y^2+z^2}$; (10) $\displaystyle\iiint_{x^2+y^2+z^2\geqslant 1} \frac{z\mathrm{d}x\mathrm{d}y\mathrm{d}z}{(a^2+x^2+y^2+z^2)^3}$;

(11) $\displaystyle\iiint_{\substack{0<x+y+z\leqslant 1\\ x\geqslant 0,\ y\geqslant 0,\ z\geqslant 0}} \frac{\mathrm{d}x\mathrm{d}y\mathrm{d}z}{(x+y+z)^2}$; (12) $\displaystyle\iiint_{\mathbf{R}^3} \mathrm{e}^{-\sqrt{\frac{x^2}{a^2}+\frac{y^2}{b^2}+\frac{z^2}{c^2}}}\mathrm{d}x\mathrm{d}y\mathrm{d}z$.

2. 设 φ 是二元连续函数, ψ 是三元连续函数, 且 $0<c\leqslant|\varphi(x,y)|\leqslant C<\infty$, $0<c\leqslant|\psi(x,y,z)|\leqslant C<\infty$. 确定为使下列广义重积分收敛, 参数 p,q,r 的取值范围:

(1) $\displaystyle\iint_{0<x^2+y^2\leqslant 1} \frac{\varphi(x,y)}{(x^2+xy+y^2)^p}\mathrm{d}x\mathrm{d}y$; (2) $\displaystyle\iint_{0<x^2+y^2\leqslant 1} \frac{\varphi(x,y)}{|x|^p+|y|^q}\mathrm{d}x\mathrm{d}y$;

(3) $\displaystyle\iint_{0<x^2+y^2\leqslant 1} \frac{\varphi(x,y)}{(1-x^2-y^2)^p}\mathrm{d}x\mathrm{d}y$; (4) $\displaystyle\iint_{|x|\leqslant 1,\ |y|\leqslant 1} \frac{\varphi(x,y)}{|x-y|^p}\mathrm{d}x\mathrm{d}y$;

(5) $\displaystyle\iint_{\mathbf{R}^2} \frac{\varphi(x,y)}{(1+|x|)^p(1+|y|)^q}\mathrm{d}x\mathrm{d}y$; (6) $\displaystyle\iint_{|x|+|y|\geqslant 1} \frac{\varphi(x,y)}{|x|^p+|y|^q}\mathrm{d}x\mathrm{d}y$;

(7) $\displaystyle\iint_{|y|\leqslant 1} \frac{\varphi(x,y)}{(1+x^2+y^2)^p}\mathrm{d}x\mathrm{d}y$; (8) $\displaystyle\iint_{\substack{x+y\geqslant 1\\ 0\leqslant y\leqslant 1}} \frac{\varphi(x,y)}{(x+y)^p}\mathrm{d}x\mathrm{d}y$;

(9) $\displaystyle\iint_{x+y\geqslant 1} \frac{\varphi(x,y)}{(x+y)^p}\mathrm{d}x\mathrm{d}y$; (10) $\displaystyle\iint_{x+y\geqslant 1} \frac{\sin x\sin y}{(x+y)^p}\mathrm{d}x\mathrm{d}y$;

(11) $\displaystyle\iiint_{|x|\leqslant 1,\ |y|\leqslant 1,\ |z|\leqslant 1} \frac{\psi(x,y,z)}{|x|^p|y|^q|z|^r}\mathrm{d}x\mathrm{d}y\mathrm{d}z$;

(12) $\displaystyle\iiint_{|x|\leqslant 1,\ |y|\leqslant 1,\ |z|\leqslant 1} \frac{\mathrm{d}x\mathrm{d}y\mathrm{d}z}{|x+y+z|^p}$;

(13) $\displaystyle\iiint_{|x|+|y|+|z|\geqslant 1} \frac{\psi(x,y,z)}{|x|^p+|y|^q+|z|^r}\mathrm{d}x\mathrm{d}y\mathrm{d}z$;

(14) $\displaystyle\iiint_{x\geqslant 1,\ y-z\geqslant 1} \frac{\mathrm{d}x\mathrm{d}y\mathrm{d}z}{x^p+(y-z)^q}$.

3. 设 f 是 $D=[a,+\infty)\times[c,+\infty)$ 上的非负连续函数, 且两个累次积分

$$\int_c^{+\infty}\Big(\int_a^{+\infty} f(x,y)\mathrm{d}x\Big)\mathrm{d}y \quad 和 \quad \int_a^{+\infty}\Big(\int_c^{+\infty} f(x,y)\mathrm{d}y\Big)\mathrm{d}x$$

都有意义且收敛. 证明: 广义重积分 $\displaystyle\iint_D f(x,y)\mathrm{d}x\mathrm{d}y$ 收敛, 且

$$\int_c^{+\infty}\Big(\int_a^{+\infty} f(x,y)\mathrm{d}x\Big)\mathrm{d}y=\int_a^{+\infty}\Big(\int_c^{+\infty} f(x,y)\mathrm{d}y\Big)\mathrm{d}x=\iint_D f(x,y)\mathrm{d}x\mathrm{d}y.$$

4. 证明: 尽管两个累次积分

$$\int_1^{+\infty}\Big(\int_1^{+\infty}\frac{x^2-y^2}{(x^2+y^2)^2}\mathrm{d}x\Big)\mathrm{d}y \quad 和 \quad \int_1^{+\infty}\Big(\int_1^{+\infty}\frac{x^2-y^2}{(x^2+y^2)^2}\mathrm{d}y\Big)\mathrm{d}x$$

都收敛, 广义重积分 $\iint_{\mathbf{R}^2}\frac{x^2-y^2}{(x^2+y^2)^2}\mathrm{d}x\mathrm{d}y$ 却发散, 而且

$$\int_1^{+\infty}\Big(\int_1^{+\infty}\frac{x^2-y^2}{(x^2+y^2)^2}\mathrm{d}x\Big)\mathrm{d}y \neq \int_1^{+\infty}\Big(\int_1^{+\infty}\frac{x^2-y^2}{(x^2+y^2)^2}\mathrm{d}y\Big)\mathrm{d}x.$$

5. 对广义瑕积分写出并证明类似于第 3 题的命题.
6. 设 x 是 m 维变元. 讨论为使下述 m 重广义积分收敛, 参数 p 的取值范围, 并求积分的值 (用伽马函数表出):

$$\int_{|x|\leqslant 1}\frac{\mathrm{d}x}{(1-|x|^2)^p}.$$

7. 设 f 是 $[1,+\infty)$ 上的连续函数, 且存在常数 $C>0$ 和 $p>m$ 使成立

$$|f(t)|\leqslant Ct^{-p}, \quad \forall t\geqslant 1.$$

证明: 对任意 $t\geqslant 1$, m 重广义积分 $\int_{|x|\geqslant t}f(|x|)\mathrm{d}x$ 收敛, 且

$$\frac{\mathrm{d}}{\mathrm{d}t}\Big(\int_{|x|\geqslant t}f(|x|)\mathrm{d}x\Big)=-\frac{2\pi^{\frac{m}{2}}}{\Gamma\Big(\dfrac{m}{2}\Big)}f(t)t^{m-1}, \quad \forall t>1.$$

8. 设 Ω 是 $\mathbf{R}^m$ 中的开区域 (可能有界, 也可能无界), f 是 Ω 上的非负连续函数. 又设 Ω_n $(n=1,2,\cdots)$ 是 $\mathbf{R}^m$ 中的一列具有连续边界的有界开区域, 满足以下三个条件:

(1) $\overline{\Omega}_n\subseteq\Omega, \quad n=1,2,\cdots;$

(2) $\Omega_1\subseteq\Omega_2\subseteq\cdots\subseteq\Omega_n\subseteq\cdots;$

(3) $\displaystyle\bigcup_{n=1}^{\infty}\Omega_n=\Omega.$

证明: 无论广义积分 $\int_\Omega f(x)\mathrm{d}x$ 是收敛还是发散, 都成立

$$\lim_{n\to\infty}\int_{\Omega_n}f(x)\mathrm{d}x=\int_\Omega f(x)\mathrm{d}x$$

($\int_\Omega f(x)\mathrm{d}x$ 发散时认为其值为正无穷大). 因此广义积分 $\int_\Omega f(x)\mathrm{d}x$ 收敛的充要条件是由常义重积分组成的数列 $\Big\{\int_{\Omega_n}f(x)\mathrm{d}x\Big\}_{n=1}^{\infty}$ 收敛.

9. 举例说明: 如果去掉上题中 f 在 Ω 上非负的条件, 则结论不成立, 即可能存在满足条件 (1)~(2) 的有界开区域列 Ω_n, $n=1,2,\cdots$, 使得极限 $\lim\limits_{n\to\infty}\int_{\Omega_n}f(x)\mathrm{d}x$ 存在, 而广义积分 $\int_{\Omega}f(x)\mathrm{d}x$ 发散.

10. 对 $x=(x_1,x_2,\cdots,x_m)\in\mathbf{R}^m$ 和 $\xi=(\xi_1,\xi_2,\cdots,\xi_m)\in\mathbf{R}^m$, 用 $x\xi$ 表示它们的内积, 即 $x\xi=x_1\xi_1+x_2\xi_2+\cdots+x_m\xi_m$. 证明:

(1) $\displaystyle\int_{\mathbf{R}^m}x_i\mathrm{e}^{-\frac{1}{2}|x|^2+x\xi}\mathrm{d}x=(2\pi)^{\frac{m}{2}}\xi_i\mathrm{e}^{\frac{1}{2}|\xi|^2}$, $i=1,2,\cdots,m$;

(2) $\displaystyle\int_{\mathbf{R}^m}|x|^2\mathrm{e}^{-\frac{1}{2}|x|^2+x\xi}\mathrm{d}x=(2\pi)^{\frac{m}{2}}(|\xi|^2+m)\mathrm{e}^{\frac{1}{2}|\xi|^2}$.

11. 设 Ω 是 $\mathbf{R}^m$ 中的有界闭区域, 边界分块光滑. 又设 $u(x,t)$ 是 $\Omega\times[0,+\infty)$ 上的二阶连续可微函数, 并且在 $\Omega\times[0,+\infty)$ 上满足以下偏微分方程:

$$\frac{\partial^2u}{\partial t^2}=a^2\Delta u,$$

其中 $\Delta u=\displaystyle\sum_{i=1}^m\frac{\partial^2u}{\partial x_i^2}$. 再设当 $x\in\partial\Omega$ 时 $u(x,t)=0$, $\forall t\geqslant 0$. 令

$$E(t)=\frac{1}{2}\int_{\Omega}\left[\left(\frac{\partial u}{\partial t}(x,t)\right)^2+a^2|\nabla u(x,t)|^2\right]\mathrm{d}x,\quad \forall t\geqslant 0,$$

其中 $\nabla u(x,t)$ 表示 $u(x,t)$ 关于变元 x 的梯度. 证明: $E(t)=E(0)$, $\forall t\geqslant 0$.

12. 写出定理 21.1.7 的证明.

21.2 函数的磨光及其应用

本节首先介绍现代分析数学中经常使用的一个重要技术: 对不光滑的函数进行磨光. 这是借助于含参量的重积分, 对给定的不光滑函数构作一族光滑函数, 使之可以无限逼近给定的不光滑函数. 然后应用这一技术构作截断函数, 进而证明单位分解定理. 最后应用单位分解定理证明延拓定理.

21.2.1 函数的磨光

分析学的一个基本方法是逼近法, 例如, 用有理数逼近无理数, 用容易求解的方程 (如线性方程) 的根逼近不容易求解的方程 (如非线性方程) 的根, 用多项式和三角多项式逼近连续函数, 用连续函数逼近不连续的函数, 等. 这个方法应用中最普遍碰到的一个情况是, 需要用很光滑 (如无穷可微) 的函数逼近不太光滑甚至是不连续的函数. 因此就需要对一个给定的不太光滑甚至是不连续的函数, 构作一列光滑的函数使其收敛于这个给定的函数. 在一元函数的情形, 这个问题的解决途径很多, 因为这样的函数列比较容易构作, 原因在于考虑的函数一般都是定义在区间上的, 而区间的

结构很简单. 对于多元函数, 由于函数的定义域很少有像区间那样结构很简单的情况, 构作这样的函数列就不是那么简单了. 借助于含参变量的重积分, 可以对任意可积函数 f 用一种固定的方式构作一个单参数族的函数 $\{f_\varepsilon\}_{\varepsilon>0}$, 其中的每个函数 f_ε 都是无穷可微的, 且当 $\varepsilon \to 0^+$ 时 f_ε 收敛于 f. 这个过程叫做**函数的磨光**, 是现代分析学在处理涉及多元函数问题时经常采用的一个基本技巧. 下面就介绍磨光函数 f_ε 的构作方法, 以及用这种磨光技巧能够很快得到的一些有用命题.

先介绍一些通用的记号. 对 $\mathbf{R}^m$ 中的任意非空集合 E, 用 $C(E)$ 表示定义在 E 上的全体连续函数组成的集合. 另外, 对 $\mathbf{R}^m$ 中的任意开集 Ω 和任意正整数 k, 用 $C^k(\Omega)$ 表示由 Ω 上所有具有全部阶数 $\leqslant k$ 的偏导数且这些偏导数都在 Ω 上连续的函数所组成的集合, 并用 $C^k(\overline{\Omega})$ 表示由 $C^k(\Omega)$ 中那些本身及所有阶数 $\leqslant k$ 的偏导数都可连续地延拓到 Ω 的闭包 $\overline{\Omega}$ 上的函数所组成的集合. 规定 $C^0(\Omega) = C(\Omega)$, $C^0(\overline{\Omega}) = C(\overline{\Omega})$. 符号 $C^\infty(\Omega)$ 表示由 Ω 上所有无穷可微函数所组成的集合, 并用 $C^\infty(\overline{\Omega})$ 表示由 $C^\infty(\Omega)$ 中那些所有本身及各阶偏导数都可连续地延拓到 $\overline{\Omega}$ 上的函数所组成的集合, 即

$$C^\infty(\Omega) = \bigcap_{k=0}^{\infty} C^k(\Omega), \quad C^\infty(\overline{\Omega}) = \bigcap_{k=0}^{\infty} C^k(\overline{\Omega}).$$

当 $f \in C(\overline{\Omega})$ 时, 习惯上也用同一记号 f 表示它在 $\overline{\Omega}$ 上的连续延拓, 即对只定义在 Ω 上的 f 和它在 $\overline{\Omega}$ 上的连续延拓不加区分. 又当 $f \in C^k(\overline{\Omega})$ $(1 \leqslant k \leqslant \infty)$ 时, 对每个长度不超过 k 的 m 重指标 $\alpha \in \mathbf{Z}_+^m$ 和每点 $x_0 \in \partial\Omega$, 定义 $\partial^\alpha f(x_0)$ 等于当 x 沿 Ω 趋于 x_0 时, $\partial^\alpha f(x)$ 的极限:

$$\partial^\alpha f(x_0) = \lim_{\substack{x \to x_0 \\ x \in \Omega}} \partial^\alpha f(x).$$

对 $\mathbf{R}^m$ 中的任意非空集合 E 和定义在 E 上的任意函数 f, 记

$$\begin{aligned} \operatorname{supp} f = &\ \text{集合}\{x \in E:\ f(x) \neq 0\}\text{在}\,E\,\text{中的闭包} \\ = &\ \text{集合}\{x \in E:\ f(x) \neq 0\}\text{的闭包与}\,E\,\text{的交集}, \end{aligned}$$

并称为函数 f 的**支集**. 注意 $\operatorname{supp} f$ 相对于 E 是闭的, 或称 $\operatorname{supp} f$ 是 E 中的相对闭集. 这里用到以下概念: 对于 $\mathbf{R}^m$ 中的任意非空集合 E 和它的非空子集 E_1, 如果存在 $\mathbf{R}^m$ 中的闭集 F 使 $E_1 = F \bigcap E$, 就称 E_1 是 E 中的**相对闭集**. 这等价于下述条件: 对任意点列 $x_n \in E_1$, $n = 1, 2, \cdots$, 如果它在 E 中有极限点 x_0, 则这个极限点 x_0 就在 E_1 中. 例如, $\mathbf{R}^2$ 中上边界开、下边界闭的上半单位圆盘

$$\{(x, y) \in \mathbf{R}^2:\ x^2 + y^2 < 1,\ y \geqslant 0\}$$

不是闭集, 但它作为单位开圆盘 $x^2 + y^2 < 1$ 的子集, 是其相对闭子集.

对 $\mathbf{R}^m$ 中的任意开集 Ω, 用 $C_0^\infty(\Omega)$ 表示由 $C^\infty(\Omega)$ 中那些支集是 $\mathbf{R}^m$ 中的紧集 (即有界闭集) 的函数所组成的集合. 注意 $f \in C_0^\infty(\Omega)$ 意味着其支集 $\operatorname{supp} f$ 是 Ω 中与

其边界 $\partial\Omega$ 有正距离的有界闭子集, 如图 21-2-1 所示. $C_0^\infty(\Omega)$ 中的函数叫做 Ω 上**具有紧支集**的无穷可微函数.

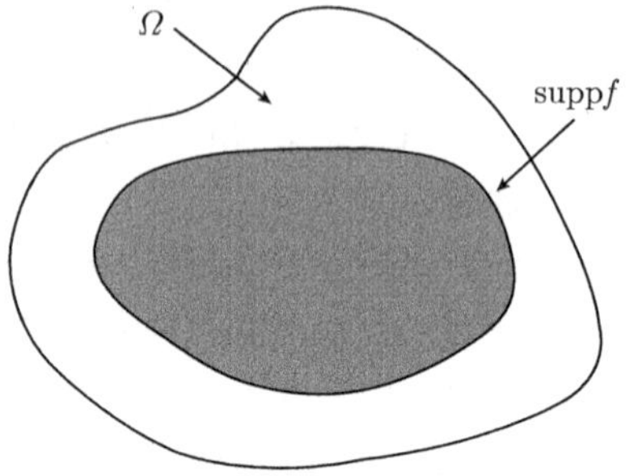

图 21-2-1　具有紧支集函数的支集

现在考虑函数的磨光问题. 令 ϕ 为 $\mathbf{R}^m$ 上的下述函数:

$$\phi(x)=\begin{cases} c_m^{-1}\mathrm{e}^{-\frac{1}{1-|x|^2}}, & \text{当 } |x|<1, \\ 0, & \text{当 } |x|\geqslant 1, \end{cases} \tag{21.2.1}$$

其中

$$c_m=\int_{|x|<1}\mathrm{e}^{-\frac{1}{1-|x|^2}}\mathrm{d}x=\sigma_m\int_0^1\mathrm{e}^{-\frac{1}{1-r^2}}r^{m-1}\mathrm{d}r.$$

这个函数是 $\mathbf{R}^m$ 上以闭单位球 $\overline{B}(0,1)$ 作为其支集的无穷可微函数. 函数 ϕ 的无穷可微性质可以这样看到: 令

$$\phi_0(t)=\begin{cases} \mathrm{e}^{-\frac{1}{t}}, & \text{当 } t>0, \\ 0, & \text{当 } t\leqslant 0, \end{cases}$$

则显然 $\phi(x)=c_m^{-1}\phi_0(1-|x|^2)$. 与 5.2 节例 7 类似地可以证明, $\phi_0(t)$ 是直线 $\mathbf{R}^1$ 上的无穷可微函数. 因此, $\phi(x)$ 作为两个无穷可微函数的复合, 也是无穷可微函数. 特别地

$$\phi\in C_0^\infty(\mathbf{R}^m),\quad \mathrm{supp}\phi=\overline{B}(0,1)\quad \text{且}\quad \phi\geqslant 0. \tag{21.2.2}$$

注意由常数 c_m 的定义可知成立下列等式:

$$\int_{\mathbf{R}^m}\phi(x)\mathrm{d}x=\int_{|x|<1}\phi(x)\mathrm{d}x=1. \tag{21.2.3}$$

图 21-2-2 是 $m=1$ 时函数 ϕ 的图像, 图 21-2-3 是 $m=2$ 时函数 ϕ 的图像.

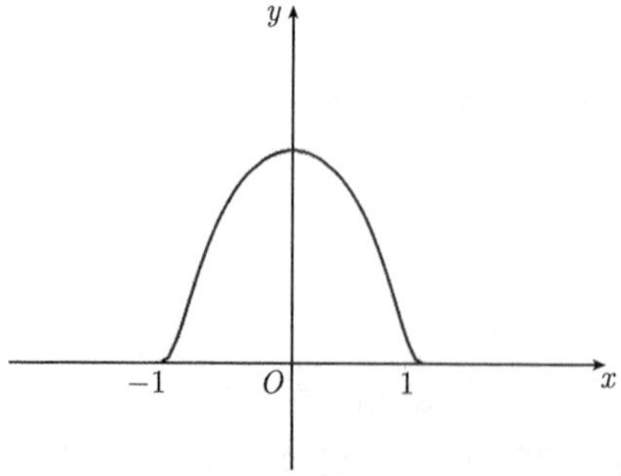

图 21-2-2　$m=1$ 时 $y=\phi(x)$ 的图像

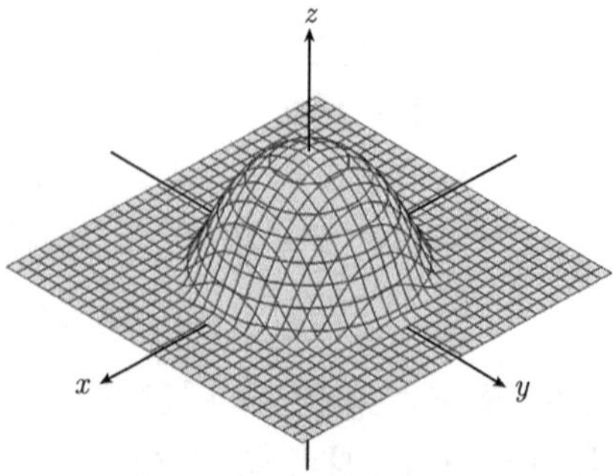

图 21-2-3　$m=2$ 时 $y=\phi(x)$ 的图像

定义 21.2.1　设 Ω 是 $\mathbf{R}^m$ 中的一个具有连续边界的区域, f 是定义在 Ω 上的函数, 使对 $\mathbf{R}^m$ 中的任意一个球 $B(x_0,R)$ ($x_0\in\Omega$ 任意, $R>0$ 任意), f 都在 $\Omega\bigcap B(x_0,R)$ 上绝对可积 (即或者黎曼可积, 或者广义重积分 $\displaystyle\int_{\Omega\bigcap B(x_0,R)}f(y)\mathrm{d}y$ 绝对收敛). 则对每个 $\varepsilon>0$, 定义 f_ε 是 $\mathbf{R}^m$ 上的下述函数:

$$f_\varepsilon(x)=\frac{1}{\varepsilon^m}\int_\Omega\phi\Big(\frac{x-y}{\varepsilon}\Big)f(y)\mathrm{d}y,\quad \forall x\in\mathbf{R}^m. \tag{21.2.4}$$

称 f_ε 为函数 f 的**磨光函数**, 简称**磨光**. 在有必要强调 f_ε 的定义式中参数 ε 的大小时, 也称 f_ε 为 f 的ε- **磨光**.

上述定义是合理的, 即式 (21.2.4) 右端的积分对任何 $x\in\mathbf{R}^m$ 都有意义. 这是因为以下两点原因. 首先, 由于 ϕ 是具有紧支集的无穷可微函数, 所以对函数 f 乘以 ϕ 之后, 不会改变 f 的可积性. 其次, 尽管表面看式 (21.2.4) 右端的积分是在整个 Ω 上作的, 而定义中只要求 f 在 Ω 的每个子集 $\Omega\bigcap B(x_0,R)$ 上绝对可积, 但是因为 $\phi\Big(\dfrac{x-y}{\varepsilon}\Big)$ 的支集为 $\overline{B}(x,\varepsilon)$, 所以式 (21.2.4) 右端的积分实际上可改写为在 $\Omega\bigcap B(x,\varepsilon)$ 上的积分:

$$f_\varepsilon(x)=\frac{1}{\varepsilon^m}\int_{\Omega\bigcap B(x,\varepsilon)}\phi\Big(\frac{x-y}{\varepsilon}\Big)f(y)\mathrm{d}y,\quad \forall x\in\mathbf{R}^m. \tag{21.2.5}$$

从此式知函数 f_ε 的定义是合理的.

定理 21.2.1　对任意 $\varepsilon>0$ 都有 $f_\varepsilon\in C^\infty(\mathbf{R}^m)$.

证明　如果 f 在 $\overline{\Omega}$ 上连续, 那么本定理的结论可应用定理 21.1.5 和定理 21.1.7 推出. 对于 f 不在 $\overline{\Omega}$ 上连续而只是在 Ω 的每个子集 $\Omega\bigcap B(x_0,R)$ 上绝对可积的情况, 不能应用这些定理, 而必须直接进行推导.

首先证明 f_ε 在每个点 $x_0\in\mathbf{R}^m$ 处连续. 为此注意对任意 $x\in B(x_0,\varepsilon)$ 都有

$$B(x,\varepsilon)\subseteq B(x_0,2\varepsilon).$$

所以由表达式 (21.2.5), 有

$$f_\varepsilon(x)=\frac{1}{\varepsilon^m}\int_{\Omega\bigcap B(x,\varepsilon)}\phi\Big(\frac{x-y}{\varepsilon}\Big)f(y)\mathrm{d}y=\frac{1}{\varepsilon^m}\int_{\Omega\bigcap B(x_0,2\varepsilon)}\phi\Big(\frac{x-y}{\varepsilon}\Big)f(y)\mathrm{d}y, \tag{21.2.6}$$

以及

$$f_\varepsilon(x_0)=\frac{1}{\varepsilon^m}\int_{\Omega\bigcap B(x_0,\varepsilon)}\phi\Big(\frac{x_0-y}{\varepsilon}\Big)f(y)\mathrm{d}y=\frac{1}{\varepsilon^m}\int_{\Omega\bigcap B(x_0,2\varepsilon)}\phi\Big(\frac{x_0-y}{\varepsilon}\Big)f(y)\mathrm{d}y. \tag{21.2.7}$$

从而当 $|x-x_0|<\varepsilon$ 时, 有

$$|f_\varepsilon(x)-f_\varepsilon(x_0)|\leqslant\frac{1}{\varepsilon^m}\int_{\Omega\bigcap B(x_0,2\varepsilon)}\Big|\phi\Big(\frac{x-y}{\varepsilon}\Big)-\phi\Big(\frac{x_0-y}{\varepsilon}\Big)\Big||f(y)|\mathrm{d}y$$

$$\leqslant \max_{y\in\overline{B}(x_0,2\varepsilon)}\left|\phi\Big(\frac{x-y}{\varepsilon}\Big)-\phi\Big(\frac{x_0-y}{\varepsilon}\Big)\right|\cdot\frac{1}{\varepsilon^m}\int_{\Omega\bigcap B(x_0,2\varepsilon)}|f(y)|\mathrm{d}y$$

$$\leqslant|x-x_0|\max_{y\in\overline{B}(0,1)}|\nabla\phi(y)|\cdot\frac{1}{\varepsilon^{m+1}}\int_{\Omega\bigcap B(x_0,2\varepsilon)}|f(y)|\mathrm{d}y.$$

因此

$$\lim_{x\to x_0}f_\varepsilon(x)=f_\varepsilon(x_0).$$

说明 f_ε 在每个点 $x_0\in\mathbf{R}^m$ 处连续. 因此 $f_\varepsilon\in C(\mathbf{R}^m)$.

其次, 应用式 (21.2.6) 和式 (21.2.7) 可知对每个 $1\leqslant i\leqslant m$, 当 $|t|<\varepsilon$ 时, 有

$$\frac{1}{t}[f_\varepsilon(x_0+t\boldsymbol{e}_i)-f_\varepsilon(x_0)]-\frac{1}{\varepsilon^{m+1}}\int_{\Omega\bigcap B(x_0,\varepsilon)}\phi_{x_i}\Big(\frac{x_0-y}{\varepsilon}\Big)f(y)\mathrm{d}y$$

$$=\frac{1}{\varepsilon^{m+1}}\int_{\Omega\bigcap B(x_0,2\varepsilon)}\left\{\frac{\varepsilon}{t}\Big[\phi\Big(\frac{x_0+t\boldsymbol{e}_i-y}{\varepsilon}\Big)-\phi\Big(\frac{x_0-y}{\varepsilon}\Big)\Big]-\phi_{x_i}\Big(\frac{x_0-y}{\varepsilon}\Big)\right\}f(y)\mathrm{d}y$$

$$\leqslant\max_{y\in\overline{B}(x_0,2\varepsilon)}\left|\frac{\varepsilon}{t}\Big[\phi\Big(\frac{x_0+t\boldsymbol{e}_i-y}{\varepsilon}\Big)-\phi\Big(\frac{x_0-y}{\varepsilon}\Big)\Big]-\phi_{x_i}\Big(\frac{x_0-y}{\varepsilon}\Big)\right|\cdot\frac{1}{\varepsilon^{m+1}}\int_{\Omega\bigcap B(x_0,2\varepsilon)}|f(y)|\mathrm{d}y$$

$$\leqslant\max_{y\in\overline{B}(x_0,2\varepsilon)}\left|\phi_{x_i}\Big(\frac{x_0+\theta t\boldsymbol{e}_i-y}{\varepsilon}\Big)-\phi_{x_i}\Big(\frac{x_0-y}{\varepsilon}\Big)\right|\cdot\frac{1}{\varepsilon^{m+1}}\int_{\Omega\bigcap B(x_0,2\varepsilon)}|f(y)|\mathrm{d}y\quad(0<\theta<1)$$

$$\leqslant|t|\max_{x\in\overline{B}(0,1)}|\nabla\phi_{x_i}(x)|\cdot\frac{1}{\varepsilon^{m+2}}\int_{\Omega\bigcap B(x_0,2\varepsilon)}|f(y)|\mathrm{d}y.$$

这就得到

$$\lim_{t\to0}\frac{f_\varepsilon(x_0+t\boldsymbol{e}_i)-f_\varepsilon(x_0)}{t}=\frac{1}{\varepsilon^{m+1}}\int_{\Omega\bigcap B(x_0,\varepsilon)}\phi_{x_i}\Big(\frac{x_0-y}{\varepsilon}\Big)f(y)\mathrm{d}y.$$

说明 f_ε 在 $\mathbf{R}^m$ 上每点关于每个变元 x_i 都有偏导数, 且

$$\frac{\partial f_\varepsilon(x)}{\partial x_i}=\frac{1}{\varepsilon^{m+1}}\int_{\Omega\bigcap B(x,\varepsilon)}\phi_{x_i}\Big(\frac{x-y}{\varepsilon}\Big)f(y)\mathrm{d}y,\quad i=1,2,\cdots,m.$$

根据这个表达式和与前面类似的推导还可进一步证明, 偏导函数 $\dfrac{\partial f_\varepsilon(x)}{\partial x_i}$ $(i=1,2,\cdots,m)$ 都是 $\mathbf{R}^m$ 上的连续函数. 因此 $f_\varepsilon\in C^1(\mathbf{R}^m)$.

依次类推, 应用数学归纳法即可证明, 对任意 $\alpha\in\mathbf{Z}_+^m$, f_ε 在 $\mathbf{R}^m$ 上都有 α 阶偏导数, 而且

$$\partial^\alpha f_\varepsilon(x)=\frac{1}{\varepsilon^{m+|\alpha|}}\int_{\Omega\bigcap B(x,\varepsilon)}\partial^\alpha\phi\Big(\frac{x-y}{\varepsilon}\Big)f(y)\mathrm{d}y,\tag{21.2.8}$$

并且运用这个表达式还可进一步证明 $\partial^\alpha f_\varepsilon\in C(\mathbf{R}^m)$. 因此 $f_\varepsilon\in C^\infty(\mathbf{R}^m)$. 证毕.

定理 21.2.2 下列结论成立:

(1) 如果 $f\in C(\Omega)$, 则对任意紧集 (即有界闭集)$K\subseteq\Omega$, 当 $\varepsilon\to0$ 时 f_ε 在 K 上一致收敛于 f:

$$\lim_{\varepsilon\to0}\max_{x\in K}|f_\varepsilon(x)-f(x)|=0.\tag{21.2.9}$$

(2) 如果对某个正整数 k 有 $f \in C^k(\Omega)$, 则对任意紧集 $K \subseteq \Omega$ 和每个长度 $\leqslant k$ 的 m 重指标 $\alpha \in \mathbf{Z}_+^m$, 当 $\varepsilon \to 0$ 时, $\partial^\alpha f_\varepsilon$ 在 K 上一致收敛于 $\partial^\alpha f$:

$$\lim_{\varepsilon\to 0}\max_{x\in K}|\partial^\alpha f_\varepsilon(x) - \partial^\alpha f(x)| = 0. \tag{21.2.10}$$

证明　先证结论 (1). K 是紧集、Ω 是开集且 $K \subseteq \Omega$ 意味着 $\operatorname{dist}(K, \partial\Omega) > 0$. 记

$$\varepsilon_0 = \frac{1}{2}\operatorname{dist}(K, \partial\Omega).$$

以下设 $0 < \varepsilon < \varepsilon_0$. 则对任意 $x \in K$, 有

$$B(x,\varepsilon) \subseteq B(x,\varepsilon_0) \subseteq B(x, 2\varepsilon_0) \subseteq \Omega,$$

从而 $\Omega \bigcap B(x,\varepsilon) = B(x,\varepsilon)$. 因此当 $x \in K$ 时, 有

$$f_\varepsilon(x) = \frac{1}{\varepsilon^m}\int_{\Omega\bigcap B(x,\varepsilon)} \phi\Big(\frac{x-y}{\varepsilon}\Big)f(y)\mathrm{d}y = \frac{1}{\varepsilon^m}\int_{B(x,\varepsilon)} \phi\Big(\frac{x-y}{\varepsilon}\Big)f(y)\mathrm{d}y.$$

而根据式 (21.2.3), 有

$$\frac{1}{\varepsilon^m}\int_{B(x,\varepsilon)} \phi\Big(\frac{x-y}{\varepsilon}\Big)\mathrm{d}y = \int_{B(0,1)} \phi(y')\mathrm{d}y' = 1,$$

所以

$$\begin{aligned} f_\varepsilon(x) - f(x) &= \frac{1}{\varepsilon^m}\int_{B(x,\varepsilon)} \phi\Big(\frac{x-y}{\varepsilon}\Big)[f(y) - f(x)]\mathrm{d}y \\ &= \int_{B(0,1)} \phi(y')[f(x+\varepsilon y') - f(x)]\mathrm{d}y', \end{aligned}$$

进而

$$\max_{x\in K}|f_\varepsilon(x) - f(x)| \leqslant \max_{\substack{x\in K\\ |y'|\leqslant 1}}|f(x+\varepsilon y') - f(x)| \leqslant \max_{\substack{x,x'\in K_1\\ |x-x'|<\varepsilon}}|f(x') - f(x)|, \tag{21.2.11}$$

其中

$$K_1 = \{x \in \mathbf{R}^m : \operatorname{dist}(x, K) \leqslant \varepsilon_0\}.$$

因为 K 是紧集, 显然 K_1 也是紧集, 并且由于 $\varepsilon_0 = \dfrac{1}{2}\operatorname{dist}(K, \partial\Omega)$, 所以 $K_1 \subseteq \Omega$. 因此由 $f \in C(\Omega)$ 即知 f 在 K_1 上连续, 从而也就在 K_1 上一致连续. 这样就有

$$\lim_{\varepsilon\to 0}\max_{\substack{x,x'\in K_1\\ |x-x'|<\varepsilon}}|f(x') - f(x)| = 0.$$

把这个等式和式 (21.2.11) 结合起来, 就得到了式 (21.2.9). 这就证明了结论 (1).

为证明结论 (2), 设 $0<\varepsilon<\operatorname{dist}(K,\partial\Omega)$. 这时对任意 $x\in K$ 都有 $B(x,\varepsilon)\subseteq\Omega$, 从而 $\Omega\bigcap B(x,\varepsilon)=B(x,\varepsilon)$. 因此, 应用式 (21.2.8), 当 $f\in C^k(\Omega)$ 时, 对任意长度 $\leqslant k$ 的 m 重指标 $\alpha\in\mathbf{Z}_+^m$, 有

$$\begin{aligned}\partial^\alpha f_\varepsilon(x)=&\frac{1}{\varepsilon^{m+|\alpha|}}\int_{\Omega\bigcap B(x,\varepsilon)}\partial^\alpha\phi\Big(\frac{x-y}{\varepsilon}\Big)f(y)\mathrm{d}y=\frac{1}{\varepsilon^{m+|\alpha|}}\int_{B(x,\varepsilon)}\partial^\alpha\phi\Big(\frac{x-y}{\varepsilon}\Big)f(y)\mathrm{d}y\\=&\frac{(-1)^{|\alpha|}}{\varepsilon^{m+|\alpha|}}\int_{B(x,\varepsilon)}\partial_y^\alpha\Big[\phi\Big(\frac{x-y}{\varepsilon}\Big)\Big]f(y)\mathrm{d}y=\frac{1}{\varepsilon^{m+|\alpha|}}\int_{\Omega\bigcap B(x,\varepsilon)}\phi\Big(\frac{x-y}{\varepsilon}\Big)\partial^\alpha f(y)\mathrm{d}y.\end{aligned}$$

最后这个等式是通过作分部积分得到的 (用到了被积函数及其各阶偏导数都在边界上等于零的条件). 应用这个表达式, 通过与前面的证明类似的推导, 即得式 (21.2.10). 这就证明了结论 (2). 证毕.

下一个定理的证明因为需要用到一些没有证明的命题, 所以不要求读者完全掌握 (可以跳过这个定理及其证明继续阅读后面的内容).

定理 21.2.3 设 f 在 Ω 上绝对可积. 则当 $\varepsilon\to0$ 时, f_ε 在 Ω 上积分平均收敛于 f:

$$\lim_{\varepsilon\to0}\int_\Omega|f_\varepsilon(x)-f(x)|\mathrm{d}x=0.\tag{21.2.12}$$

证明 把函数 f 延拓到整个空间 $\mathbf{R}^m$ 上, 使在 Ω 之外恒为零. 记延拓后的函数为 $\widetilde{f}$. 则有

$$f_\varepsilon(x)=\frac{1}{\varepsilon^m}\int_\Omega\phi\Big(\frac{x-y}{\varepsilon}\Big)f(y)\mathrm{d}y=\frac{1}{\varepsilon^m}\int_{\mathbf{R}^m}\phi\Big(\frac{x-y}{\varepsilon}\Big)\widetilde{f}(y)\mathrm{d}y=\int_{B(0,1)}\phi(y')\widetilde{f}(x+\varepsilon y')\mathrm{d}y'.$$

因此

$$f_\varepsilon(x)-f(x)=\int_{B(0,1)}\phi(y')[\widetilde{f}(x+\varepsilon y')-f(x)]\mathrm{d}y',$$

$$|f_\varepsilon(x)-f(x)|\leqslant\int_{B(0,1)}\phi(y')|\widetilde{f}(x+\varepsilon y')-f(x)|\mathrm{d}y',$$

从而

$$\begin{aligned}\int_\Omega|f_\varepsilon(x)-f(x)|\mathrm{d}x&\leqslant\int_\Omega\Big(\int_{B(0,1)}\phi(y')|\widetilde{f}(x+\varepsilon y')-f(x)|\mathrm{d}y'\Big)\mathrm{d}x\\&=\int_{B(0,1)}\Big(\int_\Omega|\widetilde{f}(x+\varepsilon y')-f(x)|\mathrm{d}x\Big)\phi(y')\mathrm{d}y\\&\leqslant\sup_{|y'|\leqslant1}\int_\Omega|\widetilde{f}(x+\varepsilon y')-f(x)|\mathrm{d}x\cdot\int_{B(0,1)}\phi(y')\mathrm{d}y\\&=\sup_{|y'|\leqslant1}\int_\Omega|\widetilde{f}(x+\varepsilon y')-f(x)|\mathrm{d}x.\end{aligned}$$

因为 f 在 Ω 上绝对可积, 所以由积分的连续性可知

$$\lim_{\varepsilon\to0}\sup_{|y'|\leqslant1}\int_\Omega|\widetilde{f}(x+\varepsilon y')-f(y')|\mathrm{d}x=0.$$

因此从上面得到的不等式即知式 (21.2.12) 成立. 证毕.

在上述证明中, 用到了重积分及广义重积分交换次序的问题和重积分及广义重积分的连续性, 其中的被积函数不一定是连续函数. 这两个结论的证明都不简单, 特别是前一个结论的证明更难. 这里就不证明它们了, 因为后续课程"实变函数"将要细致地讨论积分问题. 上面这个定理后面不会用到, 所以跳过它并不影响本课程的进程. 这里写出这个定理只是让读者知道, 磨光函数的作用对不连续的函数也是有效的.

21.2.2　截断函数和单位分解定理

借助于函数的磨光, 可以根据实际需要构作出各种各样的无穷可微函数, 使它们的支集包含在一个指定集合的任意小的邻域之内. 特别地, 有下述定理.

定理 21.2.4　设 K 是 $\mathbf{R}^m$ 中的一个紧集. 则对任意给定的 $\varepsilon > 0$, 存在值域包含在区间 $[0,1]$ 中的函数 $\varphi_\varepsilon \in C_0^\infty(\mathbf{R}^m)$, 它在 K 上恒取 1 值, 且支集包含在 K 的 ε-邻域里:

$$\varphi_\varepsilon(x) = 1, \quad \forall x \in K; \quad \mathrm{supp}\varphi_\varepsilon \subseteq K_\varepsilon = \{x \in \mathbf{R}^m : \mathrm{dist}(x, K) < \varepsilon\}.$$

证明　令 K_1 为 K 的 $\dfrac{\varepsilon}{3}$- 闭邻域 (图 21-2-4):

$$K_1 = \left\{x \in \mathbf{R}^m : \mathrm{dist}(x, K) \leqslant \frac{\varepsilon}{3}\right\}.$$

令 χ_{K_1} 为 K_1 的特征函数:

$$\chi_{K_1}(x) = \begin{cases} 1, & 当\ x \in K_1, \\ 0, & 当\ x \in \mathbf{R}^m \backslash K_1. \end{cases}$$

再令 φ_ε 为 χ_{K_1} 的 $\dfrac{\varepsilon}{3}$- 磨光:

$$\varphi_\varepsilon(x) = \left(\frac{3}{\varepsilon}\right)^m \int_{\mathbf{R}^m} \phi\Big(\frac{3(x-y)}{\varepsilon}\Big)\chi_{K_1}(y)\mathrm{d}y = \left(\frac{3}{\varepsilon}\right)^m \int_{K_1} \phi\Big(\frac{3(x-y)}{\varepsilon}\Big)\mathrm{d}y.$$

这个函数 φ_ε 就满足了定理结论中的全部条件. 事实上, 易见 φ_ε 的值域包含于区间 $[0,1]$, 并且由定理 21.2.1 知 $\varphi_\varepsilon \in C^\infty(\mathbf{R}^m)$. 其次, 当 $x \in K$ 时, 对任意 $y \in B(x, \dfrac{\varepsilon}{3})$, 因为 $|x - y| < \dfrac{\varepsilon}{3}$, 而有 $y \in K_1$, 说明 $B(x, \dfrac{\varepsilon}{3}) \subseteq K_1$, 所以

$$\varphi_\varepsilon(x) = \left(\frac{3}{\varepsilon}\right)^m \int_{K_1} \phi\Big(\frac{3(x-y)}{\varepsilon}\Big)\mathrm{d}y = \left(\frac{3}{\varepsilon}\right)^m \int_{B(x,\frac{\varepsilon}{3})} \phi\Big(\frac{3(x-y)}{\varepsilon}\Big)\mathrm{d}y = 1.$$

最后, 当 $\mathrm{dist}(x, K) \geqslant \dfrac{2\varepsilon}{3}$ 时, 对任意 $y \in K_1$, 因 $\mathrm{dist}(y, K) \leqslant \dfrac{\varepsilon}{3}$, 由三角不等式知

$$|x - y| \geqslant \frac{2\varepsilon}{3} - \frac{\varepsilon}{3} = \frac{\varepsilon}{3},$$

所以 $\phi\Big(\dfrac{3(x-y)}{\varepsilon}\Big)=0$. 因此

$$\varphi_\varepsilon(x)=\Big(\frac{3}{\varepsilon}\Big)^m\int_{K_1}\phi\Big(\frac{3(x-y)}{\varepsilon}\Big)\mathrm{d}y=0.$$

这说明 $\mathrm{supp}\varphi_\varepsilon$ 包含在 K 的 $\dfrac{2\varepsilon}{3}$- 闭邻域中. 因此定理结论的条件全部满足. 证毕.

函数 φ_ε 叫做关于点集 K 的**截断函数**. 它在处理一些需要局限在一些点的小邻域中或某个有界点集上进行讨论同时又不能改变函数的光滑性的问题时被经常应用. 图 21-2-5 画出了截断函数的截面图形.

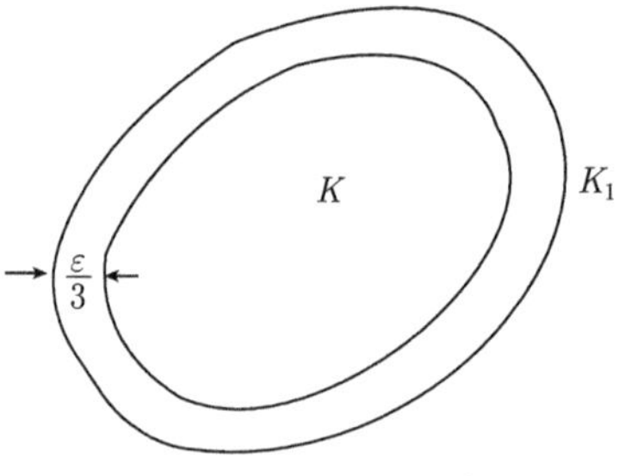

图 21-2-4 K 的 $\dfrac{\varepsilon}{3}$ 邻域

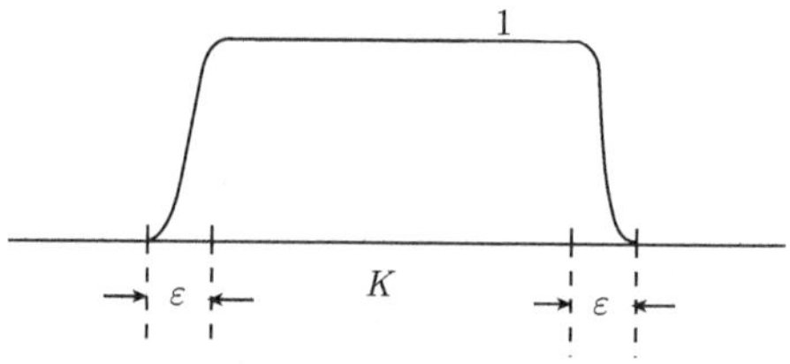

图 21-2-5 截断函数的截面

习惯上, 对 $\mathbf{R}^m$ 中的任意开区域 Ω, $C_0^\infty(\Omega)$ 中的函数认为也属于 $C_0^\infty(\mathbf{R}^m)$, 即当 $\varphi\in C_0^\infty(\Omega)$ 时, 认为 $\varphi(x)=0$, $\forall x\in\mathbf{R}^m\backslash\Omega$. 换言之, $C_0^\infty(\Omega)$ 是 $C_0^\infty(\mathbf{R}^m)$ 的子集, 它由 $C_0^\infty(\mathbf{R}^m)$ 中那些支集包含于 Ω 的函数组成.

定理 21.2.5(单位分解定理) 设 K 是 $\mathbf{R}^m$ 中的一个紧集, $\{\Omega_i\}_{i=1}^k$ 是该紧集的一个开覆盖. 则存在一组相应的非负函数 $\varphi_i\in C_0^\infty(\Omega_i)(i=1,2,\cdots,k)$, 使成立

$$\sum_{i=1}^k\varphi_i(x)=1,\quad \forall x\in K.$$

证明 对充分小的 $\varepsilon>0$, 令

$$\Omega_i^\varepsilon=\{x\in\Omega_i:\mathrm{dist}(x,\partial\Omega_i)>\varepsilon\},\quad i=1,2,\cdots,k.$$

Ω_i^ε 是从 Ω_i 挖去边界的 ε- 闭邻域所得到的缩小了的开集. 先证明存在 $\varepsilon>0$ 使 $\{\Omega_i^\varepsilon\}_{i=1}^k$ 覆盖了 K. (反证法) 设这个结论不成立, 则对任意给定的 $\varepsilon>0$, 存在相应的 $x_\varepsilon\in K$, 使对每个 $1\leqslant i\leqslant k$ 都有 $x_\varepsilon\notin\Omega_i^\varepsilon$. 特别取 $\varepsilon=\dfrac{1}{n}$, $n=1,2,\cdots$, 就得到了 K 中的一个点列 $\{x_n\}_{n=1}^\infty$, 使对每个 n 和 $1\leqslant i\leqslant k$ 都有 $x_n\notin\Omega_i^{\frac{1}{n}}$. 由于 K 是紧集, 所以 $\{x_n\}_{n=1}^\infty$ 有在 K 中收敛的子列. 不妨设 $\{x_n\}_{n=1}^\infty$ 本身收敛, 并记极限点为 x_0. 自然, $x_0\in K$. 于是, 由于 $\{\Omega_i\}_{i=1}^k$ 覆盖了 K, 应有某个 $1\leqslant i_0\leqslant k$ 使得 $x_0\in\Omega_{i_0}$. 由于 Ω_{i_0} 是开集, 所以存在 $\varepsilon>0$ 使 $B(x_0,\varepsilon)\subseteq\Omega_{i_0}$. 而由 $\lim\limits_{n\to\infty}x_n=x_0$ 知, 对此 ε 存在正

整数 n_0, 使对所有 $n > n_0$ 都有 $x_n \in B(x_0, \frac{\varepsilon}{2})$, 进而 $\text{dist}(x_n, \partial\Omega_{i_0}) > \dfrac{\varepsilon}{2}$, 这意味着当 $n > n_0$ 时, $x_n \in \Omega_{i_0}^{\frac{\varepsilon}{2}}$. 现在只要取 n 充分大以使 $\dfrac{1}{n} < \dfrac{\varepsilon}{2}$, 就得到了矛盾.

取定 $\varepsilon > 0$ 如上. 则由定理 21.2.4 知, 对每个 $1 \leqslant i \leqslant k$ 存在值域含于区间 $[0,1]$ 的函数 $\psi_i \in C_0^\infty(\mathbf{R}^m)$, 使得 $\text{supp}\psi_i \subseteq \Omega_i$, 且当 $x \in \Omega_i^\varepsilon$ 时 $\psi_i(x) = 1$. 令

$$\varphi_1 = \psi_1, \quad \varphi_2 = \psi_2(1-\psi_1), \quad \cdots, \quad \varphi_k = \psi_k(1-\psi_1)(1-\psi_2)\cdots(1-\psi_{k-1}).$$

则对每个 $1 \leqslant i \leqslant k$, φ_i 都是非负函数且 $\varphi_i \in C_0^\infty(\Omega_i)$. 此外, 有

$$\begin{aligned}
\sum_{i=1}^k \varphi_i =&\psi_1 + \psi_2(1-\psi_1) + \cdots + \psi_k(1-\psi_1)(1-\psi_2)\cdots(1-\psi_{k-1}) \\
=&1 - (1-\psi_1) + \psi_2(1-\psi_1) + \cdots + \psi_k(1-\psi_1)(1-\psi_2)\cdots(1-\psi_{k-1}) \\
=&1 - (1-\psi_1)(1-\psi_2) + \cdots + \psi_k(1-\psi_1)(1-\psi_2)\cdots(1-\psi_{k-1}) \\
&\cdots \\
=&1 - (1-\psi_1)(1-\psi_2)\cdots(1-\psi_k).
\end{aligned}$$

从而当 $x \in K$ 时有 $\displaystyle\sum_{i=1}^k \varphi_i(x) = 1$ (因为必有某个 $1 \leqslant i \leqslant k$ 使 $\psi_i(x) = 1$). 证毕.

上述**单位分解定理**虽然很简单, 却是现代分析数学的一个重要工具. 凡是在需要把从局部分析获得的结论整合以便得到一个整体性的结论时, 一般都需要用到这个定理.

21.2.3　延拓定理

下面应用单位分解定理来证明, 对于 $\mathbf{R}^m$ 中的有界闭区域 Ω, 只要其边界 $\partial\Omega$ 满足适当的条件, 那么定义在 Ω 上的连续函数便可延拓成 $\mathbf{R}^m$ 上的连续函数, 同样定义在 Ω 上的 n 阶连续可微函数也可以延拓成 $\mathbf{R}^m$ 上的 n 阶连续可微函数.

先看连续函数的延拓问题. 设 Ω 是 $\mathbf{R}^m$ 中的一个闭区域, f 是定义在 Ω 上的连续函数. 问题是能否把 f 延拓到 $\mathbf{R}^m$, 使之成为整个 $\mathbf{R}^m$ 上的连续函数? 对于一些边界 $\partial\Omega$ 的形状比较简单的函数, 这是很容易办到的. 例如, 对于定义在闭的上半空间

$$\overline{\mathbf{R}}_+^m = \{(x', x_m) \in \mathbf{R}^m: \ x' \in \mathbf{R}^{m-1}, \ x_m \geqslant 0\}$$

上的连续函数 f, 可按以下方法把它延拓成整个 $\mathbf{R}^m$ 上的连续函数 $\overline{f}$: 对任意 $x \in \mathbf{R}^m$, 设 $x = (x', x_m)$, 其中 $x' \in \mathbf{R}^{m-1}$, 则定义

$$\overline{f}(x) = \begin{cases} f(x', x_m), & \text{当 } x_m \geqslant 0, \\ f(x', 0), & \text{当 } x_m < 0. \end{cases}$$

又如, 对于定义在闭单位球 $\overline{B}(0,1)$ 上的连续函数 f, 可按以下方法把它延拓成整个 $\mathbf{R}^m$ 上的连续函数 $\overline{f}$: 对任意 $x \in \mathbf{R}^m$, 定义

$$\overline{f}(x)=\begin{cases} f(x), & \text{当 } |x| \leqslant 1, \\ f\left(\dfrac{x}{|x|}\right), & \text{当 } |x|>1. \end{cases}$$

但是对于一般的闭区域 Ω, 问题便没有这么简单. 借助于上面得到的单位分解定理, 可对边界满足一定条件的任意有界闭区域 Ω 实现这样的延拓, 而且还可保证, 当 f 是 n 阶连续可微函数时, 延拓后的函数仍然是 n 阶连续可微函数.

以前曾引进了具有连续边界的区域的概念. 现在再引进以下概念.

定义 21.2.2 设 Ω 是 $\mathbf{R}^m$ 中的区域, n 是一个正整数. 如果对任意 $x_0 \in \partial\Omega$, 存在相应的 $\delta>0$, 使得 $\partial\Omega$ 在开球 $B(x_0,\delta)$ 中的部分 $\partial\Omega \bigcap B(x_0,\delta)$ 可以表示成

$$x_i=\varphi(x_1,\cdots,x_{i-1},x_{i+1},\cdots,x_m),$$

其中, $(x_1,\cdots,x_{i-1},x_{i+1},\cdots,x_m)$ 在 $\mathbf{R}^{m-1}$ 中的某个开集上变化, φ 是此开集上的 n 阶连续可微函数, 则称 Ω**具有 n 阶连续可微的边界**, 或称 Ω 的边界 $\partial\Omega$**属于 C^n 类**.

引理 21.2.1 设 Ω 是 $\mathbf{R}^m$ 中的闭区域. 则有以下结论:

(1) 如果 Ω 具有连续边界, 则对任意 $x_0 \in \partial\Omega$, 存在相应的 $\varepsilon>0$ 和 x_0 点的邻域 U, 以及从 U 到 $B(0,\varepsilon)$ 的连续映射 ψ, 它是双射且它的逆映射 ψ^{-1} 也连续 (这时称 ψ 为**同胚映射**), 使得 $\psi(x_0)=0$, 且

$$\psi(\Omega \bigcap U)=B_+(0,\varepsilon)=\{(y',y_m):y' \in \mathbf{R}^{m-1},\ y_m \geqslant 0,\ |y'|^2+|y_m|^2<\varepsilon\},$$
$$\psi(\partial\Omega \bigcap U)=B(0,\varepsilon) \bigcap \mathbf{R}^{m-1}=\{(y',0):y' \in \mathbf{R}^{m-1},|y'|<\varepsilon\}$$

(图 21-2-6).

(2) 对给定的正整数 n, Ω 具有 n 阶连续可微的边界的充要条件是对任意 $x_0 \in \partial\Omega$, 存在相应的 $\varepsilon>0$ 和点 x_0 的邻域 U, 以及从 U 到 $B(0,\varepsilon)$ 的 n 阶连续可微映射 ψ, 它是双射且它的逆映射 ψ^{-1} 也是 n 阶连续可微映射 (这时称 ψ 为n **阶微分同胚**), 使得上面的等式都成立.

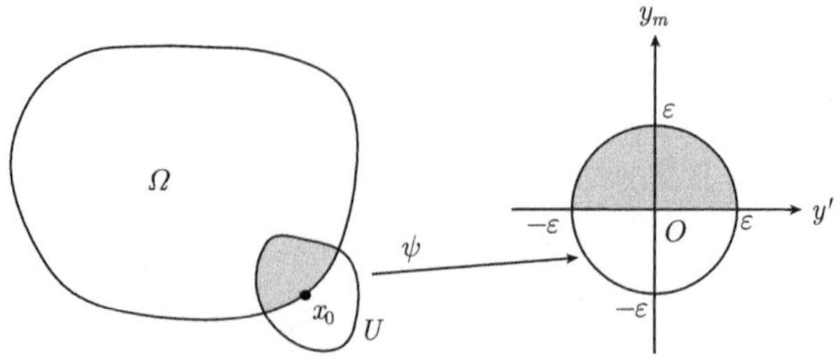

图 21-2-6 边界同胚映射

证明　先设 Ω 具有连续的边界. 则对任意 $x_0 \in \partial\Omega$, 存在相应的 $\delta > 0$, 使得 $\partial\Omega$ 在开球 $B(x_0,\delta)$ 中的部分 $\partial\Omega\bigcap B(x_0,\delta)$ 可以表示成

$$x_i = \varphi(x_1,\cdots,x_{i-1},x_{i+1},\cdots,x_m),$$

其中, $(x_1,\cdots,x_{i-1},x_{i+1},\cdots,x_m)$ 在 $\mathbf{R}^{m-1}$ 中的某个开集上变化, φ 是此开集上的连续函数. 为记号简单起见, 不妨设 $i=m$. 设 $x_0=(x_0',x_{0m})$, 其中 $x_0'\in\mathbf{R}^{m-1}$, 并不妨设 Ω 位于 $x_m>\varphi(x')$ (其中 $x'=(x_1,x_2,\cdots,x_{m-1})\in\mathbf{R}^{m-1}$) 的一侧. 定义映射 $\psi: B(x_0,\delta)\to\mathbf{R}^m$ 如下:

$$\psi(x)=(x'-x_0',x_m-\varphi(x')),\quad \forall x=(x',x_m)\in B(x_0,\delta).$$

显然 ψ 是连续映射, $\psi(x_0)=0$, 且 ψ 有逆

$$\psi^{-1}(y)=(y'+x_0',y_m+\varphi(y'+x_0')),\quad \forall y=(y',y_m)\in\psi(B(x_0,\delta)).$$

显然 ψ^{-1} 也是连续映射, 因此 ψ 是同胚映射. 现在取 $0<\sigma\leqslant\delta$ 充分小使得开球 $B(x_0,\sigma)$ 中所有满足条件 $x_m>\varphi(x')$ 的点都在 Ω 中. 根据 ψ^{-1} 的连续性, 对此 $\sigma>0$, 存在相应的 $\varepsilon>0$, 使当 $|y|<\varepsilon$ 时, 有 $|\psi^{-1}(y)-x_0|<\sigma$, 即 $\psi^{-1}(B(0,\varepsilon))\subseteq B(x_0,\sigma)$. 令 $U=\psi^{-1}(B(0,\varepsilon))$, 则就得到了所需证明的结论.

如果 Ω 具有 n 阶连续可微的边界, 则 φ 是 n 阶连续可微函数, 从而上面定义的映射 ψ 及其逆 ψ^{-1} 都是 n 阶连续可微映射, 这就证明了结论 (2) 的必要性. 为证明充分性, 令 ψ_m 为 ψ 的第 m 个分量. 则条件

$$\psi(\partial\Omega\bigcap U)=B(0,\varepsilon)\bigcap\mathbf{R}^{m-1}=\{(y',0):y'\in\mathbf{R}^{m-1},|y'|<\varepsilon\}$$

意味着 $\partial\Omega$ 在点 x_0 附近由方程

$$\psi_m(x)=0$$

确定. 注意通过对等式 $\psi\circ\psi^{-1}=\psi^{-1}\circ\psi=id$ 求偏导数, 即知 ψ 的导映射 $D\psi$ 是可逆的. 这特别蕴含着 $\nabla\psi_m(x_0)$ 是非零向量. 因此应用隐函数定理, 即可从上述方程可以解出某个 x_i 为其余变元 $x_1,\cdots,x_{i-1},x_{i+1},\cdots,x_m$ 的函数: $x_i=\varphi(x_1,\cdots,x_{i-1},x_{i+1},\cdots,x_m)$, 其中 φ 是 n 阶连续可微函数. 所以 $\partial\Omega$ 是 n 阶连续可微的. 证毕.

定理 21.2.6(连续函数的延拓)　设 Ω 是 $\mathbf{R}^m$ 中具有连续边界的有界闭区域, f 是定义在 Ω 上的连续函数. 则存在定义在 $\mathbf{R}^m$ 上的有界连续函数 $\overline{f}$, 使得 $\overline{f}|_\Omega=f$, 而且

$$\sup_{\mathbf{R}^m}\overline{f}=\max_{\Omega}f,\quad \inf_{\mathbf{R}^m}\overline{f}=\min_{\Omega}f.$$

证明 根据引理 21.2.1, 对任意 $x_0\in\partial\Omega$, 存在相应的 $\varepsilon>0$ 和 x_0 点的邻域 U, 以及从 U 到 $B(0,\varepsilon)$ 的同胚映射 ψ, 使得 $\psi(x_0)=0$, 且

$$\psi(\Omega\bigcap U)=B_+(0,\varepsilon)=\{(y',y_m):\ y'\in\mathbf{R}^{m-1},\ y_m\geqslant 0,\ |y'|^2+|y_m|^2<\varepsilon\},$$
$$\psi(\partial\Omega\bigcap U)=B(0,\varepsilon)\bigcap\mathbf{R}^{m-1}=\{(y',0):\ y'\in\mathbf{R}^{m-1},|y'|<\varepsilon\}.$$

令 $g=f\circ\psi^{-1}:B_+(0,\varepsilon)\to\mathbf{R}$. 则 g 是 $B_+(0,\varepsilon)$ 上的连续函数, 因而可按前面介绍的方法延拓成 $B(0,\varepsilon)$ 上的连续函数. 记延拓后的函数为 $\overline{g}$. 则 $\overline{g}\circ\psi$ 便是 U 上的连续函数, 它在 $\Omega\bigcap U$ 上的限制等于 $f|_{\Omega\bigcap U}$. 取 $\delta_{x_0}>0$ 充分小使得 $B(x_0,2\delta_{x_0})\subseteq U$. 开球族

$$\{B(x_0,\delta_{x_0}):\ x_0\in\partial\Omega\}$$

是 $\partial\Omega$ 的一个开覆盖, 因此应用有限覆盖定理知, 存在 $\partial\Omega$ 上的有限个点 $x_1,x_2,\cdots,x_n$, 使得开球 $B(x_1,\delta_{x_1}),B(x_2,\delta_{x_2}),\cdots,B(x_n,\delta_{x_n})$ 覆盖了 $\partial\Omega$. 取开集 $U_0\subseteq\Omega$, 使得 U_0 与 $\partial\Omega$ 有正的距离, 且它与 $B(x_1,\delta_{x_1}),B(x_2,\delta_{x_2}),\cdots,B(x_n,\delta_{x_n})$ 合起来覆盖了 Ω. 于是根据单位分解定理, 存在一组非负函数 $\varphi_i\in C_0^\infty(B(x_i,\delta_{x_i}))$ $(i=1,2,\cdots,n)$ 和 $\varphi_0\in C_0^\infty(U_0)$, 使成立

$$\sum_{i=1}^{k}\varphi_i(x)+\varphi_0(x)=1,\quad \forall x\in\Omega.$$

用 $\overline{f}_i$ 表示把 $f|_{\Omega\bigcap B(x_i,2\delta_{x_i})}$ 按前述方法连续延拓到 $B(x_i,2\delta_{x_i})$ 所得到的函数, $i=1,2,\cdots,n$. 注意集合 $V=U_0\bigcup B(x_1,\delta_{x_1})\bigcup\cdots\bigcup B(x_n,\delta_{x_n})$ 是开集, 且 $\Omega\subseteq V$, 因此是 Ω 的邻域, 从而根据定理 21.2.4 知, 存在 $\chi\in C_0^\infty(V)$, 使得 $\chi(x)=1,\forall x\in\Omega$. 现在定义 $\mathbf{R}^m$ 上的有界连续函数 $\overline{f}$ 如下:

$$\overline{f}(x)=\begin{cases}\displaystyle\sum_{i=1}^{k}\overline{f}_i(x)\varphi_i(x)\chi(x)+f(x)\varphi_0(x)\chi(x), & \text{当}\ x\in V,\\ 0, & \text{当}\ x\notin V.\end{cases}$$

不难知道 $\overline{f}$ 满足定理 21.2.6 中的所有条件, 从而该定理得到了证明. 证毕.

上述证明中构造的延拓函数 $\overline{f}$ 显然具有紧支集. 不难看出, $\overline{f}$ 的支集可以包含在 Ω 的任意预先指定的邻域中, 即对任意给定的 $\varepsilon>0$, 都可构作出相应的延拓函数 $\overline{f}$, 使其支集包含在 Ω 的 ε 邻域里. 为达到这样的目的, 只需在上述证明中, 限制所有的 δ_{x_0} 都不超过 ε 即可.

检查上述定理的证明不难发现, 其思想其实就是: 由于对于一般的区域 Ω, 其边界可能比较复杂因而无法如前面两例那样用一种统一的方式把函数 f 从其边界延拓出去, 我们便在边界上每一点的一个小邻域中把 $\partial\Omega$ 局部地拉直, 然后采用把函数从平直边界延拓到区域之外的方法进行延拓, 再把平直边界返拉回原来的弯曲边界, 就

得到了 f 在每一点的一个小邻域中向区域 Ω 之外的延拓. 然后在 $\partial\Omega$ 上选取有限个点, 使它们的相应小邻域覆盖 $\partial\Omega$. 最后借助于单位分解, 把函数 f 在这有限个小邻域上的延拓进行整合, 便得到了 f 从区域 Ω 的整个边界向 Ω 之外的延拓. 这个方法是处理多元函数涉及其定义区域边界的问题时一种很典型方法.

再来看 n 阶连续可微函数的延拓问题. 自然希望延拓后的函数仍然是 n 阶连续可微函数. 为解决这一问题, 上述证明的思想仍然是有效的, 但需做两点修改. 第一, 当 f 是 n 阶连续可微函数时, 为了保证作坐标变换所得到的函数 $g = f\circ\psi^{-1} : B_+(0,\varepsilon)\to \mathbf{R}$ 也是 n 阶连续可微的, 并且把这个函数作 n 阶连续可微的延拓之后, 变换回原来的坐标所得到的函数仍然是 n 阶连续可微函数, 这就需要坐标变换映射 ψ 及其逆映射 ψ^{-1} 都是 n 阶连续可微的. 根据引理 21.2.1, 这只需 Ω 具有 n 阶连续可微的边界即可. 第二, 在前述证明中, 函数 g 通过平直边界 $x_m = 0$ 的延拓 $\overline{g}$ 只保留了连续性, 但却没有保留 g 可能具备的光滑性, 即当 g 有 n 阶连续偏导数时, $\overline{g}$ 一般并不具有 n 阶连续偏导数, 甚至可能连一阶偏导数都不具备. 为解决这个问题, 当 g 在闭的上半空间 $\overline{\mathbf{R}}^m_+$ 上有 n 阶连续偏导数时, 改用如下的延拓 $\widetilde{g}$:

$$\widetilde{g}(x) = \begin{cases} g(x', x_m), & \text{当 } x_m \geqslant 0, \\ \displaystyle\sum_{k=1}^{m+1} c_k g\Big(x', -\frac{x_m}{k}\Big), & \text{当 } x_m < 0, \end{cases} \tag{21.2.13}$$

其中 $c_1, c_2, \cdots, c_{m+1}$ 是由以下线性方程组确定的一组实数:

$$\sum_{k=1}^{m+1} c_k\Big(-\frac{1}{k}\Big)^j = 1, \quad j = 0, 1, \cdots, m. \tag{21.2.14}$$

不难知道, $\widetilde{g}$ 在整个 $\mathbf{R}^m$ 上有 n 阶连续偏导数, 且显然 $\overline{g}|_{\overline{\mathbf{R}}^m_+} = g$. 注意如果 g 只在带下边的上半球 $B_+(0,\varepsilon)$ 上定义, 则 $\widetilde{g}$ 是在开球 $B(0,\varepsilon)$ 上定义并有 n 阶连续偏导数的函数.

通过做以上两点修改, 便可得到以下定理.

定理 21.2.7(n 阶连续可微函数的延拓)　设 Ω 是 $\mathbf{R}^m$ 中具有 n 阶连续可微边界的有界闭区域, f 是定义在 Ω 上的 n 阶连续可微函数. 则存在定义在 $\mathbf{R}^m$ 上的 n 阶连续可微函数 $\widetilde{f}$, 使得 $\widetilde{f}|_\Omega = f$.

这个定理的证明细节留给读者.

习　题　21.2

1. 设 R 和 ε 是两个正数. 用 B_R 和 $B_{R+\varepsilon}$ 分别表示半径为 R 和 $R+\varepsilon$ 的同心闭球. 证明: 存在函数 $\varphi\in C_0^\infty(\mathbf{R}^m)$ 使得

$$\varphi(x)=1, \quad \forall x\in B_R; \quad \varphi(x)=0, \quad \forall x\in \mathbf{R}^m\backslash B_{R+\varepsilon}; 0\leqslant\varphi(x)\leqslant 1, \quad \forall x\in B_{R+\varepsilon}\backslash B_R;$$

且对任意 $\alpha\in\mathbf{Z}_+^m$, 存在仅与 α 及维数 m 有关而与 R 和 ε 无关的常数 $C(m,\alpha)>0$ 使成立

$$|\partial^\alpha\varphi(x)|\leqslant C(m,\alpha)\varepsilon^{-|\alpha|},\quad \forall x\in B_{R+\varepsilon}.$$

2. 把上题推广到一般情形, 即设 Ω 是 $\mathbf{R}^m$ 中的有界开区域, ε 是一个正数, Ω_ε 为 Ω 的 ε 邻域. 证明: 存在函数 $\varphi\in C_0^\infty(\mathbf{R}^m)$ 使得

$$\varphi(x)=1,\quad \forall x\in\overline{\Omega};\quad \varphi(x)=0,\quad \forall x\in\mathbf{R}^m\backslash\Omega_\varepsilon;\quad 0\leqslant\varphi(x)\leqslant 1,\quad \forall x\in\Omega_\varepsilon\backslash\Omega;$$

且对任意 $\alpha\in\mathbf{Z}_+^m$, 存在仅与 α 及维数 m 有关而与 Ω 和 ε 无关的常数 $C(m,\alpha)>0$ 使成立

$$|\partial^\alpha\varphi(x)|\leqslant C(m,\alpha)\varepsilon^{-|\alpha|},\quad \forall x\in\overline{\Omega}_\varepsilon.$$

3. 设 Ω 是 $\mathbf{R}^m$ 中的有界开区域, $\overline{\Omega}$ 是其闭包. 证明: 对任意满足条件 $u|_{\partial\Omega}=0$ (即 $u(x)=0,\ \forall x\in\partial\Omega$) 的 $u\in C(\overline{\Omega})$, 存在函数列 $u_n\in C_0^\infty(\Omega)$, $n=1,2,\cdots$, 使当 $n\to\infty$ 时, u_n 在 $\overline{\Omega}$ 上一致收敛于 u.
4. 设 K 是 $\mathbf{R}^m$ 中的一个紧集, $\{\Omega_i\}_{i=1}^k$ 是该紧集的一个开覆盖. 证明: 存在一组非负函数 $\varphi_i\in C_0^\infty(\Omega_i)$ $(i=1,2,\cdots,k)$, 使成立

$$\sum_{i=1}^k\varphi_i^2(x)=1,\quad \forall x\in K.$$

5. 证明: 当 $g\in C^n(\overline{\mathbf{R}}_+^m)$ 且常数 $c_1,c_2,\cdots,c_{m+1}$ 由方程组 (21.2.14) 给出时, 由方程组 (21.2.14) 定义的函数 $\widetilde{g}$ 属于 $C^n(\mathbf{R}^m)$.
6. 写出定理 21.2.7 的证明.
7. 设 Ω 是 $\mathbf{R}^m$ 中的有界开区域, $\overline{\Omega}$ 是其闭包, $u\in C(\overline{\Omega})$. 证明: 存在函数列 $u_n\in C^\infty(\overline{\Omega})$, $n=1,2,\cdots$, 使当 $n\to\infty$ 时, u_n 在 $\overline{\Omega}$ 上一致收敛于 u.

第 22 章

场论初步

场是一个来源于物理学的概念. 例如, 引力场、电场、磁场、电势场、能量场、温度场、(流体的) 速度场、压力场等, 这些带 "场" 的名词在物理学中比比皆是. 虽然物理学中各种各样不同的场在物理性质方面一般都有较大的不同, 但是它们在数学方面却有许多共性. 这些数学方面的共性就决定了, 处理某一种场的数学工具和思想, 也往往能够用来处理其他的场, 有些甚至可以从对一种场的研究直接 "拿来" 去研究另一种场. 物理学中各种不同的场的概念在数学方面表现出的这种共性, 促使人们抽去它们的物理学特性而从数学上作为一个统一的对象进行研究, 以便为物理学中各种各样不同场的研究在数学上提供一个共同的工具. 这就是本章的目的所在.

本章对场论做初步的介绍. 主要是介绍与场有关的一些基本概念如数量场的梯度以及相应的梯度场的概念, 向量场的积分曲线和积分曲面, 向量场的通量和散度、环量和旋度, 以及无源场、无旋场、保守场、势函数等概念. 在此基础上再介绍场论中的一些基本定理, 如散度定理 (其实就是高斯定理) 和旋度定理 (其实就是斯托克斯定理), 梯度场、保守场和无旋场在一定条件下的等价性, 以及把任意一个向量场分解为一个无旋场与一个无源场的叠加的亥姆霍兹分解定理等.

22.1 关于场的基本概念

数学上所说的**场**, 是指定义在立体空间中一个给定区域 Ω 上的一个数量或向量函数. 当这个场是一个数量函数时, 就称它是 Ω 上的**数量场**, 而当这个场是一个向量函数时, 就称它是 Ω 上的**向量场**.

例如, 在空间中的某个点 O 处放置一个质量为 m 的质点, 则这个质点就在空间去掉点 O 的区域 Ω 中产生一个**引力场**, 使得对每个点 $M \in \Omega$, 只要在点 M 有质量存在, 该质量就会感受到点 O 处质点引力的作用. 刻画这个引力场的是向量函数

$$\boldsymbol{L}(M) = -\frac{Gm}{r^3}\boldsymbol{r} \quad (\boldsymbol{r} = \overrightarrow{OM}, \quad r = |\boldsymbol{r}|),$$

叫做这个引力场的**引力场强度**, 其中 G 为万有引力常数. 如果不在点 O 放置质点而放置一个电荷量为 q 的点电荷, 则这个点电荷就在区域 Ω 中产生一个**电场**, 使得对

每个点 $M\in\Omega$, 只要在点 M 有电荷存在, 该电荷就会感受到点 O 处电荷库伦力的作用. 刻画这个电场的是向量函数

$$\boldsymbol{E}(M)=\frac{q}{4\pi\varepsilon_0 r^3}\boldsymbol{r}\quad(\boldsymbol{r}=\overrightarrow{OM},\quad r=|\boldsymbol{r}|),$$

叫做这个电场的**电场强度**, 其中 ε_0 为真空介电常数. 再如, 如果一条导线 l 上有电流通过, 那么该电流就会在导线 l 周围的空间激发一个**磁场**, 使得如果在空间某点 M 处有电流强度为 $\boldsymbol{I}$ 的电流通过, 则该电流就会受到这个磁场的作用, 所受力为

$$\boldsymbol{F}(M)=\boldsymbol{I}\times\boldsymbol{B}(M)\quad(\text{安培定律}),$$

$\boldsymbol{B}(M)$ 叫做这个磁场的**磁感应强度**. 如果导线 l 上的电流密度为 $i(x)$ (x 为 l 上的点), l 的单位切向量为 $\boldsymbol{v}(x)$, 则根据毕奥–萨伐尔定律, 由 l 上的电流在周围空间所激发磁场的磁感应强度为

$$\boldsymbol{B}(M)=\frac{\mu_0}{4\pi}\int_l\frac{i(x)\boldsymbol{v}(x)\times\boldsymbol{r}(x,M)}{|\boldsymbol{r}(x,M)|^3}\mathrm{d}s,$$

其中, ε_0 为真空磁导率, $\boldsymbol{r}(x,M)$ 为从点 x 到点 M 的向径.

以上这些场连同 21 章所介绍的稳恒流体的速度场等都是向量场. 电势场、位势场、温度场、压力场等则为数量场. 总之, 物理中场的概念是形形色色的, 枚不胜举. 本章的目的就是对这各种各样不同的场所涉及的共同数学问题进行统一的研究.

这里需要指出的是: 虽然场是数量或向量函数, 但它与以前各章讨论的数量和向量函数略有不同, 区别在于: 以前各章讨论的数量和向量函数, 其自变量是一个或一组实数; 而作为场的数量或向量函数, 其自变量则是空间中的点. 如引力场 $\boldsymbol{L}$、电场 $\boldsymbol{E}$、磁场 $\boldsymbol{B}$, 其自变元都是空间中的点 M, 而不是一个或一组实数. 当然, 如果在空间中取定了一个笛卡儿直角坐标系或其他形式的坐标系, 那么这些场就变成了一些三元的数量或向量函数了.

尽管场的概念是与坐标系无关的, 但是为了从数学上研究场, 就不得不经常性地选取坐标系, 进而把数量场转化为三元数量函数、向量场转化为三元向量函数来研究. 当然, 所得到的结果应当是与坐标系的选取无关的. 如果某个结果只在某种特殊的坐标系中才成立, 就必须特别地给予说明.

22.1.1 等值面和积分曲线

关于数量场的第一个基本概念是它的等值面.

定义 22.1.1 设 f 是定义在空间区域 Ω 上的一个数量场. 对其值域 $f(\Omega)$ 中的任意一个实数 c, 称点集

$$f^{-1}(c)=\{M\in\Omega: f(M)=c\}$$

为 f 的一个**等值面**.

在物理学中, 温度场的等值面叫做**等温面**, 位势场的等值面叫做**等位面**或**等势面**, 压力场的等值面叫做**等压面**, 等等.

等值面一般是一张 (或数张) 曲面, 但也可能退化为一条 (或数条) 曲线, 甚至退化为一个 (或数个) 点. 当 c 取 f 的值域 $f(\Omega)$ 中不同的数值时, 就得到了不同的等值面. 显然不相同的等值面是互不相交的. 当 c 取遍 $f(\Omega)$ 中的所有数值时, 得到的等值面便充满区域 Ω(图 22-1-1).

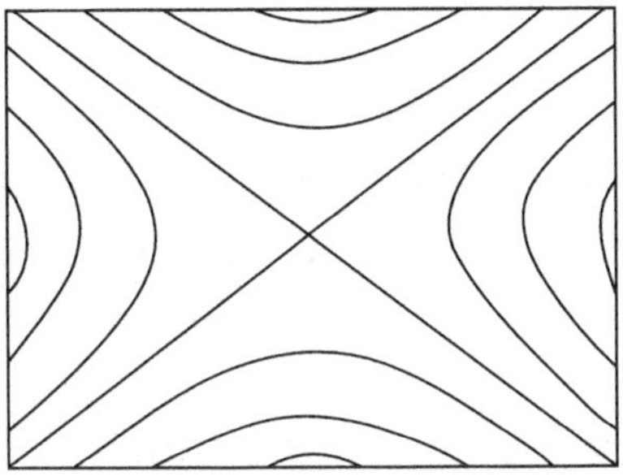

图 22-1-1 数量场 $f(x,y)=2x^2-3y^2$ 的等值线

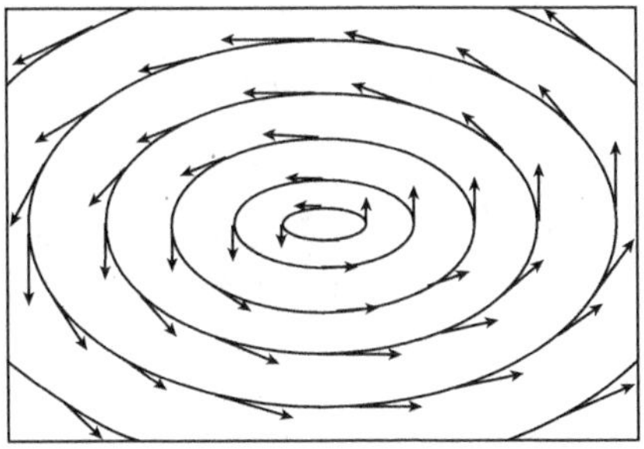

图 22-1-2 向量场 $\boldsymbol{F}(x,y)=(-6y,4x)$ 的积分曲线

关于向量场的第一个基本概念是它的积分曲线. 这个概念要比数量场的等值面概念复杂一些. 先考虑曲线的切线.

设 C 是空间中的一条有向曲线, M_0 是其上一点. 对 C 上点 M_0 附近的任意一点 M, 设从 M_0 到 M 的弧长为 Δs, 规定当点 M 位于 M_0 的前方 (即从 M_0 到 M 的走向与曲线的正向一致) 时 $\Delta s>0$, 否则 $\Delta s<0$. 考虑极限

$$\lim_{M\to M_0}\frac{\overrightarrow{M_0M}}{\Delta s}.$$

如果这个极限存在, 设为$\boldsymbol{\tau}$, 则曲线 C 在点 M_0 有切线, 切线就是以$\boldsymbol{\tau}$为方向向量并通过点 M_0 的直线, 它正是通过 M_0 和 M 的直线当 $M\to M_0$ 时的极限. 向量$\boldsymbol{\tau}$是单位向量, 称为曲线 C 在 M_0 点的**单位切向量**.

定义 22.1.2 设 $\boldsymbol{F}$ 是定义在空间区域 Ω 上的一个向量场, C 是 Ω 中的一条有向曲线. 如果对 C 上任意一点 M, 向量 $\boldsymbol{F}(M)$ 都平行于曲线 C 在点 P 的单位切向量$\boldsymbol{\tau}$, 且方向一致, 则称 C 为向量场 $\boldsymbol{F}$ 的一条**积分曲线**.

在物理学中, 电场 $\boldsymbol{E}$ 的积分曲线是电力线, 磁场 $\boldsymbol{B}$ 的积分曲线是磁力线, 流速场 $\boldsymbol{v}$ 的积分曲线是流体的流线.

对于定义在 Ω 上的向量场 $\boldsymbol{F}$, 如果点 $M_0\in\Omega$ 使得 $\boldsymbol{F}(M_0)=0$, 则称 M_0 为 $\boldsymbol{F}$ 的**奇点**.

取定一个空间直角坐标系 $Oxyz$ 后, 每个向量场 $\boldsymbol{F}$ 都可唯一地表示成

$$\boldsymbol{F}(M)=P(x,y,z)\boldsymbol{i}+Q(x,y,z)\boldsymbol{j}+R(x,y,z)\boldsymbol{k},$$

其中, (x,y,z) 为点 M 的坐标, $P(x,y,z)$, $Q(x,y,z)$, $R(x,y,z)$ 为定义在区域 Ω 上的三个数量函数. 这里及以后, 每当取定空间直角坐标系 $Oxyz$ 时, 总是把空间区域 Ω 和

它所对应的 $\mathbf{R}^3$ 中的区域用同一个符号表示. 如果 $P(x,y,z)$, $Q(x,y,z)$, $R(x,y,z)$ 都在 Ω 上连续, 或可微, 或连续可微, 或 m 阶连续可微, 等等, 就相应地称向量场 $\boldsymbol{F}$ 在 Ω 上连续, 或可微, 或连续可微, 或 m 阶连续可微, 等等. 根据常微分方程理论中解的存在唯一性定理和延拓定理, 当向量场 $\boldsymbol{F}$ 在区域 Ω 上局部利普希茨连续, 即对每点 $M_0\in\Omega$, 存在它的一个邻域 $B(M_0,\delta)$ 和常数 $L>0$, 使成立

$$|\boldsymbol{F}(M)-\boldsymbol{F}(M')|\leqslant L\mathrm{dist}(M,M'),\quad \forall M,M'\in B(M_0,\delta)$$

(这等价于三个分量函数 $P(x,y,z)$, $Q(x,y,z)$, $R(x,y,z)$ 在都 Ω 上局部利普希茨连续), 则对 Ω 中不是向量场 $\boldsymbol{F}$ 的奇点的任意一点 $M_0\in\Omega$, 存在 $\boldsymbol{F}$ 的唯一的一条积分曲线 C 通过点 M_0. 注意过每点的积分曲线的唯一性蕴涵着, 不同的积分曲线是互相不相交的.

向量场积分曲线的研究是微分方程课程的任务, 这里就不作更深入的讨论了. 下面仅举一例以说明如何求向量场的积分曲线.

例 1 求位于点 O 电荷量为 q 的点电荷在空间中激发的电场的积分曲线 (电力线).

解 以点 O 为坐标原点建立笛卡儿直角坐标系, 则该电场的表达式为

$$\boldsymbol{E}(x,y,z)=\frac{q}{4\pi\varepsilon_0 r^3}(x\boldsymbol{i}+y\boldsymbol{j}+z\boldsymbol{k}),\quad \forall (x,y,z)\in\mathbf{R}^3\backslash\{O\},$$

其中 $r=\sqrt{x^2+y^2+z^2}$. 设 C 是 $\mathbf{R}^3\backslash\{O\}$ 中的一条有向曲线, 其参数方程为

$$\boldsymbol{r}(t)=x(t)\boldsymbol{i}+y(t)\boldsymbol{j}+z(t)\boldsymbol{k}.$$

则其切向量为 $\boldsymbol{r}'(t)=x'(t)\boldsymbol{i}+y'(t)\boldsymbol{j}+z'(t)\boldsymbol{k}$. 根据定义, C 是向量场 $\boldsymbol{E}$ 的积分曲线当且仅当存在正值函数 $\lambda(t)$ 使对 $\boldsymbol{r}(t)$ 的定义域中的每个 t 都成立

$$\boldsymbol{r}'(t)=\lambda(t)\boldsymbol{E}(x(t),y(t),z(t)).$$

由于曲线的参数方程是不唯一的, 而我们并不关心积分曲线参数方程中参数的取法, 所以通过作适当的参数变换, 可设 $\lambda(t)=1$. 这样就得到了一个常微分方程组:

$$\begin{cases} x'(t)=\dfrac{qx(t)}{4\pi\varepsilon_0 r^3(t)},\\[2mm] y'(t)=\dfrac{qy(t)}{4\pi\varepsilon_0 r^3(t)},\\[2mm] z'(t)=\dfrac{qz(t)}{4\pi\varepsilon_0 r^3(t)},\end{cases}$$

其中 $r(t)=\sqrt{x^2(t)+y^2(t)+z^2(t)}$. 三个方程分别乘以 $x(t)$, $y(t)$ 和 $z(t)$ 再相加, 化简后就得到

$$r'(t)=\frac{q}{4\pi\varepsilon_0 r^2(t)},\ \text{即}\ \frac{1}{3}(r^3(t))'=\frac{q}{4\pi\varepsilon_0}.$$

其通解为

$$r(t)=\sqrt[3]{\frac{3qt}{4\pi\varepsilon_0}+r_0^3}.$$

其中 r_0 是任意常数. 代入原来的方程组, 应用定理 8.1.8 即可求得

$$x(t)=x_0(1+at)^{\frac{4\pi\varepsilon_0}{3}},\quad y(t)=y_0(1+at)^{\frac{4\pi\varepsilon_0}{3}},\quad z(t)=z_0(1+at)^{\frac{4\pi\varepsilon_0}{3}},$$

其中 $a=\dfrac{3q}{4\pi\varepsilon_0 r_0^3}$. 容易看出, 这是从点 O 出发的射线.

对于空间区域 Ω 中给定的向量场 $\boldsymbol{F}$ 和光滑曲线 C, 如果在 C 上某点 M_0 处 C 的切向量与 $\boldsymbol{F}$ 在该点的值 $\boldsymbol{F}(M_0)$ 平行, 就称曲线 C 与向量场 $\boldsymbol{F}$ 在 M_0 **相切**, 否则称 C 与 $\boldsymbol{F}$ 在 M_0**横截**. 类似地, 对于 Ω 中一张光滑曲面 S, 如果在某点 $M_0\in S$ 处 $\boldsymbol{F}(M_0)$ 平行于 S 在点 M_0 的切平面, 就称曲面 S 与向量场 $\boldsymbol{F}$ 在 M_0**相切**, 否则称 S 与 $\boldsymbol{F}$ 在 M_0**横截**. 如果曲线 C 在其上每点处都与向量场 $\boldsymbol{F}$ 横截, 则称 C 与 $\boldsymbol{F}$ 横截. 类似地, 如果曲面 S 在其上每点处都与 $\boldsymbol{F}$ 横截, 则称 S 与 $\boldsymbol{F}$ 横截. 如果相反地, 曲面 S 在其上每点处都与 $\boldsymbol{F}$ 相切, 则称 S 为向量场 $\boldsymbol{F}$ 的**积分曲面**.

22.1.2 方向导数和梯度 梯度场和势函数

既然在取定的直角坐标系下, 一个数量场就是一个三元数量函数, 一个向量场则是一个三元向量函数, 而数量函数和向量函数都可以求偏导数和方向导数, 所以对向量场和数量场便也可以考虑求偏导数和方向导数. 偏导数依赖于坐标系的选择, 而方向导数则没有这种不便, 所以对向量场和数量场只定义方向导数.

定义 22.1.3 设 Ω 是一个空间区域, M_0 是 Ω 中一点, $\boldsymbol{v}$ 是一个给定的单位向量.

(1) 对于定义在 Ω 上的数量场 f, 它在点 M_0 沿 $\boldsymbol{v}$ 方向的**方向导数**是指极限

$$\frac{\partial f}{\partial \boldsymbol{v}}(M_0)=\lim_{M\to M_0}\frac{f(M)-f(M_0)}{\operatorname{dist}(M_0,M)},$$

其中 M 是取自从 M_0 发出以 $\boldsymbol{v}$ 为方向向量的射线上的点.

(2) 对于定义在 Ω 上的向量场 $\boldsymbol{F}$, 它在点 M_0 沿 $\boldsymbol{v}$ 方向的**方向导数**是指极限

$$\frac{\partial \boldsymbol{F}}{\partial \boldsymbol{v}}(M_0)=\lim_{M\to M_0}\frac{\boldsymbol{F}(M)-\boldsymbol{F}(M_0)}{\operatorname{dist}(M_0,M)},$$

其中 M 是取自从 M_0 发出以 $\boldsymbol{v}$ 为方向向量的射线上的点.

显然, 如果取定一个笛卡儿直角坐标系, 设数量场 f 在此坐标系下的表达式为 $f=f(x,y,z)$, 并设单位向量 $\boldsymbol{v}$ 的坐标表示为 $\boldsymbol{v}=(\cos\alpha,\cos\beta,\cos\gamma)$, 其中 α,β,γ 是 $\boldsymbol{v}$ 与三个坐标轴的夹角, 而点 M_0 的坐标为 (x_0,y_0,z_0), 则有

$$\frac{\partial f}{\partial \boldsymbol{v}}(M_0)=f_x(x_0,y_0,z_0)\cos\alpha+f_y(x_0,y_0,z_0)\cos\beta+f_z(x_0,y_0,z_0)\cos\gamma.$$

向量场自然也可以通过它的分量函数来计算方向导数. 由上面这个公式中的三个实数 $f_x(x_0,y_0,z_0)$, $f_y(x_0,y_0,z_0)$, $f_z(x_0,y_0,z_0)$ 作成的向量

$$(f_x(x_0,y_0,z_0),f_y(x_0,y_0,z_0),f_z(x_0,y_0,z_0))$$

叫做函数 $f=f(x,y,z)$ 在点 (x_0,y_0,z_0) 的梯度向量, 它的方向是函数 $f=f(x,y,z)$ 的值在点 (x_0,y_0,z_0) 增加最快的方向, 模等于函数 f 在 (x_0,y_0,z_0) 的所有方向导数的最大值. 因而这个向量应当只与数量场 f 以及点 M_0 有关, 而不应依赖于坐标系的选择. 这个事实也可直接证明, 即有

引理 22.1.1 设 $Oxyz$ 和 $O'x'y'z'$ 是两个笛卡儿直角坐标系, 它们的三个坐标轴上的单位向量分别是 $\boldsymbol{i},\boldsymbol{j},\boldsymbol{k}$ 和 $\boldsymbol{i}',\boldsymbol{j}',\boldsymbol{k}'$. 又设空间区域 Ω 上的数量场 f 在这两个坐标系下的坐标表示分别是数量函数 $f(x,y,z)$ 和 $f'(x',y',z')$. 则成立等式

$$f_x(x,y,z)\boldsymbol{i}+f_y(x,y,z)\boldsymbol{j}+f_z(x,y,z)\boldsymbol{k}=f'_{x'}(x',y',z')\boldsymbol{i}'+f'_{y'}(x',y',z')\boldsymbol{j}'+f'_{z'}(x',y',z')\boldsymbol{k}',\tag{22.1.1}$$

其中 (x,y,z) 和 (x',y',z') 表示 Ω 中同一个动点 M 在这两个不同坐标系下的坐标.

证明 由条件知存在正交矩阵 $(a_{ij})_{3\times3}$ 使成立

$$\begin{cases}\boldsymbol{i}'=a_{11}\boldsymbol{i}+a_{12}\boldsymbol{j}+a_{13}\boldsymbol{k},\\ \boldsymbol{j}'=a_{21}\boldsymbol{i}+a_{22}\boldsymbol{j}+a_{23}\boldsymbol{k},\\ \boldsymbol{k}'=a_{31}\boldsymbol{i}+a_{32}\boldsymbol{j}+a_{33}\boldsymbol{k}.\end{cases}\tag{22.1.2}$$

由 $(a_{ij})_{3\times3}$ 是正交矩阵可知它的逆矩阵等于它的转置矩阵, 所以

$$\begin{cases}\boldsymbol{i}=a_{11}\boldsymbol{i}'+a_{21}\boldsymbol{j}'+a_{31}\boldsymbol{k}',\\ \boldsymbol{j}=a_{12}\boldsymbol{i}'+a_{22}\boldsymbol{j}'+a_{32}\boldsymbol{k}',\\ \boldsymbol{k}=a_{13}\boldsymbol{i}'+a_{23}\boldsymbol{j}'+a_{33}\boldsymbol{k}'.\end{cases}\tag{22.1.3}$$

设 $O'x'y'z'$ 坐标系的坐标原点 O' 在 $Oxyz$ 坐标系下的向径为

$$\overrightarrow{OO'}=x_0\boldsymbol{i}+y_0\boldsymbol{j}+z_0\boldsymbol{k}.\tag{22.1.4}$$

对 Ω 中同一个点 M, 它在两个不同坐标系下的坐标 (x,y,z) 和 (x',y',z') 应满足关系式 (图 22-1-3)

$$x'\boldsymbol{i}'+y'\boldsymbol{j}'+z'\boldsymbol{k}'+\overrightarrow{OO'}=x\boldsymbol{i}+y\boldsymbol{j}+z\boldsymbol{k}.$$

把式 (22.1.2) 和式 (22.1.4) 代入此关系式, 就得到

$$\begin{cases}x=a_{11}x'+a_{21}y'+a_{31}z'+x_0,\\ y=a_{12}x'+a_{22}y'+a_{32}z'+y_0,\\ z=a_{13}x'+a_{23}y'+a_{33}z'+z_0.\end{cases}$$

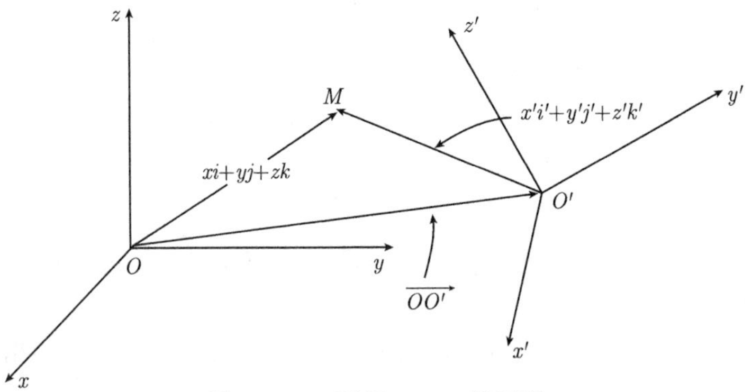

图 22-1-3　引理 22.1.1 的证明

因此有

$$\begin{aligned}f'(x',y',z') =& f(x,y,z)\\ =& f(a_{11}x' + a_{21}y' + a_{31}z' + x_0, a_{12}x' + a_{22}y' + a_{32}z'\\ &+ y_0, a_{13}x' + a_{23}y' + a_{33}z' + z_0).\end{aligned}$$

进而

$$\begin{cases} f'_{x'} = a_{11}f_x + a_{12}f_y + a_{13}f_z, \\ f'_{y'} = a_{21}f_x + a_{22}f_y + a_{23}f_z, \\ f'_{z'} = a_{31}f_x + a_{32}f_y + a_{33}f_z. \end{cases}$$

因此

$$\begin{aligned}f'_{x'}\boldsymbol{i}' + f'_{y'}\boldsymbol{j}' + f'_{z'}\boldsymbol{k}' =& (a_{11}f_x + a_{12}f_y + a_{13}f_z)\boldsymbol{i}' + (a_{21}f_x + a_{22}f_y + a_{23}f_z)\boldsymbol{j}'\\ &+ (a_{31}f_x + a_{32}f_y + a_{33}f_z)\boldsymbol{k}'\\ =& f_x(a_{11}\boldsymbol{i}' + a_{21}\boldsymbol{j}' + a_{31}\boldsymbol{k}') + f_y(a_{12}\boldsymbol{i}' + a_{22}\boldsymbol{j}' + a_{32}\boldsymbol{k}')\\ &+ f_z(a_{13}\boldsymbol{i}' + a_{23}\boldsymbol{j}' + a_{33}\boldsymbol{k}')\\ =& f_x\boldsymbol{i} + f_y\boldsymbol{j} + f_z\boldsymbol{k}.\end{aligned}$$

最后这个等式应用了式 (22.1.3). 这就证明了式 (22.1.1). 证毕.

根据这个引理, 以下定义是合理的.

定义 22.1.4　设 f 是空间区域 Ω 上的一个可微数量场, M_0 是 Ω 中一点. 选取一个空间直角坐标系 $Oxyz$, 设其三个坐标轴上的单位向量依次为 $\boldsymbol{i},\boldsymbol{j},\boldsymbol{k}$. 又设数量场 f 在这个坐标系下的坐标表示为数量函数 $f(x,y,z)$, 点 M_0 的坐标是 (x_0,y_0,z_0). 则称向量

$$f_x(x_0,y_0,z_0)\boldsymbol{i} + f_y(x_0,y_0,z_0)\boldsymbol{j} + f_z(x_0,y_0,z_0)\boldsymbol{k}$$

为数量场 f 在点 M_0 的**梯度**, 记作 $\nabla f(M_0)$ 或 $\mathrm{grad}f(M_0)$.

数量场的梯度有以下性质.

定理 22.1.1 设 f 是区域 Ω 上的一个可微数量场. 则有下列结论:

(1) 对任意 $M_0 \in \Omega$ 和任意单位向量 $\boldsymbol{v}$, f 在点 M_0 沿 $\boldsymbol{v}$ 方向的方向导数有表达式

$$\frac{\partial f}{\partial \boldsymbol{v}}(M_0) = \boldsymbol{v} \cdot \nabla f(M_0).$$

(2) f 在点 M_0 的梯度 $\nabla f(M_0)$ 的方向是 f 的值在点 M_0 增加最快的方向, 模等于 f 在点 M_0 的所有方向导数的最大值.

(3) f 在点 M_0 的梯度 $\nabla f(M_0)$ 正交于 f 过点 M_0 的等值面, 方向指向 f 的值增大的一侧.

证明留给读者.

定义 22.1.5 (1) 设 f 是区域 Ω 上的可微数量场. 则称向量场 $M \mapsto \nabla f(M)$, $\forall M \in \Omega$ 为 f 的**梯度场**, 用符号 ∇f 表示.

(2) 对区域 Ω 上的一个给定的向量场 $\boldsymbol{F}$, 如果存在 Ω 上的可微数量场 f 使得 $\boldsymbol{F} = \nabla f$, 则称该向量场 $\boldsymbol{F}$ 为 Ω 上的**梯度场**, 并称数量场 f 为 $\boldsymbol{F}$ 的**势函数**.

例 2 证明: 由点电荷在空间中激发的电场是梯度场.

证明 设点电荷的电荷量为 q, 位于点 O. 则它在空间中激发的电场的强度为

$$\boldsymbol{E}(M) = \frac{q}{4\pi\varepsilon_0|\overrightarrow{OM}|^3}\overrightarrow{OM}, \quad \forall M \neq O.$$

令

$$f(M) = \frac{q}{4\pi\varepsilon_0|\overrightarrow{OM}|}, \quad \forall M \neq O.$$

借助于这些场在直角坐标系下的表示知, 成立关系式

$$\boldsymbol{E} = -\nabla f.$$

因此 $\boldsymbol{E}$ 是梯度场. 证毕.

从电学知道, 例 2 中的数量场 f 正是电场 $\boldsymbol{E}$ 的电势. 因此, 电场 $\boldsymbol{E}$ 的电势与其势函数相差一个负号. 对于引力场也有类似的结论, 即引力场是梯度场, 其势函数与位势相差一个负号.

最后, 写出梯度运算的基本公式:

(1) $\nabla(c) = 0$(c 为常数);

(2) $\nabla(cf) = c\nabla f$(c 为常数);

(3) $\nabla(f \pm g) = \nabla f \pm \nabla f$;

(4) $\nabla(fg) = g\nabla f + f\nabla g$;

(5) $\nabla\left(\dfrac{f}{g}\right) = \dfrac{1}{g^2}(g\nabla f - f\nabla g)$;

(6) $\nabla(f\circ g)=(f'\circ g)\nabla g$;

(7) 更一般地, 有

$$\nabla f(g_1,g_2,\cdots,g_n)=\sum_{i=1}^{n}f_i(g_1,g_2,\cdots,g_n)\nabla g_i,$$

其中 f_i 表示函数 f 关于第 i 个变元的偏导数.

习 题 22.1

1. 设 $r=\sqrt{x^2+y^2+z^2}$, $\boldsymbol{r}=x\boldsymbol{i}+y\boldsymbol{j}+z\boldsymbol{k}$, 而 $\boldsymbol{c}=a\boldsymbol{i}+b\boldsymbol{j}+c\boldsymbol{k}$ 是常向量. 求:

(1) $\operatorname{grad} r$, $\operatorname{grad} r^2$, $\operatorname{grad}\dfrac{1}{r}$;

(2) $\operatorname{grad}(\boldsymbol{c}\cdot\boldsymbol{r})$;

(3) $\operatorname{grad}(|\boldsymbol{c}\times\boldsymbol{r}|^2)$.

2. 设 f 是定义在 $[0,+\infty)$ 上的可微函数, 且 $f'_+(0)=0$. 考虑定义在 $\mathbf{R}^3$ 上的数量场 $u(x,y,z)=f(r)$, 其中 $r=\sqrt{x^2+y^2+z^2}$.

(1) 证明: u 在原点 $O(0,0,0)$ 沿任意方向的方向导数都是零;

(2) 对于任意不是原点的点 $M(x,y,z)$, 求 u 在点 M 沿向径方向 $\boldsymbol{r}^\circ=\dfrac{1}{r}(x\boldsymbol{i}+y\boldsymbol{j}+z\boldsymbol{k})$ 的方向导数 $\dfrac{\partial u}{\partial\boldsymbol{r}^\circ}(M)$ 以及任意垂直于 $\boldsymbol{r}^\circ$ 的方向 $\boldsymbol{v}$ 的方向导数 $\dfrac{\partial u}{\partial\boldsymbol{v}}(M)$;

(3) 对于任意不是原点的点 $M(x,y,z)$, 求 u 在点 M 的梯度 $\nabla u(M)$. 说明其方向是什么方向?

(4) 问 u 的等值面是怎样的曲面?

3. 证明: 弧连通曲面 S 是数量场 u 的等值面的充要条件是对任意 $M\in S$ 和 S 在 M 点的任意切方向 $\boldsymbol{v}$, 都有 $\dfrac{\partial u}{\partial\boldsymbol{v}}(M)=0$.

4. 证明: 曲面族 $\dfrac{x^2}{a^2}+\dfrac{y^2}{b^2}+\dfrac{z^2}{c^2}=\lambda\ (\lambda\geqslant 0)$ 是数量场 u 的等值面族的充要条件是存在定义于 $[0,+\infty)$ 上的函数 f 使

$$u(x,y,z)=f\Big(\frac{x^2}{a^2}+\frac{y^2}{b^2}+\frac{z^2}{c^2}\Big).$$

5. 给定数量场 $u(x,y,z)=\dfrac{z}{x^2+y^2+z^2}$, 求其等值面和梯度的等模面.

6. 证明: 对定义在凸区域 Ω 上并在 Ω 上可微的数量场 u, 如果成立 $|\operatorname{grad} u|\leqslant C$, 其中 C 是常数, 则对 Ω 中任意两点 P,Q 都成立 $|u(P)-u(Q)|\leqslant Cd(P,Q)$.

7. 设 Ω 是弧连通区域, u 是定义在 Ω 上的可微数量场. 证明:

(1) $\operatorname{grad} u=0$ 的充要条件是 $u=$ 常数;

(2) $\operatorname{grad} u=$ 常向量的充要条件是 $u=\boldsymbol{a}\cdot(\boldsymbol{r}-\boldsymbol{r}_0)$, $\boldsymbol{a}$ 和 $\boldsymbol{r}_0$ 都是常向量;

(3) 如果 $u(M)\leqslant u(M_0)$, $\forall M\in\Omega$, 则 $\operatorname{grad} u(M_0)=0$.

8. 证明: 如果定义在整个空间上的向量场 $\boldsymbol{F}$ 关于某点 M_0 是球对称的, 即具有形式 $\boldsymbol{F}(x,y,z) = f(r)[(x-x_0)\boldsymbol{i}+(y-y_0)\boldsymbol{j}+(z-z_0)\boldsymbol{k}]$, 其中 $r = \sqrt{(x-x_0)^2+(y-y_0)^2+(z-z_0)^2}$, 而 f 是定义在 $[0,+\infty)$ 上的连续函数, 则 $\boldsymbol{F}$ 是梯度场, 并求其势函数.
9. 求以下向量场的积分曲线:
   (1) $\boldsymbol{F}(x,y,z)=\boldsymbol{c}$, $\boldsymbol{c}$ 为常向量;
   (2) $\boldsymbol{F}(x,y,z)=x\boldsymbol{i}+y\boldsymbol{j}+z\boldsymbol{k}$;
   (3) $\boldsymbol{F}(x,y,z)=a(y\boldsymbol{i}-x\boldsymbol{j})$, a 为常数;
   (4) $\boldsymbol{F}(x,y,z)=a(y\boldsymbol{i}-x\boldsymbol{j})+b\boldsymbol{k}$, a,b 为常数.

22.2 向量场的通量和散度

22.2.1 向量场的通量

在上两章定义了多元函数的重积分、曲线积分和曲面积分. 检查那里的定义便不难看出, 如果考虑数量场和向量场, 那么这些定义都不依赖于直角坐标系的选取, 因此可对数量场和向量场定义相应类型积分. 例如, 对定义在空间区域 Ω 上的向量场 $\boldsymbol{F}$, 设 S 是 Ω 中一个分块光滑的有向曲面, 其单位法向量为 $\boldsymbol{n}$, 则定义 $\boldsymbol{F}$ 沿 S 的第二型曲面积分为

$$\iint_S \boldsymbol{F}(M)\cdot \mathrm{d}\boldsymbol{S} = \iint_S \boldsymbol{F}(x,y,z)\cdot \mathrm{d}\boldsymbol{S} = \iint_S \boldsymbol{F}(x,y,z)\cdot \boldsymbol{n}(x,y,z)\mathrm{d}\sigma,$$

其中 $\boldsymbol{F}(x,y,z)$ 和 $\boldsymbol{n}(x,y,z)$ 分别为 $\boldsymbol{F}$ 和 $\boldsymbol{n}$ 在任意一个选定的直角坐标系下的坐标表示. $\iint_S \boldsymbol{F}(M)\cdot \mathrm{d}\boldsymbol{S}$ 也可写成 $\iint_S \boldsymbol{F}(M)\cdot \boldsymbol{n}(M)\mathrm{d}\sigma$. 当然也可直接定义 $\iint_S \boldsymbol{F}(M)\cdot \mathrm{d}\boldsymbol{S}$ 为积分和的极限:

$$\iint_S \boldsymbol{F}(M)\cdot \mathrm{d}\boldsymbol{S} = \iint_S \boldsymbol{F}(M)\cdot \boldsymbol{n}(M)\mathrm{d}\sigma = \lim_{\|\Delta\|\to 0}\sum_{i=1}^{n} \boldsymbol{F}(M_i)\cdot \boldsymbol{n}(M_i)\Delta\sigma_i, \tag{22.2.1}$$

其中, 符号 $\sum\limits_{i=1}^{n}$ 表示关于曲面 S 的任意一个分割 $\Delta=\{\Delta S_1,\Delta S_2,\cdots,\Delta S_n\}$ 求和, M_i 为分割出的第 i 个小曲面块 ΔS_i 上任意选取的一点, $\Delta\sigma_i$ 为 ΔS_i 的面积.

对于向量场而言, 第二型曲线积分和第二型曲面积分有特殊的重要性. 本节考虑向量场的第二型曲面积分, 关于其第二型曲线积分的意义将在 22.3 节讨论.

在 21.2 节看到, 稳恒流体的流速场 $\boldsymbol{v}(x,y,z)$ 沿一个分块光滑有向曲面 S 的第二型曲面积分 $\iint_S \boldsymbol{v}(M)\cdot \mathrm{d}\boldsymbol{S}$ 表示的是该流体在单位时间里流过曲面 S 的体积. 而从电磁学知道, 电场强度 $\boldsymbol{E}$ 的 ε_0 倍 (称为电位移向量) 沿有向曲面 S 的第二型曲面积分

$\varepsilon_0 \iint_S \boldsymbol{E}\cdot \mathrm{d}\boldsymbol{S}$ 表示的是电场通过曲面 S 的电通量, 磁感应强度 $\boldsymbol{B}$ 沿有向曲面 S 的第二型曲面积分 $\iint_S \boldsymbol{B}\cdot \mathrm{d}\boldsymbol{S}$ 则表示磁场通过曲面 S 的磁通量. 因此一般地在数学上引进下述定义.

定义 22.2.1　设 $\boldsymbol{F}$ 是区域 Ω 上的一个向量场, S 是区域 Ω 中的一张分块光滑的有向曲面, S 的单位法向量为 $\boldsymbol{n}$. 则称 $\boldsymbol{F}$ 沿 S 的第二型曲面积分

$$\iint_S \boldsymbol{F}(M)\cdot \mathrm{d}\boldsymbol{S} = \iint_S \boldsymbol{F}(M)\cdot \boldsymbol{n}(M)\mathrm{d}\sigma$$

为向量场 $\boldsymbol{F}$ 穿过曲面 S 的**通量**.

通量的物理意义用流体的速度场为例来解释是最直观的. 设流体的速度场为 $\boldsymbol{v}$. 把通量 $\iint_S \boldsymbol{v}(M)\cdot \mathrm{d}\boldsymbol{S}$ 按式 (22.2.1) 表示成积分和的极限. 对每个 $1 \leqslant i \leqslant n$, 当 $\boldsymbol{v}(M_i)\cdot\boldsymbol{n}(M_i) > 0$ 时, 意味着 $\boldsymbol{v}(M_i)$ 与 $\boldsymbol{n}(M_i)$ 之间的夹角是锐角. 由于每个曲面块 ΔS_i 都很小, 所以可以认为在整块 ΔS_i 上 $\boldsymbol{v}$ 与 $\boldsymbol{n}$ 之间的夹角都是锐角, 这说明流体从曲面块 ΔS_i 的负侧流向其正侧. 因此流体穿过曲面块 ΔS_i 的是正流量. 相反, 如果 $\boldsymbol{v}(M_i)\cdot\boldsymbol{n}(M_i) < 0$, 则表示流体从曲面块 ΔS_i 的正侧流向负侧, 为负流量. 因此, 式 (22.2.1) 右端的积分和表示的是流体穿过曲面 S 的正流量与负流量的代数和. 这样可以看到, 对流体而言当其速度场穿过曲面 S 的通量大于零时, 表示该流体从 S 的负侧流向其正侧的流量大于从其正侧流向其负侧的流量, 相反如果通量小于零, 则表示从 S 的正侧流向其负侧的流量大于从其负侧流向其正侧的流量 (图 22-2-1).

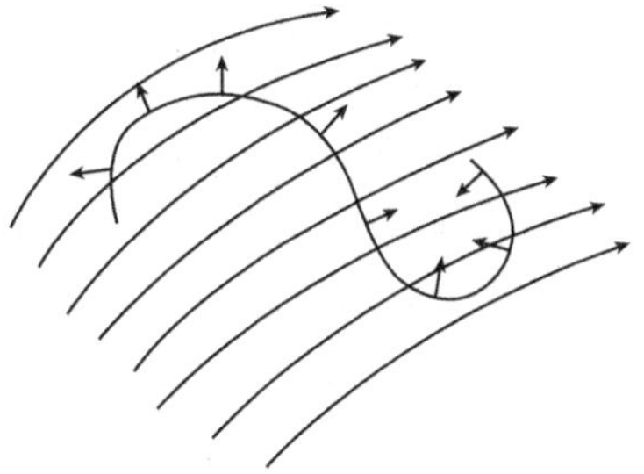

图 22-2-1　通量的定义

向量场穿过封闭曲面的通量具有特别的意义. 对于封闭曲面, 本章总规定其单位法向量指向其外侧, 即外侧为正侧, 内侧为负侧. 仍以流体的速度场为例来讨论. 设 S 是流体所在区域中一张光滑的封闭曲面. 则根据上面的讨论可知, 当流体速度场穿过 S 的通量大于零时, 意味着流体从 S 所包围区域之内穿过 S 流向该区域之外的流量大于从其外部流向区域之内的流量, 表明 S 所包围区域内必然有供给流体的源泉. 当然, 也可能既有供给流体的源泉又有排泄流体的排孔, 但总的来说供给的流体多于排泄掉的流体. 相反, 当流体速度场穿过 S 的通量小于零时, 意味着流体从 S 所包围区域之外穿过 S 流向该区域之内的流量大于从区域之内流向其外的流量, 表明 S 所包围区域内一定有排孔, 或者既有排孔又有源泉, 但排掉的流体总量大于从源泉里补充的流体总量.

在静电场的情形, 从电磁学知道, 电场强度 $\boldsymbol{E}$ 穿过封闭曲面 S 的通量即电通量如果大于零, 意味着从曲面 S 之内穿出的电力线条数要多于从 S 之外穿进 S 之内的

电力线条数, 说明 S 所包围区域内必然有正电荷源, 或更确切地说正电荷源多于负电荷源. 相反, 当电通量小于零时, 意味着 S 所包围区域内必然有负电荷源, 或者既有负电荷源又有正电荷源, 但负电荷总量大于正电荷总量.

22.2.2 向量场的散度

从上面的讨论可以看到, 向量场 $\boldsymbol{F}$ 穿过封闭曲面 S 的通量反映了 S 所包围区域中产生向量场 $\boldsymbol{F}$ 的物质的正源与负源的某种代数和. 但仅此还不能了解这种正源与负源在 S 所包围区域中的分布情况以及它们各自的强弱. 为了解决这个问题, 就必须把问题局部在每一点来考虑, 即对区域内的每个点 M_0, 考虑向量场 $\boldsymbol{F}$ 穿过包围点 M_0 的非常小的封闭曲面 S 的通量, 然后让曲面 S 向点 M_0 收缩取极限. 但是如果直接这样取极限, 显然只能得到零而不能获得任何其他信息. 为了克服这个困难, 可以像以往经常做的那样, 先求这个通量关于 S 的某种平均值, 然后再取极限. 初看起来, 似乎应当求 $\boldsymbol{F}$ 穿过 S 的通量关于 S 的面积的平均值, 然而略微仔细的分析知, 这样的平均值趋于零, 因而仍然不能提供任何有用的信息. 合适的办法是求这个通量关于 S 所包围区域的体积的平均值. 这就引出以下定义.

定义 22.2.2 设 $\boldsymbol{F}$ 是在开区域 Ω 上定义的一个向量场, M_0 是 Ω 中任意一点. 任取一包围点 M_0 的分块光滑的封闭曲面 S, 使其所包围区域 V 完全包含于 Ω. 如前令 $|V|$ 表示区域 V 的体积. 如果极限

$$\lim_{\substack{\operatorname{diam}(V)\to 0\\ M_0\in V}} \frac{\displaystyle\iint_S \boldsymbol{F}(M)\cdot \mathrm{d}\boldsymbol{S}}{|V|}$$

存在, 则称极限值为 $\boldsymbol{F}$ 在点 M_0 的**散度**, 记作 $\operatorname{div}\boldsymbol{F}(M_0)$ 或 $\nabla\cdot\boldsymbol{F}(M_0)$.

由此定义可知, 向量场的散度是一个实数. 根据前面的分析知道, 当向量场 $\boldsymbol{F}$ 在点 M_0 的散度 $\operatorname{div}\boldsymbol{F}(M_0)$ 大于零时, 在点 M_0 必有产生向量场 $\boldsymbol{F}$ 的物质的正源, 并且 $\operatorname{div}\boldsymbol{F}(M_0)$ 的值越大则这种正源的强度就越大; 相反当 $\operatorname{div}\boldsymbol{F}(M_0)$ 小于零时, 在点 M_0 必有产生向量场 $\boldsymbol{F}$ 的物质的负源, 并且 $\operatorname{div}\boldsymbol{F}(M_0)$ 的绝对值越大则这种负源的强度就越大; 如果 $\operatorname{div}\boldsymbol{F}(M_0)$ 等于零, 则在点 M_0 既没有正源又没有负源, 因而点 M_0 不是向量场 $\boldsymbol{F}$ 的源点. 因此, 散度的概念很好地反映了产生向量场 $\boldsymbol{F}$ 的物质在各点处的分布情况.

散度的定义中没有出现坐标系, 因此散度是与坐标系无关的概念. 但是在具体计算时, 一般必须借助于坐标系. 下面的定理给出了散度在直角坐标系中的表达式.

定理 22.2.1 设 $\boldsymbol{F}$ 是定义在开区域 Ω 上的一个连续可微的向量场, 在取定了一个直角坐标系 $Oxyz$ 之后, 它的坐标表示式为

$$\boldsymbol{F}(x,y,z)=P(x,y,z)\boldsymbol{i}+Q(x,y,z)\boldsymbol{j}+R(x,y,z)\boldsymbol{k},\quad \forall(x,y,z)\in\Omega.$$

则对任意一点 $M(x,y,z)\in\Omega$, 有

$$\mathrm{div}\boldsymbol{F}(M)=\frac{\partial P(x,y,z)}{\partial x}+\frac{\partial Q(x,y,z)}{\partial y}+\frac{\partial R(x,y,z)}{\partial z}. \tag{22.2.2}$$

证明 设 S 是 Ω 中任意一个包围点 $M(x,y,z)$ 且所包围区域 V 完全包含于 Ω 的分块光滑的封闭曲面. 则由高斯公式, 有

$$\begin{aligned}\iint_S \boldsymbol{F}\cdot\mathrm{d}\boldsymbol{S}&=\iint_S P\mathrm{d}y\mathrm{d}z+Q\mathrm{d}z\mathrm{d}x+R\mathrm{d}x\mathrm{d}y\\&=\iiint_V\left(\frac{\partial P}{\partial x}+\frac{\partial Q}{\partial y}+\frac{\partial R}{\partial z}\right)\mathrm{d}x\mathrm{d}y\mathrm{d}z.\end{aligned}$$

因此, 应用积分中值定理, 就得到

$$\begin{aligned}\mathrm{div}\boldsymbol{F}(M)&=\lim_{\substack{\mathrm{diam}(V)\to 0\\ M\in V}}\frac{1}{|V|}\iint_S\boldsymbol{F}\cdot\mathrm{d}\boldsymbol{S}\\&=\lim_{\substack{\mathrm{diam}(V)\to 0\\ M\in V}}\frac{1}{|V|}\iiint_V\left(\frac{\partial P}{\partial x}+\frac{\partial Q}{\partial y}+\frac{\partial R}{\partial z}\right)\mathrm{d}x\mathrm{d}y\mathrm{d}z\\&=\lim_{\substack{\mathrm{diam}(V)\to 0\\ M\in V}}\left(\frac{\partial P}{\partial x}+\frac{\partial Q}{\partial y}+\frac{\partial R}{\partial z}\right)\Big|_{(\xi,\eta,\zeta)}\qquad(\text{其中 }(\xi,\eta,\zeta)\in V)\\&=\left(\frac{\partial P}{\partial x}+\frac{\partial Q}{\partial y}+\frac{\partial R}{\partial z}\right)\Big|_M.\end{aligned}$$

证毕.

根据这个定理, 可把高斯公式改述如下.

定理 22.2.2(高斯公式) 设 $\boldsymbol{F}$ 是定义在具有分块光滑边界的有界闭区域 Ω 上的一个连续可微的向量场, 则成立

$$\iint_{\partial\Omega}\boldsymbol{F}\cdot\mathrm{d}\boldsymbol{S}=\iiint_\Omega\mathrm{div}\boldsymbol{F}\mathrm{d}V.$$

符号 $\mathrm{d}V$ 表示体积微元, 即在直角坐标系下 $\mathrm{d}V=\mathrm{d}x\mathrm{d}y\mathrm{d}z$.

因此, 高斯公式也经常叫做**散度定理**.

给定了区域 Ω 上的一个连续可微的向量场 $\boldsymbol{F}$, 对 $\boldsymbol{F}$ 在 Ω 中每点处求散度, 就得到了 Ω 上的一个数量场 $\mathrm{div}\boldsymbol{F}$, 称为向量场 $\boldsymbol{F}$ 的**散度场**, 而映射 $\boldsymbol{F}\mapsto\mathrm{div}\boldsymbol{F}$ 则叫做散度运算. 容易看出, 散度运算具有以下基本规律:

(1) $\mathrm{div}(c\boldsymbol{F})=c\,\mathrm{div}\boldsymbol{F}$ (c 为常数);

(2) $\mathrm{div}(\boldsymbol{F}\pm\boldsymbol{G})=\mathrm{div}\boldsymbol{F}\pm\mathrm{div}\boldsymbol{G}$;

(3) $\mathrm{div}(f\boldsymbol{F})=f\,\mathrm{div}\boldsymbol{F}+\nabla f\cdot\boldsymbol{F}$.

22.2.3 无源场及其性质

定义 22.2.3 对定义在区域 Ω 上的向量场 $\boldsymbol{F}$, 如果成立

$$\operatorname{div}\boldsymbol{F}(M)=0,\quad \forall M\in\Omega,$$

则称 $\boldsymbol{F}$ 为 Ω 上的**无源场**.

应用高斯公式, 可以得到无源场的一些等价条件. 先介绍一些术语.

对于区域 Ω 中的两个分块光滑的封闭曲面 S 和 S', 如果可通过在区域 Ω 中的连续形变把 S 变为 S', 即存在 Ω 中的一族分块光滑的封闭曲面 S_t, $0\leqslant t\leqslant 1$, 它们连续地依赖于 t, 使得 $S_0=S$ 且 $S_1=S'$, 则称 S 和 S' 在 Ω 中**同伦**. 把点看成特殊的曲面, 即退缩了的曲面. 如果 Ω 中的一个分块光滑的封闭曲面 S 在 Ω 中同伦于一点, 则称 S 在 Ω 中**零伦**. 显然封闭曲面 S 在 Ω 中零伦当且仅当它所包围的区域完全在 Ω 中. 例如, 在去掉一点 M_0 所得到的空间区域中, 任意两个以 M_0 为球心的同心球面都是同伦的, 并且任意一个不包围点 M_0 的球面是零伦的, 但包围点 M_0 的球面则不零伦. 另外也容易看出, 在这样的区域中, 任何两个不包围点 M_0 的球面是同伦的, 但包围点 M_0 的球面则与不包围点 M_0 的球面不同伦.

定理 22.2.3 设 $\boldsymbol{F}$ 是开区域 Ω 上的连续可微向量场. 则下面三个条件互相等价:

(1) $\boldsymbol{F}$ 是 Ω 上的无源场;

(2) 对 Ω 中任意一个零伦的分块光滑封闭曲面 S, $\boldsymbol{F}$ 穿过 S 的通量为零;

(3) 对 Ω 中任意两个同伦的分块光滑封闭曲面 S 和 S', $\boldsymbol{F}$ 穿过 S 和 S' 的通量相等.

证明 条件 (1) 和 (2) 的等价性由散度定理立刻得到. 由散度定理也立知条件 (1) 蕴涵着条件 (3) (因为由散度定理易知, 在条件 (1) 下当 S_t 连续形变时, $\displaystyle\iint_{S_t}\boldsymbol{F}\cdot\mathrm{d}\boldsymbol{S}$ 不依赖于 t). 为证明条件 (3) 蕴涵着条件 (1), 对任意一点 $M_0\in\Omega$ 和任意一张包围点 M_0 的充分小的分块光滑封闭曲面 S, 选取一点 $P\in S$, 并取 $\varepsilon>0$ 充分小, 使小球 $B_\varepsilon(P)$ 被 S 分割为两个近似的半球 (图 22-2-2). 把球面 $\partial B_\varepsilon(P)$ 不在 S 所包围区域中的部分记作 S_3, 再令 S_1 为曲面 S 不在小球 $B_\varepsilon(P)$ 中的部分与 S_3 拼接成的封闭曲面, 又令 S_2 为曲面 S 位于小球 $B_\varepsilon(P)$ 中的部分与 S_3 拼接成的封闭曲面. 则易见 S_1 与 S_2 同伦. 因此按条件 (3), $\boldsymbol{F}$ 穿过 S_1 和 S_2 的通量是相等的. 据此推知 $\boldsymbol{F}$ 穿过 S 的通量为零, 进而得条件 (1). 证毕.

例 1 考察由置于点 O 处电荷量为 Q 的点电荷在空间中激发的电场. 根据 20.3 节例 4 可知, 在从全空间去掉点 O 所得开集 Ω 中, 这个电场是无源场, 并且对 Ω 中任何零伦的分块光滑封闭曲面 S, 该电场穿过 S 的电通量都是零, 而对 Ω 中任何不零伦的分块光滑封闭曲面 S, 该电场穿过 S 的电通量都等于 $\varepsilon_0 \cdot \dfrac{Q}{\varepsilon_0} = Q$. 由于电场具有叠加性, 据此推知对于由一组点电荷激发的电场而言, 穿过任一封闭曲面的电通量, 等于该曲面所包围区域中各电荷之电荷量的代数和, 这就是静电学中的高斯定理. 散度定理 (高斯公式) 是对这个定理推广而来的.

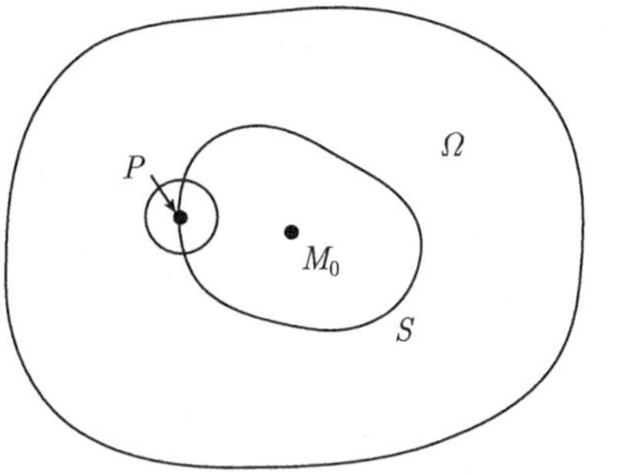

图 22-2-2 曲面 S_1, S_2, S_3 的作法

习 题 22.2

1. 设 $\boldsymbol{r} = x\boldsymbol{i} + y\boldsymbol{j} + z\boldsymbol{k}$, $r = |\boldsymbol{r}|$, 而 $\boldsymbol{c} = a\boldsymbol{i} + b\boldsymbol{j} + c\boldsymbol{k}$ 是常向量. 求:

   (1) $\operatorname{div}(\boldsymbol{r})$, $\operatorname{div}(\dfrac{\boldsymbol{r}}{r})$; (2) $\operatorname{div}[f(r)\boldsymbol{c}]$; (3) $\operatorname{div}[f(r)\boldsymbol{r}]$; (4) $\operatorname{div}[\operatorname{grad} f(r)]$.

2. 求向量场 $\boldsymbol{F}$ 从内向外穿出指定的封闭曲面 S 的通量 Φ:

   (1) $\boldsymbol{F}(x,y,z) = x^3\boldsymbol{i} + y^3\boldsymbol{j} + z^3\boldsymbol{k}$, S 为球面 $x^2+y^2+z^2=1$;

   (2) $\boldsymbol{F}(x,y,z) = (x-y^2+z^2)\boldsymbol{i} + (y-z^2+x^2)\boldsymbol{j} + (z-x^2+y^2)\boldsymbol{k}$, S 为椭球面:

$$\frac{(x-x_0)^2}{a^2} + \frac{(y-y_0)^2}{b^2} + \frac{(z-z_0)^2}{c^2} = 1.$$

3. 证明: 向量场 $\boldsymbol{F}$ 穿过由参数方程 $\boldsymbol{r} = \boldsymbol{r}(u,v)$, $(u,v) \in D$ 给出的光滑曲面 S 的通量

$$\Phi = \iint_D (\boldsymbol{F}, \boldsymbol{r}_u, \boldsymbol{r}_v)\mathrm{d}u\mathrm{d}v.$$

   其中 D 为平面上具有光滑边界的有界区域.

4. 求向量场 $\boldsymbol{F}(x,y,z) = \dfrac{a\boldsymbol{r}}{r^3}$ 从内向外穿出封闭光滑曲面 S 的通量 Φ, 其中, a 是常数, 而 r 和 $\boldsymbol{r}$ 同第 1 题. 这里曲面 S 不经过坐标原点.

5. 给定向量场 $\boldsymbol{F}$ 如下

$$\boldsymbol{F}(M) = -\sum_{j=1}^{m} \operatorname{grad}\Big(\frac{Q_j}{4\pi r_j}\Big),$$

   其中, $Q_1, Q_2, \cdots, Q_m$ 都是常数, $r_j = |MM_j|$, $j = 1, 2, \cdots, m$, 而 $M_1, M_2, \cdots, M_m$ 是空间中给定的 m 个点. 求 $\boldsymbol{F}$ 从内向外穿出封闭光滑曲面 S 的通量 Φ, 这里曲面 S 不经过 $M_1, M_2, \cdots, M_m$ 这 m 个点.

6. 根据直角坐标系的坐标变换法则, 证明: 散度 $\operatorname{div}\boldsymbol{F}$ 的坐标表示式 (22.2.2) 不依赖于坐标系的选取.
7. 设记号同第 1 题. 求:
   (1) 使 $\operatorname{div}[f(r)\boldsymbol{r}]=0$ 的函数 f;
   (2) 使 $\operatorname{div}[\operatorname{grad}f(r)]=0$ 的函数 f.
8. 设 u 和 v 是区域 Ω 上的二次连续可微的数量场. 令 $\boldsymbol{F}=\operatorname{grad}u\times\operatorname{grad}v$. 证明: $\boldsymbol{F}$ 是 Ω 上的无源场.
9. 设 $\boldsymbol{r}=x\boldsymbol{i}+y\boldsymbol{j}+z\boldsymbol{k}$, $r=|\boldsymbol{r}|$, f 是可微函数, 而 $\boldsymbol{a}$, $\boldsymbol{b}$ 是互相正交的常向量. 证明以下向量场都是无源场:
   (1) $\boldsymbol{a}\times\boldsymbol{r}$; (2) $f(r)(\boldsymbol{a}\times\boldsymbol{r})$; (3) $(\boldsymbol{a}\cdot\boldsymbol{r})\boldsymbol{b}$; (4) $(\boldsymbol{a}\times\boldsymbol{r})\times\boldsymbol{b}$.

22.3 向量场的环量和旋度

22.3.1 向量场的环量

散度的概念反映了产生向量场的物质源的分布情况. 向量场的另一重要概念是旋度, 它反映向量场涡旋的分布情况. 正如为了引进散度概念必须首先研究向量场穿过封闭曲面的通量一样, 为了引进旋度的概念, 需先研究向量场沿封闭曲线的环量.

定义 22.3.1 设 $\boldsymbol{F}$ 是区域 Ω 上的一个向量场, C 是 Ω 中的一条分段光滑的有向封闭曲线, 其单位切向量为$\boldsymbol{\tau}$. 则称 $\boldsymbol{F}$ 沿 C 的第二型曲线积分

$$\int_C \boldsymbol{F}(M)\cdot\mathrm{d}\boldsymbol{r}=\int_C \boldsymbol{F}(M)\cdot\boldsymbol{\tau}(M)\mathrm{d}s$$

为 $\boldsymbol{F}$ 沿曲线 C 的**环量**.

为了分析环量的具体意义, 把 $\boldsymbol{F}$ 沿 C 的环量写成积分和的极限:

$$\int_C \boldsymbol{F}(M)\cdot\mathrm{d}\boldsymbol{r}=\int_C \boldsymbol{F}(M)\cdot\boldsymbol{\tau}(M)\mathrm{d}s=\lim_{\|\Delta\|\to0}\sum_{i=1}^{n}\boldsymbol{F}(M_i)\cdot\boldsymbol{\tau}(M_i)\Delta s_i,$$

其中, M_i 是 C 的分割 $\Delta=\{\widehat{A_0A_1},\widehat{A_1A_2},\cdots,\widehat{A_{n-1}A_n}\}$ $(A_n=A_0)$ 中第 i 个弧段 $\widehat{A_{i-1}A_i}$ 上任取的一点, Δs_i 表示第 i 个弧段的弧长. 当分割作的很细时, $\boldsymbol{F}$ 和$\boldsymbol{\tau}$在每个弧段上都可近似地看成是常向量. 所以, 如果 $\boldsymbol{F}(M_i)\cdot\boldsymbol{\tau}(M_i)>0$, 那么意味着向量场 $\boldsymbol{F}$ 与曲线 C 的切向量$\boldsymbol{\tau}$在第 i 个弧段上相交成锐角, 即 $\boldsymbol{F}$ 与 C 在第 i 个弧段上走向基本一致. 相反, 如果 $\boldsymbol{F}(M_i)\cdot\boldsymbol{\tau}(M_i)<0$, 那么意味着 $\boldsymbol{F}$ 与 C 的切向量$\boldsymbol{\tau}$在第 i 个弧段上相交成钝角, 即 $\boldsymbol{F}$ 与 C 在第 i 个弧段上走向相背. 假如 $\boldsymbol{F}$ 在每个弧段上都与 C 走向基本一致, 或者虽然在个别弧段上相背但在大多数弧段上是基本一致的, 那么上面的积分和便大于零; 而如果 $\boldsymbol{F}$ 在每个弧段上都与曲线 C 走向相背, 或者虽然在个别弧段上一致却在大多数弧段上相背, 那么上面的积分和便小于零. 当然, 如果 $\boldsymbol{F}$

的方向沿着曲线 C 基本上没有变化, 那么上述积分和便正负项相互抵消因而总量等于零或接近于零. 因此, 向量场 $\boldsymbol{F}$ 沿封闭曲线 C 的环量反映了 $\boldsymbol{F}$ 沿 C 的旋转情况.

对于流体的速度场 $\boldsymbol{v}$, 如果流体中有漩涡并且曲线 C 包围了一个漩涡的涡管, 则当 C 的方向与漩涡的方向一致时 $\boldsymbol{v}$ 沿 C 的环量大于零, 当 C 的方向与漩涡的方向相反时该环量小于零, 总之不会为零; 而如果流体中没有漩涡或者 C 没有包围涡管, 则 $\boldsymbol{v}$ 沿 C 的环量等于零. 因此对于流体而言, 速度场沿封闭曲线的环量是否为零反映了曲线是否包围了漩涡的涡管; 当环量非零时, 其正负号反映了曲线的方向是否与它所包围漩涡的旋转方向一致, 其大小则反映了该漩涡的旋转强度.

后面将会看到, 由点电荷激发的静电场是无旋场 (没有封闭的电力线), 因而电场强度 $\boldsymbol{E}$ 沿任何封闭曲线的环量都是零. 但是由电流激发的磁场则是有旋场. 根据安培环路定律, 磁场强度 $\boldsymbol{H}(=\dfrac{1}{\mu}\boldsymbol{B}$, μ 为磁导率) 沿封闭曲线 C 的环量 $\displaystyle\int_C \boldsymbol{H}\cdot \mathrm{d}\boldsymbol{r}$ 等于穿过 C 上所张与 C 按右手螺旋法则定向的曲面的电流强度的代数和.

22.3.2　向量场的旋度

和散度概念类似, 为了了解向量场涡旋的分布情况, 还必须把环量进行局部化的处理. 这就引出方向旋量的概念.

定义 22.3.2　设 Ω 是空间中的一个开区域, $\boldsymbol{F}$ 是定义在 Ω 上的一个向量场. 对 Ω 中任意一点 M_0 和任意一个单位向量 $\boldsymbol{n}$, 在通过点 M_0 并以 $\boldsymbol{n}$ 为法向量的平面上任取一条围绕点 M_0 右旋的分段光滑的封闭曲线 C, 设它所包围平面区域为 ΔD, 面积为 $|\Delta D|$(图 22-3-1). 如果极限

$$\lim_{\substack{\operatorname{diam}(\Delta D)\to 0\\ M_0\in\Delta D}} \frac{\displaystyle\int_C \boldsymbol{F}(M)\cdot \mathrm{d}\boldsymbol{r}}{|\Delta D|}$$

存在, 则称此极限值为 $\boldsymbol{F}$ 在点 M_0 绕 $\boldsymbol{n}$ 方向的**方向旋量**, 记作 $\mathrm{rot}_{\boldsymbol{n}}\boldsymbol{F}(M_0)$.

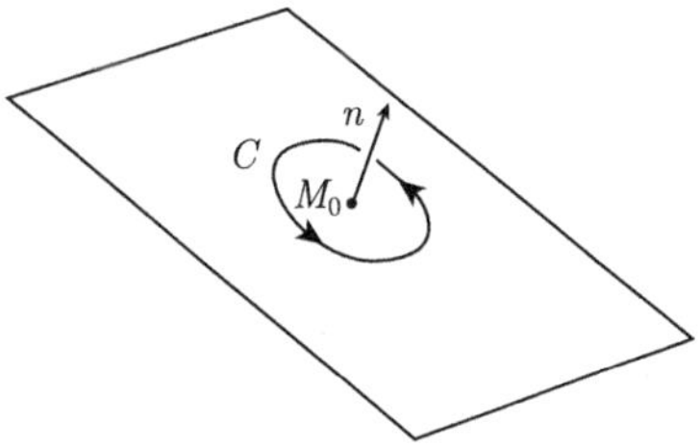

图 22-3-1　方向旋量

同散度类似, 方向旋量的定义中没有出现坐标系, 因此它是与坐标系无关的概念. 但是在具体计算时, 一般必须借助于坐标系. 下面的定理给出了方向旋量在直角坐标系中的表达式.

定理 22.3.1　设 $\boldsymbol{F}$ 是定义在开区域 Ω 上的一个连续可微的向量场, 在取定了一个直角坐标系 $Oxyz$ 之后, 它的坐标表示式为

$$\boldsymbol{F}(x,y,z)=P(x,y,z)\boldsymbol{i}+Q(x,y,z)\boldsymbol{j}+R(x,y,z)\boldsymbol{k},\quad \forall(x,y,z)\in\Omega.$$

则对任意一点 $M_0\in\Omega$ 和任意单位向量 $\boldsymbol{n}=\cos\alpha\boldsymbol{i}+\cos\beta\boldsymbol{j}+\cos\gamma\boldsymbol{k}$,有

$$\mathrm{rot}_{\boldsymbol{n}}\boldsymbol{F}(M_0)=\Big(\frac{\partial R}{\partial y}-\frac{\partial Q}{\partial z}\Big)\cos\alpha+\Big(\frac{\partial P}{\partial z}-\frac{\partial R}{\partial x}\Big)\cos\beta+\Big(\frac{\partial Q}{\partial x}-\frac{\partial P}{\partial y}\Big)\cos\gamma. \quad (22.3.1)$$

等式右端的函数都在点 M_0 取值.

证明 设 C 是在通过点 M_0 并以 $\boldsymbol{n}$ 为法向量的平面上任意一条围绕点 M_0 右旋的分段光滑的封闭曲线. 令 C 所包围的平面区域为 D. 则由斯托克斯公式, 有

$$\begin{aligned}\int_C\boldsymbol{F}(M)\cdot\mathrm{d}\boldsymbol{r}&=\int_C P\mathrm{d}x+Q\mathrm{d}y+R\mathrm{d}z\\&=\iint_D\Big(\frac{\partial R}{\partial y}-\frac{\partial Q}{\partial z}\Big)\mathrm{d}y\mathrm{d}z+\Big(\frac{\partial P}{\partial z}-\frac{\partial R}{\partial x}\Big)\mathrm{d}z\mathrm{d}x+\Big(\frac{\partial Q}{\partial x}-\frac{\partial P}{\partial y}\Big)\mathrm{d}x\mathrm{d}y\\&=\iint_D\Big[\Big(\frac{\partial R}{\partial y}-\frac{\partial Q}{\partial z}\Big)\cos\alpha+\Big(\frac{\partial P}{\partial z}-\frac{\partial R}{\partial x}\Big)\cos\beta+\Big(\frac{\partial Q}{\partial x}-\frac{\partial P}{\partial y}\Big)\cos\gamma\Big]\mathrm{d}\sigma.\end{aligned}$$

因此, 应用积分中值定理, 就得到

$$\begin{aligned}&\mathrm{rot}_{\boldsymbol{n}}\boldsymbol{F}(M_0)\\=&\lim_{\substack{\mathrm{diam}(D)\to0\\M_0\in D}}\frac{1}{|D|}\int_C\boldsymbol{F}(M)\cdot\mathrm{d}\boldsymbol{r}\\=&\lim_{\substack{\mathrm{diam}(D)\to0\\M_0\in D}}\frac{1}{|D|}\iint_D\Big[\Big(\frac{\partial R}{\partial y}-\frac{\partial Q}{\partial z}\Big)\cos\alpha+\Big(\frac{\partial P}{\partial z}-\frac{\partial R}{\partial x}\Big)\cos\beta+\Big(\frac{\partial Q}{\partial x}-\frac{\partial P}{\partial y}\Big)\cos\gamma\Big]\mathrm{d}\sigma\\=&\lim_{\substack{\mathrm{diam}(D)\to0\\M_0\in D}}\Big[\Big(\frac{\partial R}{\partial y}-\frac{\partial Q}{\partial z}\Big)\cos\alpha+\Big(\frac{\partial P}{\partial z}-\frac{\partial R}{\partial x}\Big)\cos\beta+\Big(\frac{\partial Q}{\partial x}-\frac{\partial P}{\partial y}\Big)\cos\gamma\Big]\Big|_{\widetilde{M}}\quad(\widetilde{M}\in D)\\=&\Big[\Big(\frac{\partial R}{\partial y}-\frac{\partial Q}{\partial z}\Big)\cos\alpha+\Big(\frac{\partial P}{\partial z}-\frac{\partial R}{\partial x}\Big)\cos\beta+\Big(\frac{\partial Q}{\partial x}-\frac{\partial P}{\partial y}\Big)\cos\gamma\Big]\Big|_{M_0}.\end{aligned}$$

证毕.

从式 (22.3.1) 可知, 如果引进向量

$$\mathrm{rot}\boldsymbol{F}(M_0)=\Big[\Big(\frac{\partial R}{\partial y}-\frac{\partial Q}{\partial z}\Big)\boldsymbol{i}+\Big(\frac{\partial P}{\partial z}-\frac{\partial R}{\partial x}\Big)\boldsymbol{j}+\Big(\frac{\partial Q}{\partial x}-\frac{\partial P}{\partial y}\Big)\boldsymbol{k}\Big]\Big|_{M_0},\quad (22.3.2)$$

则有

$$\mathrm{rot}_{\boldsymbol{n}}\boldsymbol{F}(M_0)=\mathrm{rot}\boldsymbol{F}(M_0)\cdot\boldsymbol{n}.\quad (22.3.3)$$

所以这个向量有特殊的意义. 但是从式 (22.3.2) 来看, 向量 $\mathrm{rot}\boldsymbol{F}(M_0)$ 依赖于坐标系. 如果换一个坐标系, 按同样的定义是否得到了另外一个向量? 与引理 22.1.1 类似地可以证明, 对此问题的答案是否定的, 即这个向量实际上是不依赖于坐标系的.

引理 22.3.1 由式 (22.3.2) 定义的向量 $\mathrm{rot}\boldsymbol{F}(M_0)$ 不依赖于直角坐标系 $Oxyz$ 的选取.

证明留给读者. 根据这个引理, 引进以下定义.

定义 22.3.3　称由式 (22.3.2) 定义的向量 $\mathrm{rot}\boldsymbol{F}(M_0)$ 为向量场 $\boldsymbol{F}$ 在点 M_0 的**旋度**.

按此定义, 旋度是一个向量. 而且, 对定义在开区域 Ω 上的一个连续可微的向量场 $\boldsymbol{F}$, 在 Ω 中每点求旋度而作映射 $M\to\mathrm{rot}\boldsymbol{F}(M)$, $\forall M\in\Omega$, 就得到了 Ω 上的一个新的向量场, 这个向量场叫做向量场 $\boldsymbol{F}$ 的**旋度场**, 记作 $\mathrm{rot}\boldsymbol{F}$.

旋度也记作 $\nabla\times\boldsymbol{F}$. 在有些科技文献和书籍上, 旋度也被记作 $\mathrm{curl}\boldsymbol{F}$.

从式 (22.3.3) 和柯西不等式可得

$$\mathrm{rot}_{\boldsymbol{n}}\boldsymbol{F}(M_0)\leqslant|\mathrm{rot}\boldsymbol{F}(M_0)||\boldsymbol{n}|=|\mathrm{rot}\boldsymbol{F}(M_0)|,$$

而且等号成立当且仅当 $\boldsymbol{n}$ 与 $\mathrm{rot}\boldsymbol{F}(M_0)$ 平行并且同向. 把这个结论和式 (22.3.3) 写成下述定理.

定理 22.3.2　(1) 旋度 $\mathrm{rot}\boldsymbol{F}(M_0)$ 的模等于向量场 $\boldsymbol{F}$ 在点 M_0 方向旋量的最大值, 方向为方向旋量取最大值的方向.

(2) $\boldsymbol{F}$ 在点 M_0 绕任意方向 $\boldsymbol{n}$ 的方向旋量, 等于它在该点的旋度在此方向的投影.

应用旋度的概念, 不难看出可把斯托克斯公式改述如下.

定理 22.3.3(斯托克斯公式)　设 $\boldsymbol{F}$ 是定义在开区域 Ω 上的一个连续可微的向量场, S 是 Ω 中一张分块光滑的曲面, 其边界 ∂S 是 Ω 内一条分段光滑的封闭曲线. 则成立

$$\int_{\partial S}\boldsymbol{F}\cdot\mathrm{d}\boldsymbol{r}=\iint_S\mathrm{rot}\boldsymbol{F}\cdot\mathrm{d}\boldsymbol{S}.$$

∂S 的正向为按 S 的正法向右旋的方向.

因此, 也可把斯托克斯公式叫做**旋度定理**.

给定了区域 Ω 上的一个连续可微的向量场 $\boldsymbol{F}$, 对 $\boldsymbol{F}$ 在 Ω 中每点处求旋度, 就得到了 Ω 上的一个新的向量场 $\mathrm{rot}\boldsymbol{F}$, 称为向量场 $\boldsymbol{F}$ 的**旋度场**, 而映射 $\boldsymbol{F}\mapsto\mathrm{rot}\boldsymbol{F}$ 则叫做旋度运算. 容易看出, 旋度运算具有以下基本规律:

(1) $\mathrm{rot}(c\boldsymbol{F})=c\,\mathrm{rot}\boldsymbol{F}$ (c 为常数);

(2) $\mathrm{rot}(\boldsymbol{F}\pm\boldsymbol{G})=\mathrm{rot}\boldsymbol{F}\pm\mathrm{rot}\boldsymbol{G}$;

(3) $\mathrm{rot}(f\boldsymbol{F})=f\,\mathrm{rot}\boldsymbol{F}+\nabla f\times\boldsymbol{F}$.

此外, 把数量场的梯度运算、向量场的散度运算和旋度运算结合起来考虑, 还可得到许多其他运算公式. 对此将在 22.3.3 节专门讨论.

22.3.3　无旋场及其性质

定义 22.3.4　如果向量场 $\boldsymbol{F}$ 在 Ω 中任意一点的旋度都是零:

$$\mathrm{rot}\boldsymbol{F}(M)=0,\quad\forall M\in\Omega,$$

则称 $\boldsymbol{F}$ 为 Ω 上的**无旋场**.

例 1 引力场和静电场都是无旋场.

为证明这个结论, 回忆由位于空间中点 O 处质量为 m 的质点所激发的引力场的场强为

$$\boldsymbol{L}(M) = -\frac{Gm}{r^3}\boldsymbol{r} \quad (\boldsymbol{r} = \overrightarrow{OM}, \quad r = |\boldsymbol{r}|).$$

在直角坐标系 $Oxyz$ 下, 其表达式为

$$\boldsymbol{L}(x,y,z) = -\frac{Gm}{r^3}\boldsymbol{r} \quad (\boldsymbol{r} = x\boldsymbol{i} + y\boldsymbol{j} + z\boldsymbol{k}, \quad r = |\boldsymbol{r}|).$$

有

$$\frac{\partial R}{\partial y} - \frac{\partial Q}{\partial z} = -Gm\left[\frac{\partial}{\partial y}\left(\frac{z}{r^3}\right) - \frac{\partial Q}{\partial z}\left(\frac{y}{r^3}\right)\right] = -Gm\left[\left(-\frac{3yz}{r^5}\right) - \left(-\frac{3yz}{r^5}\right)\right] = 0.$$

同理可知

$$\frac{\partial P}{\partial z} - \frac{\partial R}{\partial x} = 0, \quad \frac{\partial Q}{\partial x} - \frac{\partial P}{\partial y} = 0.$$

这说明 $\mathrm{rot}\boldsymbol{L}(x,y,z) = 0, \forall (x,y,z) \in \mathbf{R}^3 \backslash \{O\}$. 所以引力场是无旋场.

对于放置在点 O 电荷量为 q 的点电荷在空间中激发的电场, 其场强的表达式为

$$\boldsymbol{E}(M) = \frac{q}{4\pi\varepsilon_0 r^3}\boldsymbol{r} \qquad (\boldsymbol{r} = \overrightarrow{OM}, \quad r = |\boldsymbol{r}|).$$

由于这个表达式与 $\boldsymbol{L}$ 的类似, 所以同样地有 $\mathrm{rot}\boldsymbol{E} = 0$. 因此静电场也是无旋场.

和无源场类似, 应用斯托克斯公式可以得到无旋场的一些等价条件. 先介绍一些术语.

对于区域 Ω 中两条分段光滑的封闭曲线 C 和 C', 如果可通过在区域 Ω 中的连续形变把 C 变为 C', 即存在 Ω 中的一族分段光滑的封闭曲线 C_t, $0 \leqslant t \leqslant 1$, 它们连续地依赖于 t, 使得 $C_0 = C$ 且 $C_1 = C'$, 则称 C 和 C' 在 Ω 中**同伦**. 把点看成特殊的曲线, 即退缩了的曲线. 如果 Ω 中的一条分段光滑的封闭曲线 C 在 Ω 中同伦于一点, 则称 C 在 Ω 中**零伦**. 例如在从空间中挖去一个球体所得到的区域中, 任意一条简单闭曲线 (即不打结的闭曲线) 都零伦, 因而任意两条简单闭曲线都是同伦的. 但是在从空间中挖去一个由环面所包围的闭区域所得到的开区域中, 情况就不是这样的: 任意一条围绕环体的封闭曲线都不零伦; 围绕环体的封闭曲线与不围绕环体的封闭曲线不同伦.

显然 Ω 中分段光滑的封闭曲线 C 在 Ω 中零伦当且仅当存在一张完全位于 Ω 中的光滑曲面以 C 为边界.

定理 22.3.4 设 $\boldsymbol{F}$ 是开区域 Ω 上的连续可微向量场. 则下面三个条件互相等价:

(1) $\boldsymbol{F}$ 是 Ω 上的无旋场;

(2) 对 Ω 中任意一条零伦的分段光滑的简单闭曲线 C, $\boldsymbol{F}$ 沿 C 的环量为零;

(3) 对 Ω 中任意两条同伦的分段光滑的简单闭曲线 C 和 C', $\boldsymbol{F}$ 沿 C 和 C' 的环量相等.

证明　条件 (1) 和 (2) 的等价性由旋度定理立刻得到. 由旋度定理也立知条件 (1) 蕴涵着条件 (3)(因为应用旋度定理易知, 在条件 (1) 下当 C_t 连续形变时, $\int_{C_t}\boldsymbol{F}\cdot\mathrm{d}\boldsymbol{r}$ 不依赖于 t). 为证明条件 (3) 蕴涵着条件 (1), 对任意一点 $M_0\in\Omega$ 和任意一个单位向量 $\boldsymbol{n}$, 在通过 M_0 并以 $\boldsymbol{n}$ 为法向量的平面 π 上任意一条包围点 M_0 的充分小的分段光滑的封闭曲线 C 上, 选取一点 $P\in C$, 并取 $\varepsilon>0$ 充分小, 使平面 π 上的小圆盘 $B_\varepsilon(P)$ 被 C 分割为两个近似的半圆 (图 22-3-2). 把圆周 $\partial B_\varepsilon(P)$ 不在 C 所包围区域中的部分记作 C_3, 再令 C_1 为曲线 C 不在圆盘 $B_\varepsilon(P)$ 中的部分与 C_3 拼接成的封闭曲线, 又令 C_2 为曲线 C 位于圆盘 $B_\varepsilon(P)$ 中的部分与 C_3 拼接成的封闭曲线, 则易见 C_1 与 C_2 同伦. 因此按条件 (3), $\boldsymbol{F}$ 沿 C_1 和 C_2 的环量是相等的. 据此推知 $\boldsymbol{F}$ 沿 C 的环量为零, 进而可知 $\boldsymbol{F}$ 在点 M_0 绕 $\boldsymbol{n}$ 方向的方向旋量为零. 由 $\boldsymbol{n}$ 的任意性, 由此推知 $\boldsymbol{F}$ 在点 M_0 的旋度为零. 再由点 M_0 的任意性, 即得条件 (1). 证毕.

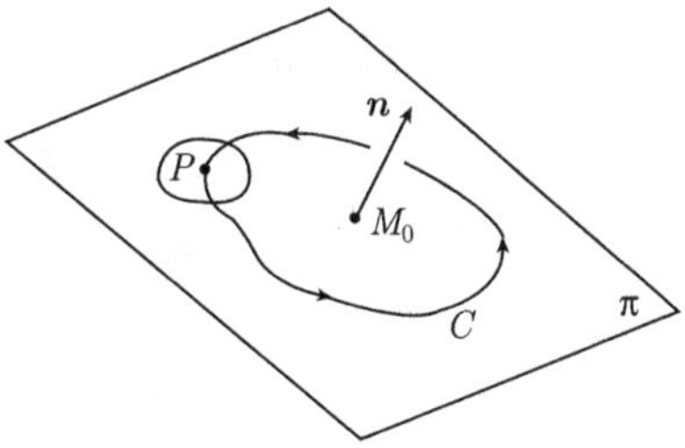

图 22-3-2　曲线 C_1, C_2, C_3 的作法

习　题　22.3

1. 设 $\boldsymbol{r}=x\boldsymbol{i}+y\boldsymbol{j}+z\boldsymbol{k}$, $r=|\boldsymbol{r}|$, 而 $\boldsymbol{c}=a\boldsymbol{i}+b\boldsymbol{j}+c\boldsymbol{k}$ 是常向量. 求:

   (1) $\mathrm{rot}(\boldsymbol{r})$, $\mathrm{rot}(\frac{\boldsymbol{r}}{r})$;　(2) $\mathrm{rot}[f(r)\boldsymbol{c}]$;　(3) $\mathrm{rot}[f(r)\boldsymbol{r}]$;　(4) $\mathrm{rot}[\boldsymbol{c}\times f(r)\boldsymbol{r}]$.

2. 根据直角坐标系的坐标变换法则, 证明: 旋度 $\mathrm{rot}\boldsymbol{F}$ 的坐标表示式 (22.3.2) 不依赖于坐标系的选取.

3. 证明:

   (1) $\mathrm{rot}(u\boldsymbol{F})=u\mathrm{rot}\boldsymbol{F}+\mathrm{grad}u\times\boldsymbol{F}$;

   (2) $\mathrm{div}(\boldsymbol{F}_1\times\boldsymbol{F}_2)=\boldsymbol{F}_2\cdot\mathrm{rot}\boldsymbol{F}_1-\boldsymbol{F}_1\cdot\mathrm{rot}\boldsymbol{F}_2$.

4. 设 $\boldsymbol{r}$ 同第 1 题, $\boldsymbol{a}$, $\boldsymbol{b}$ 和 $\boldsymbol{r}_0$ 都是常向量.

   (1) 对 $\boldsymbol{F}=\boldsymbol{r}_0+\boldsymbol{a}\times\boldsymbol{r}$, 证明: $\mathrm{div}\,\boldsymbol{F}=0$, $\mathrm{rot}\boldsymbol{F}=2\boldsymbol{a}$.

   (2) 对 $\boldsymbol{F}=\boldsymbol{a}\times(\boldsymbol{b}\times\boldsymbol{r})$, 证明: $\mathrm{div}\,\boldsymbol{F}=-2\boldsymbol{a}\cdot\boldsymbol{b}$, $\mathrm{rot}\boldsymbol{F}=\boldsymbol{a}\times\boldsymbol{b}$.

5. 求向量场 $\boldsymbol{F}=-y\boldsymbol{i}+x\boldsymbol{j}+c\boldsymbol{k}$ (c) 的环量 Γ:

   (1) 沿圆周 $x^2+y^2=1$, $z=0$;　(2) 沿圆周 $(x-2)^2+y^2=1$, $z=0$.

6. 求向量场 $\boldsymbol{F}=\dfrac{-y\boldsymbol{i}+x\boldsymbol{j}}{x^2+y^2}$ 沿封闭曲线 C 的环量 Γ:

(1) C 不围绕 Oz 轴; (2) C 围绕 Oz 轴逆时针旋转 n 圈.

7. 设 $\boldsymbol{F}_1$ 和 $\boldsymbol{F}_2$ 是区域 Ω 上的无旋场. 令 $\boldsymbol{F}=\boldsymbol{F}_1\times\boldsymbol{F}_2$. 证明: $\boldsymbol{F}$ 是 Ω 上的无源场.
8. 设向量场 $\boldsymbol{F}$ 与数量场 u 的等位面正交, 且 $\boldsymbol{F}$ 是无旋场. 证明: $u\boldsymbol{F}$ 也是无旋场. 特别地, $f(r)\boldsymbol{r}$ 是无旋场.
9. 设 $\boldsymbol{n}$ 是单位常向量. 证明:

$$\mathrm{div}\boldsymbol{F}=\boldsymbol{n}\cdot[\mathrm{grad}(\boldsymbol{n}\cdot\boldsymbol{F})+\mathrm{rot}(\boldsymbol{n}\times\boldsymbol{F})].$$

22.4 一些重要定理

22.4.1 梯度、散度和旋度联合的一些运算公式

对于梯度、散度和旋度运算, 除了上面各节罗列的一些基本运算公式之外, 把它们合在一起考虑, 还有下面一些常用的运算公式 (假定所出现的数量场与向量场都充分光滑):

(1) $\nabla(\boldsymbol{F}\cdot\boldsymbol{G})=\boldsymbol{F}\times\mathrm{rot}\boldsymbol{G}+\boldsymbol{G}\times\mathrm{rot}\boldsymbol{F}+(\boldsymbol{F}\cdot\nabla)\boldsymbol{G}+(\boldsymbol{G}\cdot\nabla)\boldsymbol{F}$.

其中, $(\boldsymbol{F}\cdot\nabla)\boldsymbol{G}$ 表示向量场 $\boldsymbol{G}$ 沿 $\boldsymbol{F}$ 方向的方向导数与 $\boldsymbol{F}$ 模的乘积: $(\boldsymbol{F}\cdot\nabla)\boldsymbol{G}=|\boldsymbol{F}|\dfrac{\partial\boldsymbol{G}}{\partial\boldsymbol{F}^\circ}$, $\boldsymbol{F}^\circ$ 表示 $\boldsymbol{F}$ 的单位化向量 (如果 $\boldsymbol{F}$ 在某点等于零, 则规定 $(\boldsymbol{F}\cdot\nabla)\boldsymbol{G}$ 在该点也等于零).

(2) $\mathrm{div}(\boldsymbol{F}\times\boldsymbol{G})=\boldsymbol{G}\cdot\mathrm{rot}\boldsymbol{F}+\boldsymbol{F}\cdot\mathrm{rot}\boldsymbol{G}$.

(3) $\mathrm{rot}(\boldsymbol{F}\times\boldsymbol{G})=(\mathrm{div}\boldsymbol{G})\boldsymbol{F}-(\mathrm{div}\boldsymbol{F})\boldsymbol{G}+(\boldsymbol{G}\cdot\nabla)\boldsymbol{F}-(\boldsymbol{F}\cdot\nabla)\boldsymbol{G}$.

(4) $\mathrm{rot}(\nabla f)=0$.

(5) $\mathrm{div}(\mathrm{rot}\boldsymbol{F})=0$.

这些公式通过一些简单的计算即可验证, 留给读者完成. 从最后两个公式得以下定理.

定理 22.4.1 假定所考虑的向量场都一阶连续可微. 则有以下结论:

(1) 梯度场是无旋场;

(2) 旋度场是无源场.

为了给出另外两个重要的运算公式, 需要先介绍**拉普拉斯算子**Δ 的概念, 这是一个对具有二阶连续偏导数的函数所作的运算, 在直角坐标系下的表示式为

$$\Delta f=\frac{\partial^2 f}{\partial x^2}+\frac{\partial^2 f}{\partial y^2}+\frac{\partial^2 f}{\partial z^2}.$$

与引理 22.1.1 类似地可以证明, Δf 只与 f 有关而不依赖于直角坐标系的选取, 因此对场而言是一个有意义的运算. 对于向量场, Δ 则表示对每个分量函数分别作此运算, 即若 $\boldsymbol{F}=P\boldsymbol{i}+Q\boldsymbol{j}+R\boldsymbol{k}$, 则

$$\Delta\boldsymbol{F}=\Delta P\,\boldsymbol{i}+\Delta Q\,\boldsymbol{j}+\Delta R\,\boldsymbol{k}.$$

自然, $\Delta \boldsymbol{F}$ 也不依赖于直角坐标系的选取, 因而定义是合理的. 下面是前面提到的两个公式:

(6) $\operatorname{div}(\nabla f) = \Delta f$.

(7) $\operatorname{rot}(\operatorname{rot}\boldsymbol{F}) = \nabla(\operatorname{div}\boldsymbol{F}) - \Delta \boldsymbol{F}$.

这些公式也是通过一些简单的计算获得的, 留给读者. 最后这个公式将在后面推导亥姆霍兹分解定理时起到重要的作用.

22.4.2 保守场及其等价条件

梯度场是最简单的向量场, 它有如下的另外一个名称和另外一种内在的定义方式.

定义 22.4.1 设 $\boldsymbol{F}$ 是定义在开区域 Ω 上的一个向量场. 如果对 Ω 中任意两点 M_0 和 M, $\boldsymbol{F}$ 沿以 M_0 为起点、以 M 为终点的任意一条分段光滑曲线 C 的第二型曲线积分 $\int_C \boldsymbol{F} \cdot \mathrm{d}\boldsymbol{r}$ 都相等, 即这个积分只与起点 M_0 和终点 M 有关而与连接这两点的具体曲线无关, 则称 $\boldsymbol{F}$ 为 Ω 上的**保守场**. 这时积分 $\int_C \boldsymbol{F} \cdot \mathrm{d}\boldsymbol{r}$ 也用符号 $\int_{M_0}^{M} \boldsymbol{F} \cdot \mathrm{d}\boldsymbol{r}$ 表示, 并称函数

$$M \mapsto \int_{M_0}^{M} \boldsymbol{F} \cdot \mathrm{d}\boldsymbol{r}, \quad \forall M \in \Omega$$

为 $\boldsymbol{F}$ 的**势函数**.

上述定义中的势函数依赖于始点 M_0 的选择. 如果以另外一点 $M_0' \in \Omega$ 作始点, 就得到了另外一个势函数. 但是由显然的等式

$$\int_{M_0'}^{M} \boldsymbol{F} \cdot \mathrm{d}\boldsymbol{r} = \int_{M_0'}^{M_0} \boldsymbol{F} \cdot \mathrm{d}\boldsymbol{r} + \int_{M_0}^{M} \boldsymbol{F} \cdot \mathrm{d}\boldsymbol{r}$$

可知任意两个不同的势函数都相差一个常数.

定理 22.4.2 设 $\boldsymbol{F}$ 是开区域 Ω 上的连续向量场. 则下列三个条件互相等价:

(1) $\boldsymbol{F}$ 是保守场;

(2) $\boldsymbol{F}$ 是梯度场;

(3) $\boldsymbol{F}$ 沿 Ω 中任意一条分段光滑的封闭曲线的环量都是零.

证明 任意取定一个直角坐标系 $Oxyz$. 设在此坐标系下, $\boldsymbol{F}$ 的表示式为

$$\boldsymbol{F}(x,y,z) = P(x,y,z)\boldsymbol{i} + Q(x,y,z)\boldsymbol{j} + R(x,y,z)\boldsymbol{k}, \quad \forall (x,y,z) \in \Omega.$$

先证 (1) $\Rightarrow$ (2). 为此令 f 为 $\boldsymbol{F}$ 的一个势函数, 即取定一点 $M_0(x_0,y_0,z_0) \in \Omega$, 而定义

$$f(\bar{x},\bar{y},\bar{z}) = \int_{(x_0,y_0,z_0)}^{(\bar{x},\bar{y},\bar{z})} P(x,y,z)\mathrm{d}x + Q(x,y,z)\mathrm{d}y + R(x,y,z)\mathrm{d}z, \forall (\bar{x},\bar{y},\bar{z}) \in \Omega.$$

按照保守场的定义, 这个定义是合理的. 下面来证明: $\nabla f = \boldsymbol{F}$. 这只需证明

$$\frac{\partial f}{\partial x} = P, \quad \frac{\partial f}{\partial y} = Q, \quad \frac{\partial f}{\partial z} = R.$$

以第一个等式为例, 对任意一点 $M(\bar{x}, \bar{y}, \bar{z}) \in \Omega$, 取 $\delta > 0$ 充分小使 $B_\delta(M) \subseteq \Omega$. 则当 $|\Delta x| < \delta$ 时, 有

$$\begin{aligned}
&\frac{f(\bar{x}+\Delta x, \bar{y}, \bar{z}) - f(\bar{x}, \bar{y}, \bar{z})}{\Delta x} \\
=&\frac{1}{\Delta x}\left[\int_{(x_0,y_0,z_0)}^{(\bar{x}+\Delta x,\bar{y},\bar{z})} P\mathrm{d}x+Q\mathrm{d}y+R\mathrm{d}z - \int_{(x_0,y_0,z_0)}^{(\bar{x},\bar{y},\bar{z})} P\mathrm{d}x+Q\mathrm{d}y+R\mathrm{d}z\right] \\
=&\frac{1}{\Delta x}\int_{(\bar{x},\bar{y},\bar{z})}^{(\bar{x}+\Delta x,\bar{y},\bar{z})} P\mathrm{d}x+Q\mathrm{d}y+R\mathrm{d}z.
\end{aligned}$$

对于最后这个积分, 选取积分路径为连接 $(\bar{x}, \bar{y}, \bar{z})$ 和 $(\bar{x} + \Delta x, \bar{y}, \bar{z})$ 的直线段, 则在其上 y 和 z 都是常数: $y = \bar{y}$, $z = \bar{z}$. 因此

$$\frac{f(\bar{x}+\Delta x, \bar{y}, \bar{z}) - f(\bar{x}, \bar{y}, \bar{z})}{\Delta x} = \frac{1}{\Delta x}\int_{\bar{x}}^{\bar{x}+\Delta x} P(x, \bar{y}, \bar{z})\mathrm{d}x = P(\xi, \bar{y}, \bar{z}),$$

其中 ξ 是介于 $\bar{x}$ 和 $\bar{x} + \Delta x$ 之间的一个实数. 令 $\Delta x \to 0$, 就得到

$$\frac{\partial f}{\partial x}(\bar{x}, \bar{y}, \bar{z}) = \lim_{\Delta x \to 0} \frac{f(\bar{x}+\Delta x, \bar{y}, \bar{z}) - f(\bar{x}, \bar{y}, \bar{z})}{\Delta x} = P(\bar{x}, \bar{y}, \bar{z}).$$

同理可证其他两个等式. 这就证明了, 条件 (1) 蕴涵条件 (2).

再证 (2) $\Rightarrow$ (1). $\boldsymbol{F}$ 是梯度场意味着存在数量场 f 使得 $\nabla f = \boldsymbol{F}$, 即

$$\frac{\partial f}{\partial x} = P, \quad \frac{\partial f}{\partial y} = Q, \quad \frac{\partial f}{\partial z} = R.$$

对 Ω 中任意两点 $M_0(x_0, y_0, z_0)$ 和 $M(\bar{x}, \bar{y}, \bar{z})$, 和任意一条以 M_0 为起点、以 M 为终点的分段光滑曲线 C, 设 C 的参数方程为

$$x = x(t), \quad y = y(t), \quad z = z(t), \quad t \in [a, b]$$

(其中, 参数 a 对应于点 M_0, 参数 b 对应于点 M), 则有

$$\begin{aligned}
\int_C \boldsymbol{F} \cdot \mathrm{d}\boldsymbol{r} &= \int_C P\mathrm{d}x+Q\mathrm{d}y+R\mathrm{d}z = \int_C \frac{\partial f}{\partial x}\mathrm{d}x+\frac{\partial f}{\partial y}\mathrm{d}y+\frac{\partial f}{\partial z}\mathrm{d}z \\
&= \int_a^b \Big[f_x(x(t), y(t), z(t))x'(t)+f_y(x(t), y(t), z(t))y'(t) \\
&\quad + f_z(x(t), y(t), z(t))z'(t)\Big]\mathrm{d}t
\end{aligned}$$

$$= \int_a^b \frac{\mathrm{d}}{\mathrm{d}t}\Big(f(x(t), y(t), z(t))\Big)dt = f(\bar{x}, \bar{y}, \bar{z}) - f(x_0, y_0, z_0),$$

可见 $\int_C \boldsymbol{F} \cdot \mathrm{d}\boldsymbol{r}$ 只与起点和终点有关而与具体路径无关, 即 $\boldsymbol{F}$ 为保守场. 这就证明了, 条件 (2) 蕴涵条件 (1).

最后, 条件 (1) 显然与条件 (3) 等价. 因此定理各结论均成立. 证毕.

保守场即梯度场由于积分与路径无关, 因而处理起来比较方便. 但是要检验一个给定的向量场是否为保守场, 如果按定义来做, 则或者需要找出它的势函数, 或者需要计算第二型曲线积分, 这都不是比较简单的工作. 定理 22.4.1 给出了梯度场的一个必要条件, 即梯度场必是无旋场. 自然要问：这个条件是否也是充分的? 对一般的区域而言, 这个问题的答案是否定的. 下面是一个反例.

例 1 令 Ω 为 $\mathbf{R}^3$ 去掉 Oz 轴所得区域. 考虑 Ω 上的下列向量场：

$$\boldsymbol{F}(x, y, z) = \frac{y}{x^2 + y^2}\boldsymbol{i} - \frac{x}{x^2 + y^2}\boldsymbol{j}, \quad \forall (x, y, z) \in \Omega.$$

容易验证 $\boldsymbol{F}$ 是无旋场. 但它不是保守场. 这是因为, 令 C 为 Oxy 坐标面上以原点为圆心的单位圆周, 方向为关于 Oz 轴右旋, 则有

$$\int_C \boldsymbol{F} \cdot \mathrm{d}\boldsymbol{r} = \int_C \frac{y\mathrm{d}x - x\mathrm{d}y}{x^2 + y^2} = -2\pi \neq 0.$$

下一个定理说明, 只要对区域附加一定的条件, 则就能够保证无旋场必是梯度场. 先介绍一些术语.

如果一个空间区域 Ω 中的任意一条简单闭曲线 C 都是零伦的, 即它可以通过连续的形变收缩为一个点 (等价于存在完全位于 Ω 中的分块光滑曲面以 C 为边界), 则称 Ω 是**线单连通区域**, 否则叫做**线复连通区域**. 如由两个同心球包围的区域 (球壳) 是线单连通区域, 但由两个同心环面围成的区域则是线复连通区域. 与此对应的是**面单连通区域**和**面复连通区域**, 前者是指任意简单闭曲面都零伦的空间区域, 后者则是指不是面单连通的区域.

定理 22.4.3 设 $\boldsymbol{F}$ 是开区域 Ω 上的连续向量场. 则当区域 Ω 是下列情况之一时, 其上定义的任意无旋场都是保守场：

(1) Ω 是线单连通区域;

(2) Ω 是凸区域.

证明 在第一种情况下, 应用斯托克斯公式知, Ω 上的任意无旋场沿任何环路的环量都是零, 因而都是保守场. 在第二种情况下, 对 Ω 上的任意无旋场 $\boldsymbol{F}$ 和任意点 $M_0, M \in \Omega$, 定义函数

$$f(M) = \int_0^1 \boldsymbol{F}(M_0 + t(M - M_0)) \cdot \overrightarrow{M_0M}\mathrm{d}t, \quad M \in \Omega,$$

其中 M_0 是 Ω 任意选取的一点. 不难验证, f 是 $\boldsymbol{F}$ 的势函数 (请读者自己检验). 因此 $\boldsymbol{F}$ 是保守场. 证毕.

22.4.3 亥姆霍兹分解定理

下面推导一个重要定理 ——**亥姆霍兹分解定理**. 粗略地说, 这个定理告诉我们, 每个向量场都可分解为一个无源场和一个无旋场的和.

为了推导这个定理, 需要先考虑下述问题: 给定 $\mathbf{R}^3$ 上的函数 f, 求 $\mathbf{R}^3$ 上的另一个函数 u 使它满足方程

$$\Delta u = f. \tag{22.4.1}$$

这个方程叫做**位势方程**或**泊松方程**. 它来源于下述静电学问题: 已知分布在空间中的一些电荷的密度函数为 ρ, 求由这些电荷激发的静电场的电势函数 u. 上述方程是这样得到的, 应用高斯定理不难知道, 由这些电荷激发的电场的电场强度 $\boldsymbol{E}$ 满足关系式 $\mathrm{div}\boldsymbol{E} = \rho$, 而电场强度 $\boldsymbol{E}$ 与电势函数 u 的关系式是 $\boldsymbol{E} = -\nabla u$. 把 $\boldsymbol{E} = -\nabla u$ 代入 $\mathrm{div}\boldsymbol{E} = \rho$, 应用公式 $\mathrm{div}(\nabla u) = \Delta u$, 就得到了上面的方程, 其中 $f = -\rho$. 当然这个方程的物理学背景远不止上述静电学问题. 这里就不一一罗列它们了.

以下为了记号简单起见, 用 $x = (x_1, x_2, x_3)$, $y = (y_1, y_2, y_3)$ 等符号表示 $\mathbf{R}^3$ 中的点. 采用这样的记号, 上述方程准确地写出就是

$$\frac{\partial^2 u(x)}{\partial x_1^2} + \frac{\partial^2 u(x)}{\partial x_2^2} + \frac{\partial^2 u(x)}{\partial x_3^2} = f(x), \quad x \in \mathbf{R}^3.$$

为了避免一些比较烦琐的推理, 我们在函数 f 满足比较强的条件下求解上述方程. 确切地说, 假设函数 f 在 $\mathbf{R}^3$ 上连续可微, 且存在常数 $p > 3$ 和 $C > 0$ 使成立

$$|f(x)| + \sum_{i=1}^{3} \left|\frac{\partial f(x)}{\partial x_i}\right| \leqslant C(1 + |x|)^{-p}, \quad \forall x \in \mathbf{R}^3. \tag{22.4.2}$$

下面证明在这样的假设下, 上述方程有以下的解:

$$u(x) = -\frac{1}{4\pi}\int_{\mathbf{R}^3} \frac{f(y)}{|x-y|}dy, \quad x \in \mathbf{R}^3. \tag{22.4.3}$$

这里不讨论解的表达式 (22.4.3) 是如何得到的, 只证明这个表达式的确给出了位势方程 (22.4.1) 的解.

首先注意, 式 (22.4.3) 是一个含参量的广义重积分. 这里广义的意思既在于它的积分区域是无界域, 而且还在于它是无界函数的积分. 显然在条件 (22.4.2) 下, 对每个 $x \in \mathbf{R}^3$, 这个广义重积分都是收敛的, 因此 $u(x)$ 的定义是合理的. 但是要注意, 由于这个积分中的瑕点 x 正好是参变量, 因此瑕点是随着参变量变化而变化的, 不属于 19.7 节讨论的类型, 所以在作求偏导数的运算时, 不能直接应用那里的定理. 不过这个困难是容易克服的.

为了简化推导过程中的书写, 记

$$K(r) = -\frac{1}{4\pi r}, \quad r > 0.$$

则表达式 (22.4.3) 可改写为

$$u(x) = \int_{\mathbf{R}^3} K(|x-y|) f(y) \mathrm{d}y, \quad x \in \mathbf{R}^3. \tag{22.4.4}$$

函数 $K(r)$ 的一阶和二阶导数为

$$K'(r) = \frac{1}{4\pi r^2}, \quad K''(r) = -\frac{1}{2\pi r^3}, \quad r > 0. \tag{22.4.5}$$

再记

$$\begin{aligned} v_i(x) &= \int_{\mathbf{R}^3} \frac{\partial}{\partial x_i} K(|x-y|) f(y) \mathrm{d}y, \\ w_{ij}(x) &= \int_{\mathbf{R}^3} \frac{\partial}{\partial x_i} K(|x-y|) \frac{\partial f(y)}{\partial y_j} \mathrm{d}y, \end{aligned}$$

其中 $x \in \mathbf{R}^3$, $i, j = 1, 2, 3$. 注意到

$$\frac{\partial}{\partial x_i} K(|x-y|) = K'(|x-y|) \frac{x_i - y_i}{|x-y|}, \quad x \neq y, \ i = 1, 2, 3,$$

以及

$$\frac{\partial^2 K(|x-y|)}{\partial x_i \partial x_j} = \begin{cases} K''(|x-y|) \dfrac{(x_i-y_i)(x_j-y_j)}{|x-y|^2} - K'(|x-y|) \dfrac{(x_i-y_i)(x_j-y_j)}{|x-y|^3}, & \text{当 } i \neq j, \\ K''(|x-y|) \dfrac{(x_i-y_i)^2}{|x-y|^2} + K'(|x-y|) \dfrac{|x-y|^2 - (x_i-y_i)^2}{|x-y|^3}, & \text{当 } i = j, \end{cases} \tag{22.4.6}$$

所以由式 (22.4.5) 可知

$$\begin{cases} \left| \dfrac{\partial}{\partial x_i} K(|x-y|) \right| \leqslant \dfrac{1}{4\pi} \dfrac{1}{|x-y|^2}, & x \neq y, \ i = 1, 2, 3, \\ \left| \dfrac{\partial^2 K(|x-y|)}{\partial x_i \partial x_j} \right| \leqslant \dfrac{3}{4\pi} \dfrac{1}{|x-y|^3}, & x \neq y, \ i, j = 1, 2, 3. \end{cases} \tag{22.4.7}$$

从式 (22.4.7)、式 (22.4.2) 和推论 19.7.2 与推论 19.7.4 可知, 定义函数 $v_i(x)$ 和 $w_{ij}(x)$ 的广义积分都是收敛的. 另外, 从式 (22.4.5) 和式 (22.4.6) 易见

$$\Delta_x K(|x-y|) = \sum_{i=1}^{3} \frac{\partial^2 K(|x-y|)}{\partial x_i^2} = K''(|x-y|) + \frac{2K'(|x-y|)}{|x-y|} = 0, \quad \text{当 } x \neq y.$$

这是一个很重要的事实, 下面将会用到它.

引理 22.4.1 $u(x)$ 在 $\mathbf{R}^3$ 上连续可微, 且

$$\frac{\partial u(x)}{\partial x_i} = v_i(x), \quad \forall x \in \mathbf{R}^3, \ \ i = 1, 2, 3.$$

证明 由于定义函数 $u(x)$ 的广义积分中的瑕点 x 不是固定的, 因而不能直接应用 19.7 节中的定理. 为了克服这个困难, 对积分作截断, 办法如下：选取一个函数 $\psi \in C^\infty(\mathbf{R})$ 使其在区间 $[-1,1]$ 上恒为零, 而在 $(-\infty, -2] \bigcup [2, \infty)$ 上恒取 1 值, 且 $0 \leqslant \psi \leqslant 1$. 这样的函数是有的, 因为可先取 $\varphi \in C_0^\infty(\mathbf{R})$ 使其在区间 $[-1,1]$ 上恒取 1 值, $0 \leqslant \varphi \leqslant 1$, 且支集含于区间 $[-2,2]$, 然后令 $\psi = 1 - \varphi$, 则此函数 ψ 便符合要求. 取定这样的函数 ψ 之后, 对每个 $\varepsilon > 0$, 令

$$u_\varepsilon(x) = \int_{\mathbf{R}^3} \psi\Big(\frac{|x-y|}{\varepsilon}\Big) K(|x-y|) f(y) \mathrm{d}y, \quad x \in \mathbf{R}^3.$$

这里的积分便没有了瑕点, 而只是在无界区域上的积分, 因此可以应用 19.7 节的定理来处理. 下面先证明

结论一 当 $\varepsilon \to 0^+$ 时, $u_\varepsilon(x)$ 在 $\mathbf{R}^3$ 上一致收敛于 $u(x)$.

事实上, 由于当 $|x-y| \geqslant 2\varepsilon$ 时 $\psi\Big(\dfrac{|x-y|}{\varepsilon}\Big) = 1$, 有

$$\begin{aligned} u_\varepsilon(x) - u(x) &= \int_{\mathbf{R}^3} \Big[\psi\Big(\frac{|x-y|}{\varepsilon}\Big) - 1\Big] K(|x-y|) f(y) \mathrm{d}y \\ &= \int_{|x-y| \leqslant 2\varepsilon} \Big[\psi\Big(\frac{|x-y|}{\varepsilon}\Big) - 1\Big] K(|x-y|) f(y) \mathrm{d}y. \end{aligned}$$

这样应用式 (22.4.2)($\Rightarrow |f(y)| \leqslant C$), 就得到

$$\begin{aligned} |u_\varepsilon(x) - u(x)| &\leqslant \int_{|x-y| \leqslant 2\varepsilon} |K(|x-y|)||f(y)| \mathrm{d}y \\ &\leqslant \frac{C}{4\pi} \int_{|x-y| \leqslant 2\varepsilon} \frac{\mathrm{d}y}{|x-y|} = 2C\varepsilon^2, \quad \forall x \in \mathbf{R}^3. \end{aligned}$$

这就证明了结论一.

再来证明

结论二 当 $\varepsilon \to 0$ 时, $\dfrac{\partial u_\varepsilon(x)}{\partial x_i}$ 在 $\mathbf{R}^3$ 上一致收敛于 $v_i(x)$, $i = 1, 2, 3$.

为证明这个结论, 先注意形式地对 $\dfrac{\partial u_\varepsilon(x)}{\partial x_i}$ 在积分号下求偏导数得

$$\begin{aligned} \frac{\partial u_\varepsilon(x)}{\partial x_i} &= \int_{\mathbf{R}^3} \psi\Big(\frac{|x-y|}{\varepsilon}\Big) \frac{\partial}{\partial x_i} K(|x-y|) f(y) \mathrm{d}y \\ &\quad + \frac{1}{\varepsilon} \int_{\mathbf{R}^3} \psi'\Big(\frac{|x-y|}{\varepsilon}\Big) \frac{x_i - y_i}{|x-y|} K(|x-y|) f(y) \mathrm{d}y. \end{aligned} \tag{22.4.8}$$

为证明这个等式的确成立, 必须证明其右端的两个广义积分都关于 x 在 $\mathbf{R}^3$ 上局部地一致收敛 (注意这里 ε 是固定的, 参变量是 x 而不是 ε). 事实上, 由于 $\psi\Big(\dfrac{|x-y|}{\varepsilon}\Big)$ 和 $\psi'\Big(\dfrac{|x-y|}{\varepsilon}\Big)$ 都在 $|x-y|\leqslant\varepsilon$ 时等于零, 所以根据式 (22.4.2) 和式 (22.4.7) 可知

$$\left|\psi\Big(\frac{|x-y|}{\varepsilon}\Big)\frac{\partial}{\partial x_i}K(|x-y|)f(y)\right|\leqslant\frac{C}{4\pi\varepsilon^2}(1+|y|)^{-p},\quad \forall x,y\in\mathbf{R}^3,$$

$$\left|\psi'\Big(\frac{|x-y|}{\varepsilon}\Big)\frac{x_i-y_i}{|x-y|}K(|x-y|)f(y)\right|\leqslant\frac{CC_1}{4\pi\varepsilon}(1+|y|)^{-p},\quad \forall x,y\in\mathbf{R}^3$$

(其中 $C_1=\max\limits_{1\leqslant|t|\leqslant 2}|\psi'(t)|$). 而条件 $p>3$ 保证了广义重积分 $\displaystyle\int_{\mathbf{R}^3}(1+|y|)^{-p}\mathrm{d}y$ 收敛, 所以根据魏尔斯特拉斯 M 判别法 (定理 21.1.6) 可知, 对每个固定的 ε, $\dfrac{\partial u_\varepsilon(x)}{\partial x_i}$ 的表达式中的两个积分都关于 $x\in\mathbf{R}^3$ 一致收敛, 进而根据定理 21.1.7 可知在积分号下求偏导数是合理的.

这样就有

$$\begin{aligned}\frac{\partial u_\varepsilon(x)}{\partial x_i}-v_i(x)=&\int_{\mathbf{R}^3}\Big[\psi\Big(\frac{|x-y|}{\varepsilon}\Big)-1\Big]\frac{\partial}{\partial x_i}K(|x-y|)f(y)\mathrm{d}y\\&+\frac{1}{\varepsilon}\int_{\mathbf{R}^3}\psi'\Big(\frac{|x-y|}{\varepsilon}\Big)\frac{x_i-y_i}{|x-y|}K(|x-y|)f(y)\mathrm{d}y.\end{aligned}$$

于是, 与证明结论一时类似地, 应用式 (22.4.2)($\Rightarrow|f(y)|\leqslant C$) 和式 (22.4.7) 得到

$$\begin{aligned}&\Big|\frac{\partial u_\varepsilon(x)}{\partial x_i}-v_i(x)\Big|\\\leqslant&C\int_{|x-y|\leqslant 2\varepsilon}\Big|\frac{\partial}{\partial x_i}K(|x-y|)\Big|\mathrm{d}y+\frac{CC_1}{\varepsilon}\int_{|x-y|\leqslant 2\varepsilon}|K(|x-y|)|\mathrm{d}y\\\leqslant&\frac{C}{4\pi}\int_{|x-y|\leqslant 2\varepsilon}\frac{\mathrm{d}y}{|x-y|^2}+\frac{CC_1}{4\pi\varepsilon}\int_{|x-y|\leqslant 2\varepsilon}\frac{\mathrm{d}y}{|x-y|}=2C(1+C_1)\varepsilon,\quad\forall x\in\mathbf{R}^3.\end{aligned}$$

这就证明了结论二.

有了结论一和结论二, 根据函数列求导数的原理, 知 $u(x)$ 对各变元都有偏导数, 且 $\dfrac{\partial u(x)}{\partial x_i}=v_i(x)$, $i=1,2,3$. 证毕.

引理 22.4.2 $u(x)$ 在 $\mathbf{R}^3$ 上有二阶连续偏导数, 且

$$\frac{\partial^2u(x)}{\partial x_i\partial x_j}=w_{ij}(x),\quad\forall x\in\mathbf{R}^3,\ \ i,j=1,2,3.$$

证明 只需再证明

结论三 当 $\varepsilon\to 0$ 时, $\dfrac{\partial^2u_\varepsilon(x)}{\partial x_i\partial x_j}$ 在 $\mathbf{R}^3$ 上一致收敛于 $=w_{ij}(x)$, $i,j=1,2,3$.

为证明这个结论, 注意通过采用与证明式 (22.4.8) 类似的推理, 从式 (22.4.8) 可得

$$\begin{aligned}\frac{\partial^2 u_\varepsilon(x)}{\partial x_i \partial x_j} &= \int_{\mathbf{R}^3} \frac{\partial}{\partial x_j}\Big[\psi\Big(\frac{|x-y|}{\varepsilon}\Big)\frac{\partial}{\partial x_i}K(|x-y|)\Big]f(y)\mathrm{d}y \\ &\quad + \frac{1}{\varepsilon}\int_{\mathbf{R}^3} \frac{\partial}{\partial x_j}\Big[\psi'\Big(\frac{|x-y|}{\varepsilon}\Big)\frac{x_i-y_i}{|x-y|}K(|x-y|)\Big]f(y)\mathrm{d}y \\ &= -\int_{\mathbf{R}^3} \frac{\partial}{\partial y_j}\Big[\psi\Big(\frac{|x-y|}{\varepsilon}\Big)\frac{\partial}{\partial x_i}K(|x-y|)\Big]f(y)\mathrm{d}y \\ &\quad - \frac{1}{\varepsilon}\int_{\mathbf{R}^3} \frac{\partial}{\partial y_j}\Big[\psi'\Big(\frac{|x-y|}{\varepsilon}\Big)\frac{x_i-y_i}{|x-y|}K(|x-y|)\Big]f(y)\mathrm{d}y \\ &\equiv -I-II.\end{aligned}$$

由于函数 $\psi'\Big(\frac{|x-y|}{\varepsilon}\Big)$ 只在 $\varepsilon \leqslant |x-y| \leqslant 2\varepsilon$ 上非零, 所以第二个积分 II 实际上是在有界区域 $\varepsilon \leqslant |x-y| \leqslant 2\varepsilon$ 上进行的, 并且被积函数在这个区域的边界上等于零, 故对它可直接分部积分, 得

$$II = -\frac{1}{\varepsilon}\int_{\mathbf{R}^3} \psi'\Big(\frac{|x-y|}{\varepsilon}\Big)\frac{x_i-y_i}{|x-y|}K(|x-y|)\frac{\partial f(y)}{\partial y_j}\mathrm{d}y.$$

对于第一个积分 I, 把它表示成极限:

$$I = \lim_{R\to\infty}\int_{|y|\leqslant R} \frac{\partial}{\partial y_j}\Big[\psi\Big(\frac{|x-y|}{\varepsilon}\Big)\frac{\partial}{\partial x_i}K(|x-y|)\Big]f(y)\mathrm{d}y,$$

然后再应用三维分部积分公式做分部积分. 应用式 (22.4.2) 和式 (22.4.7), 易知分部积分所得到的在曲面 $|y|=R$ 上的积分当 $R\to\infty$ 时趋于零. 因此

$$I = -\int_{\mathbf{R}^3} \psi\Big(\frac{|x-y|}{\varepsilon}\Big)\frac{\partial}{\partial x_i}K(|x-y|)\frac{\partial f(y)}{\partial y_j}\mathrm{d}y.$$

这样就得到

$$\begin{aligned}\frac{\partial^2 u_\varepsilon(x)}{\partial x_i \partial x_j} &= \int_{\mathbf{R}^3} \psi\Big(\frac{|x-y|}{\varepsilon}\Big)\frac{\partial}{\partial x_i}K(|x-y|)\frac{\partial f(y)}{\partial y_j}\mathrm{d}y \\ &\quad + \frac{1}{\varepsilon}\int_{\mathbf{R}^3} \psi'\Big(\frac{|x-y|}{\varepsilon}\Big)\frac{x_i-y_i}{|x-y|}K(|x-y|)\frac{\partial f(y)}{\partial y_j}\mathrm{d}y.\end{aligned}$$

根据这个表达式, 采用与证明引理 22.4.1 结论二相同的推理即得结论三. 证毕.

引理 22.4.3 $u(x)$ 在 $\mathbf{R}^3$ 上满足位势方程

$$\Delta u(x) = f(x).$$

证明 注意到

$$-\sum_{i=1}^{3}\frac{\partial^2}{\partial y_i \partial x_i}K(|x-y|) = \sum_{i=1}^{3}\frac{\partial^2}{\partial x_i^2}K(|x-y|) = \Delta_x K(|x-y|) = 0, \quad 当\ x \neq y,$$

所以由引理 22.4.2 和三维分部积分公式, 有

$$
\begin{aligned}
\Delta u(x) &= \sum_{i=1}^{3} w_{ii}(x) = \sum_{i=1}^{3}\int_{\mathbf{R}^3} \frac{\partial}{\partial x_i}K(|x-y|)\frac{\partial f(y)}{\partial y_i}\mathrm{d}y \\
&= \lim_{\varepsilon\to 0}\sum_{i=1}^{3}\int_{\varepsilon\leqslant|x-y|\leqslant\frac{1}{\varepsilon}} \frac{\partial}{\partial x_i}K(|x-y|)\frac{\partial f(y)}{\partial y_i}\mathrm{d}y \\
&= \lim_{\varepsilon\to 0}\Big[-\int_{\varepsilon\leqslant|x-y|\leqslant\frac{1}{\varepsilon}}\sum_{i=1}^{3}\frac{\partial^2}{\partial y_i\partial x_i}K(|x-y|)f(y)\mathrm{d}y \\
&\quad +\int_{|x-y|=\frac{1}{\varepsilon}}\left(\sum_{i=1}^{3}\frac{\partial}{\partial x_i}K(|x-y|)\cos\alpha_i\right)f(y)\mathrm{d}\sigma_y \\
&\quad -\int_{|x-y|=\varepsilon}\left(\sum_{i=1}^{3}\frac{\partial}{\partial x_i}K(|x-y|)\cos\beta_i\right)f(y)\mathrm{d}\sigma_y\Big] \\
&= \lim_{\varepsilon\to 0}\Big[\int_{|x-y|=\frac{1}{\varepsilon}}\left(\sum_{i=1}^{3}\frac{\partial}{\partial x_i}K(|x-y|)\cos\alpha_i\right)f(y)\mathrm{d}\sigma_y \\
&\quad -\int_{|x-y|=\varepsilon}\left(\sum_{i=1}^{3}\frac{\partial}{\partial x_i}K(|x-y|)\cos\beta_i\right)f(y)\mathrm{d}\sigma_y\Big],
\end{aligned}
$$

其中, $(\cos\alpha_1,\cos\alpha_2,\cos\alpha_3)$ 为球面 $|x-y|=\dfrac{1}{\varepsilon}$ (y 为球面上的点, x 为球心) 外法向量的方向余弦, $(\cos\beta_1,\cos\beta_2,\cos\beta_3)$ 为球面 $|x-y|=\varepsilon$(y 为球面上的点, x 为球心) 外法向量的方向余弦. 显然 $\cos\alpha_i=\dfrac{y_i-x_i}{|y-x|}=-\dfrac{x_i-y_i}{|x-y|}$, $i=1,2,3$, 从而

$$
\sum_{i=1}^{3}\frac{\partial}{\partial x_i}K(|x-y|)\cos\alpha_i=-\sum_{i=1}^{3}K'(|x-y|)\frac{(x_i-y_i)^2}{|x-y|^2}=-K'(|x-y|)=-\frac{1}{4\pi|x-y|^2},
$$

所以

$$
\begin{aligned}
&\int_{|x-y|=\frac{1}{\varepsilon}}\left(\sum_{i=1}^{3}\frac{\partial}{\partial x_i}K(|x-y|)\cos\alpha_i\right)f(y)\mathrm{d}S_y \\
=&-\int_{|x-y|=\frac{1}{\varepsilon}}\frac{f(y)}{4\pi|x-y|^2}\mathrm{d}y=-\frac{\varepsilon^2}{4\pi}\int_{|x-y|=\frac{1}{\varepsilon}}f(y)\mathrm{d}y \\
=&-\frac{\varepsilon^2}{4\pi}\cdot\frac{4\pi}{\varepsilon^2}\cdot f(\xi_\varepsilon)=-f(\xi_\varepsilon),
\end{aligned}
$$

其中 ξ_ε 为球面 $|x-y|=\dfrac{1}{\varepsilon}$ 上的点. 类似地,

$$
\int_{|x-y|=\varepsilon}\left(\sum_{i=1}^{3}\frac{\partial}{\partial x_i}K(|x-y|)\cos\beta_i\right)f(y)\mathrm{d}S_y
$$

$$= -\int_{|x-y|=\varepsilon} \frac{f(y)}{4\pi|x-y|^2}dy = -\frac{1}{4\pi\varepsilon^2}\int_{|x-y|=\varepsilon} f(y)\mathrm{d}y$$
$$= -\frac{1}{4\pi\varepsilon^2}\cdot 4\pi\varepsilon^2\cdot f(\eta_\varepsilon) = -f(\eta_\varepsilon),$$

其中 η_ε 为球面 $|x-y|=\varepsilon$ 上的点. 根据式 (22.4.2) 易见 $f(\xi_\varepsilon)\to 0$ (当 $\varepsilon\to 0$), 又显然 $f(\eta_\varepsilon)\to f(x)$ (当 $\varepsilon\to 0$), 所以最终得到

$$\Delta u(x) = \lim_{\varepsilon\to 0}[-f(\xi_\varepsilon)+f(\eta_\varepsilon)] = f(x).$$

证毕.

定理 22.4.4(亥姆霍兹分解定理) 设 $\boldsymbol{F}$ 是定义在全空间上的二阶连续可微向量场, 且存在常数 $p>3$ 和 $C>0$ 使成立

$$|\boldsymbol{F}(x)| + \sum_{i=1}^{3}\left|\frac{\partial \boldsymbol{F}(x)}{\partial x_i}\right| + \sum_{i,j=1}^{3}\left|\frac{\partial^2 \boldsymbol{F}(x)}{\partial x_i\partial x_j}\right| \leqslant C(1+|x|)^{-p},\quad \forall x\in\mathbf{R}^3.$$

则存在定义在全空间上的连续可微的无旋场 $\boldsymbol{F}_1$ 和无源场 $\boldsymbol{F}_2$, 使成立:

$$\boldsymbol{F} = \boldsymbol{F}_1 + \boldsymbol{F}_2.$$

证明 由引理 22.4.3 知在所设条件下, 存在定义在全空间上的二阶连续可微向量场 $\boldsymbol{G}$ 使成立

$$\Delta\boldsymbol{G} = \boldsymbol{F}.$$

因为 $\boldsymbol{F}$ 二阶连续可微, 从引理 22.4.2 的证明可知 $\boldsymbol{G}$ 实际上是三阶连续可微的 (因为可多作一次分部积分). 令 $\boldsymbol{F}_1 = \nabla(\mathrm{div}\boldsymbol{G})$, $\boldsymbol{F}_2 = -\mathrm{rot}(\mathrm{rot}\boldsymbol{G})$. 则 $\boldsymbol{F}_1$ 和 $\boldsymbol{F}_2$ 都连续可微, 且 $\boldsymbol{F}_1$ 是无旋场 (因为它是梯度场), $\boldsymbol{F}_2$ 是无源场 (因为它是旋度场). 由公式

$$\mathrm{rot}(\mathrm{rot}\boldsymbol{G}) = \nabla(\mathrm{div}\boldsymbol{G}) - \Delta\boldsymbol{G}$$

有

$$\boldsymbol{F} = \Delta\boldsymbol{G} = \nabla(\mathrm{div}\boldsymbol{G}) - \mathrm{rot}(\mathrm{rot}\boldsymbol{G}) = \boldsymbol{F}_1 + \boldsymbol{F}_2.$$

这就证明了定理的结论. 证毕.

结合应用以上定理和延拓定理就得到了以下定理.

定理 22.4.5 设 Ω 是 $\mathbf{R}^3$ 中具有二阶连续可微边界的有界闭区域, $\boldsymbol{F}$ 是定义在 Ω 上的二阶连续可微向量场. 则存在定义在 Ω 上的连续可微的无旋场 $\boldsymbol{F}_1$ 和无源场 $\boldsymbol{F}_2$ 使得

$$\boldsymbol{F} = \boldsymbol{F}_1 + \boldsymbol{F}_2.$$

证明 把 $\boldsymbol{F}$ 的每个分量函数都延拓成 $\mathbf{R}^3$ 上的二阶连续可微函数, 使得延拓后的分量函数都在 Ω 的一个邻域之外恒等于零, 就得到了一个定义在全空间 $\mathbf{R}^3$ 上的

二阶连续可微向量场 $\widetilde{\boldsymbol{F}}$, 它是 $\boldsymbol{F}$ 的延拓, 即 $\widetilde{\boldsymbol{F}}|_{\Omega}=\boldsymbol{F}$, 且满足定理 22.4.4 的条件. 因此, 对 $\widetilde{\boldsymbol{F}}$ 应用定理 22.4.4, 知存在 $\mathbf{R}^3$ 上的连续可微的无旋场 $\widetilde{\boldsymbol{F}}_1$ 和无源场 $\widetilde{\boldsymbol{F}}_2$, 使成立

$$\widetilde{\boldsymbol{F}}=\widetilde{\boldsymbol{F}}_1+\widetilde{\boldsymbol{F}}_2.$$

令 $\boldsymbol{F}_1=\widetilde{\boldsymbol{F}}_1|_{\Omega}$, $\boldsymbol{F}_2=\widetilde{\boldsymbol{F}}_2|_{\Omega}$, 则 $\boldsymbol{F}_1$ 是定义在 Ω 上的连续可微的无旋场, 而 $\boldsymbol{F}_2$ 是定义在 Ω 上的连续可微的无源场, 并且把上式限制在 Ω 即是

$$\boldsymbol{F}=\boldsymbol{F}_1+\boldsymbol{F}_2.$$

这就得到了所需要的结论. 证毕.

习　题　22.4

1. 证明以下公式:

 (1) $\nabla(\boldsymbol{F}\cdot\boldsymbol{G})=\boldsymbol{F}\times\mathrm{rot}\boldsymbol{G}+\boldsymbol{G}\times\mathrm{rot}\boldsymbol{F}+(\boldsymbol{F}\cdot\nabla)\boldsymbol{G}+(\boldsymbol{G}\cdot\nabla)\boldsymbol{F}$;

 (2) $\mathrm{div}(\boldsymbol{F}\times\boldsymbol{G})=\boldsymbol{G}\cdot\mathrm{rot}\boldsymbol{F}+\boldsymbol{F}\cdot\mathrm{rot}\boldsymbol{G}$;

 (3) $\mathrm{rot}(\boldsymbol{F}\times\boldsymbol{G})=(\mathrm{div}\boldsymbol{G})\boldsymbol{F}-(\mathrm{div}\boldsymbol{F})\boldsymbol{G}+(\boldsymbol{G}\cdot\nabla)\boldsymbol{F}-(\boldsymbol{F}\cdot\nabla)\boldsymbol{G}$;

 (4) $\mathrm{rot}(\mathrm{rot}\boldsymbol{F})=\nabla(\mathrm{div}\boldsymbol{F})-\Delta\boldsymbol{F}$.

2. 证明以下公式:

 (1) $\displaystyle\iint_{\partial\Omega}(\boldsymbol{F}\times\boldsymbol{G})\cdot\mathrm{d}\boldsymbol{S}=\iiint_{\Omega}(\boldsymbol{G}\cdot\mathrm{rot}\boldsymbol{F}-\boldsymbol{F}\cdot\mathrm{rot}\boldsymbol{G})\mathrm{d}V$;

 (2) $\displaystyle\iint_{\partial\Omega}(\boldsymbol{F}\times\mathrm{grad}\,u)\cdot\mathrm{d}\boldsymbol{S}=\iiint_{\Omega}\mathrm{grad}\,u\cdot\mathrm{rot}\boldsymbol{F}\mathrm{d}V$;

 (3) $\displaystyle\int_{\partial S}u\mathrm{d}v=\iint_{S}(\mathrm{grad}\,u\times\mathrm{grad}\,v)\cdot\mathrm{d}\boldsymbol{S}$.

3. 设 $\Omega=(a_1,b_1)\times(a_2,b_2)\times(a_3,b_3)$, $\boldsymbol{F}$ 是 Ω 上的无源场. 证明: 存在 Ω 上的向量场 $\boldsymbol{G}$ 使成立 $\boldsymbol{F}=\mathrm{rot}\boldsymbol{G}$.

 (提示: 考虑以形如 $U=\dfrac{1}{2}\left(\displaystyle\int Q\mathrm{d}z-\int R\mathrm{d}y\right)$, $V=\dfrac{1}{2}\left(\displaystyle\int R\mathrm{d}x-\int P\mathrm{d}z\right)$, $U=\dfrac{1}{2}\left(\displaystyle\int P\mathrm{d}y-\int Q\mathrm{d}x\right)$ 的函数为分量的向量场).

4. 判别下列向量场是否为有势场, 或对什么区域来说是有势场:

 (1) $\boldsymbol{F}=\varphi(x)\boldsymbol{i}+\psi(y)\boldsymbol{j}+\chi(z)\boldsymbol{k}$, φ, ψ, χ 是连续函数;

 (2) $\boldsymbol{F}=f(ax+by+cz)(a\boldsymbol{i}+b\boldsymbol{j}+c\boldsymbol{k})$, f 是连续函数, a, b, c 是常数;

 (3) $\boldsymbol{F}=f(x^2+y^2+z^2)(x\boldsymbol{i}+y\boldsymbol{j}+z\boldsymbol{k})$, f 是连续函数;

 (4) $\boldsymbol{F}=f\left(\dfrac{x}{y}\right)\dfrac{y\boldsymbol{i}-x\boldsymbol{j}}{x^2+y^2}$, f 是连续函数, 且极限 $\lim\limits_{|u|\to+\infty}f(u)$ 存在.

5. 验证下列向量场是有势场, 并求它们的势函数:

 (1) $\boldsymbol{F}=yz(2x+y+z)\boldsymbol{i}+xz(x+2y+z)\boldsymbol{j}+xy(x+y+2z)\boldsymbol{k}$;

 (2) $\boldsymbol{F}=(x^2-2yz)\boldsymbol{i}+(y^2-2xz)\boldsymbol{j}+(z^2-2xy)\boldsymbol{k}$;

(3) $\boldsymbol{F}=(yz\mathrm{e}^{xyz}+3x^2)\boldsymbol{i}+(xz\mathrm{e}^{xyz}+2y)\boldsymbol{j}+(xy\mathrm{e}^{xyz}+4z^3)\boldsymbol{k}$;

(4) $\boldsymbol{F}=(x^2y^3+3x^2y+z)\boldsymbol{i}+(x^3y^2+x^3+y)\boldsymbol{j}+(x+y+z)\boldsymbol{k}$.

6. (1) 求由位于坐标原点的质量为 m 的质点所产生引力场的势函数;

(2) 更一般地, 求由位于 $M_i(x_i,y_i,z_i)$ $(i=1,2,\cdots,n)$ 的质量为 m_i $(i=1,2,\cdots,n)$ 的质点系所产生引力场的势函数.

7. 求第 4 题各小题向量场的势函数.

22.5 平面和曲面上的向量场

22.5.1 平面上的向量场

如果一个向量场 $\boldsymbol{F}$ 定义在一个平面区域 D 上, 并且对每个 $M\in D$, $\boldsymbol{F}(M)$ 都平行于该平面, 则称 $\boldsymbol{F}$ 为**平面向量场**. 平面向量场自然应当局限在平面上研究, 因此其散度和旋度的定义与一般三维向量场相应概念的定义略有不同.

首先来看通量. 设 C 是区域 D 中的一条有向光滑曲线, 其单位切向量为 $\boldsymbol{v}$. 把 $\boldsymbol{v}$ 顺时针旋转 90°, 就得到了 C 的一个单位法向量, 称为 C 的**外法向量**, 记作 $\boldsymbol{n}$. 定义在 D 上的平面向量场 $\boldsymbol{F}$ 穿过曲线 C 的**通量**定义为 $\boldsymbol{F}$ 在 $\boldsymbol{n}$ 方向的投影 $F_n=\boldsymbol{F}\cdot\boldsymbol{n}$ 沿 C 的第一型曲线积分 $\displaystyle\int_C F_n\mathrm{d}s=\int_C\boldsymbol{F}\cdot\boldsymbol{n}\mathrm{d}s$. 设取定了平面直角坐标系 Oxy 之后, $\boldsymbol{F}$ 的分量表示为

$$\boldsymbol{F}(x,y)=P(x,y)\boldsymbol{i}+Q(x,y)\boldsymbol{j},\quad (x,y)\in D.$$

又设 C 的参数方程为

$$x=x(t),\quad y=y(t),\quad a\leqslant t\leqslant b.$$

则有

$$\boldsymbol{v}(x(t),y(t))=\frac{x'(t)}{\sqrt{x^2(t)+y^2(t)}}\boldsymbol{i}+\frac{y'(t)}{\sqrt{x^2(t)+y^2(t)}}\boldsymbol{j},$$

$$\boldsymbol{n}(x(t),y(t))=\frac{y'(t)}{\sqrt{x^2(t)+y^2(t)}}\boldsymbol{i}-\frac{x'(t)}{\sqrt{x^2(t)+y^2(t)}}\boldsymbol{j}.$$

进而

$$F_n(x(t),y(t))=(\boldsymbol{F}\cdot\boldsymbol{n})(x(t),y(t))=\frac{P(x(t),y(t))y'(t)-Q(x(t),y(t))x'(t)}{\sqrt{x^2(t)+y^2(t)}}.$$

因此 $\boldsymbol{F}$ 穿过 C 的通量等于

$$\int_C F_n\mathrm{d}s=\int_a^b\frac{P(x(t),y(t))y'(t)-Q(x(t),y(t))x'(t)}{\sqrt{x^2(t)+y^2(t)}}\cdot\sqrt{x^2(t)+y^2(t)}\mathrm{d}t=\int_C P\mathrm{d}y-Q\mathrm{d}x.$$

有了通量, 对任意一点 $M_0\in D$, $\boldsymbol{F}$ 在点 M_0 的**散度** $\mathrm{div}\boldsymbol{F}(M_0)$ 便定义为

$$\mathrm{div}\boldsymbol{F}(M_0)=\lim_{\substack{\mathrm{diam}(\sigma)\to 0\\ M_0\in\sigma}}\frac{1}{|\sigma|}\int_{\partial\sigma}F_n\mathrm{d}s=\lim_{\substack{\mathrm{diam}(\sigma)\to 0\\ M_0\in\sigma}}\frac{1}{|\sigma|}\int_{\partial\sigma}\boldsymbol{F}\cdot\boldsymbol{n}\mathrm{d}s,$$

其中, σ 为 D 中任意包含 M_0 且具有光滑边界的小区域, $|\sigma|$ 表示其面积, $\boldsymbol{n}$ 为 $\partial\sigma$ 的单位外法向量.

根据格林公式, 有

$$\int_{\partial\sigma}\boldsymbol{F}\cdot\boldsymbol{n}\mathrm{d}s=\int_{\partial\sigma}P\mathrm{d}y-Q\mathrm{d}x=\iint_{\sigma}\left(\frac{\partial P}{\partial x}+\frac{\partial Q}{\partial y}\right)\mathrm{d}x\mathrm{d}y.$$

由此不难得到散度在直角坐标系下的表达式:

$$\mathrm{div}\boldsymbol{F}(x_0,y_0)=\frac{\partial P}{\partial x}(x_0,y_0)+\frac{\partial Q}{\partial y}(x_0,y_0).$$

再来看环量和旋度. 环量的定义与空间情形下类似, 即平面向量场 $\boldsymbol{F}$ 沿曲线 C 的**环量**定义为 $\boldsymbol{F}$ 在曲线的切方向 $\boldsymbol{v}$ 的投影 $F_v=\boldsymbol{F}\cdot\boldsymbol{v}$ 沿 C 的第一型曲线积分 $\displaystyle\int_C F_v\mathrm{d}s=\int_C\boldsymbol{F}\cdot\mathrm{d}\boldsymbol{r}$. 但是**旋度** $\mathrm{rot}\boldsymbol{F}(M_0)$ 在平面向量场的情形则定义为以下数量:

$$\mathrm{rot}\boldsymbol{F}(M_0)=\lim_{\substack{\mathrm{diam}(\sigma)\to 0\\ M_0\in\sigma}}\frac{1}{|\sigma|}\int_{\partial\sigma}F_v\mathrm{d}s=\lim_{\substack{\mathrm{diam}(\sigma)\to 0\\ M_0\in\sigma}}\frac{1}{|\sigma|}\int_{\partial\sigma}\boldsymbol{F}\cdot\boldsymbol{v}\mathrm{d}s,$$

其中, σ 为 D 中任意包含 M_0 且具有光滑边界的小区域, $|\sigma|$ 表示其面积, $\boldsymbol{v}$ 为 $\partial\sigma$ 的单位切向量 ($\partial\sigma$ 的正向为右旋即逆时针旋转方向).

根据格林公式, 有

$$\int_{\partial\sigma}\boldsymbol{F}\cdot\boldsymbol{v}\mathrm{d}s=\int_{\partial\sigma}P\mathrm{d}x+Q\mathrm{d}y=\iint_{\sigma}\left(\frac{\partial Q}{\partial x}-\frac{\partial P}{\partial y}\right)\mathrm{d}x\mathrm{d}y.$$

由此不难得到旋度在直角坐标系下的表达式:

$$\mathrm{rot}\boldsymbol{F}(x_0,y_0)=\frac{\partial Q}{\partial x}(x_0,y_0)-\frac{\partial P}{\partial y}(x_0,y_0).$$

借助于散度和旋度, 格林公式可写成以下两种形式:

$$\int_{\partial\sigma}\boldsymbol{F}\cdot\boldsymbol{n}\mathrm{d}s=\iint_{\sigma}\mathrm{div}\boldsymbol{F}\mathrm{d}\sigma,\tag{22.5.1}$$

$$\int_{\partial\sigma}\boldsymbol{F}\cdot\boldsymbol{v}\mathrm{d}s=\iint_{\sigma}\mathrm{rot}\boldsymbol{F}\mathrm{d}\sigma.\tag{22.5.2}$$

与空间向量场的情况类似, 如果一个平面向量场 $\boldsymbol{F}$ 的散度 $\mathrm{div}\boldsymbol{F}$ 恒为零, 就称它为**无源场**; 如果 $\boldsymbol{F}$ 的旋度 $\mathrm{rot}\boldsymbol{F}$ 恒为零, 就称它为**无旋场**. 假如存在 $\boldsymbol{F}$ 的定义域 D 上的可微函数 f 使得 $\nabla f=\boldsymbol{F}$, 就称 $\boldsymbol{F}$ 为**梯度场**或**有势场**, 函数 f 叫做 $\boldsymbol{F}$ 的**势函数**. 如果第二型曲线积分 $\displaystyle\int_C\boldsymbol{F}\cdot\mathrm{d}\boldsymbol{r}=\int_C\boldsymbol{F}\cdot\boldsymbol{v}\mathrm{d}s$ 与具体路径无关而只与 C 的起点和终点有关, 就称 $\boldsymbol{F}$ 为**保守场**. 容易证明以下结论:

(1) 梯度场是无旋场;

(2) 反梯度场, 即由梯度场旋转 90° 所得到的向量场, 是无源场;

(3) $\boldsymbol{F}$ 是梯度场当且仅当它是保守场;

(4) 在单连通区域里, 无旋场必是梯度场, 无源场必是反梯度场.

假如定义在某个空间区域 Ω 上的一个三维向量场 $\boldsymbol{F}$ 具有以下两个性质:

(1) 每个向量 $\boldsymbol{F}(M)$ $(M\in\Omega)$ 都平行于一个平面 π;

(2) 在每条垂直于 π 的直线上, $\boldsymbol{F}(M)$ 是一常向量.

则向量场 $\boldsymbol{F}$ 在每个平行于平面 π 的平面上的性质都完全一样, 因此只需研究它在其中一张这样的平面上的性质即可, 即这样的向量场可简化为平面向量场来研究. 这样的例子很多, 如均匀地带有电荷的导体直线上的电荷所产生的电场、电流强度为常数的直线导体上的电流所激发的磁场, 都是这种向量场的实际例子.

22.5.2 曲面上的向量场

设 S 是空间中的一张有向光滑曲面, $\boldsymbol{F}$ 是定义在 S 上的向量场. 假如对每点 $M\in S$, $\boldsymbol{F}(M)$ 都是曲面 S 在点 M 的一个切向量, 即若令 $\boldsymbol{n}(M)$ 为 S 在点 M 的单位法向量, 则有

$$\boldsymbol{F}(M)\cdot\boldsymbol{n}(M)=0,$$

则称 $\boldsymbol{F}$ 为曲面 S 上的**切向量场**. 习惯上简单地把曲面 S 上的切向量场就叫做 S 上的向量场.

曲面上的切向量场可类似于平面上的向量场进行研究. 设 C 是 S 上的一条有向光滑曲线, 其单位切向量为 $\boldsymbol{v}$. 对每点 $M\in C$, 令 $\boldsymbol{m}(M)=\boldsymbol{v}(M)\times\boldsymbol{n}(M)$, 其中 $\boldsymbol{n}(M)$ 为 S 在 M 点的单位法向量. $\boldsymbol{m}(M)$ 是曲面 S 在 M 点的一个单位切向量 (因 $\boldsymbol{m}(M)\cdot\boldsymbol{n}(M)=0$), 但却是曲线 C 在 M 点的一个法向量 (因 $\boldsymbol{m}(M)\cdot\boldsymbol{v}(M)=0$), 称为曲线 C**在曲面** S **上的外法向量**. 对 S 上的切向量场 $\boldsymbol{F}$, 称 $\boldsymbol{F}$ 在 $\boldsymbol{m}$ 方向的投影 $F_m(M)=\boldsymbol{F}(M)\cdot\boldsymbol{m}(M)$ $(M\in C)$ 沿 C 的第一型曲线积分

$$\int_C F_m\mathrm{d}s=\int_C\boldsymbol{F}\cdot\boldsymbol{m}\mathrm{d}s=\int_C(\boldsymbol{F},\boldsymbol{v},\boldsymbol{n})\mathrm{d}s$$

为切向量场 $\boldsymbol{F}$ 穿过曲线 C 的**通量**. 对任意一点 $M_0\in S$, $\boldsymbol{F}$ 在点 M_0 的**散度** $\mathrm{div}_S\boldsymbol{F}(M_0)$ 定义为

$$\mathrm{div}_S\boldsymbol{F}(M_0)=\lim_{\substack{\mathrm{diam}(\sigma)\to0\\M_0\in\sigma}}\frac{1}{|\sigma|}\int_{\partial\sigma}F_m\mathrm{d}s=\lim_{\substack{\mathrm{diam}(\sigma)\to0\\M_0\in\sigma}}\frac{1}{|\sigma|}\int_{\partial\sigma}\boldsymbol{F}\cdot\boldsymbol{m}\mathrm{d}s,$$

其中, σ 为 S 上任意包含 M_0 点且具有光滑边界的小曲面块, $|\sigma|$ 表示其面积. $\boldsymbol{F}$ 在 M_0 点的**旋度** $\mathrm{rot}_S\boldsymbol{F}(M_0)$ 则定义为以下数量:

$$\mathrm{rot}_S\boldsymbol{F}(M_0)=\lim_{\substack{\mathrm{diam}(\sigma)\to0\\M_0\in\sigma}}\frac{1}{|\sigma|}\int_{\partial\sigma}F_v\mathrm{d}s=\lim_{\substack{\mathrm{diam}(\sigma)\to0\\M_0\in\sigma}}\frac{1}{|\sigma|}\int_{\partial\sigma}\boldsymbol{F}\cdot\boldsymbol{v}\mathrm{d}s,$$

这里 σ 的意义同前.

根据曲面上向量场的散度和旋度的定义并采用对曲面作分割的方法不难证明, 成立以下类似于式 (22.5.1) 和式 (22.5.2) 的公式:

$$\int_{\partial\sigma}\boldsymbol{F}\cdot\boldsymbol{m}\mathrm{d}s=\iint_{\sigma}\mathrm{div}_S\boldsymbol{F}\mathrm{d}\sigma, \tag{22.5.3}$$

$$\int_{\partial\sigma}\boldsymbol{F}\cdot\boldsymbol{v}\mathrm{d}s=\iint_{\sigma}\mathrm{rot}_S\boldsymbol{F}\mathrm{d}\sigma. \tag{22.5.4}$$

它们其实是斯托克斯公式的两个不同表述形式.

对于曲面 S 上的切向量场 $\boldsymbol{F}$, 如果其散度 $\mathrm{div}_S\boldsymbol{F}$ 恒为零, 就称它为**无源场**; 如果其旋度 $\mathrm{rot}_S\boldsymbol{F}$ 恒为零, 就称它为**无旋场**.

定义在曲面 S 上的数量函数叫做 S 上的**数量场**. 设 f 是 S 上的一个数量场. 对任意一点 $M_0\in S$ 和 S 在点 M_0 的一个单位切向量 $\boldsymbol{v}$, 任取 S 上通过点 M_0 的一条光滑曲线 C, 使 C 在点 M_0 的切向量为 $\boldsymbol{v}$, 更确切地说就是任取一个函数 $\varphi:(-\varepsilon,\varepsilon)\to S$, 其中 ε 是一个充分小的正数, 使 $\varphi(0)=M_0$ 且 $\varphi'(0)=\boldsymbol{v}$, 然后考虑函数 $t\mapsto f(\varphi(t))$, $\forall t\in(-\varepsilon,\varepsilon)$. 这个函数在 $t=0$ 处的导数叫做数量场 f 在点 M_0 沿 $\boldsymbol{v}$ 方向的**方向导数**, 记作 $\dfrac{\partial f}{\partial\boldsymbol{v}}(M_0)$, 即

$$\frac{\partial f}{\partial\boldsymbol{v}}(M_0)=\frac{\mathrm{d}}{\mathrm{d}t}\Big|_{t=0}f(\varphi(t)).$$

不难证明这个定义是合理的, 即以上导数的值只依赖于函数 f、点 M_0 以及 S 在点 M_0 的单位切向量 $\boldsymbol{v}$, 而与曲线 C 及其参数方程 $\varphi:(-\varepsilon,\varepsilon)\to S$ 的选择无关. f 在点 M_0 的**梯度** $\mathrm{grad}_S f(M_0)$ 或 $\nabla_S f(M_0)$ 定义为 f 在点 M_0 的所有方向导数取最大值的方向连同这个最大的方向导数, 即 $\mathrm{grad}f(M_0)$ 是 S 在点 M_0 的一个切向量, 其方向为 f 在点 M_0 沿 S 在 M_0 点的所有切方向的方向导数取最大值的方向, 其模等于这个方向导数的最大值. 可以证明, 知道了梯度 $\mathrm{grad}_S f(M_0)$ 之后, f 在点 M_0 沿 S 的任意切方向 $\boldsymbol{v}$ 的方向导数便如下计算:

$$\frac{\partial f}{\partial\boldsymbol{v}}(M_0)=\mathrm{grad}_S f(M_0)\cdot\boldsymbol{v}.$$

曲面 S 上的切向量场 $\boldsymbol{F}$ 如果是 S 上的某个数量场 f 的梯度, 就称它为**梯度场**或**有势场**, 数量场 f 叫做 $\boldsymbol{F}$ 的**势函数**. 类似于平面上的向量场的情形, 不难证明对于曲面上的向量场也成立以下结论:

(1) 梯度场是无旋场;

(2) 反梯度场, 即使得 $\boldsymbol{n}\times\boldsymbol{F}$ 为梯度场的切向量场 $\boldsymbol{F}$, 是无源场;

(3) 如果曲面 S 单连通, 则 S 上的无旋场必是梯度场, 无源场必是反梯度场.

习 题 22.5

1. 设 $\boldsymbol{F}$ 是区域 Ω 中的可微向量场, S 是 Ω 中的一张光滑的有向曲面, 其单位法向量为 $\boldsymbol{n}$. 假设 $\boldsymbol{F}$ 在 S 上每点都与 $\boldsymbol{n}$ 正交, 则 $\boldsymbol{F}$ 在 S 上的限制 (仍然记作 $\boldsymbol{F}$) 是 S 上的切向量场. 证明:

$$\mathrm{rot}_S\boldsymbol{F} = \mathrm{rot}_{\boldsymbol{n}}\boldsymbol{F} = \mathrm{rot}\boldsymbol{F}\cdot\boldsymbol{n}.$$

2. 设 S 是一张光滑的有向曲面, 单位法向量为 $\boldsymbol{n}$. 又设 $\boldsymbol{F}$ 是 S 上的切向量场. 证明:

   (1) $\boldsymbol{n}\times\boldsymbol{F}$ 也是 S 上的切向量场;

   (2) $\mathrm{div}_S\boldsymbol{F} = \mathrm{rot}_S(\boldsymbol{n}\times\boldsymbol{F})$, $\mathrm{rot}_S\boldsymbol{F} = \mathrm{div}_S(\boldsymbol{F}\times\boldsymbol{n})$.

3. 证明公式 (22.5.3) 和公式 (22.5.4).

4. 设有向曲面 S 的参数方程为 $\boldsymbol{r} = \boldsymbol{r}(u,v)$, 其中, $\boldsymbol{r}(u,v)$ 是定义在二维区域 $D\subseteq \mathbf{R}^2$ 上的连续可微的向量函数, 且 $\boldsymbol{r}_u\times\boldsymbol{r}_v\neq 0$, 并设 $\boldsymbol{r}_u\cdot\boldsymbol{r}_v = 0$, 即 $\boldsymbol{r}_u$ 与 $\boldsymbol{r}_v$ 互相正交.

   (1) 设 S 上的切向量场 $\boldsymbol{F}$ 在此参数方程下的表示式为 $\boldsymbol{F}(u,v) = a(u,v)\boldsymbol{r}_u + b(u,v)\boldsymbol{r}_v$, 其中 $a(u,v)$, $b(u,v)$ 都是 D 上的连续可微函数. 求 $\mathrm{div}_S\boldsymbol{F}$ 和 $\mathrm{rot}_S\boldsymbol{F}$ 的表达式;

   (2) 对 S 上的数量场 $f = f(u,v)$, 求其梯度 $\mathrm{grad}_S f$ 的表达式.

5. 向量 $\boldsymbol{a}$ 在以 $\boldsymbol{n}$ 为单位法向量的平面 π 上的投影向量定义为 $\boldsymbol{a}_\pi = \boldsymbol{a}-(\boldsymbol{a}\cdot\boldsymbol{n})\boldsymbol{n}$. 注意 $\boldsymbol{a}_\pi\perp\boldsymbol{n}$ 且 $\boldsymbol{a} = \boldsymbol{a}_\pi + (\boldsymbol{a}\cdot\boldsymbol{n})\boldsymbol{n}$. 设 f 是区域 Ω 中的可微数量场, S 是 Ω 中的一张光滑的有向曲面, 其单位法向量为 $\boldsymbol{n}$. 证明: f 在曲面 S 上的限制 (仍记为 f) 的梯度 $\mathrm{grad}_S f$ 等于 f 的通常梯度 $\mathrm{grad} f$ 在 S 的切平面上的投影.

6. 设 S 是单位球面. 对 S 上的以下切向量场 $\boldsymbol{F}$, 求其散度 $\mathrm{div}_S\boldsymbol{F}$ 和旋度 $\mathrm{rot}_S\boldsymbol{F}$:

   (1) 对任意 $M\in S$, $\boldsymbol{F}(M)$ 平行于通过点 M 的经线的切线, 方向向北, $\boldsymbol{F}(M)$ 的模等于点 M 到北极点和南极点的最小球面距离的平方;

   (2) 对任意 $M\in S$, $\boldsymbol{F}(M)$ 平行于通过点 M 的纬线的切线, 方向向东, $\boldsymbol{F}(M)$ 的模等于点 M 到北极点和南极点的最小球面距离的平方.

7. 设 S 是单位球面. 对 S 上的以下数量场 f, 求其梯度 $\mathrm{grad}_S f$:

   (1) $f(M) = |M_0M|$, $\forall M\in S$, 其中 M_0 是 S 外到球心 O 的距离为 $a>1$ 的给定点;

   (2) $f(M) = d(M,\pi)$, $\forall M\in S$, 其中 π 是 S 外到球心 O 的距离为 $a>1$ 的给定平面.

8. 证明本节最后的三个结论.

9. 设 f 是曲面 S 上的数量场. 证明: 如果 f 在点 $M_0\in S$ 达到极值, 则 $\mathrm{grad}_S f(M_0) = 0$.

第 23 章

微分形式和斯托克斯公式

22.5 节给出了牛顿–莱布尼茨公式向二维和三维情形的三种推广形式, 即格林公式、高斯公式和斯托克斯公式. 读者自然会想到, 这些公式还应当有向更高维情形的推广. 显然, 在更高维的情形, 如果还像在二维和三维情形时那样, 一个一个地写出这些公式, 然后再一个一个地给予证明, 将是一件非常繁琐的事情. 有没有一种可能, 把这些公式的所有高维推广写成同一个公式, 进而一起予以证明呢? 借助于由法国数学家嘉当 (Elie Cartan, 1869~1951) 在 20 世纪初引进的微分形式及其外微分运算, 可以很好地解决这个问题, 即把牛顿–莱布尼茨公式的各种形式的高维推广用同一个公式表示, 并进而给予统一的证明. 微分形式和外微分运算, 现在已是分析数学和几何学经常使用的数学工具. 本章就来学习这个理论.

23.1 反对称多线性函数和外积

23.1.1 反对称多线性函数

对于平面上的两个向量 $\boldsymbol{r}_1=(a_1,b_1)$ 和 $\boldsymbol{r}_2=(a_2,b_2)$, 用它们的坐标作成的二阶行列式

$$\langle \boldsymbol{r}_1,\boldsymbol{r}_2\rangle=\begin{vmatrix} a_1 & b_1 \\ a_2 & b_2 \end{vmatrix}$$

表示的是由这两个向量张成的平行四边形的有向面积, 即 $\langle \boldsymbol{r}_1,\boldsymbol{r}_2\rangle$ 的绝对值等于以 $\boldsymbol{r}_1$ 和 $\boldsymbol{r}_2$ 为两邻边的平行四边形的面积, 且当 $\langle \boldsymbol{r}_1,\boldsymbol{r}_2\rangle>0$ 时从 $\boldsymbol{r}_1$ 到 $\boldsymbol{r}_2$ 的角度 θ 是右旋的, 而当 $\langle \boldsymbol{r}_1,\boldsymbol{r}_2\rangle<0$ 时 θ 是左旋的 (图 23-1-1).

类似地, 对于空间中的三个向量 $\boldsymbol{r}_1=(a_1,b_1,c_1)$, $\boldsymbol{r}_2=(a_2,b_2,c_2)$ 和 $\boldsymbol{r}_3=(a_3,b_3,c_3)$, 用它们的坐标作成的三阶行列式

$$(\boldsymbol{r}_1,\boldsymbol{r}_2,\boldsymbol{r}_3)=\begin{vmatrix} a_1 & b_1 & c_1 \\ a_2 & b_2 & c_2 \\ a_3 & b_3 & c_3 \end{vmatrix}$$

表示的是由这三个向量张成的平行六面体的有向体积, 即 $(\boldsymbol{r}_1,\boldsymbol{r}_2,\boldsymbol{r}_3)$ 的绝对值等于以 $\boldsymbol{r}_1$, $\boldsymbol{r}_2$, $\boldsymbol{r}_3$ 为三个相邻边的平行六面体的体积, 且当 $(\boldsymbol{r}_1,\boldsymbol{r}_2,\boldsymbol{r}_3)>0$ 时, $\boldsymbol{r}_1$, $\boldsymbol{r}_2$, $\boldsymbol{r}_3$ 按所书写顺序构成右手系, 而当 $(\boldsymbol{r}_1,\boldsymbol{r}_2,\boldsymbol{r}_3)<0$ 时, $\boldsymbol{r}_1$, $\boldsymbol{r}_2$, $\boldsymbol{r}_3$ 按所书写顺序构成左手系 (图 23-1-2).

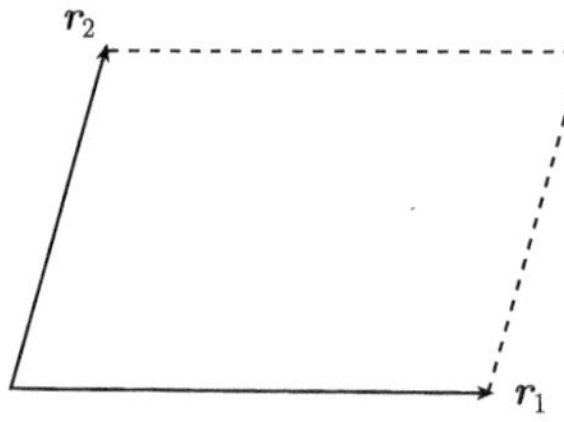

图 23-1-1　向量的括积

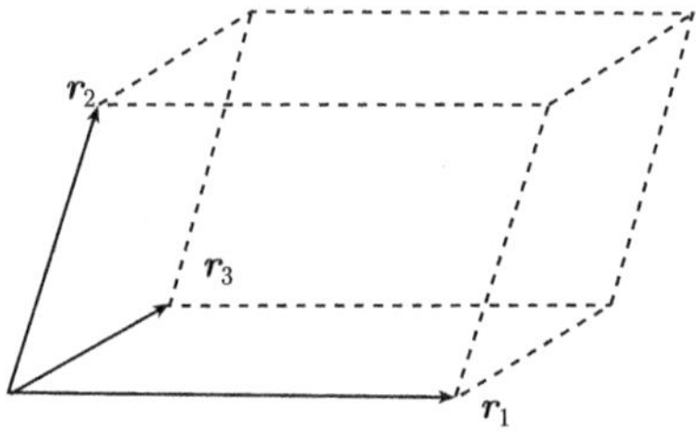

图 23-1-2　向量的混合积

对于两个空间向量 $\boldsymbol{r}_1=(a_1,b_1,c_1)$ 和 $\boldsymbol{r}_2=(a_2,b_2,c_2)$, 由它们张成的平行四边形的面积等于它们的叉积 $\boldsymbol{r}_1\times\boldsymbol{r}_2$ 的模.

平面向量的括积 $\langle\boldsymbol{r}_1,\boldsymbol{r}_2\rangle$、空间向量的叉积 $\boldsymbol{r}_1\times\boldsymbol{r}_2$ 和混合积 $(\boldsymbol{r}_1,\boldsymbol{r}_2,\boldsymbol{r}_3)$ 有以下共同的性质.

(1) **多线性性**, 即对每个变量都是线性的: 对固定的 $\boldsymbol{r}_2$, 映射 $\boldsymbol{r}_1\mapsto\langle\boldsymbol{r}_1,\boldsymbol{r}_2\rangle$ 和映射 $\boldsymbol{r}_1\mapsto\boldsymbol{r}_1\times\boldsymbol{r}_2$ 都是线性的, 且对固定的 $\boldsymbol{r}_1$, 映射 $\boldsymbol{r}_2\mapsto\langle\boldsymbol{r}_1,\boldsymbol{r}_2\rangle$ 和映射 $\boldsymbol{r}_2\mapsto\boldsymbol{r}_1\times\boldsymbol{r}_2$ 也都是线性的. 同样地, 对固定的 $\boldsymbol{r}_2$ 和 $\boldsymbol{r}_3$, 映射 $\boldsymbol{r}_1\mapsto(\boldsymbol{r}_1,\boldsymbol{r}_2,\boldsymbol{r}_3)$ 是线性的, 又对固定的 $\boldsymbol{r}_1$ 和 $\boldsymbol{r}_3$, 映射 $\boldsymbol{r}_2\mapsto(\boldsymbol{r}_1,\boldsymbol{r}_2,\boldsymbol{r}_3)$ 也是线性的, 同样对固定的 $\boldsymbol{r}_1$ 和 $\boldsymbol{r}_2$, 映射 $\boldsymbol{r}_3\mapsto(\boldsymbol{r}_1,\boldsymbol{r}_2,\boldsymbol{r}_3)$ 还是线性的. 确切地说, $\langle\boldsymbol{r}_1,\boldsymbol{r}_2\rangle$ 和 $\boldsymbol{r}_1\times\boldsymbol{r}_2$ 是**双线性映射**, $(\boldsymbol{r}_1,\boldsymbol{r}_2,\boldsymbol{r}_3)$ 是**三线性映射**.

(2) **反对称性**, 即任意交换两个变量的位置, 而保持其他变量的位置不变, 就得到了与原来相反的量:

$$\langle\boldsymbol{r}_2,\boldsymbol{r}_1\rangle=-\langle\boldsymbol{r}_1,\boldsymbol{r}_2\rangle,\qquad \boldsymbol{r}_2\times\boldsymbol{r}_1=-\boldsymbol{r}_1\times\boldsymbol{r}_2,$$

$$(\boldsymbol{r}_2,\boldsymbol{r}_1,\boldsymbol{r}_3)=(\boldsymbol{r}_3,\boldsymbol{r}_2,\boldsymbol{r}_1)=(\boldsymbol{r}_1,\boldsymbol{r}_3,\boldsymbol{r}_2)=-(\boldsymbol{r}_1,\boldsymbol{r}_2,\boldsymbol{r}_3).$$

本章的任务是讨论高维空间中的积分. 由于积分是长度、面积和体积这些概念的推广, 所以为了一般地考虑高维空间中的积分, 必须首先解决高维空间中一般的平行多面体体积的计算问题. 这就需要把二维空间中向量的括积和三维空间中向量的叉积和混合积进行推广, 以便对任意 m 维空间 $\mathbf{R}^m$ 中的 k $(1\leqslant k\leqslant m)$ 维平行多面体能够计算体积. 前面已经看到括积和混合积是通过行列式来定义的, 叉积也可以应用行列式来定义: 对 $\boldsymbol{r}_1=(a_1,b_1,c_1)$ 和 $\boldsymbol{r}_2=(a_2,b_2,c_2)$, 有

$$\boldsymbol{r}_1\times\boldsymbol{r}_2=\begin{vmatrix} b_1 & c_1\\ b_2 & c_2\end{vmatrix}\boldsymbol{i}+\begin{vmatrix} c_1 & a_1\\ c_2 & a_2\end{vmatrix}\boldsymbol{j}+\begin{vmatrix} a_1 & b_1\\ a_2 & b_2\end{vmatrix}\boldsymbol{k}.$$

因此, 与计算 $\mathbf{R}^m$ 中 k 维平行多面体的体积有关的量必然与行列式有关, 并且一定具有前面所述的两种性质.

先给出多线性性和反对称性的严格定义.

定义 23.1.1　设 F 是 n 个 $\mathbf{R}^m$ 中变元的函数, 即

$$F:\underbrace{\mathbf{R}^m\times\mathbf{R}^m\times\cdots\times\mathbf{R}^m}_{n\text{个}}\to\mathbf{R}.$$

如果对每个 $1\leqslant i\leqslant n$, 当固定向量 $\boldsymbol{v}_1,\cdots,\boldsymbol{v}_{i-1},\boldsymbol{v}_{i+1},\cdots,\boldsymbol{v}_n\in\mathbf{R}^m$ 时, 映射

$$\boldsymbol{v}_i\mapsto F(\boldsymbol{v}_1,\cdots,\boldsymbol{v}_{i-1},\boldsymbol{v}_i,\boldsymbol{v}_{i+1},\cdots,\boldsymbol{v}_n),\quad \forall\boldsymbol{v}_i\in\mathbf{R}^m$$

都是线性的, 则称 F 为 $\mathbf{R}^m$ 上的n **线性函数**. 特别当 $n=2$ 时称为**双线性函数**, 当 $n=3$ 时称为**三线性函数**.

例 1　设 $A=(a_{ij})$ 是 $m\times m$ 矩阵. 定义 $F:\mathbf{R}^m\times\mathbf{R}^m\to\mathbf{R}$ 如下, 对任意 $\boldsymbol{u}=(x_1,x_2,\cdots,x_m)\in\mathbf{R}^m$ 和 $\boldsymbol{v}=(y_1,y_2,\cdots,y_m)\in\mathbf{R}^m$, 有

$$F(\boldsymbol{u},\boldsymbol{v})=\sum_{i,j=1}^m a_{ij}x_iy_j.$$

则 F 是 $\mathbf{R}^m$ 上的双线性函数.

例 2　设 $1\leqslant k\leqslant m$, 而 i_1, i_2, $\cdots$, i_k 是从 1, 2, $\cdots$, m 中任意选定的 k 个互不相同的数. 定义函数 $F:\underbrace{\mathbf{R}^m\times\mathbf{R}^m\times\cdots\times\mathbf{R}^m}_{k\text{ 个}}\to\mathbf{R}$ 如下, 对任意 k 个向量 $\boldsymbol{v}_i=(x_{i1},x_{i2},\cdots,x_{im})\in\mathbf{R}^m$, $i=1,2,\cdots,k$, 令

$$F(\boldsymbol{v}_1,\boldsymbol{v}_2,\cdots,\boldsymbol{v}_k)=\begin{vmatrix} x_{1i_1} & x_{1i_2} & \cdots & x_{1i_k}\\ x_{2i_1} & x_{2i_2} & \cdots & x_{2i_k}\\ \vdots & & & \vdots\\ x_{ki_1} & x_{ki_2} & \cdots & x_{ki_k}\end{vmatrix}. \tag{23.1.1}$$

根据行列式运算的加法规则和数乘规则可知, 这样定义的 F 是 $\mathbf{R}^m$ 上的 k 线性函数.

把 1, 2, $\cdots$, n 这 n 个自然数任意打乱次序重新排列所得到的一个有序数组 i_1, i_2, $\cdots$, i_n 都叫做一个n **排列**, 简称排列. 当 $i_j>i_k$ 而 $j<k$ 时, 称 i_j 和 i_k 是这个排列中的一对**逆序**; 全部逆序的总数叫做这个排列的**逆序数**, 记作 $\tau(i_1i_2\cdots i_n)$. 如

$$\tau(2431)=4,\quad \tau(45321)=9,\quad \tau(132465)=2,\quad \tau(654321)=15.$$

定义 23.1.2　设 F 是 $\mathbf{R}^m$ 上的 n 线性函数. 如果对任意 n 排列 i_1, i_2, $\cdots$, i_n 都成立

$$F(\boldsymbol{v}_{i_1},\boldsymbol{v}_{i_2},\cdots,\boldsymbol{v}_{i_n})=(-1)^{\tau(i_1i_2\cdots i_n)}F(\boldsymbol{v}_1,\boldsymbol{v}_2,\cdots,\boldsymbol{v}_n),\quad \forall(\boldsymbol{v}_1,\boldsymbol{v}_2,\cdots,\boldsymbol{v}_n)\in(\mathbf{R}^m)^n,$$

则称 F 是**反对称**的 n 线性函数.

注意这个定义等价于交换 $(\boldsymbol{v}_1,\boldsymbol{v}_2,\cdots,\boldsymbol{v}_n)$ 中任意两个变元的位置, 函数 $F(\boldsymbol{v}_1,\boldsymbol{v}_2,\cdots,\boldsymbol{v}_n)$ 的值变号, 即

$$F(\boldsymbol{v}_1,\cdots,\boldsymbol{v}_i,\cdots,\boldsymbol{v}_j,\cdots,\boldsymbol{v}_n)=-F(\boldsymbol{v}_1,\cdots,\boldsymbol{v}_j,\cdots,\boldsymbol{v}_i,\cdots,\boldsymbol{v}_n).$$

这是因为, 任意对换 (即只交换 1, 2, $\cdots$, n 中两个数的位置而保持其他数的位置不变的排列) 的逆序数都是奇数. 每个排列都可表示成若干个对换的复合, 且逆序数的奇偶性与这种表示式中对换个数的奇偶性是一致的.

从上面这个等价定义可知, 对 $\mathbf{R}^m$ 上的任意反对称 n 线性函数 F, 当 $\boldsymbol{v}_1,\boldsymbol{v}_2,\cdots,\boldsymbol{v}_n$ 中至少有两个相同时, 有

$$F(\boldsymbol{v}_1,\boldsymbol{v}_2,\cdots,\boldsymbol{v}_n)=0.$$

顺便提到, 对于 $\mathbf{R}^m$ 上的 n 线性函数 F, 如果对任意一个 n 排列 i_1, i_2, $\cdots$, i_n 都成立

$$F(\boldsymbol{v}_{i_1},\boldsymbol{v}_{i_2},\cdots,\boldsymbol{v}_{i_n})=F(\boldsymbol{v}_1,\boldsymbol{v}_2,\cdots,\boldsymbol{v}_n),\quad \forall(\boldsymbol{v}_1,\boldsymbol{v}_2,\cdots,\boldsymbol{v}_n)\in(\mathbf{R}^m)^n,$$

则称 F 是**对称**的 n 线性函数. 对称多线性函数也是一类十分重要的数学对象, 在许多问题的研究中都很有用 (如在处理多元函数的高阶导数等问题时就需要用到对称多线性函数). 不过这里并不需要用到这个概念.

显然, 例 1 中的 F 是对称双线性函数当且仅当矩阵 $\boldsymbol{A}$ 是对称矩阵; F 是反对称双线性函数当且仅当矩阵 $\boldsymbol{A}$ 是反对称矩阵. 而根据行列式的换行规则可知, 例 2 中的 F 是反对称 k 线性函数.

用记号 M_m^n 表示由 $\mathbf{R}^m$ 上的全体反对称 n 线性函数组成的集合. 注意当 $n=1$ 时, 规定 M_m^1 就是由 $\mathbf{R}^m$ 上的全体线性函数组成的集合. 换言之, 对于 1 线性函数即线性函数, 既认为它们是对称的, 也认为它们是反对称的. 另外, 为方便起见定义 $M_m^0=\mathbf{R}$.

显然成立下列结论:

(1) 如果 F 和 G 是 $\mathbf{R}^m$ 上的两个反对称 n 线性函数, 则其和 $F+G$ 仍然是反对称 n 线性函数;

(2) 如果 F 是 $\mathbf{R}^m$ 上的两个反对称 n 线性函数, 则对任意实数 λ, λF 仍然是反对称 n 线性函数.

因此, M_m^n 是一个线性空间. 这个线性空间的维数一会儿再计算. 以下, 对每个 $1\leqslant i\leqslant m$, 用 $\boldsymbol{e}_i$ 表示 $\mathbf{R}^m$ 中第 i 个坐标为 1, 其余坐标为零的单位向量:

$$\boldsymbol{e}_1=(1,0,\cdots,0),\quad \boldsymbol{e}_2=(0,1,\cdots,0),\quad \cdots,\quad \boldsymbol{e}_m=(0,0,\cdots,1).$$

定义 23.1.3 设 $n\in\mathbf{N}$, 而 i_1, i_2, $\cdots$, i_n 是从 1, 2, $\cdots$, m 这 m 个自然数中任意取出的 n 个数 (可以重复). 定义 $\gamma_{i_1\ i_2\ \cdots\ i_n}$ 为 $\mathbf{R}^m$ 上的下述反对称 n 线性函数:

对 $\mathbf{R}^m$ 中任意 n 个向量 $\boldsymbol{v}_j=(x_{j1},x_{j2},\cdots,x_{jm})$, $j=1,2,\cdots,n$, 函数 $\gamma_{i_1i_2\cdots i_n}$ 在点 $(\boldsymbol{v}_1,\boldsymbol{v}_2,\cdots,\boldsymbol{v}_n)$ 的值为

$$\gamma_{i_1\ i_2\ \cdots\ i_n}(\boldsymbol{v}_1,\boldsymbol{v}_2,\cdots,\boldsymbol{v}_n)=\begin{vmatrix} x_{1i_1} & x_{1i_2} & \cdots & x_{1i_n} \\ x_{2i_1} & x_{2i_2} & \cdots & x_{2i_n} \\ \vdots & \vdots & & \vdots \\ x_{ni_1} & x_{ni_2} & \cdots & x_{ni_n} \end{vmatrix}=\det(\boldsymbol{v}_j\cdot\boldsymbol{e}_{i_k}). \tag{23.1.2}$$

这里 $(\boldsymbol{v}_j\cdot\boldsymbol{e}_{i_k})$ 表示第 j 行、第 k 列元素为 $\boldsymbol{v}_j\cdot\boldsymbol{e}_{i_k}=x_{ji_k}$ 的 $n\times n$ 矩阵.

从定义得到下面两个基本结论.

(1) 当 n 个足标 i_1, i_2, $\cdots$, i_n 中至少有两个相等时,

$$\gamma_{i_1\ i_2\ \cdots\ i_n}=0.$$

这是因为, 行列式中如果有两列元素对应相等, 则其值为零.

特别地, 当 $n>m$ 时, 恒有 $\gamma_{i_1\ i_2\ \cdots\ i_n}=0$. 这个结论也可这样得到: 当 $n>m$ 时, n 个 m 维向量 $\boldsymbol{v}_1$, $\boldsymbol{v}_2$, $\cdots$, $\boldsymbol{v}_n$ 必然线性相关. 因此, 式 (23.1.2) 右端的行列式中至少有一行是其他各行的线性组合, 从而其值为零.

(2) 对任意 $1\leqslant j<k\leqslant n$ 都有

$$\gamma_{i_1\ \cdots\ i_j\ \cdots\ i_k\ \cdots\ i_n}=-\gamma_{i_1\ \cdots\ i_k\ \cdots\ i_j\ \cdots\ i_n}. \tag{23.1.3}$$

这是因为, 对换行列式中两列的位置行列式的值变号.

对于 $\mathbf{R}^m$ 中任意 m 个线性无关的向量 $\boldsymbol{v}_j=(x_{j1},x_{j2},\cdots,x_{jm})$, $j=1,2,\cdots,m$, 由它们张成的平行 $2m$ 面体的 m 维体积为其坐标行列式

$$\begin{vmatrix} x_{11} & x_{12} & \cdots & x_{1m} \\ x_{21} & x_{22} & \cdots & x_{2m} \\ \vdots & \vdots & & \vdots \\ x_{m1} & x_{m2} & \cdots & x_{mm} \end{vmatrix}$$

的绝对值. 因此, 若把 $\mathbf{R}^m$ 中由单位向量 $\boldsymbol{e}_i$ 张成的坐标轴叫做 x_i 轴, $i=1,2,\cdots,m$, 并对给定的 $1\leqslant k\leqslant m$, 用 $\bar{\boldsymbol{v}}_1$, $\bar{\boldsymbol{v}}_2$, $\cdots$, $\bar{\boldsymbol{v}}_k$ 表示向量 $\boldsymbol{v}_1$, $\boldsymbol{v}_2$, $\cdots$, $\boldsymbol{v}_k$ 在由 x_{i_1} 轴、x_{i_2} 轴、……、x_{i_k} 轴张成的 k 维线性子空间中的投影向量, 即

$$\bar{\boldsymbol{v}}_j=(x_{ji_1},x_{ji_2},\cdots,x_{ji_k}),\quad j=1,2,\cdots,k,$$

则定义式 (23.1.2) 说明, 反对称 k 线性函数 $\gamma_{i_1\ i_2\ \cdots\ i_k}$ 在点 $(\boldsymbol{v}_1,\boldsymbol{v}_2,\cdots,\boldsymbol{v}_k)$ 的值等于由 $\bar{\boldsymbol{v}}_1$, $\bar{\boldsymbol{v}}_2$, $\cdots$, $\bar{\boldsymbol{v}}_k$ 张成的平行 $2k$ 面体的 k 维有向体积.

定理 23.1.1 (1) 对任意 $1\leqslant k\leqslant m$, 当 i_1, i_2, $\cdots$, i_k 取遍所有满足条件 $1\leqslant i_1<i_2<\cdots<i_k\leqslant m$ 的整数时, 所得到的全部 $\gamma_{i_1\ i_2\ \cdots\ i_k}$ 组成 M_m^k 的一个线性基底, 因而

$$\dim M_m^k = \binom{m}{k}, \quad k = 1, 2, \cdots, m.$$

(2) 当 $n > m$ 时, $M_m^n = \{0\}$.

证明 (1) 先证明所有 $\gamma_{i_1 i_2 \cdots i_k}$ $(1 \leqslant i_1 < i_2 < \cdots < i_k \leqslant m)$ 线性无关. 为此设有 $\binom{m}{k}$ 个实数 $\lambda_{i_1 i_2 \cdots i_k}$ 使得

$$\sum_{1 \leqslant i_1 < i_2 < \cdots < i_k \leqslant m} \lambda_{i_1 i_2 \cdots i_k} \gamma_{i_1 i_2 \cdots i_k} = 0. \tag{23.1.4}$$

对每个 $1 \leqslant j_1 < j_2 < \cdots < j_k \leqslant m$, 由于

$$\gamma_{i_1 i_2 \cdots i_k}(\boldsymbol{e}_{j_1}, \boldsymbol{e}_{j_2}, \cdots, \boldsymbol{e}_{j_k}) = \det(\boldsymbol{e}_{j_p} \cdot \boldsymbol{e}_{i_q}) = \begin{cases} 1, & \text{当 } (i_1, i_2, \cdots, i_k) = (j_1, j_2, \cdots, j_k), \\ 0, & \text{当 } (i_1, i_2, \cdots, i_k) \neq (j_1, j_2, \cdots, j_k), \end{cases}$$

(这是因为矩阵 $(\boldsymbol{e}_i \cdot \boldsymbol{e}_j)$ 是 m 阶单位矩阵, 所以它的所有主子行列式都是 1, 而所有的非主子行列式都是零), 所以式 (23.1.4) 左端在点 $(\boldsymbol{e}_{j_1}, \boldsymbol{e}_{j_2}, \cdots, \boldsymbol{e}_{j_k})$ 的值等于 $\lambda_{j_1 j_2 \cdots j_k}$, 从而

$$\lambda_{j_1 j_2 \cdots j_k} = 0.$$

因此所有 $\gamma_{i_1 i_2 \cdots i_k}$ $(1 \leqslant i_1 < i_2 < \cdots < i_k \leqslant m)$ 是线性无关的. 其次, 对任意 $\alpha \in M_m^k$ 和每个 $1 \leqslant i_1 < i_2 < \cdots < i_k \leqslant m$, 记

$$\lambda_{i_1 i_2 \cdots i_k} = \alpha(\boldsymbol{e}_{i_1}, \boldsymbol{e}_{i_2}, \cdots, \boldsymbol{e}_{i_k}).$$

对任意一组向量 $\boldsymbol{v}_i \in \mathbf{R}^m$, $i = 1, 2, \cdots, k$, 设

$$\boldsymbol{v}_i = (x_{i1}, x_{i2}, \cdots, x_{im}) = \sum_{j=1}^m x_{ij} \boldsymbol{e}_j,$$

则利用 α 的线性性和反对称性得

$$\begin{aligned}
&\alpha(\boldsymbol{v}_1, \boldsymbol{v}_2, \cdots, \boldsymbol{v}_k) = \sum_{j_1=1}^m \sum_{j_2=1}^m \cdots \sum_{j_k=1}^m x_{1j_1} x_{2j_2} \cdots x_{kj_k} \alpha(\boldsymbol{e}_{j_1}, \boldsymbol{e}_{j_2}, \cdots, \boldsymbol{e}_{j_k}) \\
&= \sum_{1 \leqslant i_1 < i_2 < \cdots < i_k \leqslant m} \left\{ \sum_{\substack{\{j_1, j_2, \cdots, j_k\} \\ = \{i_1, i_2, \cdots, i_k\}}} (-1)^{\tau(j_1 j_2 \cdots j_k)} x_{1j_1} x_{2j_2} \cdots x_{kj_k} \right\} \alpha(\boldsymbol{e}_{i_1}, \boldsymbol{e}_{i_2}, \cdots, \boldsymbol{e}_{i_k}) \\
&= \sum_{1 \leqslant i_1 < i_2 < \cdots < i_k \leqslant m} \gamma_{i_1 i_2 \cdots i_n}(\boldsymbol{v}_1, \boldsymbol{v}_2, \cdots, \boldsymbol{v}_k) \lambda_{i_1 i_2 \cdots i_k} \\
&= \sum_{1 \leqslant i_1 < i_2 < \cdots < i_k \leqslant m} \lambda_{i_1 i_2 \cdots i_k} \gamma_{i_1 i_2 \cdots i_n}(\boldsymbol{v}_1, \boldsymbol{v}_2, \cdots, \boldsymbol{v}_k).
\end{aligned}$$

倒数第二个等式是因为 $\sum\limits_{\substack{\{j_1,j_2,\cdots,j_k\}\\=\{i_1,i_2,\cdots,i_k\}}}(-1)^{\tau(j_1j_2\cdots j_k)}x_{1j_1}x_{2j_2}\cdots x_{kj_k}$ 正是式 (23.1.2) 中的行列式, 因而等于 $\gamma_{i_1i_2\cdots i_n}(\boldsymbol{v}_1,\boldsymbol{v}_2,\cdots,\boldsymbol{v}_k)$. 于是, 由 $\boldsymbol{v}_1,\boldsymbol{v}_2,\cdots,\boldsymbol{v}_k$ 的任意性得到

$$\alpha=\sum_{1\leqslant i_1<i_2<\cdots<i_k\leqslant m}\lambda_{i_1i_2\cdots i_k}\gamma_{i_1i_2\cdots i_k}.$$

所以所有 $\gamma_{i_1i_2\cdots i_k}$ $(1\leqslant i_1<i_2<\cdots<i_k\leqslant m)$ 构成 M_m^k 的一个线性基底. 这就证明了结论 (1). 结论 (2) 是显然的, 因为当 $n>m$ 时, $\mathbf{R}^m$ 中任意 n 个向量都线性相关, 即其中至少有一个能够被其他 $n-1$ 个线性表出, 因此任意 $\alpha\in M_m^n$ 在它们上的值为零, 说明 $\alpha=0$. 所以 M_m^n 中只有零元素. 证毕.

上述定理的结论 (1) 意味着当 $1\leqslant k\leqslant m$ 时, M_m^k 中任意元素 α 都可唯一地表示成

$$\alpha=\sum_{1\leqslant i_1<i_2<\cdots<i_k\leqslant m}\lambda_{i_1i_2\cdots i_k}\gamma_{i_1i_2\cdots i_k}.$$

以下将经常应用这个结论.

23.1.2 外积运算

定义 23.1.4 对任意 $\alpha\in M_m^k$ 和 $\beta\in M_m^l$ $(1\leqslant k,l\leqslant m)$, 设

$$\alpha=\sum_{1\leqslant i_1<i_2<\cdots<i_k\leqslant m}\lambda_{i_1i_2\cdots i_k}\gamma_{i_1i_2\cdots i_k},$$

$$\beta=\sum_{1\leqslant j_1<j_2<\cdots<j_l\leqslant m}\mu_{j_1j_2\cdots j_l}\gamma_{j_1j_2\cdots j_l},$$

则定义 α 与 β 的**外积** $\alpha\wedge\beta$ 为 M_m^{k+l} 中的下述元素:

$$\alpha\wedge\beta=\sum_{\substack{1\leqslant i_1<i_2<\cdots<i_k\leqslant m\\1\leqslant j_1<j_2<\cdots<j_l\leqslant m}}\lambda_{i_1i_2\cdots i_k}\mu_{j_1j_2\cdots j_l}\gamma_{i_1i_2\cdots i_kj_1j_2\cdots j_l}.$$

定理 23.1.2 (1) 外积运算是双线性运算:

$$(\alpha_1+\alpha_2)\wedge\beta=\alpha_1\wedge\beta+\alpha_2\wedge\beta,\quad \alpha\wedge(\beta_1+\beta_2)=\alpha\wedge\beta_1+\alpha\wedge\beta_2,$$
$$(\lambda\alpha)\wedge\beta=\alpha\wedge(\lambda\beta)=\lambda(\alpha\wedge\beta),\quad \forall\lambda\in\mathbf{R}.$$

(2) 外积运算满足结合律:

$$(\alpha\wedge\beta)\wedge\gamma=\alpha\wedge(\beta\wedge\gamma).$$

(3) 外积运算满足广义交换律: 对 $\forall\alpha\in M_m^k$, $\forall\beta\in M_m^l$, 有

$$\alpha\wedge\beta=(-1)^{kl}\beta\wedge\alpha.$$

证明 结论 (1) 和 (2) 是显然的. 为证结论 (3), 只需对 $\alpha = \gamma_{i_1i_2\cdots i_k}$ 和 $\beta = \gamma_{j_1j_2\cdots j_l}$ 的情况证明即可. 而这时易见 $\alpha\wedge\beta = \gamma_{i_1i_2\cdots i_kj_1j_2\cdots j_l}$ 经过 kl 次对换就成为了 $\gamma_{j_1j_2\cdots j_li_1i_2\cdots i_k} = \beta\wedge\alpha$, 所以根据式 (23.1.2) 即得结论 (3). 证毕.

推论 23.1.1 对任意 $\alpha,\beta\in M_m^1$, 成立

$$\alpha\wedge\beta = -\beta\wedge\alpha,$$
$$\alpha\wedge\alpha = 0.$$

根据定义 23.1.4 和外积运算的结合律, 有

$$\gamma_i\wedge\gamma_j = \gamma_{ij},$$

$$\gamma_i\wedge\gamma_j\wedge\gamma_k = \gamma_{ij}\wedge\gamma_k = \gamma_{ijk},$$

$$\gamma_{i_1}\wedge\gamma_{i_2}\wedge\cdots\wedge\gamma_{i_k} = \gamma_{i_1i_2}\wedge\gamma_{i_3}\wedge\cdots\wedge\gamma_{i_k} = \cdots = \gamma_{i_1i_2\cdots i_k}.$$

因此, 由定理 23.1.1 知对每个 $1\leqslant k\leqslant m$, M_m^k 中任意元素 ω 都可唯一地表示成

$$\omega = \sum_{1\leqslant i_1<i_2<\cdots<i_k\leqslant m}\lambda_{i_1i_2\cdots i_k}\gamma_{i_1}\wedge\gamma_{i_2}\wedge\cdots\wedge\gamma_{i_k}.$$

习 题 23.1

1. 对 $\mathbf{R}^m$ 上的任意 n 线性函数 F 和 l 线性函数 G, 定义它们的**张量积** $F\otimes G$ 如下:

$$(F\otimes G)(\boldsymbol{v}_1,\boldsymbol{v}_2,\cdots,\boldsymbol{v}_{n+l}) = F(\boldsymbol{v}_1,\boldsymbol{v}_2,\cdots,\boldsymbol{v}_n)G(\boldsymbol{v}_{n+1},\boldsymbol{v}_{n+2},\cdots,\boldsymbol{v}_{n+l})$$

$$\forall\boldsymbol{v}_i\in\mathbf{R}^m,\ i=1,2,\cdots,n+l.$$

证明: $F\otimes G$ 是 $n+l$ 线性函数, 而且映射 $(F,G)\mapsto F\otimes G$ 是双线性映射.

2. 对 $\mathbf{R}^m$ 上的任意 n 线性函数 F, 定义

$$\mathrm{Alt}(F)(\boldsymbol{v}_1,\boldsymbol{v}_2,\cdots,\boldsymbol{v}_n) = \frac{1}{n!}\sum_{i_1,i_2,\cdots,i_n}(-1)^{\tau(i_1i_2\cdots i_n)}F(\boldsymbol{v}_{i_1},\boldsymbol{v}_{i_2},\cdots,\boldsymbol{v}_{i_n}),$$

$$\forall(\boldsymbol{v}_1,\boldsymbol{v}_2,\cdots,\boldsymbol{v}_n)\in(\mathbf{R}^m)^n.$$

其中和式 $\displaystyle\sum_{i_1,i_2,\cdots,i_n}$ 表示关于 $1,2,\cdots,n$ 的所有排列 $i_1,i_2,\cdots,i_n$ 求和. 证明:

(1) $\mathrm{Alt}(F)$ 是反对称 n 线性函数.

(2) 如果 F 反对称, 则 $\mathrm{Alt}(F)=F$; 如果 F 对称, 则 $\mathrm{Alt}(F)=0$.

(3) 对任意两个反对称 n 线性函数 F 和 G, 它们的外积 $F\wedge G$ 有表示式:

$$F\wedge G = \frac{(n+l)!}{n!\,l!}\mathrm{Alt}(F\otimes G).$$

3. 证明:

(1) 设 $\alpha_1,\alpha_2,\cdots,\alpha_n$ 是 M_m^1 中的一组元素. 则它们线性相关的充要条件是

$$\alpha_1\wedge\alpha_2\wedge\cdots\wedge\alpha_n=0.$$

(2) 如果 $\alpha_1,\alpha_2,\cdots,\alpha_m$ 构成 M_m^1 的基底, 则每个元素 $\beta\in M_m^k$ $(1\leqslant k\leqslant m)$ 都可唯一地表示成

$$\beta=\sum_{1\leqslant i_1<i_2<\cdots<i_k\leqslant m}\lambda_{i_1i_2\cdots i_k}\alpha_{i_1}\wedge\alpha_{i_2}\wedge\cdots\wedge\alpha_{i_k},$$

其中 $\lambda_{i_1i_2\cdots i_k}$ 表示实数. 此即 $\{\alpha_{i_1}\wedge\alpha_{i_2}\wedge\cdots\wedge\alpha_{i_k}:1\leqslant i_1<i_2<\cdots<i_k\leqslant m\}$ 构成 M_m^k 的基底.

4. 设 $\alpha_1,\alpha_2,\cdots,\alpha_k$ 是 M_m^1 中一组线性无关的元素. 证明:

(1) 如果 $\beta_1,\beta_2,\cdots,\beta_k$ 使得

$$\sum_{k=1}^{k}\alpha_i\wedge\beta_i=0,$$

则它们可由 $\alpha_1,\alpha_2,\cdots,\alpha_k$ 线性表出, 即存在一组实数 $\lambda_{ij}(i,j=1,2,\cdots,k)$ 使得

$$\beta_i=\sum_{j=1}^{k}\lambda_{ij}\alpha_j,\quad i=1,2,\cdots,k,$$

而且 $\lambda_{ij}=\lambda_{ji}$.

(2) 如果 $\gamma\in M_m^p$ $(1\leqslant p\leqslant m-k)$ 使得

$$\alpha_1\wedge\alpha_2\wedge\cdots\wedge\alpha_k\wedge\gamma=0,$$

则存在 $\beta_i\in M_m^{p-1}$ $(i=1,2,\cdots,k)$ 使得

$$\gamma=\sum_{i=1}^{k}\alpha_i\wedge\beta_i.$$

23.2　微分形式和外微分

23.2.1　微分形式

定义 23.2.1　设 Ω 是 $\mathbf{R}^m$ 中的一个开集. 对每个整数 $0\leqslant k\leqslant m$, 称从 Ω 到 M_m^k 的映射为 Ω 上的k **次微分形式**, 简称k **形式**. Ω 上全体 k 次微分形式的集合记作 $\Lambda^k(\Omega)$.

1 形式又叫Pfaff **形式**. 注意当 $k=0$ 时, 因为 $M_m^0=\mathbf{R}$, 所以按定义 $\Lambda^0(\Omega)$ 就是由 Ω 上的全体实值函数组成的集合, 即 Ω 上的 0 形式就是 Ω 上的实值函数.

今后用 ω, η, ζ 等记号表示微分形式. 按照定义和 23.1 节末的说明, 对任意 $\omega \in \Lambda^k(\Omega)$, 必存在唯一的一组定义在 Ω 上的函数 $a_{i_1 i_2 \cdots i_k}(x)$ $(1 \leqslant i_1 < i_2 < \cdots < i_k \leqslant m)$, 使得

$$\omega = \sum_{1 \leqslant i_1 < i_2 < \cdots < i_k \leqslant m} a_{i_1 i_2 \cdots i_k}(x) \gamma_{i_1} \wedge \gamma_{i_2} \wedge \cdots \wedge \gamma_{i_k}.$$

以后, 当选定了 Ω 中变元的符号 $x = (x_1, x_2, \cdots, x_m)$ 时, 将把 $\gamma_1, \gamma_2, \cdots, \gamma_m$ 分别改记作 $\mathrm{d}x_1, \mathrm{d}x_2, \cdots, \mathrm{d}x_m$(23.3 节将说明这一记法的理由). 因此, 上述 ω 应相应地重新表示为

$$\omega = \sum_{1 \leqslant i_1 < i_2 < \cdots < i_k \leqslant m} a_{i_1 i_2 \cdots i_k}(x) \mathrm{d}x_{i_1} \wedge \mathrm{d}x_{i_2} \wedge \cdots \wedge \mathrm{d}x_{i_k}. \tag{23.2.1}$$

以后将会看到, 这样的记法就像积分的记号 $\int f(x)\mathrm{d}x$、导数的记号 $\dfrac{\mathrm{d}f(x)}{\mathrm{d}x}$ 等一样, 在演算时有很大的便利之处. 注意按照这种表示方法, 如果自变元换用其他符号来表示, 则微分形式的表示式也必须相应地改变. 例如, 当用符号 $y = (y_1, y_2, \cdots, y_m)$ 表示 Ω 上的自变元时, 则微分形式应相应地表示成

$$\omega = \sum_{1 \leqslant i_1 < i_2 < \cdots < i_k \leqslant m} a_{i_1 i_2 \cdots i_k}(y) \mathrm{d}y_{i_1} \wedge \mathrm{d}y_{i_2} \wedge \cdots \wedge \mathrm{d}y_{i_k}, \tag{23.2.2}$$

等等. 表达式 (23.2.1)(当然也包括式 (23.2.2)) 叫做微分形式的标准表示式.

定义 23.2.2 对任意 k 形式 $\omega \in \Lambda^k(\Omega)$ 和函数 $f \in \Lambda^0(\Omega)$, 定义它们的乘积 $f\omega$ 为 Ω 上的以下 k 形式:

$$x \mapsto f(x)\omega(x), \quad \forall x \in \Omega.$$

按此定义, 当 $\omega \in \Lambda^k(\Omega)$ 有表达式

$$\omega = \sum_{1 \leqslant i_1 < i_2 < \cdots < i_k \leqslant m} a_{i_1 i_2 \cdots i_k}(x) \mathrm{d}x_{i_1} \wedge \mathrm{d}x_{i_2} \wedge \cdots \wedge \mathrm{d}x_{i_k}.$$

时, $f\omega$ 有表达式

$$f\omega = \sum_{1 \leqslant i_1 < i_2 < \cdots < i_k \leqslant m} f(x) a_{i_1 i_2 \cdots i_k}(x) \mathrm{d}x_{i_1} \wedge \mathrm{d}x_{i_2} \wedge \cdots \wedge \mathrm{d}x_{i_k}.$$

定义 23.2.3 对任意两个微分形式 $\omega \in \Lambda^k(\Omega)$ 和 $\eta \in \Lambda^l(\Omega)$, 如果 $k \geqslant 1$ 且 $l \geqslant 1$, 则定义它们的外积 $\omega \wedge \eta$ 为 Ω 上的以下 $k+l$ 形式.

$$x \mapsto \omega(x) \wedge \eta(x), \quad \forall x \in \Omega.$$

当 k 和 l 至少有一个等于零从而 ω 和 η 中至少有一个是函数时, 则定义它们的外积 $\omega \wedge \eta$ 为其乘积 $\omega\eta$.

按此定义, 当 $\omega\in\Lambda^k(\Omega)$ 和 $\eta\in\Lambda^l(\Omega)$ 分别有表达式

$$\omega=\sum_{1\leqslant i_1<i_2<\cdots<i_k\leqslant m}a_{i_1i_2\cdots i_k}(x)\mathrm{d}x_{i_1}\wedge\mathrm{d}x_{i_2}\wedge\cdots\wedge\mathrm{d}x_{i_k},$$
$$\eta=\sum_{1\leqslant j_1<j_2<\cdots<j_l\leqslant m}b_{j_1j_2\cdots j_l}(x)\mathrm{d}x_{j_1}\wedge\mathrm{d}x_{j_2}\wedge\cdots\wedge\mathrm{d}x_{j_l}$$

时, $\omega\wedge\eta$ 有表达式

$$\omega\wedge\eta=\sum_{\substack{1\leqslant i_1<i_2<\cdots<i_k\leqslant m\\1\leqslant j_1<j_2<\cdots<j_l\leqslant m}}a_{i_1i_2\cdots i_k}(x)b_{j_1j_2\cdots j_l}(x)\mathrm{d}x_{i_1}\wedge\mathrm{d}x_{i_2}\wedge\cdots\wedge\mathrm{d}x_{i_k}\wedge\mathrm{d}x_{j_1}\wedge\mathrm{d}x_{j_2}\wedge\cdots\wedge\mathrm{d}x_{j_l}.$$

当然需要应用推论 23.1.1 进行适当的演算, 以把这个表达式改写为标准的形式.

定理 23.2.1 微分形式的外积运算满足以下规律.

(1) 双线性性和分配律: 对任意 $\omega,\omega_1,\omega_2\in\Lambda^k(\Omega)$, $\eta,\eta_1,\eta_2\in\Lambda^l(\Omega)$ 和 $\lambda\in\mathbf{R}$, 有

$$\omega\wedge(\eta_1+\eta_2)=\omega\wedge\eta_1+\omega\wedge\eta_2,$$
$$(\omega_1+\omega_2)\wedge\eta=\omega_1\wedge\eta+\omega_2\wedge\eta,$$
$$\omega\wedge(\lambda\eta)=(\lambda\omega)\wedge\eta=\lambda(\omega\wedge\eta).$$

(2) 结合律: 对任意 $\omega\in\Lambda^k(\Omega)$, $\eta\in\Lambda^l(\Omega)$ 和 $\zeta\in\Lambda^p(\Omega)$, 有

$$(\omega\wedge\eta)\wedge\zeta=\omega\wedge(\eta\wedge\zeta).$$

(3) 广义交换律: 对任意 $\omega\in\Lambda^k(\Omega)$ 和 $\eta\in\Lambda^l(\Omega)$, 有

$$\omega\wedge\eta=(-1)^{kl}\eta\wedge\omega.$$

证明 这是定理 23.1.2 的直接推论.

推论 23.2.1 对任意两个 1 形式 ω 和 η, 成立

$$\omega\wedge\eta=-\eta\wedge\omega.$$

特别地, 对任意 1 形式 ω 成立

$$\omega\wedge\omega=0.$$

以上推论中的两个公式是外积运算中最常用的两个公式.

23.2.2 外微分运算

定义 23.2.4 设 Ω 是 $\mathbf{R}^m$ 中的开集. Ω 上微分形式的**外微分**定义如下:

(1) 对 Ω 上的任意可微函数 f, 当把它作为 Ω 上的 0 次微分形式看待时, 定义它的外微分 $\mathrm{d}f$ 为 Ω 上的以下一次微分形式:

$$\mathrm{d}f=\frac{\partial f(x)}{\partial x_1}\mathrm{d}x_1+\frac{\partial f(x)}{\partial x_2}\mathrm{d}x_2+\cdots+\frac{\partial f(x)}{\partial x_m}\mathrm{d}x_m,$$

即 $\mathrm{d}f$ 是 f 的全微分.

(2) 对 Ω 上的任意 k $(1 \leqslant k \leqslant m)$ 次微分形式 $\omega \in \Lambda^k(\Omega)$, 设它有表达式

$$\omega = \sum_{1 \leqslant i_1 < i_2 < \cdots < i_k \leqslant m} a_{i_1 i_2 \cdots i_k}(x) \mathrm{d}x_{i_1} \wedge \mathrm{d}x_{i_2} \wedge \cdots \wedge \mathrm{d}x_{i_k},$$

并且系数函数 $a_{i_1 i_2 \cdots i_k}(x)$ 都是 Ω 上的可微函数, 则定义它的外微分 $\mathrm{d}\omega$ 为 Ω 上的以下 $k+1$ 次微分形式:

$$\begin{aligned}
\mathrm{d}\omega =& \sum_{1 \leqslant i_1 < i_2 < \cdots < i_k \leqslant m} \mathrm{d}a_{i_1 i_2 \cdots i_k}(x) \wedge \mathrm{d}x_{i_1} \wedge \mathrm{d}x_{i_2} \wedge \cdots \wedge \mathrm{d}x_{i_k} \\
=& \sum_{1 \leqslant i_1 < i_2 < \cdots < i_k \leqslant m} \Big(\sum_{j=1}^{m} \frac{\partial a_{i_1 i_2 \cdots i_k}(x)}{\partial x_j} \mathrm{d}x_j \Big) \wedge \mathrm{d}x_{i_1} \wedge \mathrm{d}x_{i_2} \wedge \cdots \wedge \mathrm{d}x_{i_k} \\
=& \sum_{j=1}^{m} \sum_{1 \leqslant i_1 < i_2 < \cdots < i_k \leqslant m} \frac{\partial a_{i_1 i_2 \cdots i_k}(x)}{\partial x_j} \mathrm{d}x_j \wedge \mathrm{d}x_{i_1} \wedge \mathrm{d}x_{i_2} \wedge \cdots \wedge \mathrm{d}x_{i_k}.
\end{aligned}$$

按照这个定义, 任意 m 次微分形式的外微分都是零.

现在来说明, 为什么要把 1 形式 $x \mapsto \gamma_i$ 记作 $\mathrm{d}x_i$. 为此注意如果不采用这个记号, 那么定义 23.2.4 中的各个表达式就要重新用原来的记号表示. 特别地, $\mathrm{d}f$ 应当表示成

$$\mathrm{d}f = \frac{\partial f(x)}{\partial x_1}\gamma_1 + \frac{\partial f(x)}{\partial x_2}\gamma_2 + \cdots + \frac{\partial f(x)}{\partial x_m}\gamma_m.$$

对每个 $1 \leqslant i \leqslant m$, 把这个表示式应用于函数 $f(x) = x_i$, 就得到

$$\mathrm{d}x_i = \gamma_i, \quad i = 1, 2, \cdots, m.$$

这就是把 Ω 上的每个 x 都映照成 γ_i 的 1 形式 $x \mapsto \gamma_i$ 记作 $\mathrm{d}x_i$ 的缘由.

例 1 设 $\omega = P(x,y)\mathrm{d}x + Q(x,y)\mathrm{d}y$, 则

$$\begin{aligned}
\mathrm{d}\omega =& \Big(\frac{\partial P}{\partial x}\mathrm{d}x + \frac{\partial P}{\partial y}\mathrm{d}y\Big) \wedge \mathrm{d}x + \Big(\frac{\partial Q}{\partial x}\mathrm{d}x + \frac{\partial Q}{\partial y}\mathrm{d}y\Big) \wedge \mathrm{d}y \\
=& \frac{\partial P}{\partial x}\mathrm{d}x \wedge \mathrm{d}x + \frac{\partial P}{\partial y}\mathrm{d}y \wedge \mathrm{d}x + \frac{\partial Q}{\partial x}\mathrm{d}x \wedge \mathrm{d}y + \frac{\partial Q}{\partial x}\mathrm{d}y \wedge \mathrm{d}y.
\end{aligned}$$

由于

$$\mathrm{d}x \wedge \mathrm{d}x = \mathrm{d}y \wedge \mathrm{d}y = 0, \quad \mathrm{d}y \wedge \mathrm{d}x = -\mathrm{d}x \wedge \mathrm{d}y,$$

所以

$$\mathrm{d}\omega = \Big(\frac{\partial Q}{\partial x} - \frac{\partial P}{\partial y}\Big)\mathrm{d}x \wedge \mathrm{d}y.$$

例 2 设 $\omega = P(x,y,z)\mathrm{d}x + Q(x,y,z)\mathrm{d}y + R(x,y,z)\mathrm{d}z$, 则

$$\mathrm{d}\omega = \Big(\frac{\partial P}{\partial x}\mathrm{d}x + \frac{\partial P}{\partial y}\mathrm{d}y + \frac{\partial P}{\partial z}\mathrm{d}z\Big) \wedge \mathrm{d}x + \Big(\frac{\partial Q}{\partial x}\mathrm{d}x + \frac{\partial Q}{\partial y}\mathrm{d}y + \frac{\partial Q}{\partial z}\mathrm{d}z\Big) \wedge \mathrm{d}y$$

$$
\begin{aligned}
&+\left(\frac{\partial R}{\partial x}\mathrm{d}x+\frac{\partial R}{\partial y}\mathrm{d}y+\frac{\partial R}{\partial z}\mathrm{d}z\right)\wedge \mathrm{d}z\\
=&\left(\frac{\partial R}{\partial y}-\frac{\partial Q}{\partial z}\right)\mathrm{d}y\wedge \mathrm{d}z+\left(\frac{\partial P}{\partial z}-\frac{\partial R}{\partial x}\right)\mathrm{d}z\wedge \mathrm{d}x+\left(\frac{\partial Q}{\partial x}-\frac{\partial P}{\partial y}\right)\mathrm{d}x\wedge \mathrm{d}y.
\end{aligned}
$$

例 3　设

$$\omega=P(x,y,z)\mathrm{d}y\wedge \mathrm{d}z+Q(x,y,z)\mathrm{d}z\wedge \mathrm{d}x+R(x,y,z)\mathrm{d}x\wedge \mathrm{d}y.$$

则

$$
\begin{aligned}
\mathrm{d}\omega=&\left(\frac{\partial P}{\partial x}\mathrm{d}x+\frac{\partial P}{\partial y}\mathrm{d}y+\frac{\partial P}{\partial z}\mathrm{d}z\right)\wedge \mathrm{d}y\wedge \mathrm{d}z+\left(\frac{\partial Q}{\partial x}\mathrm{d}x+\frac{\partial Q}{\partial y}\mathrm{d}y+\frac{\partial Q}{\partial z}\mathrm{d}z\right)\wedge \mathrm{d}z\wedge \mathrm{d}x\\
&+\left(\frac{\partial R}{\partial x}\mathrm{d}x+\frac{\partial R}{\partial y}\mathrm{d}y+\frac{\partial R}{\partial z}\mathrm{d}z\right)\wedge \mathrm{d}x\wedge \mathrm{d}y\\
=&\left(\frac{\partial P}{\partial x}+\frac{\partial Q}{\partial y}+\frac{\partial R}{\partial z}\right)\mathrm{d}x\wedge \mathrm{d}y\wedge \mathrm{d}z.
\end{aligned}
$$

定理 23.2.2　外微分运算满足以下规律.

(1) 线性性: 对任意系数可微的 $\omega_1,\omega_2,\omega\in\varLambda^k(\varOmega)$ 和 $\lambda\in\mathbf{R}$, 有

$$\mathrm{d}(\omega_1+\omega_2)=\mathrm{d}\omega_1+\mathrm{d}\omega_2,\quad \mathrm{d}(\lambda\omega)=\lambda\mathrm{d}\omega.$$

(2) 莱布尼茨法则: 对任意系数可微的 $\omega\in\varLambda^k(\varOmega)$ 和 $\eta\in\varLambda^l(\varOmega)$, 有

$$\mathrm{d}(\omega\wedge\eta)=(\mathrm{d}\omega)\wedge\eta+(-1)^k\omega\wedge \mathrm{d}\eta. \tag{23.2.3}$$

(3) 对每个系数有二阶连续偏导数的 $\omega\in\varLambda^k(\varOmega)$, 有

$$\mathrm{d}^2\omega=\mathrm{d}(\mathrm{d}\omega)=0. \tag{23.2.4}$$

证明　结论 (1) 是显然的, 为证明结论 (2), 注意根据结论 (1), 只需对

$$\omega=a(x)\mathrm{d}x_{i_1}\wedge \mathrm{d}x_{i_2}\wedge\cdots\wedge \mathrm{d}x_{i_k},\quad \eta=b(x)\mathrm{d}x_{j_1}\wedge \mathrm{d}x_{j_2}\wedge\cdots\wedge \mathrm{d}x_{j_l}$$

这种特殊的 $\omega\in\varLambda^k(\varOmega)$ 和 $\eta\in\varLambda^l(\varOmega)$(称为单项式) 来证明式 (23.2.3), 这里 $a(x)$ 和 $b(x)$ 都是 $\varOmega$ 上的可微函数. 根据定义, 有

$$\omega\wedge\eta=a(x)b(x)\mathrm{d}x_{i_1}\wedge \mathrm{d}x_{i_2}\wedge\cdots\wedge \mathrm{d}x_{i_k}\wedge \mathrm{d}x_{j_1}\wedge \mathrm{d}x_{j_2}\wedge\cdots\wedge \mathrm{d}x_{j_l},$$

$$
\begin{aligned}
&\mathrm{d}(\omega\wedge\eta)\\
=&\sum_{p=1}^{m}\left(b(x)\frac{\partial a(x)}{\partial x_p}+a(x)\frac{\partial b(x)}{\partial x_p}\right)\mathrm{d}x_p\wedge \mathrm{d}x_{i_1}\wedge \mathrm{d}x_{i_2}\wedge\cdots\wedge \mathrm{d}x_{i_k}\wedge \mathrm{d}x_{j_1}\wedge \mathrm{d}x_{j_2}\wedge\cdots\wedge \mathrm{d}x_{j_l}\\
=&\sum_{p=1}^{m}\left(\frac{\partial a(x)}{\partial x_p}\mathrm{d}x_p\wedge \mathrm{d}x_{i_1}\wedge \mathrm{d}x_{i_2}\wedge\cdots\wedge \mathrm{d}x_{i_k}\right)\wedge b(x)\mathrm{d}x_{j_1}\wedge \mathrm{d}x_{j_2}\wedge\cdots\wedge \mathrm{d}x_{j_l}
\end{aligned}
$$

$$+\sum_{p=1}^{m} a(x)\frac{\partial b(x)}{\partial x_p}\mathrm{d}x_p\wedge \mathrm{d}x_{i_1}\wedge \mathrm{d}x_{i_2}\wedge\cdots\wedge \mathrm{d}x_{i_k}\wedge \mathrm{d}x_{j_1}\wedge \mathrm{d}x_{j_2}\wedge\cdots\wedge \mathrm{d}x_{j_l}$$

$$=\Big(\sum_{p=1}^{m}\frac{\partial a(x)}{\partial x_p}\mathrm{d}x_p\wedge \mathrm{d}x_{i_1}\wedge \mathrm{d}x_{i_2}\wedge\cdots\wedge \mathrm{d}x_{i_k}\Big)\wedge b(x)\mathrm{d}x_{j_1}\wedge \mathrm{d}x_{j_2}\wedge\cdots\wedge \mathrm{d}x_{j_l}$$

$$+(-1)^k a(x)\mathrm{d}x_{i_1}\wedge \mathrm{d}x_{i_2}\wedge\cdots\wedge \mathrm{d}x_{i_k}\wedge\Big(\sum_{p=1}^{m}\frac{\partial b(x)}{\partial x_p}\mathrm{d}x_p\wedge \mathrm{d}x_{j_1}\wedge \mathrm{d}x_{j_2}\wedge\cdots\wedge \mathrm{d}x_{j_l}\Big)$$

$$=(\mathrm{d}\omega)\wedge\eta+(-1)^k\omega\wedge \mathrm{d}\eta.$$

这就证明了结论 (2). 为证明结论 (3), 同样根据结论 (1), 只需对形如

$$\omega=a(x)\mathrm{d}x_{i_1}\wedge \mathrm{d}x_{i_2}\wedge\cdots\wedge \mathrm{d}x_{i_k}$$

的 $\omega\in\Lambda^k(\Omega)$ 来证明式 (23.2.4), 这里 $a(x)$ 是在 Ω 上有二阶连续偏导数的函数. 有

$$\mathrm{d}\omega=\sum_{p=1}^{m}\frac{\partial a(x)}{\partial x_p}\mathrm{d}x_p\wedge \mathrm{d}x_{i_1}\wedge \mathrm{d}x_{i_2}\wedge\cdots\wedge \mathrm{d}x_{i_k},$$

进而

$$\begin{aligned}\mathrm{d}(\mathrm{d}\omega)&=\sum_{p,q=1}^{m}\frac{\partial^2 a(x)}{\partial x_q\partial x_p}\mathrm{d}x_q\wedge \mathrm{d}x_p\wedge \mathrm{d}x_{i_1}\wedge \mathrm{d}x_{i_2}\wedge\cdots\wedge \mathrm{d}x_{i_k}\\&=\sum_{p>q}^{m}\frac{\partial^2 a(x)}{\partial x_q\partial x_p}\mathrm{d}x_q\wedge \mathrm{d}x_p\wedge \mathrm{d}x_{i_1}\wedge \mathrm{d}x_{i_2}\wedge\cdots\wedge \mathrm{d}x_{i_k}\\&\quad+\sum_{p<q}^{m}\frac{\partial^2 a(x)}{\partial x_q\partial x_p}\mathrm{d}x_q\wedge \mathrm{d}x_p\wedge \mathrm{d}x_{i_1}\wedge \mathrm{d}x_{i_2}\wedge\cdots\wedge \mathrm{d}x_{i_k}\\&=\sum_{p>q}^{m}\frac{\partial^2 a(x)}{\partial x_q\partial x_p}\mathrm{d}x_q\wedge \mathrm{d}x_p\wedge \mathrm{d}x_{i_1}\wedge \mathrm{d}x_{i_2}\wedge\cdots\wedge \mathrm{d}x_{i_k}\\&\quad-\sum_{q>p}^{m}\frac{\partial^2 a(x)}{\partial x_p\partial x_q}\mathrm{d}x_p\wedge \mathrm{d}x_q\wedge \mathrm{d}x_{i_1}\wedge \mathrm{d}x_{i_2}\wedge\cdots\wedge \mathrm{d}x_{i_k}.\end{aligned}$$

最后这个等式用到了事实 $\dfrac{\partial^2 a(x)}{\partial x_q\partial x_p}=\dfrac{\partial^2 a(x)}{\partial x_p\partial x_q}$, 它由函数 $a(x)$ 在 Ω 上有二阶连续偏导数这个条件所保证. 由于最后这个等号后面的两项是相同的, 所以得到 $\mathrm{d}(\mathrm{d}\omega)=0$. 证毕.

23.2.3 闭形式和恰当形式

定义 23.2.5 设 $\omega\in\Lambda^k(\Omega)$, $1\leqslant k\leqslant m$.

(1) 如果 ω 的系数是可微函数且 $\mathrm{d}\omega=0$, 则称 ω 为**闭形式**.

(2) 如果存在 $\eta\in\Lambda^{k-1}(\Omega)$ 使得 $\omega=\mathrm{d}\eta$, 则称 ω 为**恰当形式**.

根据定理 23.2.2 结论 (3) 可知, 系数可微的恰当形式必然是闭形式. 但反过来则不然.

例 4　考虑区域 $\Omega=\mathbf{R}^2\backslash\{(0,0)\}$ 上的 Pfaff 形式

$$\omega=\frac{y}{x^2+y^2}\mathrm{d}x-\frac{x}{x^2+y^2}\mathrm{d}y.$$

有

$$\mathrm{d}\omega=\left(\frac{-2xy}{(x^2+y^2)^2}\mathrm{d}x+\frac{x^2-y^2}{(x^2+y^2)^2}\mathrm{d}y\right)\wedge\mathrm{d}x-\left(\frac{y^2-x^2}{(x^2+y^2)^2}\mathrm{d}x+\frac{-2xy}{(x^2+y^2)^2}\mathrm{d}y\right)\wedge\mathrm{d}y=0.$$

所以 ω 是闭形式. 但 ω 不是恰当形式. 这是因为, 如果 ω 是恰当形式, 则按定义应存在 $\Omega=\mathbf{R}^2\backslash\{(0,0)\}$ 上的可微函数 f, 使得 ω 等于 f 的全微分

$$\omega=\mathrm{d}f=f_x\mathrm{d}x+f_y\mathrm{d}y.$$

令 $u(x,y)=-\arctan\dfrac{y}{x}$, $x\neq0$. 易知在开集 $x\neq0$ 上有 $\mathrm{d}u=\omega$. 因此在这个开集上成立 $f_x=u_x$, $f_y=u_y$, 即 $(f-u)_x=0$, $(f-u)_y=0$, 从而在此开集上 $f-u$ 是常值函数, 即存在常数 C 使成立

$$f(x,y)=-\arctan\frac{y}{x}+C,\quad 当\ x\neq0.$$

由此推知对任意 $y>0$, 有

$$\lim_{x\to0^+}f(x,y)=-\frac{\pi}{2}+C,\quad \lim_{x\to0^-}f(x,y)=\frac{\pi}{2}+C,$$

表明函数 f 在每个点 $(0,y)$ $(y>0)$ 处不连续. 这与 f 的可微性矛盾.

但是, 对任意满足 $a^2+b^2=1$ 的实数 a 和 b, 若令 $\Omega=\{(x,y):ax+by>0\}$, 即 Ω 是有向直线 $ax+by=0$ 正侧的半平面, 则 ω 是 Ω 上的恰当形式. 这是因为, 令 $f(x,y)=\arctan\dfrac{bx-ay}{ax+by}$, 则易知在 Ω 上成立 $\mathrm{d}f=\omega$.

这个例子说明, 闭形式是否为恰当形式与区域的形状有关. 下面的定理表明, 星形区域上的闭形式必是恰当形式. 所谓 Ω 是**星形区域**, 是指 Ω 中存在点 x_0, 使对任意 $x\in\Omega$, 连接 x 和 x_0 的直线段 $\overline{xx_0}$ 都在 Ω 中 (图 23-2-1). 这时称 x_0 为 Ω 的中心. 注意中心不必是唯一的.

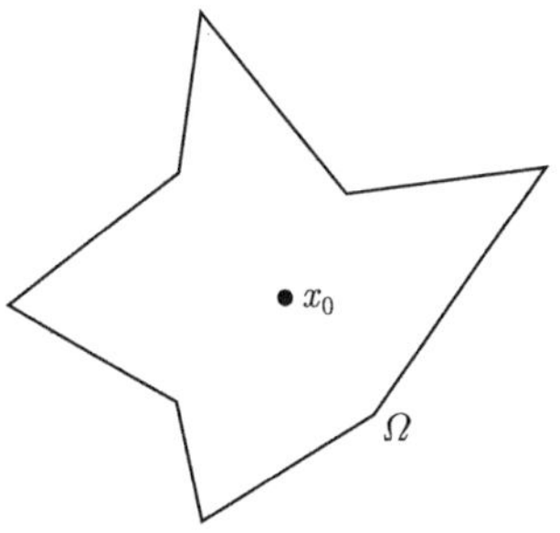

图 23-2-1　星形区域

定理 23.2.3(庞加莱引理)　设 Ω 是 $\mathbf{R}^m$ 中的星形区域. 则对任意 $1\leqslant k\leqslant m$, Ω 上的所有可微的 k 次闭形式都是恰当形式. 特别地, Ω 上的所有可微的 m 次形式都是恰当形式.

证明 对每个 $1 \leqslant k \leqslant m$, 定义线性映射

$$I_k : \Lambda^k(\Omega) \to \Lambda^{k-1}(\Omega),$$

使得对每个 k 次单项式

$$\omega = a(x)\mathrm{d}x_{i_1} \wedge \mathrm{d}x_{i_2} \wedge \cdots \wedge \mathrm{d}x_{i_k}, \tag{23.2.5}$$

有

$$I_k(\omega)=\sum_{j=1}^{k}(-1)^{j-1}\Big(\int_0^1 t^{k-1}a(tx+(1-t)x_0)\mathrm{d}t\Big)(x_{i_j}-x_{0i_j})\mathrm{d}x_{i_1} \wedge \cdots \wedge \widehat{\mathrm{d}x_{i_j}} \wedge \cdots \wedge \mathrm{d}x_{i_k},$$

其中, $x_0 = (x_{01}, x_{02}, \cdots, x_{0m})$ 为区域 Ω 的中心, 记号 $\widehat{\mathrm{d}x_{i_j}}$ 表示去掉因子 $\mathrm{d}x_{i_j}$. 下面来证明: 对每个 $1 \leqslant k \leqslant m$ 和任意 $\omega \in \Lambda^k$ 都有

$$\omega = I_{k+1}(\mathrm{d}\omega) + \mathrm{d}(I_k(\omega)). \tag{23.2.6}$$

为此注意由于 I_{k+1}, I_k 和 d 都是线性映射, 只需就 ω 是由式 (23.2.5) 给出的单项式来证明这个等式即可. 这时,

$$\mathrm{d}\omega = \sum_{p=1}^{m} \partial_p a(x)\mathrm{d}x_p \wedge \mathrm{d}x_{i_1} \wedge \mathrm{d}x_{i_2} \wedge \cdots \wedge \mathrm{d}x_{i_k},$$

其中 $\partial_p a(x)$ 表示函数 $a(x)$ 对第 p 个变元求偏导数. 因此

$$\begin{aligned}
&I_{k+1}(d\omega)\\
=&\sum_{p=1}^{m}\Big(\int_0^1 t^k \partial_p a(tx + (1-t)x_0)\mathrm{d}t\Big)(x_p - x_{0p})\mathrm{d}x_{i_1} \wedge \mathrm{d}x_{i_2} \wedge \cdots \wedge \mathrm{d}x_{i_k}\\
&+\sum_{p=1}^{m}\sum_{j=1}^{k}(-1)^j\Big(\int_0^1 t^k \partial_p a(tx + (1-t)x_0)\mathrm{d}t\Big)\\
&(x_{i_j}-x_{0i_j})\mathrm{d}x_p \wedge \mathrm{d}x_{i_1} \wedge \cdots \wedge \widehat{\mathrm{d}x_{i_j}} \wedge \cdots \wedge \mathrm{d}x_{i_k}.
\end{aligned}$$

又易见

$$\begin{aligned}
&\mathrm{d}I_k(\omega)\\
=&\sum_{j=1}^{k}(-1)^{j-1}\Big(\int_0^1 t^{k-1}a(tx + (1-t)x_0)\mathrm{d}t\Big)\mathrm{d}x_{i_j} \wedge \mathrm{d}x_{i_1} \wedge \cdots \wedge \widehat{\mathrm{d}x_{i_j}} \wedge \cdots \wedge \mathrm{d}x_{i_k}\\
&+\sum_{p=1}^{m}\sum_{j=1}^{k}(-1)^{j-1}\Big(\int_0^1 t^k \partial_p a(tx + (1-t)x_0)\mathrm{d}t\Big)
\end{aligned}$$

$$(x_{i_j}-x_{0i_j})\mathrm{d}x_p\wedge\mathrm{d}x_{i_1}\wedge\cdots\wedge\widehat{\mathrm{d}x_{i_j}}\wedge\cdots\wedge\mathrm{d}x_{i_k},$$

而

$$\begin{aligned}&\sum_{j=1}^{k}(-1)^{j-1}\Big(\int_0^1 t^{k-1}a(tx+(1-t)x_0)\mathrm{d}t\Big)\mathrm{d}x_{i_j}\wedge\mathrm{d}x_{i_1}\wedge\cdots\wedge\widehat{\mathrm{d}x_{i_j}}\wedge\cdots\wedge\mathrm{d}x_{i_k}\\=&\sum_{j=1}^{k}\Big(\int_0^1 t^{k-1}a(tx+(1-t)x_0)\mathrm{d}t\Big)\mathrm{d}x_{i_1}\wedge\mathrm{d}x_{i_2}\wedge\cdots\wedge\mathrm{d}x_{i_k}\\=&k\Big(\int_0^1 t^{k-1}a(tx+(1-t)x_0)\mathrm{d}t\Big)\mathrm{d}x_{i_1}\wedge\mathrm{d}x_{i_2}\wedge\cdots\wedge\mathrm{d}x_{i_k},\end{aligned}$$

所以

$$\begin{aligned}&\mathrm{d}I_k(\omega)\\=&k\Big(\int_0^1 t^{k-1}a(tx+(1-t)x_0)\mathrm{d}t\Big)\mathrm{d}x_{i_1}\wedge\mathrm{d}x_{i_2}\wedge\cdots\wedge\mathrm{d}x_{i_k}\\&-\sum_{p=1}^{m}\sum_{j=1}^{k}(-1)^j\Big(\int_0^1 t^k\partial_p a(tx+(1-t)x_0)\mathrm{d}t\Big)\\&(x_{i_j}-x_{0i_j})\mathrm{d}x_p\wedge\mathrm{d}x_{i_1}\wedge\cdots\wedge\widehat{\mathrm{d}x_{i_j}}\wedge\cdots\wedge\mathrm{d}x_{i_k}.\end{aligned}$$

把所得两个结果相加就得到

$$\begin{aligned}&I_{k+1}(\mathrm{d}\omega)+\mathrm{d}(I_k(\omega))\\=&\sum_{p=1}^{m}\Big(\int_0^1 t^k\partial_p a(tx+(1-t)x_0)\mathrm{d}t\Big)(x_p-x_{0p})\mathrm{d}x_{i_1}\wedge\mathrm{d}x_{i_2}\wedge\cdots\wedge\mathrm{d}x_{i_k}\\&+k\Big(\int_0^1 t^{k-1}a(tx+(1-t)x_0)\mathrm{d}t\Big)\mathrm{d}x_{i_1}\wedge\mathrm{d}x_{i_2}\wedge\cdots\wedge\mathrm{d}x_{i_k}\\=&\Big(\int_0^1\frac{\mathrm{d}}{\mathrm{d}t}\Big(t^k a(tx+(1-t)x_0)\Big)\mathrm{d}t\Big)\mathrm{d}x_{i_1}\wedge\mathrm{d}x_{i_2}\wedge\cdots\wedge\mathrm{d}x_{i_k}\\=&a(x)\mathrm{d}x_{i_1}\wedge\mathrm{d}x_{i_2}\wedge\cdots\wedge\mathrm{d}x_{i_k}=\omega.\end{aligned}$$

这就证明了式 (23.2.6).

如果 $\omega\in\Lambda^k(\Omega)$ 是闭形式, 那么 $\mathrm{d}\omega=0$, 从而令 $\eta=I_k(\omega)$, 则根据式 (23.2.6) 即得 $\omega=\mathrm{d}\eta$, 因此 ω 是恰当形式. 证毕.

推论 23.2.2　设 Ω 是 $\mathbf{R}^m$ 中的星形区域. 又设 Pfaff 形式

$$\omega=\sum_{i=1}^{m}f_i(x)\mathrm{d}x_i$$

满足以下两个条件:

(1) 函数 $f_1, f_2, \cdots, f_m$ 都在 Ω 上可微;

(2) $\dfrac{\partial f_i(x)}{\partial x_j} = \dfrac{\partial f_j(x)}{\partial x_i}, \forall x \in \Omega, i, j = 1, 2, \cdots, m.$

则存在 Ω 上的二次可微函数 u 使成立 $\mathrm{d}u = \omega$, 即 ω 是全微分.

证明 只需证明 ω 是闭形式. 事实上, 简单的计算表明

$$\mathrm{d}\omega = \sum_{i<j} \Big(\frac{\partial f_j(x)}{\partial x_i} - \frac{\partial f_i(x)}{\partial x_j}\Big)\mathrm{d}x_i \wedge \mathrm{d}x_j.$$

根据条件 (2) 知 $\mathrm{d}\omega = 0$, 所以 ω 是闭形式. 证毕.

习 题 23.2

1. 给定三个 Pfaff 形式

$$\omega = x\mathrm{d}x + y\mathrm{d}y + z\mathrm{d}z, \quad \eta = y\mathrm{d}x + z\mathrm{d}y + x\mathrm{d}z, \quad \zeta = z\mathrm{d}x + x\mathrm{d}y + y\mathrm{d}z.$$

(1) 求 $\omega \wedge \eta \wedge \zeta$;

(2) 求 $\omega \wedge \eta + \eta \wedge \zeta + \zeta \wedge \omega$.

2. (1) 等式 $\omega \wedge \omega = 0$ 一定成立吗? 问在什么条件下这个等式一定成立?

(2) 等式 $\omega \wedge \eta = -\eta \wedge \omega$ 一定成立吗? 问在什么条件下这个等式一定成立?

3. 给定 $\mathbf{R}^4$ 上的 2 形式

$$\omega = \mathrm{d}x_1 \wedge \mathrm{d}x_2 + \mathrm{d}x_2 \wedge \mathrm{d}x_3 + \mathrm{d}x_3 \wedge \mathrm{d}x_4,$$

证明: 不存在 Pfaff 形式 η 和 ζ 使成立 $\omega = \eta \wedge \zeta$.

4. 求 $\mathrm{d}\omega$, 已知

(1) $\omega = (y^2 - z^2)\mathrm{d}x + (z^2 - x^2)\mathrm{d}y + (x^2 - y^2)\mathrm{d}z$;

(2) $\omega = (x^2 - yz)\mathrm{d}x + (y^2 - zx)\mathrm{d}y + (z^2 - xy)\mathrm{d}z$;

(3) $\omega = \dfrac{yz(y^2+z^2)}{r^3}\mathrm{d}x + \dfrac{zx(z^2+x^2)}{r^3}\mathrm{d}y + \dfrac{xy(x^2+y^2)}{r^3}\mathrm{d}z$, 其中 $r = \sqrt{x^2 + y^2 + z^2}$;

(4) $\omega = x^2\mathrm{d}y \wedge \mathrm{d}z + y^2\mathrm{d}z \wedge \mathrm{d}x + z^2\mathrm{d}x \wedge \mathrm{d}y$;

(5) $\omega = \dfrac{1}{r^3}(x\mathrm{d}y \wedge \mathrm{d}z + y\mathrm{d}z \wedge \mathrm{d}x + z\mathrm{d}x \wedge \mathrm{d}y)$, 其中 $r = \sqrt{x^2 + y^2 + z^2}$.

5. 给定 2 形式 $\omega = \displaystyle\sum_{1\leqslant i<j\leqslant m} a_{ij}(x)\mathrm{d}x_i \wedge \mathrm{d}x_j$, 其中 $a_{ij}(x)$ 都是可微函数. 证明:

$$\mathrm{d}\omega = \sum_{1\leqslant i<j<k\leqslant m} \Big(\frac{a_{ij}(x)}{\partial x_k} + \frac{a_{jk}(x)}{\partial x_i} - \frac{a_{ik}(x)}{\partial x_j}\Big)\mathrm{d}x_i \wedge \mathrm{d}x_j \wedge \mathrm{d}x_k.$$

6. 设 Ω 是 $\mathbf{R}^m$ 中的开集, $F: \Omega \to \mathbf{R}^m$ 是可微映射, 分量表示为

$$F(x) = (a_1(x), a_2(x), \cdots, a_m(x)), \quad x \in \Omega,$$

其散度定义为 $\mathrm{div}F(x)=\sum_{k=1}^{m}\frac{\partial a_k(x)}{\partial x_k}$. 令

$$\omega_F=\sum_{k=1}^{m}(-1)^{k-1}a_k(x)\mathrm{d}x_1\wedge\cdots\wedge\widehat{\mathrm{d}x_k}\wedge\cdots\wedge\mathrm{d}x_m,$$

其中 $\mathrm{d}x_1\wedge\cdots\wedge\widehat{\mathrm{d}x_k}\wedge\cdots\wedge\mathrm{d}x_m$ 表示从 $\mathrm{d}x_1\wedge\mathrm{d}x_2\wedge\cdots\wedge\mathrm{d}x_m$ 中去掉 $\mathrm{d}x_k$.

(1) 证明: 当且仅当 $\mathrm{div}F(x)=0$ 时, ω_F 是闭形式;

(2) 证明:

$$\omega=\frac{1}{r^m}\sum_{k=1}^{m}(-1)^{k-1}x_k\mathrm{d}x_1\wedge\cdots\wedge\widehat{\mathrm{d}x_k}\wedge\cdots\wedge\mathrm{d}x_m$$

是 $\mathbf{R}^m\backslash\{0\}$ 中的闭形式.

7. 求 $\eta\in\Lambda^2$ 使得 $\mathrm{d}\eta=\omega$, 已知

(1) $\omega=3\mathrm{d}x\wedge\mathrm{d}y\wedge\mathrm{d}z$;

(2) $\omega=r^2\mathrm{d}x\wedge\mathrm{d}y\wedge\mathrm{d}z$, 其中 $r=\sqrt{x^2+y^2+z^2}$.

8. 求 $\eta\in\Lambda^1$ 使得 $\mathrm{d}\eta=\omega$, 已知

(1) $\omega=(y+z)\mathrm{d}y\wedge\mathrm{d}z+(z+x)\mathrm{d}z\wedge\mathrm{d}x+(x+y)\mathrm{d}x\wedge\mathrm{d}y$;

(2) $\omega=\mathrm{d}x_1\wedge\mathrm{d}x_2+\mathrm{d}x_2\wedge\mathrm{d}x_3+\mathrm{d}x_3\wedge\mathrm{d}x_4+\mathrm{d}x_4\wedge\mathrm{d}x_1$.

9. 求 $f\in\Lambda^0$ 使得 $\mathrm{d}f=\omega$, 已知

(1) $\omega=x^2\mathrm{d}x+y^2\mathrm{d}y+z^2\mathrm{d}z$;

(2) $\omega=r^\mu(x\mathrm{d}x+y\mathrm{d}y+z\mathrm{d}z)$, 其中, $r=\sqrt{x^2+y^2+z^2}$, $\mu\neq 0$ 为常数;

(3) $\omega=(yz+2xy)\mathrm{d}x+(x^2+xz+2yz)\mathrm{d}y+(xy+y^2)\mathrm{d}z$.

10. $\mathbf{R}^3$ 中的开集 Ω 叫做**线单连通区域**, 如果 Ω 中的每条分段光滑的简单闭曲线都可通过在 Ω 内的连续变形变为一点, 或等价地, 如果 Ω 中的每条分段光滑的简单闭曲线都是某张完全在 Ω 中的光滑曲面的边界. 证明: 如果 Ω 是 $\mathbf{R}^3$ 中的线单连通区域, 则 Ω 上的每个可微的闭 Pfaff 形式都是恰当的.

11. 设 Ω 是 $\mathbf{R}^m$ 中的开集, ω 是 Ω 上具有连续可微系数的 k 次微分形式, $1\leqslant k\leqslant m$. 如果对任意 $x_0\in\Omega$ 都存在其邻域 $U\subseteq\Omega$ 使在 U 上 ω 是恰当的, 即存在 U 上 $k-1$ 次微分形式 η 使在 U 上成立 $\omega=\mathrm{d}\eta$, 则称 ω 在 Ω 上是**局部恰当的**. 证明: ω 在 Ω 上是局部恰当的当且仅当它在 Ω 上是闭的.

23.3　微分形式的变元变换和积分

23.3.1　微分形式的变元变换

定义 23.3.1　设 Ω 是 $\mathbf{R}^m$ 中的开集, D 是 $\mathbf{R}^p$ 中的开集, 这里 $1\leqslant p\leqslant m$. 又设 $F:D\to\Omega$ 是可微映射, 其坐标表示为

$$x_i=F_i(y)=F_i(y_1,y_2,\cdots,y_p),\quad y\in D,\quad i=1,2,\cdots,m.$$

对 Ω 上的任意 k 次微分形式 $\omega \in \Lambda^k(\Omega)$, 这里 $1 \leqslant k \leqslant m$, 设

$$\omega = \sum_{1 \leqslant i_1 < i_2 < \cdots < i_k \leqslant m} a_{i_1 i_2 \cdots i_k}(x) \mathrm{d}x_{i_1} \wedge \mathrm{d}x_{i_2} \wedge \cdots \wedge \mathrm{d}x_{i_k}.$$

则用 $F^*(\omega)$ 表示 D 上的下列 k 次微分形式.

$$F^*(\omega) = \sum_{1 \leqslant i_1 < i_2 < \cdots < i_k \leqslant m} a_{i_1 i_2 \cdots i_k}(F(y)) \mathrm{d}F_{i_1}(y) \wedge \mathrm{d}F_{i_2}(y) \wedge \cdots \wedge \mathrm{d}F_{i_k}(y).$$

称 $F^*(\omega)$ 为微分形式 ω 在映射 F 下的**后拉**.

当 ω 是 Ω 上的零次微分形式即函数时, 设 $\omega = f$, 则定义 $F^*(\omega) = F^*(f)$ 为复合函数 $f \circ F$, 即 $F^*(f) = f \circ F$. 这样 $F^*(\omega) = F^*(f)$ 便是 D 上的零次微分形式, 而与上述对 $k \geqslant 1$ 次微分形式后拉的定义相一致. 所以, 复合函数 $f \circ F$ 也叫做函数 f 在映射 F 下的**后拉**.

按照以上定义和微分形式的外微分与外积运算的规则, 有

$$\begin{aligned} F^*(\omega) = & \sum_{1 \leqslant i_1 < i_2 < \cdots < i_k \leqslant m} a_{i_1 i_2 \cdots i_k}(F(y)) \Big(\sum_{j_1=1}^{p} \frac{\partial F_{i_1}(y)}{\partial y_{j_1}} \mathrm{d}y_{j_1} \Big) \\ & \wedge \Big(\sum_{j_2=1}^{p} \frac{\partial F_{i_2}(y)}{\partial y_{j_2}} \mathrm{d}y_{j_2} \Big) \wedge \cdots \wedge \Big(\sum_{j_k=1}^{p} \frac{\partial F_{i_k}(y)}{\partial y_{j_k}} \mathrm{d}y_{j_k} \Big) \\ = & \sum_{j_1, j_2, \cdots, j_k=1}^{p} b_{j_1 j_2 \cdots j_k}(y) \mathrm{d}y_{j_1} \wedge \mathrm{d}y_{j_2} \wedge \cdots \wedge \mathrm{d}y_{j_k}. \end{aligned} \tag{23.3.1}$$

其中

$$b_{j_1 j_2 \cdots j_k}(y) = \sum_{1 \leqslant i_1 < i_2 < \cdots < i_k \leqslant m} a_{i_1 i_2 \cdots i_k}(F(y)) \frac{\partial F_{i_1}(y)}{\partial y_{j_1}} \frac{\partial F_{i_2}(y)}{\partial y_{j_2}} \cdots \frac{\partial F_{i_k}(y)}{\partial y_{j_k}}.$$

当然最后的计算结果还需对式 (23.3.1) 中的各项进行 “合并同类项”.

例 1 设

$$\omega = x\mathrm{d}y \wedge \mathrm{d}z + y\mathrm{d}z \wedge \mathrm{d}x + z\mathrm{d}x \wedge \mathrm{d}y.$$

又设可微映射 $F: \mathbf{R}^3 \to \mathbf{R}^3$ 的坐标表示为

$$x = u + v - w, \quad y = u - v + w, \quad z = u - v - w.$$

则

$$
\begin{aligned}
F^*(\omega) =&(u+v-w)(\mathrm{d}u-\mathrm{d}v+\mathrm{d}w)\wedge(\mathrm{d}u-\mathrm{d}v-\mathrm{d}w)\\
&+(u-v+w)(\mathrm{d}u-\mathrm{d}v-\mathrm{d}w)\wedge(\mathrm{d}u+\mathrm{d}v-\mathrm{d}w)\\
&+(u-v-w)(\mathrm{d}u+\mathrm{d}v-\mathrm{d}w)\wedge(\mathrm{d}u-\mathrm{d}v+\mathrm{d}w)\\
=&(u+v-w)(2\mathrm{d}v\wedge\mathrm{d}w+2\mathrm{d}w\wedge\mathrm{d}u)\\
&+(u-v+w)(2\mathrm{d}v\wedge\mathrm{d}w+2\mathrm{d}u\wedge\mathrm{d}v)\\
&+(u-v-w)(-2\mathrm{d}w\wedge\mathrm{d}u-2\mathrm{d}u\wedge\mathrm{d}v)\\
=&4u\mathrm{d}v\wedge\mathrm{d}w+4v\mathrm{d}w\wedge\mathrm{d}u+4w\mathrm{d}u\wedge\mathrm{d}v.
\end{aligned}
$$

例 2　设 ω 同上一例题, 而 F 为 $\mathbf{R}^2$ 到 $\mathbf{R}^3$ 的下述可微映射.

$$
x=u^2+v^2,\quad y=u^2-v^2,\quad z=2uv.
$$

则

$$
\begin{aligned}
F^*(\omega) =&(u^2+v^2)(2u\mathrm{d}u-2v\mathrm{d}v)\wedge(2v\mathrm{d}u+2u\mathrm{d}v)\\
&+(u^2-v^2)(2v\mathrm{d}u+2u\mathrm{d}v)\wedge(2u\mathrm{d}u+2v\mathrm{d}v)\\
&+2uv(2u\mathrm{d}u+2v\mathrm{d}v)\wedge(2u\mathrm{d}u-2v\mathrm{d}v)\\
=&(u^2+v^2)(4u^2+4v^2)\mathrm{d}u\wedge\mathrm{d}v+(u^2-v^2)(4v^2-4u^2)\mathrm{d}u\wedge\mathrm{d}v\\
&+2uv(-8uv)\mathrm{d}u\wedge\mathrm{d}v\\
=&0.
\end{aligned}
$$

定理 23.3.1　设 ω 是单项式,

$$
\omega=a(x)\mathrm{d}x_{i_1}\wedge\mathrm{d}x_{i_2}\wedge\cdots\wedge\mathrm{d}x_{i_k},
$$

而 F 同定义 23.3.1. 则有

$$
F^*(\omega)=a(F(y))\sum_{1\leqslant j_1<j_2<\cdots<j_k\leqslant p}\frac{\partial(F_{i_1},F_{i_k},\cdots,F_{i_k})}{\partial(y_{j_1},y_{j_2},\cdots,y_{j_k})}\mathrm{d}y_{j_1}\wedge\mathrm{d}y_{j_2}\wedge\cdots\wedge\mathrm{d}y_{j_k}. \tag{23.3.2}
$$

证明　根据公式 (23.3.1) 有

$$
F^*(\omega)=a(F(y))\sum_{j_1,j_2,\cdots,j_k=1}^{p}c_{j_1j_2\cdots j_k}(y)\mathrm{d}y_{j_1}\wedge\mathrm{d}y_{j_2}\wedge\cdots\wedge\mathrm{d}y_{j_k}, \tag{23.3.3}
$$

其中

$$
c_{j_1j_2\cdots j_k}(y)=\frac{\partial F_{i_1}(y)}{\partial y_{j_1}}\frac{\partial F_{i_2}(y)}{\partial y_{j_2}}\cdots\frac{\partial F_{i_k}(y)}{\partial y_{j_k}}.
$$

式 (23.3.3) 右端的和式中, 只要足标 $j_1, j_2, \cdots, j_k$ 中有相同的, 它所对应的项就是零, 所以只需考虑那些足标互不相同的项, 并且需要把这样的项按足标从小到大的顺序重新排列并 "合并同类项". 对于从 $1, 2, \cdots, p$ 中任意取出的 k 个满足条件 $1 \leqslant l_1 < l_2 < \cdots < l_k \leqslant p$ 的数 $l_1, l_2, \cdots, l_k$, 式 (23.3.3) 右端的某项 $\mathrm{d}y_{j_1} \wedge \mathrm{d}y_{j_2} \wedge \cdots \wedge \mathrm{d}y_{j_k}$ 能够重新排列为 $\mathrm{d}y_{l_1} \wedge \mathrm{d}y_{l_2} \wedge \cdots \wedge \mathrm{d}y_{l_k}$ 当且仅当 $j_1, j_2, \cdots, j_k$ 是 $l_1, l_2, \cdots, l_k$ 的一个排列, 而且这时有

$$\mathrm{d}y_{j_1} \wedge \mathrm{d}y_{j_2} \wedge \cdots \wedge \mathrm{d}y_{j_k} = (-1)^{\tau(j_1 j_2 \cdots j_k)} \mathrm{d}y_{l_1} \wedge \mathrm{d}y_{l_2} \wedge \cdots \wedge \mathrm{d}y_{l_k}.$$

因此, 式 (23.3.3) 右端所有能够重新排列为 $\mathrm{d}y_{l_1} \wedge \mathrm{d}y_{l_2} \wedge \cdots \wedge \mathrm{d}y_{l_k}$ 的项的和为

$$\begin{aligned}&\Big(\sum_{\substack{\{j_1, j_2, \cdots, j_k\} \\ =\{l_1, l_2, \cdots, l_k\}}} (-1)^{\tau(j_1 j_2 \cdots j_k)} \frac{\partial F_{i_1}(y)}{\partial y_{j_1}} \frac{\partial F_{i_2}(y)}{\partial y_{j_2}} \cdots \frac{\partial F_{i_k}(y)}{\partial y_{j_k}}\Big) \mathrm{d}y_{l_1} \wedge \mathrm{d}y_{l_2} \wedge \cdots \wedge \mathrm{d}y_{l_k} \\ =&\frac{\partial(F_{i_1}, F_{i_k}, \cdots, F_{i_k})}{\partial(y_{j_1}, y_{j_2}, \cdots, y_{j_k})} \mathrm{d}y_{l_1} \wedge \mathrm{d}y_{l_2} \wedge \cdots \wedge \mathrm{d}y_{l_k},\end{aligned}$$

进而式 (23.3.3) 右端等于

$$a(F(y)) \sum_{1 \leqslant l_1 < l_2 < \cdots < l_k \leqslant p} \frac{\partial(F_{i_1}, F_{i_k}, \cdots, F_{i_k})}{\partial(y_{l_1}, y_{l_2}, \cdots, y_{l_k})} \mathrm{d}y_{l_1} \wedge \mathrm{d}y_{l_2} \wedge \cdots \wedge \mathrm{d}y_{l_k}.$$

这就证明了式 (23.3.2). 证毕.

公式 (23.3.2) 只是在理论推导时有用, 因为在实际做题时, 只需像前面两个例题那样直接根据定义进行演算, 而无需套用这个难记的并且实际并不好用的公式.

推论 23.3.1 设 Ω_1 和 Ω_2 是 $\mathbf{R}^m$ 中的两个开集, $F: \Omega_1 \to \Omega_2$ 是可微映射, 其雅可比行列式记作 $\det DF(x)$, $\forall x \in \Omega_1$. 则对 Ω_2 上的任意 m 形式

$$\omega = a(y) \mathrm{d}y_1 \wedge \mathrm{d}y_2 \wedge \cdots \wedge \mathrm{d}y_m, \quad y \in \Omega_2,$$

有

$$F^*(\omega) = a(F(x)) \det DF(x) \mathrm{d}x_1 \wedge \mathrm{d}x_2 \wedge \cdots \wedge \mathrm{d}x_m, \quad x \in \Omega_1.$$

下面讨论微分形式作变量变换的运算规则.

定理 23.3.2 微分形式的后拉运算 F^* 具有下列性质.

(1) 线性性: 对任意 $\omega_1, \omega_2, \omega \in \Lambda^k(\Omega)$ 和 $\lambda \in \mathbf{R}$, 成立

$$F^*(\omega_1 + \omega_2) = F^*(\omega_1) + F^*(\omega_2), \quad F^*(\lambda\omega) = \lambda F^*(\omega).$$

(2) 对外积运算的分配律: 对任意 $\omega \in \Lambda^k(\Omega)$ 和 $\eta \in \Lambda^l(\Omega)$, 成立

$$F^*(\omega \wedge \eta) = F^*(\omega) \wedge F^*(\eta).$$

(3) 和外微分运算可交换: 对任意 $\omega \in \Lambda^k(\Omega)$, 成立

$$F^*(\mathrm{d}\omega) = \mathrm{d}F^*(\omega).$$

证明　结论 (1) 是显然的. 为证结论 (2), 应用结论 (1) 只需就 ω 和 η 是单项式的情况给予证明. 因此设

$$\omega = a(x)\mathrm{d}x_{i_1} \wedge \mathrm{d}x_{i_2} \wedge \cdots \wedge \mathrm{d}x_{i_k},$$

$$\eta = b(x)\mathrm{d}x_{j_1} \wedge \mathrm{d}x_{j_2} \wedge \cdots \wedge \mathrm{d}x_{j_l}.$$

则

$$\omega \wedge \eta = a(x)b(x)\mathrm{d}x_{i_1} \wedge \cdots \wedge \mathrm{d}x_{i_k} \wedge \mathrm{d}x_{j_1} \wedge \cdots \wedge \mathrm{d}x_{j_l},$$

进而

$$\begin{aligned}F^*(\omega \wedge \eta) =& a(F(y))b(F(y))\mathrm{d}F_{i_1}(y) \wedge \cdots \wedge \mathrm{d}F_{i_k}(y) \wedge \mathrm{d}F_{j_1}(y) \wedge \cdots \wedge \mathrm{d}F_{j_l}(y)\\ =& [a(F(y))\mathrm{d}F_{i_1}(y) \wedge \cdots \wedge \mathrm{d}F_{i_k}(y)] \wedge [b(F(y))\mathrm{d}F_{j_1}(y) \wedge \cdots \wedge \mathrm{d}F_{j_l}(y)]\\ =& F^*(\omega) \wedge F^*(\eta).\end{aligned}$$

最后证明结论 (3). 当 $k=0$ 即 $\omega = f(x)$ 是函数时, 有

$$\mathrm{d}\omega = \sum_{i=1}^m \frac{\partial f(x)}{\partial x_i}\mathrm{d}x_i,$$

以及 $F^*(\omega) = f(F(y))$, 所以

$$\begin{aligned}F^*(\mathrm{d}\omega) =& \sum_{i=1}^m \frac{\partial f}{\partial x_i}(F(y))\mathrm{d}F_i(y) = \sum_{i=1}^m \frac{\partial f}{\partial x_i}(F(y))\Big(\sum_{j=1}^p \frac{\partial F_i(y)}{\partial y_j}\mathrm{d}y_j\Big)\\ =& \sum_{j=1}^p \Big(\sum_{i=1}^m \frac{\partial f}{\partial x_i}(F(y))\frac{\partial F_i(y)}{\partial y_j}\Big)\mathrm{d}y_j = \sum_{j=1}^p \frac{\partial f(F(y))}{\partial y_j}\mathrm{d}y_j\\ =& \mathrm{d}f(F(y)) = \mathrm{d}F^*(\omega).\end{aligned}$$

当 $k \geqslant 1$ 时, 根据后拉的线性性, 只需考虑 ω 为单项式的特殊情况, 故设

$$\omega = a(x)\mathrm{d}x_{i_1} \wedge \mathrm{d}x_{i_2} \wedge \cdots \wedge \mathrm{d}x_{i_k}.$$

则

$$\mathrm{d}\omega = \mathrm{d}a(x) \wedge \mathrm{d}x_{i_1} \wedge \mathrm{d}x_{i_2} \wedge \cdots \wedge \mathrm{d}x_{i_k},$$

从而

$$\begin{aligned}F^*(\mathrm{d}\omega) =& F^*(\mathrm{d}a(x)) \wedge F^*(\mathrm{d}x_{i_1} \wedge \mathrm{d}x_{i_2} \wedge \cdots \wedge \mathrm{d}x_{i_k})\\ =& \mathrm{d}a(F(y)) \wedge \mathrm{d}F_{i_1}(y) \wedge \mathrm{d}F_{i_2}(y) \wedge \cdots \wedge \mathrm{d}F_{i_k}(y).\end{aligned}$$

再来计算 $\mathrm{d}F^*(\omega)$. 我们知道 $\mathrm{d}^2=0$. 利用外微分运算的这个性质和莱布尼茨法则, 应用归纳法容易证明:

$$\mathrm{d}[\mathrm{d}F_{i_1}(y)\wedge\mathrm{d}F_{i_2}(y)\wedge\cdots\wedge\mathrm{d}F_{i_k}(y)]=0,$$

因此

$$\begin{aligned}\mathrm{d}F^*(\omega)=&\mathrm{d}[a(F(y))\mathrm{d}F_{i_1}(y)\wedge\mathrm{d}F_{i_2}(y)\wedge\cdots\wedge\mathrm{d}F_{i_k}(y)]\\=&\mathrm{d}a(F(y))\wedge\mathrm{d}F_{i_1}(y)\wedge\mathrm{d}F_{i_2}(y)\wedge\cdots\wedge\mathrm{d}F_{i_k}(y)\\&+a(F(y))\mathrm{d}[\mathrm{d}F_{i_1}(y)\wedge\mathrm{d}F_{i_2}(y)\wedge\cdots\wedge\mathrm{d}F_{i_k}(y)]\\=&\mathrm{d}a(F(y))\wedge\mathrm{d}F_{i_1}(y)\wedge\mathrm{d}F_{i_2}(y)\wedge\cdots\wedge\mathrm{d}F_{i_k}(y).\end{aligned}$$

比较以上计算结果, 知 $\mathrm{d}F^*(\omega)=F^*(\mathrm{d}\omega)$. 证毕.

注意把以上定理中的结论 (3) 特别应用于 ω 为零次微分形式, 即 $\omega=f$ 为函数的情况, 就有

$$F^*(\mathrm{d}f)=\mathrm{d}F^*(f)=\mathrm{d}(f\circ F),$$

上面这个等式是结论 (3) 的证明中讨论的第一种情况. 下面将用到这个事实, 所以特别地提到它.

设 Ω 是 $\mathbf{R}^m$ 中的开集, D_1 和 D_2 是 $\mathbf{R}^k$ 中的两个开集, 这里 $1\leqslant k\leqslant m$. 又设有三个可微映射

$$F_1:D_1\to\Omega,\quad F_2:D_2\to\Omega,\quad G:D_1\to D_2,$$

使得 $F_1=F_2\circ G$, 即成立

$$F_1(y)=F_2(G(y)),\quad \forall y\in D_1$$

自然要问: 三个后拉 F_1^*, F_2^* 和 G^* 之间有什么关系? 这个问题的答案由以下定理给出.

定理 23.3.3 在以上假设下, 对 Ω 上的任意微分形式 ω 成立

$$F_1^*(\omega)=G^*(F_2^*(\omega)),\tag{23.3.4}$$

即 $F_1^*=(F_2\circ G)^*=G^*\circ F_2^*$.

证明 根据后拉的线性性, 只需对 ω 为单项式的特殊情况证明式 (23.3.4). 因此设

$$\omega=a(x)\mathrm{d}x_{i_1}\wedge\mathrm{d}x_{i_2}\wedge\cdots\wedge\mathrm{d}x_{i_k}.$$

再设 $F_1(y)=(F_{11}(y),F_{12}(y),\cdots,F_{1m}(y))$, $\forall y\in D_1$, 及 $F_2(u)=(F_{21}(u),F_{22}(u),\cdots,F_{2m}(u))$, $\forall u\in D_2$. 则由 $F_1=F_2\circ G$ 知 $F_{1i}=F_{2i}\circ G$, $i=1,2,\cdots,m$. 所以

$$\begin{aligned}F_1^*(\omega)=&a(F_1(y))\mathrm{d}F_{1i_1}(y)\wedge\mathrm{d}F_{1i_2}(y)\wedge\cdots\wedge\mathrm{d}F_{1i_k}(y)\\=&a(F_2(G(y)))\mathrm{d}F_{2i_1}(G(y))\wedge\mathrm{d}F_{2i_2}(G(y))\wedge\cdots\wedge\mathrm{d}F_{2i_k}(G(y))\\=&G^*[a(F_2(u))]G^*[\mathrm{d}F_{2i_1}(u)]\wedge G^*[\mathrm{d}F_{2i_2}(u)]\wedge\cdots\wedge G^*[\mathrm{d}F_{2i_k}(u)]\\=&G^*[a(F_2(u))\mathrm{d}F_{2i_1}(u)\wedge\mathrm{d}F_{2i_2}(u)\wedge\cdots\wedge\mathrm{d}F_{2i_k}(u)]\\=&G^*(F_2^*(\omega)).\end{aligned}$$

这就证明了式 (23.3.4).

上述定理表明, 用两个变换对微分形式作两次后拉, 与把这两个变换复合起来对微分形式作一次后拉的结果是一样的.

23.3.2　微分形式的积分

引进微分形式这一数学对象的目的是为了处理高维空间和高维形体上的积分问题. 现在就开始着手进行这一工作. 首先考虑最简单的情况: m 次微分形式的积分.

定义 23.3.2　设 Ω 是 $\mathbf{R}^m$ 中的开集, 使得其闭包 $\overline{\Omega}$ 是具有连续边界的有界闭区域. 又设 f 是定义在 $\overline{\Omega}$ 上的可积函数. 则对于 Ω 上以 $f(x)$ 为系数的 m 次微分形式

$$\omega=f(x)\mathrm{d}x_1\wedge\mathrm{d}x_2\wedge\cdots\wedge\mathrm{d}x_m$$

(称 ω 为可积 m- 形式), 定义它在 Ω 上的**积分**为

$$\int_\Omega\omega=\int_{\overline{\Omega}}f(x)\mathrm{d}x=\int\!\!\int\cdots\int_{\overline{\Omega}}f(x)\mathrm{d}x_1\mathrm{d}x_2\cdots\mathrm{d}x_m.$$

以后, 为书写方便将把 $\int_{\overline{\Omega}}f(x)\mathrm{d}x$ 简记作 $\int_\Omega f(x)\mathrm{d}x$, 即当写一个函数在开集上的积分时, 是指它在这个开集的闭包上的积分.

定理 23.3.4　设 Ω_1 和 Ω_2 是 $\mathbf{R}^m$ 中的两个开集, 它们的闭包都是具有连续边界的有界闭区域. 又设 $F:\Omega_1\to\Omega_2$ 是双射且连续可微, 其雅可比行列式 $\det DF(x)\neq0$, $\forall x\in\Omega_1$. 则对 Ω_2 上任意可积的 m 形式 ω 成立

$$\int_{\Omega_2}\omega=\pm\int_{\Omega_1}F^*(\omega).\tag{23.3.5}$$

等式右端正负号的取法为当 $\det DF(x)>0$ 取正号, 当 $\det DF(x)<0$ 取负号.

证明　设

$$\omega=f(y)\mathrm{d}y_1\wedge\mathrm{d}y_2\wedge\cdots\wedge\mathrm{d}y_m,\quad y\in\Omega_2,$$

其中 f 是 $\overline{\Omega}_2$ 上的可积函数. 则根据推论 23.3.1 有

$$F^*(\omega) = f(F(x))\,\mathrm{det}DF(x)\mathrm{d}x_1 \wedge \mathrm{d}x_2 \wedge \cdots \wedge \mathrm{d}x_m, \quad x \in \Omega_1.$$

因此, 根据定义 23.3.2 和重积分的变元替换公式得

$$\int_{\Omega_2} \omega = \int_{\Omega_2} f(y)\mathrm{d}y = \int_{\Omega_1} f(F(x))|\,\mathrm{det}DF(x)|\mathrm{d}x = \pm\int_{\Omega_1} F^*(\omega),$$

正负号的取法为当 $\det DF(x) > 0$ 取正号, 当 $\det DF(x) < 0$ 取负号. 这就证明了式 (23.3.5). 证毕.

当 $1 \leqslant k \leqslant m-1$ 时, k 次微分形式将在 k 维流形上积分. 流形是三维空间中曲线和曲面概念在高维空间的推广: 曲线是一维流形, 曲面是二维流形. 下面分两步介绍流形的概念并定义微分形式在流形上的积分: 先考虑由参数方程表示的流形和微分形式在这种流形上的积分, 再介绍一般的流形概念以及 k 次微分形式在一般的 k 维流形上的积分. 后一步的工作需要比较多的预备知识, 留待 23.4 节来做. 下面进行前一步的工作.

定义 23.3.3 设 S 是 $\mathbf{R}^m$ 中的一个点集. 假设存在自然数 $1 \leqslant k \leqslant m-1$、$\mathbf{R}^k$ 中的区域 D 和映射 $F: D \to \mathbf{R}^m$ 满足以下四个条件:

(1) $F(D) = S$, 且 F 是 D 到 S 的双射;

(2) F 作为区域 $D \subseteq \mathbf{R}^k$ 上的 m 维向量函数, 在 D 上处处连续可微;

(3) 对每点 $t \in D$, F 的雅可比矩阵

$$DF(t) = \begin{pmatrix} \dfrac{\partial F_1}{\partial t_1} & \dfrac{\partial F_1}{\partial t_2} & \cdots & \dfrac{\partial F_1}{\partial t_k} \\ \dfrac{\partial F_2}{\partial t_1} & \dfrac{\partial F_2}{\partial t_2} & \cdots & \dfrac{\partial F_2}{\partial t_k} \\ \vdots & \vdots & & \vdots \\ \dfrac{\partial F_m}{\partial t_1} & \dfrac{\partial F_m}{\partial t_2} & \cdots & \dfrac{\partial F_m}{\partial t_k} \end{pmatrix}$$

的秩都是 k;

(4) F 的逆映射 $F^{-1}: S \to \mathbf{R}^k$ 是连续的, 即若点列 $F(t_n)$ $(n = 1, 2, \cdots)$ 在 $\mathbf{R}^m$ 中收敛于某个点 $\bar{x} \in S$, 则 t_n 收敛于 $F^{-1}(\bar{x})$.

则称 S 为 $\mathbf{R}^m$ 中由参数方程确定的 k 维微分流形, 简称**参数流形**, 并称映射 F 为 S 的**参数方程**或**参数表示**.

显然, 当 S 是一个由参数方程确定的 k 维流形时, 其参数方程必然是不唯一的. 事实上有无穷多个参数方程: 当 F 是 S 的一个参数方程时, 设 D 是 $\mathbf{R}^k$ 中使 $F(D) = S$ 的区域. 任意选取一个定义在 D 上的连续可微的 k 维向量函数 $\varPhi$, 使它是 D 到其

像集 $E=\Phi(D)$ 的微分同胚, 即 Φ 不仅连续可微, 而且是 D 到 E 的双射, 且对任意 $x\in D$ 有 $\det D\Phi(x)\neq 0$. 这时由反函数定理知 Φ^{-1} 是 E 到 D 的连续可微映射. 令 $G=F\circ\Phi^{-1}:E\to S$, 则易知 G 也是 S 的参数方程. 由于这样的映射 Φ 显然有无穷多, 所以 S 的参数方程也有无穷多.

另一方面, 对 S 的任意两个参数方程 F 和 G, 设 $D=F^{-1}(S)$, $E=G^{-1}(S)$, 并令 $\Phi=G^{-1}\circ F:D\to E$, 则显然 Φ 是 D 到 E 的双射, 且

$$F=G\circ\Phi. \tag{23.3.6}$$

应用隐函数定理可以证明, Φ 和 Φ^{-1} 都是连续可微的映射, 且它们的雅可比矩阵都是可逆矩阵. 最后这个结论也可证明如下. 由上式可知

$$DF(t)=DG(u)D\Phi(t),\quad \forall t\in D,\quad u=\Phi(t).$$

因为 $DF(t)$ 和 $DG(u)$ 的秩都等于 k, 所以 $D\Phi(t)$ 的秩也必然等于 k, 而不可能小于 k. 因此 $D\Phi(t)$ 是满秩矩阵. 这就证明了, 对 S 的任意两个参数方程 F 和 G, 必存在可逆映射 Φ 使式 (23.3.6) 成立, 且 Φ 和 Φ^{-1} 都是连续可微的映射并且雅可比矩阵都是可逆矩阵. 这样的映射 Φ 及其逆映射 Φ^{-1} 叫做 S 的两个参数方程 F 和 G 之间的**参数变换**. 以上分析表明, 由参数方程确定的微分流形尽管其参数方程是不唯一的, 但是任意两个不同的参数方程都可通过参数变换互相得到.

由参数方程给出的流形也可以像三维空间中由参数方程给出的曲线和曲面一样, 给出它的定向. 为介绍这个概念, 先回顾一下三维空间中由参数方程给出的曲线和曲面是如何定向的.

对于三维空间中的一条由参数方程

$$x=x(t),\quad y=y(t),\quad z=z(t),\quad t\in I$$

(I 表示一个区间) 给出的曲线 C, 它的方向有两个, 一个是参数 t 增加的方向, 另一个则是参数 t 减少的方向. 如果规定参数 t 增加的方向为 C 的正向, 那么参数 t 减少的方向则为 C 的负向. 反过来如果规定参数 t 减少的方向为 C 的正向, 那么参数 t 增加的方向则为 C 的负向. 当规定了 C 的正向时, 对于它的任何一个参数方程, 如果其参数增加的方向恰与 C 的正向一致, 就称 C 的这个参数方程是与 C 的定向相一致的, 否则就称它与 C 的定向相反.

同样对于三维空间中的一个由参数方程

$$x=x(u,v),\quad y=y(u,v),\quad z=z(u,v),\quad (u,v)\in D$$

(D 为 $\mathbf{R}^2$ 中的区域) 给出的光滑曲面 S, 假如映射

$$F:(u,v)\mapsto \boldsymbol{r}(u,v)=(x(u,v),y(u,v),z(u,v)),\quad \forall (u,v)\in D$$

是单射 (因而是区域 D 到曲面 S 的双射; 注意 S 是光滑曲面意味着向量函数 $\boldsymbol{r}(u,v)$ 在区域 D 上有一阶连续偏导数, 且 $\boldsymbol{r}_u\times\boldsymbol{r}_v$ 在 D 上处处非零), 并且 F^{-1} 连续, 那么也可以给它确定方向. 如果规定法向量 $\boldsymbol{r}_u\times\boldsymbol{r}_v$ 指向的一侧为 S 的正侧, 则另一侧即 $-\boldsymbol{r}_u\times\boldsymbol{r}_v$ 指向的一侧便为 S 的负侧; 反过来如果规定 $-\boldsymbol{r}_u\times\boldsymbol{r}_v$ 指向的一侧为 S 的正侧, 则 $\boldsymbol{r}_u\times\boldsymbol{r}_v$ 指向的一侧便为 S 的负侧 (图 23-3-1). 当规定了曲面 S 的正向时, 对于它的任何一个参数方程, 如果其 $\boldsymbol{r}_u\times\boldsymbol{r}_v$ 的方向恰与所规定的 S 的正向一致, 就称这个参数方程是与 S 的定向相一致的, 否则称它与 S 的定向相反.

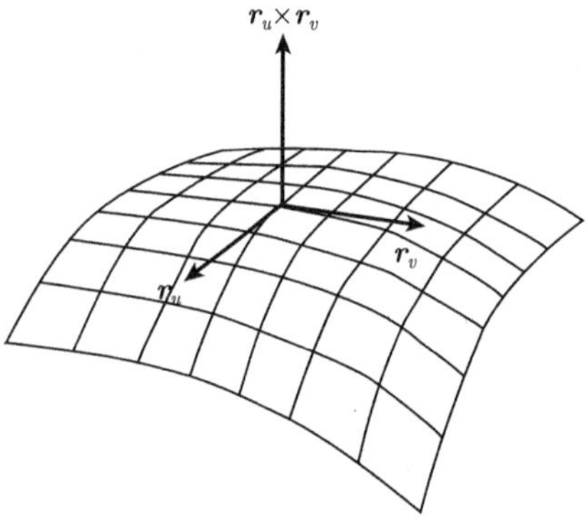

图 23-3-1　曲面的法向量

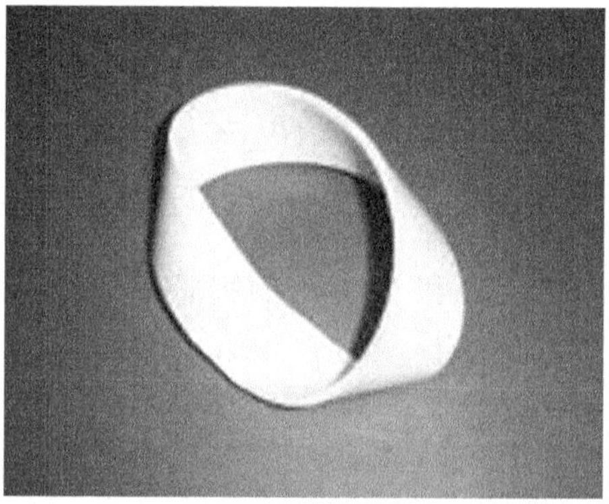

图 23-3-2　默比乌斯带

这里需要特别说明的是, 要求 $\boldsymbol{r}_u\times\boldsymbol{r}_v$ 在 D 上处处非零且 F^{-1} 连续都是必不可少的条件. 因为如果容许 $\boldsymbol{r}_u\times\boldsymbol{r}_v$ 在 D 上可以为零, 那么当 (u,v) 在 D 上连续变化时法向量 $\boldsymbol{r}_u\times\boldsymbol{r}_v$ 有可能从指向曲面的一侧变化为指向它的另一侧, 而与曲面定向的含义相违背. 又如果不要求 F^{-1} 连续, 则就把默比乌斯带 (图 23-3-2) 这种不可定向的曲面也包括了进来. 对默比乌斯带, 当法向量从中腰线上一点出发沿中腰线旋转一周回到出发点时, 其方向指向了出发时所指的反方向, 所以它是不可定向曲面. 但是, 的确存在从 $\mathbf{R}^2$ 中的一个 (不开也不闭的) 区域 D 到 $\mathbf{R}^3$ 的一个无穷可微的映射 F, 它是 D 到默比乌斯带的双射, 而且使得 $\boldsymbol{r}_u\times\boldsymbol{r}_v$ 恒不为零 (见习题 9), 只不过不满足 F^{-1} 连续的条件. 注意要求 F^{-1} 连续这个条件, 把封闭型的曲面都排除在外了. 因为为了得到这类曲面的满足双射条件的参数方程, 就必须把曲面从某个点或某条线上切开. 由于切口上的点对应的参数值必然在参数方程定义域的边界上, 不难构作出曲面上趋于切口上某个点的点列, 使得该点列所对应参数区域上的点列在参数区域里没有极限. 例如, 对以 Oz 轴为中心轴、半径为 1 的圆柱面的参数方程

$$F:(u,v)\mapsto\boldsymbol{r}(u,v)=\cos u\boldsymbol{i}+\sin u\boldsymbol{j}+v\boldsymbol{k},\quad 0\leqslant u<2\pi,\quad -\infty<v<+\infty$$

而言, 在切口线 $x=1,y=0$(对应于参数区域的边界线 $u=0$) 上 F^{-1} 是不连续的: 对任意给定的实数 v, 圆柱面上的点列 $P_n\left(\cos\dfrac{1}{n},-\sin\dfrac{1}{n},v\right)$ $(n=1,2,\cdots)$ 收敛于切

口线上的点 $(1,0,v)$, 但是该点列在映照 F^{-1} 下的象点列 $(u_n,v_n)=\left(2\pi-\dfrac{1}{n},v\right)(n=1,2,\cdots)$ 却并不收敛于点 $(1,0,v)$ 在映照 F^{-1} 下的象点 $(0,v)$. 不过, 像圆柱面、球面等可定向的封闭型曲面, 与默比乌斯带是有本质区别的. 封闭型的流形将在 23.4 节专门讨论.

对于 $\mathbf{R}^m$ 中由参数方程确定的 k 维微分流形 S (这里 $1\leqslant k\leqslant m$), 其定向也通过它的参数方程来确定. 对 S 的任何两个参数表示 $F:D\to\mathbf{R}^m$ 和 $G:E\to\mathbf{R}^m$, 其中 D 和 E 都是 $\mathbf{R}^k$ 中的区域, 令 $\varPhi:D\to E$ 为把 G 变为 F 的参数变换, 即使关系式 (23.3.6) 成立的映射. 则因行列式 $\det D\varPhi(y)$ 在 D 上处处非零, 所以它或者恒大于零, 或者恒小于零. 因此, S 的全部参数方程组成的集合可以分为两个互不相交的子集, 属于同一个子集中的任何两个参数方程之间的参数变换都有正的雅可比行列式, 属于不同子集的任何两个参数方程之间的参数变换都有负的雅可比行列式. 如果规定其中一个子集为 S 的正定向, 那么另外一个子集就是 S 的负定向. 所以, 规定 S 的定向就是指定这两个子集中的哪个作为 S 的正定向. 当已经规定了 S 的正定向时, 所有属于正定向子集的参数表示都叫做是与 S 的定向相一致的参数表示, 而所有属于另一个子集的参数表示都叫做是与 S 的定向相反的参数表示. 下面把这个概念以定义的方式明确下来.

定义 23.3.4　设 S 是 $\mathbf{R}^m$ 中的一个由参数方程确定的 k 维微分流形. 把 S 的全部参数方程组成的集合分为两个互不相交的子集, 使得属于同一个子集的任何两个参数方程之间的参数变换都有正的雅可比行列式, 属于不同子集的任何两个参数方程之间的参数变换都有负的雅可比行列式. 选定其中一个子集作为 S 的正向参数方程的集合, 就称给 S **指定了方向**, 并称 S 的所有属于这个子集的参数表示为与 S 的**定向一致**的参数表示, 而所有属于另一个子集的参数表示都叫做是与 S 的**定向相反**的参数表示. 确定了方向的微分流形叫做**有向流形**.

必须说明的是, 流形的定向是与参数方程中参数的排列顺序相关的, 即对同一个参数方程, 当把参数按不同顺序排列时, 就得到了流形的不同定向. 例如, 对曲面 $S:z=f(x,y)$, 如果按通常的排列顺序 x 在前 y 在后, 则 S 的正定向与 $\boldsymbol{r}_x\times\boldsymbol{r}_y=(-f_x,-f_y,1)$ 相一致; 而如果把 y 排在前 x 排在后, 那么 S 的正定向与 $\boldsymbol{r}_y\times\boldsymbol{r}_x=(f_x,f_y,-1)$ 相一致, 而得到了相反的定向.

现在便可给出 k 次微分形式在由参数方程给出的 k 维流形上的积分的定义.

定义 23.3.5　设 $\varOmega$ 是 $\mathbf{R}^m$ 中的开集, k 是一个给定的不大于 m 的正整数, 而 S 是 $\varOmega$ 中的一个由参数方程确定的并且指定了方向的 k 维微分流形. 令 $F:D\to\varOmega$ 是 S 的一个与其定向相一致的参数表示, 其中 D 是 $\mathbf{R}^k$ 中具有连续边界的有界闭区域. 则对 $\varOmega$ 上任意具有可积系数的 k 次微分形式 $\omega\in\varLambda^k(\varOmega)$, 定义它在 S 上的积分为

$$\int_S\omega=\int_D F^*(\omega).$$

以上定义是合理的, 即上式右端的积分值不依赖于流形 S 的参数表示 F 的选择. 事实上, 如果 S 另有一个与其定向相一致的参数表示 $G: G \to \Omega$, 则存在一个雅可比行列式处处大于零的可逆的连续可微映射 $\Phi: D \to E$, 使得 $F = G \circ \Phi$. 根据定理 23.3.3, 有

$$F^*(\omega) = \Phi^*(G^*(\omega)).$$

因为 $\det D\Phi(y) > 0$, 所以应用定理 23.3.4 知

$$\int_D F^*(\omega) = \int_D \Phi^*(G^*(\omega)) = \int_E G^*(\omega).$$

例 3 设 $\omega = P(x,y,z)\mathrm{d}x + Q(x,y,z)\mathrm{d}y + R(x,y,z)\mathrm{d}z$, 且空间曲线 C 的参数方程为

$$x = x(t), \quad y = y(t), \quad z = z(t), \quad t \in [a,b],$$

规定 C 的正向为参数 t 增加的方向. 求微分形式 ω 在 C 上的积分 $\int_C \omega$. 按照定义, 应当把 C 的上述参数方程看作从区间 $[a,b]$ 到 $\mathbf{R}^3$ 的映射 F, 即

$$F: t \mapsto (x(t), y(t), z(t)), \quad t \in [a,b],$$

则 $\int_C \omega = \int_{(a,b)} F^*(\omega)$. 下面计算 ω 的后拉 $F^*(\omega)$. 根据定义, 有

$$\begin{aligned} F^*(\omega) =& P(x(t),y(t),z(t))\mathrm{d}x(t) + Q(x(t),y(t),z(t))\mathrm{d}y(t) + R(x(t),y(t),z(t))\mathrm{d}z(t) \\ =& [P(x(t),y(t),z(t))x'(t) + Q(x(t),y(t),z(t))y'(t) + R(x(t),y(t),z(t))z'(t)]\mathrm{d}t. \end{aligned}$$

故

$$\begin{aligned} &\int_C \omega = \int_{(a,b)} F^*(\omega) \\ &= \int_a^b [P(x(t),y(t),z(t))x'(t) + Q(x(t),y(t),z(t))y'(t) + R(x(t),y(t),z(t))z'(t)]\mathrm{d}t. \end{aligned}$$

根据第二型曲线积分的计算公式, 最后这个定积分正是向量函数

$$\boldsymbol{F}(x,y,z) = P(x,y,z)\boldsymbol{i} + Q(x,y,z)\boldsymbol{j} + R(x,y,z)\boldsymbol{k}$$

沿曲线 C 的第二型曲线积分. 这说明

$$\begin{aligned} &\int_C P(x,y,z)\mathrm{d}x + Q(x,y,z)\mathrm{d}y + R(x,y,z)\mathrm{d}z \ (\text{微分形式的积分}) \\ =& \int_C P(x,y,z)\mathrm{d}x + Q(x,y,z)\mathrm{d}y + R(x,y,z)\mathrm{d}z \ (\text{第二型曲线积分}). \end{aligned}$$

例 4 设 $\omega = P(x,y,z)\mathrm{d}y \wedge \mathrm{d}z + Q(x,y,z)\mathrm{d}z \wedge \mathrm{d}x + R(x,y,z)\mathrm{d}x \wedge \mathrm{d}y$, 曲面 S 的参数方程为

$$x = x(u,v),\quad y = y(u,v),\quad z = z(u,v),\quad (u,v) \in D,$$

其中 D 是平面上具有连续边界的有界区域. 规定 S 的正向为从 D 到 $\mathbf{R}^3$ 的映射

$$F : (u,v) \mapsto (x(u,v), y(u,v), z(u,v)),\quad \forall (u,v) \in D$$

所诱导出的方向, 即正向和这个参数表示相一致. 下面求微分形式 ω 在 S 上的积分 $\int_S \omega$. 按照定义,

$$\int_S \omega = \int_D F^*(\omega).$$

而

$$\begin{aligned}
F^*(\omega) =& P(x(u,v), y(u,v), z(u,v))\mathrm{d}y(u,v) \wedge \mathrm{d}z(u,v) \\
&+ Q(x(u,v), y(u,v), z(u,v))\mathrm{d}z(u,v) \wedge \mathrm{d}x(u,v) \\
&+ R(x(u,v), y(u,v), z(u,v))\mathrm{d}x(u,v) \wedge \mathrm{d}y(u,v) \\
=& P(y_u\mathrm{d}u + y_v\mathrm{d}v) \wedge (z_u\mathrm{d}u + z_v\mathrm{d}v) + Q(z_u\mathrm{d}u + z_v\mathrm{d}v) \wedge (x_u\mathrm{d}u + x_v\mathrm{d}v) \\
&+ R(x_u\mathrm{d}u + x_v\mathrm{d}v) \wedge (y_u\mathrm{d}u + y_v\mathrm{d}v) \\
=& P(y_u z_v - y_v z_u)\mathrm{d}u \wedge \mathrm{d}v + Q(z_u x_v - z_v x_u)\mathrm{d}u \wedge \mathrm{d}v + R(x_u y_v - x_v y_u)\mathrm{d}u \wedge \mathrm{d}v \\
=& \left[P\frac{\partial(y,z)}{\partial(u,v)} + Q\frac{\partial(z,x)}{\partial(u,v)} + R\frac{\partial(x,y)}{\partial(u,v)}\right]\mathrm{d}u \wedge \mathrm{d}v.
\end{aligned}$$

故

$$\int_D F^*(\omega) = \iint_D \left[P\frac{\partial(y,z)}{\partial(u,v)} + Q\frac{\partial(z,x)}{\partial(u,v)} + R\frac{\partial(x,y)}{\partial(u,v)}\right]\mathrm{d}u\mathrm{d}v.$$

根据第二型曲面积分的计算公式, 最后这个二重积分正是向量函数

$$\boldsymbol{F}(x,y,z) = (P(x,y,z), Q(x,y,z), R(x,y,z))$$

沿曲面 S 的第二型曲面积分. 这说明

$$\begin{aligned}
&\int_S P(x,y,z)\mathrm{d}y \wedge \mathrm{d}z + Q(x,y,z)\mathrm{d}z \wedge \mathrm{d}x + R(x,y,z)\mathrm{d}x \wedge \mathrm{d}y \\
=& \iint_S P(x,y,z)\mathrm{d}y\mathrm{d}z + Q(x,y,z)\mathrm{d}z\mathrm{d}x + R(x,y,z)\mathrm{d}x\mathrm{d}y.
\end{aligned}$$

以上两例说明, 微分形式在流形上的积分是第二型曲线积分和第二型曲面积分向高维流形的推广.

定理 23.3.4 很容易推广到一般的 k 形式在 k 维流形上积分的情形.

定理 23.3.5　设 Ω_1 是 $\mathbf{R}^{m_1}$ 中的开集, Ω_2 是 $\mathbf{R}^{m_2}$ 中的开集, S_1 和 S_2 分别是 Ω_1 和 Ω_2 中的两个 k 维流形, 这里 $1 \leqslant k \leqslant m_1 \leqslant m_2$. 又设 $\Phi : \Omega_1 \to \Omega_2$ 是单射且连

续可微, 其雅可比矩阵的秩处处为 m_1, 并且 $\Phi(S_1)=S_2$. 则对 Ω_2 上的任意可积 k 形式 ω 成立

$$\int_{S_2}\omega=\pm\int_{S_1}\Phi^*(\omega). \tag{23.3.7}$$

等式右端正负号的取法为当映射 Φ 把 S_1 的正向变为 S_2 的正向时取正号, 否则取负号.

证明 设 $x=F(u)$, $u\in D$ 是 S_1 的一个与其定向相一致的参数表示, 其中 D 是 $\mathbf{R}^k$ 中一个具有连续边界的有界闭区域. 则根据映射 Φ 所满足的条件易知 $y=\Phi(F(u))=(\Phi\circ F)(u)$, $u\in D$ 是 S_2 的一个参数表示, 它既可能与 S_2 的定向一致 (此即映射 Φ 把 S_1 的正向变为 S_2 的正向), 也可能与 S_2 的定向相反 (此即 Φ 把 S_1 的正向变为 S_2 的负向). 因此根据定义, 对 Ω_2 上的任意可积 k 形式 ω 都有

$$\int_{S_2}\omega=\pm\int_D(\Phi\circ F)^*(\omega),$$

其中当参数表示 $y=(\Phi\circ F)(u)$, $u\in D$ 与 S_2 的定向一致时取正号, 否则取负号. 因为 $\Phi^*(\omega)$ 是 Ω_1 上的 k 形式, 而 $x=F(u)$, $u\in D$ 是 S_1 的一个与其定向一致的参数表示, 所以按定义有

$$\int_{S_1}\Phi^*(\omega)=\int_D F^*(\Phi^*(\omega)).$$

根据定理 23.3.3, 成立等式

$$(\Phi\circ F)^*(\omega)=F^*(\Phi^*(\omega)),$$

所以从以上二式即知式 (23.3.7) 成立. 证毕.

推论 23.3.2 设

$$x=x(u,v,w),\quad y=y(u,v,w),\quad z=z(u,v,w)$$

是 $\mathbf{R}^3$ 上的一个坐标变换, 双射且雅可比行列式处处非零. 则有

$$\int_C P\mathrm{d}x+Q\mathrm{d}y+R\mathrm{d}z=\int_{C'}\Big(P\frac{\partial x}{\partial u}+Q\frac{\partial y}{\partial u}+R\frac{\partial z}{\partial u}\Big)\mathrm{d}u+\Big(P\frac{\partial x}{\partial v}+Q\frac{\partial y}{\partial v}+R\frac{\partial z}{\partial v}\Big)\mathrm{d}v$$
$$+\Big(P\frac{\partial x}{\partial w}+Q\frac{\partial y}{\partial w}+R\frac{\partial z}{\partial w}\Big)\mathrm{d}w.$$

C' 为 C 在坐标变换下的象, 正向由 C 的正向经坐标变换决定.

推论 23.3.3 设

$$x=x(u,v),\quad y=y(u,v),\quad z=z(u,v)$$

是 $\mathbf{R}^2$ 到 $\mathbf{R}^3$ 的一个单射变换, 雅可比矩阵的秩处处为 2. 则有

$$\int_C P\mathrm{d}x+Q\mathrm{d}y+R\mathrm{d}z=\int_{C'}\Big(P\frac{\partial x}{\partial u}+Q\frac{\partial y}{\partial u}+R\frac{\partial z}{\partial u}\Big)\mathrm{d}u+\Big(P\frac{\partial x}{\partial v}+Q\frac{\partial y}{\partial v}+R\frac{\partial z}{\partial v}\Big)\mathrm{d}v.$$

C' 为 C 在变换下的象, 正向由 C 的正向经坐标变换决定.

推论 23.3.4 设

$$x = x(u, v, w), \quad y = y(u, v, w), \quad z = z(u, v, w)$$

是 $\mathbf{R}^3$ 上的一个坐标变换, 双射且雅可比行列式处处非零. 则有

$$\begin{aligned}\iint_S P\mathrm{d}y\mathrm{d}z + Q\mathrm{d}z\mathrm{d}x + R\mathrm{d}x\mathrm{d}y = \iint_{S'} &\left(P\frac{\partial(y,z)}{\partial(v,w)} + Q\frac{\partial(z,x)}{\partial(v,w)} + R\frac{\partial(x,y)}{\partial(v,w)}\right)\mathrm{d}v\mathrm{d}w \\ &+ \left(P\frac{\partial(y,z)}{\partial(w,u)} + Q\frac{\partial(z,x)}{\partial(w,u)} + R\frac{\partial(x,y)}{\partial(w,u)}\right)\mathrm{d}w\mathrm{d}u \\ &+ \left(P\frac{\partial(y,z)}{\partial(u,v)} + Q\frac{\partial(z,x)}{\partial(u,v)} + R\frac{\partial(x,y)}{\partial(u,v)}\right)\mathrm{d}u\mathrm{d}v.\end{aligned}$$

S' 为 S 在坐标变换下的象, 正向由 S 的正向经坐标变换决定.

例 5 设 S 是球面 $(x-a)^2 + (y-b)^2 + (z-c)^2 = R^2$, 以外侧为正侧. 求曲面积分

$$\iint_S x^2\mathrm{d}y\mathrm{d}z + y^2\mathrm{d}z\mathrm{d}x + z^2\mathrm{d}x\mathrm{d}y.$$

解 作变换 $x = x' + a$, $y = y' + b$, $z = z' + c$. 在此变换下, 有

$$\begin{aligned}&x^2\mathrm{d}y\wedge\mathrm{d}z + y^2\mathrm{d}z\wedge\mathrm{d}x + z^2\mathrm{d}x\wedge\mathrm{d}y \\ =&(x'+a)^2\mathrm{d}y'\wedge\mathrm{d}z' + (y'+b)^2\mathrm{d}z'\wedge\mathrm{d}x' + (z'+c)^2\mathrm{d}x'\wedge\mathrm{d}y',\end{aligned}$$

而 S 变为 $S_1: x'^2 + y'^2 + z'^2 = R^2$. 故

$$\begin{aligned}&\iint_S x^2\mathrm{d}y\mathrm{d}z + y^2\mathrm{d}z\mathrm{d}x + z^2\mathrm{d}x\mathrm{d}y \\ =&\iint_{S_1} (x'+a)^2\mathrm{d}y'\mathrm{d}z' + (y'+b)^2\mathrm{d}z'\mathrm{d}x' + (z'+c)^2\mathrm{d}x'\mathrm{d}y' \\ =&\iiint_{B(0,R)} [2(x'+a) + 2(y'+b) + 2(z'+c)]\mathrm{d}x'\mathrm{d}y'\mathrm{d}z' \quad (\text{斯托克斯公式}) \\ =&2(a+b+c)\iiint_{B(0,R)} \mathrm{d}x'\mathrm{d}y'\mathrm{d}z' + 2\iiint_{B(0,R)} (x'+y'+z')\mathrm{d}x'\mathrm{d}y'\mathrm{d}z' \\ =&2(a+b+c)\cdot\frac{4}{3}\pi R^3 = \frac{8}{3}\pi(a+b+c)R^3.\end{aligned}$$

采用微分形式的积分和外微分运算, 可以把格林公式、高斯公式和斯托克斯公式用统一的并且很简单的形式表达出来. 首先看格林公式. 令 $\omega = P\mathrm{d}x + Q\mathrm{d}y$, 则

$$\mathrm{d}\omega = \left(\frac{\partial Q}{\partial x} - \frac{\partial P}{\partial y}\right)\mathrm{d}x\wedge\mathrm{d}y.$$

因此格林公式可写成

$$\int_D \mathrm{d}\omega = \int_{\partial D} \omega,$$

其中 D 为 $\mathbf{R}^2$ 中具有分段光滑边界的有界闭区域. 类似地, 令 $\omega = P\mathrm{d}y \wedge \mathrm{d}z + Q\mathrm{d}z \wedge \mathrm{d}x + R\mathrm{d}x \wedge \mathrm{d}y$, 则

$$\mathrm{d}\omega = \Big(\frac{\partial P}{\partial x} + \frac{\partial Q}{\partial y} + \frac{\partial R}{\partial z}\Big)\mathrm{d}x \wedge \mathrm{d}y \wedge \mathrm{d}z.$$

因此高斯公式可写成

$$\int_\Omega \mathrm{d}\omega = \int_{\partial\Omega} \omega,$$

其中 Ω 为 $\mathbf{R}^3$ 中具有分块光滑边界的有界闭区域. 最后, 令 $\omega = P\mathrm{d}x + Q\mathrm{d}y + R\mathrm{d}z$, 则

$$\mathrm{d}\omega = \Big(\frac{\partial R}{\partial y} - \frac{\partial Q}{\partial z}\Big)\mathrm{d}y \wedge \mathrm{d}z + \Big(\frac{\partial P}{\partial z} - \frac{\partial R}{\partial x}\Big)\mathrm{d}z \wedge \mathrm{d}x + \Big(\frac{\partial Q}{\partial x} - \frac{\partial P}{\partial y}\Big)\mathrm{d}x \wedge \mathrm{d}y.$$

因此斯托克斯公式可写成

$$\int_S \mathrm{d}\omega = \int_{\partial S} \omega,$$

其中 S 为 $\mathbf{R}^3$ 中一张具有分段光滑边界的分块光滑的有界曲面块.

但是上面这些表达方式存在一个问题, 即它们都涉及微分形式在封闭曲线或封闭曲面上的积分, 而前面给出的微分形式积分的两个定义, 都不包括这种情况. 因此必须考虑封闭型的流形以及微分形式在封闭流形上的积分问题. 解决这些问题并给出一般形式的斯托克斯公式及其证明, 正是 23.4 节的任务.

习 题 23.3

1. 给定 $\mathbf{R}^3$ 上的坐标变换 F:

$$x = u + v - w, \quad y = v + w - u, \quad z = w + u - v.$$

求以下微分形式 ω 的后拉 $F^*(\omega)$:

(1) $\omega = yz\mathrm{d}x + zx\mathrm{d}y + xy\mathrm{d}z$;

(2) $\omega = x\mathrm{d}y \wedge \mathrm{d}z + y\mathrm{d}z \wedge \mathrm{d}x + z\mathrm{d}x \wedge \mathrm{d}y$;

(3) $\omega = \mathrm{d}x \wedge \mathrm{d}y \wedge \mathrm{d}z$.

2. 给定 $\mathbf{R}^3$ 上的坐标变换 F:

$$x = vw, \quad y = wu, \quad z = uv.$$

求以下微分形式 ω 的后拉 $F^*(\omega)$:

(1) $\omega = (y+z)\mathrm{d}x + (z+x)\mathrm{d}y + (x+y)\mathrm{d}z$;

(2) $\omega = \dfrac{1}{x}\mathrm{d}y \wedge \mathrm{d}z + \dfrac{1}{y}\mathrm{d}z \wedge \mathrm{d}x + \dfrac{1}{z}\mathrm{d}x \wedge \mathrm{d}y$;

(3) $\omega = \mathrm{d}x \wedge \mathrm{d}y \wedge \mathrm{d}z$.

3. (1) 求微分形式 $\omega = \mathrm{d}x \wedge \mathrm{d}y$ 在极坐标变换 $F: x = r\cos\theta,\ y = r\sin\theta$ 下的后拉 $F^*(\omega)$;

(2) 求微分形式 $\omega = \mathrm{d}x \wedge \mathrm{d}y \wedge \mathrm{d}z$ 在球坐标变换 $F: x = r\cos\theta\sin\varphi,\ y = r\sin\theta\sin\varphi,\ z = r\cos\varphi$ 下的后拉 $F^*(\omega)$.

4. 平面区域间的微分同胚变换 $x = x(u,v),\ y = y(u,v)$ 如果满足条件 $\dfrac{\partial x}{\partial u} = \dfrac{\partial y}{\partial v}$, $\dfrac{\partial x}{\partial v} = \dfrac{\partial y}{\partial u}$, 则称为**保形变换**. 证明: 对于二元可微函数 f, 微分形式

$$\omega = \left[\left(\frac{\partial f}{\partial x}\right)^2 - \left(\frac{\partial f}{\partial y}\right)^2\right]\mathrm{d}x \wedge \mathrm{d}y$$

在保形变换下形式不变.

5. 给定可微映射 $F: \mathbf{R}^2 \to \mathbf{R}^3$

$$x = x(u,v), \quad y = y(u,v), \quad z = z(u,v).$$

设 P, Q, R 都是 x, y, z 的函数. 证明:

(1) 如果 $\omega = P\mathrm{d}x + Q\mathrm{d}y + R\mathrm{d}z$, 则

$$F^*(\omega) = (Px_u + Qy_u + Rz_u)\mathrm{d}u + (Px_v + Qy_v + Rz_v)\mathrm{d}v;$$

(2) 如果 $\omega = P\mathrm{d}y \wedge \mathrm{d}z + Q\mathrm{d}z \wedge \mathrm{d}x + R\mathrm{d}x \wedge \mathrm{d}y$, 则

$$F^*(\omega) = \begin{vmatrix} P & Q & R \\ x_u & y_u & z_u \\ x_v & y_v & z_v \end{vmatrix} \mathrm{d}u \wedge \mathrm{d}v.$$

6. 给定可微映射 $F: \mathbf{R}^3 \to \mathbf{R}^3$

$$x = x(u,v,w), \quad y = y(u,v,w), \quad z = z(u,v,w).$$

设 P, Q, R 都是 x, y, z 的函数. 证明:

(1) 如果 $\omega = P\mathrm{d}x + Q\mathrm{d}y + R\mathrm{d}z$, 则

$$F^*(\omega) = (Px_u + Qy_u + Rz_u)\mathrm{d}u + (Px_v + Qy_v + Rz_v)\mathrm{d}v + (Px_w + Qy_w + Rz_w)\mathrm{d}w;$$

(2) 如果 $\omega = P\mathrm{d}y \wedge \mathrm{d}z + Q\mathrm{d}z \wedge \mathrm{d}x + R\mathrm{d}x \wedge \mathrm{d}y$, 则

$$F^*(\omega) = \begin{vmatrix} P & Q & R \\ x_v & y_v & z_v \\ x_w & y_w & z_w \end{vmatrix} \mathrm{d}v \wedge \mathrm{d}w + \begin{vmatrix} P & Q & R \\ x_w & y_w & z_w \\ x_u & y_u & z_u \end{vmatrix} \mathrm{d}w \wedge \mathrm{d}u + \begin{vmatrix} P & Q & R \\ x_u & y_u & z_u \\ x_v & y_v & z_v \end{vmatrix} \mathrm{d}u \wedge \mathrm{d}v.$$

7. 把以上二题推广到可微映射 $F:\mathbf{R}^k\to\mathbf{R}^m\ (1\leqslant k\leqslant m)$ 和 $\omega\in\Lambda^1$ 以及 $\omega\in\Lambda^{m-1}$ 的情况, 并考虑对一般的 $\omega\in\Lambda^p$, 其中 $2\leqslant p\leqslant m-2$, $F^*(\omega)$ 的计算公式应具有怎样的比较容易记忆的形式.
8. 考虑 $\mathbf{R}^m$ 中的超平面 S 为 $x_1+x_2+\cdots+x_m=a$. 从这个方程中解出一个变元为其余变元的函数, 就得到了 S 的参数表示. 问这样得到的不同参数方程是否给出 S 的相同定向? 考虑变元顺序的两种不同排序方法:
   (1) 按足标从小到大的顺序;
   (2) 按轮换的顺序, 即参数方程 $x_i=a-x_1-\cdots-x_{i-1}-x_{i+1}-\cdots-x_m$ 中参变元的排列顺序为 $x_{i+1},\cdots,x_m,x_1,\cdots,x_{i-1}$.
9. 让一条中点在圆周上且长度小于圆周的直径的直线段 l 沿圆周匀速滑动, 并在滑动过程中让线段 l 保持与圆周垂直地匀速旋转, 使中点沿圆周滑动一周回到初始位置时, 线段 l 刚好旋转了 180° 而成倒置状态, 则 l 的轨迹曲面叫做**默比乌斯带**. 圆周叫做默比乌斯带的中腰线, l 在每个时刻留下的印迹都叫做默比乌斯带的母线.
   (1) 证明: 中腰线是 Oxy 平面上以原点为心、半径为 2 的圆周且母线长度为 2 的默比乌斯带的参数方程为

$$\begin{aligned}\boldsymbol{r}(u,v)=&\left(2+v\sin\frac{u}{2}\right)\cos u\boldsymbol{i}+\left(2+v\sin\frac{u}{2}\right)\sin u\boldsymbol{j}\\&+v\cos\frac{u}{2}\boldsymbol{k},0\leqslant u<2\pi,\quad -1<v<1,\end{aligned}$$

   并解释参数 u,v 的几何意义.
   (2) 证明: $\boldsymbol{r}_u\times\boldsymbol{r}_v\neq 0,\ \forall(u,v)\in[0,2\pi)\times(-1,1)$, 且

$$\lim_{u\to 2\pi^-}\boldsymbol{r}_u\times\boldsymbol{r}_v|_{v=0}=-\boldsymbol{r}_u\times\boldsymbol{r}_v|_{(u,v)=(0,0)}.$$

10. (1) 已知 $\mathbf{R}^m$ 中光滑曲线 C 的参数方程为

$$x_i=x_i(t),\quad a\leqslant t\leqslant b,\quad i=1,2,\cdots,m,$$

   并且 C 的正向是参数 t 增加的方向. 写出曲线积分

$$\int_C a_1(x)\mathrm{d}x_1+a_2(x)\mathrm{d}x_2+\cdots+a_m(x)\mathrm{d}x_m$$

   的计算公式.
   (2) 已知 $\mathbf{R}^m$ 中光滑曲面 S 的参数方程为

$$x_i=x_i(u,v),\quad (u,v)\in D,\quad i=1,2,\cdots,m,$$

其中, D 是 $\mathbf{R}^2$ 中具有连续边界的有界闭区域, 并且 S 的正向是由该参数方程确定的方向. 写出曲面积分

$$\int_S \sum_{1\leqslant i<j\leqslant m} a_{ij}(x)\mathrm{d}x_i \wedge \mathrm{d}x_j$$

的计算公式.

11. 给定 $\mathbf{R}^m$ 上的 $m-1$ 次微分形式 ω

$$\omega = \sum_{i=1}^{m}(-1)^{i-1}f(x_i)\mathrm{d}x_1 \wedge \cdots \wedge \widehat{\mathrm{d}x_i} \wedge \cdots \wedge \mathrm{d}x_m,$$

其中 f 是区间 $[0,1]$ 上的连续函数. 令 M 为超曲面 $x_1+x_2+\cdots+x_m=1$ 位于第一象限的部分, 正向根据读者的喜好选取. 求 $\displaystyle\int_M \omega$.

23.4　斯托克斯公式

23.4.1　微分流形

正如本章一开始就讲到的, 这一章的主要目的是把格林公式、高斯公式和斯托克斯公式这些只涉及二元和三元函数的积分公式推广到一般多元函数的情形. 这三个公式都出现了区域边界或曲面边界这些封闭形体上的积分, 而这种封闭形体上的积分, 按 23.3 节的方法是无法圆满地推广到高维封闭形体的. 所以要想把这些公式往高维推广, 必须首先考虑一般的封闭形体上的积分如何定义. 流形概念的引入, 很好地解决了这个问题.

定义 23.4.1　设 M 是 $\mathbf{R}^m$ 的一个子集. 如果存在一个整数 $1\leqslant k\leqslant m$ 使对任意 $x_0\in M$, 下面的条件 (C) 都满足, 就称 M 为 k 维**微分流形**.

条件 (C)　存在 x_0 的邻域 $U\subseteq \mathbf{R}^m$, $\mathbf{R}^k$ 的开子集 D 和映射 $\varphi: D\to \mathbf{R}^m$ 使得

(1) φ 是单射, 且 $\varphi(D)=M\bigcap U$;

(2) φ 是 D 到 $\mathbf{R}^m$ 的可微映射;

(3) φ 的雅可比矩阵 $D\varphi$ 在每点 $y\in D$ 的秩都是 k;

(4) $\varphi^{-1}: M\bigcap U\to \mathbf{R}^k$ 是连续映射.

称满足上述条件 (1)~(4) 的 (φ, D) 为 M 在点 x_0 的一个**局部坐标系**或**局部参数表示**, $M\bigcap U$ 叫做 M 的一个**坐标块**或点 x_0 的一个**坐标邻域**(见图 23-4-1). 对每点 $x\in M\bigcap U$, 称 $\varphi(x)$ 为点 x 在这个局部坐标系下的**坐标**. 如果对某个整数 $p\geqslant 1$ 或 $p=\infty$, 可把条件 (2) 加强为

(2)$'$ φ 是 D 到 $\mathbf{R}^m$ 的 C^p 类映射, 即 p 阶连续可微的映射, 则称 M 为C^p **微分流形**, 简称C^p **流形**.

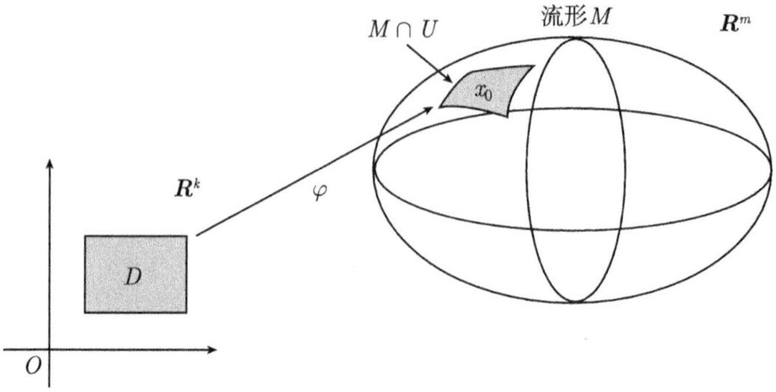

图 23-4-1　流形与坐标块

例 1　$\mathbf{R}^m$ 的任意开子集 U 都是一个 m 维微分流形. 事实上, 对任意 $x_0\in U$, 取 $U=D=U$, 并取 φ 为恒等映射, 则显然条件 (1)~条件 (4) 都是满足的.

例 2　设 D 是 $\mathbf{R}^{m-1}$ 的开子集, f 是定义在 D 上的可微函数, M 是这个函数的图像, 即

$$M=\{(x,f(x)):x\in D\}.$$

则 M 是一个 $m-1$ 维微分流形.

事实上, 对任意 $(x_0,f(x_0))\in M$, 其中自然地 $x_0\in D$, 取 $U=D\times\mathbf{R}$ (即以 D 为横截面的无限长柱体), $D=D$, 并令 $\varphi(x)=(x,f(x))$, $\forall x\in D$. 则易知条件 (1)~条件 (4) 都是满足的.

显然, 如果 f 是 D 上的 C^p 类函数, $1\leqslant p\leqslant\infty$, 则 M 是 C^p 流形.

例 3　设 Ω 是 $\mathbf{R}^m$ 的开子集, F 是定义在 Ω 上的连续可微函数, $0\in F(\Omega)$. 令

$$M=\{x\in\Omega:F(x)=0\}.$$

假设对每点 $x_0\in M$ 都有 $\nabla F(x_0)\neq 0$, 则 M 是一个 $m-1$ 维微分流形.

事实上, 对任意 $x_0\in M$, 由 $\nabla F(x_0)\neq 0$ 知 $F_{x_1}(x_0)$, $F_{x_2}(x_0)$, $\cdots$, $F_{x_m}(x_0)$ 这 m 个数中至少有一个不等于零. 不妨设 $F_{x_m}(x_0)\neq 0$, 则根据隐函数定理, 存在 $x_0=(x_{10},x_{20},\cdots,x_{m0})$ 的邻域 $U=D\times(x_{m0}-\delta,x_{m0}+\delta)\subseteq\mathbf{R}^m$, 其中 $\delta>0$, D 是 $x_0'=(x_{10},x_{20},\cdots,x_{m-1\ 0})$ 在 $\mathbf{R}^{m-1}$ 中的邻域, 使方程 $F(x',x_m)=0$ 对每个 $x'\in D$ 在 $(x_{m0}-\delta,x_{m0}+\delta)$ 中有唯一的解 $x_m=g(x')$, 且 g 是 D 上的连续可微函数. 此即 M 在 U 中的部分可以表示成 $x_m=g(x')$ 的形式, 其中 $x'\in D$. 因此, 类似于例 2, M 是 $m-1$ 维微分流形.

显然, 如果 F 是 D 上的 C^p 类函数, $1\leqslant p\leqslant\infty$, 则 M 是 C^p 流形.

根据这个例题可知, 圆周 $x^2+y^2=a^2$ $(a>0)$ 是一维无穷可微流形. 球面、椭球面、单叶双曲面、双叶双曲面、椭圆抛物面、双曲抛物面、椭圆柱面、双曲柱面、抛物柱面等正则二次曲面都是二维无穷可微流形. 圆锥面去掉顶点之后也是二维无穷可微流形. 另外, 环面

$$(\sqrt{x^2+y^2}-a)^2+z^2=r^2$$

(其中 $a>r>0$) 也是二维无穷可微流形 (见图 23-4-2).

图 23-4-2 环面

例 4 更一般地, 设 Ω 是 $\mathbf{R}^m$ 的开子集, $\Phi:\Omega\to\mathbf{R}^k$ 是连续可微的 k 维向量函数, 这里 $1\leqslant k\leqslant m-1$, 并设 $0\in\Phi(\Omega)$. 令

$$M=\{x\in\Omega:\Phi(x)=0\}.$$

假设 Φ 的雅可比矩阵 $D\Phi(x)$ 在每点 $x\in M$ 的秩都等于 k. 则与例 3 类似地可以证明, M 是一个 $m-k$ 维微分流形. 如果 Φ 是 C^p 类映射, $1\leqslant p\leqslant\infty$, 则 M 是 $m-k$ 维的 C^p 流形.

由以上这些例子可以看出, 微分流形包括了大部分通常遇到的曲线和曲面以及它们的高维推广.

比较这里引进的微分流形和 23.3 节引进的参数流形的概念, 不难看出, 微分流形其实就是在每一点的一个邻域中都是参数流形的形体, 或者说, 微分流形是在每一点附近都局部地有参数表示而不必整体地有参数表示的形体. 重要的是, 这里容许所讨论的对象只局部地有参数表示而不必整体地有参数表示, 就可以把那些封闭型的形体包括进来. 这正是引进流形概念的主要目的. 也许读者会说, 既然主要目的是为了处理封闭型的形体, 何不像处理曲线和曲面时做的那样, 放弃对参数映射是单射的要求, 容许参数映射把多个点映照到同一个点, 这样不就有可能只用一个参数方程来表示所讨论的对象了吗? 之所以不采行这样的思路, 是因为按这种方法, 必须特别地处理那些参数映射不是单射的点, 而这是很复杂的事. 以前之所以没有在这个问题上花功夫, 是因为凡是在碰到这类问题的地方, 都可以借助几何图形一目了然地把问题搞清楚. 在高维情形, 我们无法像在二维和三维情形那样作图, 这个问题的处理就不可能是很简单的.

定义 23.4.2 设 M 是 $\mathbf{R}^m$ 中的一个 k 维微分流形, $1\leqslant k\leqslant m$. 对 M 的两个不同坐标系 (φ,D) 和 (ψ,E), 如果 $\varphi(D)\bigcap\psi(E)\neq\varnothing$, 则就有两个映射

$$\psi^{-1}\circ\varphi:\varphi^{-1}(\varphi(D)\bigcap\psi(E))\to\psi^{-1}(\varphi(D)\bigcap\psi(E)),$$

$$\varphi^{-1}\circ\psi:\psi^{-1}(\varphi(D)\bigcap\psi(E))\to\varphi^{-1}(\varphi(D)\bigcap\psi(E)).$$

它们是 $\mathbf{R}^k$ 的两个开子集 $D_1=\varphi^{-1}(\varphi(D)\bigcap\psi(E))$ 和 $E_1=\psi^{-1}(\varphi(D)\bigcap\psi(E))$ 之间的互逆映射, 叫做两个局部坐标系 (φ,D) 和 (ψ,E) 之间的**坐标变换**, 也叫做这两个局部参数表示的**参数变换**(图 23-4-3).

引理 23.4.1 如果 $\varphi(D)\bigcap\psi(E)\neq\varnothing$, 则坐标变换 $\psi^{-1}\circ\varphi$ 和 $\varphi^{-1}\circ\psi$ 是互逆的微分同胚. 如果进一步 M 是 C^p 流形 $(1\leqslant p\leqslant\infty)$, 则 $\psi^{-1}\circ\varphi$ 和 $\varphi^{-1}\circ\psi$ 都是 C^p 类微分同胚.

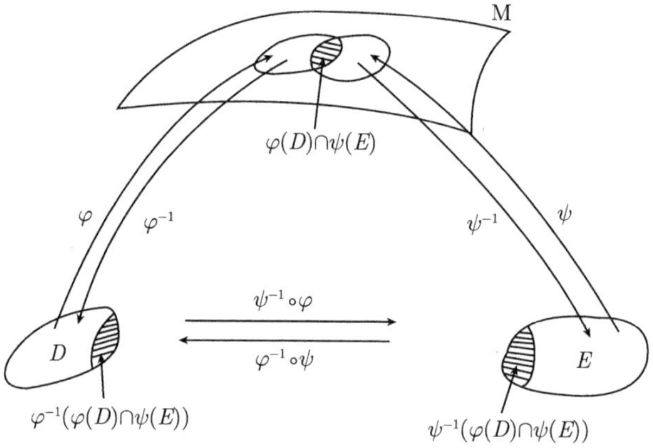

图 23-4-3 坐标变换

证明 记 $D_1=\varphi^{-1}(\varphi(D)\bigcap\psi(E))$, $E_1=\psi^{-1}(\varphi(D)\bigcap\psi(E))$, 并设 φ 和 ψ 的分量表示式分别为

$$x_1=\varphi_1(t_1,t_2,\cdots,t_k),\ \ x_2=\varphi_2(t_1,t_2,\cdots,t_k),\ \ \cdots,x_m=\varphi_m(t_1,t_2,\cdots,t_k) \quad (23.4.1)$$

(其中 $(t_1,t_2,\cdots,t_k)\in D$) 和

$$x_1=\psi_1(u_1,u_2,\cdots,u_k),\ \ x_2=\psi_2(u_1,u_2,\cdots,u_k),\ \ \cdots,x_m=\psi_m(u_1,u_2,\cdots,u_k) \quad (23.4.2)$$

(其中 $(u_1,u_2,\cdots,u_k)\in E$). 设 t_0 是 D_1 中任意一点. 令 $x_0=\varphi(t_0)$, $u_0=\psi^{-1}(x_0)$. 因为 $\mathrm{rank}D\psi(u_0)=k$, 所以在 m 个函数 ψ_1, ψ_2, $\cdots$, ψ_m 中, 至少有一组 k 个函数, 它们在点 u_0 的雅可比行列式非零. 不妨设

$$\left.\frac{\partial(\psi_1,\psi_2,\cdots,\psi_k)}{\partial(u_1,u_2,\cdots,u_k)}\right|_{u_0}\neq 0.$$

则根据反函数定理, 存在 u_0 的小邻域, 使在此邻域里可从式 (23.4.2) 的前 k 个方程把 $u_1,u_2,\cdots,u_k$ 反解成 $x_1,x_2,\cdots,x_k$ 的函数:

$$u_1=\eta_1(x_1,x_2,\cdots,x_k),\ \ u_2=\eta_2(x_1,x_2,\cdots,x_k),\ \ \cdots,u_k=\eta_k(x_1,x_2,\cdots,x_k),$$

而且这些函数都是可微函数. 把式 (23.4.1) 中的前 k 个函数关系代入这些表达式, 就得到了在 t_0 的一个小邻域里, 坐标变换 $\psi^{-1}\circ\varphi$ 的坐标表示式:

$$\begin{aligned}u_j=&\eta_j(\varphi_1(t_1,t_2,\cdots,t_k),\varphi_2(t_1,t_2,\cdots,t_k),\cdots,\varphi_k(t_1,t_2,\cdots,t_k))\\ \equiv&u_j(t_1,t_2,\cdots,t_k),\quad j=1,2,\cdots,k.\end{aligned}$$

由于 φ_i $(i=1,2,\cdots,k)$ 和 η_j $(j=1,2,\cdots,k)$ 都是可微函数, 所以每个 u_j $(j=1,2,\cdots,k)$ 作为可微函数的复合, 也都是可微函数. 这就证明了在 t_0 的一个小邻域里映射 $\psi^{-1}\circ\varphi$ 是可微映射. 再由点 t_0 的任意性, 即知该映射在 $D_1=\varphi^{-1}(\varphi(D)\bigcap\psi(E))$

上是可微映射. 如果 M 是 C^p 流形, 那么 φ_i $(i=1,2,\cdots,m)$ 和 ψ_j $(j=1,2,\cdots,m)$ 都是 C^p 类函数, 由反函数定理, 后者蕴涵着 η_j $(j=1,2,\cdots,k)$ 也都是 C^p 类函数, 于是每个 u_j $(j=1,2,\cdots,k)$ 作为 C^p 类函数的复合, 也都是 C^p 类函数. 这就是说在 t_0 的一个小邻域里 $\psi^{-1}\circ\varphi$ 是 C^p 类映射. 再由点 t_0 的任意性, 即知该映射在 $D_1=\varphi^{-1}(\varphi(D)\bigcap\psi(E))$ 上是 C^p 类映射. 交换 φ 与 ψ 的位置, 便得到了对 $\varphi^{-1}\circ\psi$ 的类似结论.

其次, 由于 $\varphi=\psi\circ(\psi^{-1}\circ\varphi)$, 所以有

$$D\varphi(t)=D\psi(u)D(\psi^{-1}\circ\varphi)(t),$$

其中 t 是 D_1 内任意一点, 而 $u=(\psi^{-1}\circ\varphi)(t)$. 因 $\mathrm{rank}D\varphi(t)=k$ 且 $\mathrm{rank}D\psi(u)=k$, 而根据矩阵乘积的秩定理知

$$\mathrm{rank}D\varphi(t)\leqslant\min\{\mathrm{rank}D\psi(u),\mathrm{rank}D(\psi^{-1}\circ\varphi)(t)\},$$

所以必有 $\mathrm{rank}D(\psi^{-1}\circ\varphi)(t)=k$, 即 $D(\psi^{-1}\circ\varphi)(t)$ 是满秩矩阵, 所以其行列式即 $\psi^{-1}\circ\varphi$ 的雅可比行列式不等于零. 同理可证 $\varphi^{-1}\circ\psi$ 的雅可比行列式也不等于零.

综上所论, 即知 $\psi^{-1}\circ\varphi$ 和 $\varphi^{-1}\circ\psi$ 是互逆的微分同胚, 并且当 M 是 C^p 流形时, $\psi^{-1}\circ\varphi$ 和 $\varphi^{-1}\circ\psi$ 还都是 C^p 类微分同胚. 证毕.

在微分流形的定义中, 要求每个点都有一个坐标邻域和一个局部坐标系. 显然, 不同的点完全可以有相同的坐标邻域和局部坐标系. 因此, 如果尽可能地使不同的点共用同一个坐标邻域和局部坐标系, 就可以使参数表示式尽可能地少. 因此引进下述概念.

定义 23.4.3　设 M 是 $\mathbf{R}^m$ 中的一个微分流形. 又设 $\{(\varphi_\lambda,D_\lambda)\}_{\lambda\in\Lambda}$ 是由 M 的一族局部坐标系组成的集合. 如果局部坐标邻域的集合 $\{\varphi_\lambda(D_\lambda)\}_{\lambda\in\Lambda}$ 覆盖了 M, 即

$$M\subseteq\bigcup_{\lambda\in\Lambda}\varphi_\lambda(D_\lambda),$$

从而使得每个点 $x_0\in M$ 都有一个相应的 $\lambda_0\in\Lambda$, 使 $(\varphi_{\lambda_0},D_{\lambda_0})$ 为 M 在点 x_0 的局部坐标系, 就称 $\{(\varphi_\lambda,D_\lambda)\}_{\lambda\in\Lambda}$ 为 M 的一个**坐标图册**, 简称**图册**.

流形的坐标图册与我们日常生活中使用的像世界地图之类的地图册有类似之处. 地图册是把很多张不同的地图合订在一起, 其中的每张地图只描述了地球表面的某一个局部, 但很多张合在一起, 就可以描述整个地球表面了. 当然不同张地图之间并不是完全不同的, 它们可以有互相重叠的部分. 流形的坐标图册, 正具有地图册的这种特性. 这正是 "坐标图册" 这一名称的来历. 因此, 流形可以看成由多张参数流形拼接而成的形体, 拼接的过程中容许有互相重叠的部分, 但必须在拼接的地方光滑地衔接 (在数学上, 这意味着参数变换是可微的). 流形的英文名称是 manifold, 这个词是由 many(多) 加后缀 fold(叠, 重) 得来的, 其意思是 "作成多份的、由同类的几部分组成的", 正体现了流形的这种特性. 不过, 流形的中文名称却完全没有这个意思, 而是体现了微分流形的另一特征, 即可微性或光滑性.

当一个微分流形是紧致的即是 $\mathbf{R}^m$ 中的有界闭集时, 称这个微分流形为**紧流形**. 应用有限覆盖定理容易看出, 每个紧流形都有由有限个局部坐标系组成的坐标图册.

定义 23.4.4 如果一个微分流形 M 有一个坐标图册, 它的所有坐标变换的雅可比行列式都大于零, 则称 M 为**可定向流形**.

设 M 是一个可定向微分流形. 这时, 它的每个坐标块作为参数流形自然是可定向的. 对 M 的每个坐标块都给出定向, 使得对于两个相交的坐标块, 在它们的交集上按不同的坐标块给出的定向是一致的. 由于 M 是可定向流形, 这显然是可以办到的. 例如, 设 $\{(\varphi_\lambda, D_\lambda)\}_{\lambda\in\Lambda}$ 是可定向流形 M 的一个坐标图册, 它的所有坐标变换的雅可比行列式都大于零. 规定每个坐标块 $\varphi_\lambda(D_\lambda)$ 的正向为使得参数表示 φ_λ 恰与之一致的定向, 则就得到了 M 的一个定向. 当然, 也可规定每个坐标块 $\varphi_\lambda(D_\lambda)$ 的正向为使得参数表示 φ_λ 恰与之相反的定向, 则这时就得到了 M 的一个相反的定向. 按这种方法对 M 的每个坐标块都给出定向之后, 就称 M 为**定向流形**.

并非每个微分流形都是可定向的. 默比乌斯带就是不可定向流形的一个经典例子.

定义 23.4.5 对 $\mathbf{R}^m$ 的子集 M, 如果存在整数 $1 \leqslant k \leqslant m$, 使 M 中的任意点 x_0 或者满足条件 (C), 或者满足下面的条件 (C'), 就称 M 为**带边的 k 维微分流形**.

条件 (C') 存在 x_0 的邻域 $U \subseteq \mathbf{R}^m$, $\mathbf{R}^k$ 的开子集 D 和映射 $\varphi : D \to \mathbf{R}^m$ 使得

(1) φ 是单射, $\varphi(D\bigcap \mathbf{R}^k_+) = U\bigcap M$, 其中

$$\mathbf{R}^k_+ = \{(x', x_k) \in \mathbf{R}^{k-1} \times \mathbf{R} : x_k \geqslant 0\}$$

且 $\varphi^{-1}(x_0)$ 属于 $D\bigcap \mathbf{R}^k_+$ 的下边界, 即 $\varphi^{-1}(x_0)$ 的第 k 个坐标为零;

(2) φ 是 D 到 $\mathbf{R}^m$ 的可微映射;

(3) φ 的雅可比矩阵 $D\varphi$ 在每点 $t \in D$ 的秩都是 k;

(4) $\varphi^{-1} : U\bigcap M \to \mathbf{R}^k_+$ 是连续映射.

M 中所有满足条件 (C') 的点 x_0 都叫做 M 的**边缘点**, 它们组成的集合叫做 M 的**边缘**, 记作 ∂M. 而相应地, M 中所有满足条件 (C) 的点 x_0 都叫做 M 的**内点**, 它们组成的集合叫做 M 的**内域**, 记作 M°.

注意尽管带边流形 M 的边缘与其作为 $\mathbf{R}^m$ 的子集的边界使用了相同的记号 ∂M, 但一般而言二者是有区别的. 首先, 如果 M 是带边的 k 维流形而 $1 \leqslant k \leqslant m-1$, 则显然 M 作为 $\mathbf{R}^m$ 的子集没有内点, 因而其边界 $\partial M = M$, 但是显然作为带边的 k 维流形, 其边缘 $\partial M \neq M$. 其次, 在 $k = m$ 的情况, 二者一般也不必相等. 例如, $\mathbf{R}^m$ 的子集

$$M = \{x \in \mathbf{R}^m : |x| < 1 \text{ 或 } 1 < |x| \leqslant 2\}$$

是一个 m 维带边流形, 其边缘 $\partial M = \{|x| = 2\}$, 但其边界 $\partial M = \{|x| = 1\}\bigcup\{|x| = 2\}$. 与此相应, 流形 M 的内域与其作为 $\mathbf{R}^m$ 的子集的内域尽管使用了相同的记号 M°, 但一般而言二者是有区别的.

对于带边流形, 也有坐标图册、定向等概念, 其定义与不带边流形即满足 $\partial M=\varnothing$ 的流形相应概念的定义类似, 留给读者写出.

引理 23.4.2　如果 M 是一个 k 维带边流形, 则其边缘 ∂M 是 $k-1$ 维流形; 并且如果 M 是可定向的带边流形, 则其边缘 ∂M 是可定向流形.

证明　对任意 $x_0\in\partial M$, 令 U, D 和 φ 如条件 (C'), 而定义

$$U_1=U,\quad D_1=D\bigcap\mathbf{R}^{k-1},\quad \varphi_1=\varphi|_{D_1},$$

其中 $\mathbf{R}^{k-1}$ 表示由 $\mathbf{R}^k$ 中第 k 个坐标为零的点组成的集合. 则易见 U_1, D_1 和 φ_1 满足条件 (C)(换其中的 k 为 $k-1$). 所以 ∂M 是 $k-1$ 维流形.

其次, 当 M 是可定向的带边流形时, 给 M 规定一个定向, 然后对其每个边缘坐标块 $U\bigcap M$, 设 $(\varphi, D\bigcap\mathbf{R}^k_+)$ 是该坐标块的与其定向相一致的坐标表示, 则令 U_1, D_1 和 φ_1 如上定义. 下面证明把所有这样得到的 (φ_1, D_1) 合在一起, 便形成了 M 的边缘 ∂M 的一个定向. 这只需证明 ∂M 上这样得到的任意两个相邻坐标块之间坐标变换的雅可比行列式都大于零. 为此设 $U\bigcap M$ 和 $V\bigcap M$ 是 M 的两个相邻的边缘坐标块, 它们的坐标表示分别为 $x=\varphi(t)$, $t\in D\bigcap\mathbf{R}^k_+$ 和 $x=\psi(u)$, $u\in E\bigcap\mathbf{R}^k_+$, 并设它们的坐标变换即 $\psi^{-1}\circ\varphi$ 的表达式为

$$u_j=u_j(t_1,t_2,\cdots,t_k),\quad j=1,2,\cdots,k.$$

则因 $D\bigcap\mathbf{R}^k_+$ 的边缘 $D_1: t_k=0$ 被 φ 映照成 M 的边缘 $\partial M\bigcap U$, 而 $\partial M\bigcap V$ 被 ψ^{-1} 映照到 $E\bigcap\mathbf{R}^k_+$ 的边缘 $E_1: u_k=0$, 所以

$$u_k(t_1,\cdots,t_{k-1},0)=0,\quad \forall t'=(t_1,\cdots,t_{k-1})\in D_1. \tag{23.4.3}$$

类似地可知

$$u_k(t_1,\cdots,t_{k-1},t_k)>0,\ \text{当}\ t_k>0. \tag{23.4.4}$$

现在令 U_1, D_1, φ_1 和 V_1, E_1, ψ_1 分别为从 U, D, φ 和 V, E, ψ 按上述方式得到的 ∂M 的坐标块和坐标表示. 这意味着 $\varphi_1(t')=\varphi(t',0)$, $t'\in D_1$, 以及 $\psi_1(u')=\psi(u',0)$, $u'\in E_1$. 因此它们之间的坐标变换表示式为

$$u_j=u_j(t_1,t_2,\cdots,t_{k-1},0),\quad j=1,2,\cdots,k-1.$$

从式 (23.4.3) 可知

$$\left.\frac{\partial u_k}{\partial t_i}\right|_{t_k=0}=0,\quad i=1,\cdots,k-1.$$

所以

$$\left.\frac{\partial(u_1,u_2,\cdots,u_k)}{\partial(t_1,t_2,\cdots,t_k)}\right|_{t_k=0}=\left.\frac{\partial(u_1,u_2,\cdots,u_{k-1})}{\partial(t_1,t_2,\cdots,t_{k-1})}\right|_{t_k=0}\cdot\left.\frac{\partial u_k}{\partial t_k}\right|_{t_k=0}. \tag{23.4.5}$$

根据假设有

$$\frac{\partial(u_1,u_2,\cdots,u_k)}{\partial(t_1,t_2,\cdots,t_k)}>0.$$

而式 (23.4.4) 与式 (23.4.3) 则蕴涵着

$$\left.\frac{\partial u_k}{\partial t_k}\right|_{t_k=0}\geqslant 0.$$

所以由式 (23.4.5) 知必有

$$\left.\frac{\partial(u_1,u_2,\cdots,u_{k-1})}{\partial(t_1,t_2,\cdots,t_{k-1})}\right|_{t_k=0}>0.$$

此即从坐标表示 $x=\varphi_1(t')$, $t'\in D_1$ 到坐标表示 $x=\psi_1(u')$, $u'\in E_1$ 的坐标变换的雅可比行列式大于零. 证毕.

定义 23.4.6 设 M 是 k 维带边定向流形, 则其边缘 ∂M 的**诱导定向**规定如下: 当 k 是偶数时, ∂M 的诱导定向取为上述引理证明中所规定的定向; 当 k 是奇数时, ∂M 的诱导定向取为上述引理证明中所规定定向的反向.

例如, 在 $k=2$ 的情形, $\mathbf{R}^2$ 中由任意闭曲线所包围区域作为带边流形与其所在空间 $\mathbf{R}^2$ 相一致的定向对其边界的诱导定向是边界的反时针方向. 特别地, 上半单位圆盘的这一定向对其下底边界即区间 $[-1,1]$ 的诱导定向与该区间的正向是一致的 (图 23-4-4). 在 $k=3$ 的情形, $\mathbf{R}^3$ 中由任意闭曲面所包围区域作为带边流形与其所在空间 $\mathbf{R}^3$ 相一致的定向对其边界的诱导定向是边界的外法向方向. 特别地, 上半单位球的这一定向对其下底边界即单位圆盘的诱导定向与其正向 (即它与所在空间 $\mathbf{R}^2$ 相一致的定向) 是相反的 (图 23-4-5).

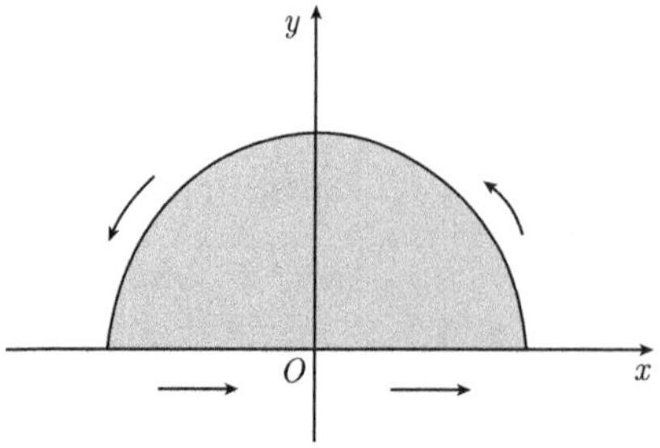

图 23-4-4 二维情形边界的诱导定向

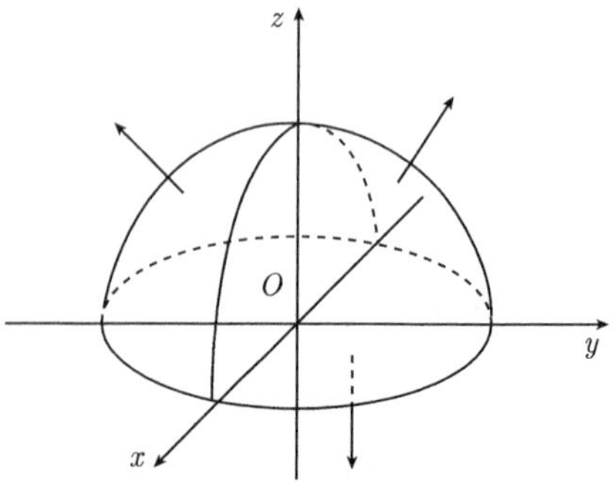

图 23-4-5 三维情形边界的诱导定向

23.4.2 流形上的积分

定义 23.4.7 设 Ω 是 $\mathbf{R}^m$ 中的一个开集, M 是 Ω 中的一个定向的紧致 k 维微分流形, 或是 Ω 中的一个定向的紧致 k 维带边流形, 其中 $1\leqslant k\leqslant m$. 令 $\{(\varphi_i,D_i)\}_{i=1}^n$ 是 M 的一个与其定向一致的坐标图册, $\{U_i\}_{i=1}^n$ 是 M 的相应于此坐标图册的开覆盖,

使对每个 $1 \leqslant i \leqslant n$, $U_i \subseteq \Omega$ 且 $\varphi_i(D_i) = U_i \bigcap M$ (当 $U_i \bigcap M$ 是不含边缘点的坐标块时) 或 $\varphi_i(D_i \bigcap \mathbf{R}_+^k) = U_i \bigcap M$ (当 $U_i \bigcap M$ 是含有边缘点的坐标块时). 令 $\{\psi_i\}_{i=1}^n$ 是 M 上从属于这个开覆盖的单位分解. 对 Ω 上的任意可积 k 次微分形式 ω, 定义它在 M 上的积分为

$$\int_M \omega = \sum_{i=1}^n \int_{U_i \bigcap M} \psi_i \omega. \tag{23.4.6}$$

对这个定义必须做一些说明. 首先, 式 (23.4.6) 右端和式中的每个积分都是有意义的. 这是因为, 每个 $U_i \bigcap M$ 都是坐标块, 因而是一个 k 维参数流形, 而 $\psi_i\omega$ 是 Ω 上的一个 k 次微分形式, 所以积分 $\displaystyle\int_{U_i \bigcap M} \psi_i\omega$ 已在 23.3 节定义过, 即

$$\int_{U_i \bigcap M} \psi_i\omega = \int_{D_i} \varphi_i^*(\psi_i\omega) \text{ 或 } \int_{D_i \bigcap \mathbf{R}_+^k} \varphi_i^*(\psi_i\omega).$$

其次, 下面的引理表明, 式 (23.4.6) 右端和式的值是与坐标图册 $\{(\varphi_i, D_i)\}_{i=1}^n$ 及单位分解 $\{\psi_i\}_{i=1}^n$ 的选取无关的. 因此以上定义是合理的.

引理 23.4.3 设 $\{U_i\}_{i=1}^n$ 和 $\{U_j'\}_{j=1}^l$ 是 Ω 中 M 的两个开覆盖, 使对每个 $1 \leqslant i \leqslant n$ 和 $1 \leqslant j \leqslant l$, $U_i \bigcap M$ 和 $U_j' \bigcap M$ 都是 M 的坐标块. 又设 $\{\psi_i\}_{i=1}^n$ 和 $\{\psi_j'\}_{j=1}^l$ 是 M 上分别从属于这两个开覆盖的单位分解. 则对 Ω 上的任意 k 次微分形式 ω 都成立

$$\sum_{i=1}^n \int_{U_i \bigcap M} \psi_i\omega = \sum_{j=1}^l \int_{U_j' \bigcap M} \psi_j'\omega. \tag{23.4.7}$$

证明 令 χ_M 为 M 的特征函数, 即

$$\chi_M(x) = \begin{cases} 1, & \text{当 } x \in M, \\ 0, & \text{当 } x \in \mathbf{R}^m \backslash M. \end{cases}$$

因为 $\{\psi_i\}_{i=1}^n$ 是 M 上的单位分解, 所以

$$\sum_{i=1}^n \psi_i(x) = 1, \quad \forall x \in M,$$

进而易见

$$\chi_M = \sum_{i=1}^n \chi_M \psi_i.$$

所以对每个 $1 \leqslant j \leqslant l$ 有

$$\chi_M \psi_j' \omega = \sum_{i=1}^n \chi_M \psi_i \psi_j' \omega,$$

从而

$$\int_{U_j'\cap M}\psi_j'\omega=\int_{U_j'\cap M}\chi_M\psi_j'\omega=\sum_{i=1}^{n}\int_{U_j'\cap M}\chi_M\psi_i\psi_j'\omega=\sum_{i=1}^{n}\int_{U_i\cap U_j'\cap M}\chi_M\psi_i\psi_j'\omega.$$

因此

$$\sum_{j=1}^{l}\int_{U_j'\cap M}\psi_j'\omega=\sum_{j=1}^{l}\sum_{i=1}^{n}\int_{U_i\cap U_j'\cap M}\chi_M\psi_i\psi_j'\omega. \tag{23.4.8}$$

类似地可证明

$$\sum_{i=1}^{n}\int_{U_i\cap M}\psi_i\omega=\sum_{i=1}^{n}\sum_{j=1}^{l}\int_{U_i\cap U_j'\cap M}\chi_M\psi_i\psi_j'\omega. \tag{23.4.9}$$

因为式 (23.4.8) 的右端与式 (23.4.9) 的右端相等, 所以它们的左端也应当相等, 这就得到了式 (23.4.7). 证毕.

23.4.3 斯托克斯公式

现在便可陈述一般的斯托克斯公式.

定理 23.4.1(斯托克斯公式) 设 Ω 是 $\mathbf{R}^m$ 中的开集, M 是 Ω 中的一个紧致的带边缘的 k 维定向流形, 这里 $1\leqslant k\leqslant m$. 则对 Ω 上任意连续可微的 $k-1$ 形式 ω 都成立

$$\int_M \mathrm{d}\omega=\int_{\partial M}\omega. \tag{23.4.10}$$

其中 ∂M 的定向取为由 M 诱导的定向.

为了证明这个定理, 先做一些准备. 用 B_1 表示 $\mathbf{R}^m$ 中的单位球:

$$B_1=\{x\in\mathbf{R}^m:|x|<1\}.$$

设 ω 是 B_1 上的一个 $m-1$ 次微分形式, 因而具有表达式

$$\omega=\sum_{i=1}^{m}a_i(x)\mathrm{d}x_1\wedge\cdots\wedge\mathrm{d}\widehat{x}_i\wedge\cdots\wedge\mathrm{d}x_m,$$

其中 $\mathrm{d}x_1\wedge\cdots\wedge\mathrm{d}\widehat{x}_i\wedge\cdots\wedge\mathrm{d}x_m$ 表示从 $\mathrm{d}x_1\wedge\mathrm{d}x_2\wedge\cdots\wedge\mathrm{d}x_m$ 中去掉 $\mathrm{d}x_i$ 所得到的 $m-1$ 次微分形式 $(i=1,2,\cdots,m)$. 假定 $a_i(x)(i=1,2,\cdots,m)$ 都是闭球 $\overline{B}_1$ 上的连续可微函数, 并且在 B_1 的边界 ∂B_1 上它们都取零值, 即

$$a_i(x)=0,\quad 当\ |x|=1,\quad i=1,2,\cdots,m. \tag{23.4.11}$$

引理 23.4.4 $\displaystyle\int_{B_1}\mathrm{d}\omega=0.$

证明　易见

$$\mathrm{d}\omega=\sum_{i=1}^{m}(-1)^{i-1}\frac{\partial a_i(x)}{\partial x_i}\mathrm{d}x_1\wedge\mathrm{d}x_2\wedge\cdots\wedge\mathrm{d}x_m.$$

用 $x_i'=(x_1,\cdots,\widehat{x}_i,\cdots,x_m)$ 表示从 $x=(x_1,x_2,\cdots,x_m)$ 去掉第 i 个变元 x_i 所得到的 $m-1$ 维变元, 并用 B_{1i}^{m-1} 表示单位球 B_1 与 $(x_1,\cdots,\widehat{x}_i,\cdots,x_m)$ 坐标面的截面, 即

$$B_{1i}^{m-1}=\{x\in\mathbf{R}^m:|x|<1,\,x_i=0\}.$$

B_{1i}^{m-1} 即为 $\mathbf{R}^{m-1}$ 中的单位球. 从 $\mathrm{d}\omega$ 的以上表达式、微分形式积分的定义和重积分与累次积分的关系, 有

$$\begin{aligned}\int_{B_1}\mathrm{d}\omega&=\sum_{i=1}^{m}(-1)^{i-1}\int_{B_1}\frac{\partial a_i(x)}{\partial x_i}\mathrm{d}x_1\mathrm{d}x_2\cdots\mathrm{d}x_m\\&=\sum_{i=1}^{m}(-1)^{i-1}\int_{B_{1i}^{m-1}}\left(\int_{-\sqrt{1-|x_i'|^2}}^{\sqrt{1-|x_i'|^2}}\frac{\partial a_i(x)}{\partial x_i}\mathrm{d}x_i\right)\mathrm{d}x_1\cdots\widehat{\mathrm{d}x_i}\cdots\mathrm{d}x_m\\&=\sum_{i=1}^{m}(-1)^{i-1}\int_{B_{1i}^{m-1}}\left(a_i(x)\Big|_{x_i=-\sqrt{1-|x_i'|^2}}^{\sqrt{1-|x_i'|^2}}\right)\mathrm{d}x_1\cdots\widehat{\mathrm{d}x_i}\cdots\mathrm{d}x_m\\&=0.\end{aligned}$$

最后这个等式是应用条件 (23.4.11) 得到的. 证毕.

再用 B_1^+ 表示 $\mathbf{R}^m$ 中的上半单位球 (图 23-4-6):

$$B_1^+=\{x=(x_1,x_2,\cdots,x_m)\in\mathbf{R}^m:|x|<1,\,x_m\geqslant 0\}.$$

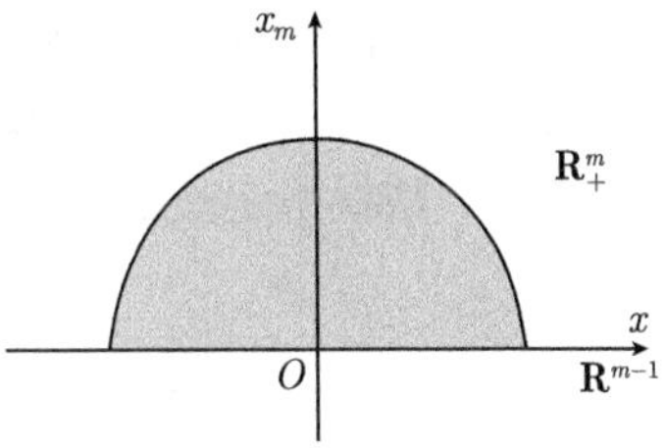

图 23-4-6

引理 23.4.5　$\displaystyle\int_{B_1^+}\mathrm{d}\omega=(-1)^m\int_{B_{1m}^{m-1}}\omega.$

证明　对 $1\leqslant i\leqslant m-1$, 用 $B_{1i}^{(m-1)+}$ 表示上半单位球 B_1^+ 与 $(x_1,\cdots,\widehat{x}_i,\cdots,x_m)$ 坐标面的截面, 即

$$B_{1i}^{(m-1)+}=\{x\in\mathbf{R}^m:|x|<1,\,x_i=0,\,x_m\geqslant 0\}.$$

有

$$\begin{aligned}\int_{B_1^+}\mathrm{d}\omega&=\sum_{i=1}^{m}(-1)^{i-1}\int_{B_1^+}\frac{\partial a_i(x)}{\partial x_i}\mathrm{d}x_1\mathrm{d}x_2\cdots\mathrm{d}x_m\\&=\sum_{i=1}^{m-1}(-1)^{i-1}\int_{B_{1i}^{(m-1)+}}\left(\int_{-\sqrt{1-|x_i'|^2}}^{\sqrt{1-|x_i'|^2}}\frac{\partial a_i(x)}{\partial x_i}\mathrm{d}x_i\right)\mathrm{d}x_1\cdots\widehat{\mathrm{d}x_i}\cdots\mathrm{d}x_m\\&\quad+(-1)^{m-1}\int_{B_{1m}^{m-1}}\left(\int_0^{\sqrt{1-|x_m'|^2}}\frac{\partial a_m(x)}{\partial x_m}\mathrm{d}x_m\right)\mathrm{d}x_1\mathrm{d}x_2\cdots\mathrm{d}x_{m-1}\\&=\sum_{i=1}^{m-1}(-1)^{i-1}\int_{B_{1i}^{(m-1)+}}\left(a_i(x)\Big|_{x_i=-\sqrt{1-|x_i'|^2}}^{\sqrt{1-|x_i'|^2}}\right)\mathrm{d}x_1\cdots\widehat{\mathrm{d}x_i}\cdots\mathrm{d}x_m\end{aligned}$$

$$+(-1)^{m-1}\int_{B_{1m}^{m-1}}\left(a_m(x)\Big|_{x_m=0}^{\sqrt{1-|x_m'|^2}}\right)\mathrm{d}x_1\mathrm{d}x_2\cdots\mathrm{d}x_{m-1}$$
$$=(-1)^m\int_{B_{1m}^{m-1}}a_m(x_m',0)\mathrm{d}x_1\mathrm{d}x_2\cdots\mathrm{d}x_{m-1}$$
$$=(-1)^m\int_{B_{1m}^{m-1}}\omega.$$

倒数第二个等式应用了条件 (23.4.11). 证毕.

现在便可给出定理 23.4.1 的证明.

定理 23.4.1 的证明 根据带边流形的定义, 对每点 $x_0\in M$, 存在其邻域 $U\subseteq \mathbf{R}^m$, $\mathbf{R}^k$ 的开子集 D 和连续可微映射 $\varphi: D\to U$ 使满足条件 (C) 或条件 (C'). 令 $y_0=\varphi^{-1}(x_0)$. 因为 D 是开集, 所以存在 $\delta>0$ 使 $B_\delta(y_0)\subseteq D$. 把 D 换为 $\mathbf{R}^k$ 中的单位球 $B_1=B(0,1)$, φ 换为 $\overline{\varphi}(y)=\varphi(y_0+\delta y)$ $(|y|<1)$, 并把 U 换为 $\overline{\varphi}(D)=\overline{\varphi}(B_1)=\varphi(B_\delta(y_0))$, 显然条件 (C) 或条件 (C') 仍然成立. 这样就对每点 $x_0\in M$ 找到了它的一个邻域 U 和 $U\bigcap M$ 的一个坐标表示 (φ,D), 使其中的 $D=B_1$. 因为 M 是紧的, 应用有限覆盖定理知存在 M 中有限个点, 使从它们这样得到的邻域 $U_1,U_2,\cdots,U_n$ 覆盖了 M. 对每个 $1\leqslant i\leqslant n$, 记 $U_i\bigcap M$ 的相应坐标表示为 (φ_i,D_i), 其中 $D_i=B_1$ 是 $\mathbf{R}^k$ 中的单位球. 这样就得到了 M 的一个坐标图册 $\{(\varphi_i,D_i)\}_{i=1}^n$, 其中每个 D_i 都是 $\mathbf{R}^k$ 中的单位球 B_1. 令 $\{\psi_i\}_{i=1}^n$ 为 M 上从属于开覆盖 $\{U_i\}_{i=1}^n$ 的单位分解. 则根据定义 23.4.7, 有

$$\int_M \mathrm{d}\omega=\sum_{i=1}^n\int_{U_i\bigcap M}\psi_i\mathrm{d}\omega$$
$$=\sum_{i=1}^n\int_{U_i\bigcap M}\mathrm{d}(\psi_i\omega)-\sum_{i=1}^n\int_{U_i\bigcap M}\mathrm{d}\psi_i\wedge\omega$$
$$=\sum_{i=1}^n\int_{U_i\bigcap M}\mathrm{d}(\psi_i\omega)\qquad (\text{因在 } M \text{ 上 } \sum_{i=1}^n\mathrm{d}\psi_i=0)$$
$$=\sum{}'\int_{U_i\bigcap M}\mathrm{d}(\psi_i\omega)+\sum{}''\int_{U_i\bigcap M}\mathrm{d}(\psi_i\omega),$$

其中, $\sum'$ 表示关于所有那些不与 M 的边缘 ∂M 相交的坐标块 $U_i\bigcap M$ 求和, 而 $\sum''$ 则表示关于所有那些与 M 的边缘 ∂M 相交的坐标块 $U_i\bigcap M$ 求和. 对于第一个和, 应用引理 23.4.4 得到

$$\sum{}'\int_{U_i\bigcap M}\mathrm{d}(\psi_i\omega)=\sum{}'\int_{B_1}\varphi_i^*(\mathrm{d}(\psi_i\omega))=\sum{}'\int_{B_1}\mathrm{d}(\varphi_i^*(\psi_i\omega))=0.$$

对于第二个和, 应用引理 23.4.5 得到

$$\begin{aligned}\sum{}''\int_{U_i\bigcap M}\mathrm{d}(\psi_i\omega)=&\sum{}''\int_{B_1\bigcap \mathbf{R}_+^k}\varphi_i^*(\mathrm{d}(\psi_i\omega))=\sum{}''\int_{B_1\bigcap \mathbf{R}_+^k}\mathrm{d}(\varphi_i^*(\psi_i\omega))\\=&\sum{}''(-1)^k\int_{B_{1k}^{k-1}}\varphi_i^*(\psi_i\omega)\quad(B_{1k}^{k-1}\text{为 }B_1\text{ 与坐标面 }y_k=0\text{ 的交})\\=&\sum{}''\int_{U_i\bigcap\ \partial M}\psi_i\omega=\int_{\partial M}\omega.\end{aligned}$$

倒数第二个等式是因为, 当 k 是偶数时, $U_i\bigcap\partial M$ 的定向即从 M 诱导的定向与参数表示 φ_i 确定的定向一致; 而当 k 是奇数时, $U_i\bigcap\partial M$ 的定向即从 M 诱导的定向则与参数表示 φ_i 确定的定向相反. 因此

$$\int_M\mathrm{d}\omega=\sum{}'\int_{U_i\bigcap M}\mathrm{d}(\psi_i\omega)+\sum{}''\int_{U_i\bigcap M}\mathrm{d}(\psi_i\omega)=\int_{\partial M}\omega.$$

证毕.

习 题 23.4

1. 设 M 是 $\mathbf{R}^m$ 中的一个 k 维流形, $1\leqslant k\leqslant m-1$, 则对任意 $x_0\in M$, 存在 x_0 的邻域 $U\subseteq\mathbf{R}^m$ 和定义在 U 上的可微的 $m-k$ 维向量函数 $F:U\to\mathbf{R}^{m-k}$ 使成立

$$M\bigcap U=F^{-1}(0)=\{x\in U:F(x)=0\},$$

并且对任意 $x\in M\bigcap U$ 都有 $\mathrm{rank}DF(x)=m-k$.

2. 设 M 是 $\mathbf{R}^m$ 中的一个可定向的 $m-1$ 维紧流形. 证明: 存在 M 的邻域 U 和定义在 U 上的可微函数 $f:U\to\mathbf{R}$ 使成立

$$M=f^{-1}(0)=\{x\in U:f(x)=0\},$$

并且对任意 $x\in M$ 都有 $\nabla f(x)\neq0$.

3. 设 M 是 $\mathbf{R}^m$ 中的一个 k 维紧流形, $1\leqslant k\leqslant m-1$, ω 是定义在 M 的一个邻域 Ω 上具有连续可微系数的 $k-1$ 次微分形式. 证明:

$$\int_M\mathrm{d}\omega=0.$$

4. 设 Ω 是 $\mathbf{R}^m$ 中的开集, $\omega\in\Lambda^k(\Omega)$, $\eta\in\Lambda^l(\Omega)$, 其中 $k+l\leqslant m-1$. 又设 M 是 Ω 中的一个 $k+l+1$ 维流形. 证明分部积分公式

$$\int_M\mathrm{d}\omega\wedge\eta=\int_{\partial M}\omega\wedge\eta+(-1)^{k+1}\int_M\omega\wedge\mathrm{d}\eta.$$

5. 设 ω 是 $[0,1]$ 上的 Pfaff 形式: $\omega = f(x)\mathrm{d}x$, 其中 $f \in C[0,1]$ 且 $f(0)=f(1)$. 证明: 存在唯一的实数 c 和满足条件 $g(0)=g(1)=0$ 的函数 $g \in C^1[0,1]$ 使成立

$$\omega = c\mathrm{d}x + \mathrm{d}g.$$

6. 设 ω 是 $\mathbf{R}^2\backslash\{0\}$ 上具有连续系数的闭 Pfaff 形式. 证明: 存在实数 c 和函数 $g \in C^1(\mathbf{R}^2\backslash\{0\})$ 使成立

$$\omega = c\mathrm{d}\theta + \mathrm{d}g,$$

其中 $\theta = \arctan\dfrac{y}{x}$.

7. 证明: 线单连通区域上的每个闭 Pfaff 形式都是恰当形式, 从而是全微分.

8. 对任意实数 $\mu > -m$, 令 ω_μ 为 $\mathbf{R}^m\backslash\{0\}$ 上的下述 $m-1$ 形式:

$$\omega_\mu = r^\mu \sum_{i=1}^{m} (-1)^{i-1} x_i \mathrm{d}x_1 \wedge \cdots \wedge \widehat{\mathrm{d}x_i} \wedge \cdots \wedge \mathrm{d}x_m,$$

其中 $r = |x|$. 证明: 对 $\mathbf{R}^m$ 中任意具有光滑边界且边界不通过坐标原点的有界闭区域 Ω, 成立等式

$$\int_{\partial\Omega} \omega_\mu = (m+\mu)\int_\Omega r^\mu \mathrm{d}x.$$

其中 $\partial\Omega$ 的定向取为 Ω 的诱导定向.

9. 令 ω 为由 23.2 节第 9 题 (2) 给出的微分形式, 即

$$\omega = \frac{1}{r^m}\sum_{i=1}^{m} (-1)^{i-1} x_i \mathrm{d}x_1 \wedge \cdots \wedge \widehat{\mathrm{d}x_i} \wedge \cdots \wedge \mathrm{d}x_m,$$

证明: ω 在 $\mathbf{R}^m\backslash\{0\}$ 中不是恰当的, 但在任意去掉一条通过坐标原点的直线而得到的区域中是恰当的.

提示: 不妨设去掉的直线是 Ox_m 轴. 令

$$\eta = \frac{1}{(\sqrt{r^2 - x_m^2})^{m-1}} \sum_{k=1}^{m-1} (-1)^{k-1} x_k \mathrm{d}x_1 \wedge \cdots \wedge \widehat{\mathrm{d}x_k} \wedge \cdots \wedge \mathrm{d}x_{m-1},$$

$$f(x) = (-1)^m g\Big(\frac{x_m}{\sqrt{r^2 - x_m^2}}\Big),$$

其中

$$g(t) = \int_0^t (1-s^2)^{\frac{m-3}{2}} \mathrm{d}s, \quad |t| < 1.$$

证明: $\omega = \mathrm{d}(f\eta) = \mathrm{d}f \wedge \eta$.

综合习题

1. 定义在 $\mathbf{R}^m$ 上的函数 $\|\cdot\|$ 称为 $\mathbf{R}^m$ 上的**范数**, 如果它满足以下条件.

(1) 非负性和非退化性: 对任意 $x\in\mathbf{R}^m$ 都有 $\|x\|\geqslant 0$, 并且 $\|x\|=0$ 当且仅当 $x=0$;

(2) 正齐次性: 对任意 $x\in\mathbf{R}^m$ 和 $\lambda\in\mathbf{R}$ 都有 $\|\lambda x\|=|\lambda|\|x\|$;

(3) 成立三角不等式: 对任意 $x,y\in\mathbf{R}^m$ 都有 $\|x+y\|\leqslant\|x\|+\|y\|$.

证明: 对任意 $1\leqslant p<+\infty$,

$$\|x\|_p=\Big(\sum_{k=1}^{m}|x_k|^p\Big)^{\frac{1}{p}}$$

以及 $\|x\|_\infty=\max\limits_{1\leqslant k\leqslant m}|x_k|$ 都是 $\mathbf{R}^m$ 上的范数.

2. 设 $\|\cdot\|$ 是 $\mathbf{R}^m$ 上的范数, $\boldsymbol{A}$ 是 $\mathbf{R}^m$ 上的可逆线性变换. 定义 $\|x\|_{\boldsymbol{A}}=\|\boldsymbol{A}(x)\|$, $\forall x\in\mathbf{R}^m$. 证明: $\|\cdot\|_{\boldsymbol{A}}$ 也是 $\mathbf{R}^m$ 上的范数

3. 设 $-\infty\leqslant a\leqslant+\infty$, $-\infty\leqslant b\leqslant+\infty$. 证明: 极限 $A=\lim\limits_{\substack{x\to a\\ y\to b}}[f(x)+g(y)]$ 存在的充要条件是两个极限 $B=\lim\limits_{x\to a}f(x)$ 和 $C=\lim\limits_{y\to b}g(y)$ 都存在, 而且当它们都存在时成立等式 $A=B+C$.

4. 设 D 是 $\mathbf{R}^m$ 中的开集, Ω 是 $\mathbf{R}^n$ 中的点集, $g(x,y)$ 是定义在 $D\times\Omega$ 上的函数. 又设 $x_0\in D$. 称当 $x\to x_0$ 时, $g(x,y)$ **关于** $y\in\Omega$ **一致地** 收敛于 a, 如果对任意给定的 $\varepsilon>0$, 存在相应的充分小的 $\delta>0$, 使得当 $0<|x-x_0|<\delta$ 时, 对所有 $y\in\Omega$ 都成立

$$|g(x,y)-a|<\varepsilon.$$

这时记作

$$\lim_{x\to x_0}g(x,y)=a\ (\text{关于 } y\in\Omega \text{ 一致})\quad\text{或}\quad g(x,y)\rightrightarrows a\ (\text{当 } x\to x_0).$$

用 $\mathbf{S}^{m-1}$ 表示 $m-1$ 维单位球面, 即 $\mathbf{S}^{m-1}=\{x\in\mathbf{R}^m:\ |x|=1\}$. 设 $f(x)$ 是在 $x_0\in\mathbf{R}^m$ 点的某个空心邻域 $B(x_0,c)\backslash\{x_0\}$ $(c>0)$ 上定义的函数. 证明: $\lim\limits_{x\to x_0}f(x)=a$ 的充要条件是

$$\lim_{r\to0^+}f(x_0+r\omega)=a\ (\text{关于 } \omega\in\mathbf{S}^{m-1} \text{ 一致}).$$

5. 应用上题建立的命题求以下极限:

(1) $\displaystyle\lim_{(x,y)\to(0,0)}\frac{\ln(1+2xy)}{\sqrt{x^2+y^2}}$;

(2) $\displaystyle\lim_{(x,y)\to(0,0)}\frac{\sin 3xy}{|x|+|y|}$;

(3) $\displaystyle\lim_{(x,y)\to(0,0)}(x+y)\ln(x^2+y^2)$;

(4) $\displaystyle\lim_{(x,y)\to(0,0)}\frac{x^3+y^2}{x^2+|y|}$;

(5) $\displaystyle\lim_{(x,y)\to(0,0)}\frac{|x|^\alpha|y|^\beta}{|x|^2+|y|^3}\ (\alpha,\beta>0)$;

(6) $\displaystyle\lim_{\substack{(x,y)\to(0,0)\\ x\neq0,y\neq0}}\frac{\sin xy}{\sqrt{1+xy}-1}$;

(7) $\displaystyle\lim_{(x,y)\to(0,0)}(x^2+y^2)^{xy}$;

(8) $\displaystyle\lim_{\substack{(x,y)\to(a,0)\\ x\neq a}}\left(\frac{\sin(x+y)}{\sin a}\right)^{\frac{1}{x-a}}\ (0<|a|<\pi)$.

6. 设 $f(x)$ 是在 $x_0\in\mathbf{R}^m$ 点的某个空心邻域 $B(x_0,c)\backslash\{x_0\}$ $(c>0)$ 上有定义的函数. 证明: $\lim\limits_{x\to x_0}f(x)=a$ 的充要条件是 $f(x)$ 沿 $B(x_0,c)\backslash\{x_0\}$ 中任意通向点 x_0 的连续曲线的极限都存在且都等于 a, 即对任意满足 $\lim\limits_{t\to0^+}\varphi(t)=x_0$ 且值域含于 $B(x_0,c)\backslash\{x_0\}$ 的连续映射 $\varphi:(0,1]\to\mathbf{R}^m$ 都有

$$\lim_{t\to0^+}f(\varphi(t))=a.$$

7. 定义在 $\mathbf{R}^m$ 上的两个范数 $\|\cdot\|$ 和 $\|\cdot\|'$ 叫做是**等价的**, 如果存在常数 $C_1,C_2>0$ 使成立

$$C_1\|x\|\leqslant\|x\|'\leqslant C_2\|x\|,\quad\forall x\in\mathbf{R}^m.$$

证明: $\mathbf{R}^m$ 上的任意一个范数 $\|\cdot\|$ 都和标准范数 $|\cdot|$ 等价, 因而 $\mathbf{R}^m$ 上的任意两个范数都互相等价.

8. 设 $\|\cdot\|$ 是 $\mathbf{R}^m$ 上的范数. 证明: $\mathbf{R}^m$ 中的点列 $\{x_n\}$ 收敛于 x_0 的充要条件是

$$\lim_{n\to\infty}\|x_n-x_0\|=0.$$

9. 设 D 是 $\mathbf{R}^m$ 中的开集, f 是定义在 D 上的 n 维向量函数, 即 $f:D\to\mathbf{R}^n$, 其中 $1\leqslant n<\infty$. 证明: f 在 D 上连续的充要条件是对 $\mathbf{R}^n$ 中的任意开集 O, $f^{-1}(O)$ 是 $\mathbf{R}^m$ 中的开集. 注意当 $O\bigcap f(D)=\varnothing$ 时, $f^{-1}(O)=\varnothing$; 而空集按定义是开集.

10. 设 D 是 $\mathbf{R}^m$ 中的闭集, f 是定义在 D 上的 n 维向量函数, 即 $f:D\to\mathbf{R}^n$, 其中 $1\leqslant n<\infty$. 证明: f 在 D 上连续的充要条件是对 $\mathbf{R}^m$ 中的任意点集 E 都成立 $f(\overline{E\bigcap D})\subseteq\overline{f(E\bigcap D)}$. 注意当 $\overline{E\bigcap D}=\varnothing$ 时, $f(\overline{E\bigcap D})=\varnothing$; 而空集按定义是闭集.

11. 设 D 是 $\mathbf{R}^m$ 中的闭集, f 是定义在 D 上的连续的 n 维向量函数, 其中 $1\leqslant n<\infty$.

(1) 证明: 对任意 $y\in f(D)$, $f^{-1}(y)=\{x\in D:\ f(x)=y\}$ 是闭集;

(2) 证明: 对任意闭集 $S\subseteq\mathbf{R}^n$, $f^{-1}(S)$ 是闭集;

(3) 如果 D 不是闭集, 以上结论是否成立?

12. 设 D 是 $\mathbf{R}^m$ 中的有界闭集, E 是 $\mathbf{R}^n$ 中的有界闭集, $f(x,y)$ 是定义在 $D\times E$ 上的连续函数.

(1) 证明下列等式:

$$\inf_{x\in D}\inf_{y\in E}f(x,y)=\inf_{y\in E}\inf_{x\in D}f(x,y)=\inf_{(x,y)\in D\times E}f(x,y),$$

$$\sup_{x\in D}\sup_{y\in E}f(x,y)=\sup_{y\in E}\sup_{x\in D}f(x,y)=\sup_{(x,y)\in D\times E}f(x,y).$$

(2) 证明下列不等式:

$$\sup_{x\in D}\inf_{y\in E}f(x,y)\leqslant\inf_{y\in E}\sup_{x\in D}f(x,y),$$

$$\inf_{x\in D}\sup_{y\in E}f(x,y)\geqslant\sup_{y\in E}\inf_{x\in D}f(x,y).$$

(3) 举例说明上列不等式中的等号可能不成立.

(4) 证明: 如果 $f(x,y)$ 作为 x 的函数关于 y 是**同调**的, 即对任意 $x_1,x_2\in D$ 和 $y_1,y_2\in E$, 由 $f(x_1,y_1)\leqslant f(x_2,y_1)$ 总可推出 $f(x_1,y_2)\leqslant f(x_2,y_2)$, 则 (2) 中的不等式可以改进为等式. 特别地, 如果 $m=1$ 且 $f(x,y)$ 关于 x 单调, 则 (2) 中的不等式可以改进为等式.

13. 设 $f_n\ (n=1,2,\cdots)$ 是集合 $E\subseteq\mathbf{R}^m$ 上的一列连续函数, 它们在 E 上一致收敛于函数 f. 证明: f 在 E 上连续.

14. 设 $f_n\ (n=1,2,\cdots)$ 是开区域 $\varOmega\subseteq\mathbf{R}^m$ 上的一列可微函数, 它们在 $\varOmega$ 上逐点收敛于函数 f, 且 $\nabla f_n\ (n=1,2,\cdots)$ 在 $\varOmega$ 上一致收敛于向量函数 F. 证明: f 在 $\varOmega$ 上可微, 且 $\nabla f=F$.

15. 设 f 是一元可微函数, F 是二元可微函数. 验证以下等式:

(1) $y^2\dfrac{\partial u}{\partial x}+xy\dfrac{\partial u}{\partial y}=xu$, 其中 $u=yf(x^2-y^2)$;

(2) $x\dfrac{\partial u}{\partial x}+my\dfrac{\partial u}{\partial y}=au$, 其中 $u=x^af\Big(\dfrac{y}{x^m}\Big)$;

(3) $x^2\dfrac{\partial u}{\partial x}-xy\dfrac{\partial u}{\partial y}+y^2=0$, 其中 $u=\dfrac{y^2}{3x}+f(xy)$;

(4) $(x^2-y^2)\dfrac{\partial u}{\partial x}+xy\dfrac{\partial u}{\partial y}=xyu$, 其中 $u=\mathrm{e}^yf\Big(y\mathrm{e}^{\frac{x^2}{2y^2}}\Big)$;

(5) $(1+x^2)\dfrac{\partial u}{\partial x}+xy\dfrac{\partial u}{\partial y}=0$, 其中 $u=f\Big(\dfrac{y^2}{1+x^2}\Big)$.

16. 设 $\varPhi:\mathbf{R}^m\to\mathbf{R}^m$ 是正交线性变换, f 是 $\mathbf{R}^m$ 上的可微函数. 令 $g(x)=f\big(\varPhi(x)\big)$, $\forall x\in\mathbf{R}^m$. 证明: $|\nabla g(x)|=|(\nabla f)\big(\varPhi(x)\big)|$, $\forall x\in\mathbf{R}^m$.

17. 设 $\varOmega$ 是 $\mathbf{R}^m$ 中的开区域, f 是 $\varOmega$ 上的可微函数, 且 $\nabla f(x)=0$, $\forall x\in\varOmega$. 证明: f 在 $\varOmega$ 上为常值函数.

18. (1) 设 Ω 是 $\mathbf{R}^m$ 中凸的开区域, f 是 Ω 上的可微函数, 且

$$\frac{\partial f(x)}{\partial x_i}=0,\quad \forall x\in\Omega,\quad i=1,2,\cdots,n,$$

其中 $1\leqslant n<m$. 证明: 存在只依赖于变元 $x_{n+1},\cdots,x_m$ 的函数 g 使得

$$f(x)=g(x_{n+1},\cdots,x_m),\quad \forall x=(x_1,x_2,\cdots,x_m)\in\Omega.$$

(2) 函数

$$f(x,y)=\begin{cases} x, & x\geqslant 0,\\ x\operatorname{sgn} y, & x<0\end{cases}$$

在区域 $D=\mathbf{R}^2\backslash\{(x,0):x\leqslant 0\}$ 上满足 $f_y(x,y)=0$, 但 $f(x,y)$ 当 $x<0$ 时并不是 y 的常值函数. 这是否与前面的结论矛盾?

19. 设 f 是定义在 $\mathbf{R}^m\backslash\{0\}$ 上的可微函数, 且对任意 $x\in\mathbf{R}^m\backslash\{0\}$ 和任意正交于 x 的单位向量 $\boldsymbol{l}$ 都成立 $\dfrac{\partial f}{\partial \boldsymbol{l}}(x)=0$. 证明: f 是径向函数, 即存在定义于 $(0,+\infty)$ 上的一元函数 g 使成立

$$f(x)=g(r),\quad \forall x\in\mathbf{R}^m\backslash\{0\},$$

其中 $r=|x|$.

20. 设 $f(x,y)$ 是定义在 $D\subseteq\mathbf{R}^2$ 上的函数, 在 D 上偏导数 $f_x(x,y)$, $f_y(x,y)$ 和 $f_{xy}(x,y)$ 都存在并且连续. 证明: 偏导数 $f_{yx}(x,y)$ 也存在, 且

$$f_{xy}(x,y)=f_{yx}(x,y),\quad \forall (x,y)\in D.$$

21. 设 $f(x,y)$ 是在二维区域 D 上定义并有二阶连续偏导数的函数, (x_0,y_0) 是 D 中一点, 在该点成立

$$f_{xx}(x_0,y_0)f_{yy}(x_0,y_0)-f_{xy}^2(x_0,y_0)\neq 0.$$

令 $\Omega=D\times\mathbf{R}$, 并定义映射 $F:\Omega\to\mathbf{R}^3$ 如下: 对 $\forall (x,y,z)\in\Omega$,

$$F(x,y,z)=(u,v,w),\quad \text{其中}\quad \begin{cases} u=f_x(x,y),\\ v=f_y(x,y),\\ w=-z+xf_x(x,y)+yf_y(x,y).\end{cases}$$

证明:

(1) 对任意 $z_0\in\mathbf{R}$, 在 (x_0,y_0,z_0) 的某个小邻域上 F 都有逆映射, 且逆映射 F^{-1} 有连续的偏导数;

(2) 令 $(u_0, v_0, w_0) = F(x_0, y_0, z_0)$. 则存在定义于 (u_0, v_0) 的某个小邻域上具有连续偏导数的函数 $g(u, v)$, 使 F^{-1} 具有以下表达式:

$$F^{-1}(u,v,w) = (x,y,z), \quad \text{其中} \quad \begin{cases} x = g_u(u,v), \\ y = g_v(u,v), \\ z = -w + ug_u(u,v) + vg_v(u,v). \end{cases}$$

22. 设 F 是 $\mathbf{R}^2$ 上的连续可微函数, 且 $\nabla F(x,y) \neq 0, \forall (x,y) \in \mathbf{R}^2$. 又设 Ω 是 $\mathbf{R}^2$ 中的开集, u 是 Ω 上的二阶可微函数, 且满足方程

$$F(u_x(x,y), u_y(x,y)) = 0, \quad \forall (x,y) \in \Omega.$$

证明: u 也满足方程

$$u_{xx}(x,y)u_{yy}(x,y) - u_{xy}^2(x,y) = 0, \quad \forall (x,y) \in \Omega.$$

23. 设 $z = z(x,y)$ 是可微函数, 满足方程

$$x^2\frac{\partial z}{\partial x} + y^2\frac{\partial z}{\partial y} = z^2.$$

(1) 试把此方程变换为 $w = w(u,v)$ 的方程, 其中

$$u = x, \quad v = \frac{x-y}{xy}, \quad w = \frac{x-z}{xz};$$

(2) 求上述方程的通解.

24. 试应用所给定的坐标变换对方程进行变换, 以求这些偏微分方程的通解:

(1) $\dfrac{\partial u}{\partial x} = \dfrac{\partial u}{\partial y}$, 令 $\xi = x + y, \eta = x - y$;

(2) $a\dfrac{\partial u}{\partial x} + b\dfrac{\partial u}{\partial y} = 1$, 令 $\xi = ax + by, \eta = bx - ay$;

(3) $y\dfrac{\partial u}{\partial x} - x\dfrac{\partial u}{\partial y} = 0$, 令 $\xi = \arctan\dfrac{y}{x}, \eta = x^2 + y^2$;

(4) $x\dfrac{\partial u}{\partial x} + y\dfrac{\partial u}{\partial y} = u$, 令 $\xi = \arctan\dfrac{y}{x}, \eta = x^2 + y^2$;

(5) $\dfrac{\partial u}{\partial x} + \dfrac{\partial u}{\partial y} + \dfrac{\partial u}{\partial z} = 0$, 令 $\xi = x, \eta = y - x, \zeta = z - x$.

25. 试应用所给定的自变元与函数的联合变换对方程进行变换, 以求这些偏微分方程的通解:

(1) $y\dfrac{\partial u}{\partial x} - x\dfrac{\partial u}{\partial y} + (x-y)u = 0$, 令 $\xi = x^2 + y^2, \eta = \dfrac{1}{x} + \dfrac{1}{y}, w = \ln u - x - y$;

(2) $x^2\dfrac{\partial u}{\partial x} + y^2\dfrac{\partial u}{\partial y} = 1$, 令 $\xi = x, \eta = \dfrac{1}{y} - \dfrac{1}{x}, w = \dfrac{1}{u} - \dfrac{1}{x}$;

(3) $x\dfrac{\partial u}{\partial x}+y\dfrac{\partial u}{\partial y}+z\dfrac{\partial u}{\partial y}=u+\dfrac{xy}{z}$, 令 $\xi=\dfrac{x}{z}$, $\eta=\dfrac{y}{z}$, $\zeta=z$, $w=\dfrac{u}{z}$;

(4) $\dfrac{\partial u}{\partial x}+\dfrac{\partial u}{\partial y}+\dfrac{\partial u}{\partial z}=0$, 令 $\xi=x$, $\eta=y-x$, $\zeta=z-x$.

26. 试应用所给定的坐标变换对方程进行变换, 以求这些偏微分方程的通解:

(1) $x^2\dfrac{\partial^2 u}{\partial x^2}+2xy\dfrac{\partial^2 u}{\partial x\partial y}+y^2\dfrac{\partial^2 u}{\partial y^2}=x^2+y^2$, 令 $x=r\cos\theta$, $y=r\sin\theta$;

(2) $y^2\dfrac{\partial^2 u}{\partial x^2}-2xy\dfrac{\partial^2 u}{\partial x\partial y}+x^2\dfrac{\partial^2 u}{\partial y^2}-x\dfrac{\partial u}{\partial x}-y\dfrac{\partial u}{\partial y}=0$, 变换同上;

(3) $\dfrac{\partial^2 u}{\partial x^2}-y\dfrac{\partial^2 u}{\partial y^2}=\dfrac{1}{2}\dfrac{\partial u}{\partial y}\quad(y>0)$, 令 $\xi=x-2\sqrt{y}$, $\eta=x+2\sqrt{y}$;

(4) $x^2\dfrac{\partial^2 u}{\partial x^2}-y^2\dfrac{\partial^2 u}{\partial y^2}=0$, 令 $\xi=xy$, $\eta=\dfrac{x}{y}$;

(5) $a\dfrac{\partial^2 u}{\partial x^2}+2b\dfrac{\partial^2 u}{\partial x\partial y}+c\dfrac{\partial^2 u}{\partial y^2}=0\quad(ac-b^2<0)$, 令 $\xi=x+\lambda y$, $\xi=x+\mu y$, 选取适当的常数 λ 和 μ 使得变换后的方程可以容易地解出;

(6) $x^2\dfrac{\partial^2 u}{\partial x^2}+y^2\dfrac{\partial^2 u}{\partial y^2}+z^2\dfrac{\partial^2 u}{\partial z^2}+2xy\dfrac{\partial^2 u}{\partial x\partial y}+2xz\dfrac{\partial^2 u}{\partial x\partial z}+2yz\dfrac{\partial^2 u}{\partial y\partial z}=0$, 令 $\xi=\dfrac{x}{z}$, $\eta=\dfrac{y}{z}$, $\zeta=x-y$.

27. 设 $u=u(x,y)$ 是二阶可微函数, 且恒不取零值. 证明: $u(x,y)=f(x)g(y)$ 的充要条件是它满足方程

$$u\frac{\partial^2 u}{\partial x\partial y}=\frac{\partial u}{\partial x}\frac{\partial u}{\partial y}.$$

28. m 维拉普拉斯算子 Δ 定义为

$$\Delta u=\frac{\partial^2 u}{\partial x_1^2}+\frac{\partial^2 u}{\partial x_2^2}+\cdots+\frac{\partial^2 u}{\partial x_m^2}.$$

(1) 证明: 如果 u 是径向函数, 即 $u(x)=f(r)$, 其中 $r=|x|$, 则 $\Delta u=f''(r)+\dfrac{m-1}{r}f'(r)$.

(2) 求拉普拉斯方程 $\Delta u=0$ 的径向解.

29. 设 Ω 是 $\mathbf{R}^m$ 中的开区域, f 和 g 都是 Ω 上的连续可微函数, 且 $\nabla g(x)\neq 0$, $\forall x\in\Omega$. 又设存在定义于 Ω 上的函数 λ 使成立

$$\nabla f(x)=\lambda(x)\nabla g(x),\quad \forall x\in\Omega.$$

再设对任意 $c\in g(\Omega)$, 点集 $g^{-1}(c)=\{x\in\Omega: g(x)=c\}$ 都是道路连通集. 证明: 存在定义于 g 的值域 $g(\Omega)$ 上的一元函数 φ 使成立

$$f(x)=\varphi(g(x)),\quad \forall x\in\Omega.$$

30. 设 $u_1, u_2, \cdots, u_n$ 是定义在开集 $\Omega \subseteq \mathbf{R}^m$ 上的一组函数, $x_0 \in \Omega$, $y_0 = (u_1(x_0), u_2(x_0), \cdots, u_n(x_0)) \in \mathbf{R}^n$. 如果存在定义于点 y_0 的某个邻域上、在此邻域上连续可微且在 y_0 的任意充分小的邻域上都不恒等于零的 n 元函数 F, 使在点 x_0 的某个邻域上成立

$$F(u_1(x), u_2(x), \cdots, u_n(x)) \equiv 0,$$

则称 $u_1, u_2, \cdots, u_n$ 在点 x_0**函数相关**. 例如, 函数 $u(x,y) = x+y$, $v(x,y) = x^2 - y^2$, $w(x,y) = xy$ 在 $\mathbf{R}^2$ 上处处函数相关, 因为 $u^4(x,y) - v^2(x,y) - 4w(x,y)u(x,y) \equiv 0$. 假设 $u_1, u_2, \cdots, u_n$ 在 Ω 上有连续的一阶偏导数, 且在点 x_0 的某个邻域上 $\mathrm{rank}Du(x) \equiv r$, 其中, $u = (u_1, u_2, \cdots, u_n)$, 而 r 是小于 n 的正整数. 证明: $u_1, u_2, \cdots, u_n$ 在点 x_0 函数相关.

31. 分解已知正数 a 为 n 个正数的乘积, 使得这 n 个正数的倒数之和最小.

32. 分解已知正数 a 为 n 个正数的和, 使得这 n 个正数的平方和最小.

33. 凸四边形的边长依次为 a, b, c, d. 问当 a 与 b 的夹角为多少时, 该四边形的面积最大?

34. 设 Ω 是 $\mathbf{R}^m$ 中具有光滑边界的有界闭区域, f 是定义在 Ω 上的连续函数, 它在边界点 $x_0 \in \partial\Omega$ 处取到它在整个区域 Ω 上的最小值, 即 $f(x) \geqslant f(x_0)$, $\forall x \in \Omega$. 设 $\boldsymbol{l}$ 是在点 x_0 指向区域 Ω 之外的单位向量, 即 $\boldsymbol{l}$ 与 $\partial\Omega$ 在点 x_0 的单位外法向量 $\boldsymbol{n}$ 成锐角. 假设 f 在点 x_0 沿 $\boldsymbol{l}$ 方向的方向导数 $\dfrac{\partial f}{\partial \boldsymbol{l}}(x_0)$ 存在. 证明: $\dfrac{\partial f}{\partial \boldsymbol{l}}(x_0) \leqslant 0$.

35. 设 $f(x,y)$ 和 $g_1(x,y)$, $g_2(x,y)$, $\cdots$, $g_n(x,y)$ (其中, $x \in \mathbf{R}^m$, $y \in \mathbf{R}^n$, $n < m$) 都在开集 $\Omega \subseteq \mathbf{R}^m \times \mathbf{R}^n$ 上二阶可微, (x_0, y_0) 是 Ω 中一点, 在该点有 $g_j(x_0, y_0) = 0$, $j = 1, 2, \cdots, n$, $\det \dfrac{\partial(g_1, g_2, \cdots, g_n)}{\partial(y_1, y_2, \cdots, y_n)}(x_0, y_0) \neq 0$. 令 $F(x,y) = f(x,y) - \displaystyle\sum_{j=1}^{n} \lambda_j g_j(x,y)$. 假设对某一组实数 $\lambda_1, \lambda_2, \cdots, \lambda_n$ 成立 $\nabla F(x_0, y_0) = 0$, 且黑塞矩阵 $\boldsymbol{H}F(x_0, y_0)$ 是正定矩阵. 证明: (x_0, y_0) 是函数 $f(x,y)$ 在约束条件 $g_1(x,y) = 0$, $g_2(x,y) = 0$, $\cdots$, $g_n(x,y) = 0$ 下的极小值点.

36. 设 $\boldsymbol{A} = (a_{ij})_{m\times m}$ 是对称矩阵, $\boldsymbol{B} = (b_{ij})_{m\times m}$ 是正定矩阵. 变元 λ 的 m 阶多项式 $\det(\boldsymbol{A} - \lambda\boldsymbol{B}) = 0$ 的根叫做矩阵 $\boldsymbol{A}$ 关于正定矩阵 $\boldsymbol{B}$ 的**广义特征值**. 对每个广义特征值 λ, 使得等式 $\boldsymbol{A}x = \lambda\boldsymbol{B}x$ 成立的非零向量 x 叫做相应的**广义特征向量**. 证明: 椭球面 $\displaystyle\sum_{i,j=1}^{m} b_{ij}x_i x_j = 1$ 上的向量 x 是广义特征向量当且仅当它是二次型 $f(x) = \displaystyle\sum_{i,j=1}^{m} a_{ij}x_i x_j$ 在此超曲面上的稳定点, 相应的特征值恰为二次型 $f(x)$ 的相应函数值.

37. 设 $0 < r < 1$, f 是 $[0,1]$ 上的黎曼可积函数. 证明: 积分 $\displaystyle\int_0^1 \frac{f(ax)}{|x-a|^r}\mathrm{d}x$ 关于

$a \in [0,1]$ 一致收敛.

38. 设 $0 < r < 1$, f 是 $[0,1]$ 上的黎曼可积函数. 证明: 函数 $g(a) = \int_0^1 \frac{f(x)}{|x-a|^r}\mathrm{d}x$ 在 $(-\infty, +\infty)$ 上连续.

39. 设 f 在 $(-\infty, +\infty)$ 上绝对可积. 证明: 函数 $g(a) = \int_{-\infty}^{+\infty} f(x)\cos ax \mathrm{d}x$ 在 $(-\infty, +\infty)$ 上一致连续.

40. **贝塞尔函数**是一类非初等函数的特殊函数, 足标为 n 的贝塞尔函数定义为

$$J_n(x) = \frac{1}{\pi}\int_0^{\pi} \cos(n\theta - x\sin\theta)\mathrm{d}\theta.$$

证明:

(1) $x^2 J_n''(x) + xJ_n'(x) + (x^2 - n^2)J_n(x) = 0$;

(2) $\int_0^x tJ_0(t)\mathrm{d}t = xJ_1(x)$.

41. **椭圆积分**是一类非初等函数的特殊函数, 定义为

$$E(x) = \int_0^{\frac{\pi}{2}} \sqrt{1 - x^2\sin^2\theta}\mathrm{d}\theta,$$

$$F(x) = \int_0^{\frac{\pi}{2}} \frac{\mathrm{d}\theta}{\sqrt{1 - x^2\sin^2\theta}},$$

其中自变元 x 的变化范围是 $|x| < 1$. 证明:

(1) $xE'(x) = E(x) - F(x)$, $x(1-x^2)F'(x) = E(x) - (1-x^2)F(x)$;

(2) $x(1-x^2)E''(x) + (1-x^2)E'(x) + xE(x) = 0$;

(3) $\int_0^x tE(t)\mathrm{d}t = \frac{1}{3}[(1+x^2)E(x) - (1-x^2)F(x)]$;

(4) $\int_0^x tF(t)\mathrm{d}t = E(x) - (1-x^2)F(x)$.

42. 设 $a, b > 0$. 求下列积分的值:

(1) $\int_0^1 \frac{x^b - x^a}{\ln x}\cos(\ln x)\mathrm{d}x$; (2) $\int_0^1 \frac{x^b - x^a}{\ln x}\sin(\ln x)\mathrm{d}x$.

43. 证明:

$$\left(\int_0^x \mathrm{e}^{-t^2}\mathrm{d}t\right)^2 = \frac{\pi}{4} - \int_0^1 \frac{\mathrm{e}^{-x^2(1+t^2)}}{1+t^2}\mathrm{d}t, \quad \forall x > 0.$$

44. 证明:

$$\sqrt{\frac{\pi}{2}(1 - \mathrm{e}^{-\frac{x^2}{2}})} \leqslant \int_0^x \mathrm{e}^{-\frac{t^2}{2}}\mathrm{d}t \leqslant \sqrt{\frac{\pi}{2}(1 - \mathrm{e}^{-\frac{2}{\pi}x^2})}, \quad \forall x > 0.$$

45. 利用 $\frac{1}{\sqrt{x}} = \frac{1}{\sqrt{\pi}}\int_0^{+\infty} \mathrm{e}^{-xy^2}\mathrm{d}y$ 求下列积分的值:

$$F_1 = \int_0^{+\infty} \sin x^2 \mathrm{d}x; \quad F_2 = \int_0^{+\infty} \cos x^2 \mathrm{d}x.$$

46. 利用 $\dfrac{1}{1+x^2}=\displaystyle\int_0^{+\infty}\mathrm{e}^{-(1+x^2)y}\mathrm{d}y$ 求下列积分的值:

$$L=\int_0^{+\infty}\frac{\cos ax}{1+x^2}\mathrm{d}x;\quad L_1=\int_0^{+\infty}\frac{x\sin ax}{1+x^2}\mathrm{d}x.$$

47. 设 $F(r)=\displaystyle\int_0^{2\pi}\mathrm{e}^{r\cos\theta}\cos(r\sin\theta)\mathrm{d}\theta,\ -\infty<r<+\infty$. 证明: $F(r)\equiv 2\pi$.

48. 设 σ_1,σ_2 都是正数, $\sigma=\sqrt{\sigma_1^2+\sigma_2^2}$. 证明:

$$\frac{1}{2\pi\sigma_1\sigma_2}\int_{-\infty}^{+\infty}\mathrm{e}^{-\frac{y^2}{2\sigma_1^2}}\mathrm{e}^{-\frac{(x-y)^2}{2\sigma_2^2}}\mathrm{d}y=\frac{1}{\sqrt{2\pi}\sigma}\mathrm{e}^{-\frac{x^2}{2\sigma}}.$$

49. 设 f 是 $(-\infty,+\infty)$ 上的有界函数, 在任意有限区间上黎曼可积. 函数 $u(x,y)$ 定义为

$$u(x,y)=\frac{1}{\pi}\int_{-\infty}^{+\infty}\frac{yf(\xi)}{(x-\xi)^2+y^2}\mathrm{d}\xi,\quad -\infty<x<+\infty,\ \ y>0.$$

证明:

(1) $u(x,y)$ 在 $(-\infty,+\infty)\times(0,+\infty)$ 上无穷可微.

(2) $u(x,y)$ 在 $(-\infty,+\infty)\times(0,+\infty)$ 上满足下列偏微分方程:

$$\frac{\partial^2u}{\partial x^2}+\frac{\partial^2u}{\partial y^2}=0.$$

50. 设 f 是 $(-\infty,+\infty)$ 上的有界函数, 在任意有限区间上黎曼可积. 函数 $u(x,t)$ 定义为

$$u(x,t)=\frac{1}{2a\sqrt{\pi t}}\int_{-\infty}^{+\infty}f(\xi)\mathrm{e}^{-\frac{(x-\xi)^2}{4a^2t}}\mathrm{d}\xi,\quad -\infty<x<+\infty,\ \ t>0.$$

证明:

(1) $u(x,t)$ 在 $(-\infty,+\infty)\times(0,+\infty)$ 上无穷可微.

(2) $u(x,t)$ 在 $(-\infty,+\infty)\times(0,+\infty)$ 上满足下列偏微分方程:

$$\frac{\partial u}{\partial t}=a^2\frac{\partial^2u}{\partial x^2}.$$

51. 设 f 是 $(-\infty,+\infty)$ 上的有界连续函数, x_0 是 $(-\infty,+\infty)$ 中的任意一点. 证明:

(1) $\displaystyle\lim_{\substack{(x,y)\to(x_0,0)\\ y>0}}\frac{1}{\pi}\int_{-\infty}^{+\infty}\frac{yf(\xi)}{(x-\xi)^2+y^2}\mathrm{d}\xi=f(x_0)$.

(2) $\displaystyle\lim_{\substack{(x,t)\to(x_0,0)\\ t>0}}\frac{1}{2a\sqrt{\pi t}}\int_{-\infty}^{+\infty}f(\xi)\mathrm{e}^{-\frac{(x-\xi)^2}{4a^2t}}\mathrm{d}\xi=f(x_0)$.

52. 设 $f(x,y)$ 是 $[0,1]\times[0,1]$ 上的黎曼可积函数. 证明:

$$\lim_{n\to\infty}\prod_{i=1}^{n}\prod_{j=1}^{n}\Big[1+\frac{1}{n^2}f\Big(\frac{i}{n},\frac{j}{n}\Big)\Big]=\mathrm{e}^{\int_0^1\int_0^1 f(x,y)\mathrm{d}x\mathrm{d}y}.$$

53. 设 $f(x)$ 是 $[0,1]$ 上的单调递增函数. 证明:

$$\frac{\displaystyle\int_0^1 f^2(x)\mathrm{d}x}{\displaystyle\int_0^1 f(x)\mathrm{d}x}\leqslant\frac{\displaystyle\int_0^1 xf^2(x)\mathrm{d}x}{\displaystyle\int_0^1 xf(x)\mathrm{d}x}.$$

54. 设 $f(x)$ 是 $[a,b]$ 上的黎曼可积函数, 且 $f(x)\geqslant 0,\ \forall x\in[a,b]$. 证明:

$$\begin{aligned}0&\leqslant\Big(\int_a^b f(x)\mathrm{d}x\Big)^2-\Big(\int_a^b f(x)\cos\lambda x\mathrm{d}x\Big)^2-\Big(\int_a^b f(x)\sin\lambda x\mathrm{d}x\Big)^2\\&\leqslant\frac{\lambda^4}{12}(b-a)^4\Big(\sup_{a\leqslant x\leqslant b}f(x)\Big)^2.\end{aligned}$$

55. 设 $f(x,y)$ 是 $D=[a,b]\times[c,d]$ 上的有界函数, 关于每个变元都是单调的. 证明: $f(x,y)$ 在 $[a,b]\times[c,d]$ 上黎曼可积函数, 且

$$\iint_D f(x,y)\mathrm{d}x\mathrm{d}y=\int_c^d\Big(\int_a^b f(x,y)\mathrm{d}x\Big)\mathrm{d}y=\int_a^b\Big(\int_c^d f(x,y)\mathrm{d}y\Big)\mathrm{d}x.$$

56. 计算二重积分 $\displaystyle\iint_{x^2+y^2\leqslant 1}\Big|\frac{x+y}{\sqrt{2}}-x^2-y^2\Big|\mathrm{d}x\mathrm{d}y.$

57. 设 f 是 $[0,1]$ 上的连续函数. 证明:

$$\iint_{\triangle OAB}f(1-x)f(y)\mathrm{d}x\mathrm{d}y=\frac{1}{2}\Big(\int_0^1 f(x)\mathrm{d}x\Big)^2,$$

其中 $\triangle OAB$ 是以 $O(0,0)$, $A(1,0)$, $B(0,1)$ 为顶点的三角形区域.

58. 设 f 是 $(-\infty,+\infty)$ 上的连续函数. 证明: 对任意 $(a,b,c)\in\mathbf{R}^3\backslash\{0\}$ 成立

$$\iiint_{B(0,1)}f\Big(\frac{ax+by+cz}{\sqrt{x^2+y^2+z^2}}\Big)\mathrm{d}x\mathrm{d}y\mathrm{d}z=\frac{2\pi}{3\kappa}\int_{-\kappa}^{\kappa}f(t)\mathrm{d}t,$$

其中 $\kappa=\sqrt{a^2+b^2+c^2}$.

59. 设 $ab+bc+ca=0$, $\alpha,\beta,\gamma>0$. 计算三重积分

$$\iiint_{x^2+y^2+z^2\leqslant 1}|ax+by+cz|^{\alpha}|bx+cy+az|^{\beta}|cx+ay+bz|^{\gamma}\mathrm{d}x\mathrm{d}y\mathrm{d}z.$$

用伽马函数表出即可.

60. 设 n 是正整数, a,b,c 都是正数. 求曲面 $\dfrac{x^n}{a^n}+\dfrac{y^n}{b^n}+\dfrac{z^n}{c^n}=1$ 位于第一象限的部分与三个坐标面所围成区域的体积. 用伽马函数表出即可.

61. 设 Ω 是位于 $\mathbf{R}^3$ 的第一象限中的有界闭区域, $f(x,y,z)$ 在 Ω 上有一阶连续的偏导数, 坐标变换

$$u=yz,\quad v=xz,\quad w=xy$$

把 Ω 变为 Ω_1. 证明:

$$\begin{aligned}&\iiint_{\Omega}\Big(\frac{1}{yz}\frac{\partial f}{\partial x}+\frac{1}{xz}\frac{\partial f}{\partial y}+\frac{1}{xy}\frac{\partial f}{\partial z}\Big)\mathrm{d}x\mathrm{d}y\mathrm{d}z\\&=\iiint_{\Omega_1}\Big(\frac{1}{vw}\frac{\partial f}{\partial u}+\frac{1}{uw}\frac{\partial f}{\partial v}+\frac{1}{uv}\frac{\partial f}{\partial w}\Big)\mathrm{d}u\mathrm{d}v\mathrm{d}w.\end{aligned}$$

62. 设 f 在球域 $\overline{B}(0,a): x^2+y^2+z^2\leqslant a^2$ 上有一阶连续偏导数, 且在边界上等于零. 证明:

$$\Big|\iiint_{\overline{B}(0,a)}f(x,y,z)\mathrm{d}x\mathrm{d}y\mathrm{d}z\Big|\leqslant\frac{1}{3}\pi a^4\max_{\overline{B}(0,a)}|\nabla f|.$$

63. 设 $f(x,y,z,t)$ 是 $\mathbf{R}^4$ 上的连续函数, 关于 t 有偏导数, 且 $f_t(x,y,z,t)$ 在 $\mathbf{R}^4$ 上连续. 用 Ω_t 表示球域 $x^2+y^2+z^2\leqslant t^2$. 证明:

$$\frac{\mathrm{d}}{\mathrm{d}t}\iiint_{\Omega_t}f(x,y,z,t)\mathrm{d}x\mathrm{d}y\mathrm{d}z=\iiint_{\Omega_t}f_t(x,y,z,t)\mathrm{d}x\mathrm{d}y\mathrm{d}z+\iint_{\partial\Omega_t}f(x,y,z,t)\mathrm{d}\sigma.$$

64. 计算四重积分

$$\iiiint_{\Omega}\sqrt{\frac{1-t^2-x^2-y^2-z^2}{1+t^2+x^2+y^2+z^2}}\mathrm{d}t\mathrm{d}x\mathrm{d}y\mathrm{d}z,$$

其中 Ω 为四维单位球 $t^2+x^2+y^2+z^2\leqslant 1$.

65. 设 $f_1,f_2,\cdots,f_m,g_1,g_2,\cdots,g_m$ 都是区间 $[a,b]$ 上的黎曼可积函数. 证明:

$$\frac{1}{m!}\int_a^b\cdots\int_a^b\begin{vmatrix}f_1(x_1)&\cdots&f_1(x_m)\\\vdots&&\vdots\\f_m(x_1)&\cdots&f_m(x_m)\end{vmatrix}\begin{vmatrix}g_1(x_1)&\cdots&g_1(x_m)\\\vdots&&\vdots\\g_m(x_1)&\cdots&g_m(x_m)\end{vmatrix}\mathrm{d}x_1\cdots\mathrm{d}x_m$$

$$=\begin{vmatrix}\displaystyle\int_a^b f_1(t)g_1(t)\mathrm{d}t&\cdots&\displaystyle\int_a^b f_1(t)g_m(t)\mathrm{d}t\\\vdots&&\vdots\\\displaystyle\int_a^b f_m(t)g_1(t)\mathrm{d}t&\cdots&\displaystyle\int_a^b f_m(t)g_m(t)\mathrm{d}t\end{vmatrix}.$$

66. 设 C 是平面上一条分段光滑的简单闭曲线, f 是 C 上的连续函数. 证明:

$$\int_C f(x,y)\ln[(u-x)^2+(v-y)^2]\mathrm{d}s\sim\ln(u^2+v^2)\int_C f(x,y)\mathrm{d}s,\quad 当\ u\to\infty,\ v\to\infty.$$

特别地, 当 $\int_C f(x,y)\mathrm{d}s=0$ 时,

$$\lim_{\substack{u\to\infty\\v\to\infty}}\int_C f(x,y)\ln[(u-x)^2+(v-y)^2]\mathrm{d}s=0.$$

67. $\mathbf{R}^2$ 上的拉普拉斯算子 Δ 定义为

$$\Delta u=\frac{\partial^2 u}{\partial x^2}+\frac{\partial^2 u}{\partial y^2}.$$

设 D 是以分段光滑的简单闭曲线为边界的有界闭区域, $\boldsymbol{n}$ 为 ∂D 的单位外法向量. 假定 u,v 都是 D 上的二阶连续可微函数. 证明以下公式:

(1) $\displaystyle\iint_D v\Delta u\mathrm{d}x\mathrm{d}y=\int_{\partial D}v\frac{\partial u}{\partial \boldsymbol{n}}\mathrm{d}s-\iint_D \nabla u\cdot\nabla v\mathrm{d}x\mathrm{d}y$;

(2) $\displaystyle\iint_D (u\Delta v-v\Delta u)\mathrm{d}x\mathrm{d}y=\int_{\partial D}\left(u\frac{\partial v}{\partial \boldsymbol{n}}-v\frac{\partial u}{\partial \boldsymbol{n}}\right)\mathrm{d}s$;

(3) $\displaystyle\iint_D u\Delta u\mathrm{d}x\mathrm{d}y=\int_{\partial D}u\frac{\partial u}{\partial \boldsymbol{n}}\mathrm{d}s-\iint_D |\nabla u|^2\mathrm{d}x\mathrm{d}y$;

(4) $\displaystyle\iint_D \Delta u\mathrm{d}x\mathrm{d}y=\int_{\partial D}\frac{\partial u}{\partial \boldsymbol{n}}\mathrm{d}s.$

68. 满足方程

$$\Delta u=\frac{\partial^2 u}{\partial x^2}+\frac{\partial^2 u}{\partial y^2}=0$$

的函数 u 叫做 (二维)**调和函数**. 设 u 是开区域 $D\subseteq\mathbf{R}^2$ 中的二阶连续可微函数. 证明: u 是 D 上的调和函数的充要条件是对任意分段光滑的简单闭曲线 $C\subseteq D$ 都成立

$$\int_C\frac{\partial u}{\partial \boldsymbol{n}}=0,$$

其中 $\boldsymbol{n}$ 是 C 的单位外法向量.

69. 证明: 如果 u 是开区域 $E\subseteq\mathbf{R}^2$ 中的调和函数, 则对包含于 E 的任意有界闭区域 D 都成立

$$u(x,y)=\frac{1}{2\pi}\int_{\partial D}\left[u\frac{\partial(\ln r)}{\partial \boldsymbol{n}}-(\ln r)\frac{\partial u}{\partial \boldsymbol{n}}\right]\mathrm{d}S,$$

其中, (x,y) 表示 D 的内域中任意一点, $\boldsymbol{r}$ 为从 (x,y) 点到 ∂D 上的动点 (ξ,η) 的向径, $r=|\boldsymbol{r}|$, $\boldsymbol{n}$ 为 ∂D 的单位外法向量. 注意积分号下函数 u 的自变元为 (ξ,η).

70. 证明: 如果 u 是开区域 $D\subseteq\mathbf{R}^2$ 中的调和函数, 则对任意 $P_0(x_0,y_0)\in D$ 和任意使得 $B(P_0,R)\subseteq D$ 的 $R>0$ 都成立下列等式:

(1) $\displaystyle u(x_0,y_0)=\frac{1}{2\pi R}\int_{\partial B(P_0,R)}u(x,y,z)\mathrm{d}s$;

(2) $\displaystyle u(x_0,y_0,z_0)=\frac{1}{\pi R^2}\iint_{B(P_0,R)}u(x,y,z)\mathrm{d}x\mathrm{d}y.$

71. 设 f 是 $[-1,1]$ 上的连续可微函数, $f(-1)=f(1)=0$. 证明: 对任意满足 $a^2+b^2+c^2=1$ 的一组实数 a,b,c 都成立

$$\left|\iint_{S^2} f(ax+by+cz)\mathrm{d}S\right| \leqslant 2\pi \max_{-1\leqslant t\leqslant 1}|f'(t)|,$$

其中 S^2 表示单位球面 $x^2+y^2+z^2=1$.

72. 计算高斯积分:

$$\iint_S \frac{\cos\langle \boldsymbol{r},\boldsymbol{n}\rangle}{r^2}\mathrm{d}S,$$

其中, S 为一光滑的简单闭曲面, 以外表面为正侧, $\boldsymbol{n}$ 为 S 的单位外法向量, $\boldsymbol{r}$ 为 S 上的点的向径, $r=|\boldsymbol{r}|$. 讨论以下两种情况:

(1) 原点在 S 包围的区域之外;

(2) 原点在 S 包围的区域之内.

73. 满足方程

$$\Delta u = \frac{\partial^2 u}{\partial x^2}+\frac{\partial^2 u}{\partial y^2}+\frac{\partial^2 u}{\partial z^2}=0$$

的函数 u 叫做 (三维)**调和函数**. 证明: 如果 u 是开区域 $\Omega\subseteq\mathbf{R}^3$ 中的调和函数, 则对包含于 Ω 的任意有界闭区域 V 都成立

$$u(x,y,z)=\frac{1}{4\pi}\iint_{\partial V}\left[u\frac{\cos\langle \boldsymbol{r},\boldsymbol{n}\rangle}{r^2}+\frac{1}{r}\frac{\partial u}{\partial \boldsymbol{n}}\right]\mathrm{d}S,$$

其中, (x,y,z) 表示 V 的内域中任意一点, $\boldsymbol{r}$ 为从 (x,y,z) 点到 ∂V 上的动点 (ξ,η,ζ) 的向径, $r=|\boldsymbol{r}|$, $\boldsymbol{n}$ 为 ∂V 的单位外法向量. 注意积分号下函数 u 的自变元为 (ξ,η,ζ).

74. 证明: 如果 u 是开区域 $\Omega\subseteq\mathbf{R}^3$ 中的调和函数, 则对任意 $P_0(x_0,y_0,z_0)\in\Omega$ 和任意使得 $B(P_0,R)\subseteq\Omega$ 的 $R>0$ 都成立下列等式:

(1) $u(x_0,y_0,z_0)=\dfrac{1}{4\pi R^2}\displaystyle\iint_{\partial B(P_0,R)}u(x,y,z)\mathrm{d}S$.

(2) $u(x_0,y_0,z_0)=\dfrac{3}{4\pi R^3}\displaystyle\iiint_{B(P_0,R)}u(x,y,z)\mathrm{d}x\mathrm{d}y\mathrm{d}z$.

75. 设 $P(x,y,z)$, $Q(x,y,z)$, $R(x,y,z)$ 和 $F(x,y,z)$ 都是 $\mathbf{R}^3$ 上的连续可微函数. 又设 $F(x,y,z)=1$ 是简单闭曲面, 包围的区域记作 V. 再设在曲面 $F(x,y,z)=1$ 上

$$PF_x+QF_y+RF_z=0 \quad 且 \quad (F_x,F_y,F_z)\neq(0,0,0).$$

证明:

$$\iiint_V (x+y+z)(P_x+Q_y+R_z)\mathrm{d}x\mathrm{d}y\mathrm{d}z = -\iiint_V (P+Q+R)\mathrm{d}x\mathrm{d}y\mathrm{d}z.$$

76. 设 $f(\xi,\eta,\zeta)$ 是 $\mathbf{R}^3$ 上的连续函数, $S_t(x,y,z)$ 表示球面 $(\xi-x)^2+(\eta-y)^2+(\zeta-z)^2=t^2$.

证明: 函数

$$u(x,y,z)=\frac{1}{4\pi t}\iint_{S_t(x,y,z)}f(\xi,\eta,\zeta)\mathrm{d}S$$

满足波动方程

$$\frac{\partial^2 u}{\partial t^2}=\frac{\partial^2 u}{\partial x^2}+\frac{\partial^2 u}{\partial y^2}+\frac{\partial^2 u}{\partial z^2},$$

且 $u|_{t=0}=0$, $u_t|_{t=0}=f$.

77. 设 Ω 是 $\mathbf{R}^3$ 中的开区域, f 是 Ω 上的连续可微函数, V 是包含于 Ω 的一个具有分块光滑边界的有界闭区域. 定义 $\mathbf{R}^3$ 上的函数 u 如下:

$$u(x,y,z)=\iiint_V\frac{f(\xi,\eta,\zeta)}{\sqrt{(x-\xi)^2+(y-\eta)^2+(z-\zeta)^2}}\mathrm{d}x\mathrm{d}y\mathrm{d}z.$$

证明:

$$\begin{aligned}\nabla u(x,y,z)=&\iiint_V\frac{\nabla f(\xi,\eta,\zeta)}{\sqrt{(x-\xi)^2+(y-\eta)^2+(z-\zeta)^2}}\mathrm{d}x\mathrm{d}y\mathrm{d}z\\&-\iint_{\partial V}\frac{f(\xi,\eta,\zeta)\boldsymbol{n}}{\sqrt{(x-\xi)^2+(y-\eta)^2+(z-\zeta)^2}}\mathrm{d}S,\end{aligned}$$

其中 $\boldsymbol{n}$ 为 ∂V 的单位外法向量.

78. 设 Ω 是 $\mathbf{R}^3$ 中的开区域, f,g,h 是 Ω 上的连续可微函数, S 是 Ω 中的一个分块光滑的曲面, 其面积为 A, 边界分段光滑. 证明:

$$\left|\int_C f\mathrm{d}x+g\mathrm{d}y+h\mathrm{d}z\right|\leqslant A\max_S\sqrt{\left(\frac{\partial Q}{\partial x}-\frac{\partial P}{\partial y}\right)^2+\left(\frac{\partial R}{\partial y}-\frac{\partial Q}{\partial z}\right)^2+\left(\frac{\partial P}{\partial z}-\frac{\partial R}{\partial x}\right)^2}.$$

79. 当物体中温度分布不均匀时, 热量将会从温度较高的地方向温度较低的地方传播, 这就是热传导现象. 设物体占据的空间区域为 Ω, 温度函数为 $u=u(x,y,z,t)$. 根据傅里叶热传导定律, 对于 Ω 中任意一块直径充分小的曲面块 ΔS, 在单位时间里热量从 ΔS 的一侧通过 ΔS 传向其另一侧的总量等于

$$\Delta Q=-\kappa\nabla u\cdot\boldsymbol{n}|\Delta S|,$$

其中, κ 为只与该物体的导热性有关的正常数, 称为**热传导系数**, $\boldsymbol{n}$ 为 ΔS 的单位法向量, $|\Delta S|$ 为 ΔS 的面积. 证明: 温度函数 $u=u(x,y,z,t)$ 满足以下**热传导方程**:

$$c\rho\frac{\partial u}{\partial t}=\mathrm{div}(\kappa\nabla u),$$

其中, c 为比热, ρ 为物体的密度.

80. 设空间区域 Ω 中有某种流体在运动, 在 t 时刻位于 (x,y,z) 的该流体质点的流速为 $\boldsymbol{u}(x,y,z,t)$, 而在 t 时刻位于点 (x,y,z) 的流体密度为 $\rho(x,y,z,t)$. 证明: $\boldsymbol{u}(x,y,z,t)$ 和 $\rho(x,y,z,t)$ 满足下列偏微分方程组:

$$\frac{\partial\rho}{\partial t}+\operatorname{div}(\rho\boldsymbol{u})=0,$$

$$\frac{\partial(\rho\boldsymbol{u})}{\partial t}+\sum_{i=1}^{3}u_i\frac{\partial(\rho\boldsymbol{u})}{\partial x_i}=0.$$

81. 设 Ω 是 $\mathbf{R}^m$ 中具有连续边界的有界闭区域, $f(x)$ 是 Ω 上的连续函数. 证明: 存在 m 元多项式函数列 $P_n(x)$ $(n=1,2,\cdots)$ 在 Ω 上一致收敛于 $f(x)$.

82. 设 Ω 是 $\mathbf{R}^m$ 中具有 C^k 类边界的有界闭区域, u 是 Ω 上的 k 阶连续可微函数, 其中 k 为正整数. 证明: 存在由 Ω 上的无穷可微函数构成的函数列 $\{u_n\}_{n=1}^{\infty}$, 即 $u_n\in C^{\infty}(\Omega)$, $n=1,2,\cdots$, 使得

$$\lim_{n\to\infty}\sum_{|\alpha|\leqslant k}\max_{x\in\Omega}|\partial^{\alpha}u_n(x)-\partial^{\alpha}u(x)|=0.$$

其中和式 $\sum\limits_{|\alpha|\leqslant k}$ 表示关于所有长度不超过 k 的 m 重指标 $\alpha\in\mathbf{Z}_+^m$ 求和.

83. 设 Ω 是 $\mathbf{R}^m$ 中具有 C^k 类边界的有界开区域, 其中 k 为正整数. 又设 u 是 $\overline{\Omega}$ 上的 k 阶连续可微函数, 满足条件: 对任意长度不超过 k 的 m 重指标 $\alpha\in\mathbf{Z}_+^m$ 都有 $\partial^{\alpha}u|_{\partial\Omega}=0$ (特别 $u|_{\partial\Omega}=0$). 证明: 存在函数列 $u_n\in C_0^{\infty}(\Omega)$, $n=1,2,\cdots$, 使得

$$\lim_{n\to\infty}\sum_{|\alpha|\leqslant k}\max_{x\in\Omega}|\partial^{\alpha}u_n(x)-\partial^{\alpha}u(x)|=0.$$

84. 用 K 表示 $\mathbf{R}^m$ 中以原点为中心的单位闭立方体, 即

$$K=\left\{(x_1,x_2,\cdots,x_m)\in\mathbf{R}^m:\ |x_i|\leqslant\frac{1}{2},\ i=1,2,\cdots,m\right\}.$$

证明: 对 K 的任意邻域 U, 存在非负函数 $\varphi\in C_0^{\infty}(U)$ 使成立

$$\sum_{\xi\in\mathbf{Z}^m}\varphi(x-\xi)=1,\quad\forall x\in\mathbf{R}^m.$$

注意对任意 $x\in\mathbf{R}^m$, 上式左端只有有限项非零, 因而是一个有限和.

85. 证明: 存在非负函数 $\varphi\in C_0^{\infty}(\mathbf{R}^m)$, 它满足条件

$$\operatorname{supp}\varphi\subseteq\left\{x\in\mathbf{R}^m:\ \frac{1}{2}\leqslant|x|\leqslant 2\right\}\quad\text{且}\quad\varphi(x)>0,\quad\text{当}\quad\frac{1}{2}<|x|<2,$$

使成立

$$\sum_{j=-\infty}^{+\infty}\varphi\Big(\frac{x}{2^k}\Big)=1,\quad\forall x\in\mathbf{R}^m\backslash\{0\}.$$

1 的这个分解式叫做**李特尔伍德–帕莱环形分解**.

参 考 文 献

阿黑波夫, 萨多夫尼奇, 丘巴里阔夫. 2006. 数学分析讲义. 3 版. 王昆扬译. 北京：高等教育出版社.

邓东皋, 尹小玲. 2006. 数学分析简明教程 (上、下册). 2 版. 北京：高等教育出版社.

方企勤. 1986. 数学分析 (第一册). 北京：高等教育出版社.

菲赫金哥尔茨. 2006. 微积分学教程 (第一、二卷). 8 版. 杨弢高等译. 北京：高等教育出版社.

吉林大学数学系. 1978. 数学分析 (上、下册). 北京：人民教育出版社.

吉米多维奇. 2010. 数学分析习题集. 李荣, 李植译. 北京：高等教育出版社.

克莱鲍尔. 1981. 数学分析原理. 庄亚栋译. 上海：上海科学技术出版社.

廖可人, 李正元. 1986. 数学分析 (第三册). 北京：高等教育出版社.

林源渠, 方企勤, 李正元, 等. 1986. 数学分析习题集. 北京：高等教育出版社.

卢丁. 1979. 数学分析原理 (上、下册). 赵慈庚, 蒋铎译. 北京：人民教育出版社.

裴礼文. 2006. 数学分析中的典型问题与方法. 2 版. 北京：高等教育出版社.

萨多夫尼奇, 波德科尔津. 1981. 大学奥林匹克数学竞赛试题解答集. 王英新, 李世华译. 长沙：湖南科学技术出版社.

沈燮昌. 1986. 数学分析 (第二册). 北京：高等教育出版社.

谢树艺. 2005. 矢量分析与场论. 3 版. 北京：高等教育出版社.

徐森林. 1981. 流形与 Stokes 定理. 北京：人民教育出版社.

周民强. 2010. 数学分析习题演练 (第一、二册). 2 版. 北京：科学出版社.

卓里奇. 2006. 数学分析 (第一卷). 4 版. 蒋铎等译. 北京：高等教育出版社.